高等师范院校专业基础课教材

发展心理学

FAZHAN XINLIXUE

全国十二所重点师范大学联合编写
张向葵　桑标　主编

教育科学出版社
·北京·

出 版 人　所广一
责任编辑　祖　晶
版式设计　杨玲玲
责任校对　贾静芳
责任印制　叶小峰

图书在版编目（CIP）数据

发展心理学/张向葵，桑标主编；全国十二所重点师范大学编. —北京：教育科学出版社，2012.1（2017.8 重印）
高等师范院校专业基础课教材
ISBN 978-7-5041-6144-4

Ⅰ. ①发…　Ⅱ. ①张…　②桑…　③全…　Ⅲ. ①发展心理学—师范大学—教材　Ⅳ. ①B844

中国版本图书馆 CIP 数据核字(2011)第 243134 号

高等师范院校专业基础课教材
发展心理学
FAZHAN XINLIXUE

出版发行	教育科学出版社		
社　　址	北京·朝阳区安慧北里安园甲 9 号	市场部电话	010-64989009
邮　　编	100101	编辑部电话	010-64989438
传　　真	010-64891796	网　　址	http://www.esph.com.cn
经　　销	各地新华书店		
制　　作	北京鑫华印前科技有限公司		
印　　刷	保定市中画美凯印刷有限公司	版　　次	2012 年 1 月第 1 版
开　　本	169 毫米×239 毫米　16 开	印　　次	2017 年 8 月第 3 次印刷
印　　张	27.5	印　　数	9 001—14 000 册
字　　数	574 千	定　　价	39.00 元

编 委 会

编 写 说 明

BIANXIESHUOMING

发展心理学是心理学的一门重要的分支学科，从1882年德国生理心理学家、实验心理学家普莱尔出版《儿童心理》至今，它已走过了一个多世纪的风雨之路。回首百年，发展心理学承载了来自东西方文化的儿童观，以科学心理学为基点，始终执著地探索着先天和后天、普遍性和多样性、量变和质变这三大主题，无数适用于发展性研究的经典研究范式、实验方法也随之大量涌现。驻足当代、展望未来，发展心理学的研究手段正趋于生态化、研究对象延伸至个体的生命全程、关注核心领域的认知发展研究、涌现出更多的发展性神经研究并更加注重研究的应用性。面对学科的蓬勃发展现状，精选经典理论与研究，有选择地吸收最新、最具影响力的成果充实到教科书中，成为发展心理学工作者亟待完成的任务之一。正是基于留存经典、展示最新成果的考虑，我们联合全国多所高校多位长年讲授发展心理学的优秀教师，结合多位教师的教学经验，合作完成了这本《发展心理学》教材。本教材力图在立足传统经典理论与研究的基础上，吸纳最新的研究成果，并根据学科的发展走向，增加一些新的关注点，如关注儿童自我、人格和性别的发展以及环境对心理发展的影响等。概而括之，本教材有以下三个突出的特点。

第一，经典性与时代性并重。注重运用经典、权威的理论，并选取与近代学科发展息息相关的研究成果建构全书的主体框架。注重理论与实验研究的延续性，有相当一部分篇幅用于介绍新近得到广泛应用的理论和观点。

第二，在主题中展现发展。打破许多教科书介绍发展心理学必然以年龄为主线的逻辑定势，选择个体发展过程中具有典型性且包含丰富研究成果的主题，在每个主题之下，以年龄变化串联观点和成果的介绍。

第三，兼顾科学性与应用性。重视科学研究事实的阐述论述作用，注重以学科的基本结构组成教材内容。增设“拓展阅读”部分，在各章主体内容基础上丰富学生的阅读层面，加深阅读难度，帮助学生进行多知识点间的有机练习。教材还侧重心理学知识的应用性，设置“学以致用”专栏，促进学生在学习过程中练习将理论知识应用于实践。

本教材由东北师范大学张向葵教授、华东师范大学桑标教授任主编，联合组织全书的编写工作，并对全书进行审阅修改。全书合计 14 章，第一章“绪论”，由桑标教授撰写；第二章“发展心理学理论”，由南京师范大学蒋京川副教授撰写；第三章“发展心理学的研究方法”，由西南大学冯廷勇副教授撰写；第四章“心理发展的生物学基础”，由华中师范大学莫书亮副教授撰写；第五章“动作与早期感知觉的发展”，由福建师范大学刘建榕教授、陈幼贞博士撰写；第六章“认知的发展”，由西北师范大学郑名教授、龙红芝副教授撰写；第七章“智力的发展”，由北京师范大学王大华副教授撰写；第八章“言语的发展”，由华南师范大学陆爱桃博士撰写；第九章“情绪的发展”，由陕西师范大学王振宏教授、李彩娜副教授撰写；第十章“自我的发展”，由张向葵教授撰写；第十一章“人格的发展”，由东北师范大学李力红教授撰写；第十二章“性别发展与性别差异”，由首都师范大学李文道副教授撰写；第十三章“道德的发展”，由上海师范大学李丹教授撰写；第十四章“环境与心理发展”，由山东师范大学田录梅副教授撰写。

本教材各章的写作体例如下：本章导航、学习目标、核心概念、正文、理论关联、学以致用、本章小结、思考与练习、拓展阅读以及注释、参考文献。“本章导航”部分是对每一章主要内容的简要概括；“学习目标”是读者学习各章应把握的基本知识和技能；“核心概念”是每一章应掌握的主要知识点；“正文”的内容以核心概念为连接点，通过丰富的、权威的、富有时代性的研究成果，呈现给读者该领域的核心和经典性知识；“理论关联”是在保有正文主体结构完整性的基础上，进一步为读者提供最新的权威性知识，是正文内容的拓展和丰富；“学以致用”则是挑选出每一章中的部分重要知识点，请读者应用知识点解决现实中的问题；“本章小结”是对各章知识点的概括性总结；“思考与练习”与“学习目标”、“核心概念”和“本章小结”彼此呼应，提示读者对各章内容进行进一步的反思；“拓展阅读”旨在帮助在学习各章内容的基础上，通过阅读推荐材料，加深对各章知识的理解，拓宽知识点的外延；“注释”是全书引用的原文的出处；“参考文献”则是各章中经典的、权威的、重要的知识性内容的出处。

本教材可用于高等师范院校心理学专业、教育学专业本科生发展心理学专业基础课教材；也可作为各级师资培训和研修班的教材或广大教育工作者的自学用书。

张向葵　桑　标

2011 年 3 月

目 录

MU LU

◎ **第一章 绪论** …… 1

第一节 发展心理学的研究对象与任务 …… 2

第二节 儿童观演进及科学儿童发展心理学的诞生 …… 5

第三节 发展心理学的基本主题 …… 9

第四节 发展心理学的新近进展 …… 15

◎ **第二章 发展心理学理论** …… 28

第一节 成熟势力说 …… 29

第二节 精神分析观 …… 31

第三节 行为主义观 …… 38

第四节 认知发展观 …… 45

第五节 背景观 …… 49

◎ **第三章 发展心理学的研究方法** …… 57

第一节 发展心理学研究的设计 …… 58

第二节 发展心理学研究中常见的方法与技术 …… 70

第三节 发展心理学研究中值得注意的问题 …… 80

◎ **第四章 心理发展的生物学基础** …… 88

第一节 心理发展的物质基础 …… 89

第二节 心理发展的脑基础 …… 100

第三节 遗传在心理发展中的作用 …… 106

◎ **第五章 动作与早期感知觉的发展** …… 118

第一节 动作的发展 …… 119

第二节 早期感觉的发展 …… 131

第三节 早期知觉的发展 …… 140

◎ 第六章　认知的发展 …… 152
第一节　个体认知发展的一般趋势 …… 153
第二节　认知过程的发展：信息加工理论 …… 166
第三节　认知发展的新领域：心理理论 …… 177

◎ 第七章　智力的发展 …… 187
第一节　智力发展的基本研究取向 …… 188
第二节　智力的发展与评估 …… 201
第三节　智力发展的影响因素及其预测作用 …… 209
第四节　创造力的发展 …… 219

◎ 第八章　言语的发展 …… 225
第一节　前言语的语音发展 …… 226
第二节　语言的发展 …… 230
第三节　言语发展理论 …… 243
第四节　影响言语发展的因素 …… 248

◎ 第九章　情绪的发展 …… 255
第一节　情绪反应与表达 …… 256
第二节　情绪理解与调节 …… 269
第三节　依恋的发展 …… 276

◎ 第十章　自我的发展 …… 289
第一节　自我的产生 …… 290
第二节　自我的发展 …… 296
第三节　自我发展的影响因素 …… 311

◎ 第十一章　人格的发展 …… 320
第一节　人格发展的实质 …… 321
第二节　气质的发展 …… 330
第三节　人格结构的发展 …… 336

◎ **第十二章　性别发展与性别差异** …… 348
第一节　性别的形成与发展 …… 349
第二节　性别差异 …… 352
第三节　性别发展与性别差异的影响因素 …… 355
第四节　性别形成与发展的理论 …… 361

◎ **第十三章　道德的发展** …… 368
第一节　儿童道德品质的发展 …… 369
第二节　亲社会行为的发展 …… 380
第三节　攻击行为的发展 …… 391

◎ **第十四章　环境与心理发展** …… 405
第一节　家庭环境与心理发展 …… 406
第二节　学校环境与心理发展 …… 417
第三节　社会环境与心理发展 …… 424

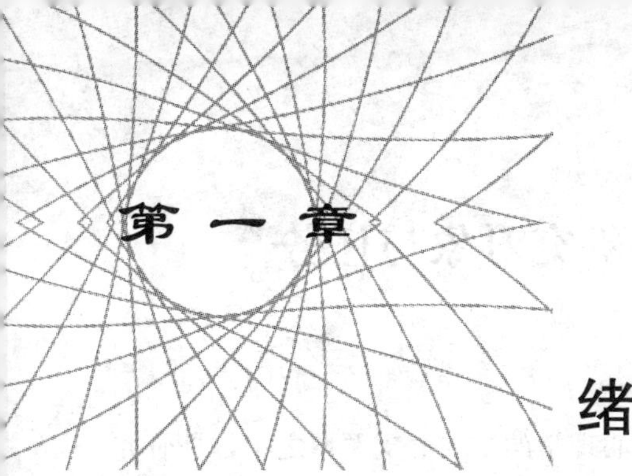

第一章 绪论

【本章导航】

发展心理学是研究个体心理发生发展变化的科学，具有理论性与应用性兼具的特点。本章从四个方面阐述发展心理学的基本框架：第一节主要探讨发展心理学的研究对象与任务，并且将研究任务概括为描述个体发展的普遍行为模式、解释和测量发展的个别差异、揭示心理发展的原因和机制、探究环境对心理发展的影响以及提出帮助与指导个体心理发展的具体方法等几个方面。第二节从儿童观的形成与转变、科学儿童发展心理学产生的两大背景，概述了发展心理学学科的形成过程。第三节主要对心理发展及其特征作了概述，并从先天和后天、普遍性和多样性、量变和质变三个角度探讨了心理发展的基本主题。第四节则围绕生态系统发展观普遍得到重视、将发展的视角伸展到毕生发展、重视核心领域的认知发展研究、发展的神经科学研究大量出现、应用发展心理学蓬勃兴起五个方面，概述了发展心理学的新近进展。

【学习目标】

1. 了解发展心理学的研究对象与研究任务。
2. 知道科学儿童发展心理学产生的背景和标志。
3. 把握心理发展的基本主题。
4. 了解发展心理学的主要新进展。

【核心概念】

发展心理学　心理发展　心理年龄特征　关键期　生态化运动　毕生发展观

第一节　发展心理学的研究对象与任务

一、发展心理学的研究对象

发展心理学（developmental psychology）是心理学的重要分支领域之一，是研究人类心理系统发生发展的过程和个体心理与行为发生发展规律的科学。

从系统研究的角度看，发展心理学是指通过对种系或动物演化过程的研究，考察动物心理如何演化到人类心理，以及人的心理又如何从原始、低级的心理状态演化到现代、高级的心理状态的学科，这是广义的发展心理学。比较心理学（又称动物心理学）和民族心理学都属于广义的发展心理学。比较心理学主要研究低级动物心理如何演化到类人猿心理的发展历程，以揭示动物演化过程中心理发生发展的大致图景。民族心理学主要研究生活在不同社会历史阶段的各个民族的心理并加以对照，以勾画出人类心理发展历程的大致轮廓。

从个体研究的角度看，发展心理学则是探究从人类个体的胚胎期开始一直到衰老死亡的全过程中，个体心理是如何从低级水平向复杂高级水平变化发展的学科。这是狭义的发展心理学，着重在于揭示各个年龄阶段的心理特征，并探讨个体心理从一个年龄阶段发展到另一个年龄阶段的规律，包括婴幼儿心理学、儿童心理学、青年心理学、中年心理学和老年心理学。

就人类个体心理的发展而言，从出生到成熟这一段时期是生长发育最旺盛、变化最快、同时也是可塑性最强的时期，因而备受心理学家的关注。成熟意味着身心发育过程的完成，尽管从不同的评价指标来看并不确定，但总体而言，人类个体的发育成熟年龄为十七八岁。在发展心理学家眼里，从出生到成熟被视为广义的儿童期，对这一时期心理的发生发展规律及其特征的研究，就构成了“儿童发展心理学”或“儿童心理学”的研究框架。也正因为儿童期在个体成长发展过程中所处的特殊地位，事实上许多发展心理学就是以儿童为研究对象的。在本书中，我们取“狭义的发展心理学”之义，重点探讨儿童的心理成长与发展，同时也涉及其一生的心理发展过程。

二、发展心理学的研究任务

发展心理学的研究任务可以突出地以“WWW”来表示。即 what（是什么），揭示或描述心理发展过程的共同特征与模式；when（什么时间），这些特征与模式发展变化的时间表；why（什么原因），对这些发展变化的过程进行解释，分析发展的影响因素，揭示发展的内在机制。

如果更具体些，我们可以将发展心理学的主要研究内容概括为以下几个方面。

（一）描述个体发展的普遍行为模式

发展心理学学科的创立，最根本的目的是要揭示发展的普遍行为模式。行为模式是指个体在解决问题的活动过程中所表现出来的现实的心理发展水平，它既包括外显的行为特质，也包含内隐的心理特征。儿童的行为模式是知、情、意等领域整合而成的现实的心理组织系统，因此，儿童的身体动作是怎样发展变化的，认知的发展变化如何，语言是怎样发展的，情绪的发展变化特点怎样，个性是怎么形成的，等等，都构成了发展心理学的主要研究框架。儿童发展的普遍行为模式的建立，为我们认识儿童提供了有意义的参照。真正的心理发展模式应该具有普遍意义，即能反映生活在各种社会文化背景下儿童共同具有的发展过程。儿童的动作发展模式、语言获得模式以及皮亚杰（Jean Piaget）所描述的儿童思维发展阶段等，都是儿童心理发展的普遍模式。这里我们主要以儿童动作发展的普遍模式为例加以说明。

儿童动作的发展是在脑和神经中枢、神经、肌肉控制下进行的，因此动作的发展与其身体的发展、大脑和神经系统的发育密切相关。动作的发展遵循以下三个规律：

从上到下。儿童最早发展的动作是头部动作，其次是躯干动作，最后是脚的动作。他最先学会抬头和转头，然后是翻身和坐，接着是使用臂和手，最后才学会腿和足的运动，能直立、行走、跑跳。儿童的动作发展总是沿着抬头—翻身—坐—爬—站—行走的方向成熟的。

由近及远。儿童动作发展从身体中部开始，越接近躯干的部位，动作发展得越早，而远离身体中心的肢端动作发展较迟。以上肢动作为例，上臂首先成熟，其次是肘、腕、手，手指动作发展得最晚。

由粗到细。儿童先学会大肌肉、大幅度的粗动作，在此基础上逐渐学会小肌肉的精细动作。例如，四五个月的婴儿想要拿面前的玩具时，往往不是用手，而是用手臂甚至整个身体，更谈不上用手指去拿玩具了。随着神经系统和肌肉的发育，加之儿童的自发性练习，动作逐渐分化，儿童能逐步控制身体各个部位小肌肉的动作。儿童用手握铅笔自如地一笔一画写字，往往要到六七岁才能做到。

（二）解释和测量发展的个别差异

对心理发展普遍模式的描述，为我们提供了儿童心理成长的基本框架。但就每个个体而言，尽管心理发展遵循相同的模式，也必须注意到发展的个体差异是巨大的：不仅发展的速度、最终达到的水平各不相同，各种心理过程和个性心理特征也不相同。刚刚出生的孩子，就有明显的个体差异，心理学家认为，儿童是带着先天气质特征降临于世的，这些先天气质特征更多地受儿童神经系统活动类型的影响，也部分地反映了胎儿期受到的环境刺激状况。在儿童的智力发展领域，个体差异以不同的方式体现：有的儿童早慧，有的儿童天生有智力缺陷；有的儿童具有较高的言语方面的智力，有的儿童则在操作、推理方面具有优势。儿童更是体现出多姿多彩的性格特征：有的活泼、外向、热情、喜爱交往；有的沉稳、内向、不太合群。儿童个体间的差异是如何造成的？这些差异怎样才能得到准确的评估？如何科学地解释儿童彼此之间的个体差异？儿童发展心理学要对这些问题作出恰如其分的解答。目前，儿童的气质特点可以通过母亲的观察与感受、气质量表来加以评估。智力测验是了解儿童智力发展的最可靠的工具，自1905年第一个智力测验量表问世以来，智力测验在儿童个体差异测量中运用得最为广泛。通过纸笔测验、投射测验等手段，我们也能较好地了解儿童的个性特点。

（三）揭示儿童心理发展的原因和机制

我们不仅要了解儿童心理发展的普遍模式和存在的个别差异，从本质上说，更需要揭示儿童心理发展的原因和机制，从而构建有关心理发展的理论体系。皮亚杰对儿童思维发展机制的揭示就大大丰富了我们对儿童思维本质的认识，而他所描述的儿童思维发展阶段依据的是不同年龄阶段的孩子思维的机制在本质上是有差别的。如感知动作阶段的儿童，思维离不开动作的参与，动作是思维的来源与过程；前运算阶段的儿童，思维从动作思维向具体形象思维转化；具体运算阶段的儿童，获得了守恒概念，思维具备了运算的性质，但运算的对象只能停留在具体的对象；形式运算阶段的儿童思维的机制是可摆脱具体的事物而进行抽象的运演。而“内化与外化的双向建构”（同化与顺应）则是贯穿于整个思维发展过程，并使思维发展水平出现量变与质变的内在原因和机制。对儿童语言获得而言，争论的焦点在于，为什么儿童能在出生后的短短三四年内，就能基本上掌握并运用本民族的语言？母语不同、语言环境不同，为什么儿童语言发展会经历如此相似的历程？围绕这些焦点问题，有人提出存在先天的语言获得机制，也有人认为模仿在儿童语言获得中发挥了巨大作用。可以说，对心理发展原因和机制的揭示，不仅有助于我们更好地遵循儿童心理发展的规律，也使我们对儿童心理发展的培养与干预具有了科学的依据。

（四）探究不同的外在环境对心理发展的影响

决定心理发展的因素主要是遗传与环境。遗传的作用在儿童出生时就已经充分体现了，环境则在儿童成长过程中不断地施加影响。儿童生活的环境千差万别，这些环境因素也被视为儿童行为的生态圈。在这些生态环境中，儿童接触时间最长、影响最大的几个因素分别是家庭、学校和社区。在成长的不同阶段，这些生态环境对儿童的影响是不同的。就家庭而言，父母的养育方式、文化水平与职业状况、父母个性、亲子关系的质量、家庭类型（完整家庭还是单亲家庭）、家庭的物质生活条件等是对儿童发展产生影响的主要因素。学校中的师生关系、同伴关系、班级凝聚力、教师的教学与管理方式等，对不同的儿童会产生不同的影响。在社区环境方面，邻里关系、社区文化娱乐设施、社区社会支持体系等是较为重要的环境变量。就目前而言，普遍得到关心的环境因素通常涉及独生子女家庭的环境影响因素，信息化社会中电视、网络对不同年龄个体心理发展的影响等。了解不同的生态环境对儿童发展的影响，既有助于揭示心理发展的原因和机制，也可以为营造儿童健康发展的生态环境提供科学的指导。

（五）提出帮助与指导个体心理发展的具体方法

总体而言，儿童发展心理学是一门理论密切结合实际的学科。理论的构建不仅仅是为了解释种种心理现象发生发展的过程与原因，更应该结合社会实际和儿童的需要来指导他们健康地发展。前一部分研究可以称为基础理论研究，后一部分研究可以称为应用性研究。随着儿童发展心理学这门学科的进展，应用发展心理学越来越受到研究者和实际工作者的关注。因此，描述儿童发展的普遍行为模式，解释和测量发展的个别差异，揭示儿童心理发展的原因和机制，以及探究不同的外在环境对心理发展的影响，其最终目的是为了帮助儿童顺利地度过每个发展阶段，帮助儿童解决发展中遇到的困难或暂时的障碍。例如，通过对儿童早期依恋现象的探讨，可以提出有助于儿童形成安全依恋的有效方法；通过对学龄初期儿童认知与行为特点的探讨，可以提出培养儿童集中注意力、控制自我行为的有效手段，从而减少儿童的多动行为。

从儿童发展心理学的主要研究内容上来分析，不难看出它处于基础研究与应用研究的交叉面上，其研究的结果既能深化我们对心理发展相关问题的认识，也有助于我们解决儿童心理成长过程中的实际问题。

第二节　儿童观演进及科学儿童发展心理学的诞生

心理学有着“悠久的过去，短暂的历史”，发展心理学也不例外。有史以来，儿童多半被认为是成人的雏形，“只是比较小、比较弱、比较笨的成人，随着年龄的增长，变得强壮聪明起来，显露出身上确实始终存在的成人特征”。

一、早期的东西方儿童观

在古希腊、古罗马社会，受到“人是自由的”哲学观点的影响，柏拉图、亚里士多德等人把儿童视作是理性的动物、能动的主体。亚里士多德提出了“自由教育”的观点，这是以发展自身为目的的教育，一方面要促进人的身体、情感和智慧的和谐发展，另一方面要促进人的理性的充分发展。亚里士多德所强调的自由教育应该是非常广泛和广博的，所以希腊人发展了一种课程，即后世著名的七艺：文法、修辞、辩证法、算术、几何、天文、音乐。“自由教育”的思想内涵一直传承至古罗马时代，影响甚为久远。但由于亚里士多德的“自由教育”是针对当时的“自由人”所提出，获得教育的儿童也只是公民、贵族的后代，并不包括大量的奴隶家庭出生的孩子，所以其观点有所局限，缺乏普适性。

与柏拉图、亚里士多德等人同时期的东方，孔子提出从人性的角度看待儿童，他认为只要是有学习的愿望都应得到教育。孟子则对儿童的“性”进行了更多诠释，他认为“性”即指儿童的本性、天性，提出了儿童的“性善论”，提出帮助儿童“存善性，明人伦”便是教育目的。此后另有哲学家荀子提出儿童“性恶论”的观点，主张教化儿童的过程便是去恶扬善的过程。虽与孟子的思想相悖，但荀子仍是从人性角度看待儿童。中国古代的士大夫们也提倡需培育儿童全面发展，从而衍生出“六艺”的课程，即“礼、乐、射、御、书、数”六种技艺。

但是不管在东方还是西方儿童的独立人格并不曾得到认同，对于门第等级观念根深蒂固的古代中国和欧洲，儿童的命运取决于出身，若非贵族、士大夫之后，儿童便是封建领主的私有财产。而古代中国“君君臣臣，父父子子”的伦理观点，也使儿童处处受制于成人世界，儿童本性中天真、活泼的特性全然遭到忽视。

除哲学思想外，宗教观点在盛行时期更能折射当时的儿童观。《圣经》中有关儿童的观点可以从《旧约全书》和《新约全书》中得到反映。《旧约全书》中的观点是，儿童是被剥夺权利的、邪恶的人，他们生来就有原罪。这些天生的罪人需要严加管制，以免变得更为邪恶。而《新约全书》中则提到，儿童天生是无罪的，是善良的，只要环境不影响他们的正常成长，长大就是好人。中世纪欧洲的基督教多信奉《旧约全书》中的儿童观，鞭打、虐待儿童的丑闻时有发生。

普托与蝴蝶
Arnold Böcklin（Swiss，1827—1901）

西方早期的儿童观也可以在艺术作品中得到很好地反映。儿童最早出现在绘画艺术中，大约在12世纪，那时画中的儿童不如说是“缩小了的成人”。13世纪以后，艺术作品中的儿童如天使、圣婴耶稣、裸体小男孩普托(Putto)等开始像儿童了。圆脸蛋的小普托出现于14世纪末，并且很快就成为一种装饰图形而盛行于世。但总体而言，文艺复兴运动以前的儿童在很大程度上只是作为成人社会的一个组成部分，被点缀在成人之间。

二、文艺复兴时期的儿童观

文艺复兴运动（公元14—17世纪）的强有力冲击，引起了社会结构和家庭观念的更替，自由教育的传统得到复兴，进而导致儿童观的变革。到15世纪末，出现了很多关心儿童利益与教育的趋向，印刷术的使用助长了这一趋势，有关儿童护理与教育的文字材料都流传开来。但由于文艺复兴的主旨在于恢复古希腊、古罗马的文化，因而针对儿童的教材多半是古典科目，教育方式也是强制的、较死板的。宗教改革后，由于新的中产阶级关于人的观念和伦理学意识的加强以及小家庭的逐步出现，尊重和保护儿童的趋势越来越明显。一直到17世纪以后，一种全新的儿童概念逐渐形成，人们开始注意到儿童甜蜜、纯洁、逗人喜爱的天性，开始把儿童作为有个性的人来了解和抚爱了。从此以后，养育健康而又有成就的孩子就成为父母最关心的事情。

但在科学儿童发展心理学诞生之前，贫瘠家庭的儿童在资本主义发展初期大量进入工厂做童工，他们在资本家眼中成了榨取利润的最佳对象，其自由和权利仍旧遭到剥夺，成为牟利的工具。

三、科学儿童发展心理学的产生

科学儿童发展心理学的产生，除了与近代社会的发展、近代自然科学的发展密切相关外，有两大因素起了直接的推动作用。

（一）自然主义教育运动的影响

18世纪后期到19世纪中期，随着社会观念的变化发展，越来越多的人认识到尊重儿童、发展儿童天性的重要性，进而越来越重视利用儿童心理的特点与规律去教育儿童。

捷克教育家夸美纽斯（J A Comenius）提出，教育必须贯彻适应自然的原则，所谓“适应自然”，包括两层含义：（1）遵循自然界的“秩序”；（2）依据人的自然本性和身心发展的规律进行教育。他把儿童从出生到成熟分为四个年龄阶段，并编写了第一本以儿童年龄特征为基础、系统讲述科学知识的书——《世界图解》。此外，夸美纽斯还提出了一系列符合儿童特点并能促进儿童心理发展的教育与教学原则。夸美纽斯的儿童观对儿童心理学的产生具有重要的影响。

英国哲学家洛克（J Locke）提出了“白板说”，认为人的心灵在出生时就如一块白板，一切知识和观念都是从后天的经验中获得的。洛克将父母描述为理性的家庭教师，他们能够通过认真的指导、有效的例证以及对优秀行为的奖赏等方式将儿童塑造为任何他们想要的样子。洛克推荐的育儿实践远远领先于他所处的时代，时至今日仍为现在的研究所支持。例如，他建议父母不要借助金钱和糖果来奖励孩子，而是应当通过表扬和赞许来表示嘉奖。洛克还反对体罚，他认为：“反复在学校里受挨打的儿童，经历过恐惧和气愤，就不会重视书籍和教师。”洛克的哲学使人们对待儿童的方式由严厉转变为亲切和爱怜。在他看来，儿童心理发展的差异9/10是由教育决定的。他强调要培养儿童的兴趣，发展儿童的独立能力，并认为良好习惯的培养应从很小的年龄就开始。

夸美纽斯
（Johann Amos Comenius，1592—1670）

洛克
（John Locke，1632—1704）

法国思想家卢梭（J J Rousseau）再次提出并强调了教育的自然适应性原则。在卢梭看来，“自然”一词主要是指一种事物保持其本来面貌与原始倾向，外界不强加干预。涉及教育，自然主要指儿童的天性。

在卢梭看来，儿童生来就被赋予了一种是非意识，并有一套可以使他们有序、健康成长的普遍进程表。他的儿童观集中体现在他的教育哲理小说——《爱弥儿——论教育》一书中。在书中，通过虚构的儿童爱弥儿从出生到成人的教育过程，卢梭系统地阐明了他的儿童心理学思想和教育观点。他认为，儿童虽然不是成人，但也不是成人的宠物和玩物，他首先是一个“人”，一个有自己的意识和情感的人。成人要尊重儿童，对儿童的教育要遵循“自然的法则”，应按照他们的本性，考虑他们的年龄特征。他根据自身对儿童发展进程的理解，将儿童的年龄特征分为四个阶段：①出生—2岁，是身体发育较快的时期；

卢梭
（Jean-Jacques Rousseau，1712—1778）

②2—12 岁，是“理智睡眠”或外部感觉发展时期；③12—15 岁，是发展理智的时期；④15—成年，是“激动和热情”时期，这一时期应主要实施道德教育。卢梭关于儿童天性中包含自由、理性和善良因素的结论，以及他呼吁保护儿童纯真天性、让儿童个性充分发展的主张，在当时产生了巨大的影响。

意大利著名教育家蒙台梭利（M Montessori），是蒙台梭利教育法的创始人。她的教育理念建立在对儿童的创造性潜力、儿童的学习动机及作为一个个人的权利的信念的基础之上，她视儿童为“具有潜在生命力”的个体。

蒙台梭利曾提出过颠覆传统的观点：“儿童是成人之父，是现代人的教师。”她把儿童当成儿童，尊重儿童的情感和人格，尊重儿童个性的发展和培养，提倡由孩子自己主动地去受教育。她认为只有当儿童自己决定了学习的方向和速度时，他才能学习得最好。蒙台梭利教育法的直接目的是帮助儿童形成健全的人格，主要内容包括个别教育与团体教育，前者通过区域活动进行，后者通过主题活动进行，二者相辅相成。教育方法以“有准备的环境”为核心。在蒙台梭利看来，儿童成长所需要的环境有别于成人世界，养育者应该在了解儿童身心发展特点的基础上给予他适合“潜在生命力”发展的环境。至于教师与儿童之间的关系，蒙台梭利认为应以儿童为主体，教师是儿童活动的观察者和指导者，要给予儿童最多的自由活动的权利，只需在适当的时候指引儿童。蒙台梭利自 1907 年在意大利为那些发展不良和迟滞的儿童建立了第一个“儿童之家”后，她的儿童观和教育理念传播到了世界各地，对此后的儿童教育产生了深刻的影响。

蒙台梭利（Maria Montessori，1870—1952）

从总体上看，自然主义教育运动的盛行，一方面强调儿童的身心发展有其自然规律，教育应当顺应儿童的天性，应遵循和尊重这些规律而不是与其对抗；另一方面，对了解儿童心理提出了更高、更迫切的要求。

（二）进化论的影响

由拉马克（J B Lamarck）最初提出的进化论思想，经达尔文（C R Darwin）的系统科学研究，在他的一系列著作中得到了充分的体现。达尔文经过 27 年的环球考察与研究，于 1859 年出版了《物种起源》，详细描述了物种变异进化的规律。在《人类的由来和性选择》（1871）一书中，达尔文提出“人猿同祖”的观点，并认为人与动物具有心理上的连续性；《动物与人类的表情》（1872）一书则进一步分析了人类与动物表情上的共性和共同的发生根源。他提出：“尽管人类和高等动物之间的心理差异是巨大的，然而这种差异只是程度上的，并非种类上的。我们已经看到，人类所自夸的感觉和直觉，各种感情和心理能力，如爱、记忆、注意、好奇、模仿、推理等，在低于人类的动物中都处于一种萌芽状态，有时甚至处于一种十分发达的状态。”达尔文不仅从种系演化的途径研究了人类心理的发生与发展，也从个体变化的途径研究了个体心理的发生与发展。他认为，通过对儿童的观察研究可以了解人类心理的发展，并揭示动物心理向人类心理的演变过程，儿童成了研究进化的最好的自然实验对象。达尔文根据长期观察自己孩子心理发展的纪录而写就的《一个婴儿的传略》（1876），是儿童心理学领域早期的专题研究成果之一。

拉马克
(Jean-Baptiste de Lamarck,
1744—1829)

达尔文
(Charles Robert Darwin,
1809—1882)

科学儿童心理学的产生，以1882年德国生理学家和心理学家普莱尔（W T Preyer）的《儿童心理》一书的出版为标志。《儿童心理》是第一部科学、系统的儿童心理学著作，包括儿童感知的发展、儿童意志（或动作）的发展、儿童理智（或言语）的发展。在该书中，普莱尔通过对自己孩子从出生到3岁的系统观察与描述，肯定了儿童心理研究的可能性，并阐述了遗传、环境、教育在儿童心理发展过程中的作用。《儿童心理》一书的问世，给科学儿童发展心理学的诞生奠定了最初的基石，普莱尔也因此被誉为科学儿童发展心理学的奠基人。

普莱尔
(William Thierry Preyer,
1841—1897)

继普莱尔之后，美国心理学家霍尔（G S Hall）于20世纪初首次用问卷法对儿童青少年的行为、态度、兴趣等作了广泛而系统的调查研究，在西方社会掀起了一股“儿童研究运动”热潮，对儿童发展心理学的学科发展起了极大的推动作用。此外，法国的心理学家比纳（A Binet）首创用智力量表进行个体差异鉴别，美国心理学家格塞尔（A Gesell）提出了婴幼儿发育常模，以及美国行为主义心理学的代表人物华生（J B Watson）建立的儿童情绪的条件反射理论等，都对发展心理学学科的形成与完善作出了贡献。

第三节　发展心理学的基本主题

一、心理发展及其特征

（一）心理发展

心理发展（或简称发展）是指个体随年龄的增长，在相应环境的作用下，整个反应活动不断得到改造，日趋完善、复杂化的过程，是一种体现在个体内部的连续而又稳定的变化。发展通常使个体产生更有适应性、更具组织性、更高效和更为复杂的行为。

发展首先是一系列的变化，但并非所有的变化都可称为发展：只有那些有顺序的、不可逆的，且能保持相当长时间的变化才属于发展。暂时的情绪波动以及思想和行为的短暂变化等不包括在发展之内。

在发展心理学家看来，发展性变化的最主要特点是可以观察的跨年龄的行为变化。为什么要这样理解呢？第一，将发展性变化与年龄联系了起来，年龄特征或者时间并非自变量，只是一个本身便存在的维度；第二，将行为作为研究的焦点，即研究中的因变量。

（二）心理发展的年龄特征

不同的个体在生理发育、心理和社会化的发展方面都存在个别差异，同一个人在生理、心理和社会等方面的成熟也不同步。对于儿童来说，年龄越小，生理发育对其心理发展的影响就越大，随着儿童年龄的增长，社会化的发展对心理发展的影响逐渐加强。

个体的心理年龄特征是指在发展的各个阶段中形成的一般的（具有普遍性）、本质的（表示具有一定的性质）、典型的（具有代表性）心理特征。毫无疑问，一切发展都是和时间相联系的，心理年龄特征和个体的实际年龄、生理年龄有关。但与此同时，心理年龄特征并不意味着每个年龄都有相应的年龄特征。在一定的条件下，发展的心理年龄特征具有相对稳定性；随着社会生活和教育条件等环境的改变，也有一定程度的可变性。“成熟期前倾”就典型地反映了由于物质生活条件的改善，导致青少年生理发育普遍提前，与此相应的心理年龄特征也提早出现。

依据心理发展的年龄特征，可以对发展的阶段进行划分。研究者根据不同的发展维度，来看待人生的发展阶段。例如，柏曼（Berman）以生理发展中内分泌腺的发展特点作为个体发展的分期标准，把个体生理发展划分为胸腺期（幼年时期）、松果腺期（童年时期）、性腺期（青年时期）。达维多夫和艾利康宁（V V Davidoff & D V Eliconing）按儿童的活动特点将个体发展的早期阶段划分为：直接的情绪性交往活动（0—1岁）、摆弄实物活动（1—3岁）、游戏活动（3—7岁）、基本的学习活动（7—11岁）、社会有益活动（11—15岁）、专业的学习活动（15—17岁）。皮亚杰（J Piaget）以智慧发展的不同类型来区分个体发展的阶段，分为：感知运动阶段(0—2岁)、前运算阶段（2—7岁）、具体运算阶段（7—12岁）、形式运算阶段（12—成人）。弗洛伊德（S Freud）、埃里克森（E H Erikson）以个性特征作为划分阶段的依据，弗洛伊德以心理性欲为依据，将儿童发展阶段划分为口唇期（0—1岁）、肛门期（1—3岁）、性器期（3—5岁）、潜伏期（5—12岁）和生殖期（12—20岁）。埃里克森把儿童心理发展划分为八个阶段，并认为每个阶段都有一个中心发展任务即解决一对矛盾：基本的信任感对基本的不信任感（0—1岁）、自主感对羞怯感（1—3岁）、主动感对内疚感（3—6岁）、勤奋感对自卑感（6—11岁）、同一性获得对同一性混乱（青少年期）、亲密感对孤独感（成年早期）、繁殖感对停滞感（成人中期）、完善感对失望感（老年）。不论以何种标准来进行划分，发展的心理年龄特征总有相当的整体结构性，表现在个体成长过程中主导的生活事件和活动形式上、智力与人格发展等方面的特点上，而不是一些无关特征的并列和混合。

另外，个体从出生到成熟并不总是按相同的速度直线发展的，而是体现出多元化的模式，表现在：不同系统在发展速度、起始时间、达到的成熟水平不同；同一机能系统特性在发展的不同时期（年龄阶段）有不同的发展速率。从总体发展来看，幼儿期出现第一个加速发展期，然后是儿童期的平稳发展，到了青春发育期又出现第二个加速期，然后再是平稳地发展，到了老年期开始出现下降。

（三）心理发展的基本模式

1. 反应活动从混沌未分化向分化、专门化演变

儿童最初的心理活动是笼统、弥漫而不分化的。无论是认识活动还是情绪，发展趋势都是从混沌、暧昧到分化和明确。也就是说，最初是简单和单一的，后来逐渐复杂和多样化，进而专门化。例如，幼小的婴儿只能笼统地分辨颜色的鲜亮和灰暗，到了 3 岁左右才能辨别各种基本颜色。又如，心理学家认为新生儿的情绪状态是笼统的，只是一种弥散性的兴奋或激动，是一种杂乱无章的未分化的反应，需要好几年以后才逐渐分化出内疚、害羞、妒忌、自豪等复杂而多样的情绪情感。再如，大脑左右半球偏侧化的发展表明，个体的大脑并非天生具有专门化的特点，而是伴随儿童成长过程中的髓鞘化和突触剪除过程，才逐渐发展出专门的皮层功能区以及左右半球的优势功能。

2. 反应活动从不随意性、被动性向随意性、主动性演变

儿童心理活动最初是被动的，心理活动的主动性后来才发展起来，并逐渐提高，直到成人所具有的极大的主观能动性。所谓不随意反应，是指不受意志努力支配、而是直接受到外来影响支配的反应。随意性反应活动则与之相反，个体可以通过意志努力，以延续优势反应或抑制优势反应。新生儿的反射活动，如吮吸反射、抓握反射等完全是无意识的不随意活动。随着年龄的增长，儿童逐渐开始出现自己能意识到的、有明确目的的心理活动和行为，然后发展到不仅意识到活动目的，还能够意识到自己的心理活动和行为进行的状况和过程。这种有意活动的逐渐增多促使个体自我控制能力的迸发，使心理活动的自觉性不断提高。

儿童心理活动的被动性，很大程度上受生理特别是大脑的神经系统发育成熟度的制约和局限。如早期个体前额叶皮层发育不完善，抑制能力较差，注意力极易受影响而分散，而到学龄期时随着大脑神经系统发育的逐渐成熟，个体已能在一定场合和时间控制并调节自己的行为，表现出个体的主动性和抑制能力已大大加强。

3. 从认识客体的外部现象向认识事物的内部本质演变

儿童最初只能依据客观事物或事件的外在现象与特征，来对它们进行把握。根据皮亚杰的理论，感知运动阶段的儿童通过感知、动作来认识世界，五彩缤纷的色彩、各种各样的形状、亲身经历的事件，构成了儿童对周围环境的认识和初步判断。当进入前运算阶段时，认识仍然主要受自我中心主义的限制，即专注直觉状态，依赖于事物的外表而不是潜在的实体，明显缺乏灵活性和深刻性。例如，该阶段的儿童在进行道德判断时，总是依据行为的客观后果作出评判，而难以考虑到行为的动机和意图；他们往往仅依据一个人的长相和一般表现，就来判断他是好人还是坏人。随着年龄的增长，认识逐渐深刻，儿童开始对外部现象与内在本质进行区分，在认识事物与思考问题时不再受外部现象即真实情境的束缚，可以触及现象背后的实质，并能将心理

运算运用于可能性和假设性场景。这预示着他们心理活动的深刻性与抽象性大大加强。

4. 对周围事物的态度从不稳定、不系统化向稳定、系统化演变

儿童的心理活动最初是零散杂乱，心理活动间缺乏有机的联系，而且非常容易变化。很可能前一天问他是否喜欢吃某一食物时获得了肯定的答复，过一天后再询问时则是截然相反的回答。低幼年龄儿童情绪波动大，时哭时笑；或者一会儿指东一会儿指西。这都是心理活动没有形成体系的表现。正因为不成体系，心理活动非常容易变化，显得很不稳定。随着年龄的增长，儿童的心理活动逐渐组织起来，有了系统性，也就形成了整体，有了稳定的倾向，逐渐发展出每个个体固有的个性。

需要说明的是，这四项基本发展模式并非简单并行的，它们之间有密切联系。心理活动的专门化、主动化、抽象化和系统化密不可分，表现在同一个体身上，便逐渐形成有特色的个性心理特征。

二、心理发展的基本主题

在试图描述和解释儿童发展变化的过程中，发展心理学家所关注的三个基本主题仍备受争议。首先，关于遗传和环境对发展各方面的影响，发展心理学家们争议颇多。其次，他们一方面试图揭示发展中的普遍规律，另一方面又研究发展中的多样性。最后，在描述某些特征是如何随时间而发展时，发展心理学家们又分为主张连续性发展和主张阶段性发展两派。这三个基本主题，简而言之可归结为：先天和后天，普遍性和多样性，量变和质变。

(一) 先天和后天

所谓先天是指个体的生物性状——即在受精的那一刻，个体从父母那里获得的遗传信息。有些遗传特征会显现于物种的每个成员之中，例如，几乎所有儿童都有直立行走（行走、跑等）、语言以及使用简单工具的天赋。另一些遗传特征则因人而异，例如，人的外貌特征、运动能力各不相同。而性格、智力等心理特质也部分地受到遗传的影响。一些遗传特征和倾向在出生时并不明显，随着个体的成熟逐渐显现出来。

所谓后天是指出生前后影响我们生物成分和心理经验的那些自然环境和社会领域中的复杂力量。后天环境包括家庭、同伴、学校、文化、媒体及人类所处的广阔社会。后天环境通过多渠道影响儿童的发展。

到目前为止，发展心理学家都认可先天和后天都对个体的发展发挥了一定的作用，然而不同的研究者所强调的重点是不同的。例如，儿童在身体协调、智力、人格和社会技能等方面的巨大差异产生的原因是什么？儿童之所以能够获得语言，是因为他们普遍具有语言获得的先天能力和倾向性，还是因为父母在其年幼时倾力指导的结果？先天和后天何者的贡献更大一些？

目前普遍的看法是，先天和后天其实很难进行拆分，它们各具优势又相互渗透。在发展的不同领域，遗传和环境的相对作用各不相同。一些受大脑系统主导的领域更依赖于遗传的作用，而一些知识的掌握和高超技艺的发展则更多地依赖于环境的支持。但是在一些极端条件下，譬如早期经验的严重剥夺或者在某个特定年龄中，环境因素会产生更大的作用。发展心理学家称那些特定年龄为心理发展的关键期。

理论关联1—1

心理发展的关键期（Critical Period of Psychological Development）

奥地利动物习性学家劳伦兹（K Z Lorenz）在研究小鸭和小鹅的习性时发现，它们通常将出生后第一眼看到的对象当做自己的母亲，并对其产生偏好和追随反应，这种现象叫“母亲印刻（imprinting）”。心理学家将“母亲印刻”发生的时期称为动物辨认母亲的关键期（critical period）。关键期的最基本特征是，它只发生在生命中一个固定的短暂时期。如小鸭的追随行为典型地出现在出生后的24小时内，超过这一时间，“印刻”现象就不再明显。

人类的胎儿在胚胎期（孕期第2—8周）是机体各系统与器官迅速发育成长的时期，若受到外界不良刺激的影响，相比较于个体成长的任何其他时期，是最易造成先天缺陷的时期。

心理学家运用关键期是指，人或动物的某些行为与能力的发展有一定的时间，如在此时给以适当的良性刺激，会促使其行为与能力得到更好的发展；反之，则会阻碍其发展甚至导致其行为与能力的缺失。一般认为有四个领域的研究可以证实关键期的存在：鸟类的印刻、恒河猴的社会性发展、人类语言的习得以及哺乳动物的双眼视觉。

印度发现的“狼孩”，是关键期缺失的典型事例。1920年，美国牧师辛格在印度发现两个“狼孩”，小的2岁，不久就死去了；大的约8岁，取名卡玛拉。这两个“狼孩”从狼窝里救出来的时候，她们的行为习惯和狼一样，白天睡觉，夜晚嚎叫，爬着走路，用手抓食。她们怕水、怕火，从不洗澡。在辛格的悉心照料和教育下，卡玛拉花了2年才学会站立，4年学会6个单词，6年学会直立行走，7年学会45个单词，并学会了用碗吃饭和用杯子喝水，到卡玛拉17岁去世时，她的智力仅仅相当于4岁儿童的心理发展水平。

一般而言，运用关键期这一概念，通常意味着缺失了关键期内的有效刺激，往往会导致认知能力、语言能力、社会交往能力低下，且难以通过教育与训练得到改进。有研究者认为，关键期的缺失对人类发展所造成的负面影响，通常在极端的情况下才难以弥补，对人类大部分心理功能而言，也许用敏感期这样的概念更为合适：各种心理功能，成长与发展的敏感期不同，在敏感期内，个体比较容易接受某些刺激的影响，比较容易进行某些形式的学习。在这个时期以后，这种心理功能产生和发展的可能性依然存在，只是可能性比较小，形成和发展比较困难。例如，运动技能的学习关键期在10岁左右结束，如果一个人在此之前学习一种乐器，那么他经过较少的练习就能够演奏这种乐器，并且很容易保持这种技能。然而，如果一个人在10岁以后学习乐器，他仍然可能成为出色的演奏家，只是他必须进行更多的练习，付出更大的代价，所谓“事倍功半”。

［资料来源］桑标. 儿童发展心理学［M］. 北京：高等教育出版社，2009：11－13.

（二）普遍性与多样性

有些发展的变化出现在每个人身上，这些变化说明了发展过程中的普遍性。例如，除非有生理残疾，否则所有的儿童都能学会坐、爬、走、跑，这些动作几乎是一成不变地按顺序而发展。另一些变化则具有较高的个体化和特殊性，这说明了发展的多样性或个体差异。例如，有些儿童比较敏感、羞怯，有些儿童则比较粗犷与大胆。

尽管儿童的成长环境有时候看上去迥然不同，但事实上，只要环境条件没有特别的缺失，所有人都能获得基本的运动技能、语言、观点采择能力、控制冲动的能力等。发展心理学家的分歧在于：有一些人更强调发展的结果和成就普遍体现在所有人身上，另一些人则偏向于坚持个体发展的独特性。

然而，尽管一个正常儿童的发展总是要经历一些共同的基本阶段，但发展的个体差异仍然非常明显。每个人的发展优势（方向）、发展速度、发展高度（达到的水平）往往是千差万别的。例如，有的人观察能力强，有的人记性好；有的人爱动，有的人喜静；有的人善于理性思维，有的人长于形象思维；有的人早慧，有的人则开窍较晚。正是由于这些差别，才构成了多姿多彩的人类世界。

与先天和后天的相对作用取决于不同的领域类似，普遍性和多样性之间也存在这样的关系。发展的道路在由成熟严格控制的领域中具有普遍性，比如生理的、认知的发展。多样性则在其他领域居主导地位，比如社会性和道德的发展。

（三）发展的质变与量变

心理学家们认为个体发展的本质就是变化性，广义的发展涵盖了两种最基本的变化：转换性变化和变异性变化。转换性变化是一个系统的形式、组织或者结构的变化。例如毛毛虫变蝴蝶，蝌蚪变青蛙。转换性变化会导致新事物的出现，随着形式的变化，事物也会变得越来越复杂。人们通常把这种出现新事物的变化称之为质变，这种变化无法通过纯粹的量的增加来获得。同样，说到发展的“非连续性”时也是指新事物的出现与质变。阶段、时期或水平等都是和发展有关的概念，但都是指转换性变化所引起的新事物出现、质变以及非连续性的情况。

发展的阶段模型将发展看成是非连续的，在前后不同的发展阶段，发展是跳跃式地以产生新的行为模式的形式展开的，具有质的差异。这种观点认为发展是在特定时期以新的方式来理解和回应外界的过程。如果发展以阶段的形式出现，那么在发展的特定时期，思想、感觉和行为都会发生质的变化。阶段理论认为，发展就像爬楼梯，每一级台阶都相应地代表一种更为成熟的、以新方式重组的技能。它假定，当儿童从一个阶段迈向另一个阶段的时候，他们会经历急骤的转型，而之后便会在本阶段中处于稳定的平原期。换言之，变化是相当突然的，而不是逐渐的、随时都在进行的。皮亚杰的智力发展理论、弗洛伊德的个性发展观点都是阶段模型的代表。

变异性变化是指变化偏离标准、常模、均值的程度。婴儿的伸手触摸行为、学步儿童行走准确性的提高、词汇量的增加以及获得优或差的学业成绩等都是变异性变化的实例。从适应的观点看，变异性变化使技能或能力变得更为精确。这种变化可以描述为线性的，是自然积累的过程。所以变异性变化是数量性质和连续性质的，也就是人们常说的量变和连续性。

在连续发展模型中，发展被视为是感知、运动、认知技能与操作上的平稳的、连续的量的增加。非成熟个体和成熟个体之间的区别仅仅在于各种行为、技能在数量或复杂程度上的不同。例如运动能力，儿童以简单的抓握为基础，逐渐发展出各种精细动作，便是一种累加。行为主义观点是连续发展模型的典型代表。

目前较为综合的看法是，不把质变与量变分割开来看成相互竞争的双方，而是将二者视为心理发展的必需成分，作为一个整体相辅相成，从而形成一套动态系统。换而言之，心理发展既体现出量的积累，又表现出质的飞跃。当某些代表新质要素的量积累到一定程度时，就会导致质的飞跃，也即表现为发展的阶段性，随后在新阶段中的新质要素又将继续积累，直至发生再一次的质变。

第四节 发展心理学的新近进展

由于发展心理学涉及个体的心理成长与发展，一直以来都是心理学家关注的主要领域。随着时代的变迁、社会的需求、学科的融合、研究技术的更新，发展心理学也呈现出令人欣喜的进展。在本节，我们主要就生态系统发展观普遍得到重视、将发展的视角伸展到毕生发展、重视核心领域的认知发展研究、发展的神经科学研究大量出现、应用发展心理学蓬勃兴起五个方面略作介绍。

一、生态系统发展观普遍得到重视

现代心理学脱胎于哲学，以实验室实验为主要研究手段。然而研究者们也同时发现，源自于严格实验室实验的结论，未必能很好地描述现实情境中成长的个体心理特征，当面对尚未成熟的儿童时，有时候可能误差更大。

20 世纪 70 年代末以来，西方发展心理学领域出现了一个新趋势，即“生态化运动（the ecological movement)”。从生态学的观点来看，个体是在真实的自然和社会环境中成长起来的，其心理发展要受到多种因素的影响，而这些因素之间又是相互作用、相互影响的，是一个完整的系统。个体心理发展的水平、特点和变化，都是该系统中各因素相互作用的综合结果。实验室实验由于情境系人为创设，且变量控制严格，孤立考察某个或某些因素对个体心理发展的影响，因而难以揭示自然条件下个体的真实心理和行为。“生态化运动”强调在现实生活中、自然条件下研究个体的心理与行为，研究个体与自然、社会环境中各种因素的相互作用，以揭示真实自然条件下的心理发展与变化的规律。也就是说，对个体心理发展的研究要走向现实环境，把实验室研究固有的严格性移植到现实环境中去，在其中揭示变量之间、现象之间的因果关系；关注儿童发展，更应关注儿童发展的生态环境系统。

布朗芬布伦纳（Urie Bronfenbrenner）关于发展的生物生态模型（bioecological model，1979，1993）是生态发展观的代表，对情境如何影响儿童发展作了最细致、最彻底的解释。由于儿童受生物性影响的气质与环境共同铸就了发展，所以布朗芬布伦纳将他的观点描述为一种生物生态模型。他提出了四种环境系统，由小到大（也是由内到外）分别是：微系统（microsystem)、中系统（mesosystem)、外系统（exosystem）以及宏系统（macrosystem)。从微系统到宏系统，对儿童的影响也从直接到间接（见图 1－1)。

布朗芬布伦纳
（Urie Bronfenbrenner，1917—2005）

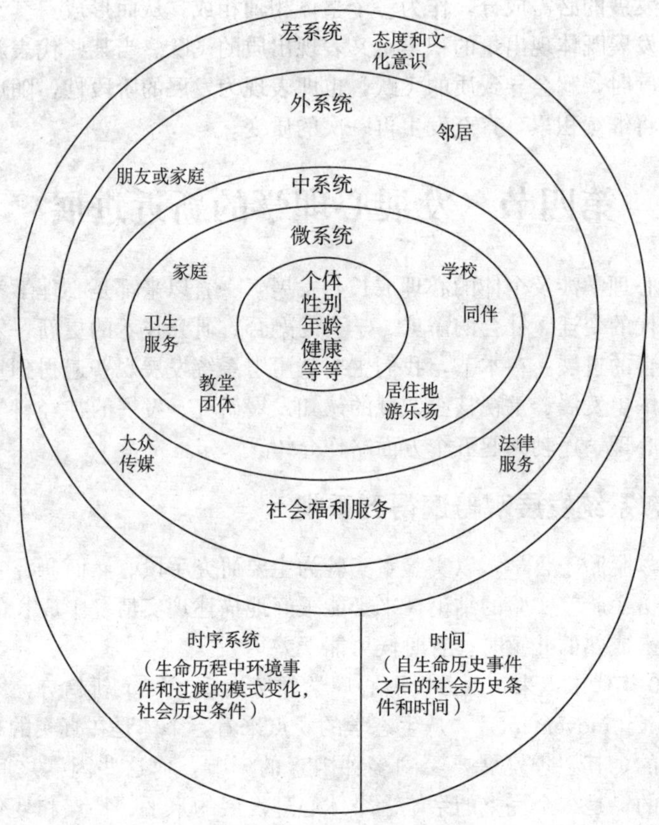

图 1－1　生物生态模型

微系统指对儿童产生最直接影响的环境，主要有家庭、学校、同伴及网络。中系统指个体与其所处的微系统及微系统之间的联系或过程。举例来说，儿童的学业进步不仅取决于他/她在班级中的活动，而且还受父母参与学校生活和孩子自己在家中继续学习程度的影响（Epstein & Sander，2002）。外系统指那些个体并未直接参与但却对个人有影响的环境，如传媒、社会福利制度等。宏系统是一个文化系统，涵盖社会的宏观层面，比如价值取向、生产实践、风俗习惯、发展状况等。

除了上述环境系统以外，还存在着一个时序系统（chronosystem），用于解释成长的时间维度。生活事件的变化可能是源于儿童外界环境的作用，同时，这些变化也可能是源于儿童自身，因为在成长的过程中，儿童会选择、修正和创造自己的环境和经验。而儿童选择、修正和创造环境与经验的方式又取决于他们自身的身体、智力、人格特点和环境机遇等因素。因此，在生态系统理论之中，发展既不是由外界环境所控制的，也不是由个体的内部倾向性所决定的。而应当说，儿童既是环境的产物又是环境的缔造者，所以儿童与环境共同建构起一个相互依赖、共同作用的网络。人与环境之间达到最佳拟合有利于心理发展，如果拟合不理想，人就会通过适应、塑造或更换环境来提高拟合度。

与生态发展理论相一致，观察法在儿童心理发展研究中重新得到重视，这是因为观察法具有较高的生态效度，避免了实验室实验中实验变量的操纵可能遇到的伦理问题，而且现代化电子技术的日益成熟，为观察法的使用提供了新的手段，如录像带可以重播、慢放，可以对被观察的行为事件进行仔细、准确地编码分析等。毫无疑问，相对于精确的实验室实验结果，自然生态条件下的行为观察能更真实地把握个体发展的整个图景，参考价值也更大。

二、将发展的视角伸展到毕生发展

传统上的发展心理学，关注的是从出生到发育成熟这一阶段个体的成长与发展。因此，从某种程度上说，发展心理学几乎就等同于儿童心理学。从 20 世纪 60 年代后期开始，受系统科学方法论的影响以及现代社会逐步向老龄化过渡，加之发展心理学本身研究范围的拓展，越来越多的心理学家开始将人的毕生（life-span）发展作为研究对象，毕生发展观（lifespan development perspective）也逐步成为发展心理学中的主流趋势。

德国柏林的 Max-Plank 人类发展研究所的巴尔特斯（P B Baltes）是毕生发展心理学研究的倡导者和代表人物。毕生发展的核心假设是：个体心理和行为的发展并没有到成年期就结束，而是扩展到了整个生命过程，它是动态、多维度、多功能和非线性的，心理结构与功能在一生中都有获得、保持、转换和衰退。毕生发展观的基本思想主要包括以下四个方面。

（一）个体发展是整个生命发展的过程

人的一生都处在不断的发展变化中，从生命的孕育到生命的晚期，其中的任何一个时期都可能存在发展的起点和终点。传统的心理发展观主张心理发展从生命之初开始，儿童青少年是发展的主要年龄阶段，到成年期心理发展处于稳定，到了老年阶段心理衰退则成为其主要特征。因此，传统的心理发展观强调早期发展经验对以后发展的重要性，认为后继的发展直接取决于先前的经验。毕生发展观则主张心理发展不仅取决于先前的经验，而且也与当时特定的社会背景等因素有关，因此，一生发展中任何阶段的经验对发展均有重要的意义，没有哪一个年龄阶段对于发展的本质来说特别重要。

巴尔特斯
（Paul B Baltes，1939— ）

（二）个体的发展是多方面、多层次的

心理和行为发展的各个方面，甚至同一方面的不同成分和特性，其发展的进程与速率都是不相同的。表现在个体身上，有些方面的发展变化可以表现为一条不断平稳上升的直线，有些方面则可能表现为一条波动的曲线；有的方面先慢后快发展，有的方面则先快后慢发展，也有的方面是终身保持不变或是终身都在不断地改变。如在智力发展领域，巴尔特斯将智力分成认知机械（mechanics of cognition）和认知实用（pragmatics of cognition）两种成分，或称液态机械和晶态实用，这基本对应于卡特尔（R B，Cattell，1971）所提出的液态智力和晶态智力。认知机械反映了认知的神经生理结构特性，它随生物进化而发展，在操作水平上，以信息加工基本过程的速度和准

确性为指标。认知实用主要与知识体系的获得和文化的作用密切相关，在操作上，它多以言语知识、专业特长等为指标，其中以才智（wisdom）为典型指标。认知机械与认知实用有着不同的发展轨迹：前者在成年早期就开始衰退，呈较明显的倒“U”形发展趋势；后者在成年期后仍不断增长，只是增长的速度明显变慢，并在老年后期出现衰退（图1－2）。

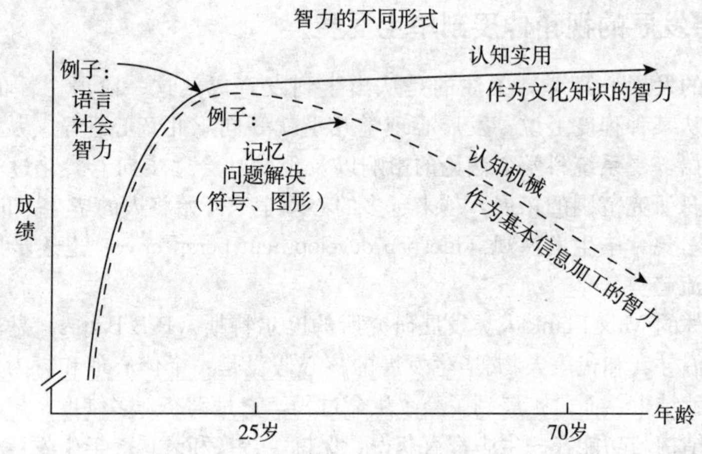

图1－2　认知机械和认知实用的发展

毕生发展观以一种更为全面的眼光来审视发展。它认为发展并不简单地意味着功能上的增加，生命历程中任何时候的发展都是获得与丧失、成长与衰退的整合，任何发展都是新适应能力的获得，同时也包含已有能力的丧失，只是其得与失的强度与速率随年龄的变化而有所不同。以语言的发展为例，在个体获得本民族语言的同时，他对其他语言的发音能力明显降低了。得失法（a gain-to-loss approach）可以用来判断毕生发展的完善程度，即用获得与丧失之间的比率作为评价发展完善程度的标准。比率越大，发展的完善程度就越高，反之，发展就越不完善。成功发展（successful development）就意味着同时达到最大的获得和最小的丧失，相对于人生发展的其他阶段，儿童期是获得最大、丧失最小的阶段。

（三）个体的发展是由多种因素共同决定的

毕生发展观认为，主要有三类影响系统决定个体的发展：一是年龄阶段的影响，主要指生物性上的成熟和与年龄有关的社会文化事件，包括接受教育的年龄（如6岁入学、18岁高考等）、女性更年期、职业事件（如退休）等的影响，而青少年的发育是最典型的年龄阶段的影响。二是历史阶段的影响，指与历史时期有关的生物和环境因素的影响，如战争、经济状况等。当今的儿童都在网络世界里成长，称其为“网络一代”是就历史阶段的影响而言。三是非规范事件的影响，指对某些特定个体发生作用的生物与环境因素的影响，包括疾病、离异、职业变化等。对个人而言，所遇到的非规范事件都不一样，其影响的效果也可能截然不同。可以说，这三类影响系统共同决定了个体一生发展的性质、规律和个体间的差异。

（四）发展是带有补偿的选择性最优化的结果

巴尔特斯认为，选择、最优化、补偿三者之间的协调（orchestration）存在于个体发展的任何过程之中，并提出了带有补偿的选择性最优化模型（selective optimization with compensation，简称SOC)。

选择是指个体对发展的方向性、目标和结果的趋向或回避。最优化是指获取、优化和维持有助于获得理想结果，并避免非理想结果的手段和资源。一般来说，最优化需要许多因素的共同作用，包括文化知识、身体状况、心理状态、目标设定、实践、努力等。补偿则是由资源丧失引起的一种功能反应，主要有两种类型，即创造新手段以达到原有目标或调整目标。

毕生发展观所产生的影响是巨大的，借助于这种观点，我们可以更全面、更深刻地理解人的发展过程，以及不同年龄阶段在生命历程中的意义与价值。

三、重视核心领域的认知发展研究

长久以来，人们普遍接受这样一种观点，认为在发展过程中，人类逐渐形成了一组一般的认知能力，能够用于各种认知任务，而不管任务的具体内容是什么，即领域普遍性观（domain-generality)。以此为指导思想的认知发展研究，强调认知发展普遍过程的存在，并致力于探寻解释儿童认知发展的一般机制，皮亚杰的认知发展理论就是典型的领域普遍性观。但近二十多年来，这种观点遭到了来自多个研究领域的挑战，越来越多的研究者认为，许多认知能力只能专门用于处理特定类型的信息，人类的许多认知能力具有领域特殊性（domain-specific)，发展是以某种领域特殊的方式出现。也就是说，儿童独立地习得了关于特定知识领域的知识，如数、空间或温度等。而且某个领域的习得，并不必然导致另一个领域习得的增长。各个领域具有各自的特异性的习得方式，具有自己特异的认识障碍。

年幼儿童拥有一些重要领域的基本知识或理论，主要包括：(1）有关物理的理论(theory of physics)，指儿童对物理现象的因果关系进行推断的朴素理论（E G Spelke，1994)；(2）有关生物的理论（theory of biology)，指儿童对生物因果规律和原理的朴素观点（Hatano & Inagaki，1994)；(3）有关心理的理论（theory of mind)，指儿童对心理因果关系的认识，是关于自己及他人所知、所想、所欲和所感等具有归因属性心理状态的朴素心理观念（E G Flavell，1999)。

对心理状态的认识是我们日常生活认识中的核心，在日常认识中我们总是论及心理状态、推知他人的意图和信念、通过推测心理状态而预测人们的行为。因此，有关儿童心理理论的发展，成为心理学家普遍关注的核心领域。心理理论并非一般科学意义上的理论，是指对自己和他人心理状态（如需要、信念、意图、感知、情绪等）的认知，并由此对相应行为作出因果性的预测和解释（Happe & Wimmer，1998)。

1978年，普里马克等（Premack & Woodruff）发表于《行为与脑科学》上有关黑猩猩认知能力的研究报告中，首次提出“心理理论”一词。他们认为“说某个个体具有心理理论，意指该个体能将心理状态归因于自己和他人（自己的同类或其他物种）”。1983年，韦默等（Wimmer & Perner）开始从发展心理学角度探讨儿童心理理论问题，首创“错误信念”研究范式。错误信念任务测试的是儿童能否站在自己的立场来理解他人所持有的错误的想法。研究者设计了众多错误信念任务来考察儿童根据错误信念预测和解释行为的能力，并把错误信念任务看做是儿童是否具有心理表征理论（representation theory of mind）的某种“石蕊试剂”式检验。错误信念任务包括两种经典范式，即意外地点任务和意外内容任务（Wellman，2001）。

意外地点任务（unexpected location task），也称意外转移任务。在这类任务中，主试让儿童被试掌握有关某物地点改变的信息，而第三者缺乏这种信息，然后让儿童预测第三者会在改变前还是改变后的地点寻找该物。如韦默等（Wimmer & Perner，1983）设计的让被试观察用玩偶演示的“马克西（Max）和巧克力的故事”：男孩马克西将巧克力放在厨房的一个碗柜，然后离开；他不在时，母亲把巧克力转移到另一个碗柜，而马克西不知道巧克力已被转移地点了。然后要求被试判断马克西回厨房拿巧克力时，他将在何处寻找。

意外内容任务（unexpected content task），也称表征变化任务。在这类任务中，向儿童展示一个从外表看明显似有某种特定内容物的物件，随后向儿童揭示其真正内容物（与表面内容物毫不相同），让儿童回答有关自己最初（在实验者向其揭示真正内容物之前）对内容物的信念问题（针对儿童自己的表征转换 representation change）以及有关不了解真正内容物信息的第三者对内容物的信念问题（针对他人的错误信念）。

儿童完成错误信念任务，往往被解释为儿童开始拥有了某种表征性的理论认识或心理表征理论，即儿童已经认识到心理状态的表征性实质。但是，错误信念并不代表心理状态的全部，关于信念或错误信念的认识虽然在儿童心理认识发展中具有重要意义，但显然不能囊括儿童心理状态认识的多样性和丰富性。因此在大量的心理理论发展研究文献中，除了关于信念和错误信念的研究外，还有许多关于儿童对其他心理状态的认识发展方面的研究。近年来，研究者所探究的心理状态包括知觉、注意、愿望、情绪、意图、知识、假装和思维等。

幼儿期是心理理论发展的关键期。大约从 2 岁起，儿童开始使用一些描述内部知觉或情绪状态的词语，如“想要”、“看见”、“尝”等，3 岁儿童还会使用“知道”、“想”和“记得”等认知性词汇。沙兹等人（Shatz et al.，1983）考察了 3 岁儿童自发使用某些心理状态术语的情况，发现儿童是自发使用心理状态术语，2 岁儿童对“看见”与“知道”之间的关系有了一定的了解。兰珀斯等人（Lempers et al.，1977）的研究表明，2 岁儿童知道要想让别人看到粘在盒子内底部的画，就必须把盒子倾斜到一定程度；3 岁儿童已经真正理解看到某物与知道某物的关系，明白如果自己把东西藏起来，别人就看不到这个东西了。2 岁儿童能够明白，人有愿望，愿望能影响人的行为方式；3 岁儿童可以理解，人不仅有愿望，而且还有信念，信念也会影响行为。但大部分儿童到 4—5 岁才能顺利完成典型的一级错误信念任务，从而说明该年龄阶段的儿童获得了朴素的心理理论。

四、发展的神经科学研究大量出现

长久以来，发展心理学和发展神经科学之间虽然有着共同的研究兴趣（如思维、情绪、意识的本质问题等)，但二者之间却鲜有联系。发展神经科学中有关脑发育的研究结果很少和人类的认知发展直接联系起来，而认知发展的大多数理论也较少求助于脑科学的证据。这种情况在 20 世纪 80 年代出现了较大的转折，以纳尔森(Nelson)等人为代表的研究者在探讨个体认知发展的规律时，率先引入了神经科学的技术，成为发展认知神经科学(developmental cognitive neuroscience)研究的萌芽。发展认知神经科学的诞生为在多维度多水平(从分子水平到系统水平)上研究个体心理发生、发展的本质提供了广阔的前景和坚实的技术基础，成为近年来发展心理学研究的热点之一。

发展认知神经科学关注的主要问题是神经，尤其是脑发育与个体认知发展之间的关系。该学科整合了心理学、神经科学、认知科学、基因学和社会科学等多学科的优势，研究的基本问题包括：大脑内的发展变化(如神经的联结、化学成分和形态的变化)与儿童行为和认知能力(如表征复杂性、维持选择性注意的能力、加工速度等)发展变化之间存在怎样的关系？为什么在发展的特定阶段可以通过学习来提高某种能力？这种能力的提高是如何实现的？等等。

发展认知神经科学的出现，不仅加深了人们对传统认知发展领域相关问题的认识，而且拓展了传统的发展心理学研究领域，对异常发展神经机制的研究，更为发展异常诊断和治疗提供了坚实的基础。

在研究方法方面，发展认知神经科学集中了心理学、神经科学、认知科学、基因学和社会科学中的多种研究方法，如行为研究、神经成像技术、分子遗传学、计算机模拟、单细胞记录和神经化学化验等。

发展认知神经科学着重探讨儿童认知背后独特的神经机制，更重要的是关注动态发展变化的神经机制。发展认知神经科学的研究依照其研究的出发点不同，大体可以分作两大类：一是以发展心理学理论为指导的自上而下的研究，这类研究往往以某一种理论为前提假设，并试图为这一理论假设寻找神经机制上的证据；二是以认知神经科学为出发点的自下而上的研究，这类研究以认知背后的神经交互为出发点，试图通过认知神经科学的研究建立起一套全新的认知发展理论模型。当然，还有一种可能的情况是，在理论与神经机制的相互印证过程中，对已有的理论进行修改或重构。

以遗传和环境的关系为例，现在人们一致认为传统的遗传和环境之争事实上并不是对立的，遗传和环境是你中有我、我中有你的关系，问题是基因和环境因素在发展的过程中是如何相互作用来塑造大脑、心理和行为的。发展认知神经科学研究有助于回答这样的问题。

如研究发现，儿童大脑神经突触的成长呈倒 U 形的特点。新生儿的突触密度较之成人要低，然而在出生后的几个月中，婴儿大脑中突触密度的形成速度超过了成人的水平。到 4 岁时，突触密度在脑的所有领域已经达到顶峰，并达到成人水平的 50%以上。到青春期左右，剪除过程(pruning process)使得突触在数量上减少，这种减少过程持续到成年期，达到成熟水平。发展认知神经科学的研究表明，特定的基因可以影响神经突触的剪除和成熟过程，进而影响个体从环境中学习的能力。

理论关联1-2

镜像神经元

20世纪90年代，科学家们率先从恒河猴的大脑皮质层中发现了一类特殊的神经元，并将之命名为“镜像神经元（mirror neuron）”。此后，研究人员在人类的大脑中也发现了此类神经元。镜像神经元是一类不仅在个体作出某些动作时活跃，而且在个体观察到同类作出相同动作时也活跃的神经元，它们被认为是个体得以解释同类行为与表情、产生共情的根源所在。研究人员认为，由于镜像神经元的存在，婴幼儿才得以发展出心理理论等高级心理过程。

梅尔佐夫（A N Meltzoff）等人提出，婴儿的模仿能力是个体理解与自己相类似的其他人，促进个体心理理论和共情能力形成的基础，而镜像神经元则为婴儿的“模仿”提供了神经物质基础。为了证明这一观点，梅尔佐夫等人开展了若干简单而巧妙的实验。

从这些研究中，他们发现，即使是刚出生几小时从未见过自己体像的新生儿也能进行准确的面部表情模仿，而且在模仿之前，婴儿会对发生动作的面部器官先进行定位随后运动。也就是说，婴儿可以通过本体感觉监控不可见的面部动作。动作的观察和操作由镜像神经元联结到了一起。婴儿除了能够模仿成人的动作外，还能清楚地辨识出自己是否被模仿。当他们的动作得到模仿时，婴儿会更频繁地重复这一动作。更让人惊奇的是，婴儿不仅能模仿成功完成的动作，对未能完成的行为，他们也能够解读施动者的意图并“模仿”他们想要完成的行为。但这类“模仿”只针对生命体，对非生命体如机械手等，婴儿不会产生类似的模仿。

对婴儿模仿时进行的大脑扫描发现，颞叶皮层的后部与下顶叶皮层在区分自我与他人时高度活跃；当婴儿在模仿他人时，左下顶叶激活增加，被模仿时，其同源的右侧皮层激活也会增加；当婴儿进行意图判断时，右背侧前额叶与小脑的血流量有部分重叠，左侧前运动皮层在婴儿对意图作模仿时明显激活。在所有的模仿过程中，前额叶中部和颞叶后部始终高度激活，右侧下顶叶也起了至关重要的作用。

研究人员指出，在人类身上，镜像神经元分布广泛，遍布运动皮层、视觉皮层等有关记忆的大脑区域。当个体动作时，这些神经元的活跃程度比观察其他人动作时更高，这或许是个体区别自我与他人活动的一种方式。

［资料来源］A N Meltzoff，J Decety. *What imitation tells us about social cognition：a rapprochement between developmental psychology and cognitive neuroscience*［J］. Philosophical Transactions of the Royal Society：Biological Sciences，2003，358：491－500.

未来发展认知神经科学的研究将紧跟儿童认知发展的前沿问题，社会认知发展、记忆发展和语言发展等方面的发展认知神经科学研究将会受到越来越多研究者的关注，同时对异常发展的研究也将成为未来一段时间里发展认知神经科学的热点研究领域。在不远的将来，发展认知神经科学的研究可能还要有赖于发展神经科学、认知发展科学和计算机模拟等领域的研究者的通力合作。但更长远地来看，这种学科之间的界限有可能变得模糊，出现一批对所有上述领域都非常熟悉的研究者，那时的发展认知神经科学研究将会是一种全新的景象。

五、应用发展心理学蓬勃兴起

如前所述，了解儿童的心理发展特点，一个最主要的目标是优化儿童的生活，促成儿童的健康成长。公共教育的兴起，促使人们开始探寻如何以及怎样给不同年龄的儿童传授知识；儿科医生如若希望改善儿童的健康，就需要了解儿童的身体发育和营养情况；社会服务机构打算治疗儿童的焦虑和行为问题，就得掌握人格和社会性发展的信息；父母不断地寻求有关育儿实践和经验的建议，就可能会提升孩子的幸福感。

在过去的二十多年里，发展心理学的研究取得了令人瞩目的新进展，其中一个有意义的变化是，越来越多的发展心理学家将自己界定为应用发展科学家。

应用发展科学通过研究与应用的综合，来描述、解释、干预和增强有关人类发展知识的应用。在这里，

应用（applied）是指给个体、家庭、行动者和政策制定者直接提供有效建议；

发展（developmental）是指人类个体在毕生过程中所发生的系统性、连续性的变化；

科学（science）是指通过一定的研究方法系统地收集可靠、客观的信息，这些收集的信息能够用来验证理论和应用的效度。

1980 年，《应用发展心理学》（*Journal of Applied Developmental Psychology*）的出版标志着应用发展心理学——应用发展科学的一个重要分支开始作为一个独立的领域出现。

在过去，基础理论研究与实际应用之间界限分明，甚至有时存在着深深的鸿沟。如今，应用与非应用的区别变得越来越模糊不清，或许这些区别本身就是需要质疑的，因为对科学价值的最终检测应当就是应用。当代应用发展科学强调自然情境的价值，并在竭力减少科学、实践之间判然两分的现状。学者、实践者、政策制定者意识到发展科学在应对生命中偶然事件（如贫穷、早产、学业失败、儿童虐待、犯罪、青少年怀孕、药物滥用、失业、福利依赖、歧视、种族冲突、健康和社会资源不足等）带来的破坏性影响方面的积极作用。发展科学源于解决实际问题的需求，并因改进教育、健康、福利和儿童与其家庭的合法地位等问题而进一步发展。因而，费希和勒纳（Fisher & Lerner，1994）把应用发展心理学定义为“肩负着提升发展过程，预防发展障碍的心理学”，应用发展心理学家不仅要将有关发展的知识和信息传递给父母、职业人员和政策的制定者，同时还要将这些成员的观点和经验整合到他们的理论中以及研究和干预的设计中。

应用发展心理学强调对正常发展过程的描述、最初的干预和发展最优化，而不是事后的补救。应用发展心理学家强调健康和正常的发展过程，寻求确认影响个体发展的群体和环境方面的力量和资源，而不是关注缺陷、弱点或个人、家庭和社区问题。

理论关联1—3

从《儿童心理学手册》内容的增新看发展心理学的应用取向

从最新版本的《儿童心理学手册》(2006 年英文版，2009 年中译本）内容的增新看，最明显变化之一就是大幅增加了应用发展心理学的内容，其涉及三个方面：

第一，教育实践中的研究进展与应用。它包括：(1) 学前儿童发展与教育；(2) 早期阅读评估；(3) 双语人、双文字人和双文化人的塑造；(4) 数学思维与学习；(5) 科学思维和科学素养；(6) 空间思维教育；(7) 品德教育；(8) 学习环境。

第二，在临床中的应用。它包括：(1) 自我调节和努力的投入；(2) 危机与预防；(3) 学习困难的发展观；(4) 智力落后；(5) 发展心理病理学及其预防性干预；(6) 家庭与儿童早期干预；(7) 基于学校的社会和情感学习计划；(8) 儿童和战争创伤。

第三，在社会政策和社会行动中的应用。它包括：(1) 人类发展的文化路径；(2) 儿童期的贫困、反贫困政策及其实行；(3) 儿童与法律；(4) 媒体和大众文化；(5) 儿童的健康与教育；(6) 养育的科学与实践；(7) 父母之外的儿童保育：情境、观念、相关方法及其结果；(8) 重新定义从研究到实践。

该手册在体例和内容上的这种增新，明确反映了实践的需求以及发展心理学自身对应用研究的日益重视。

[资料来源] 林崇德，辛自强. 发展心理学的现实转向 [J]. 心理发展与教育，2010 (1).

以早期养育的研究为例，应用发展心理学的视野扩展到：

(1) 父母养育行为如何影响儿童行为和发展?

(2) 儿童如何影响养育行为?

(3) 不同儿童护理方式和早期教育对儿童发展有什么样的影响?

(4) 对于年幼儿童的家庭教育和早期教育进行不同干预的效果如何?

(5) 社会政策如何影响针对儿童及其双亲的干预和程序的质量?

传统上，父母养育行为如何影响儿童行为和发展是发展心理学家最为关注的。不过，即便是处于发展中的弱势，儿童也会对照料者产生影响。而不同的社会政策及福利制度，又对父母的育儿条件、育儿心态产生影响，进而影响到养育的效果。应用发展心理学将视野扩展到与早期养育有关的上述五个方面，一方面使发展心理学的理论有了新进展，可以对研究范围的拓展提供更有力的理论支撑，另一方面增强了对现实中个体成长相关问题的关注。

事实上，父母养育与儿童发展之间存在着非常复杂的关系。如一项纵向研究发现，依据婴儿的性格，如多动、冲动、困难气质等，可以显著预测十年后外在行为问题。如果加上父母养育方式这个因素，预测性会提高。4 岁时儿童的不良性格会激发父母严厉的养育方式，反过来，这种养育方式又会影响儿童进入青春期时的外在行为问题。因此，即使养育行为受儿童行为的影响，父母的行为仍对儿童日后的行为有特定的影响（Collins et al.，2000)。

在国内，针对儿童抚育、教育实践及社会上人们普遍关注的儿童福利、儿童发展方面的问题，研究者也开展了一些实际工作。如针对小学生提高数学学习效率的问题，有研究者先进行有关小学生数学认知发展的研究，了解其中的关键概念，然后以此作为依据，改革小学的数学教材及其教法，再回到教学实践中去，加以推广应用。实践证明，新的教材教法不仅使教学效率明显提高，而且促进了儿童思维的发展（刘静和等，1982；张梅林，1986，1988，1990）。而对独生子女心理发展特点的研究（荆其诚等，2002），则对独生子女的教育提供了有意义的借鉴。显然，为了使发展心理学的成果得到最广泛的应用，理论工作者和实际工作者两支队伍需要“跨界”合作，开展以现实问题为导向的研究，并促进个体发展中现实问题的解决。

【本章小结】

1. 发展心理学是心理学的重要分支领域之一，是研究人类心理系统发生发展的过程和个体心理与行为发生发展规律的科学。

2. 发展心理学的主要研究任务可概括为：描述个体发展的普遍行为模式、解释和测量发展的个别差异、揭示心理发展的原因和机制、探究不同的外在环境对心理发展的影响以及提出帮助与指导个体心理发展的具体方法等。

3. 科学儿童发展心理学的产生主要受自然主义教育运动、进化论两大因素的影响。捷克教育家夸美纽斯、英国哲学家洛克、法国思想家卢梭、意大利教育家蒙台梭利、英国遗传学家达尔文对科学发展心理学的诞生起了重要的推动作用。1882 年德国生理学家和心理学家普莱尔的《儿童心理》一书出版，是科学发展心理学诞生的标志。

4. 心理发展（或简称发展）是指个体随年龄的增长，在相应环境的作用下，整个反应活动不断得到改造，日趋完善、复杂化的过程，是一种体现在个体内部的连续而又稳定的变化。

5. 个体的心理年龄特征是指在发展的各个阶段中形成的一般的（具有普遍性）、本质的（表示具有一定的性质）、典型的（具有代表性）心理特征。

6. 在试图描述和解释儿童发展变化的过程中，发展心理学家所关注的三个基本主题仍充满争议。这三个基本主题是：先天和后天，普遍性和多样性，量变和质变。

7. 心理学家运用关键期是指，人或动物的某些行为与能力的发展有一定的时间，如在此时给以适当的良性刺激，会促使其行为与能力得到更好的发展；反之，则会阻碍其发展甚至导致其行为与能力的缺失。

8. 布朗芬布伦纳有关发展的生物生态模型是生态发展观的代表，对情境影响儿童发展作了最细致、最彻底的解释。他提出了四种从直接到间接对儿童影响的环境系统：微系统、中系统、外系统以及宏系统。此外，还有一个时序系统。

9. 毕生发展观的核心假设是：个体心理和行为的发展是动态、多维度、多功能和非线性的，心理结构与功能在一生中都有获得、保持、转换和衰退。发展是带有补偿的选择性最优化的结果。

10. 与认知发展的领域一般性观点不同，不少研究者认为人类的许多认知能力具有领域特殊性，认知发展是以某种领域特殊性的方式出现的。儿童心理理论的发展是心理学家普遍关注的核心领域。心理理论并非一般科学意义上的理论，而是指对自己和他人心理状态（如需要、信念、意图、感知、情绪等）的认知，并由此对相应行为作出因果性的预测和解释的理论。

11. 发展认知神经科学的诞生为在多维度多水平（从分子水平到系统水平）上研究个体心理发生发展的本质提供了广阔的前景和坚实的技术基础，成为近年来发展心理学研究的热点之一。发展认知神经科学关注的主要问题是神经，尤其是脑发育与个体认知发展之间的关系。

12. 可以将应用发展心理学定义为“肩负着提升发展过程，预防发展障碍的心理学”，应用发展科学家不仅要将有关发展的知识和信息传递给父母、职业人员和政策的制定者，同时还要将这些成员的观点和经验整合到他的理论中以及研究和干预的设计中。

【思考与练习】

1. 发展心理学的主要研究任务可以概括为哪些？

2. 何为发展？何为发展的心理年龄特征？

3. 如何正确看待心理发展中的先天和后天、普遍性和多样性、量变和质变之间的关系？

4. 试述心理发展的关键期及其意义。

5. 试述生态发展观的基本思想及其借鉴意义。

6. 为何说毕生发展观的提出拓展了我们对“发展”的思考？

7. 以心理理论的研究为例，说明发展的领域特殊性观。

8. 发展认知神经科学领域内出现了哪些新近进展？

9. 试举例说明应用发展心理学所蕴涵的“应用、发展、科学”之义。

【拓展阅读】

1. 桑标. 儿童发展心理学［M］. 北京：高等教育出版社，2009.

作为国家精品课程教材之一，本书以不同领域的发展来划分章节，共计九章，有助于读者充分认识并思考不同领域心理发展的连续性。内容涵盖了儿童心理发展的对象与任务、研究方法与设计、基本理论以及儿童在认知、智力、语言、情绪、人格、道德等领域的发展特点、趋势及影响因素等。除了对传统发展心理学知识体系的梳理，本书增加了大量前沿成果与新近研究进展，并通过“思考与实践”、“专栏”等板块强调理论与实际的结合。

2. 达蒙（W Damon），勒纳（R M Lerner）. 儿童心理学手册［M］. 林崇德，李其维，董奇，等，译. 6版. 上海：华东师范大学出版社，2009.

《儿童心理学手册》由西方儿童心理学领域内最权威的专家合力著述，堪称当今儿童心理学领域最权威的学术“标准”，是这一学科中的“指向标、组织者和百科全书”。第六版的《儿童心理学手册》丛书为四卷本（中文版共8本），第一卷为“人类发展的理论模型”，讲述发展心理学的历史、研究方法、最新和最权威的理论模型；第二卷为“认知、知觉和语言”，论述了对儿童这些领域发展的最新成果；第三卷为“社会、情绪与人格发展”，这是传统儿童心理相对薄弱的研究领域，本卷论述了这些领域近10年来的新成果；第四卷为“应用儿童发展心理学”，讲述儿童心理学在儿童教育、养育方面的应用。如今的《儿童心理学手册》，其影响远不止儿童心理学领域，其他如学前教育学、认知科学、生物学、哲学、语言学等学科研究者都会受其影响并反哺于儿童心理学。

3. 劳拉贝克（L E Berk）. 婴儿、儿童和青少年［M］. 桑标，等，译. 上海：上海人民出版社，2008.

本书由发展心理学家劳拉·E. 贝克撰写，涵盖了六大部分共17章内容，涉及儿童发展心理学的理论与研究方法、发展的生理与环境基础、从婴儿到成年期各个不同人生发展阶段，全方位展示了个体身体成长、认知发展、情绪与社会性发展的各个层次。全书图文并茂，资料翔实，富有可读性，不但充分反映了发展心理学的传统知识内容，而且呈现了发展心理学研究的新方法与新进展；更进一步的是，作者将发展心理学的知识点置于社会发展的背景之中，通过“社会热点”等专栏，将发展心理学的理论与知识同现实中的问题紧密联系起来。

【参考文献】

1. 桑标. 儿童发展心理学［M］. 北京：高等教育出版社，2009.

2. 林崇德. 发展心理学［M］. 杭州：浙江教育出版社，2002.

3. L E Berk. 婴儿、儿童和青少年［M］. 桑标，等，译. 上海：上海人民出版社，2008.

4. 罗家英. 学前儿童发展心理学［M］. 北京：科学出版社，2007.

5. W Damon，R M Lerner. 儿童心理学手册［M］. 林崇德，等，译. 上海：华东师范大学出版社，2009.

6. T M Mcdevitt，J E Ormrod. 儿童发展与教育［M］. 李其维，等，译. 北京：教育科学出版社，2007.

7. 刘俊升，桑标. 发展认知神经科学研究述评［J］. 心理科学，2007，30（1）：123－127.

8. M H Bornstein，M E Lamb. *Developmental psychology*：*An Advanced Textbook*［M］. 4th ed. Lawrence Erlbaum Associates Publishers，1999.

9. N Newcombe，N A Fox. *Child development*［M］. John Wiley & Sons Inc.，2008.

10. H M Wellman，S A Gelman. *Cognitive development*：*Foundational theories of core domain*［J］. Annual Review of Psychology，1992，43：337－375.

11. U Bronfenbrenner，*Nature-nurture reconceptualized in developmental perspective*：*A bioecological model*［J］. Psychological Review，1994，101（4）：568－586.

12. R B McCall，C J Groark. *The future of applied child development research and public policy*［J］. Child Development，2000，71（1）：197－204.

13. C A Nelson，F E Bloom. *Child development and Neuroscience*［J］. Child Development，1997，68（5）：970－987.

14. C A Nelson. *How important are the first 3 years of life*?［J］. Applied Developmental Science，1999，3（4）：235－238.

15. A N Meltzoff，J Decety. *What imitation tells us about social cognition*：*a rapprochement between developmental psychology and cognitive neuroscience*［J］. Philosophical Transactions of the Royal Society：Biological Sciences，2003，358：491－500.

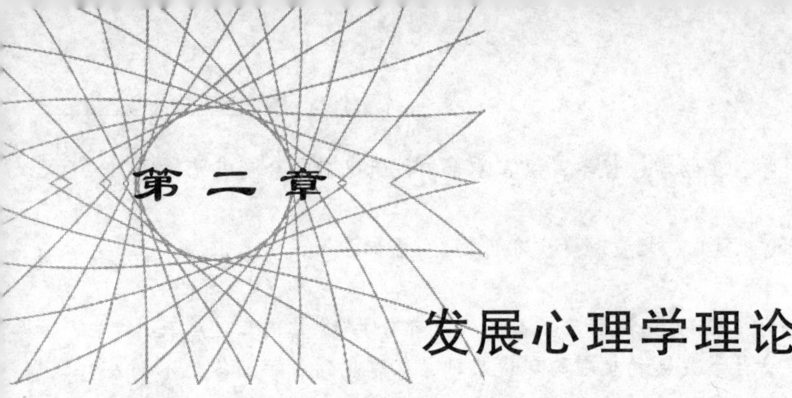

第二章

发展心理学理论

【本章导航】

本章以心理学中理论的本质与功能为逻辑起点，着重介绍五种关于心理发展的理论观点，即成熟势力说、精神分析观、行为主义观、认知发展观、背景观。这些发展理论从不同的视角、迥异的概念体系阐释了心理发展的本质，为人类深入而细微地探究心理发展的机制、心理发展的阶段、心理发展的动因以及心理发展的影响因素作出了积极贡献。

【学习目标】

1. 掌握成熟势力说、精神分析观、行为主义观、认知发展观、背景观的主要理论观点。

2. 能将五种心理发展理论实际运用到儿童教育实践中。

【核心概念】

成熟势力说　心理性欲理论　心理社会发展理论　强化控制原理　观察学习　皮亚杰的认知发展阶段理论　最近发展区

何谓理论？心理学中理论的本质与功能是怎样的？认知人格心理学家乔治·凯利（G A Kelly，1905—1967）曾经提出一个著名的“科学人”（man as scientist）概念，认为人像科学家一样，能够提出并检验自己对世界的假设，而且还能对这个世界看起来是什么样子产生新的想法①。也就是说，我们每个人内心都有关于这个世界及其各种现象的一种看法，也许不一定能准确表达，但这些看法表现在个人对自己、他人和周围世界的所作所为上。“人是科学家”的论断让我们明白人类理解世界和适应世界需要建构关于这个世界的“理论”。从最简单的意义上来说，“理论”是对事实的一种假设或解释，“理论”指导着个体的观察和行为。但是，科学家的理论和作为常识的理论不能等同，科学理论在表现形态、研究方法、应用功能等方面都远远超越作为常识的理论。

在发展心理学这个百花园中，我们可以看到各式各样的学术观点。我们学习和研究发展心理学，就必须重视各学派的理论观点。发展心理学的理论试图对人的发展作出描述、解释、预测和改善，这些理论主要包括成熟势力说、精神分析观、行为主义观、认知发展观、背景观等。一方面，每一种理论从不同的视角或侧面阐释了心理发展的规律，为我们观察人的心理发展提供了思考框架，更为我们的教育实践提供了有力的指导；另一方面，我们要认识到，没有一种理论能放之四海而皆准，也没有一种理论能够解释事情的方方面面。关键的问题并不在于“哪个理论是正确的”，而在于“这些观点会怎样帮助我们更好地理解人类行为”。

第一节　成熟势力说

格塞尔（A Gesell，1880—1961），美国耶鲁大学心理学教授。格塞尔在克拉克大学求学期间，深受霍尔的影响而开始关注儿童发展问题，他的一生都致力于研究儿童的生长与发展，其主要观点被称为“成熟势力说”。他主张，“婴儿带着一个天然进度表降生到世界上来，它是生物进化三百万年的成果”。

格塞尔
（A Gesell，1880—1961）

一、成熟势力说的基本观点

格塞尔根据自己长期临床经验和大量的研究提出了成熟势力说，它的基本要义是强调成熟的顺序、遗传的时间表，认为儿童的生理和心理发展取决于个体的成熟程度，而成熟有着固定的模式和顺序，这个模式和顺序由遗传因素和生物学结构决定，它是漫长的物种和生物进化的结果。

在格塞尔看来，支配儿童心理发展的因素主要有两个，即成熟和学习。成熟与内环境有关，学习与外环境有关。其中成熟是推动心理发展的主要动力，没有足够的成熟，就没有真正的发展与变化。脱离了成熟的条件，学习本身并不能推动发展。也就是说，发展的顺序主要受成熟和遗传因素的控制，而外在环境不能改变其程序。

① Jerry M Burger. 人格心理学［M］. 陈会昌，等，译. 北京：中国轻工业出版社，2000：317.

1929 年，格塞尔进行了经典的“双生子爬楼梯实验”来支持其理论观点。实验的被试是两名同卵双生子 T 和 C，在他们出生第 48 周时，对 T 进行爬楼梯训练，对 C 不予训练。6 周后，T 比 C 表现出更强的爬楼梯技能。到第 53 周（儿童能够学习爬楼梯的成熟时机）对 C 进行训练，结果发现只要少量训练，C 就达到了 T 的熟练水平。到第 55 周，C 与 T 在爬楼梯技能上没有差别。由此，格塞尔提出，儿童的学习取决于生理成熟，在生理成熟之前的早期训练对发展没有显著作用。对于儿童的发展来说，学习并非不重要，但当个体还未成熟到一定程度时，学习的效果是有限的。进一步说，人类的成熟与发展是一个由遗传因素控制的有顺序的过程，有固定的遗传时间表，外部环境只是为人类正常生长提供必要的条件，而不能改变发展其本身的自然成熟程序。

二、格塞尔发展量表

基于成熟势力说的立场，格塞尔认为个体发展的本质是结构性的，不同发展水平之间必然有着结构性的差异。每当儿童进入一个新的、特定的成熟阶段，必然伴随出现一定的行为模式。由此，我们可以把儿童在特定年龄阶段所表现出的一种行为模式当作成熟的指标，以此测量某一个儿童的发展水平，并与同年龄儿童的平均发展水平进行比较，评价其发展水平是正常还是超前或者滞后。这也就是心理测量中的年龄常模的概念。

格塞尔及其同事收集整理了数以万计的不同阶段儿童的发展行为模式，于 1940 年发表了著名的格塞尔发展量表（Gesell Development Scale）。该量表制作出婴儿出生后第 4 周、16 周、28 周、40 周、52 周、18 个月、24 个月、36 个月的行为模式，对这些年龄阶段的典型特征进行了详尽的表述和图解。量表主要从四个方面对儿童进行测查：（1）运动行为，包括大动作行为（如爬、直立、行走等）和精细动作行为（主要指手臂和手指的动作，如有目的地抓东西、操控玩具等）；（2）适应行为，包括探究活动、关系的知觉、部分与整体的分析与综合等；（3）语言行为，主要指对语言的倾听、理解和表达能力的发展；（4）个人—社会行为，主要指生活自理能力和人际交往能力，如对喂饭、穿衣、游戏等的反应。量表围绕着四个方面共有 63 个评估项目，采用 A、B、C 三级评分，将四个方面的评定分数相加，即得到某个儿童的总的成熟年龄，然后可以计算他的“发展商数”（DQ）。

$$DQ=\frac{\text{测得的成熟年龄}}{\text{实际年龄}}\times 100$$

此外，还可以分别计算四个分量表的 DQ，即用分量表的成熟年龄除以实际年龄再乘以 100。

格塞尔发展量表对婴幼儿的临床诊断具有极大价值，通过发展商数可以判断某个儿童与同年龄儿童相比，他的发展水平处于何种状态，是属于正常、超常还是滞后。同时，不同的发展商数还可以作为鉴别儿童发展是否健全的指标，如运动行为商数可以鉴别儿童神经系统与运动机能发展是否正常，适应行为商数可以作为儿童智慧潜力的预测指标。需要注意的是，格塞尔在强调特定年龄阶段的行为模式的同时，也指出每个儿童的发展速率存在差异，尽管这种差异只是数量上的不同。对此，格塞尔曾郑重地告诫我们，不要忽视儿童发展的特殊性，也不要轻易给儿童扣上“发展不好”的标签，以免伤害儿童的心理。

三、成熟势力说对儿童发展与教育的指导意义

格塞尔的成熟势力说以及以成熟势力说为基础编制的格塞尔发展量表，对当时的儿童养育观念和儿童临床诊断产生了重大影响，即使以今天的眼光来看，其基本主张也并不过时，它最大的教育启示在于告诉我们，尊重儿童成熟的客观规律是教育的一个基点。

格塞尔及其同事曾对教育者发出这样一些忠告：“不要认为孩子成为怎样的人完全是你的责任，不要抓紧每一分钟去‘教育’他”；“尊重孩子的实际水平，在尚未成熟时，要耐心等待”；“不要老是想‘下一步应发展什么了’，应该让你的孩子充分体验每一个阶段的乐趣”。这些忠告都在说明一个道理，那就是尊重儿童的天性是正确养育的第一要义。这对于当今的儿童养育者和教育者而言，意义尤为显然。反思当前的一些教育口号，“千万不要让孩子输在起跑线上”、“智力开发得越早就开发得越好”，其急于求成、拔苗助长的教育心态显露无遗，这种过早和过度的开发是不符合儿童发展的客观规律的，常常以牺牲儿童的天性和快乐为代价。教育者应该重视格塞尔的忠告，尊重孩子的天性，善待儿童发展的“时间表”，否则就可能扼杀儿童对学习的兴趣并丧失对学习的长远动力。

第二节 精神分析观

精神分析（Psychoanalysis）是现代西方主要的心理学流派之一，由著名的奥地利精神病医生和心理学家西蒙·弗洛伊德（Sigmund Freud，1856—1939）所创立。精神分析开启了人类对“无意识”领域的研究，打破了“理性支配人类行为”的一贯认知，告诉人们个体的早期经验是影响成年后发展的决定性力量。这些观点对人类社会生活的影响甚大，以至于有学者提出，精神分析的理论与哥白尼的日心说、达尔文的进化论一起，形成对人类思想的三次强力冲击。在发展心理学领域，精神分析学派中有代表性的理论是弗洛伊德和埃里克森（Erik H Erikson，1902—1994）的心理发展理论。

一、弗洛伊德的心理发展理论

弗洛伊德被誉为“20世纪西方伟大的思想家之一”。心理学史家黎黑（T H Leahey）曾高度评价道，“如果说伟大可以由影响的范围去衡量，那么弗洛伊德无疑是最伟大的心理学家。几乎没有哪方面对人性的探索未留下他的印记。他的著作影响了并正影响着文学、哲学、神学、伦理学、美学、政治科学、社会学和大众心理学”①。

① T H 黎黑. 心理学史——心理学思想的主要趋势［M］. 刘恩久，等，译. 上海：上海译文出版社，1990：279.

弗洛伊德有关心理发展的观点，主要体现在他的人格结构理论和心理性欲理论上。

（一）人格结构理论

弗洛伊德早期将心理结构划分为意识、前意识和潜意识，在他的后期论著《自我与本我》（1923）一书中，他放弃先前的观点，重新将人格划分为本我（id）、自我（ego）和超我（superego）三种结构。

弗洛伊德
（Sigmund Freud，1856—1939）

本我又称伊底，是人格中最原始的部分。人出生时只有一个人格结构，那就是本我，它由一些与生俱来的冲动、欲望或能量构成，“仿佛一团混沌、一锅沸腾的兴奋物”。本我不知善恶、好坏，不管应该不应该、合适不合适，只求立即得到满足，是无意识的、非道德的。本我受“快乐原则”的支配，是人格结构中的生物成分，它使个体减少紧张到能够忍受的程度，如性欲的满足、饥饿的消除等都能产生快乐。本我的冲动隐藏于无意识中，是潜意识的、非理性的人格结构，主要与性和攻击两个主题有关。弗洛伊德认为，本我的冲动一直存在，它们必须被健康人格的其他部分所制约。一个本我力量过强甚至泛滥的人，将会发展成一个为所欲为、失去限制的人。

自我是个体出生以后，在外部环境的作用下形成的——儿童的需要有时能及时得到满足，但很多时候不能及时得到满足，于是儿童逐步形成了自我这种心理组织。弗洛伊德认为，自我这种人格结构是在生命的头两年里发展起来的，“自我代表我们所谓的理性和常识的东西，它和含有情欲的本我形成对照”①。自我的主要功能是满足本我为现实社会所允许的冲动，同时将本我不被允许的冲动控制在无意识中。自我遵循“现实原则”，是人格结构中的心理成分，它一方面调节或延迟本我欲望的满足，另一方面还要协调本我与超我的关系。

儿童大约5岁时，人格的第三个结构——超我开始形成。超我是个体在社会道德规范的影响下，特别是在父母的管教下将社会道德观念内化而成的，它包括良心和自我理想两种成分。儿童由于畏惧父母或成人的惩罚，不得不接受他们的规则，比如父母常常会教育孩子“你应该如此”，或者说“你绝不能这样做”，儿童将这些教导转变为自身行为的内部规则，并自觉地遵守它，便形成了“良心”。自我理想则是一套引导儿童努力发展的理想标准，如积极的雄心、抱负、价值观标准等。超我遵循的是“至善原则”，它代表着人格中高级的、道德的和超越自我的结构，是人格结构中的社会成分。超我的形成是人类文明的一个重要标志。超我的主要功能是为自我提供榜样，用以判断行为是否恰当，是否值得赞扬，同时对违反道德准则的行为进行惩罚，产生“内疚”、“羞愧”等情绪体验。如果一个儿童没有建立起充分的超我，长大后就会对攻击、偷盗等行为缺乏内控机制。但是超我的力量过于强大，也会使人追求难以实现的道德完美，从而不断体验到道德焦虑。

---

① 车文博. 弗洛伊德文集：自我与本我［M］. 长春：长春出版社，2004：126.

弗洛伊德用本我、自我和超我来表征人格或人性中的不同层面，本我代表人类的本能冲动，超我代表着道德标准和人类生活的高级方向，自我则平衡本我与超我之间的冲突矛盾。弗洛伊德形象地将自我与本我比喻为骑手与马之间的关系，认为自我驾驭着本我这匹桀骜不驯的马，约束着它前进的方向。在弗洛伊德看来，我们每个人的内心深处，都存在着本我放纵、考虑现实性和遵守道德准则三者之间的冲突，其中自我在协调外部世界、本我和超我的关系中起着重要作用。一个人格健康的人应该具有强大的自我力量，这样才能避免本我或超我过分地掌控人格。如果自我力量不够强大甚至退缩，会激起个体的焦虑情绪，这种看法是弗洛伊德晚年焦虑论的基础。

（二）心理性欲发展理论

弗洛伊德认为，人在不同的年龄，性的能量——里比多（libido）投向身体的不同部位，口腔、肛门、生殖器等相继成为快乐与兴奋的中心。以此为依据，弗洛伊德将儿童的心理发展分为五个阶段。

1. 口唇期（0—18 个月）

这个时期的婴儿主要通过吮吸、咀嚼、吞咽、咬等口腔刺激获得食物和快感。口唇、舌是这一时期“里比多”最集中的区域，也是性敏感区。

如果口唇期的满足过多或过少，成年后就可能会形成口唇期人格。满足过多，可能发展成一种依赖人格，在心理上要依靠他人才能生存；满足过少，则会形成一种紧张与不信任的人格，如悲观、退缩、猜忌等。弗洛伊德认为，寻求口唇快感的性欲倾向一直会延续到成人阶段，接吻、咬东西、抽烟或饮酒的快乐，都是口唇期快感的发展。一些成人遭遇挫折，也会表现出口唇期的部分特征，如暴饮暴食、需要人安抚、拥抱等，以此来应对困难。

2. 肛门期（18 个月—3 岁）

此时儿童的里比多集中到肛门区域，排泄时产生的轻松与快感，使儿童体验到了操纵与控制的作用。这个阶段是对幼儿进行排泄训练的关键期，弗洛伊德提醒父母不要对孩子进行过早或过严的训练，因为排泄训练中的创伤体验可能导致成人后的肛门型人格，主要有两种形态：一种表现为邋遢、浪费、无条理和放肆；另一种表现为过分整洁、过分注意小节、固执和吝啬。

3. 性器期（3—6 岁）

这一时期，儿童开始关注身体的性别差异，开始对生殖器感兴趣，阴茎或阴蒂成为重要的性敏感区。此时出现弗洛伊德所说的俄狄浦斯情结（Oedipus Complex），男孩对母亲亲近，女孩跟父亲亲密，并无意识地企图排斥同性别的父母一方。俄狄浦斯情结最终要受到压抑，因为儿童惧怕同性别父母的惩罚。这种情结的健康解决是通过对同性父母的自居作用而实现的。

根据弗洛伊德对性器期的理论观点，有儿童心理咨询专家提出，如果性器期这一阶段发展不顺利，那么成人后可能会保留这一时期的特点，比如喜欢出风头，赢得别人的注意，常常周旋在三角人际关系与冲突中，或者跟自己父母同辈的对象发生情感等，这些行为都被解释为个体还未从对父母的三角情结中成长起来。

4. 潜伏期（6—12 岁）

潜伏期又称“同性期”，此阶段的最大特点是儿童对性缺乏兴趣，处于一个“性”中立的时期，男女界限分明，甚至互不往来。直到青春期这种现象才有所转变。

这一阶段的一个重要任务是建立与同性别父母的角色认同，也就是弗洛伊德所说的自居作用。男孩向父亲学习性别模式和社会行为，女孩则以母亲的性别角色为榜样。如果由于某种原因，此阶段儿童的生活中没有同性别的父母可以模仿或者亲子关系不好，可能影响到性别上的角色认同与成熟。

5. 生殖期（12—17、18 岁）

这一时期又称“异性期”。个体进入青春期后，生理上出现第二性征，心理上开始对异性感兴趣，并且开始关注自身形象，对自己的外貌、服饰、行为表现等开始变得特别敏感。

生殖期阶段的青少年具有半儿童半成人的特征，他们竭力想要摆脱父母的束缚，很容易与父母产生冲突，被称为人生的第二反抗期。此外，他们通常会采取剧烈运动的方式来消耗体力，并试图把性的问题转移到高度抽象的智力活动上，从而达到排解性压力或宣泄内心焦虑的目的。

二、埃里克森的心理发展理论

埃里克·埃里克森（Erik H Erikson，1902—1994）出生于德国法兰克福，他跟随安娜·弗洛伊德从事儿童精神分析工作，是新精神分析学派的代表人物之一。在众多受弗洛伊德影响的发展心理学理论中，埃里克森的理论最负盛名。

埃里克森
(Erik H Erikson，1902—1994)

（一）心理社会发展理论

在《儿童期与社会》（1950）一书中，埃里克森提出了他的心理社会发展理论。该理论认为人的一生发展可分为八个阶段，每个阶段都由一对冲突组成，并形成一种心理发展危机。心理社会发展的八个阶段与危机具体表现为：

阶段 1：信任感对怀疑感（0—1 岁）

信任感与怀疑感是这个阶段的发展危机，此时发展的核心任务是培养儿童对人和周围世界的基本信任，形成一种“希望”的心理品质。埃里克森指出，儿童在婴儿期就开始懂得判断自己所处的世界是一个好的、令人满意的居留之地，还是一个充满痛苦、悲惨、挫折和不确定的世界。

如何培养儿童的信任感？埃里克森认为，此阶段婴儿与母亲（或其他照料者）之间的关系是一个重要的影响因素，母亲对婴儿无微不至的照料，敏感地对婴儿的需求作出应答，充满情感地抚摸、拥抱、亲吻婴儿，能够让婴儿感觉到这个世界是可以预测的、安全的和充满爱意的。反之，如果主要照料者对婴儿的各种需要不敏感、忽略、冷漠，缺乏温暖和亲密的肢体语言，甚至虐待，就可能会造成婴儿对这个世界产生怀疑感和不安全感，并影响其成人后人际关系的建立。

阶段 2：自主性对羞怯感（1—3 岁）

此阶段的基本任务是发展儿童的自主性，克服他的羞怯感，形成一种“意志”的心理品质。此时儿童应该发展有目的、有意识的自主行为，能够比较独立地探索和面对外部世界，从而感到自己的力量，感到自己对环境的影响力。能否顺利地发展自主性，父母的教养方式起着很大的作用。这个阶段的父母应该鼓励儿童尝试对环境的探索，允许他们做力所能及的事情，比如自己走路、自己上厕所、自己吃饭和穿衣等，为他们提供独立自主的发展空间。父母的过分保护和限制不利于儿童自主性的发展，使他们摆脱不了对父母的依赖，对自己能否应付外部世界产生羞怯和疑虑感。

阶段 3：主动性对内疚感（3—6 岁）

此阶段的基本任务是培养个体的主动性、进取心、责任感，形成一种“目标”的品质，并获得性别角色意识。作为父母，此时应该积极支持儿童从事游戏和智力活动，发展与本阶段相适应的各种能力和行为，培养其独立思考与解决问题的习惯。如果儿童许多事情只是消极地听从父母安排，或者常常被父母指责为笨拙可笑，那么他就可能产生内疚感。正如巴尔茨（Baltes，1994）所指出的那样，儿童自主性与害羞感、主动性与内疚感的冲突一直都继续存在，并贯穿于整个人生的发展①。因此，要想成为一个真正具有自主性和主动性的人，需要个体不断地为此而努力。

阶段 4：勤奋感对自卑感（7—11 岁）

此阶段对应小学时期，这是一个与同伴交流的需要以及被同伴（主要是同性同伴）接受的需要与日俱增的阶段，发展的关键是勤奋地学习，获得自己是有能力、有价值的感觉。家长、教师以及其他重要他人对儿童努力的肯定、赞赏是很重要的，如果儿童的努力总是遭到贬低，很少获得表扬，就容易产生自卑感。为了帮助学生顺利获得勤奋感、克服自卑感，学校和教师应当承认个体差异，建立多元评价体系，面向全体学生的成功教育、赏识教育应成为重要的教育方式。

阶段 5：自我同一性对同一性混乱（12—18 岁）

这一阶段的发展任务是建立自我同一性，避免同一性混乱，形成一种“诚实”的心理品质。自我同一性又称自我认同感，是一种关于自己是谁、在社会上应占什么样的地位、将来准备成为什么样的人以及怎样努力成为理想中的人等一系列感觉和认知的整合。青少年期是建立自我同一性的关键时期，它体现着个体对自我的一种探求。达成自我同一性的人具有以下特点：（1）有独立感、独特感；（2）自我本身是整合的、统一的；（3）主我与客我以及他人眼中的我是一致的。一些青少年在寻求自我同一性的过程中可能会遭遇困难，出现“同一性混乱”的现象——迷失自我、角色混乱，不知道自己是怎样的人、想要成为怎样的人，自我认识割裂。

自我同一性是埃里克森特别强调的一个概念。寻求自我同一性可能是一个艰难甚至痛苦的过程，但自我同一性的建立是健康人格形成的一个前提。如何建立自我同一

---

① Guy R Lefrancois. 孩子们：儿童心理发展［M］. 王全志，孟祥芝，译. 9 版. 北京：北京大学出版社，2005：53.

性？我们对于这一阶段的青少年有以下建议：一是多与同伴交流，共同探讨彼此面临的成长问题；二是多参加社会实践，在活动中发现自己、认识自己，找到适合自己的行为方式和自我实现的方式；三是多从父母、教师和其他重要他人那里获得鼓励、肯定和社会支持；四是调整理想自我与现实自我的关系，使理想自我既高于现实自我，但又不至于距离遥远。

理论关联2-1

测测你的自我认同感

根据埃里克森的看法，大多数青少年和年轻人都是通过努力抗争来形成自我认同感的。正如同其他发展阶段的情况一样，我们对这一危机解决得如何，为我们今后人格发展和调整确立了一个模式。奥克斯和普拉格（Ochse & Plug，1986）编制了一个量表，用来测量成人是否能成功地通过埃里克森提出的八个发展阶段。你可以用下面的一些题目来检验一下自己，看这些问题是否适用于你，并根据下列标准给自己打分：1＝完全不适用；2＝偶尔适用或基本不适用；3＝常常适用；4＝非常适用。

1. 我不知道自己是怎样的人；
2. 别人总是改变他们对我的看法；
3. 我知道自己应该怎样生活；
4. 我不能肯定某些东西在道义上是否正确；
5. 大多数人对我是哪类人的看法一致；
6. 我感到自己的生活方式很适合我；
7. 我的价值为他人所承认；
8. 当周围没有熟人时，我感到能更自由地成为真正的我自己；
9. 我感到自己生活中所做的事并不真正值得；
10. 我感到我对集体的适应良好；
11. 我为自己成为这样的人感到骄傲；
12. 人们对我的看法与我对自己的看法差别很大；
13. 我感到被忽略；
14. 人们好像不接纳我；
15. 我改变了自己想要从生活中得到什么的想法；
16. 我不太清楚别人怎么看我；
17. 我对自己的感觉改变了；
18. 我感到自己是为了功利的考虑而行动或做事；
19. 我为自己是我生活于其中的社会一分子而感到骄傲。

记分时，先把1、2、4、8、9、12、13、14、15、16、17、18题的回答结果反向转换，如选择的是1，就打4分；选择2，打3分；选择3，打2分；选择4，打1分。其他问题则保持不变。然后把19个问题回答的得分相加。

奥克斯和普拉格发现，用这个量表对南部非洲15—60岁的人进行测试时，他们的平均得分在56—58之间，标准差在7—8之间。这表明，大多数人的得分在平均得分正负7或8点的范围内，得分明显高于该数字的人，表明他的自我认同感发展良好；得分明显低于该数字者，表明他的自我认同感还处在发展和形成阶段。

［资料来源］ Jerry M Burger. 人格心理学［M］. 陈会昌，等，译. 北京：中国轻工业出版社，2000：84.

阶段 6：亲密感对孤独感（18—25 岁）

这是个体进入恋爱期和建立家庭的关键阶段，主要发展任务是获得亲密感，避免孤独感。此阶段个体应当培养的良好人格特征是爱的品质。所谓亲密感，是指个体能够与他人深入沟通、相互关怀以及相互承担义务的一种情感，它包括友谊与爱情。如果一个人不能与他人分享快乐和痛苦，不能与他人形成相互关心、相互帮助的人际关系，就会陷入一种深深的孤独感之中。

阶段 7：繁衍感对停滞感（25—50 岁）

人生进入中年阶段，此时发展的主要任务是获得繁衍感，避免停滞感。个体应当培养的良好人格特征是关心的品质。这里的繁衍感不仅指生儿育女，还包括以工作的方式创造产品和思想。如果一个人只顾及自己和自己家庭的幸福，不关心社会上其他的人和事，就会陷入一种消极的"自我专注"，使自我产生一种停滞感。

阶段 8：完善感对绝望感（50 岁至死亡）

此时人生进入最后的阶段，个体在回顾自己的一生时是充满完善感和满足感，还是对自己感到失望或厌恶，是这一阶段的心理社会危机。老年人的完善感是一种长期历练出来的、洞察人生的智慧与贤明，是一种坦然接受人生现实的乐观态度。如果一个老年人无法形成这种完善感，就会觉得人生短促，对生活感到厌倦和失望，甚至对他人产生轻蔑感。

表 2－1　心理社会发展理论的阶段与特点

发展阶段	发展任务	人格品质
婴儿前期（0—1 岁）	获得信任感，克服怀疑感	希望
婴儿后期（1—3 岁）	获得自主感，克服羞耻感	意志
幼儿期（3—6 岁）	获得主动感，克服内疚感	目标
童年期（7—12 岁）	获得勤奋感，克服自卑感	能力
青少年期（12—18 岁）	建立自我同一性，避免角色混乱	诚实
成年早期（18—25 岁）	获得亲密感，避免孤独感	爱
成年中期（25—50 岁）	获得繁衍感，避免停滞感	关心
成年后期（50 岁后）	获得完善感，避免失望感	智慧贤明

三、精神分析发展观的教育指导意义

弗洛伊德的心理性欲发展理论主要关注人格的发展，强调人格形成与早期经验的影响，特别是与父母对儿童的教养态度有关。在弗洛伊德看来，生命的头几年是人格形成的关键时期，人格紊乱的起因在于儿童期未解决的创伤性体验。这些观点对早期教育和儿童期心理卫生的实践产生极大影响。有学者曾断言，如果没有精神分析，今天哺育儿童的方法可能会截然不同。另一方面，弗洛伊德认为性本能、潜意识与情感在心理发展中起着至关重要的作用，这一看法改变了传统心理学中重理念、轻意欲，重意识、轻无意识的倾向，拓展了心理学的研究范围。

埃里克森的心理社会发展理论是对弗洛伊德理论的继承，他同意弗洛伊德对本我、自我和超我的划分，但对自我的理解不同于弗洛伊德，他赋予自我许多积极的特征，如信任、独立、自主、勤奋、同一性、亲密、智慧等。健康的自我，能创造性地解决人生发展中每一阶段出现的问题。在埃里克森看来，对同一性的研究已成为我们时代的策略，犹如弗洛伊德时代对性欲的研究。埃里克森心理社会发展理论对人生发展的最大指导意义在于，他指出人格发展的每个阶段都存在一对冲突或危机，危机的积极解决，会增强自我的力量，使人格得以健全发展；危机的消极解决，会削弱自我的力量，妨碍个人对环境的适应。但是各个阶段的危机解决并非那么绝对和僵化，而是富有弹性的。比如，一个人如果在青春期未能很好地建立自我同一性，他在后面的发展阶段是可以进行弥补的。而且，自我同一性的建立不是一劳永逸的，未来的挫折或打击也可能威胁到已经建立的自我同一性。某种意义上，埃里克森的心理社会发展理论更为全面和动态，对人格形成的解释也显得更加积极和乐观。

第三节　行为主义观

一、华生的经典行为主义

华生（J B Watson，1878—1958）是行为主义的创始人。1913 年他以一篇宣言式的论文——《行为主义者所看到的心理学》，举起了行为主义的大旗。华生以他凌厉的反叛精神、坚定的理论原则、乐观的精神、顽强的个性和犀利的笔锋，为推行行为主义作出了巨大贡献①。行为主义虽然没有被人们全盘接受，但在西方乃至全球心理学界占据支配地位长达半世纪之久。著名的心理学史家舒尔茨这样评价华生："华生主义之所以被接受，在某种程度上与他自身具有的魄力和明晰性有关。华生是一个有魅力的人物，他总是满怀着热情、乐观、自信和明确的态度去写作。他是个大胆呼吁革命的人物，他藐视传统和反对陈旧心理学的见解。这些个人特点同他正确反映的时代精神的相互作用，使华生的确成为心理学的一位伟大人物"②。

华生
(J B Watson，1878—1958)

（一）本能与环境决定论

华生通过发生学（genetics）的途径来研究本能，即观察出生后不久的婴儿所呈现的未经学习的动作。他认为婴儿刚一出生就具备一些非习得性行为，例如瞳孔收缩、呼吸、吮吸、排泄等。从发生学的角度看，先有非习得性行为，后有习得性行为。儿童在稍后阶段逐渐学会伸手取物、爬行、站立、坐直、走路、奔跑等大量动作，在华生看来这些动作大部分是由于结构方面生长的变化而出现的，其余部分则是

① 王振宇. 儿童心理发展理论 [M]. 上海：华东师范大学出版社，2000：66.
② 杜·舒尔茨. 现代心理学史 [M]. 沈德灿，等，译. 北京：人民教育出版社，1981：240.

由于训练和条件反射的缘故。

华生用“活动流（activity stream）”来表明人类活动体系日益增长的复杂性。这个永无休止的活动流始于受精卵，之后随着时间的流逝变得更加复杂。每一种非习得性行为，如呼吸和血液循环，在出生不久便形成条件反射。有些非习得性行为终生保持在活动流中，而一些非习得性行为在活动流中只存在很短的一段时间，然后便从活动流中永远消失了，例如巴宾斯基反射①等。

在“天性—教养”之争中，华生是最为著名的环境决定论的倡导者，他否认遗传的作用，认为人的行为完全受环境和教育的影响。他强调，并不存在所谓的能力、气质、心理构造和性格等的遗传，这些都是摇篮时期训练的结果，对日后的发展作用甚微。他坚信一定类型的构造加上早期训练就能说明一个人的全部成就，这是一种极端的环境决定论。在1924年出版的《行为主义》一书中，他提出了一段环境决定论的经典名言：

“给我一打强健而没有缺陷的婴儿，让我放在我自己特殊的世界中教养，那么，我可以担保，在这些婴儿中，我随便拿一个出来，都可以训练其成为任何专家——无论他的能力、嗜好、倾向、才能、职业及种族是怎样，我都能够任意训练他成为一个医生，或一个律师，或一个艺术家，或一个商界首领，甚至可以将他训练成一个乞丐或窃贼②。”

（二）情绪理论

华生对儿童心理研究的主要兴趣集中在情绪上。他认为情绪也是一种行为，表现为内脏和腺体系统对特定刺激的反应和一些特定的变化模式，因此情绪本质上是一种内隐的而非外显的行为，它是后天习得而来的，是我们对外在刺激产生的一种特定的条件反射。

华生把情绪定义为一种涉及整个躯体的深刻变化，特别是内脏和腺体变化的模式反应。通过观察婴儿的情绪表现，华生提出人类存在三种非习得的情绪反应：恐惧（fear）、愤怒（rage）和爱（love）。对婴儿而言，突然的巨响、身体突然失去平衡会引起恐惧情绪；愤怒是由身体运动受阻所引发的；爱则是由抚摸皮肤、轻轻摇动、轻轻拍打引起的。儿童后来发展出的各种复杂情绪，都建立在这三种原始情绪的基础之上，而条件反射是情绪发展的内在机制。华生特别强调导致儿童建立情绪条件反射的家庭因素，在其《行为主义》的论著中，他饶有趣味地分析了何种情境会使儿童啼哭，何种情境会使儿童发笑。他对环境对情绪的控制作用充满乐观的期望，“将来，总有一天，我们有可能抚育人类的年轻一代在婴儿期和少年期中没有啼哭或者表现出恐惧反应，除非在呈现引起这些反应的无条件刺激情况下，例如疼痛、令人讨厌的刺

---

① 巴宾斯基反射：法国神经学家巴宾斯基所发现，当用火柴棍或大头针等物的钝端，由脚跟向前轻划新生儿足底外侧缘时，他的拇趾会缓缓地上跷，其余各趾呈扇形张开。此反射最早可在4—6个月的新生儿身上看到，它是因中枢神经通路（锥体束及大脑皮层）还不成熟而引起的。该反射约在新生儿6—18个月逐渐消失，但在睡眠或昏迷中仍可出现。2岁后则出现与成人相同的足庶反射，若再出现此反射，一般是锥体束受损害的表现。

② J B Watson. *Behaviorism* [M]. New York：W W Norton & Co. Inc.，1970：104.

激和响声等①。”

华生有关情绪的观点，主要来自于他所进行的一系列实验，最经典的就是小阿尔伯特的恐惧形成实验。实验中，华生以 11 个月大的小阿尔伯特为被试。最初阿尔伯特对白鼠并无恐惧反应，甚至用手去触摸它，白鼠对于他而言是一个“中性刺激”。然后，每次小阿尔伯特的手触及白鼠时，实验者立即在他的脑后敲击铁棒，巨大的声响让小阿尔伯特感到害怕。如此反复多次，实验的结果是小阿尔伯特一见到白鼠就会惊恐、退缩，短短一周时间，小阿尔伯特就形成了对白鼠的恐惧反应。华生解释道，实验中白鼠成了剧烈声响的替代刺激，引发了小阿尔伯特的恐惧条件反射，并由此得出结论：人类情绪是条件反射的结果。这种恐惧的情绪反应甚至会泛化到其他小动物和皮毛制品上，如白兔、毛皮上衣甚至圣诞老人的胡子，因为相同的因素在条件性情绪反应的泛化或迁移中起着关键作用。华生对儿童情绪的实验研究在发展心理学上具有开创性，但由于他的这项实验以婴儿为被试，并且在实验后并没有采取措施消除被试的恐惧反应，其做法因有违伦理而遭受批评。

学以致用2－1

挑战性任务：对小阿尔伯特而言，曾经发生了什么事情？这个小家伙如何作出反应？写出一些可能性。

参考性答案：这一点是可能的，那就是小阿尔伯特在成长过程中，害怕老鼠、害怕穿白颜色衣服的人、害怕较大的噪声、害怕铁棒、害怕心理学家……还有一点也是可能的，他在这些情景下没有遭受到什么痛苦。实际上我们不知道小阿尔伯特到底发生了什么。真实的情况是在治愈他的恐惧之前，小阿尔伯特被带出了医院，最初华生是考虑要处理由他实验所引发的恐惧的。华生后来受到了强烈的批评，因为他们没有确保小阿尔伯特不遭受持续的负面影响。在今天来证明这个实验是不可能的，因为当代社会对研究作出了严格的道德限制。

［资料来源］Guy R Lefrancois. 孩子们——儿童心理发展［M］. 王全志，等，译. 北京：北京大学出版社，2005：96.

二、斯金纳的新行为主义

斯金纳（B F Skinner，1904—1990）被誉为 20 世纪心理学界最有影响的人物之一，新行为主义的代表，操作性条件反射理论的奠基者。斯金纳一生硕果累累，他的强化理论、程序教学对社会生活和教育实践产生了深远影响。1958 年，斯金纳获美国心理学会颁发的杰出科学贡献奖，1968 年获美国总统颁发的最高科学荣誉——国家科学奖。

斯金纳深受实证主义哲学和巴甫洛夫条件反射学说的影响，试图构建一种比华生行为主义更严密的新行为主义，试图通过强化原理循序渐进地达到塑造和控制儿童行为的目的。斯金纳的行为主义又称为操作行为主义或激进行为主义，其发展心理学观点主要体现在强化控制原理和行为矫正原理及其实践运用上。

① 华生. 行为主义［M］. 李维，译. 杭州：浙江教育出版社，1998：166.

(一) 强化控制原理

强化控制原理是斯金纳行为科学研究的核心部分。他将人的行为划分为两种：一种是应答性行为，指由某种特定的刺激所引起的行为，如食物引起唾液分泌等；另一种是操作性行为，指自发的而不是由刺激引发的行为，如绘画、跑步等。斯金纳认为，人类大部分行为是操作性行为，而这些行为与及时强化有关。

斯金纳设计了斯金纳箱来研究操作性行为的强化作用。如图 2－1 所示，斯金纳箱内有一个杠杆，与自动传送食物的装置连接，它下面是一个食物盘，只要箱内的白鼠踩动踏板，就会有一粒食丸滚到食物盘内，饥饿的白鼠即可得到食物。食物强化了白鼠踩踏板的行为，使得该行为的发生频率迅速上升。由此斯金纳发现，有机体作出的反应与随后出现的刺激条件之间的关系对行为起着控制作用，它能影响有机体反应的速率。斯金纳把这种操作性行为形成的规律叫做操作性条件强化作用——即在一个行为产生以后，若紧接着出现一个强化刺激，那么这个行为发生的概率就会增加。通过条件作用习得的行为，如果出现后不再有强化刺激尾随，则该行为的发生概率就会逐渐减弱，甚至完全消失，这就是反应的消退。

斯金纳进一步将强化细分为不同的程式，主要有连续强化与间歇强化、定时强化与定比强化。连续强化指个体只要表现出正确反应，均给予奖赏；间歇强化指只选择部分正确的反应，给予奖赏。研究表明，连续强化的方式通常有利于快速建立一种行为模式，但行为也容易发生消退，而间歇强化则有利于使行为保持持久。这一研究结论的启示是，教儿童新任务时要及时强化，而且在任务的早期阶段对每一个正确的反应进行连续强化，但随着学习的深入，逐渐转入间歇式强化，这样的强化方式既有利于快速掌握任务，又能巩固成效。定时强化指按照固定的时间间隔给予强化，如每隔 10 分钟对白鼠强化一次；定比强化指有机体在作出固定数量的反应之后给予强化，如白鼠每踩踏板 10 次给予一次强化。有关动物强化的研究发现，反应的速度与强化

图 2－1 斯金纳与斯金纳箱

时间间隔成正比，即强化间隔时间越短，反应的速度越快，强化间隔的时间越长，反应的速度就越慢。在人类的工作环境中，计时工资属于定时强化，而计件工资则属于定比强化。

强化还可以分为正强化和负强化。正强化是指通过呈现对个体有益或令他愉快的刺激，从而增强某种反应概率的过程；负强化是指通过撤销对个体有害或令他厌恶的刺激来增强反应发生的频率。也就是说，无论正强化还是负强化，其结果都是为了增强反应发生的概率，只是它们采取的方式不同。比如说，当儿童按时完成作业时，就奖励他饭后可以看半小时的动画片，这属于正强化；同样，如果儿童按时完成作业，父母规定可以减少他 10 分钟的练琴时间（假设该儿童不喜欢练琴），这属于负强化。负强化不同于惩罚，因为惩罚是通过呈现厌恶刺激或者撤销愉快刺激来降低或消除行为的发生概率。比如，如果儿童没有按时完成作业，父母就取消他饭后看动画片的活动（撤销愉快刺激）或者增加 30 分钟的练琴时间（呈现厌恶刺激），这就属于惩罚。

斯金纳重视强化的作用，认为强化是塑造行为的基础，可以通过强化来建立儿童的行为。如果儿童的某个良好行为发生，父母或教师给予微笑、拥抱、鼓励、表扬等强化方式，能增加这一行为再次发生的概率；反之，如果儿童出现不良行为，成人应给予批评或者采取“冷处理”、不予理睬的方式，以降低这一行为再次发生的可能性。斯金纳坚信，是否多次得到外部刺激的强化，是儿童衡量自己的行为是否妥当的唯一标准，只有练习没有强化，是难以建立一种行为模式的。此外，斯金纳提倡以消退法代替惩罚，因为如果儿童行为是由于父母的强化所致，那么当这种强化不再出现时，就会导致该行为的消退。他建议人们应该把不良行为与消退相联系，将满意行为与积极的强化相联系，以塑造儿童良好的行为习惯。

表 2-2　强化与惩罚对比

类型	行为频率增加	行为频率减少
呈现刺激	正强化（呈现愉快刺激）	Ⅰ型惩罚（呈现厌恶刺激）
消除刺激	负强化（撤销厌恶刺激）	Ⅱ型惩罚（撤销愉快刺激）

（二）行为矫正原理

斯金纳的强化控制原理不仅适用于对儿童新行为的塑造，而且可以用于对儿童不良行为的矫正。斯金纳认为，儿童形成不良行为主要是由于控制不良、强化不当尤其是惩罚过度造成的。行为矫正是通过强化控制原理，使儿童行为朝向积极、合理的方向转变，逐步养成人类社会认同的行为方式。在斯金纳看来，要矫正儿童的不良行为，最好的方式是对这些行为不予强化，给予漠视和不理睬。比如，儿童如果长时间地哭闹、发脾气、咬手指甲、故意与父母作对等，成人对这些行为可以采取“冷处理”，不予理睬，直到他“知趣”地停止胡闹，久而久之，儿童就不会再那样做了。这是消退原理在儿童不良行为矫正和控制中的作用，其实质就是对不良行为不予强化。但是，在实际教育过程中，单纯的“忽视”并不能有效地消除不良行为，尤其对一些性质严重的攻击性行为，不予理睬的方式可能被当成一种默认，因此，对一些严重违规行为一定要及时制止，并给予一定程度的惩罚。

斯金纳针对一些有严重行为问题的儿童，将行为矫正的原理应用于儿童心理治疗，并取得了不错成效。这些方法主要包括模仿疗法、代币法和厌恶刺激疗法。模仿疗法的具体做法是：先让儿童观看别人的行为和行为的强化结果，这些行为及其强化结果都是儿童所希望拥有的；再让儿童亲身实践这些行为，并从治疗者那里得到相应的强化。代币法主要用于精神病院，患者如果完成一些受肯定和赞扬的行为，就可以获得一定数量的代币，用这些代币他们能换取实物或参加某项活动的权利。厌恶刺激疗法是当儿童出现一些不良行为时（如自残行为），对他们采用微量电击，同时让母亲或护士对他们说“不”；如果不良行为停止，则表扬他们是“好孩子”，以此减少不良行为发生的概率。不过需要注意的是，虽然厌恶刺激疗法对矫正不良行为有一定效果，但其做法可能对儿童的心灵造成伤害，因此在伦理学上存在争议①。

三、班杜拉的社会学习理论

班杜拉（Albert Bandura，1925— ）是美国当代著名的心理学家，他吸收人本主义和认知心理学的思想，坚持行为主义的客观性原则，不仅从个体的经验及结果方面研究学习的过程，更注重社会因素、社会规范、榜样力量在行为控制中的作用。正是在这个意义上，班杜拉的理论也被称为社会认知行为主义，该理论自 20 世纪 60 年代在美国兴起以来，影响深远。班杜拉曾在 1974 年当选为美国心理学会主席，多次获得美国心理学会颁发的杰出科学贡献奖，是美国心理学界著作引用率最高的心理学家之一②。

班杜拉
（Albert Bandura，1925— ）

（一）观察学习及其过程

观察学习是班杜拉社会学习理论的一个基本概念。班杜拉将观察学习界定为：通过对他人的行为及其强化性结果的观察，一个人获得某些新的行为，或现存的行为反应特点得到矫正。同时在这一过程中，观察者并没有外显性的操作示范反应③。

1961 年，班杜拉及其助手在斯坦福大学进行了著名的“波比娃娃”实验（Bobby doll experiment）。实验者让儿童观察成人榜样对波比娃娃（一种充气娃娃）的攻击行为，然后将儿童带到另一间游戏室内，里面有各种攻击性和非攻击性的玩具，结果发现几乎所有被试都能较准确地表现出榜样的攻击行为。在后续实验中，班杜拉把儿童分成两组，分别观看电影中的成人攻击行为，甲组儿童看到成人榜样受到奖励，乙组儿童看到成人榜样受到惩罚。然后让儿童进入游戏室，结果发现，甲组儿童比乙组儿

---

① 王振宇．儿童心理发展理论［M］．上海：华东师范大学出版社，2000：86－87.

② A R 吉尔根．当代美国心理学［M］．刘力，等，译．北京：社会科学文献出版社，1992：204.

③ A Bandura. *Vicarious process: A case of no-trial learning. In L Berkowitz (Ed). Advances in Experimental Social Psychology* [M]. New York: Academic Press, 1965: 3.

童表现出更多的攻击行为。

根据实验研究结果，班杜拉认为个体可以只通过观察他人行为而习得新的反应。儿童从动作的模仿到语言的掌握及人格的形成都可以通过观察学习来加以完成。被观察的榜样既可以是现实生活中的人，也可以是电影、电视以及小说中的主人公，他们为儿童提供思想和行为的示范模型。观察学习在儿童的社会化过程中有重要的作用。班杜拉提出观察学习受四个过程制约①。

1. 注意过程：观察学习的第一步，指对榜样的探索和感知。注意过程决定着一个人在显示给他的大量榜样行为中选择什么来进行观察，以及在这些示范事件中抽取哪些信息。选择性注意在观察中起着关键作用。

2. 保持过程：暂时的经验以符号形式保持在记忆系统中，可以是表象式表征，也可以是语言—概念表征，通过复述与进一步的加工编码而被保存在记忆中。班杜拉指出，人们还可以将言语编码和视觉刺激结合起来，以促进记忆的保持。

3. 动作再现过程：观察学习的中心环节，观察者组织各种技能以生成新的反应模式。在保持过程中，被示范的行为已被抽象地表征为行动的概念和规则，这些概念和规则说明了要做的是什么。

4. 动机过程：动机过程贯穿于观察学习的始终，它激发和维持着人的观察学习活动。此过程决定观察者是否将观察所学到的能力付诸实践。

观察学习不同于经典行为主义的刺激—反应学习。刺激—反应学习是学习者先有行为反应，随后获得直接强化而完成的学习。而观察学习可以不必直接作出反应，也无需亲身体验强化，它只是通过观察他人在一定环境中的行为以及行为所受到的强化，就能完成学习过程。这种建立在替代基础上的学习模式是习得复杂技能必不可少的，如道德规范、社会行为等，我们不必经过探索性的试误过程，而通过观察他人的行为和替代强化来获得。

（二）强化与自我调节

班杜拉重视强化在儿童学习发展中的作用。强化可以是直接强化，如直接的物质奖励、赞扬或是批评。强化也可以是替代性的，如儿童看到他人成功和受赞扬的行为，就会增强表现出同样行为的倾向；如果看到失败或受罚的行为，就会削弱或抑制发生这种行为的倾向。强化还可以是自我强化，即个体在对自我行为评价的基础上所形成的一种主观感受，如羞耻感、自豪感或胜任感等，以支配或维持自己的行为过程。班杜拉认为，强化是以认知过程为中介进而影响到行为主体及其表现，行为主体对反应与结果之间的关系的觉知，是学习赖以发生的不可缺少的先决条件。这就是为什么儿童会自发地模仿未受到外部奖励的行为，这可能受到很多方面的影响，如社会诱因、竞争性以及儿童已习得的自我评价标准等。

自我调节并非仅仅通过意志控制来实现，而是需要借助一系列过程来发挥作用，

---

① A班杜拉. 思想和行动的社会基础——社会认知［M］. 林颖，等，译. 上海：华东师范大学出版社，1999：69.

包括自我观察、判断过程和自我反应三个过程①。儿童用自我调节行为来塑造环境，环境尤其是榜样行为又反过来影响儿童自我评价的准则。在班杜拉的实验中，他让7—9岁的儿童观看滚木球。一组儿童看到榜样得到高分时才用糖果奖励自己，另一组儿童看到榜样得分就吃糖，控制组儿童没有看到榜样是如何自我奖励的。结果前两组儿童在随后的游戏中采用与榜样行为相类似的标准，而控制组儿童对待奖励则是随心所欲的，想吃时就自己去拿糖吃。可见，儿童的内部准则和自我评价标准也受榜样的影响。

四、行为主义发展观的教育实践价值

作为行为主义的开创者，华生将行为作为心理学的研究对象，摒弃内省的研究方法，代之以客观的、可观测的方法，力图使心理学获得与其他自然科学同样的性质和地位，这些主张掀起了心理学史上的一次巨变。而且，华生强调将他的每一项心理学研究运用于生活和教育实践，比如他坚决反对体罚儿童，重视从小培养儿童良好的习惯，重视对儿童的家庭护理和身心教育，这些教育原则在今天看来仍十分有益。华生破旧立新的初衷固然不错，但他矫枉过正，否定意识、贬低脑与神经中枢的作用，片面强调环境和教育而忽视人的主观能动性，这也使他陷入困境并遭受批评②。

与华生相比，斯金纳走得更远，他被称为彻底的或激进的行为主义者，他不仅坚持行为的实验分析方法，而且创立出一套解释动物和人类行为的操作行为主义理论体系。斯金纳的操作条件反射原理是对传统行为主义的发展，他尝试通过行为研究来预测和控制人类社会，将理论研究广泛地运用于教学中，极大地提升了心理学的社会应用价值。但是他将动物实验的原理推广到人的行为解释中，忽视人与动物的本质区别，企图用操作条件反射来解释人类社会生活的所有领域，这种还原主义倾向受到质疑。

班杜拉重视社会因素的影响，又吸收了认知心理学的信息加工理论，通过大量的实验研究，揭示了观察学习的内部过程与规律，把学习理论和社会心理学的研究结合起来。他不是静态地看待环境因素，而是把情境刺激看成是一种经过加工后才产生影响的因素。社会学习理论在强调环境重要性的同时，还注重个体的自主性和社会因素，这使得他的行为主义理论更容易被人们所接受。

第四节 认知发展观

皮亚杰的发展理论是认知发展观的杰出代表。

一、皮亚杰简介

让·皮亚杰（Jean Piaget，1896—1980）出生于瑞士的纳沙特尔，是世界知名的心

---

① A班杜拉. 思想和行动的社会基础——社会认知论［M］. 林颖，等，译. 上海：华东师范大学出版社，2001：473－512.

② 高觉敷. 西方近代心理学史［M］. 北京：人民教育出版社，1982：265.

皮亚杰
(Jean Piaget，1896—1980)

理学家和哲学家，发生认识论的创始人，他通过儿童心理学把认识论与生物学、逻辑学联系起来，将传统上纯属思辨哲学的认识论改造成为一门实证科学。皮亚杰被认为是心理学史上除弗洛伊德之外影响力最大的人，他的儿童认知发展理论成为发展心理学中的经典理论，他的研究资料被认为是发展心理学中最可靠的事实。正如加拿大发展心理学家拉弗朗科斯（Guy R Lefrancois）所评价的那样，“几十年来，在所有的认知理论中，引用最广、最有影响力的理论一直是让·皮亚杰的理论。他的理论是综合性的、影响深远的理论，是在他横跨了半个多世纪的职业生涯中发展而来的”①。

如果说精神分析心理学家所关注的是儿童人格的发展，行为主义心理学家更强调儿童行为与结果之间的关联，那么皮亚杰所感兴趣的则是儿童认知的发展——儿童的认识是怎样形成的？个体的认知发展受哪些因素制约？各种不同水平的思维结构以何种顺序出现？这些问题就是皮亚杰终其一生试图解答的问题，也是发生认识论的核心问题。在皮亚杰看来，要致力于这些问题的研究，必须是一项整合多个学科的跨学科的研究工作，其中心理学、生物学和逻辑学是最为重要的三个学科基础。为了更深入、更科学地研究儿童的认知发展，皮亚杰首创了“临床谈话法”，这种方法将他在布鲁尔精神病诊所的工作经验与在比内实验室学到的问卷法、观察法相结合，是一种开放式的、激发儿童思维过程的谈话技术。

二、皮亚杰有关心理发展的基本观点

皮亚杰有关心理发展的基本观点，主要涵盖三个方面：心理发展的原因与本质、心理发展的机制问题以及心理发展的影响因素。

我们首先看第一个问题。人类的认识或思维从哪里来？这是一个哲学认识论领域长期争论不休的问题，主要有先验论和经验论两大阵营。先验论者强调认识来源于遗传结构，认为个体思维水平的差异源于遗传素质的不同；经验论中最为著名的就是洛克的“白板说”，它将人出生时的状态比喻成一块白板，认为后天的环境与教育是造成个体差异的原因。皮亚杰超越两大阵营的思维模式，在《发生认识论原理》一书中提出了著名的相互作用论的观点，即“认识既不能看做是在主体内部结构中预先决定了的——它们起因于有效地和不断地建构；也不能看做是在客体的预先存在着的特性中预先决定了的，因为客体只是通过这些内部结构的中介作用才被认识的”②。也就是说，认识既不是先验的，也不是外源的，它是通过主客体的相互作用而建构起来的。在主客体相互作用中，要依赖于中介物来实现这种建构，最初的中介物是动作，

① Guy R Lefrancois. 孩子们：儿童心理发展［M］. 王全志，孟祥芝，译. 北京：北京大学出版社，2005：72.

② 皮亚杰. 发生认识论原理［M］. 王宪钿，等，译. 北京：商务印书馆，1981：21.

动作是认识的源泉，然后是感知觉、表象、概念化思维等形式。皮亚杰从生物学的角度来解释心理发展的本质，提出思维或智慧的本质是适应，低级的智慧适应是把动作加以组织，高级的智慧适应则是把经验内容加以组织，人类行为与思维的目的都是为了更好地适应外部环境，适应使得主体与环境取得平衡。

人类是如何适应外部环境的？这就涉及第二个问题，即心理发展的机制问题，皮亚杰采用四个术语来解释这一机制，那就是图式（schema）、同化（assimilation）、顺应（accommodation）和平衡（equilibration）。所谓图式是指动作的结构或组织，这些动作在相同或类似的环境中由于不断重复而得到迁移或概括。图式是个体适应外界环境的动作模式，最初的图式来自于无条件反射，如吮吸动作、抓握反射等，以此为基础，儿童学会越来越复杂的应对外部世界的动作模式。同化和顺应是主体与外界相互作用过程中，主体认知结构改变的方式。同化是指主体将环境刺激信息纳入并整合到已有图式中，以加强和丰富原有的认知结构；顺应则指主体已建立的认知结构不能同化外界新的刺激，要按照新刺激的要求改变原有认知结构或创造新的认知结构，以适应环境刺激的需要。同化是一种量变过程，它只是丰富了原有认知结构的内容，而顺应必然要引起认知结构的质变，改造旧有结构或者产生一种新的认知结构来适应新的刺激。对于主体的学习或适应而言，同化与顺应是密切关联、相互渗透的两个方面，只有同化就无从提高和发展，只有顺应又永远处于变动不居的状态，必须二者取得平衡才能获得心理发展。所谓平衡指通过同化与顺应两种机能，主体实现与外界环境的平衡。在皮亚杰看来，心理发展的实质就是旧的平衡状态被打破，新的平衡状态逐渐形成的过程，这样个体的适应水平不断从低级向高级推进和发展。平衡既是一种状态，也是一种过程。

第三个问题，心理发展受哪些因素的影响？皮亚杰将影响因素归结为四个方面：（1）成熟，主要指生理因素的成熟，如大脑与神经系统的发育完善，身体机能的日趋成熟等。在皮亚杰看来，成熟是心理发展的生理基础，但并不能把成熟看做发展的决定性因素；（2）经验，包括三类不同的经验：即由简单练习产生的经验、物理经验和逻辑数理经验；（3）社会环境，主要指语言、教育和社会文化的影响；（4）平衡，它既是一种心理结构，也是发展中的影响因素。主体认知结构与外在环境相互作用时，不断从平衡—不平衡—平衡……从而达到越来越好、越来越高水平的平衡状态。皮亚杰认为平衡是所有影响心理发展的因素中最为关键的因素，没有平衡就谈不上发展的连续性和方向性，平衡甚至协调着其他三种发展因素。

三、认知发展阶段理论

皮亚杰认为逻辑思维是智慧的最高表现，因而从逻辑学中引进“运算”（operation）的概念作为划分思维发展阶段的依据。所谓运算并不是形式逻辑中的逻辑演算，而是指心理运算，指心理上进行的、内化了的动作，即在头脑中进行的智力操作。如表2－3所示，以运算的水平和特征为依据，皮亚杰将儿童认知发展划分为四个阶段。第六章“认知的发展”中将重点介绍皮亚杰的认知发展阶段理论，因此这里只以表格的方式将四个阶段列出。

表 2－3　皮亚杰的认知发展阶段

阶　段	大约年龄	思 维 特 征
感知运动阶段	0—2 岁	1. 思维通过看、听、触摸、动作等方式实现。 2. 获得客体永久性概念。 3. 从无意行为到有意行为转化。
前运算阶段	2—7 岁	1. 语言能力和运用象征符号的能力逐步发展。 2. 思维具有单维性、不可逆性和自我中心性。
具体运算阶段	7—12 岁	1. 能用逻辑方式解决遇到的具体问题。 2. 能理解客体守恒的规律。 3. 能理解可逆性。
形式运算阶段	12 岁至成人	1. 能用逻辑方式解决各种抽象问题。 2. 思维更具科学性。 3. 对一些社会问题、身份更加关注。

四、皮亚杰认知发展理论的教育价值

皮亚杰的认知发展理论堪称 20 世纪最经典、最具影响力的发展心理学理论。弗拉维尔（J H Flavell）曾高度评价皮亚杰的工作，“皮亚杰实际上创立了认知发展这个领域，引进了它最重要的一些概念，确定了它所研究的绝大部分领域的研究方向，并且给予我们一些使这个领域别具特色的最有用的结论”①。概括地说，皮亚杰认知发展理论的教育价值主要体现在以下三方面。

第一，皮亚杰的认知发展阶段理论细致地揭示了儿童思维发展的质变过程，使人类在理解儿童的认知发展上前进了一大步。早在 18 世纪的自然主义教育运动中，卢梭等人就发出“儿童不同于成人”的宣言，但直到皮亚杰，儿童的认知如何不同于成人才被真正地揭示出来，如处于前运算阶段的儿童，其思维具有泛灵论、不可逆性、不守恒性和自我中心性等特点，使儿童的认知在本质上有别于成人，“儿童是小成人”的思想由此被根本颠覆。同时，皮亚杰的认知发展阶段理论也为我们揭示了人类思维发展的规律，从动作性思维到表象性思维，从具体形象思维到抽象逻辑思维，儿童的认知依循这一顺序从低级逐渐向高级发展，这为不同阶段的儿童教育提供了有力的理论指导。

第二，皮亚杰心理发展理论中蕴涵的结构主义和建构主义的思想，既丰富了心理学的方法论，又为当代教育教学改革提供了启示。皮亚杰强调儿童具有一定的认知结构，它是认知过程中发生的动作和概念的组织，结构的基本单元就是图式。同时，认知结构通过主客体相互作用和双向建构的过程不断从简单向复杂发展。所谓双向建构，一是向内协调主体动作的内化过程，二是向外组织外部世界的外化过程。在双向建构过程中，个体的主动性、已有经验和外部环境极为重要。皮亚杰的认知理论既有

① J H Flavell. *Piaget's legacy* ［J］. Psychological Science，1996（7）：200－203.

结构主义的观点，又有建构主义的思想，对当代教育教学改革产生深远影响。其理论启示的核心意义在于告诫教育者：儿童的思维方式与成人有很大差别，真正的学习是儿童主动的、自发的学习；对于不同发展阶段的学生，应采用不同的教学方法；要重视学生的社会交往，通过与同伴的合作、讨论，儿童可以摆脱自我中心的视野。皮亚杰的这些观点成为当代建构主义教育理念的思想源泉。

第三，皮亚杰对处于不同认知发展阶段的儿童的教育提出了颇具建设性的建议。比如，前运算阶段的孩子正处于学前教育阶段，根据皮亚杰的理论，父母或教师的指示要简短一些，用直观动作配合语言来加以说明，同时鉴于此阶段儿童具有自我中心思维，所以不要期望孩子总能考虑到他人的观点。具体运算阶段的儿童具有了可逆性和守恒性，但他们的思维还需要借助实际经验或具体形象来支持，因此教师要用熟悉的例证来解释复杂、抽象的概念，教学要结合学生的实际生活经验，同时给学生提供一些需要逻辑分析、系统思考的问题，为下一阶段抽象逻辑思维的发展奠定基础。

第五节 背景观

背景观主要介绍苏联心理学家维果茨基和我国心理学家朱智贤的发展理论，他们都强调文化、历史、社会等大的环境背景对儿童心理发展的影响作用。

一、维果茨基的心理发展理论

在发展心理学史上，维果茨基（Л С Выготский，1896—1934）的学说独树一帜，他以辩证唯物主义为指导，对心理学的诸多领域进行了卓有成效的理论与实证研究。他的学说不仅被苏联，而且被西方心理学界所推崇。维果茨基从社会文化发展论和内化论出发，提出心理是在与周围人的交往过程中产生和发展起来的，受人类社会文化经验的制约，以此为基础维果茨基提出著名的文化—历史发展理论。

维果茨基
（Л С Выготский，1896—1934）

（一）文化—历史发展理论

1930—1931年，维果茨基撰写《高级心理机能的发展》一书，在书中他首次提出了“文化—历史发展理论”，这是其心理发展观的核心内容。文化—历史发展理论的基本要义是：人类存在两种心理机能，一种是作为动物进化结果的低级心理机能，它受个体的生物成熟所制约；另一种则是作为历史发展结果的高级心理机能，它受社会文化—历史所制约。正是因为具有高级心理机能，使得人类心理本质上有别于动物。

工具理论是维果茨基文化—历史发展理论的一个重要基石。维果茨基受培根的名言——“既不能单靠手，也不能单靠脑，手脑只有靠它们使用的工具才更完全”启示，提出人类拥有两种工具：一是诸如石刀、石斧乃至现代机器的物质工具；二是诸如语言、符号等心理工具。就其本质而言，心理工具是社会性质的，它改变了心理功能的整个流程和结构，正如机械工具改变了自然适应的过程一样。也就是说，人类社会所特有的语言和符号使人的心理机能发生了质的变化，上升到一个高级阶段，使得心理的发展不再受生物规律而是受社会规律所制约。心理的实质就是社会文化—历史通过语言、符号的中介作用而不断内化的结果，人类历史进程中不断演变的社会文化，是个体心理发展的源泉与决定因素。

维果茨基的文化—历史发展理论力图证明，个体心理发展的源泉和决定因素是人类历史进程中不断发展的社会文化，这对消除把心理过程理解为精神内部固有属性的唯心主义观点，以及克服无视动物行为与人的心理活动的本质差异的自然主义倾向具有积极作用。

（二）心理发展的实质

维果茨基从种系和个体发展的角度分析了心理发展的实质，认为心理发展是指一个人的心理从出生到成年，在环境与教育影响下，从低级心理机能逐渐向高级心理机能转化的过程。

低级心理机能是消极适应自然的心理形式，如感受性、知觉、机械记忆、无意注意、冲动性意志等。这些低级心理机能具有许多共同的特征：就其产生原因而言，它们是被动的、由外在刺激引起的；就其反映水平而言，它们是感性的、具体的、形象的；就其实现过程的结构而言，它们是直接的、非中介的；就其起源而言，它们是种系发展的产物，受生物学的规律所支配；就其神经机制而言，它们伴随生物自身结构尤其是神经系统的发展而发展。

高级心理机能是积极反映社会文化经验的心理形式，包括观察、有意注意、逻辑记忆、抽象思维、高级情感、预见性意志等。从低级心理机能转化为高级心理机能，发生了一些根本性的变化，主要表现在五个方面：其一，高级心理机能具有随意性和主动性，是由主体按照预定的目的而自觉引起的；其二，高级心理机能具有概括性和抽象性；其三，高级心理机能具有间接性，它们以符号或语言为中介；其四，高级心理机能是社会历史发展的产物，受社会规律所制约；其五，高级心理机能是在人际互动过程中产生并不断发展起来的。

为什么低级心理机能能够发展为高级心理机能？其内在机制是怎样的？关于心理发展的动因，维果茨基强调三点：一是高级心理机能的发展起源于社会文化—历史的发展，受社会规律所制约；二是儿童在与成人交往过程中通过掌握高级的心理机能的工具——语言、符号系统，使其在低级心理机能的基础上形成了各种新质的心理机能；三是高级心理机能是外部活动不断内化的结果。也就是说，人的思维、情感、态度等高级心理机能，是个体在各种活动和社会性互动中获得的，语言、符号系统在这一过程中起着重要作用。从维果茨基对心理发展实质的阐释中，我们不难看出，他对心理发展实质的理解是与其文化—历史发展理论密切联系在一起的。

（三）教学与发展的关系

维果茨基对个体心理发展问题的深入探索，引导他最终进入了对学校教学与儿童发展关系问题的研究领域。

维果茨基提出，教学必须考虑学生的特点，教学与发展的关系“并不是在学龄期才初次相遇的，而实际上从儿童出生的第一天便互相联系着”①。儿童向成人学习说话、提问和回答问题时，就从成人那里获得一系列知识。他还认为，教学应着眼于儿童的明天，由此他创立了著名的“最近发展区”的概念。所谓最近发展区，是指儿童的实际发展水平与潜在发展水平之间的差距。前者由儿童独立解决问题的能力而定，后者则是指在成人的指导下或是与能力较强的同伴合作时，儿童表现出来的解决问题的能力。这一概念对于教育实践的重要指导意义在于，教学不仅要看到学生的今天，更重要的是要看到学生的明天；不仅要看到其在发展过程中已经达到的程度，更应该注意他们正在形成的过程。“只有走在发展前面的教学才是好的。它能激发和引起处于最近发展区中成熟阶段的一系列功能”，因为“今天儿童靠成年人帮助完成的事情，明天他便能自己独立地完成”②。

在教学与发展究竟是什么关系的问题上，维果茨基明确提出，二者既相互区别，又相互联系。具体表现为三个方面：一是教学主导着儿童的发展，决定着儿童发展的方向、内容、水平以及发展的速度；二是教学“创造”最近发展区，维果茨基认为，“教学的本质特征是教学造成了最近发展区，就是说，教学引起、唤醒、激发了一系列内部发展过程”③；三是发展过程并不是与教学过程同步的，发展跟在建立最近发展区的教学过程的后面。维果茨基还进一步指出，教学与发展是两种不同的过程，发展有自我运动的内部规律，而教学在儿童心理发展中则是必要的和普遍的因素，教学应该以儿童的“最近发展区”为目标，儿童发展的可能性与潜力是我们设计教学的基础。为了发挥教学的最大作用，维果茨基强调了“教学最佳期”的概念，认为任何教学都存在最佳的、也就是最有利的时期，这是基本原理之一。对这个时期任何向上或向下的偏离，即过早或过迟实施教学的时期，从发展的观点看，都是有害的，对儿童的智力发展产生不良影响④。所以，教学必须首先建立在正在开始形成的心理机能的基础上，走在心理机能形成的前面。

（四）维果茨基心理发展理论的教育价值

与以往的心理发展理论相比，维果茨基采用文化—历史发展理论的全新视角，辩证地分析了心理发展的实质、心理发展的动因以及教学与发展之间的关系，提出儿童的发展内在地与教学、学习联系在一起，它们之间的关系被清晰地构建为一个三位一体的过程，并融合进一个积极互动、合作的空间——最近发展区。最近发展区是维果茨基文化—历史理论的核心概念之一，它阐明了个体心理发展的社会起源，彰显了教学与教师的主导作用，提出教学应走在发展前面，而同伴影响与合作学习对儿童心理发展也具有重要意义。最近发展区的思想也为当前的智力动态评估提供了理论源泉。

最近发展区理论直接影响了当代的教学理念与教学模式。目前盛行于世界各国教

---

① 维果茨基．维果茨基儿童心理与教育论著选［M］．龚浩然，等，译．杭州：杭州大学出版社，1999：314.

② 维果茨基．维果茨基教育论著选［M］．余震球，译．北京：人民教育出版社，1994：273.

③ 同②，402.

④ 同②，381.

育实践中的支架式教学、互惠式教学、合作教学、情境教学等教学模式，以及认知学徒制、合法的边缘性参与、学习共同体等教学理念，都可以直接溯源到最近发展区理论，这一理论对现代知识观、学习观、教学观和课程观的变革产生了深刻影响。可以这样说，维果茨基对现代心理学的影响是全方位的，他自成体系的心理学理论与别具一格的方法论深刻启发了现代心理学的元理论反省，对心理学众多分支学科的发展都产生了积极而深远的影响。

二、朱智贤的心理发展理论

朱智贤
(1908—1991)

朱智贤（1908—1991），字伯愚，江苏赣榆县人。中国现当代著名的心理学家、教育家，新中国儿童发展心理学的推进者和奠基人。

朱智贤潜心研究儿童发展心理学，强调心理学的研究必须坚持三个方向：一是坚持辩证唯物主义方向，二是坚持理论联系实际的方向，三是要坚持“洋为中用”、“古为今用”的方向。在一生的不同时期，他出版和发表了许多学术论著，据统计有两百多种，其中儿童发展心理学的著作包括：《儿童心理学》(1962)、《思维发展心理学》(1986)、《儿童心理学史》(1988)、《心理学大词典》(1990)、《朱智贤心理学文选》(1990) 等。

朱智贤的心理发展理论主要包括两个方面：一是有关心理发展基本问题的思想；二是有关发展心理学的研究方法论与具体研究方法的思想。

（一）心理发展的基本理论问题

1. 先天与后天的关系

心理学家关于心理发展的“先天与后天”之争由来已久，不同时期争论的焦点各不相同，先是讨论遗传和环境究竟是谁在心理发展中起决定作用，然后关注遗传和环境在心理发展中各起多大作用，目前的研究主题是遗传和环境在心理发展中如何相互作用。对这一问题，朱智贤早在20世纪50年代就提出了自己的见解，他的基本观点是：先天来自后天而后天决定先天，二者相互关联、密不可分。一方面，先天的遗传因素和生理成熟是心理发展的生物基础，它们为发展提出了可能性；另一方面，环境和教育是心理发展的后天影响因素，它们将发展的可能性转化为现实性，决定着心理发展的方向和内容。

2. 内因与外因的关系

环境和教育这些后天因素如何对心理发展产生影响？对这个问题主要存在着机械论和机体论之争，前者认为人像机器一样，机械地对环境作出反应，如行为主义；后者则主张人像生物有机体一样，通过内部的驱动力来对外界环境作出反应，如皮亚杰、弗洛伊德等。朱智贤对这个问题有自己独到的看法，他提出了一个“内部矛盾说”，其基本要义是：儿童主体与客体相互作用过程中，社会和教育向儿童提出要求，所引起的新需要和儿童已有的心理水平之间的矛盾，是儿童心理发展的内部矛盾或内因，也是其心理发展的动力。朱智贤的这个观点可以说是既讲内因和外因的相互作用，又体现了发展的因素，并且揭示了相互作用的内容和方式，使国内心理学界在内外因关系问题的认识上前进了一大步。

3. 教育与发展的关系

关于教育和发展的关系问题，朱智贤认为，心理发展主要由适合于主体心理内因的那些教育条件决定的，它要经历一系列从量变到质变的过程。朱智贤将这一个过程形象化，其表达方式如下图所示：

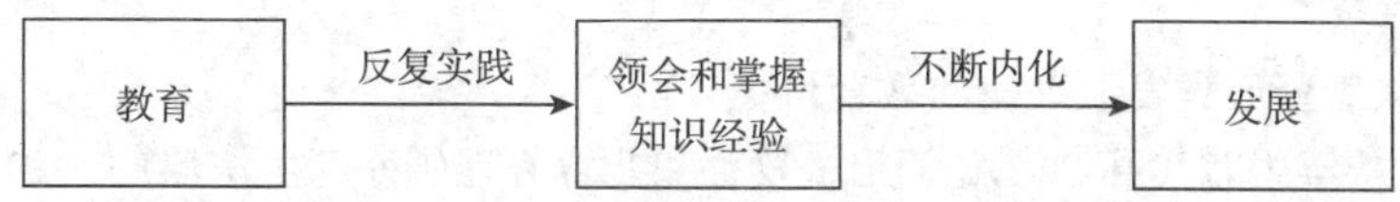

教育如何发挥其主导作用？朱智贤提出，只有那些高于主体原有水平，经过主体努力后又能达到的要求，才是最适合发展的要求。这一观点与维果茨基的“最近发展区”概念不谋而合，但它在揭示心理发展潜力的同时，更进一步指出了教育应该如何去发掘这种潜力。

4. 年龄特征与个别特征的关系

正如前面所论述的，心理发展是一个不断从量变到质变的螺旋上升过程。那么，在发展过程中，如何体现这种量变和质变的形态？朱智贤指出，儿童心理发展的年龄特征就是在一定的社会和教育条件下，儿童各个年龄阶段所形成的一般的、典型的和本质的特征，不同阶段的儿童在心理发展水平上具有质的差异。尽管每一个正常儿童的发展总是要经历一些共同的基本阶段，但发展的个体差异仍然非常明显，每个人在发展速度、能力优势、发展高度上往往千差万别，这就是个别特征的表现。我们要客观和辩证地看待发展中的年龄特征和个别特征，在承认发展的阶段性、典型性的同时，看到发展的个别性和多样性，二者既不能混为一谈，也不能彼此取代。

（二）发展心理学的研究方法论思想

对于发展心理学的研究方法论，朱智贤主要提出两个重要思想：一是强调用系统的观点研究心理的发展，二是强调发展心理学的研究要中国化。

1. 系统研究观。20 世纪 60 年代初，朱智贤在其论文《有关儿童心理年龄特征的几个问题》中，即开宗明义地提出要系统、整体、全面地研究儿童心理的发展。他反对单纯以生理特征或者思维发展水平作为划分年龄特征的依据，提出划分儿童心理发展阶段时要考虑两点：一是心理发展的内部矛盾，二是把握好发展的整体性与发展重点的关系。对后一个问题，他做了详细的阐述，提出整体的范围包括主体的认识过程、人格品质以及心理发展的社会教育条件、生理的发展、动作和活动的发展、语言的发展。朱智贤的这一观点被我国心理学家广为赞同和引用。

20 世纪 70 年代，朱智贤发表《心理学的方法论问题》的文章，主张心理学家要重视“普遍联系”和“不断发展”的观点，要将系统科学中的“老三论”（系统论、控制论、信息论）和“新三论”（耗散结构论、协同论、突变论）引入到心理学研究中来，反复强调整体研究的重要性。他的系统与整体研究的具体内涵是：将心理作为一个开放的组织系统来研究；系统地分析各种心理发展的研究类型；系统地处理研究结果。

2. 发展心理学的研究要中国化的思想。早在20世纪70年代末，朱智贤就明确提出，发展心理学的研究要走中国化的道路，因为中国儿童和青少年在教育实践中表现出的特点，既与国外儿童和青少年有共通之处，又存在自己的特殊性，而后者更为重要，中国心理学工作者只有揭示出中国儿童和青少年心理发展的特殊规律，才能在世界心理学界具有发言权。为此，朱智贤在他八十高龄时，克服重重困难，于1988年主编《中国儿童青少年心理发展与教育》，此书被誉为“心理学研究中国化”的经典力作。

（三）朱智贤心理发展理论的教育价值

朱智贤从学生时代开始，就对儿童教育和儿童心理研究产生浓厚的兴趣，并终其一生在这一领域中不断探索，为中国儿童发展心理学的理论研究和学科建设作出了卓越贡献。2008年3月北京师范大学召开“朱智贤教授诞辰100周年纪念大会”，总结了他对中国发展心理学所作出的三大贡献：一是系统探索了儿童心理发展的四大基本理论问题，奠定中国儿童发展心理学的理论基石；二是他的《儿童心理学》确立了中国儿童发展心理学的学科体系；三是为中国儿童发展心理学的学科建设、人才培养等方面作出了重要贡献。

就朱智贤的心理发展理论而言，他根据多年的理论研究和教育实践经验，对心理发展的四个基本理论问题以及发展心理学的研究方法论问题提出了自己独到的见解，这些思想既体现了辩证唯物主义的指导原则，又结合中国的文化特色，为中国儿童发展心理学的理论体系和学科建设奠定了坚实基础。比如，对于“先天与后天”的关系，朱智贤将其辩证地看做心理发展的可能性与现实性的问题。对于“内因与外因”的关系，他创新性地提出了一个“内部矛盾说”，将两者的关系具体化。而朱智贤对于教育与发展关系的看法，与维果茨基的“最近发展区”的观点不谋而合。对于“年龄特征和个别特征”的关系，朱智贤既强调儿童各个年龄特征的共同的本质特征，也强调同一年龄特征中儿童发展的多样性。在研究方法论方面，朱智贤以开阔的学科视野和一个中国学者的高度责任感，强调发展心理学一方面要引入系统科学中的“老三论”和“新三论”，加强整体性研究，另一方面心理研究要走中国化道路，采用适合中国被试的方法来研究真正属于中国的问题。这些思想可谓高屋建瓴，为中国儿童发展心理学的研究指明了方向。

【本章小结】

1. 弗洛伊德的心理性欲发展理论

弗洛伊德根据不同年龄里比多投向身体的不同部位，将儿童的心理发展分为口唇期、肛门期、性器期、潜伏期和生殖期五个阶段。口唇期的儿童通过吮吸、咀嚼等获得快感。肛门期是对幼儿进行排泄训练的关键期。性器期的儿童开始对生殖器感兴趣，并出现弗洛伊德所说的俄狄浦斯情结。潜伏期的儿童处于“性”中立的时期，他们通过自居作用建立与同性别父母的角色认同。生殖期的个体进入青春期，开始对异性感兴趣。弗洛伊德的心理性欲理论具有“泛性论”色彩，其实质是依据生物因素来说明早期的心理发展。

2. 埃里克森的心理社会发展理论

埃里克森将人的一生发展可分为八个阶段，认为每个阶段都由一对冲突组成，并形成一种心理发展危机。八个阶段的冲突与危机依次是：信任感对怀疑感、自主性对羞怯感、主动性对内疚感、勤奋感对自卑感、自我同一性对同一性混乱、亲密感对孤独感、繁衍感对停滞感、完善感对绝望感。埃里克森认为，心理发展的序列由遗传决定，但每个阶段能否顺利度过则由社会环境决定。危机的积极解决会使人格得到健全发展，危机的消极解决则会妨碍个人对环境的适应。与弗洛伊德相比，埃里克森的心理发展理论既关注生物因素的影响，也考虑社会、文化的作用。

3. 华生的情绪理论

华生认为情绪本质上是一种内隐的行为，它是后天习得的，主要表现为内脏和腺体系统对外在刺激产生的一种特定条件反射。华生采用小阿尔伯特的实验来说明情绪行为的获得，实验中小阿尔伯特触摸小白鼠与实验者敲击铁棒的巨响相继出现，由此形成小阿尔伯特对小白鼠的恐惧反应，这种恐惧的情绪反应甚至会泛化到小阿尔伯特对其他小动物和皮毛制品的反应上。华生以此证明，条件反射是情绪发展的内在机制。

4. 斯金纳的强化控制原理

斯金纳将行为划分为应答性行为和操作性行为，认为人类大部分行为是操作性行为。斯金纳的强化控制原理指出了操作性行为形成的规律，即一个行为产生以后若紧接着出现一个强化刺激，那么这个行为发生的概率就会增加；反之，如果行为出现后没有强化刺激尾随，则该行为的发生概率会逐渐减弱，甚至完全消失。强化可以设计出不同的程式，包括连续强化与间歇强化、定时强化与定比强化，它们对行为建立的速度和行为保持的持久性上影响不同。强化还可以分为正强化和负强化，其结果都是为了增强反应发生的概率。负强化不同于惩罚，因为惩罚是通过呈现厌恶刺激或者撤销愉快刺激来降低或消除行为的发生概率。

5. 班杜拉的观察学习

班杜拉通过“波比娃娃”实验，提出观察学习是社会学习的主要方式之一，他将观察学习界定为：通过对他人的行为及其强化性结果的观察，一个人获得某些新的行为，或现存的行为反应特点得到矫正。班杜拉认为，儿童从动作的模仿到语言的掌握及人格的形成都可以通过观察学习来加以完成，它在儿童社会化过程中发挥着重要作用。观察学习受注意、保持、动作再现、动机四个过程的制约。观察学习与传统行为主义学习的最大区别是，它无须直接强化而是建立在替代强化的基础上。

6. 维果茨基的最近发展区思想

最近发展区指儿童的实际发展水平与潜在发展水平之间的差距。实际发展水平由儿童独立解决问题的能力而定，潜在发展水平则指在成人的指导下或是与能力较强的同伴合作时，儿童表现出来的解决问题的能力。维果茨基提出最近发展区的概念，旨在说明教学不仅要看到学生已经达到的程度，更应该重视他们可能达到的程度。有效的教学应该以儿童的“最近发展区”为目标，教学走在发展的前面，兼顾发展的可能性与潜力。最近发展区的思想对当代教育改革产生深远影响，它成为当今支架式教学、合作教学、情境教学等教学模式的理论源泉。

【思考与练习】

1. 简述成熟势力说的整体内容及其对儿童发展与教育的指导意义。

2. 试比较弗洛伊德与埃里克森的心理发展理论。

3. 精神分析的心理发展理论对儿童教育有何启示意义？结合自己的体验，试举例说明。

4. 试分析华生、斯金纳和班杜拉心理发展理论的异同。

5. 结合实际，谈谈如何将斯金纳的强化控制原理运用于儿童教育实践。

6. 皮亚杰有哪些关于心理发展的基本观点？

7. 何谓最近发展区？这一思想对教育实践有何影响？

8. 朱智贤对心理发展基本理论问题有哪些思想？

【参考文献】

1. 桑标. 儿童发展心理学［M］. 北京：高等教育出版社，2009.

2. 朱智贤. 朱智贤全集：第三卷 心理学基本理论问题［M］. 北京：北京师范大学出版社，2002.

3. Guy R Lefrancois. 孩子们——儿童心理发展［M］. 王全志，等，译. 9版. 北京：北京大学出版社，2005.

4. 彼得·史密斯，等. 理解孩子的成长［M］. 寇彧，译. 北京：人民邮电出版社，2006.

5. 朱莉娅·贝里曼，等. 发展心理学与你［M］. 陈萍，等，译. 北京：北京大学出版社，2000.

6. Jerry M Burger. 人格心理学［M］. 陈会昌，等，译. 北京：中国轻工业出版社，2000.

7. 华生. 行为主义［M］. 李维，译. 杭州：浙江教育出版社，1998.

8. 班杜拉. 思想和行动的社会基础——社会认知［M］. 林颖，等，译. 上海：华东师范大学出版社，1999.

9. 皮亚杰. 发生认识论原理［M］. 王宪钿，等，译. 北京：商务印书馆，1981.

10. 维果茨基. 维果茨基儿童心理与教育论著选［M］. 龚浩然，等，译. 杭州：杭州大学出版社，1999.

11. 维果茨基. 维果茨基教育论著选［M］. 余震球，译. 北京：人民教育出版社，1994.

12. 王光荣. 维果茨基研究热的理论透视［J］. 心理科学，2000（6）.

13. J B Watson. *Behaviorism*［M］. New York：W W Norton & Co. Inc.，1970.

14. A Bandura. *Vicarious process：A case of no-trial learning. In L Berkowitz（Ed.）. Advances in experimental Social Psychology*［M］. New York：Academic Press，1965.

15. J H Flavell. *Piaget's legacy*［J］. Psychological Science，1996（7）.

第三章

发展心理学的研究方法

【本章导航】

要研究发展心理学，掌握发展心理学的研究方法就显得十分重要。本章首先介绍了发展心理学研究的基本程序、基本方法和设计。其次较详细阐述了发展心理学常见的研究方法与技术，最后强调了发展心理学研究的特殊性，应力图避免“错误否定型”错误、“错误肯定型”两类错误，重视发展心理学研究中的伦理道德问题。

【学习目标】

1. 了解发展心理学研究的基本程序。
2. 掌握发展心理学研究的基本方法：观察法、调查法、测验法、实验法和行动研究法。
3. 准确理解各研究方法的优缺点。
4. 掌握并运用发展心理学中常用的研究设计：纵向研究、横断研究和聚合交叉研究。
5. 理解和学会应用发展心理学研究常见的研究方法和技术。
6. 理解发展心理学研究的特殊性。
7. 学会在研究中力图避免“错误否定型”错误和“错误肯定型”错误。
8. 遵守发展心理学研究的伦理道德规范。

【核心概念】

纵向研究　横断研究　聚合交叉研究　自然反应法　习惯化范式　临床访谈法　发展认知神经科学技术　“错误否定型”错误　“错误肯定型”错误　伦理道德规范

普莱尔（William Thierry Preyer，1841—1897）是德国生理学家和实验心理学家。他对自己的孩子从出生起直到3岁，每天进行有系统的观察，有时也进行实验。他把这些记录整理出来，写成了一部有名的著作《儿童心理》。这部书的出版，给科学儿童心理学奠定了最初的基石。在这里应当指出，对儿童心理发展的观察研究工作，并不是从普莱尔开始才有的，提德曼（Dietrich Tiedemann）和达尔文（Charles Robert Darwen）等都曾采用观察法研究过儿童的心理发展特征。自然观察法是在自然情境中有计划、有目的地搜集人们的行为与言语资料，以考察心理和行为发展特点和规律的一种方法。

当然，发展心理学的研究不止是观察记录这么简单，需要根据研究目的选择合适的方法和设计，并按照科学的研究程序进行，才能准确地描述、预测、解释和控制发展心理的现象。随着科技的不断进步，新的研究方法也应运而生，如微电极记录法、脑电图、功能磁共振等，这为发展心理学的研究拓宽了道路。发展心理学的研究范围广，跨度大，如何把握儿童心理发展的这些特殊性？如何科学、准确、符合伦理地进行科学研究？这是本章将要解答的问题。

第一节　发展心理学研究的设计

沙因（K Warner Schaie）是美国当今最有影响的心理学家之一，他用五十多年时间研究整个成年人智力能力的变化过程及其变化原因。他领导的“西雅图纵向研究”就是这一领域研究成果最集中的体现。“西雅图纵向研究”完成了6轮测试（分别在1956年、1963年、1970年、1977年、1984年和1991年），每轮测试历经7年。在这大约35年期间，沙因及其研究小组成员，对5 000多个年龄介于25—88岁之间的成年被试进行认知能力的追踪调查和评估。该研究获得大量有意义数据，解决了一系列社会问题。“西雅图纵向研究”为心理学发展和美国社会发展作出了重要贡献①。

沙因的这项研究是纵向研究（longitudinal study）的典型范例，即在比较长的时间内对同一组被试进行追踪研究，以考察随着年龄的增长，其心理发展的进程和水平的变化。除了纵向研究设计，发展心理学研究的设计还有横断研究、聚合交叉研究等。如何开展一项发展心理学研究，如何选择合适的研究设计？通过本节的学习，这些问题将会迎刃而解。

一、发展心理学研究的基本程序

发展心理学研究可采用不同的方法，但研究程序大致是相同的。一般而言，发展心理学研究包括以下程序：选择课题与提出假设，确定研究方法与研究设计，实施研究与收集数据，数据的整理与统计分析，检验假设与作出结论。

---

① 乐国安，曹晓鸥．K W Schaie的“西雅图纵向研究”——成年人认知发展研究的经典模式［J］．南开大学学报：哲学社会科学版，2002（04）．

（一）选择课题与提出假设

进行发展心理学研究，首先要选择课题。选择课题的基本要求是，要有一个有待解决的问题，并且尽可能是具体而明确的问题，同时要有科学研究价值。发展心理学研究的选题，可来自两个方面：一是儿童教育或发展中遇到的实际问题，二是通过查阅相关文献而发现的问题。一般而言，确定选题以后，还要查阅有关文献，对所选课题的研究现状、研究价值以及研究的可行性进行分析，然后提出具体的研究假设。在此基础上，我们再来确定具体的研究目的和被试的选择。确定有价值的课题并提出切实可行的假设是进行发展心理学研究的关键。例如，我们在幼儿教育实践中发现，与人交往的游戏对幼儿的情绪表达与控制能力有影响。我们就可以提出这样一个课题——“游戏对幼儿情绪发展影响的实验研究”，研究假设是“交往游戏能促进幼儿情绪表达与控制能力的发展”。

（二）确定研究方法与研究设计

在发展心理学研究中，有很多具体的方法，如观察法、测验法、问卷法、访谈法、现场实验法、实验室实验法等。而每一种方法又可采用不同的研究设计，如观察法可分为系统观察和非系统观察，实验法又可分为真实验和准实验等。每一种研究方法、研究设计都有各自的优点和缺点，有其特定的适用条件。因此，研究方法与研究设计的确定，应当考虑研究的目的、被试的具体情况（如年龄、言语能力等）和各种主客观条件。例如，要研究 3 岁儿童的归纳推理能力，若采用言语式的测验法就不适合，因为 3 岁儿童的语言理解和表达能力有限，因而采用实际操作的现场实验法更为理想。在确定研究方法与研究设计后，还应该选择合适的研究工具与材料，同时确定研究变量与观测指标，然后制定具体的操作程序。

（三）实施研究与收集数据

实施研究与收集数据是研究过程中相对简单的阶段，它们都属于程序性的工作。在这个过程中，要注意两个方面：第一，研究者要严格按照研究方法中制定的程序进行操作，否则收集的数据不可靠；第二，研究者要尽量避免“主试期望效应”与“被试期望效应”。简单地讲，“主试期望效应”就是主试（研究者）为了得到预期的结果而在研究过程中暗示被试或在收集数据时只收集有利数据，最终导致数据偏差或不可靠。而这一过程可能是主试有意的，也可能是无意的。“被试期望效应”是指被试推测主试的研究意图而有意迎合主试，最终导致收集的数据不可靠。

（四）数据的整理与统计分析

收集到的原始数据必须进行整理、分析，才能说明问题。而对数据的分析最常采用的方法就是统计分析。发展心理学研究中常用到两类基本统计方法：(1) 用来描述和概括研究结果的描述性统计，如频次分析、平均数等；(2) 用来推断研究结果的意义并从中引出结论的推理性统计，如 T 检验、方差分析、回归分析、结构方程模型等。

（五）解释结果与作出结论

完成数据的整理与统计分析后，我们就可以得到研究的结果。然后，将研究结果与已知的事实或理论联系起来，加以解释，并说明研究结果对研究假设的检验情况。

例如，在“游戏对幼儿情绪发展影响的实验研究”中得出：在情绪表达与控制方面，参加了2周游戏活动的儿童（实验组）明显地优于没有参加游戏活动的儿童（控制组），这表明研究假设得到了证实。假设的进一步发展就可能形成理论或定律。若假设没有得到证实，那么就要回过头来对研究程序的各阶段进行分析，看哪个阶段或哪几个阶段出了问题。若各阶段都没有发现问题，那么就要对研究假设进行修正。

做一个发展心理学研究需经历上述五个阶段，但个体心理发展研究本身是没有终结的，一个问题解决了，在此基础上又会产生一个新问题，继而又开始一个新的研究过程。我们可以把这五阶段看做是螺旋式的循环过程，每循环一次，我们对个体心理发展的认识就更进了一步。

二、发展心理学研究的基本方法

发展心理学研究的基本方法有观察法、调查法、测验法、实验法、行动研究法等。这些方法各有其优缺点，具体研究时，采用哪种方法应考虑研究目的与被试的特点。

（一）观察法

观察法（observational method）是研究者通过感官或借助于一定的科学仪器，对自然情境或实验情境中个体的行为进行有目的、有计划地系统观察和记录，然后对所做记录进行分析，发现心理活动和发展的特点与规律的方法。观察法是较为经典的一种心理学研究方法，深入细致的观察往往能收集到系统而重要的资料。因此，观察法既是获取客观世界最初的原始信息和感知材料的基本方法，也是发现一些重大科学现象的重要方法。现代心理学研究中观察法可分为自然观察法和实验室观察法。

自然观察法（naturalistic observation method）是研究者在自然情境下对个体的言谈、举止行动和表情等进行有目的、有计划的观察，以了解其心理活动的方法。自然观察法在发展心理学研究中应用非常广泛。例如，幼儿的言语能力有限，但心理活动带有明显的外显性，因此通过观察他们的外部行为和言语，可以了解幼儿心理过程、心理状态和心理特征。许多儿童心理研究都是采用自然观察法，如达尔文（C R Darwin，1877）的《一个婴儿的传略》、陈鹤琴（1925）的《儿童心理之研究》等。这里的自然观察法有别于生活中的日常观察，日常观察是非系统的观察，而自然观察法主要是指系统的观察。在系统观察时首先要建立起一个所需记录的某种行为的分类系统和等级量表，并定出记录的方法。例如，要观察记录“侵犯行为（攻击行为）”，首先对“侵犯行为”进行界定，并将其划分为“行为侵犯”与“言语侵犯”；然后再对其进行等级分类，如将“行为侵犯”分为“推小朋友”、“追小朋友”、“打小朋友”等。因此，进行观察研究通常要进行观察设计。观察设计一般包括三个步骤：首先是确定观察内容。例如，要研究游戏对幼儿规则遵守的影响，就需要考虑在什么样的幼儿园、幼儿的年龄及其家庭背景等，要观察哪些行为和现象。其次是选择观察策略。采用的观察策略有参与观察策略、非参与观察策略、取样观察策略以及行为核查表策略等。随着科技的发展，现在可以应用单向玻璃、摄像技术等先进的观察手段。最后是制定观察记录表。目前，在制定观察记录表时，通常采用观察代码系统，它们是为观察、记录和随后分析处理的方便而制定出的一些符号代码系统。对儿童进行观察时应注意几个方面：(1) 儿童心理活动不稳定，行为表现常带有偶然性，因此要进行多次反复的观察，避免在儿童行为评定中的主观性；(2) 尽量让儿童处在自然状态，不要使他们意识到自己已成为观察对象；(3) 记录要准确、详细，研究者不仅要记录儿童行为本身，而且要记录行为的前因后果和环境条件。

实验室观察法（experimental observation method）是通过人为地改变和控制一定的条件，有目的地引起个体的某些心理行为反应，进而在最有利的条件下进行观察的方法。具体而言，首先将被试集中在一种特定的实验室中让他们自由活动，或规定一些任务让他们去完成，然后对一些特定行为进行仔细系统的观察。研究者可以借助一些设备仪器，通过单向玻璃、摄像机和电视监视器进行隐蔽观察。实验室观察法对于研究一些特殊环境下人的行为特点颇为有用。例如，研究宇航人员和潜水艇人员的心理与行为，即可通过特殊的实验室中的系统观察来研究他们的行为表现。在现代发展心理学研究中，实验室观察法的使用越来越广泛。例如，有研究者就采用此方法对幼儿的社会行为进行了研究。对在一间特定设计的房间里“自由玩耍”的 3 岁儿童进行录像，每个孩子记录 100 分钟。研究者观看录像带，并每 15 秒对每个孩子的行为进行系统的编码记录：(1) 不做事：儿童什么也没做，或只是简单地看着其他孩子；(2) 独自玩：儿童单独玩玩具，而对其他孩子的活动不感兴趣或不受影响；(3) 共同玩：儿童与其他孩子在一起，但不做任何参与活动；(4) 并行玩：儿童在其他孩子旁边玩相似的玩具，但不与其他孩子一起玩；(5) 群体玩：儿童与其他孩子一起玩，包括分享玩具或作为群体的一部分参加群体的游戏活动。

观察法的主要优点是在自然状态或相对自然状态下，个体的言行反应真实自然，研究者获取的资料比较真实，生态学效度较高。其缺点是观察资料的质量容易受到观察者的能力及其他心理因素的影响。另外，观察只能被动记录个体的言行，不能进行主动选择或控制的研究。因此，观察法得出的结果一般只能说明“是什么”，而难以解释“为什么”。

学以致用3-1

如何将观察法应用于实际研究

哈斯科特（Mary Haskett）和凯斯特勒（Janet Kistner）设计了一项很不错的自然观察研究，来比较幼儿园中受父母虐待的和没有受虐待的儿童的社会行为。研究者先对他们想要记录的行为设置了操作定义。要观察的行为既有被社会赞许的行为，如适时的主动社交行为和积极游戏；也有不被社会赞许的行为，如攻击和恶言恶语。他们观察了 14 个受虐儿童和 14 个非受虐儿童在幼儿园游戏区中的活动。采用时间取样方法，时间为 3 天，每天在游戏过程中对每个对象进行 10 分钟的观察。为了减少观察者效应，观察者是站在游戏区之外来观察的。

［资料来源］ M Haskett & J Kistner. *Social interactions and peer perceptions of young physically abused children* [J]. Child Development，1991，62 (5)：679－690.

（二）调查法

调查法（investigation method）是以提问方式对个体心理发展进行有计划的、系统的间接考察，并对所收集的资料进行理论分析或统计分析的一种方法。根据研究的需要，可以直接对被试进行调查，也可以对熟悉被试的人（如父母、教师、朋友等）进行调查。

调查法可分为书面调查法和口头调查法。书面调查法就是通常所讲的问卷法，它是通过由研究者根据研究目的设计的一系列问题（有关性别、年龄、爱好、态度、行为等）构成调查表收集资料的一种方法。问卷也可分为两种：一种是由被试直接回答的问卷；一种是通过父母、教师、朋友等而间接收集被试资料的问卷。口头调查法即访谈法，是研究者根据预先拟好的问题与被试或熟悉被试的人（如父母、教师、朋友等）交谈，以一问一答的方式来收集资料的研究方法。在与被试的谈话过程中应注意：研究者事前要熟悉被试，并与其建立亲密关系，谈话应在愉快、信任的气氛中进行，使被试乐意回答研究者的问题；提出的问题一定要明确，被试易于理解和回答，问题数量不宜太多，以免引起被试疲劳和厌烦；谈话内容应及时记录，也可使用录音或摄像设备，便于以后的资料整理与核实。皮亚杰的临床谈话法就属于访谈法的范畴，是一种很有特色的谈话法。在临床谈话法中，他将儿童摆弄、操作实物（如玩具、积木等）与谈话结合，取得了很好的研究效果。

问卷法的优点是不受时间和地点的限制，能在短时间内获取大量资料，所得资料便于统计、分析。其缺点是问卷的编制比较困难，因为必须考虑问卷的信度和效度；另外，难以排除某些主客观因素（如社会期望效应、回收率等）的干扰。访谈法的优点是能有针对性地收集研究数据，适用于不同文化程度的研究对象，而且具有较问卷法更高的回收率和有效率。其缺点是访谈结果的可靠性受到访谈者自身素质、访谈对象特点等因素的限制；与问卷法相比，访谈法费时费力，且所得资料不易量化。

理论关联3－1

开放式问卷和封闭式问卷

开放式问卷只提出问题，要求被试按照自己的实际情况或看法作答。例如：

“你喜欢学习数学吗？”或“你喜欢学习数学吗？为什么？”

封闭式问卷指根据研究需要，把所有问题及可供选择的答案全部印在问卷上，被试不可随意回答，必须按照研究者的设计，在给定的答案中作出选择。上面的问题在封闭式问卷中可变为：

你喜欢学习数学吗？(1) 很不喜欢 (2) 不太喜欢 (3) 有点儿喜欢 (4) 很喜欢

在这个问题中，被试只能在规定好的答案中选择一个。

（三）测验法

测验法（examination method）是通过测验量表来研究儿童心理发展规律的一种方法，即采用标准化的题目，按照规定程序，通过测量的方法来收集数据资料。标准化量表一般具有常模和良好的信度、效度。应用标准化的量表对被试进行测量，将其得分与常模分数进行比较，能在较短时间内了解被试的心理发展水平。测验法既可用于测量被试心理发展的个体差异，也可用于了解不同年龄阶段被试的心理发展水平的差异。

按测验目的，可将测验分为智力测验、特殊能力测验和人格测验等。在国内使用较为广泛的智力测验主要有：(1) 韦克斯勒智力量表，包括“韦克斯勒儿童智力量表修订版”(WISC-R)、“韦氏成人智力量表修订版”(WAIS-RC) 和“韦克斯勒幼儿智力量表”(C-WYCSI-R)；(2) 张厚粲修订的“瑞文标准推理测验（中国城市修订版)”；(3) 卡特尔图形推理测验以及针对幼儿的画人测验等。在国内广泛使用的特殊能力测验主要有：(1) 行政能力倾向性测验；(2) 婴儿动作发展测验，如中国儿童发展量表（0—3 岁）；(3) 托兰斯创造思维测验等。在国内使用较为广泛的人格测验有：(1) 卡特尔 16 项人格因素量表；(2) “大五”人格测验；(3) 艾森克人格问卷等。另外还有一些心理健康方面的测验，如 SCL-90。

理论关联3—2

标准化的量表示例——丹佛发展筛选测验

丹佛发展筛选测验（DDST）的检查对象为 0—6 岁的婴幼儿，如其不能完成选择好的项目，便认为该婴幼儿可能有问题，应进一步进行其他的诊断性检查。必须注意的是 DDST 是筛选性测验，并非测定智商，对婴幼儿目前和将来的适应能力和智力高低无预言作用，只是筛选出可能的智商落后者。此外，DDST 只能得出儿童是否有问题的初步结论，但不能提示问题的性质和原因，因此不能代替诊断性评价或体格检查。

DDST 有 105 个项目，分别测查以下四种能力：应人能（婴幼儿对周围人们的应答能力和料理自己生活的能力)，细动作—应物能（婴幼儿看的能力，用手摘物和画图的能力)，言语能（婴幼儿听和理解语言的能力)，粗动作能（婴幼儿坐、行走和跳跃的能力)。

在运用 DDST 检测时，应当严格遵守测验指导书的要求，在完全熟练后才能施测。DDST 具有可靠的信度、效度，其再测的符合率达到 95.8%，评分者符合率达到 90%。DDST 与斯坦福—比内量表有高达 0.73 的相关。DDST 在各国广泛使用。我国上海曾对 DDST 进行修订和标准化，将题目简化到只有 12 项，只需 5—7 分钟便可完成，具有实用意义。北京市儿童保健所也曾修订 DDST，完全保留了原 DDST 的项目（只去掉一项“会用复数”)，在保健系统应用广泛。

[资料来源] 郑日昌，蔡永红，等. 心理测量学 [M]. 北京：人民教育出版社，1999：134－135.

用标准化的量表来对被试心理进行测量时，应当注意几个方面：(1) 根据研究目的和被试的特点选择适宜的量表；(2) 应严格按照标准化的指导语和程序进行测验；(3) 应严格按照测验手册进行记分、处理和解释结果。另外，针对儿童青少年的测验，还应考虑测验要与教育相结合。心理测验的目的是了解儿童心理发展的水平与特点，但不能影响儿童青少年们心理的健康发展。

观察法、调查法和测验法都属于研究发展心理学的相关法。这几种方法只能发现两个因素（变量）或多个因素之间的相关程度，而不能确定它们之间是否存在因果关系。要想确定因素（变量）之间的因果关系，就必须借助于实验法。

（四）实验法

实验法（experimental method）是指在控制的条件下系统地操纵某些变量，来研究这些变量对其他变量所产生的影响，从而探讨个体心理发展的原因和规律的研究方法。实验法是揭示变量间的因果关系的一种方法，实验结论可以由不同的实验者进行验证。

这里先要理解几个重要概念：被试（subject）、变量（variable）、自变量（independent variable）、因变量（dependent variable）、额外变量（control variable，即控制变量）、实验组（experimental group）以及对照组（comparison group，即控制组）。被试即被研究者的简称，也就是研究对象。与被试相对应是主试（experimenter）——研究者，即做研究的人。如我们要研究“3—5 岁儿童情绪的发展”，那么 3—5 岁的儿童是被试，我们就是主试，即研究者。所谓变量是指在量上或质上可以有变异的因素或特征，如性别、年龄、教学内容、能力等，这些都不是固定不变的，故称为变量。自变量是由主试选择、控制的变量，通常是刺激变量，它决定着行为或心理的变化。因变量即被试的反应变量，它是自变量造成的结果，是观察或测量的行为变量。实验需要在控制的情境下进行，其目的在于排除自变量以外一切可能影响实验结果的额外变量（控制变量）。例如下面一个题目体现了被试、自变量和因变量之间的关系。

游戏对儿童道德认知影响的实验研究

（自变量）（被试）（因变量）

在这个实验中，我们只研究游戏对儿童道德认知的影响，因此就要控制一些额外变量，如儿童的年龄、儿童的家庭背景等。这些额外变量会对儿童情绪发展产生影响，但在这个实验中我们不研究它们，因此要加以控制。我们可以通过设立实验组和对照组（控制组）来控制这些额外变量，即在实验前使两个组在被试方面（如人数、年龄、家庭背景等）大致相同，控制实验条件大致相同，然后对实验组施加自变量（如为期两个月的特定游戏活动）的影响，对照组则不施加任何影响（如两个月内不进行任何特定游戏活动）。然后（如两周后），考察并比较这两个组的反应是否不同，以确定自变量（如游戏）对因变量（如幼儿的道德认知）的影响。

实验法可分为实验室实验和现场实验。实验室实验（laboratory experiment）是在严密控制实验条件下借助于一定的仪器所进行的实验。例如，对幼儿图形记忆能力的研究可以采用实验室实验法，实验指标为再认率。在研究中，研究者先让 4—5 岁儿童在电脑上看 15 分钟的图片，然后电脑依次呈现图片（其中一部分是看过的，一部分是没看过的），每张呈现 5 秒钟，若幼儿认为看过就按 Y 键，若认为没看过就按 N 键（在实验前要让幼儿熟悉按键）。实验结束后，我们就可以根据电脑记录的数据进行统计分析，从而得出 4—5 岁儿童图形记忆能力的水平和特点。实验室实验的优点是，研究者对实验情境和实验条件进行严密控制，实验结果客观、准确、可靠（实验的内部效度较高），便于进行定量分析。其缺点是实验情境人为性较强，脱离儿童的实际生活，实验结论难以推广到儿童日常生活中去（实验的生态学效度较低）。另外，研究项目有较大的局限性，如有关儿童的社会性发展（如情绪、道德）等复杂心理现象很难用实验室实验进行研究。

现场实验（field experiment）是在实际生活情境中对实验条件作适当控制所进行的实验。例如，上面谈到的游戏对儿童情绪发展的影响研究就可以采用现场实验法。在实验前，先对实验组和对照组儿童的情绪表达与控制能力进行测评。然后在接下来的两周中，控制组儿童进行正常的幼儿园教育，而对实验组除了进行正常教育外，还要每天进行1—2个小时的游戏活动。两周后，再对两组儿童进行情绪表达和控制能力的测评，并比较两组儿童的差异，从而得出游戏对幼儿情绪发展的影响。现场实验的优点是既尽量控制了各种变量，又保持了现场的自然性，实验结论可推广性较强，具有直接的实践意义（实验的生态学效度较高）。目前，在儿童心理发展研究中现场实验使用非常广泛。其缺点是实验控制条件不会太严格，实验结果的可靠性受到影响，其内部效度较低。

以儿童青少年为被试进行实验研究时，应当注意以下几点：(1) 实验目的、材料和方法都应该与教育的原则相适应，有助于儿童青少年身心发展。任何研究都不得以损害儿童青少年身心健康发展为代价；(2) 儿童实验室（一般称为“儿童活动观察室”）的布置，应尽量与儿童的日常生活、学习环境保持一致，使儿童在实验条件下表现自然；(3) 实验进行中应考虑到儿童的生理状态和情绪背景，尽量使儿童保持良好的生理和情绪状态。

(五) 行动研究法

行动研究法（action research method）是指有计划有步骤地对教育、教学实践中产生的问题，由教师与研究人员共同合作边研究边行动以解决实际问题为目的的一种科学研究方法。行动研究是一种适合于广大教育实际工作者的研究方法。它既是一种方法技术，也是一种新的科研理念、研究类型。行动研究是从实际工作需要中寻找课题，在实际工作过程中进行研究，由实际工作者与研究者共同参与，使研究成果为实际工作者理解、掌握和应用，从而达到解决问题、改变社会行为之目的的研究方法。行动研究也是实验社会心理学的一种典型研究方法。

美国著名的实验社会心理学家勒温（K Lewin，1890—1947）作为行动研究的创始人，确立了行动研究步骤的基本思想。他认为，行动研究的开始是对问题的界定和分析；行动研究中应该有对计划及其实施情况的评价，并在此基础上加以改进；行动研究的整个过程应该是螺旋式发展的过程。下面简要介绍行动研究的基本步骤。

1. 计划

计划是行动研究的第一个环节，它包括了对问题的分析与解决问题的设想。计划始于对问题的意识和分析。研究者首先要明晰儿童在发展与教育中的现状，意识到所存在的教育、教学等方面的问题，产生立即、有效地解决这一问题的需要；然后进一步分析问题的性质和范围，分析制约解决问题的重要因素，以及学校教师或合作研究者是否有解决该问题的知识和能力。对解决问题的设想，要根据对问题的分析考虑创造什么条件，采取什么方法解决问题。要考虑整个总体计划和每一个具体行动步骤的计划方案，尤其是第一、二步行动进程。对行动研究来说，它不要求设想完美的计划，任何计划都要在实施的过程中，根据情况的发展变化作出调整和修改。

2. 行动

实施计划，即按照目的和计划行动。这里采取的行动，就是对研究对象的干预，即施加自变量的影响。相比实验研究的干预而言，这种干预无须严加控制，在研究计划所要求的大方向下容许更多的灵活性。它要求行动实施者在这一过程中有更多的思考，以不断调节行动，使之逐渐接近解决问题的目标。

3. 观察

观察即考察，这一环节的任务是搜集资料，从而对行动的整个过程、获得的结果、行动的背景等尽可能有详细的了解。从过程方面，主要了解何人参与了行动，采取了什么行动，遇到何种意外情况或干扰，如何应对等。这些是属于自变量方面的资料，用以分析判断造成结果的原因。从结果方面，主要是了解行动取得何种结果，包括预期的和非预期的、积极的和消极的。它们是属于因变量方面的资料，为考虑如何进一步调整行动提供重要的依据。从这一意义上来说，对非预期的和消极的结果的充分了解是必不可少的。从背景方面，主要是了解行动背景因素，它可以作为分析整个计划有效性的基础资料。显然，它无须在每一次循环中都要加以考虑。在搜集资料中，会应用到各种各样的方法，包括问卷调查、访谈、观察、测量、内容分析等。

4. 反思

反思是对行动结果及其原因进行思考。这一环节包括整理和描述、评价解释。整理和描述是根据搜集到的、与研究问题有关的各种现象的资料，对本循环过程和结果作出描述；评价解释，即对有关现象和原因作出分析解释，找出计划与结果不一致之处，从而形成关于下一步行动计划是否需要修改、做哪些修改的设想。

以上四环节是不断循环的，每一次循环都有所改进和提高。行动研究法的优点是：(1) 适应性和灵活性。行动研究简便易行，较适合于没有接受过严格心理测量和教育实验训练的中小学教师采用。行动研究允许边行动边调整方案，不断修改，经过实际诊断，增加或取消子目标；(2) 评价的持续性和反馈及时性。行动研究强调评价的持续性，即诊断性评价、形成性评价、总结性评价贯穿整个研究过程，同时强调及时的反馈；(3) 较强的实践性与参与性。实践性体现在发展与教育心理研究和教育、教学实践紧密联系，参与性体现在研究人员可由专职研究人员、行政领导和第一线教师联合构成。行动研究法的局限主要表现在：由于其非正规性而缺少科学的严密性，在实际研究中，不可能严密控制条件，其结果的准确性、可靠性不够。

三、发展心理学研究的设计

研究设计是科学研究中的关键环节，它关乎着整个研究工作的计划和安排。研究设计是否科学、合理，不仅直接影响到科学研究的过程，而且还影响到研究结论的可靠性和科学性。从心理学研究方法来看，可以从不同的角度把实验设计划分为不同的类型。例如从控制无关变异方法的角度，可分为完全随机设计、随机区组设计和拉丁方设计。从自变量数目的角度，可分为单因素设计和多因素设计。从被试是否接受所有实验处理的角度，可分为被试内设计、被试间设计和混合设计。经典的心理学研究设计包括单因素完全随机设计、多因素完全随机设计、单因素随机区组设计和多因素随机区组设计等，这些内容将在《实验心理学》或《心理学研究方法》中进行具体介绍。

发展心理学的研究属于典型的发展研究。所谓发展研究就是从心理活动的过程研究它们的发展变化、影响发展的各种因素及其相互关系。发展心理学的研究主要是考察个体各种心理能力的年龄特征与个体差异，以及探讨个体各种心理能力发展的影响因素。在研究目的和研究思路上，发展心理学研究有别于其他分支心理学（如普通心理学等）的研究，因此其研究类型和研究模式都有自身的特点。目前通行的发展心理学研究设计主要有三种：纵向研究、横断研究和聚合交叉研究。

（一）纵向研究

纵向研究（longitudinal study）是在比较长的时间内对同一组儿童进行追踪研究，以考察随着年龄的增长，其心理发展的进程和水平的变化。纵向研究的时间可长可短，短至几周，长至几年甚至几十年。它是儿童发展心理学在研究方法上的一个特色。婴幼儿心理的发展迅速，因而进行几周或是几个月的追踪研究也能得到非常有价值的成果。

纵向研究是在所研究的发展时期内对同一组被试进行反复观察和测量，纵向研究设计的图解如图 3－1 所示。它的优点在于：第一，被试是同质的（始终对同一组被试进行研究），研究结果更为可靠；第二，通过对同一组被试的长期追踪研究，可以获得心理发展连续性和阶段性的资料，因而能够系统地、详尽地考察发展从量变到质变的飞跃，探明前一阶段发展与后一阶段发展的关系以及各阶段的影响因素。

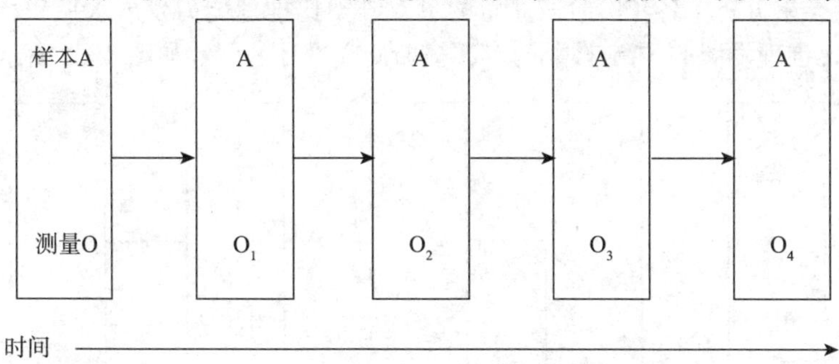

图 3－1　纵向研究设计图解

纵向研究的缺点在于：第一，被试一般较少，可能缺乏代表性；第二，研究时间较长，容易造成被试不可控的流失，同时不能避免时代变迁对研究结果的影响；第三，纵向研究一般需要反复测量，可能影响被试的发展，影响被试的情绪，从而影响到某些数据的可靠性和确切性。另外，太长的纵向研究在人力、物力和时间上花费很高。不过，儿童心理发展很快，在短时间内各种心理能力都会发生很大变化，因而我们做一些时间较短的纵向研究也是很有意义的。例如，为研究幼儿分类能力的发展水平和特点，我们可以在幼儿园选取一组 3 岁儿童，每隔两个月进行一次测试，连续进行两年。我们就可以获得儿童 3—5 岁分类能力发展较详细的资料，进而分析出分类能力发展的年龄特征以及高速增长期等。

学以致用3-2

纵向研究实例

豪斯（Carollee Howes，1992）和马瑟森（Catherine Matheson，1992）做了一个追踪研究，来观察1—2岁儿童的假装游戏。第一次观察完后，3年中每间隔6个月重复观察一次。豪斯和马瑟森用分类图表评价了游戏中认知的复杂性，他们试图弄清：(1) 游戏是否随年龄增长而变得更加复杂；(2) 儿童在所进行的游戏的复杂性上是否存在差异；(3) 儿童游戏的复杂性是否真的能预测其在同伴中的社交能力。正如预测的那样，尽管在每个观察点个体的游戏复杂性确有差异，但所有的被试在这3年中游戏的复杂性都提高了。另外，儿童游戏的复杂性和在同伴中的社交能力之间有明显的关系：不管哪个年龄段，游戏形式较复杂的儿童在6个月以后的活动中都被评价为最容易交往和最少攻击的儿童。因此，这个追踪研究证明假装游戏的复杂性不仅随着年龄提高，并且它还是儿童以后在同伴中的社交能力的可靠预测。

［资料来源］ David R Shaffer. 发展心理学——儿童与青少年［M］. 邹泓，等，译. 北京：中国轻工业出版社，2009：27.

（二）横断研究

横断研究（cross-sectional study）是指在同一时间对不同年龄儿童的心理发展水平进行测量和比较，探讨其心理发展的规律和特点。例如，在4—5岁儿童单双维类比推理能力的发展水平和特点的研究中，研究者就是采用了横断研究，在同一时间测量了4岁、4.5岁、5岁、5.5岁四组儿童的单双维类比推理能力（李红，冯廷勇，2002）。其结果分析了各年龄阶段儿童的单双维类比推理能力发展水平和特点，并得出双维类比推理发展的“高速增长期”。横断研究设计的图解如图3-2所示。

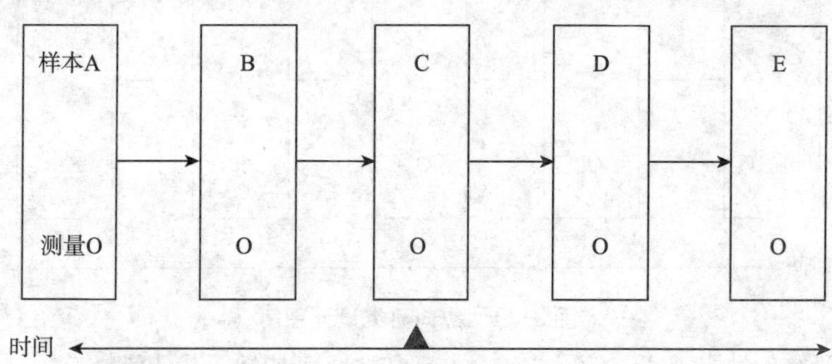

图3-2　横断研究设计图解

横断研究的优点在于：第一，同时研究较大样本，被试更具代表性；第二，在较短时间内获取大量数据资料，成本低，省时省力；第三，由于研究时间短，因而结果受社会变迁的影响较小。因此，目前大多数幼儿心理学的研究都采用横断研究设计。它的缺点主要在于：第一，由于被试来自不同年龄（即被试不同质），因而难以反映个体心理发展的具体进程和特点；第二，横断研究缺乏系统连续性，难以确定心理发展的因果关系；第三，横断研究的取样程序较为复杂。

学以致用3-3

横断研究实例

考茨和哈特普（Brian Coates & Willard Hartup，1974）设计的一个关于儿童观察学习的实验是横断研究的典型例子。他们研究的是在学习成人示范的新动作方面，为何一、二年级学生表现得比学前儿童好？他们假设年龄小的儿童不会本能地描述自己所观察到的东西，而年龄大一点的儿童会用语言描述观察到的示范动作。当要求学前儿童去重现他们看见的动作时，他们由于缺乏语言“学习助手”而使自己在回忆榜样的示范动作时处于明显的劣势。

为了检验这一假设，考茨和哈特普设计了一个有趣的横断实验。让两个年龄段的儿童——4—5岁和7—8岁——观看一部短片：由一名成年男子示范20个新动作，比如用双脚夹住一个沙包抛出去、用呼啦圈套充气玩具等。要求两个年龄段中的一半儿童在看影片时用语言描述示范者的动作（诱发言语情境），另一半儿童不要求用语言描述所观看的动作（被动观察情境）。影片放完以后，把每个儿童带入一个房间，里面有短片中看到的那些玩具，让他们演示片中的示范者用这些玩具做了哪些动作。结果表明，无论4—5岁还是7—8岁的儿童，诱发言语情境组儿童的模仿成绩都优于被动观察情境组儿童的成绩。

［资料来源］ David R Shaffer，Katherine Kipp．发展心理学——儿童与青少年［M］．邹泓，等，译．8版．北京：中国轻工业出版社，2009：26．

（三）聚合交叉研究

纵向研究和横断研究，各有其优缺点。后来，在发展心理学研究中发展出一种新型研究设计——聚合交叉研究（aggregate-cross study）设计，它既克服了纵向研究的缺陷，又保持了横断研究的长处，具有很强的科学性和适用性。聚合交叉研究在目前发展心理学研究中日益受到重视和广泛应用。

聚合交叉研究既可以在较短时间内考察各年龄阶段儿童心理发展的总体状况和特点，又可以从纵向发展的角度研究儿童心理能力随年龄增长而发生的变化和发展，同时还可以探讨社会历史因素对儿童心理发展产生的影响。例如，我们可以采取聚合交叉设计来研究0—7岁儿童工作记忆的发展，其设计图解如图3－3所示。研究工作从2007年开始，首先我们取0岁（2007年出生）、2岁（2005年出生）、4岁（2003年出生）三个年龄组的儿童，然后在2007年、2008年、2009年、2010年分别对他们的工作记忆进行测量，到2010年，三组儿童分别长到了3岁、5岁和7岁。从研究设计来看，在2007年、2008年、2009年、2010年四个时间点上分别构成四个横断研究：2007年可获取0、2、4岁三个年龄组儿童的横断资料，2008年可获取1、3、5岁三个年龄组儿童的横断资料，2009年可获取2、4、6岁三个年龄组儿童的横断资料，2010年可获取3、5、7岁三个年龄组儿童的横断资料。从三组儿童成长系列研究来看，我们一共构成了三个纵向研究：2007年出生的儿童从0岁追踪到3岁，获取了0、1、2、3岁的连续资料；2005年出生的儿童从2岁追踪到5岁，获取了2、3、4、5岁的连续资料；2003年出生的儿童从4岁追踪到7岁，获取了4、5、6、7岁的连续资料。在这个聚合交叉研究项目中，0—7岁均已取样，同时研究时间又由原来的7年减为3年。这样既获得阶段性和连续性的资料，又节省了大量的研究时间，同时也可分离出社会历史因素的作用。在聚合交叉研究中，一定要注意：不同的纵向年龄组之间必须要有两个以上测量时间点的交叉，否则就不能判定不同纵向年龄组之间被试的同质性，也就不能将不同纵向年龄组的测量资料连续起来。

图 3－3　聚合交叉研究设计的一种方案

第二节　发展心理学研究中常见的方法与技术

随着心理科学的发展，心理学的研究方法与技术也在不断发展和完善。总体而言，传统的心理学研究方法可以分为两大类：描述性方法和实验性方法（John J Shaughnessy，2003）。描述性方法主要包括：观察法（自然观察法和实验室观察法）、调查法（问卷法、访谈法）、测验法和非介入性行为测量法（unobtrusive measures of behavior，例如档案法、回溯研究法等）。实验性方法主要包括：实验法（实验室实验法、现场实验法）和准实验法。另外，心理学研究还发展一些专门的技术，例如投射技术、Q 技术、社会计量法、语义分析法、内容分析法和口头报告法等。这些方法和技术将在《实验心理学》和《心理学研究方法》等学科中专门进行介绍。随着现代科学技术的发展，心理学也引入大量的认知神经科学、行为遗传学的方法与技术。目前，流行的认知神经科学技术主要包括脑电技术（ERP）、功能性磁共振技术（FMRI）、正电子断层扫描技术（PET）、脑磁图技术（MEG）、经颅磁刺激技术（TMS）和微电极记录与刺激技术等。发展心理学有其学科特殊性，因此也发展一些专门的方法与技术，特别是针对婴幼儿心理发展的研究。

阿姆斯特丹（B Amsterdam，1972）等人为研究婴儿的自我意识发展，进行了一项实验。当婴儿睡着时，在其鼻子上点上一个红点，将醒后的婴儿抱到镜子前，观察他的反应。实验结果表明，只有到了 15—24 个月时，婴儿才能显出稳定的对自我特征的认识，他们对着镜子去触摸自己的鼻子和观看自己的身体。这就是“点红技术”在发展心理学研究中的应用。

婴幼儿由于生理心理发展的局限，不能使用语言等交流工具，如何对他们的心理能力进行研究呢？随着信息技术的发展，新的研究技术也出现了。

一、有意义的自然反应法

婴幼儿的反应是多种多样的：有先天遗传的，也有后天习得的；有无秩序的，也有有规则的；有自发的，也有应答性的。其中，有些是有意义的，有些是无意义的。从婴儿有意义的反应中，我们不仅可以看到婴儿对外界物体的辨别与理解，同时也能看到外界事物对婴儿的作用与意义。在婴儿心理研究中，经常选用的婴儿自然反应主要有以下几种①。

（一）视觉追踪法

婴儿对物体的注视和追踪是一种可作为婴儿心理测查指标的有意义自然反应法。例如，在婴儿面前放置一个屏幕，屏幕上左右各开了一个窗口，左边窗口放有一个好看的球，自下向上运动，直至消失；几秒钟后球在右边窗口出现，并自上向下运动。反复几次之后，研究者会发现，即使 2—3 个月的婴儿在看见球在左边窗口消失后，都会将视线转向右边窗口以期待球的出现。这说明婴儿已具有对物体运动轨迹的知觉能力及运动方向、位置的预测、判断能力（庞丽娟，1993）。

（二）视崖反应法

视崖是美国儿童心理学家吉布森（E J Gibson）和沃克（R D Walk）于 20 世纪 60 年代设计的一种率先用于研究婴儿深度知觉的实验装置（图 3－4）。这是一个特制的设备，上面是无色透明的钢化玻璃，底下两端在不同位置置放红白格相同的棋盘布，一端紧贴着玻璃置放，看起来没有深度，为“浅滩”，另一端则将同样的图案置于低于玻璃 1.33 米处，造成一个视觉上的“悬崖”，在两端之间有一个过渡地带贴上白胶布，称为“中央板”。实验时，首先将婴儿置于中央板，然后分别在两侧诱使婴儿爬行。比如让婴儿的母亲分别在悬崖一边和浅滩一边招呼他过来，如果婴儿不能认识到不同深度，那么不论母亲在哪一边叫他，他都会爬过来。根据吉布森的研究结果，6—7 个月已能爬行的婴儿几乎都敢于自由地爬过“浅滩”，而拒绝爬过“悬崖”。这说明这一年龄段的婴儿已具有深度知觉，并对悬崖深度表示害怕、恐惧。在我国，研究者也用同样的装置对婴儿进行了研究，得出了类似的结论。

图 3－4　视崖装置

在近年来的研究中，研究者将视崖装置的测查与生理指标的测量结合起来，使对婴儿深度知觉的测查大为改善，并由此发现婴儿在更小的时候（2 个月时）就开始具有深度知觉。实验时他们将 2 个月的婴儿分别置于深、浅两端，发现当将他们置于不同端时，其心跳频率不一，放在深端时婴儿心跳频率下降。研究者认为这是婴儿出现注意反应的标志，同时也说明 2 个月的婴儿已能够感知不同深度，具有最初的深度知

① 庞丽娟，李辉. 婴儿心理学［M］. 杭州：浙江教育出版社，1993：40.

觉能力。从情绪发生发展的角度看，恐惧感则是在此基础上才发展起来。吉布森及其他研究者认为视崖反应不仅仅说明了婴儿是否具有深度知觉，而且在某种程度上表明了婴儿对物体的特性具有一定的认识。他必然是认识到了紧贴棋盘格的一边是坚硬的，可支持他，他才敢于爬过这边，而另一侧则不是，所以他不敢爬。

近年来，研究者还将视崖装置用来研究婴儿与母亲（或其他成人）的社会交往，特别是婴儿与母亲间的情感交流。当将婴儿置于中央板时，分别让母亲（或其他成人）在两侧作出各种不同的表情，如惊恐、害怕、无所谓或高兴、愉快，看儿童这时的情感反应和动作反应将会怎样。研究发现，这一方式能有效地测查婴儿与母亲间的情感社会性交流，婴儿的情感反应和动作反应与母亲表情的性质相同，即当母亲表现出惊恐、害怕时，会阻止大多数婴儿爬过来，尽管他们想到母亲那边去；而母亲表现出高兴、愉快时，则有更多儿童爬过来（比在一般中性表情情况下多得多）。

（三）回避反应法

回避反应是利用婴儿对于发生在其眼前似乎带有威胁性的物体或情境所产生的一种回避性反应。例如，身子往后躲闪，头向旁避开，伸手阻挡等。在利用这种反应方式时，研究者经常在正对着婴儿的一定距离外，呈现一个物体或其视像，然后使它向婴儿移动，当物体或视像由远而近加速向婴儿运动时，物体或视像越来越大，给人以一种逼近的压迫感，这时婴儿就会伸出双手去抵挡物体，或者睁大眼睛、面部紧张，或者头往后仰以回避物体。近年，美国明尼苏达大学的婴儿研究者在实验室里对这种将头后仰的回避反应进行量化测定，他们在婴儿的头部后部放置一个气球，而该气球与敏感的压力传感器相连，当婴儿的头稍往后仰时，传感器就会自动地把压力的细微变化反映并记录下来，这一措施非常有助于对婴儿物体知觉、认知、情感等的定量分析。

（四）抓握反应法

抓握反应是有效测查婴儿知觉，包括物体知觉、运动知觉、时空知觉等以及婴儿对事物理解的自然反应之一。有人（Karoly Shaffer，1972）对婴儿进行了这样一个实验：在婴儿3个月左右时，在其面前放一个小球和一个大球，当婴儿还不会用手拿东西的时候，他就能根据球的大小及其与球之间的距离而用不同的姿势去抓：小球用手掌去抓握；大球用两只手去抱。当婴儿4.5—5个月时，研究者在婴儿坐的椅子前面呈现一个运动的物体（其运动速度为30厘米/秒），发现婴儿能把手伸向物体即将运动到的地方，而不是他当时看到的物体所在的位置去抓住物体，这表明婴儿不仅知觉到了物体的存在、物体的运动，同时也知道了物体运动的轨迹与时空的关系，进而指导自己确定抓握的方向与位置。

二、偏爱法

偏爱法主要运用于视觉通道，因而又常被称为“视觉偏爱”。视觉偏爱法是由著名心理学家罗伯特·范茨（Robert Fantz）创立的一种研究婴儿知觉的方法技术。他运用此方法的目的在于考察婴儿能否在视觉上区分两种刺激。在研究时，婴儿平躺在小床上，并可以注视出现在小床上方的两种刺激。两种刺激呈现时它们之间具有一定的空间距离，使婴儿的视线无法同时聚焦于两个刺激，只有稍稍偏动头部，某个刺激才能完整地投入视线中。研究者在实验时，可以从特制装置的上方向下观察婴儿眼中的刺激物映像。一旦发现婴儿注视某侧的刺激即按动相应一侧的按钮记录婴儿注视该刺激的时间。该技术的假设在于，如果婴儿能够在某个刺激物上注视了更长的时间，说明他对该刺激有所“偏爱”，也就表明他能够区分这两种刺激。

偏爱法通常是在婴儿面前同时呈现两个或多个物体或图形，考察婴儿对这两个或多个物体或图形的不同的注视时间（次数、每次长短）以判断婴儿对某些物体的偏好，因此，也可同时分析婴儿的注意、对物体及其形状、颜色的区分，以及对形状、颜色的喜好等。这种方法也可用于研究婴儿视敏度的发展。在一项研究中，把两个不同密度的栅条图形分别投射到一个屏幕的左边和右边，让婴儿观看，两个主试在屏幕后面通过小孔观察婴儿的视线集中于左边还是右边。事先，婴儿并不知道图形将投射到哪一边。研究结果表明，这种方法可靠性极高，能有效地测查婴儿的视觉偏好和视敏度，同时两个观察者之间的一致性相关高达 0.98。

很长一段时间以来，偏爱法主要用在单一感觉通道（主要是视觉通道）上。近年，研究者突破这一定势发展了新的研究变式，将偏爱法用在听觉、触觉、味觉和嗅觉等通道上，并用此考察婴儿知觉的多通道问题。例如，在婴儿面前，同时、并列地放映两部电影，其中只有一部电影是有配音的。结果表明，4 个月的婴儿明显地偏好带有声音的电影，他们对有声电影给予了更多的朝向和倾听，注意专注程度更高，注视时间更长。

三、习惯化与去习惯化法

给婴儿反复呈现同一刺激，若干次后，婴儿就不会再注意该刺激，或者其注视时间明显变短乃至最后消失。这表明婴儿对该刺激在注意一段时间后已不愿再注意了，这种现象称为习惯化。如果这时再将另一新的刺激呈现给婴儿，则其注视时间又会立即回到最初水平，即又重新引起婴儿的注意，这一过程称为去习惯化。因此，习惯化范式实际上包括两个程序：一是习惯化，一是去习惯化。这是人类反射学习的最简单、最基本的形式。当一个刺激在很短的时间间隔内多次出现时，反射的强度就会下降，甚至反应全部消失，这就是习惯化。它在研究婴儿感知分辨、注意、记忆等发展上极为有效。例如，向婴儿反复地呈现一定结构的图形或一定色调的颜色块，时间久了婴儿就不会再注视它了，即出现习惯化。此时，改换另一图形或颜色块呈现，如果婴儿对新刺激表现出再次注视，则表明他具备了感知分辨能力；如果婴儿对新呈现的刺激并不注视，则表明他并不能分辨前后两种图形或颜色块间的差别，而是将其感知为同一个系统的图形或颜色块，所以不具备知觉分辨能力。研究表明，用这种方法可以有效地研究婴儿的图形知觉、深度知觉及颜色知觉等各方面的感知能力，同时可以研究婴儿的保持、再认等记忆能力。

四、高振幅吮吸法

高振幅吮吸法是一种利用婴儿改变吮吸奶嘴的频率和强度以保持对有趣事物的兴

趣的能力，从而对婴儿感、知觉能力水平进行评估的方法。

实验之前，研究者首先记录婴儿吮吸频率的基本值。以这个值为标准，每当婴儿吮吸频率增加，婴儿就会触动奶嘴里的电路，与电路相连的幻灯机或录音机就会启动。研究者常用高振幅吮吸法与习惯化范式结合起来考察婴儿对声音的辨别。具体的方法是，将空奶嘴与压力传感器相连，以便记录婴儿吸吮的强度和频率。当强度、频率达到一定水平时，给婴儿音乐以强化。婴儿为了保持能够听到音乐就不断使劲吸吮奶嘴。但因总是吸不到奶，便可能产生厌烦情绪，吸吮的强度和频率下降，即出现习惯化。此时，再给以新的刺激（另一种声音），如果婴儿能区分这两种声音，那么他就会产生去习惯化行为，又开始用劲吸吮奶嘴。研究者还常使用这种方法考察婴儿对声音、图形及图形清晰度的辨别。例如，只有婴儿保持一定吸吮频率、强度时，才使所呈现的图形清晰或呈现一定的图形、声音，否则图形不清晰或呈现不喜欢的图形、声音。

五、临床访谈法

皮亚杰在儿童心理学领域内开创性的研究成果，大大增进了我们对儿童心理发展的理解。尽管目前看来，他的方法中有某些缺陷与局限，但仍对现在的研究者具有重要的参考价值，为我们进一步发展和改善其研究方法提供了宝贵的基础。

皮亚杰的研究方法主要是临床访谈法（也称为临床法），它是皮亚杰研究儿童认知能力的最重要的方法。临床访谈法实际上是自然主义的观察、测验和精神病学的临床诊断法的合并运用，包括对儿童的观察、谈话与儿童的实物操作三个部分。例如，在考察幼儿的思维是否具有可逆性时，皮亚杰问一个 4 岁男孩：

你有兄弟吗?

有。

他叫什么名字?

吉姆。

吉姆有兄弟吗?

没有。

这说明该儿童思维具有不可逆性。它的实质在于它的灵活性，即研究者可以自由改变预定的程序，从而灵活运用各种未经预先规定的方法，来探究儿童的反应。临床访谈法，对于有经验的研究者，是在新的研究领域中探讨所要研究的现象与问题的一种十分有效的发现式方法与过程，可以准确地了解某个儿童的概念和想法，而用高度标准化的研究过程，则很难获得同样的结果。临床访谈法在皮亚杰的研究中使用非常广泛，其中具有代表性的研究包括“三座山测验”、守恒概念、类包含概念和关系概念以及道德认知发展研究等。

皮亚杰等人用一些木珠作为刺激物，测定 6 岁儿童的类包含概念能力。这些木珠大多数是咖啡色的，只有两颗是白色的。主试与儿童的对话（主试提问，儿童作答）如下：

木珠多，还是咖啡色的珠子多?

咖啡色的多，因为只有两颗白的。

白珠是木珠吗？

是。

那么，木珠多还是咖啡色的珠子多？

咖啡色的多。

用木珠做成的项链是什么颜色的？

是咖啡色和白色的（可见他已理解了问题）。

那么，是用木珠做的项链长，还是用咖啡色的珠子做的长？

用咖啡色的珠子做的长。

你把项链画出来让我看看。（男孩画了一串黑圈圈，表示咖啡色项链，又画了一串黑圈外加2个白圈，表示木珠项链）

好，现在看看哪根长？是咖啡色的长，还是木珠的长？

咖啡色的长。

可见，儿童虽然清楚地理解这个问题，并能正确地画出来，他却不能解决咖啡色珠子这一子类包含于木珠这一母类这个问题。

皮亚杰还用临床访谈法研究儿童的道德推理和智力发展。下面是皮亚杰关于儿童道德发展的一个小样本研究，结果表明小孩子对撒谎的思考方式是与成人不同的：

你知道什么是撒谎吗？

就是说的话不对。

说2+2=5是说谎吗？

是说谎。

为什么？

因为它不对。

这个说2+2=5的男孩知道它不对呢，还是只是算错了？

他算错了。

那么如果他算错了，他有没有撒谎呢？

是的，他在撒谎。

六、发展认知神经科学的方法与技术

20世纪80年代，以尼尔森（C A Nelson）和约翰逊（M H Johnson）等人为代表的研究者在探讨个体认知发展的规律时，率先引入了神经科学技术，成为发展认知神经科学（developmental cognitive neuroscience）研究的萌芽。2000年，尼尔森主编的《发展认知神经科学手册》出版，它标志着发展认知神经科学的正式诞生。发展认知神经科学是研究认知发展的神经机制、脑发育与行为能力和认知发展之间关系的科学。发展认知神经科学的诞生为在多维度、多水平（从分子水平到系统水平）上研究个体心理发生发展的本质，提供了广阔的前景和坚实的技术基础，成为了近年来发展心理学研究的热点之一①。下面介绍几种目前使用最为广泛的发展认知神经科学

---

① 刘俊升，桑标. 发展认知神经科学研究述评［J］. 心理科学，2007，30（1）：123－127.

技术。

（一）微电极记录与刺激技术

神经心理学家不仅可以在头皮上记录到脑活动时的电位变化，而且还可以使用电极记录脑内大量神经元的活动情况。微电极记录法（micro-electrode recording）为研究者提供了更为重要的证据。微电极是一根极为细小的、内含盐分和导电液体的玻璃管，其顶端部位小得足以探测单个神经元的活动（直径小于0.1微米），如图3－5所示。通过观察单个神经元的电位活动，我们才可能了解行为的起源。

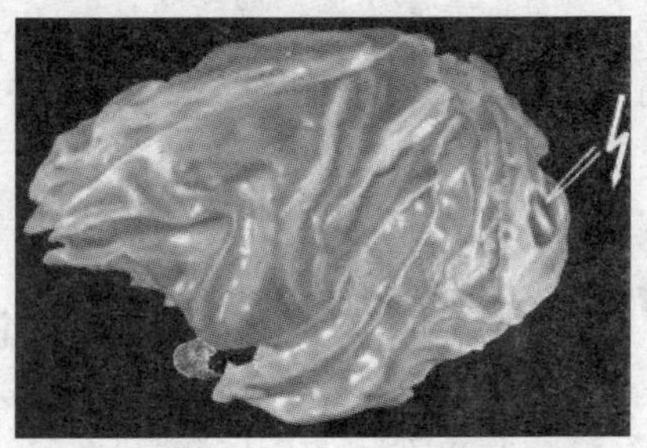

图3－5　微电极探测脑神经细胞活动

实验是这样进行的：用立体定位仪将微电极插入动物脑中非常接近某个神经元的地方，同时给动物的感受器以各种刺激，随后引导出单个神经元的动作电流。研究表明，神经系统中有许多觉察器。例如，枕叶中，有的神经元只对光的开关起反应，有的既对光的开关起反应又对声音刺激起反应，有的则对光和声音刺激都不起反应。在颞叶中，有一类神经元只对高音起反应，另一类只对低音起反应，并且这些神经元有严格的布局。进一步研究还表明，大脑皮质中有一类“注意神经元”，其中有的神经元只对直线起反应，或只对曲线起反应，或只对锐角起反应，或只对圆形起反应等。有的神经元对线条的斜度和厚度起反应，或只对刺激的一定数量起反应。有的神经元对专门的感觉刺激不起反应，但对刺激物的更换或性质上的改变起反应，对习惯化刺激不起反应，一旦刺激发生变化就起反应。

除了微电极记录技术，还有微电极刺激技术。1954年加拿大蒙特利尔大学教授潘菲尔德（W G Penfield）医生描述了采用微电极刺激技术的经典案例。一位六十多岁的病人在切除位于颞叶的癫痫病灶之前，医生对附近的正常颞叶皮层采用微电极刺激技术给予适当的微弱电流刺激，则病人立即童声稚气地唱起一首社会上早已失传的童歌，或说出绝传的童谣，并不时喊起爷爷、奶奶或小猫、小狗的名字。停止电刺激，病人就会立即从五十多年前的生活情景中回到手术台的现实中来。医生请他重复刚才唱的歌、说的童谣，他却十分茫然，不明白医生要他做什么。这一科学事实说明，人类无意识记忆的容量是无限的，它可以把人一生中看到的、听到的一切情景完好无损地存储到头脑中。我们之所以回忆不起来，既不是没把事情放入脑海，也不是记忆痕迹在脑海中随时间推移而消退，其真正原因是提取困难，很难投射到意识中来（杨雄里，1998）。

（二）脑电图

在头皮表面记录到的自发节律性电活动，称为脑电图（electroencephalogram，EEG）。这种自发电位主要是由皮质大量神经组织的突触后电位同步总和形成的。人脑只要没有死亡就会不断地产生EEG。健康成年人在清醒状态下，头皮表面记录的EEG为数微伏至75微伏左右，但在病理状态下（如癫痫发作时）可达1毫伏以上。EEG的测量方法是将许多平头的金属电极放置在头皮上的各个部位，电极把探测到的脑电活动送入脑电图仪，再由脑电图仪将这些微弱的脑波信号放大并记录下来。

1947年，道森（G D Dawson）首次报道用照相叠加技术记录人体诱发电位。1951年他又首先介绍了诱发电位平均技术，从EEG中提取出诱发电位（evoked potentials，EP），EP是刺激（包括物理刺激和心理因素）引起的脑电的实时波形，时间分辨率可以精确至微秒，这里将刺激视为一种事件（event），故EP又称为事件相关电位（event-related potentials，ERP）。如图3－6所示。事件相关电位是指当外加一种特定的刺激作用于感觉系统或脑的某一部位，在给予刺激或撤销刺激时，在脑区引起的电位变化。ERP的研究已经深入到心理学、生理学、医学、神经科学、人工智能等多个领域，发现许多与认知过程密切相关的成分。例如关联负变化（contingent negative variation，CNV）的ERP波与期待、动作准备、定向、注意、时间认知等心理活动有关；P300与注意、辨认、决策、记忆等认知功能有关，现已广泛运用于心理学、医学、测谎等领域；失匹配负波（mismatch negativity，MMN）反映了脑对信息的自动加工；N400是研究脑的语言加工原理常用的ERP成分（罗跃嘉，2006）。

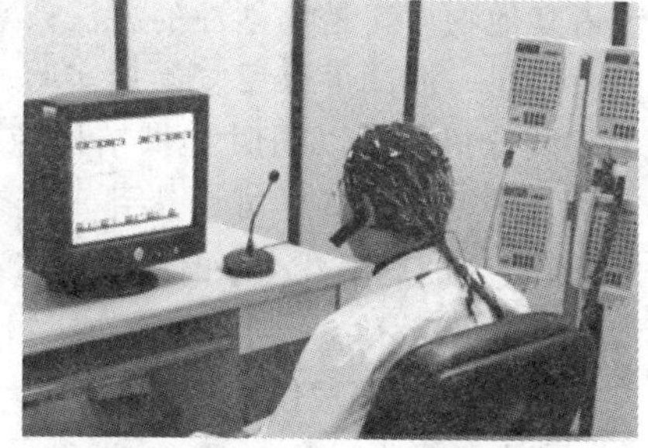

图3－6 记录事件相关电位实验

（三）计算机断层扫描

计算机辅助的X射线扫描在对大脑疾病和损伤的诊断中起着革命性的作用。传统的X光检查最多只能产生一幅大脑阴影的图像，这样的影像分辨率不高。为了解决这个问题，研究者设计了计算机断层扫描（computed tomography，CT）。CT是以X线从多个方向沿着头部某一选定断层层面进行照射，测定透过的X线量，数字化后经过计算机算出该层面组织各个单位容积的吸收系数，然后重建图像的一种技术。这是一种图质好、诊断价值高而又无创伤、无痛苦、无危险的诊断方法。它使我们能够在任何深度或任何角度重建脑的各种层面结构。CT扫描能够显示脑创伤后遗症、损伤、脑瘤和其他大脑病变的位置。

这样，也就可以通过CT扫描来诊断一个人行为变化在脑的水平上的病因。目前，广泛应用在科研和临床领域的多为多层螺旋CT，它具有较传统CT扫描范围大、图像质量好、成像速度快等优点。据专家称，由美国通用公司生产的全世界最先进、运行速度最快的64排螺旋CT能10秒快速完成全身扫描，5秒无创完成心脏检查，1秒精确立体完成单器官检查。

（四）磁共振成像技术

磁共振成像（magnetic resonance imaging，MRI）是运用磁场原理来产生体内活动的图像。在MRI扫描中，由一个探测器负责记录身体内氢原子对强磁场的反应，之后通过计算机程序产生一个三维的大脑或躯体的图像。体内任何一个两维平面的物体都能在计算机对MRI数据的选择中被找到并形成一个图像，然后在屏幕上显示出来。这样，研究者就仿佛在一个透明的三维空间中观察大脑的内部状态。

功能磁共振成像（functional magnetic resonance imaging，FMRI）是MRI的一种

运用和深入发展，主要是用 MRI 的方法研究人脑和神经系统的功能，通过磁共振信号的测定来反映血氧饱和度及血流量，间接反映脑的能量消耗，在一定程度上能够反映神经元的活动，间接达到功能成像的目的。它是目前发展认知神经科学领域应用最为广泛的技术。图 3－7 展示的是功能核磁共振成像仪器。

在心理学研究中，FMRI 被广泛应用于探测认知功能的源定位，如感觉、知觉、运动、记忆、语言、思维、决策以及儿童大脑发育等研究。这种技术的显著优点是：信号直接来自脑组织功能性的变化，无须注入造影剂、同位素或者其他物质，是无创性的方法；实验准备时间短，同一被试可以反复参加实验；可以进行单被试分析；可以同时提供结构像与功能像；空间分辨率非常高，可以达到 1 毫米^3。但是，FMRI 最大的局限性在于时间分辨率较低。原因在于认知过程所引起的血流量变化通常需要数秒后才能达到高峰，而认知过程往往能够非常迅速地完成（罗跃嘉，2006）。

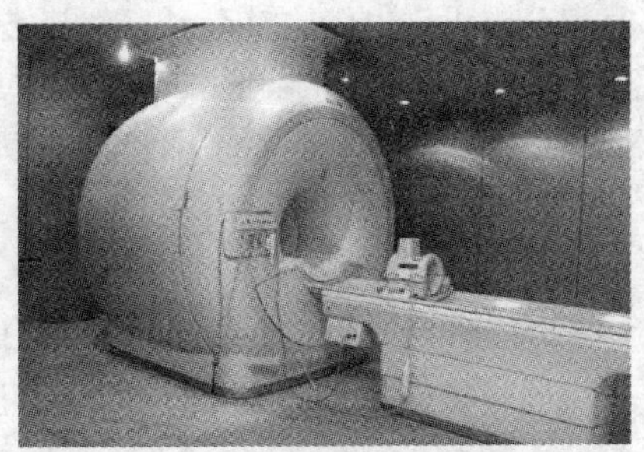

图 3－7　功能核磁共振成像仪器

（五）正电子成像术

正电子成像术（positron emission tomography，PET）是目前脑成像技术中广泛使用的方法之一。当含有微量的放射性同位素葡萄糖溶液进入血液被大脑吸收后，PET 就能检测到这种溶液发射的正电子。大脑工作时必须消耗能量，这样，PET 扫描就能显示大脑中的哪个区域在消耗更多的葡萄糖，能量消耗越多的地方，也是大脑活动越多的地方。研究者把正电子探测器放置在头部周围，探测到的数据被送入计算机，这样就能够生成一个正在变化的、彩色的大脑活动图像。

PET 自 20 世纪 70 年代面世以来，已被广泛地应用在临床和基础研究上。临床上主要用于诊断神经类疾病、心脏疾病、癌症等，也可辅助设计治疗方案和评估药物疗效，并可用于探寻一些神经类疾病的发病机制。由于 PET 能定量无损地测量血流、物质代谢、配基结合位点等，给认知神经科学提供了观测手段，被越来越多地应用于研究人类的学习、思维、记忆等生理机制。

（六）经颅磁刺激技术

经颅磁刺激技术（transcranial magnetic stimulation，TMS）可以看做是一种暂时的、可逆的“虚拟性损毁”。其基本原理是：电容器首先储存大量电荷，然后将电荷输至感应器，感应线圈瞬时会释放大量电荷产生磁场，磁力线以非侵入的方式轻易地穿过头皮、颅骨和脑组织，并在脑内产生反向感生电流。皮层内的电流激活较大的锥体神经元，引起轴突内的微观变化，进而诱发电生理和功能变化。目前，TMS 共有三种主要的刺激模式：单脉冲 TMS（sTMS）、双脉冲 TMS（pTMS）以及重复性 TMS（rTMS）。每种刺激模式分别与不同的生理基础及脑内机制相关。

TMS 可用以刺激视皮层、躯体感觉皮层等大脑皮层，引起局部的兴奋或抑制效应，用以探测系统的功能。另外，TMS 还可以用于学习记忆、语言及情绪等领域的研究。新一代的无框架立体定位式 TMS 能整合 FMRI 结果，极大地提高了 TMS 刺激部位的准确性，并精确控制刺激大脑的深度从而可以准确地调节刺激强度，已经发展应用于科学研究和神经外科手术中。

（七）脑磁图

脑磁图（magneto encephalogram，MEG）检测的是头皮脑磁场信号，脑磁场信号是由神经细胞内电流的体积电流所产生，这种脑磁场信号与颅骨形状的复杂性以及颅骨内脑组织导电率的不均匀一致性无关，因此 MEG 具有定位精度高、无损伤、无须测定基准等优点。空间定位精度可达 2 毫米范围以内，而且其时间分辨率可达 1 毫秒。

人的颅脑周围也存在着磁场，这种磁场称为脑磁场。但这种磁场强度很微弱，要用特殊的设备才能测知并记录下来，需建立一个严密的电磁场屏蔽室。在这个屏蔽室中，将受检者的头部置于特别敏感的超冷电磁测定器中，通过特殊的仪器可测出颅脑极微弱的脑磁波，再用记录装置把这种脑磁波记录下来，形成图形，这种图形便称做脑磁图。它反映脑的磁场变化，与脑电图反映脑的电场变化不同。脑磁图对脑部损伤的定位诊断比脑电图更为准确，加之脑磁图不受颅骨的影响，因而图像清晰易辨，是发展认知神经科学研究的一种崭新手段。

（八）行为遗传学

行为遗传学试图确定行为和心理特质具有遗传性的特殊基因，目前取得的成果虽然还不甚丰硕，但是发展势头非常强劲。

1. 鉴别基因：基因组学对行为遗传学的影响

总体上看，分子遗传学目前处于基因组学（genomics）的阶段，工作重心集中在具体基因的寻找上。遗传学家运用连锁（linkage）、等位基因的交联（allelic association）以及只适用于动物的诱发突变、转基因和基因剔除等技术开展了大量的研究，取得了一定数量的成果，其中影响重大的当数人类基因组计划。

首先，人类基因组计划的研究帮助我们确认了个体差异的遗传原因源于 DNA 排列顺序上的差别。该研究发现，人类 DNA 顺序 99.9%相同，只有 0.1%不同。因而对于某个体而言，每一千个 DNA 字母中就有一个字母与他人不同。如果以每个人拥有 30 亿个字母为基数，那么个体之间（同卵双生子除外）可能有 300 万种基因变异，个体拥有自己独特的基因组。应该可以肯定，DNA 排序上的 0.1%的差异正是心理特质的正常变异和失调的遗传原因（Robert Plomin，2000）。

其次，人类的复杂性并不由基因的数量所决定。人类基因组计划公布的人类基因数量（30 000）与老鼠、蠕虫的基因数量相当，说明基因的数量不能揭示人类行为的复杂性。人类和其他物种的差别可能在于通过基因译码、合成蛋白质的过程，人类的基因可以选择两种或更多的途径拼接起来，拼接途径越多，蛋白质的种类就越多。而这种可选择的拼接在人类身上出现的频率比其他物种更高，从而造就了人类与其他物种的差别，也有可能是因为基因的细微变化造成了人类与其他物种的差别（Robert Plomin，2001）。

基因更加微弱的变化则可能是人类个体差异的遗传原因，能够体现这一观点的是数量性状基因座（quantitative trait locus，QTLs）思想。该思想的源头尽管略为古老，但在新基因鉴别技术的支持下，QTLs 对认识基因与行为的关系仍然具有深刻的理论指导意义。研究表明确实存在单基因控制的行为，比如小鼠跳华尔兹舞（王明明，2000）。但是根据QTLs，人类绝大多数行为和心理特质的遗传力很可能由多个具有不同微弱作用的基因决定。这种多基因系统中的基因与单基因的作用方式不同，前者的贡献可以改变和叠加，在一定数量范围内变化，可以称为数量性状。因而某一数量性状的正常和失调表现对应的遗传基因——QTLs很可能是相同的，只不过前者属于正常变异，而绝大多数的失调症则是数量性状变化的极端表现。因此，QTLs既是正常变异的原因，也是数量性状极端变态的原因。普洛明（Robert Plomin，2000）等进一步指出，QTLs观更深层次的意义在于“模糊了正常和变态之间的病源学界限”，对重新思量精神疾病“具有一定的意义”。

2. 运用基因：有心理学家参与的行为基因组学

面对基因浪潮的冲击，心理学家何去何从？普洛明在自2000年以来发表的数篇论文中，不仅预期了行为遗传学的发展趋势，同时也为心理学家指明了前进的方向：心理学家的参与有助于对基因与行为关系的认识；心理学家的主要任务是运用基因（Robert Plomin，2004）。首先，分子遗传学目前处于基因组学阶段，寻找基因的工作难度高、费用大，心理学家很难参与其中。其次，一旦更多的DNA排列顺序和QTLs得以确定，遗传学的工作重心就会向认识基因的工作机制——从基因到行为的分析转移，主要从事鉴别基因产物，并在细胞水平上进行探测的分子生物学和生物化学研究，可称为功能基因组学（functional genomics）。不过，功能基因组学对基因和行为关系的研究是自下而上的分子水平分析，要全面认识基因和行为之间的联系，还需要自上而下、聚焦于整个生物体行为功能水平的分析，而后者正是心理学家的专门任务。为了强调行为水平分析的重要性，普洛明称之为行为基因组学（behavioral genomics），其主要任务就是运用DNA研究成果，结合定量遗传学的分析方法着重解决以下问题：了解遗传效应与环境是如何产生相关和交互作用的；行为的遗传影响是如何作用于发展的；遗传效应是怎样对性状之间的相互影响起作用的。心理学家当前的任务就是要学会运用基因，比如通过确定个体的基因型来认识与行为特征有关系的特殊基因；通过基因与环境的交互作用和相关来跟踪特殊基因与行为之间的作用途径；生成以基因为基础的诊断和治疗程序。可以认为，行为遗传学的研究前景就是定量遗传学、基因组学和功能基因组学以行为基因组学为中心的整合，心理学家将为之作出应有的贡献（Robert Plomin，2000）。

第三节　发展心理学研究中值得注意的问题

发展心理学研究个体从出生到成熟再到衰老的生命全过程中各阶段的心理特点和规律。其中儿童心理是个体发展心理学中的核心部分，因为这个阶段的个体生理心理变化快，并且对今后的人生作用重大。精神分析强调早期经验对人一生的影响，儿童时期受到心理创伤可能改变人的一生。因而在发展心理学的研究中，就必须注意研究对象的特殊性，力图避免犯“错误否定型”、“错误肯定型”两种错误，在研究中严格遵循伦理道德规范。

一、发展心理学研究的特殊性

（一）发展心理学是研究心理随年龄增长的发展变化

发展心理学专门研究个体心理如何随年龄增长而发展变化。也就是说，个体心理与行为的发展是随年龄变化而变化的各种因素的函数。在发展心理学的研究中，年龄通常被视为一个特殊的自变量（即独立变量），主要有两方面的原因：（1）年龄是一个不可以进行人为操纵、环境改变的变量，因而只有通过相关方法加以分析；（2）表面上看，个体心理的发展是年龄增长的结果，但实际上年龄只是心理发展的一个伴随变量，它对于心理发展没有任何作用。心理发展的真正原因是生理的成熟以及个体与外界环境因素的交互作用。打个生活中的比方，我们经常讲“年代久了，所以石头风化了”，表面上“石头风化”的原因是“年代久了”，但实际上“年代久了”与“石头风化”没有实际联系，“石头风化”的真正原因是石头与空气中的酸性物质等发生了化学反应。若将石头放在“真空环境”，即使“年代久了”也不会“风化”。因此，在发展心理学研究得出结论时，不能将因变量（如某些心理能力的发展）归结于年龄，而应努力弄清伴随年龄而发生的各种生理成熟与环境因素，找出心理发展的真正原因，这才有利于我们对儿童的培养与教育。例如，研究发现，年长儿童比年幼儿童更关心其行为对他人的影响。据此，不能简单得出年龄引起儿童态度变化的结论。实际上是随着年龄的增长，儿童理解他人的观点、情绪的能力（心理理论能力——theory of mind）迅速提高，这种理解他人感受的能力的变化则更可能是其态度变化的真正原因，只不过它与年龄变量混淆在一起了。这一点是发展心理学研究中应该注意的问题。

（二）发展心理学的研究对象跨度范围大

发展心理学研究对象的跨度范围非常大，从新生儿到老年期。由于各年龄阶段被试具有不同的心理特征，因此在研究方法与技术的选择上必须具有针对性（林崇德，2002）。

婴儿（包括新生儿）的心理基本特点是无言语，有意义动作有限。在这种状况下，研究者就没有办法采用访谈法、调查法甚至临床法直接对婴儿的心理发展进行研究，因为他们无法理解成人的言语，也不能良好感知和报告自己的内心体验。而上面所谈到的有意义的自然反应法、偏爱法、习惯化范式等就能很好地发挥作用，来考察婴儿的认知和社会性发展。

年幼儿童的心理特点是言语有限，内省能力弱，但具有善于操作等外部表现。因此，研究者要注意幼儿语言与行为表现的特点，在这个阶段皮亚杰的临床访谈法就显得很有效。在语言方面，幼儿有一些特点：（1）在词汇理解方面还不够准确，特别是对于抽象词汇。例如，“狗”这个词可能专指自己家养的那条狗，或是自己玩耍的玩具狗，而不包括其他狗；而对于“助人为乐”或“道德”这样的抽象词汇可能就无法理解，或是错误理解；（2）幼儿掌握句子的能力在不断提高，但对于被动句、双重否定句等复杂句型的理解还比较困难。例如，对于“李老师被小王背着回家，因为他的腿弄伤了”这样的句子，幼儿可能理解错误，误认为是“李老师背小王”。因此，在幼儿发展心理学的研究中，使用的语言要符合幼儿的理解水平，与他们的生活经验一致，同时最好与实物或图片相结合。在行为方面，幼儿的表现常常不稳定，带有偶然性，因此对幼儿行为的观察要多次反复进行，在评定幼儿行为时要防止主观臆断。另外，在幼儿期，具体形象思维开始占主导地位，但他们的表象能力还比较差，因此在研究中，要尽量给幼儿呈现实物、图片等材料。

青少年由于自我意识的发展，在心理上具有明显的敏感性、闭锁性特点，而且还很容易受到社会期望的影响，要让他们在问卷调查或访谈中真实作答，密切配合实验者就十分困难。因此，研究者在选择方法和具体的操作程序上必须考虑这些因素，才能保证结果的真实性和有效性，例如采用一些“投射技术”或是“测谎题”等。同样，由于中老年被试心理防御机制更加成熟，研究者在选择研究方法和技术上也要认真思考。

总之，由于研究对象差异很大，在发展心理学研究时，就要求研究方法复杂多样，必须要适合于不同年龄被试的特点。我们应尽量考虑不同年龄阶段的特点，努力避免犯下面讲到的两类错误——“错误否定型”错误和“错误肯定型”错误。

（三）发展心理学的研究是一个主客体相互作用的过程

在研究过程中，发展心理学研究是一个主客体相互作用的过程，即主试（研究者）与被试之间相互作用的过程。被试要根据主试的要求或实验情境作出反应，这些反应可以是语言上的反应，也可以是行为上的反应，而被试的反应又反过来影响主试的行为。这在发展心理学研究中，特别是谈话法、测验法中表现得尤为突出。这种主试与被试相互影响、相互作用的关系，可能造成事先不能预期的额外变量，使研究的问题或性质发生变化，从而影响研究的科学性。例如，在心理学研究中出现的“主试期望效应”、“被试期望效应”、“皮格马利翁效应”（罗森塔尔效应）等就体现了这种主试与被试之间相互影响、相互作用的关系，这种关系的存在也给研究结果的预测与解释带来了很大的困难，这些在发展心理学研究中也经常出现。

二、发展心理研究中易犯的两类错误

就发展心理学研究而言，著名心理学家弗拉维尔（J H Flavell，1928— ）提出了两类易犯的经典错误——“错误否定型”错误和“错误肯定型”错误（J H Flavell，2002）。下面，我们做简单介绍。

“错误否定型”错误是指儿童已经具备了某种认知能力，但由于测量工具落后而测量不到该能力，研究者据此得出儿童不具备该能力的结论，从而错误否定了儿童已具备的能力。造成这类错误的原因是多方面的：儿童没能理解任务的指导语，没能注意或理解任务的前提，或是在正常完成任务中的某一时刻，忘记了该指导语或任务的前提；任务的信息加工要求超出了儿童的有限的智力资源，这在注意和记忆的研究中表现得尤为突出；儿童的实际能力可能为动机和情绪因素所掩蔽而不能表现，如儿童对该“游戏”不感兴趣，或对陌生的实验者感到害怕等；由于实验情景的社会线索，可能使儿童认为测验者期望某种答案，从而不是按照他们的真实想法作为他们的答案；儿童可能知道正确答案，但是不能抑制某种优势地位的、在发展上比较不成熟的反应；可能儿童由于受到语言能力的限制而不能表达正确答案；另外，除了欲测量的目标概念和能力外，任务还包含其他方面的能力。总之，“错误否定型”错误是由于测量工具落后或不灵敏所致的，因此发展出更灵敏的测量工具才是最重要的，当然上面提到的原因也是我们在研究中应该注意的问题。另外，还可以用一些新研究方法来避免该类错误，如塞格勒（R S Siegler，1998）提出的微观发生法。

“错误肯定型”错误是儿童尚不具备某种认知能力，但由于种种原因，研究者居然“测量”到了该能力，从而据此得出儿童已经具备某种能力的结论。结果，对儿童尚不具备的能力作了错误的肯定。导致这类错误的原因也是多方面的：在某些条件下，儿童可能通过猜测来找到正确答案，而研究者则没有考虑此因素；研究者为了预期的目的，在研究中有意无意地向儿童给予暗示，导致出现偏差结果。因此，在研究中，研究者要尽量避免“主试期望效应”，同时在数据统计中排除、分离儿童的猜测数据。

理论关联3－3

微观发生法

微观发生法（the microgenetic method）是一种特殊的“发生法（the genetic method）”，是对认知变化进行精细研究的一种比较有效的方法。形象地说，可以帮助研究者“聚焦”于认知变化的关键环节，以获得更清晰的理解。发生法是对儿童心理发展进行纵向研究的方法。而微观发生法，根据塞格勒和克劳力（Robert Siegler & Kevin Crowley，1991）的定义，该方法有三个关键特征：（1）观察跨越从变化开始到相对稳定的整个期间；（2）观察的密度与现象的变化率高度一致；（3）对被观察行为进行精细的反复试验分析（trial-by-trial analysis），以便于推测产生质变和量变的过程②。

微观发生法的特点及对研究内容的要求③：

首先，微观发生法是一种纵向的研究方法，它适合于研究心理现象的发生过程，最宜于研究某种心理能力、知识、策略等的形成过程或阶段间的转换机制。因而对那些已经发展得很成熟的能力或已经熟练掌握的知识，就不适宜用这种方法。

其次，该方法的长处是收集关于变化的精细信息，因而要对整个变化期间的个体进行观察，而且要求与这一期间的变化率一致的较高的观察密度。因此，它与传统上的大年龄跨度的纵向或横断研究明显不同，而是在这些研究确定的基本发展规律的基础上，对阶段之间的转换过程或“萌芽期”的形成过程进行精细的研究。比如，根据皮亚杰经典的数量守恒实验及后来各种形式的验证实验，基本上可以确定儿童的数量守恒是在4—7岁期间实现的，而且要经历三个阶段。在这些研究结论的基础上，进一步探讨这个年龄儿童的数量守恒的发生过程或阶段转换机制就可以用微观发生法。

再次，为推知产生变化的过程要进行高密度的抽样，这就意味着精细的反复测量分析。这一方面要求研究内容应该适合进行反复测量，而且要有明确的测量指标（如对错率、反应时等），这样才能比较前前后后的变化过程。另外，还要确定认知变化的来源，能对反复测量造成的学习效应和其他干预措施的效果作出清晰的说明。

最后，虽然这种方法既可以说明变化的定量一面，又可以说明定性的一面，还可以说明变化发生的条件，提供不易得到的关于短期的认知转换方面的信息，但是这种研究所花费的时间和精力通常很高，因而研究应该是“值得的”，即考虑研究的理论和实践价值。

［资料来源］①H Stevenson. *How children learn*：*The quest for a theory*. Handbook of child psychology，1983：213－216.

②R S Siegler & K Crowley. *The microgenetic method*：*A direct means for studying cognitive development*. American Psychologist，1991：606－620.

③辛自强，林崇德. 微观发生法：聚焦认知变化［J］. 心理科学进展，2002（2）：206－212.

三、发展心理学研究中的伦理道德问题

从事发展心理学研究应该受到伦理道德的约束，必须按照一定的操作标准来保护被试（特别是儿童青少年）的身心免受伤害，任何研究都不能以损害儿童青少年的身心健康发展为代价。因此，研究者越来越重视发展心理学研究中的伦理道德问题。

为了帮助研究者处理发展心理学研究中的伦理道德问题，美国儿童发展研究学会和美国心理学会，为研究者制定了全面的伦理规范。这些必须遵守的基本规范包括不受伤害、知情同意以及对被试隐私的保护。近年来，发展心理学研究中的伦理道德问题也越来越受到中国心理学研究工作者的重视，并逐渐开始建立自己的伦理道德规范。在发展心理学研究的每一个环节，研究者都应该注意伦理道德问题。

（1）在实验进行之前，研究者必须尊重被试的知情同意权。所谓知情同意是指在实验之前研究者要事先告知被试，他们即将参加的实验的目的、过程、可能的不良后果等一系列与实验有关的事项，同时也要如实回答被试提出的问题，并要与被试正式签订知情同意书。如果被试缺乏自主判断能力，特别是未成年人，研究者应取得其监护人的同意。总之，要确保被试自觉、自愿、平等地参与实验。

（2）在实验进行之中，研究者必须要尊重被试的自由退出权。研究者不能以任何手段强迫被试参与研究，应该给予被试退出研究的自由。例如，在实验中，有些青少年因恐惧实验场所、设施，或者对实验逐渐失去兴趣，或者需要及时处理一些突发事件，这些可能的原因使他们希望不再继续担任被试。那么，研究者必须充分尊重被试的意愿，确保他们随时拥有中途退出研究的自由。

（3）在实验结束后，消除有可能的有害后果。研究者要尽量使被试从实验中受益，最大限度地降低实验对被试造成的不良影响。例如，为了研究被试受挫后的心理反应，而在实验中有意让被试不断遭受失败，那么实验结束后，研究者应该说明真实的实验操纵，并采取心理辅导消除其消极影响。特别要公平对待和保护儿童青少年或弱势群体的利益，研究中要尽可能不要包括可能不能受益的被试。

（4）在后期的数据分析和研究成果发表中，研究者必须要保护个人的隐私权。对于所有被试提供的各种个人信息和实验的测量数据，研究者有责任和义务为被试保密，在未经被试或监护人允许的情况下，研究者不能以任何方式、任何理由将个人信息公布或提供给他人。如果需要数据共享时，最好将被试的个人信息（包括姓名、性别、年龄等）删除，以达到保护被试个人隐私的目的。

理论关联3－4

美国有关发展心理学研究的伦理规范

研究者必须保护被试不受到身体和心理的伤害。研究者不能使用任何可能伤害儿童的身体或心理的研究操作。如果，研究者不能确定研究操作是否可能产生伤害时，他必须与人商讨，一旦认识到可能伤害被试，就必须另找方案或放弃该研究。在研究中，被试的权利是最重要的（Sieber，2000），他们的福利、兴趣和权利高于研究者。

研究者必须在被试参加实验前获得他们的知情同意。如果被试的年龄 7 岁或大于 7

岁，他们有权利获得以他们能理解的语言对研究进行解释，依此决定是否参加研究。对于年龄在18岁以下的被试，他们的家长或监护人也必须同意，最好获得书面的知情同意。当然，各个年龄阶段的儿童都有权利选择不参加或在研究的任何阶段退出。

对于知情同意的要求也引发了一些难题。例如，假设研究者想要研究流产对青少年产生的心理影响。尽管研究者也许能够获得曾流产过的青少年的同意，但由于她们还未成年，因此研究者还必须得到青少年家长的允许。但如果有的女孩并没有将流产事件告知父母，那么向家长请求许可就会侵害了女孩的隐私——导致对伦理规范的违反。

在研究中对欺骗的运用必须合理，而且不会造成伤害。虽然为了掩饰实验的真实目的，欺骗是允许的，但任何运用欺骗的实验必须在实施前经过一个独立小组的详细审查。例如，假设我们想要了解被试对于成功和失败的反应，我们将告知被试他们将要进行的只是一个游戏。但是，实验真正目的则是观察被试应对自己任务成功或失败的表现。然而，只有在不对被试造成任何伤害，并通过了审核小组的检查，而且在实验结束后向被试作出完整的报告或解释的情况下，这样的程序才是符合伦理的。

被试的隐私必须受到保护。研究者必须对所有被试的个人信息保密。儿童有权要求在正式或非正式的数据收集及结果报告中，隐瞒他们的身份。同样，如果在实验过程中对被试进行录像，那么必须征得被试的许可，才可以观看该录像带。另外，对录像带的获取必须加以谨慎的限制。

［**资料来源**］费尔德曼. 发展心理学——人的毕生发展［M］. 苏彦捷，等，译. 北京：世界图书出版社公司，2007：43－44.

【本章小结】

1. 发展心理学研究的基本程序：选择课题与提出假设，确定研究方法与研究设计，实施研究与收集数据，数据的整理与统计分析，检验假设与作出结论。

2. 发展心理学研究的基本方法：观察法、调查法、测验法、实验法、行动研究法等。

3. 观察法是研究者通过感官或借助于一定的科学仪器，对自然情境或实验情境中个体的行为进行有目的、有计划地系统观察和记录，然后对所做记录进行分析，发现心理活动和发展的特点与规律的方法。观察法是较为经典的一种心理学研究方法。现代心理学研究中观察法可分为自然观察法和实验室观察法。

4. 调查法是以提问方式对个体心理发展进行有计划的、系统的间接考察，并对所收集的资料进行理论分析或统计分析的一种方法。

5. 测验法是通过测验量表来研究儿童心理发展规律的一种方法，即采用标准化的题目，按照规定程序，通过测量的方法来收集数据资料。

6. 实验法是指在控制的条件下系统地操纵某些变量，来研究这些变量对其他变量所产生的影响，从而探讨个体心理发展的原因和规律的研究方法。

7. 行动研究法是指有计划有步骤地针对教育、教学实践中产生的问题，由教师与研究人员共同合作边研究边行动以解决实际问题为目的的一种科学研究方法。

8. 发展心理学研究的主要设计有三种：纵向研究、横断研究和聚合交叉研究。

9. 发展心理学的常见研究方法与技术包括：有意义的自然反应法、偏爱法、习惯化与去习惯化法、高振幅吮吸法和临床访谈法，以及逐渐新兴的发展认知神经科学的方法与技术。

10. 有意义的自然反应法包括：视觉追踪法、视崖反应法、回避反应法和抓握反应法。

11. 发展心理学研究的特殊性主要表现在三个方面：(1) 发展心理学是研究心理随年龄增长的发展变化；(2) 发展心理学的研究对象跨度范围大；(3) 发展心理学的研究是一个主客体相互作用的过程。

12. 发展心理学研究中易犯的两类错误："错误否定型"错误、"错误肯定型"错误。

13. 必须重视发展心理学研究中的伦理道德问题，任何研究都不能以损害儿童青少年的身心健康发展为代价。

【思考与练习】

1. 如何开展一项发展心理学研究？
2. 简述观察法、调查法、测验法、实验法和行动研究法的优缺点。
3. 如何采用现场实验法来研究儿童某种心理能力的发展？
4. 采用横断研究设计来研究某种心理能力的发展。
5. 采用纵向研究设计来研究某种心理能力的发展。
6. 采用聚合交叉研究设计来研究某种心理能力的发展。
7. 比较横断研究、纵向研究和聚合交叉研究三种设计的优缺点。
8. 有意义的自然反应法包括哪些内容？
9. 简述视崖反应实验并说明其作用。
10. 新型的发展认知神经科学的方法和技术有哪些？
11. 如何理解年龄变量在发展心理学研究中的作用。
12. 发展心理学研究中存在哪些特殊性？
13. 在发展心理学研究中，需要遵循的伦理道德规范有哪些？

【拓展阅读】

1. 郭力平. 学前儿童心理发展研究方法 [M]. 上海：上海教育出版社，2002.

本书是论述学前儿童心理发展研究方法的学术专著，分上下两篇。上篇论述研究的基本过程，包括前期设计、基本方法、报告的撰写与评价等，为研究者提供了一条清晰的工作线索；下篇论述研究方法的具体运用，按照学前儿童心理发展各阶段的研究内容，分别介绍了国内外各种研究方法的成就与不足，有助于研究者开阔视野，借鉴创新。

2. 罗跃嘉. 认知神经科学教材 [M]. 北京：北京大学出版社，2006.

本书的作者来自中国大陆、中国香港、美国、日本、英国、丹麦等国家和地区，都是国际知名的学者专家。该书系统介绍了认知神经科学的兴起与发展、研究方法与技术以及认知神经科学在各领域中的应用。

【参考文献】

1. 郭力平. 学前儿童心理发展研究方法［M］. 上海：上海教育出版社，2002.

2. 黄希庭. 心理学导论［M］. 北京：人民教育出版社，1991.

3. 王重鸣. 心理学研究方法［M］. 北京：人民教育出版社，1990.

4. 杨雄里. 脑科学的现代进展［M］. 上海：上海科技教育出版社，1998.

5. 黄希庭. 心理学［M］. 上海：上海教育出版社，1997.

6. 罗跃嘉. 认知神经科学教材［M］. 北京：北京大学出版社，2006.

7. 朱滢. 实验心理学［M］. 北京：北京大学出版社，2000.

8. 庞丽娟，李辉. 婴儿心理学［M］. 杭州：浙江教育出版社，1993.

9. 李红，冯廷勇. 4—5岁儿童单双维类比推理能力的发展水平和特点［J］. 心理学报，2002（4）：395－399.

10. 刘俊升，桑标. 发展认知神经科学研究述评［J］. 心理科学，2007（1）：123.

11. 辛自强，林崇德. 微观发生法（聚焦认知变化）［J］. 心理科学进展，2002（2）：206－212.

12. 乐国安，曹晓鸥. K W Schaie的“西雅图纵向研究”——成年人认知发展研究的经典模式［J］. 南开学报：哲学社会科学版，2002（4）：79－87.

13. P Robert，C Essi. *Genetics and Psychology*：*Beyond Heritability*［J］. European Psychologist，2001，6（1）：229－240.

14. P Robert，M S Frank. *Intelligence*，*Genetics*，*and Genomics*［J］. Journal of Personality and Social Psychology，2004，86（1）：112－129.

第四章

心理发展的生物学基础

【本章导航】

本章介绍了心理发展的生物学基础，包括心理发展的物质基础、心理发展的脑基础以及遗传和环境在心理发展中的交互作用。首先，介绍了个体如何从一个受精卵发育成为独特的个体，从基因和染色体、基因遗传模式等方面阐述了遗传对心理发展的作用；胎儿的发育过程及基因遗传缺陷与发育障碍。其次，介绍了个体心理发展的脑基础，主要包括神经系统的结构和功能、大脑的结构、心理发展的脑功能基础和脑功能障碍对心理发展的影响。最后，从遗传与智力、人格和心理障碍的关系，探讨了遗传在心理发展中的作用，并进一步分析遗传和环境在心理发展中的交互作用。通过本章的学习，能够帮助学生了解影响心理发展的生理机制，并能够正确理解遗传和环境在心理发展中的作用。

【学习目标】

1. 了解基因和染色体如何影响个体间差异。
2. 了解遗传对心理发展的作用。
3. 了解显性遗传和隐性遗传，基因型和表现型。
4. 了解个体从一个受精卵发育成胎儿的过程。
5. 理解基因缺陷如何影响个体的身体发育和心理发展，以及孕期环境对胎儿发育的影响。
6. 了解神经系统的结构、发展和功能。
7. 理解心理功能与脑功能之间的关系，以及脑损伤和病变对心理功能的影响。
8. 理解遗传与环境如何共同影响个体的心理发展。

【核心概念】

遗传　基因、染色体　染色体异常　显性遗传、隐性遗传　基因型、表现型　神经元　神经系统　脑　脑功能障碍　环境走在街上，你会发现人与人长相各异，偶尔在电视上会看到双胞胎相貌酷似，甚至脾气秉性也相似，但爱好却完全不同。男孩和女孩的差异也是非常大的，且不说研究者从科学的角度发现了很多性别特征差异，如在小学，女孩要比男孩更擅长语言表达；从日常生活经验中我们也能感觉到性别差异存在于方方面面。一对双胞胎出生后被分开抚养，一个生活在富有的家庭，另一个则生活在贫困的家庭，他们的未来会有怎样的不同呢？我们都熟悉的舟舟是个先天性愚型儿，可他站在台上如专业指挥家般的表演感动了无数人。这其中的原因困惑了许多人，在此我们将为你一一破解。我们首先将讨论影响个体差异的遗传密码、胎儿的发育、遗传缺陷与发育障碍，然后将介绍神经系统特别是大脑对心理功能的影响，最后还将探讨遗传对心理发展的影响，以及遗传和环境在心理发展中的共同作用。

发展心理学研究个体毕生发展的特点和基本规律，包括从受精卵开始到胎儿期发育、出生、成长以至死亡的生命全程。个体既具有人类种系的普遍特征，又具有特殊性。遗传和环境是个体特殊性产生的重要原因之一。其中遗传在某些方面决定了个体区别于其他个体的先天差异，这其中起关键作用的就是遗传密码。

第一节　心理发展的物质基础

一、遗传密码

（一）基因与染色体

1. 生殖细胞

父母结合后，当母亲的卵子和父亲的精子相遇并受精，而形成受精卵，一个新的生命就形成了，这意味着个体生命就此展开。精子和卵子是人体中的特殊细胞，叫生殖细胞，又叫配子。精子是男性生殖细胞，由男性的性腺睾丸产生，从精原细胞发展成为精子，大约需要 74 天，成人每克睾丸组织一天约可产生精子 1 000 万个。卵子产生于女性的性腺卵巢，女性到了青春期，卵巢在每个规则的月经周期内，都有成熟的卵子排出。排卵时间在月经周期的第 13—15 天之间，排出的卵子只能存活 12—14 小时，此时如与精子相遇而受精，即成受精卵并移动到子宫内发育，开始成为一个新生命个体。

2. 基因和染色体

父亲的精子和母亲的卵子结合又如何决定了所生孩子的种系普遍性特征，同时又使个体保持了特殊性呢？根据达尔文的进化论和现代遗传学理论，人类的进化像其他物种一样遵循自然选择规律，长期的进化使得人类形成了自己的种系特征，例如直立行走和发达的大脑，以及其他动物所不具有的认知能力和高级语言能力。正是人类的种系特征决定了新的生命个体具有人类的普遍特征。从这个意义上说，个体从生命形成到死亡的整个过程，打下了人类生物学特征的烙印。但是，个体除了具有人类种系普遍性特征外，从父母那里又继承了自己所独有的特征，包括长相和性格，都表现出了特殊性。传递种系普遍性特征和个体特殊性的就是遗传密码。

遗传密码存在于一种叫做染色体的特殊物质中。在人体细胞的细胞核中存在着一种杆状物质，叫染色体，其组成成分主要就是基因。基因是由脱氧核糖核酸（deoxyribonucleic acid，DNA）组成的单元，一个基因就是染色体上的一个 DNA 片段。DNA 是一种呈现双螺旋状梯级结构的遗传物质。基因给细胞核发出各种指令，制造各种蛋白质。另一种遗传物质叫 RNA，它的组成成分是核酸而不是脱氧核糖核酸。制造蛋白质的过程中，基因先从 DNA 转录为对应的 RNA 模板，即信使 RNA（mRNA），接着在核糖体和转移 RNA（tRNA）以及一些酶的作用下，由该 RNA 模板转译成为氨基酸组成的链（多肽），然后经过转译后修饰形成蛋白质。人类基因制造的蛋白质及其分裂和重组，构成了复杂的人类特征。各种蛋白质是人体特征的基础，正是细胞内核酸的结构及其制造蛋白质的过程，决定了我们的遗传性状。例如“它告诉我们，我们的眼珠和我们的孩子的眼珠是蓝色的还是黑色的，我们是身强力壮还是羸弱多病的”，“每个细胞含有数以千计的蛋白质，生物体正常生命活动所需的化学反应由这些蛋白质完成……正是核酸的化学结构决定了蛋白质的化学结构，核酸的字母系统支配了蛋白质的字母系统”①。核酸的结构及蛋白质合成的规律就是决定我们遗传性状的遗传密码。

染色体储存和传递了特定生物的遗传信息。人类的染色体上大致存在 25 000 个基因，与其他哺乳动物拥有一些相同的基因。例如与黑猩猩有 98%—99%的基因是相同的，所以从基因相似性上说，非人灵长类是人类的近亲。人类与其他生物的基因差异，使得人类形成独有的种系普遍性特征。就人类个体而言，共拥有约 99.9%的相同基因，基因中约 0.1%的不同部分造成了人类内部的个体间差异，也就是前面谈到的个体特殊性。开始于 20 世纪 90 年代的“人类基因组计划”研究，试图破解人类基因结构以及在染色体上的排列。2001 年，人类基因组计划基本完成了整个基因组的序列测定。

在人体细胞中含有 23 对染色体，其中有 22 对常染色体，第 23 对是性染色体。人体的生殖细胞是通过减数分裂形成的，所以精子和卵子中各含有 23 条染色体，比正常体细胞少了一半，但当精子和卵子结合形成受精卵后，就又产生了 46 条染色体（见图 4－1）。其中一半来自母亲，另一半来自父亲。在细胞的减数分裂过程中，染色体相互配对，每条染色体进行自我复制，并相互交换一些片段，所以形成的生殖细胞中的 23 对染色体是经过基因重组后形成的，这也保证来自同一父母的非双生子女出现了遗传上的变异。但由于来自于同一对父母的基因库，所以兄弟姐妹之间也存在较多的相同特征。

3. 性别和多胞胎

在男性细胞的染色体中，第 23 对是 XY，其中 Y 是较短的那条染色体。男性的生殖细胞在形成中，X 和 Y 染色单体分别进入到不同的精子。女性细胞中第 23 对性染色体是 XX。当受精卵形成时，如果使卵子受精的精子中含有 Y 染色体，新生儿就发

---

① 诺贝尔奖获得者演讲集——生理学或医学（1963—1970）［M］. 郑伯承，于英心，扬枕旦，等，译. 北京：学苑出版社，1991.

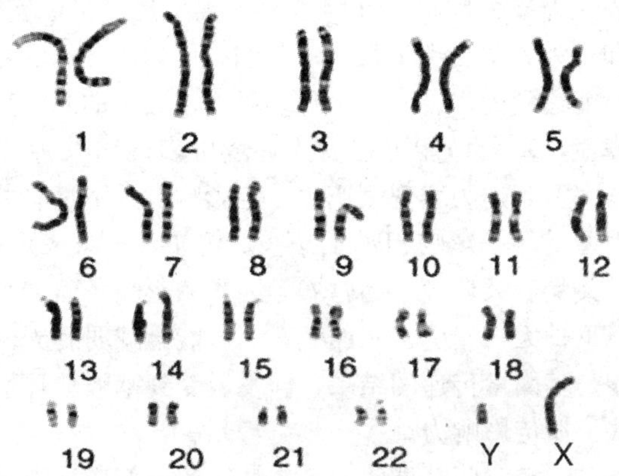

图 4－1　人类细胞中的 23 对染色体图示，在第 23 对染色体中，一条是 X，另一条是 Y，表明这是一个男性。

育成男孩；如果是含有 X 染色体的精子使卵子受精，新生儿就发育成女孩。所以个体的性别取决于使卵子受精的男性精子中含有的是 X 染色体还是 Y 染色体。也就是说，父亲决定了孩子的性别。性别决定了个体生理发育的多种特征和心理发展多方面的差异。例如，生理特征方面，女性柔韧性较好，而男性力量较大。心理发展中，女性感情细腻，而男性偏重理性和逻辑。后天社会环境中，性别角色形成了一定的规范，男孩和女孩在成长过程中必须形成符合性别角色规范的品质。本书第十二章会详细探讨个体生理和心理发展的性别差异。

多胞胎是一种常见现象，尤以双胞胎居多。双胞胎包括同卵双胞胎和异卵双胞胎。如果母亲在排卵期同时排出两个成熟卵子且均能受孕，两个受精卵会发育成异卵双胞胎。一个受精卵如果通过复制而分裂成两个相同的细胞，形成两个独立的胚胎，则会发育成两个独立的个体，这是同卵双胞胎。同卵双胞胎要比异卵双胞胎具有更多的遗传相似性。一般来说，双胞胎在遗传上具有更多的外在体征的相似性，同时在行为表现和性格上也有很多共同之处。行为遗传学的研究表明，受遗传因素制约比较大的特征就会表现出更多的相似性，相反受遗传制约小的特征相似性就较小。生育双胞胎的概率与很多因素有关，如种族、家族史和年龄等，例如黑人生育异卵双胞胎的比率要比其他种族大。

通过以上分析，我们可以看到基因和染色体对个体的影响，这种影响产生的机制就是基因遗传模式。

（二）基因遗传模式

基因遗传模式是指父亲和母亲各自提供给子代的基因之间相互影响的方式。这些模式会影响到子代的特征。例如，孩子的血型是如何受到父母血型影响的，某些疾病是如何受到父母遗传基因影响的。

1. 基因型与表现型

基因型（genotype）是指个体的整个遗传禀赋，表现型（genotype）则是指在特定的环境中具有一定基因型的个体遗传得以实现的程度。基因型规定了个体会发展出哪些基本特征，例如，特定的基因决定了我们眼睛和头发的颜色。而表现型是指个体继承下来的基因型表达为某种性状。基因型为表现型提供可能实现表达的特定范围，对人类的身体特征和行为表现会产生很大的影响。例如，父母的身高通过基因传递影响到孩子将来身高所能达到的水平。一个孩子可能从父亲的基因里继承了暴力行为的倾向。但在一定程度上，基因型能否在后天环境中表现出某种性状特征却是不确定的，因为环境也对基因型表达为表现型产生一定影响。只不过有些基因型受环境影响大一些，而有些基因型受环境影响相对小一些。例如孩子将来可能达到的身高水平，既受基因型的限制，又受后天环境中的营养等因素的影响。而继承了某种暴力倾向的孩子在一个温和环境里长大，接受良好的教育，可能会减弱后天的暴力倾向。很多特征和行为的发展可能是多因素传递的结果，即发展受到基因和环境共同的影响。基因型的影响大小，反映了遗传影响力。

遗传影响力是指在一定时间某群体的某些特征的全部变异中，可以归因于遗传差异的比率。它所反映的是群体而不是个体的某种特征受到遗传影响的大小。例如对群体来说，智力水平受遗传影响的大小，可以采用统计方法计算出遗传系数，以估计遗传力的大小。遗传系数指对一种特征可以归于遗传因素导致的变异量的数字估计，范围在 0—1 之间。例如行为遗传学估算智力受基因影响的大小，来自双生子研究的计算公式是遗传系数 H 等于同卵双生子的智力相关系数减去异卵双生子间智力相关系数的差的两倍。结果发现，对智力遗传力的评估是 0.52，表明这种影响约在中等水平。

2. 显性遗传与隐性遗传

孩子的遗传信息全部来自于父母，但为什么某些特征与父亲相似，而另一些特征却与母亲相似呢？早在染色体和基因概念提出前，“现代遗传学之父”孟德尔（G J Mendel，1822—1884）就发现了遗传的基本规律。他基于豌豆杂交实验提出，子代继承了亲代的遗传因子，但当相互竞争的因子同时存在时，在子代身上表现出来的特征，叫显性特征。而没有得到表达却仍然存在于子代体内的特征，叫隐性特征。

孟德尔
(Gregor J Mendel，1822—1884)

如前所述，子代的遗传基础来自于父母的染色体所携带的遗传信息。来自父亲的 23 条染色体和来自母亲的 23 条染色体配成对，这种携带遗传物质的配对基因，叫做等位基因。这种等位基因可以是相同的，也可以是不同的。对于某种性状或特征来说，如果孩子得到的是相同的等位基因，那么孩子就是纯合的，如果得到的是不同的等位基因，就是杂合的。在杂合等位基因情况下，得到表达的就是显性特征，没有得到表达的就是隐性特征。如果孩子从父母那里得到的一对基因都是显性基因，那么孩子会表现出显性特征。如果孩子从父母那里得到的一个是显性基因，另一个是隐性基因，孩子会表现出显性基因，但隐性基因也会遗传给孩子，使他成为隐性基因携带者。也就是说没有得到表达的隐性基因仍然存在于个体体内，以后在适当的时候还可能得到表达，因而遗传的现象可能会跨代际地表现出来。

如果孩子从父母那里继承的是一对隐性基因，那么这种隐性基因就会得到表达，孩子就表现出隐性特征。

大多发展性状遵循显性和隐性遗传模式。例如头发颜色、视力和血型等身体特征都会遵循显性和隐性遗传规律。正常视力就是显性特征，而近视就是隐性特征。当形成受精卵的精子和卵子都带有正常视力等位基因时，孩子就会表现出正常视力。如果精子和卵子一个携带有正常视力等位基因，另一个携带有近视基因，那么孩子也表现出正常视力。但是一旦精子和卵子同时携带有近视隐性基因，那么两个视力正常的父母也可能生出近视的孩子。

3. 共显性和多基因传递

有些基因的影响不一定遵循前面提到的显性和隐性遗传模式，而表征为共显性和多基因传递。所谓共显性遗传，就是在杂合子中，一对等位基因的作用都得以表现的现象。例如，遗传了一个A血型的等位基因和一个B血型的等位基因的杂合子，其血型就可能是AB型。这就说明这一对等位基因都得到了表达。如果杂合子中两个等位基因，一个的作用强于另外一个，就会出现不完全显性的现象。例如镰状细胞特质就是这种情况。如果杂合子中携带隐性的镰状细胞等位基因，就是因为在遗传基因中一个作用较强的等位基因不能完全决定两个等位基因结合的结果。多基因传递指的是很多特征不是受某一个基因决定的，而是多个基因共同影响的结果，如人的身高、体重、气质等许多特征。例如身高可能受到多对基因的影响，而这时就有多种可能的表现型。

资料卡片4-1

生育选择

构成亲子关系的途径，除了生育之外还有其他途径。当男女一方或双方由于各种原因不能亲自生育或不愿生育时，他们如果想要拥有一个孩子，还有其他方法可供选择，如捐赠受精或体外受精（如“试管婴儿”）的方法，可以帮助那些生育困难的男性或输卵管损伤的女性实现做父母的愿望。当然，这种选择会涉及许多问题。首先，选择捐赠受精而生育的孩子，在遗传学上和父母的关系，与正常生育条件下诞生的婴儿不同。这对孩子将来的心理发展是否存在影响，是需要考虑的问题。其次是伦理道德问题。例如关于试管婴儿的伦理学争议一直持续不断，选择这种途径拥有孩子的人要有一定的心理准备。

克隆技术改变了基因对人类的自然影响方式，它所可能带来的社会和伦理道德问题甚至关系到人类的未来，目前这种技术应用到人类身上还是遭到了强烈的反对。

收养或领养也是很多不能生育或具有遗传缺陷危险者拥有孩子的方式。孩子被收养或领养时的年龄，原来的遗传基础和收养前的环境以及收养后的环境，都会影响到孩子的心理发展。孩子成年后意识到自己的身世，可能会影响到他们与养父母的关系。目前跨种族和跨文化收养的现象也特别普遍，文化差异和遗传因素对这种个体的发展产生的影响也引起了世界各国研究者的关注。研究表明，收养或领养父母只要采用正确的教养策略，被收养者一般也能像正常家庭的孩子一样，身心得到健康发展。

（三）遗传基因对行为和心理发展的影响

按照遗传学的规律，个体出生后，身体的基本特征甚至某些行为模式已经在某种程度上形成，或者说基因型已经决定了个体发展的某些性状，而在个体发展过程中，这些基因型在多大程度上成为表现型，还与后天环境有一定关系。例如孩子也许继承了父亲聪明的基因，具有达到较高智力水平的遗传基础，但这个孩子将来是否像基因所预设的那样，成为一个聪明的人，还与后天的环境有关。人们非常关心的是，遗传基因在多大程度上影响了个体的各种行为特征及其发展。

行为遗传学是研究先天的遗传因素和后天的环境因素对个体特征影响的学科。行为遗传学研究遗传的影响，常采用“选择性繁殖”方法，通过控制遗传基因的方式探索遗传基因的改变对子代特征的影响。所谓“选择性繁殖”，就是通过对动物或植物的某些特质进行选择性配对，从而控制后代繁殖，以便考察遗传对这种特质的影响。例如，特雷恩（R C Tryon）采用选择性繁殖的方法来研究父代聪明的老鼠，子代是否仍然表现得很聪明。他们把聪明老鼠进行配对繁殖，把愚笨老鼠进行配对繁殖，观察这两个种群一直到第 18 代的老鼠，是否在跑迷宫任务上学习成绩有显著差异。结果发现，聪明老鼠的各个子代跑迷宫所犯平均错误数要显著低于愚笨老鼠的子代。显然这种技术不允许应用在人类个体被试身上，因为不符合伦理学道德原则。

研究遗传和环境对人类心理和行为发展的影响，行为遗传学主要采用双生子研究和领养研究的方法。双生子研究就是通过比较同卵双生子之间和异卵双生子之间在心理发展特征上的相似程度，考察遗传和环境因素对心理发展特征的影响程度。双胞胎现象为研究遗传和环境对个体心理发展的作用提供了条件。因为同卵双生子之间具有遗传上 100％的相似程度，异卵双生子具有 50％的遗传相似程度，所以，如果同卵双生子在某种发展特征上存在一定差异，就可以把这种差异归因于环境，而其表现相同的特征就可以看做是遗传的影响。实际上，双生子在出生后即使在同一对父母抚养下，生活环境和教养方式几乎完全相同，我们也很难保证环境的影响是完全一致的，不但因为环境是一个包含多个微环境的复杂系统，而且遗传和环境之间的相互影响，也会在某种程度上改变环境的作用，例如，个体之间的差别及其反应方式会影响到环境的作用。所以我们在理解双生子研究及其有关结论时，要充分考虑到环境的复杂性，以及环境和遗传的交互作用。

心理学往往通过考察被领养的孩子和亲生父母以及养父母之间在某些性状上的相似度，来探讨遗传和环境对个体心理发展的影响。因为被领养孩子和亲生父母之间具有 50％的相同基因，而养父母则从教养方式、性格特征等外在环境方面影响孩子，所以可以通过对某种性状的相似度的考察，分析遗传和环境所起作用的程度。另外，按照这种思路，还可以观察被领养孩子与非血缘关系的兄弟姐妹之间的相似性，探讨某种行为和心理特征受环境和遗传影响的程度。还可以把领养研究和双生子研究结合起来进行，观察分开抚养的同卵双生子和在同样环境中抚养的同卵双生子之间的差异和相似度，以推测环境的影响。

行为遗传学研究发现，遗传和环境制约着发展程度。迪克（D M Dick）和罗斯（R J Rose）不仅对相同家庭环境或居住环境中的没有血缘关系儿童进行研究，而且在研究中，既有大量遗传信息可以利用，同时也可以引入环境变量。传统的行为遗传学一般不考虑环境的影响，只是在考察遗传作用时，把环境的影响排除或使之恒定。而迪克和罗斯新的研究设计是把环境变量与遗传信息整合在一起，这就有利于同时考虑环境和遗传的共同作用。因为从遗传和环境的关系看，遗传特性也可能因为环境变量的影响而发生变化。例如从遗传上来看，不同人格特质的人可能会在生活中选择不同的朋友，这种在环境中的选择反过来又会在一定程度上改变基因的作用。未来的行为遗传学发展，会与分子遗传学结合起来，试图发现造成行为差异的特殊基因及其作用机制（具体内容参阅【理论关联】4－1）。在本章第三节，我们还将进一步讨论遗传和环境的交互作用。

理论关联4－1

关于遗传在行为形成和发展中的作用：行为遗传学的研究

行为遗传学是一门以遗传学、心理学、行为学等学科为基础的交叉学科。它试图解释人类复杂行为特征的遗传机制，以及遗传和环境在人类行为形成中的作用。在行为遗传学发展的定量遗传学阶段，主要依靠选择性繁殖和家庭研究的方法来研究遗传和环境的作用。选择性繁殖主要应用在以动物为实验对象的研究中。家庭研究的方法主要是采用家族谱系研究、双生子研究和领养研究。行为遗传学的研究思路和方法对发展心理学有一定影响，例如有研究者采用行为遗传学研究取向和方法，考察智力、人格和反社会行为如何受到遗传和环境的影响。

行为遗传学研究采用遗传力和一致性比率衡量遗传在行为发展中的作用。一致性比率是指在一对双生子中，出现某些相同特征的比率。相同比率越大，则遗传对这些特征的影响程度就大。斯卡尔（S Scarr）和普罗明（R Plomin）等提出的基因型和环境关联的概念，以及基因和环境之间存在交互作用的思想，使得行为遗传学研究不仅看重遗传在行为发展中的作用，而且注重环境和遗传在影响个体心理和行为发展中如何共同作用。

随着基因研究技术的进展，行为遗传学发展进入分子遗传学阶段，研究者进一步对遗传在行为发展中的影响寻找基因基础，即各种心理行为是否具有对应的基因关联，如反社会行为、酗酒、认知老年化、暴力行为、精神分裂症等是否与特定的基因有关。

二、胎儿的发育

个体从受精卵发育到出生要经过三个时期，即受精卵期，胚胎期和胎儿期（共计约38周）。

（一）受精卵期

这个阶段一般指从精子和卵子相结合到开始发育的第二周，包括受精和着床两个过程。男性的精子和女性的卵子结合形成受精卵，这个过程叫做受精，标志着一个新生命诞生了。男性到了青春期开始排精，就具有生育能力，成年男性的睾丸每天可以产生数亿个精子，这种能力在一生中维持很长时间。女性的卵子数量是有限的，一出生就拥有了所有的卵子，但只有到了青春期，卵子才开始成熟，其标志就是每月会有一次排卵期。成熟的卵子从卵巢经输卵管移动到子宫，如果这个过程中，卵子在输卵管中与精子相遇而受精，就形成受精卵。之后它开始细胞分裂和复制，并继续逐步移动到子宫，在受精后第7—9天附着在子宫壁，之后继续分裂和发育。受精卵通过输卵管顺利到达子宫并植入子宫壁的过程，叫做着床。在子宫这个温暖的“家”里，新生命靠着母体提供的养料和子宫的庇护，开始迅速发育。

（二）胚胎期

这个时期受精卵通过快速分裂和复制形成了胚胎，从着床持续到第8周。胚胎发育成了三层细胞，即外胚层、中胚层和内胚层，分别在将来发育成神经系统和皮肤，肌肉骨骼、循环系统和内脏器官，以及消化系统、肺、泌尿系统和腺体。在第4周时，原始的大脑和脊髓、心脏、肌肉、肋骨、脊椎和消化道开始发育，到第8周时，外部身体结构和内脏器官形成。胚胎通过胎盘和母体的血液相通，从而吸收发育所需要的养料和氧气，并排除废物。这时，胚胎已经有了触觉。

（三）胎儿期

这个时期形成了胎儿，从第8周持续到胎儿出生。胎儿在第9—12周时，身体开始迅速生长，神经系统、各种器官和肌肉变得有组织化，胎儿开始有了手臂弯曲、踢、吸吮手指等反应，生殖器发育成形可辨。大概在第13—24周时，胎儿皮肤表面覆盖一层皮脂，保护胎儿皮肤在羊水中不致皲裂，而且可以感觉到胎动。胎儿的大脑迅速发育，神经元基本已形成，胎儿可以感受到声音和光刺激。但胎儿的肺没有长成，也不能控制呼吸和体温，所以还很难在体外成活。在第25周后，胎儿大脑皮层增大，感觉和反应能力增强，身体变长了7寸多，体重增加，肺已成熟，胎动逐渐减少，胎儿成倒立姿势，准备出生。

胎儿随着神经系统的发育和身体器官的成熟，已经表现出某些心理功能，并在某些方面表现出了个别差异。

三、基因缺陷和胎儿发育障碍

发展心理学主要研究个体正常发展的基本规律，但发展中的异常现象也是我们关注的重要问题。某些发展异常是由遗传或者环境导致的，也有一些是遗传和环境共同影响的结果。这其中就包括可能带来发展异常的基因缺陷和出生前的发育环境。

（一）基因缺陷与检测

1. 基因缺陷和疾病

目前已经证实人类的某些疾病是由基因缺陷引起的。引起疾病的遗传原因可能涉及隐性基因障碍、基因突变和染色体异常等。如前所述，人类的大部分特征都遵循显性和隐性遗传规则。隐性基因障碍会导致很多疾病，比如苯丙酮尿症（英文简称PKU）就是一种常见的例子。它也是一种常染色体疾病，每出生8 000人中就会有一例。患病婴儿带有缺乏某种酶的隐性基因，不能进行正常的苯丙氨酸（一种氨基酸）代谢（即把苯丙氨酸转化为酪氨酸），从而损伤中枢神经系统。虽然患者接受一定治疗后能够达到中等智力水平，但仍会在计划和问题解决等认知技能上存在轻度障碍。

性染色体如果携带有害基因，通常对男孩和女孩影响不同。因为对女性而言，带有危险基因的X染色体有机会被匹配的显性基因抑制，从而减少患病的机会。对男性而言，因为Y染色体较为短小，没有X染色体完全匹配，所以发生疾病的概率就更高。像血友病，就是一种血液不能凝固的疾病，遗传给男孩的概率比较高。这种遗传叫X连锁遗传。

基因突变是指基因可能会不明原因地发生自身结构的改变，从而导致疾病。另外，环境中的某些因素也会导致遗传性发育障碍，例如高能量的电磁辐射和经常处于射线辐射的环境中都可能导致遗传基因受损。

染色体异常也会导致疾病和发育障碍，引起身体和心理发育中出现相应的症状。如唐氏综合征就是染色体减数分裂时，第21对染色体分离出错，新生儿的第21对染色体不是两条，而是3条。患者一般身体矮小，脸形圆满，两眼旁开，塌鼻梁，口小舌大，伸舌流涎，常常出生就带有白内障、耳聋、心脏和肠道疾病，并且具有先天性智力缺陷，在语言、动作等认知能力和行为能力上发展迟滞。但经特殊学校和家庭的干预和教育，这种患儿的情绪和社会功能可能会适度改善，但智力缺陷却几乎是永久性的。表4－1列举了一些遗传疾病的症状、患病原因和检测与治疗方法。

表4－1　某些遗传疾病的症状、患病原因和检测与治疗方法

疾　病	症　状	患病原因	检测与治疗方法
亨廷顿病	部分脑细胞损坏，特别是与肌肉控制有关的细胞。患者神经系统逐渐退化，神经冲动弥散，动作失调，出现不可控制的颤搐，并可能发展成痴呆，甚至死亡。	已发现引起疾病的亨廷顿基因。	尚无有效治疗方法，但目前已可以在胎儿出生前，检测其体内是否携带导致该病的变异基因。
脆性X综合征	智力低下，身长和体重超过正常儿，发育快，前额突出，面中部发育不全，下颌大而前突，大耳，高腭弓，唇厚，下唇突出。不断重复同样的语词和话题，说话快而含糊。	人体内X染色体突变所导致。	尚无确凿有效的治疗方法，可以进行基因检测。
镰形细胞贫血	约1/10的非裔美国人携带患病基因。患者红细胞形状呈镰刀状。生长迟缓，无食欲，腹胀，巩膜黄染。	常染色体隐性遗传。	无有效治疗办法。可以进行基因检测和胎儿期验血检查。输血，使用止疼药以及治疗呼吸系统的药物。
唐氏综合征	约500个新生儿存在1例。患者矮小，粗壮，面部扁平，杏样眼睛。心理发展迟滞。	第21对染色体多了一条额外的染色体。	可以进行孕期检测和筛查。

续表

疾 病	症 状	患病原因	检测与治疗方法
克兰费尔特综合征	患者生殖器发育不良，身材异常高大，乳房增大。智力有缺陷。	性染色体数目异常，即第 23 对染色体是 XXY。	可以检测。
苯丙酮尿症	缺乏用于消化含有苯基丙氨酸的酶。侵袭肌肉系统，导致智力落后。	常染色体隐性遗传性疾病。	饮食控制治疗，但智能发育落后难以转变，应早期诊断治疗，以避免神经系统的不可逆损伤。
血友病	连锁性障碍，缺乏凝血物质引起血浆凝结时间延长。出血是主要临床症状。	性连锁隐性遗传，或常染色体不完全隐性遗传。	可以在胎儿期通过基因检测发现。可以输血治疗。避免皮肤擦伤。

2. 基因检测

目前，大多数怀孕夫妻选择的常用手段是超声波检测（即通常的 B 超和彩超检查），这种仪器可以检测胎儿的大小和形状，有经验的医师可以通过胎儿的表现判断发展状况是否良好。在怀孕 18 周后可以进行胎儿血液检查，抽取脐血以检测如唐氏综合征等大多数染色体异常和其他疾病。利用胚胎镜可以观察胎儿是否存在发育畸形。如果怀疑发育可能存在问题，可以选择有创性的绒毛膜取样和羊膜穿刺检查。这两种方法都是在超声扫描仪引导下抽取胎儿周围的物质或从羊膜囊中取胎儿细胞的样本，进行培育并做染色体组型，这些方法对检测大多数遗传疾病是可靠的。但是这两种方法不属于常规检查手段，而且可能会伤害胎儿，存在流产或发生畸形的风险。只有那些高龄产妇或者怀疑存在遗传疾病者才会选择使用。

（二）孕期环境和发育障碍

胎儿的发育以及个体出生后的发展不但受到遗传的影响，而且受到怀孕期间母体子宫内的环境改变和孕妇所处的外部环境的影响。严格地讲，子宫内外环境是相互影响的，宫外环境最终还是要影响宫内环境的，从而影响胎儿的发育。

1. 孕期宫内环境

某些因素导致的母体子宫环境改变，可能对胚胎期和胎儿期的发育带来危害。这些因素包括母亲的疾病和服用药物，吸烟和饮酒，吸食成瘾物质等，这些都可能导致胚胎发育障碍或导致胎儿发育畸形。

在胚胎期和胎儿期，身体的各个部位或器官发育形成的关键时期不同，所以在相应的发育阶段，最容易受到某些致畸物质的影响也不同。例如在胚胎发育的第 3—5 周，中枢神经系统和心脏最易受到伤害。在整个怀孕期间，所有可能导致发育障碍的因素都会影响到胚胎和胎儿的正常发育。母亲如果患病，病毒则可能会透过胎盘屏障，伤害到胎儿。如果母亲在怀孕后的 3 个月内，感染弓形体病，则对胎儿的眼睛和大脑发育产生伤害，怀孕晚期感染则可能导致流产。所以孕妇应避免食用一些未煮熟的生肉食物，或接触宠物和动物粪便。孕妇生病服用药物应该非常谨慎，如确需服药，必须详细咨询医生，因为许多药物会对胚胎和胎儿发育带来危害。研究发现，大剂量的阿司匹林与胎儿生长受阻、运动控制能力下降及婴儿死亡有关，甚至导致死胎。在20世纪，一种用来防止或减轻孕妇恶心、呕吐等怀孕反应的药物“反应停”，导致所生婴儿很多出现畸形，如耳鼻和上肢发育不完全。孕妇吸烟以及饮酒也会对胎儿的发育造成危害，香烟中的尼古丁会加快胎儿的呼吸频率和心跳，减少母亲血液中氧气含量，造成胎儿供氧不足。因此怀孕母亲不要吸烟，也不要暴露于吸烟的环境。过量饮酒则会导致胎儿发育迟缓、早产、智力落后、畸形等严重危害。孕妇吸食成瘾物质，如吸食大麻会导致胎儿供氧缺乏，出生胎儿易怒和神经紧张。

2. 孕期外部因素

孕期外部因素包括孕妇的饮食环境、孕妇的年龄和所处的工作环境等。孕妇健康、均衡合理的饮食，有助于胎儿的正常发育。由于各种原因导致的母亲营养不良可能会导致胎儿出现发育问题，如出生后体重不足等，孕妇饮食缺碘可致蛋白质合成受限，影响细胞分化，缺锌可影响蛋白质合成等，但有些情况在婴儿出生后增加营养可以弥补。孕妇需要摄入维持身体健康和胎儿发育必需的维生素和矿物质。例如，叶酸是一种维生素，它存在于各种豆制品、新鲜蔬菜和水果中，它可以防止婴儿出现各种神经系统缺陷，如脊柱裂等。所以孕妇在怀孕前或怀孕初期，特别是在怀孕最初的8周，合理地补充叶酸片（建议每天服用0.4毫克，但不要超过1克）对胎儿的神经元发育有好处。

孕妇的年龄对胎儿发育也有影响。怀孕时年龄过大或过小都可能增加风险，如年龄越大的母亲所生孩子患唐氏综合征的概率也越大。当然，一个四十多岁的健康女性未必生出不健康的孩子，其孕产期风险可能跟年轻女性是一样的。青春期怀孕的母亲也会增加胎儿早产或胎儿发育不良的风险，所以应该避免因各种因素导致的青少年女性怀孕的现象。母亲怀孕期出现的情绪不良，例如遭受长期的刺激而引发严重的消极情绪会使母体产生儿茶酚胺激素，引发胎儿体内的化学变化，从而引起胎儿产生消极的反应，并可能引起胎儿出生后产生不良的情绪反应倾向，所以孕妇保持愉悦平和的情绪状态有利于胎儿的健康发育。

孕妇工作环境对胎儿也有影响，如孕妇如果接触到一些化学物质，会对胎儿产生伤害。如果达到严重程度，会对胎儿发育产生严重影响，所以应该注意避免。需要指出的是，父亲也对生出一个健康的孩子很重要，例如父亲酗酒会影响精子细胞，可能导致胎儿发育畸形。父亲如果长期暴露于各种有毒、有害或致畸物质中，也可能会导致胎儿产生某种缺陷。所以对于想要生育孩子的父母来说，要了解足够的生育知识，保持良好的生活习惯，注意营养，同时避免有害环境的影响，这对胎儿的发育和未来的健康发展是非常重要的。

第二节　心理发展的脑基础

一、神经系统的结构、功能和发展

（一）神经元

神经元是构成神经系统结构和功能的基本单位，由细胞体和突起构成（见图 4－2）。神经元的细胞体位于脑和脊髓的灰质和神经节内，常见为星形、椎形、梨形和球形，大小在 5—150 纳米之间。细胞体的结构一般有细胞核、细胞质、细胞膜和细胞壁。神经元的突起是细胞体的延伸部分，根据形状不同，分为树突和轴突。树突是从细胞体发出的呈放射状的一个或多个突起，起始部分较粗，分支较细，形如树枝。树突内含有尼氏体、线粒体和神经原纤维。树突的分支和树突棘能扩大神经元接受刺激的表面积，接受刺激并把冲动传入细胞体。轴突离开细胞体一段后，由髓鞘包裹。轴突末端称轴突终端（神经末梢），轴突终端还有突触小泡。轴突与其他神经元或效应细胞接触，其主要功能是将神经冲动由胞体传至其他神经元或效应细胞。此外还有一类细胞，叫胶质细胞，它分布在神经细胞周围，没有传导神经冲动的功能，但对神经细胞起支持、营养、保护等作用，是神经系统必不可缺的组成部分。

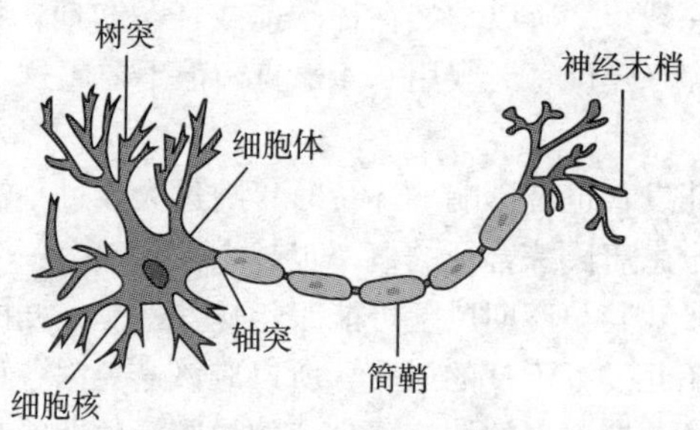

图 4－2　神经元结构图

神经元根据其功能可以分为三种：包括感觉神经元或传入神经元，运动神经元或传出神经元，以及中间神经元或联合神经元。

（二）神经系统的结构、功能和发展

1. 神经系统的结构和功能

人体的神经系统包括两个主要组成部分，即中枢神经系统和外周神经系统。中枢神经系统是由脑和脊髓组成的。外周神经系统包括躯体神经系统和自主神经系统，其中，自主神经系统又包括交感神经系统和副交感神经系统。中枢神经系统中脑的功能是负责加工来自全身的神经信息，并发出指令。脊髓存在于脊柱的椎管内，负责把脑与外周神经系统联系起来。躯体神经系统负责身体的感觉和运动功能，例如随意地控制投篮动作。自主神经系统负责维持身体的基本生命过程，例如控制和维持呼吸、消化等系统。其中的交感神经系统和副交感神经系统的作用属于拮抗性质的，交感神经系统调节应激状态下的身体生理过程和行为，而副交感神经则调节身体，使之趋于常态。

脑是神经系统中最复杂和最重要的结构，按部位可分为前脑、中脑和后脑。前脑主要包括大脑皮层、边缘系统、丘脑、下丘脑和脑垂体。后脑包括延脑、脑桥和小脑。中脑处于脑桥之上，其中心是网状结构，负责控制觉醒、注意、睡眠等意识状态。如图 4－3 所示。脑的各个组成部分具有不同的功能。如边缘系统中的海马结构与学习、记忆的功能有关，杏仁核与人的动机和情绪有关。大脑皮层在人脑进化过程中发展最晚，但却是最重要的中枢神经系统结构，分为大脑左右半球，由胼胝体结构相连。

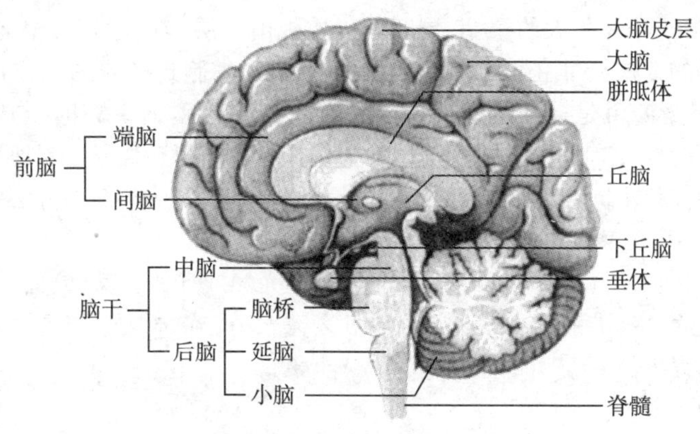

图 4－3　脑结构图

2. 胎儿期及出生后神经系统发育

人的神经系统从胚胎期就开始发育。母亲怀孕后的第 1 个月，胚胎神经系统发育最快，外胚层发育成神经管和脊髓，在 3 周半时，顶部增大，形成大脑。神经管深处开始出现神经元。在怀孕后 3 个月时，大多数神经元已形成，对神经元提供支持和养料的胶质细胞快速增长，大脑快速发育。怀孕期的最后 3 个月，大脑继续迅速发育，大脑皮层增大，它是脑中最后一个停止发育的部分。神经系统的发育或脑发育出现异常或损伤，会严重影响胎儿的发育以及出生后的认知能力和心理功能。胎儿出生时脑的基本结构已经初步具备，但发育不完善。出生时脑神经细胞的数目与成人相同，但其细胞较小。大脑皮层已经出现 6 层结构，但是沟回不明显；树突短小，大部分神经纤维未髓鞘化。出生时脑的重量在 350—400 克，是成人脑重（约 1 400 克）的 25%，出生后脑的重量一直增加到成熟为止，增加的速度早期迅速，后期缓慢。

脑的发育一直持续到青春期末。神经系统发育过程中有以下重要的发展现象，在非正常发育情况下会带来发育障碍。

神经诱导和神经胚形成：沿外胚层外侧排列的未分化组织，转化为神经系统组织的过程，称做神经诱导（neural induction）。初级和二级神经胚形成的双重过程，指的是这些组织的进一步分化，即分别分化为脑和脊髓。非正常发展情况下，神经诱导和神经胚形成过程中，会发生错误。神经管缺陷包括神经诱导完全失败、无脑畸形（神经管的前部不能完全闭合），前脑无叶无裂畸形以及脊髓脊膜突出（神经管的后部没有完全闭合）。

增值：一旦神经管闭合，细胞分裂会导致新神经元大量增加。非正常发展情况下，会形成脑小畸形或巨脑。脑小畸形产生于细胞分裂的非对称阶段，通常在怀孕的第6—18周。环境的原因包括麻疹、辐射、母亲酗酒、过量摄入维生素A和人体免疫缺陷病毒。巨脑通常是遗传障碍，如调节正常细胞增殖的基因没有关闭，造成新细胞过剩。

细胞迁移：新形成的细胞迁移出，最终形成一个6层的皮层，这一过程中产生皮层本体。如有丝分裂期后的细胞从内向外移动（腔室向软膜），使得最早迁移的细胞占据皮层的最深层，随后的迁移穿过先前形成的层（仅皮层是这样，齿状回和小脑是从外向内迁移）。在怀孕大约第20周时，皮质板由3层构成，到出生前第7个月时，可能看到最早的6层。非正常发展情况下，会出现细胞迁移异常：皮层下带状异位（X连锁无脑畸形）就是神经组织被错误放置，如心理迟滞和癫痫，与胞体放在只有轴突应该存在的地方有关。胼胝体发育不全也是一种细胞迁移异常，胼胝体部分或完全缺失通常会导致不同程度的行为或心理紊乱。有研究者认为精神分裂症可能源于迁移异常（Elvevag & Weinberger，2001）。

突起的生长和发育：轴突和树突。一旦神经元完成迁移，就会分化并发育为轴突和树突，或者通过标准的凋亡过程被回收。表4－2是个体从受精到青春期神经发育的时间表及发育事件。

表4－2　从受精到青春期神经发育的时间表及事件①

发育事件	时间表	发育事件概览
神经胚形成	受精后第18—24天	细胞分化为三层：内胚层、中胚层和外胚层，这些层随后形成身体的不同组织。神经管（形成中枢神经系统）从外胚层细胞发展而来，神经嵴位于外胚层壁和神经管之间。
神经元迁移	出生前第6—24周	在室带，神经元沿着放射状神经胶质细胞迁移到大脑皮层。神经元以从内向外的方式迁移，后面产生的细胞穿过先前发育的细胞进行迁移。皮层发育为6层。
突触发生	第3个月—青春期	神经元迁移进皮层板，伸展为顶端的和基部的树突。化学信号引导发育中的树突向最终位置前进，在那里，树突与来自皮层下结构的投射形成突触。这些连接通过神经元活动被加强，很少活动的连接被剪除。
出生后的神经发生	出生到成年	几个脑区的新细胞发育，包括海马的齿状回、嗅球、扣带回，顶叶皮层区。

① C A Nelson，K M Thomas & M de Haan. 认知发展的神经基础［M］//W Damon，R Lerner，等. 儿童心理学手册：二卷（上）. 王彦，苏彦捷，译. 6版. 上海：华东师范大学出版社，2009：7.

续表

发育事件	时间表	发育事件概览
髓鞘化	第3个月—中年	神经元包裹在髓鞘中，导致动作电位的速度加快。
沟回化	第3个月—成年	平滑的脑组织折叠成回和沟。
前额皮层的结构发展	出生到成年晚期	前额皮层是最后一个经历沟回化的结构。髓鞘化持续到成年。

二、大脑与心理功能

（一）大脑的基本结构和发展

大脑分为左右两半球，包括额叶、顶叶、颞叶和枕叶，胼胝体周围为边缘叶。每叶都包含很多回。大脑半球深部是基底神经节，主要包括尾状核和豆状核，合称为纹状体。大脑半球的表面由灰质覆盖着，称大脑皮质或皮层，总面积约为2 200平方厘米，皮质的厚薄不一。正常情形下，大脑两半球各有分工，但同时又相互协作。布鲁德曼（K Brodmann，1909）提出了著名的大脑皮质52个布鲁德曼分区，从功能上来讲，一般认为存在感觉区、运动区、语言区、联合区等（图4－4脑各功能区结构图）。

大脑两半球存在功能的不对称性，但进入一侧半球的信息会经过胼胝体传达到另一侧，从而实现协同活动。19世纪60年代，斯佩里（Roger N Sperry）使用割裂脑研究技术，对大脑两半球功能进行了研究，发现大脑左右半球在解剖结构以及某些功能上存在偏侧化现象，例如左半球在语言功能上占有明显的单侧化优势。有研究发现，大脑左半球前回的皮质活动超过右半球者，往往乐观愉快。大脑左半球通常控制言语、动作记忆、决策和积极情感。右半球控制空间感觉、非言语、触觉和消极情感等。但大脑两半球会通过胼胝体进行沟通和联系，从而达到两半球功能的整合。

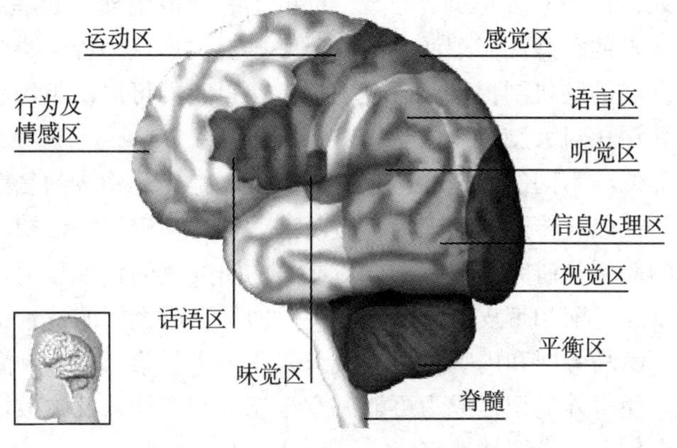

图4－4 脑各功能区结构图

胎儿出生后，脑的发育主要表现为脑重的增加和结构的完善。脑重第一年增加最为迅速，可达成熟期的50%；2—3 岁时脑重达成熟期的 75%；6—7 岁达到 90%；12 岁约达 1 400 克，与成人脑重量非常接近；20 岁脑重量增加停止。脑结构完善主要是皮质结构的复杂化。神经细胞结构的复杂化表现为神经细胞体积增大；神经细胞突触的数量和长度增加。神经纤维增长表现为神经纤维深入到各个皮层；逐渐完成神经纤维髓鞘化。皮层结构复杂化，表现为大脑皮层的沟回加深；皮层传导通路髓鞘化。

胎儿出生后，大脑各个部位发育速度和成熟程度是不同的。控制觉醒、反射功能以及其他生命功能的低级中枢发展得最好，然后是脑的其他组织结构，最后是大脑皮层。大脑中的初级感觉皮层和运动皮层较早发育成熟，所以婴儿出生后具有基本的感觉和运动能力，最后是影响学习和思维功能的额叶等结构逐渐发展成熟。大脑发展的两个特征是髓鞘化和突触修剪。髓鞘化是指神经胶质细胞会产生一种叫髓磷脂的蜡状物质，包裹在轴突外面，有利于提高神经冲动传导速率。髓鞘化过程从出生时开始可能一直持续到十五六岁，在出生后第一年内速度最快。另一个是突触修剪，即经常接受刺激的神经元和突触可能会保留下来，而那些不经常接受刺激的神经元会失去其突触。这可以使个体在出生后为经历各种新的刺激做好了准备，促进大脑对周围环境的适应性。所以婴儿直至青春期，大脑具有很强的可塑性。这也是幼儿、儿童和青少年在很多方面很容易适应环境的一个重要原因。研究健康儿童发展性功能脑结构成像发现，高级联合皮层区域只有在低级运动感觉皮层和视觉皮层发展之后才会发展成熟，其功能才能得以整合和发展，而且系统发生学上旧的脑区域要比新的脑区域成熟晚些（N Gogtay，J N Giedd et al.，2004）。有研究认为青春期后，大脑仍然保持了一定的可塑性（Nelson & Bloom，1997），如与高级认知活动有关的额叶前部的回路到 20 岁时还可以重新建构，所以认知能力的发展仍然在继续。

（二）心理功能的脑机制

1. 心理功能的神经基础

心理是脑的机能，脑是心理功能的神经基础。人的基本认知能力、心理过程和个性心理都有相应的神经基础。换句话说，人的一切心理功能要通过脑和神经系统的活动才能实现。古人曾认为心脏是负责心智活动的器官，但生理学和解剖学的发展，使人们认识到脑才是人的智慧和心理活动的物质基础。发展认知神经科学的出现，为我们了解心理功能发展的脑机制提供了研究证据，使得我们可以从组织、细胞甚至基因机制的水平扩展和深化对大脑机制的认识。

大脑的不同部位与不同的心理和认知功能有关。神经元构成的复杂神经网络，保证了大脑对信息的接收、传递和处理的物质基础。学习和记忆等认知功能的发展与相应神经基础之间的关系是研究的热点。如对成人的研究表明，外显记忆系统中的语义记忆与左侧前额皮层、前扣带皮层和海马有关；回忆自己经历的情景记忆与右侧前额叶、前扣带皮层、海马旁回和内嗅皮质有关。婴儿出生后第一年末，海马的成熟以及周围皮层的发展，使得外显记忆成为可能。童年期双侧海马以及弥散性的脑损伤，会造成特殊的记忆损伤，即发展性遗忘症（Temple，Richardson，2004）。

认知功能与脑神经基础之间的关系可能也存在发展性差异。例如，研究者试图发现儿童和成人在某项心理功能上是否存在差异，而这种差异又可能与脑的发育和成熟有关。认知神经科学的一些技术手段，将来可以应用于儿童甚至幼儿，能为我们提供更多的关于心理功能发展和脑功能之间关系的资料。

大脑是心理功能的脑基础，并不意味着大脑单向地影响行为的表现。大脑组织从胎儿开始一直在持续发展变化。在婴儿出生后，大脑组织会随着个体的学习和经验而发生变化。个体对事物的记忆及药物、饮食、疾病和大脑损伤等因素都会影响大脑的组织变化和功能表现。由经验导致的大脑组织变化，例如神经回路的变化、神经细胞突触数量和突触间空间关系的变化等，反过来又影响到个体的行为和心理功能的改变。例如，个体早期经验中对事件的记忆，影响到突触组织模式的改变，从而引起行为的变化。

发展心理学在研究青少年的心理和行为特征时，过去倾向于考察环境方面的因素，如接触到酗酒的同伴可能会因为学习和模仿，从而产生酗酒的特定行为习惯。现在的研究者逐渐重视，青少年阶段大脑的显著变化，如前额叶和边缘系统的变化，会影响他们对压力源的敏感，对强化刺激的反应和行为调节控制功能，从而导致某些特殊的行为方式。这就为我们了解行为产生的原因，采用相应的干预措施提供了多种思考问题的途径。这也表明，环境中个体接受的刺激以及任务操作，在不同的年龄段对大脑的影响进而对行为和心理的影响是不同的。

2. 脑功能障碍与心理异常

由于遗传、出生或其他伤害导致的大脑组织受损，都可能引发脑功能障碍，进而影响到相应的心理功能。

心理异常是大脑组织结构损伤或机能失调的结果，常表现为人对客观现实反映的紊乱和歪曲。有些精神障碍，人们已经发现其神经生物学的基础，而有些精神障碍，是否是脑功能损伤或基因病变导致的，尚不清楚。脑功能器质性病变导致的精神障碍，在临床上有很多表现，如脑血管疾病导致的中风病人早期出现言语等认知功能的损伤，其情绪状态出现异常，如反应迟钝和刻板，缺乏灵活性，人格衰退，可能发展为进行性痴呆。

有一些心理障碍可能没有明确的器质性损伤，如多动症、自闭症和精神分裂症，个体表现出的行为和心理障碍并没有发现对应的脑结构或基因损伤。但是有关心理病理学研究认为，这些心理障碍可能具有生物学基础，如精神分裂症可能与神经组织缺陷有关。自闭症是由多种原因导致的具有神经生物学基础的神经发展性障碍。一些功能性成像研究发现自闭症个体的额叶皮层存在异常（Carper，Courchesne，2000）。自闭症人在加工社会信息能力上与正常人相比存在异常，这与大脑中负责特定社会认知的系统，如颞叶、额叶以及杏仁核的功能性障碍有关（Baron-Cohen et al.，1999；R Adolphs，S Baron-Cohen，D Tranel，2002）。

使用脑电图（EEG）等电生理学方法，我们就可以探究认知功能的大脑活动情况。目前的认知神经科学采用神经成像技术，也有利于探讨有关儿童发展障碍的神经生物学基础。具体参阅【理论关联】4－2发展认知神经科学关于心理的脑机制的研究。

理论关联4-2

发展认知神经科学关于心理脑机制的研究

认知神经科学的发展对心理学各个领域的影响已经有目共睹。它采用认知神经科学的手段，如事件相关电位技术（ERPs）、正电子发射断层扫描（PET）、功能性核磁共振成像（FMRI）、近红外光谱技术（NIRS）以及标记任务和分子遗传学等技术来探索心理的神经基础。以认知神经科学的视角研究发展，形成了发展认知神经科学。

发展认知神经科学考察大脑的发展变化与行为和认知能力发展之间的关系，学习如何影响基因表达等。人们现在普遍认为心理发展是基因（遗传）和环境之间存在复杂相互作用的结果，研究脑与心理发展之间的关系，有助于我们深刻理解基因如何与环境相互作用的机制。基因同环境之间的相互作用存在不同水平，从分子和细胞水平来讲，是先天的内环境。从有机体和外部环境之间的相互作用来讲，作为一个物种与所处典型环境的关系来讲，是原始的，而从个体和所处特定环境的关系来讲，则是通过学习实现的。

关于功能性脑发育有三种观点：一是成熟的观点，把大脑的成熟和新出现的感觉、运动和认知功能相联系。认为在某个年龄段，成功完成某个任务，可能是有关脑区发育成熟的结果。二是“交互式特异化观点”，认为出生后的脑功能发育是一个组建区域间互动模式的过程。特定区域的反应性特征由该区与其他区的联结模式及其活动模式决定。三是技能学习理论，认为婴儿时期新的知觉或运动能力的发生过程中激活的脑区，与成人复杂技能的获得中涉及的脑区相似或一致。这些理论单独可能很难解释所有的现象，所以关于脑和心理功能的关系，还存在很多争议。

[资料来源] 马克·约翰逊. 发展认知神经科学［M］. 徐芬，等，译. 北京：北京师范大学出版社，2007.

第三节　遗传在心理发展中的作用

前面两节讨论了心理发展的生物学基础，包括遗传机制和脑机制。但是心理特征的个别差异既有先天的遗传基础，又离不开后天环境和教育的作用。本节主要讨论遗传因素对心理发展的影响，及遗传与环境在心理发展中的共同作用。

一、遗传因素

遗传在多大程度上影响到个体的心理发展，例如人的智力发展水平多大程度上受先天遗传因素的影响，人格类型和气质在多大程度上是由遗传决定的？有些人是否就属于某种心理障碍的易感人群呢？首先，我们对遗传与人的发展的几个方面关系进行讨论，然后概括遗传对心理发展的影响作用。

（一）遗传与人的发展

1. 遗传与智力发展

行为遗传学采用家族谱系研究、双生子研究和领养研究的方法考察遗传对智商的影响，同时也解释环境影响的作用。例如，布查德和麦高（Bouchard，McGue，1981）总结了世界上已发表的 34 个共 4 672 对同卵双生子研究和 41 个 5 546 对异卵双生子研究。结果发现：同卵双生子在同一个家庭抚养，其智商分数的相关系数为0.86，而在不同家庭抚养，其智商相关系数为0.72。异卵双生子生长在同一个家庭，智商分数相关系数为0.60，而生长在不同家庭，智商相关系数为0.52。这说明同卵双生子和异卵双生子在智力上的差异存在中等程度相关。在同一个家庭成长的具有血缘关系的兄弟姐妹，智商间相关系数为0.47，不在一起成长的为0.24。而没有血缘关系的兄弟姐妹在一个家庭抚养，智商间相关系数为0.34，而不在一起抚养，则智商相关系数为负0.01。另外，被收养儿童的智商与亲生父母智商的相关要远高于他们与抚养父母之间的智商相关。2000年的一项跨文化双生子研究，采用传统的智商测量，发现全量表智商遗传度在芬兰人中为87%，澳大利亚人为83%，日本人为71%，对认知加工速度和工作记忆的遗传度估计在33%—64%之间（转引自许珂和胡应，2006）。该研究说明智商的遗传度可能存在一定的种族差异和文化差异。上述研究表明遗传对智商具有一定程度的影响，但后天环境和教育也存在一定作用。

关于遗传变异如何影响人类的认知活动，分子遗传学的研究思路就是定位于与表现型有关的遗传基因。常用的方法就是寻找与各种认知活动有关的遗传基因，以及认知能力的连锁和关联分析。研究发现，表现在人、小鼠和果蝇共有的与认知活动有关的基因中，脂蛋白E（apolipoprotein E，ApoE）基位的等位基因ApoEε4有增加老年痴呆和认知缺陷的风险。对人的认知能力的连锁分析发现，2、6和15号染色体与阅读和拼写障碍有连锁关系，尤其是15q21、DYX1与阅读困难连锁（许珂，胡应，2006）。认知神经科学探讨各种智力活动（如感知觉、学习和记忆、语言等）的神经基础。但是，并不意味着携带有某种与认知障碍表现型有关的基因，就必然存在先天缺陷，因为基因、大脑和认知行为之间不是一种直线对应关系，影响认知行为表现的可能有多个基因，而且环境因素对基因型转变为表现型具有重要作用。目前多种研究方法，如遗传学、心理学、精神病学、社会学和神经生物学结合起来共同来探讨认知行为的基因定位（许珂，胡应，2006）。

遗传缺陷可能会导致孩子的智力发展障碍，如由遗传缺陷导致的唐氏综合征、脆性X综合征、Williams综合征以及其他不同类型的智力障碍。从发展病理学的角度讲，遗传病原预先设定了儿童特殊的认知—语言特征，而出生后从事相关活动的缺乏进一步加剧了这种智力损伤。

2. 遗传与人格和气质

人格表现为个体具有的观念、情绪、习惯和行为模式，它具有跨时间和跨情境的一致性，影响到个体对待自我和他人的方式。气质是指在情绪、活动和注意、反应性和自我控制方面的特征（Rothbart & Bates，1998）。阿尔伯特（G W Allport，1961）认为气质依赖于生理基础。常言说，“江山易改，秉性难易”，可能就意味着人的气质、性格和人格等与遗传因素有关。心理学家从发展的角度研究了婴幼儿、儿童和青少年以及成人的气质和人格结构及其发展，建立了不同的模型。如荣格提出了气质的内倾—外倾理论模型，罗斯巴特和贝特斯（Rothbart & Bates，1998）提出了气质结构的五个维度，包括积极情绪和消极情绪，外倾性，适应和控制等。

坎里（T Canli et al.，2001）进行的功能性核磁共振成像研究发现，成人个体的外倾性越高，大脑两半球的额叶、颞叶和边缘系统对积极刺激的反应就越强烈。行为遗传学研究表明，大部分人格特质的个体差异可以由遗传因素来解释。特里根（A Tellegen，1998）研究发现，分开抚养的同卵双生子在应激反应、控制、低冒险和攻击上的相关系数分别为0.61、0.50、0.49和0.45。研究还发现，多巴胺D_4受体等位基因长的1岁婴儿消极情绪的得分较低，恐惧和社会抑制程度也比较低（Auerbach et al.，1999）。

但是研究表明，更多的研究者认为，遗传基因和环境共同影响人格和气质（Goldsmith，Lemery，Buss，Campos，1999）。与其他心理发展领域一样，人格也受到基因和环境的交互影响。

学以致用4－1

试用有关知识分析和解释下列现象

1. 在某小学五年级，有一对双胞胎姐妹，身材、长相和衣着相似，同学们常常很难把她们辨别开。但姐姐很活泼爱动，妹妹却很文静。她们俩的学习成绩在班里都名列前茅。请你运用上面介绍过的有关知识解释这种现象。

2. 一个农村孩子在出生后，由于家里兄弟姐妹多，父母生活困难，于是就被送给了某城市一个家庭抚养。后来孩子长大后，亲生父母找到了他。这个孩子的性情、兴趣和爱好与他的同胞兄弟姐妹之间具有很大差异，但在气质上还是有一些相似之处。你怎么解释这种现象？

3. 遗传与心理障碍

前述内容提到，某些疾病是由遗传因素导致的，心理障碍（如精神分裂症）可能具有遗传学基础。研究认为，个体遗传的可能是一种倾向性，而不是必然的结果。环境可以在遗传基础上影响某种心理障碍或行为的发生。人们在探讨心理障碍和某些病态行为表现是否存在神经生物学基础，或者说，其中有多少比例是由遗传导致的，多少比例是由环境导致的。这种研究有助于我们理解一个罪犯的行为在多大程度上是由遗传基因导致的。也可以理解，为什么有些人在遭遇严重刺激事件后出现精神障碍，而另一些人在遇到同样事件时，却可以调整自己的心理状态，走出心理困境。

我们以精神分裂症为例。精神分裂症是一种功能性心理障碍疾病，患者出现知觉、思维、个性和情感等方面的障碍。虽然病因尚不清楚，但一些家族研究、双生子研究和领养研究表明，精神分裂症可能存在遗传基础。例如，戈特曼（Irving Gottesman，1991，见R J Gerrig，P G Zimbardo，2002）总结1920年至1987年间的四十多项研究，发现如果父母双方都患有精神分裂症，那么后代患此病的概率是46%，而一般人中的概率仅为1%。如果父母一方患病，后代出现精神分裂症的概率为13%。同卵双生子患病的概率是异卵双生子的3倍。但是研究也表明环境中的心理社会因素也影响到精神分裂症的发病和表现（M Tsung，2000；P F Sullivan，

K S Kendler，M C Neale，2003）。此外，核磁共振成像研究发现，精神分裂症患者与正常个体相比存在脑结构的某些异常。如从约 12 岁的童年期就开始出现精神分裂症的患者，表现出进行性的脑室体积显著扩大，皮层灰质显著性减少，减少的速率与临床症状有一定关系，体现出遗传对大脑异常性发育的影响（J L Rapoport et al.，1999；L S Alexandra，2003；N Gogtay，2008）。精神分裂症患者与正常个体相比，脑活动模式也有区别。例如，戈尔（R E Gur）等人的核磁共振成像研究发现，精神分裂症患者在面部情绪加工中不能激活边缘系统区域，在从正性面部情绪中区别出负性情绪时，表现出左侧杏仁核和双侧海马的激活减少（R E Gur，C McGrath，R M Chan et al.，2002）。这表明精神分裂症患者可能在遗传上具有一定的神经生物学基础，具有这种遗传特质的个体，患病的风险较高，即具有更大的倾向性或易感性，在适当的环境条件下会出现患病行为。但环境条件和干预措施也可能会影响到患病的风险程度或者康复程度。

再以反社会行为为例。研究表明，个体的反社会行为具有神经生物学基础。一项双生子研究发现，同卵双生子的反社会行为一致性达到35%—52%，而异卵双生子的一致性为13%—23%。领养研究发现，那些父母具有犯罪史的孩子，即便出生后立即被他人收养，其犯罪率也会比父母没有犯罪史的孩子高（S H Rhee & I D Waldman，2002；A Caspi，J McClay，T E Moffitt et al.，2002）。动物模型研究发现，位于第 11 号染色体上的多巴胺 D_2 受体基因（DRD_2）可能与攻击性和反社会行为有关，在人类身上也发现它与酗酒者的反社会行为有关。当然某种行为或人格障碍是否存在对应的基因和脑功能基础，还存在很多争议。如果我们完全承认这一点，那就等于说犯罪者是先天预定的。正确的看法是即使存在先天遗传基础，后天的环境可能会与遗传共同发挥作用，从而影响到一个人的发展。

（二）遗传对发展的影响

1. 遗传提供了发展的物质基础。

遗传提供了发展的物质基础包含以下三层意思：

第一，遗传为个体的发展提供了必要的物质基础。个体特征所依存的生命基础是最为重要和宝贵的，只有拥有了生命基础，才可能具有发展的条件。正常发展的视觉和听觉等功能，保证个体从出生就开始接触到周围环境丰富的信息，了解父母和同伴，学习各种认知和社会技能，掌握生活本领，学会生产和创造。有了正常的生命系统，个体才能拥有丰富的情感和心灵，学会体验人世的喜怒哀乐。总之，个体的感知觉、注意、记忆、思维和学习、情绪和情感、人格和气质等都是在生命物质基础上逐步展开的。

第二，遗传提供了发展的物质基础，限定了个体的某些特征和属性是不可改变的。如血型和生物学意义上的性别。正常发展的个体，需要而且必须接受这种物质基础。因而性别角色意识和行为的发展，只有符合性别特征，其思想和行为才能为社会和他人所接受，否则可能带来自我统一性的混乱状态。

第三，遗传提供了发展的物质基础，每一个体都具有唯一性。即使是同卵双胞胎具有 100%共同的遗传基因，但作为独立个体，各自具有独立的生命系统，同时也表现出人格和行为方面的某些差异。

2. 遗传在一定意义上限定了发展的最大程度。

遗传提供了发展的物质基础，同时也决定了个体发展的可能性以及发展的程度。例如智力水平部分地受到先天遗传因素的影响，它在某种程度上制约了个体发展的最大空间。

有些心理特征的发展受遗传因素影响比较大，如果个体在该方面的遗传素质较差，则其发展的最大程度可能就存在较大的限制。例如遗传上体质羸弱的人，可能很难在体育方面得到更大的发展。有些人数学能力可能较好，而有些人的音乐素质可能较好，那么，相应特征的最大发展程度也是存在差异的，虽然这种差异可能通过后天的环境而适当地改变，但最大发展空间很难得到根本性转变。另外，个体总体遗传素质和各个方面的遗传素质也是有区别的。总体遗传素质，例如各种低级和高级心理功能的总体差异，与遗传素质个别方面的差异，对发展的影响是不同的。

二、遗传与环境对心理发展的作用

(一) 区分遗传和环境及其作用

分析遗传和环境在心理发展中的作用，首先要明确区分遗传和环境的概念，以及哪些是遗传的作用，哪些是环境的作用。从研究的角度看，遗传就是来自于先天的基础和影响条件，遗传对发展的影响就是遗传成分对个体发展变异的影响效应或贡献大小。环境则是个体出生前后非遗传的影响条件，环境的作用就是它可以解释个体发展变异的效应或贡献大小。

如果能够采用合适的方法把遗传和环境的作用完全区分开，讨论遗传和环境对心理发展所起的作用，结果才是最理想的。不幸的是，要做到这一点是很难的。遗传学家采用的领养研究，假设出生前的环境是没有差异的，那么出生后所处的不同环境就可以解释个体差异，实际上，胎儿在出生前，母亲的营养和周围的环境已经对胎儿的大脑发育产生了不同的影响，在领养前的遗传和环境的作用已经发生了混淆，所以领养研究很难严格地把遗传和环境的效应决定性的区分开。但是，一定程度上，领养研究和双生子研究还是为研究环境对心理发展所起的作用提供了较好的办法。

能够分离出对人类行为产生影响的遗传作用，唯一的决定性方法就是证明一个家族内的行为变异与基因特定位置上标记位点的等位基因是高度相关的。遗传学研究已经标记了一些对人类心理发展产生重大影响的基因，但有些基因是通过变异方式导致产生心理和行为障碍，所以正常发展中比较少见（G Gottlieb，D Wahlsten，R Lickliter，2006）。

(二) 大脑和行为的关系

人们过去认为大脑和行为之间是一种单向的关系，而目前动态的观点则认为，大脑影响人的行为，反过来，心理也会影响大脑的生理状态。一方面，大脑的神经化学特性影响气质差异，如罂粟碱（opioids）和促肾上腺皮质激素（CRH）的平衡影响大脑的兴奋和抑制平衡过程，从而决定个体的应激反应（Van Bockstaele，Bajic，

Proudfit，Valentino，2001）。与性情温和的儿童相比，行为表现易怒的2岁儿童在5－羟色胺转运子基因的启动区有一个较短的等位基因（Auerbaqch et al.，1999）。但是很难对一种行为找到对应的神经化学结构，因为遗传只能解释不到10%的复杂行为变化，而且行为本身可能伴随大量的神经化学结构及其变化。另一方面，心理也会影响大脑。在生理上遗传了冲动气质的儿童，可能在行为中会更多地表现出冲动行为，但儿童也可以通过学习和经验，改变心理结构和影响大脑的生理状态，从而获得对冲动行为的控制。

青少年的脑和神经系统的发育与行为存在密切联系。例如，由于青少年的额叶突触密度的变化，记忆效率和速度持续增强，思维和解决问题的能力也显著提高。同时，青少年的冲动行为、逆反和反社会行为以及充满矛盾的现象可能与额叶发育不完全有关。青少年的冒险行为也与脑和神经系统发育有密切关系。例如过分自信、好斗和喜欢追求感官刺激是青少年一些典型行为特征，这可能与边缘系统、内侧眶额皮层后部脑区等的发育不完全有关，另外神经化学递质，如多巴胺和5－羟色胺的水平变化也影响到青少年的情绪控制和对行为奖惩的反应。但是大脑和行为之间的关系也是复杂的。

关于大脑和行为关系的特异性理论认为，某种行为可能与大脑相应区域的特异性活动有关。如提取表征动作的词语的皮层部位与提取名词的皮层部位是不同的（Damasio，1994）。一个孩子对蜘蛛的恐惧可能与丘脑、杏仁核以及中脑灰质等共同形成的通路有关。目前采用脑电描记仪（EEG）、正电子发射断层成像（PET）和功能性磁共振技术（FMRI）使人们可以更清楚地了解与行为有关的相应大脑部位。

研究者采用动态分析的方法，试图建立发展过程中脑与行为之间的关系模型。脑和行为的许多特征发展曲线表现出很大的相似性，例如，大脑和最佳认知技能都显示出了非线性的动态成长。在发展中经常出现间歇，例如成长首先加速然后变慢，在成长模式中交替出现加速增长、高原期和下降等变化。

（三）遗传与环境的交互作用

关于遗传和环境在心理发展中的作用，现在几乎已经没有心理学家坚持认为遗传或后天环境在发展中具有决定作用，或者遗传的作用大于后天环境的作用。人们倾向于认为二者共同影响个体心理的发展，相互支持和依赖，并且存在交互作用。而且，人们进一步把遗传和环境对个体发展的影响，分别看做多层面的。例如行为遗传学家普罗明（R Plomin et al.，1985）把环境区分为共享的环境和非共享的环境。所谓共享的环境，是指住在一起的人们受到的影响一致的环境因素，使个体形成相似的经验。非共享的环境，是指虽然住在一起，但受到的影响不一致的环境因素，导致个体形成不同的经验。共享环境和非共享环境对心理发展的影响是不同的，例如，共享的环境对个体智商的影响属于中等程度，而非共享的环境对个体智商的影响程度较小。

遗传与环境在个体发展中存在交互影响，主要表现在以下四个方面：

第一，这种交互影响表现在脑发育的可塑性上。脑是心理发展的物质基础，某种程度上是与遗传相关联的。例如有些人反应比较灵活和敏捷，可能与神经元联系的广泛性和突触传递的速率有关。但在脑发育过程中，环境因素也会对脑的发育产生影响。如个体早期刺激的缺乏和社会经验剥夺会导致中枢神经系统发展迟滞，严重者甚至对脑发育造成永久伤害。经常性地暴露于暴力媒体材料中可能会改变大脑额叶的功能，从而影响其形成反社会人格和行为。

第二，这种交互影响还表现在遗传提供了发展的可能性，但这种可能性变成现实性，则离不开后天的环境条件、个体的努力以及机遇。如果既有良好的遗传基础，后天环境和教育又提供了良好的条件，那么个体就可能把遗传提供的发展基础扩展到最大范围。如果个体具有较好的遗传基础，但后天环境不良和教育缺乏，则会对个体发展带来很大的限制。当然，也存在另外一种现象，虽然个体遗传素质并不优秀，但由于后天良好的教育和个人的努力，个体的发展也可能达到较高的水平。

第三，这种交互影响还表现在遗传和环境对个体发展所起的作用，在不同的时期和不同的发展领域，其作用程度是不同的。如低级心理能力受遗传影响较大，而高级心理能力和个性心理特征可能受环境的影响更大。在个体发展的不同年龄段，遗传和环境作用的程度也是存在差异的。普罗明（R Plomin）等人对 245 个领养孩子的认知发展进行了长达 20 年的纵向研究，并与非领养孩子进行比较，以观察遗传因素和父母养育环境对认知发展的影响。结果发现，领养孩子在儿童早期像他们的领养父母，但在儿童中期和青少年期，就与领养父母差异较大。在儿童中期和青少年期，领养孩子同控制组的非领养孩子一样，更像他们的生身父母。表明对于这些孩子来说，基因对他们认知发展的影响，直到青少年期才完全表现出来（R Plomin，D Fulker et al.，1997）。

第四，这种交互影响还表现在遗传和环境在个体发展中的交互作用上。一方面，不同的遗传特征会影响到环境所起的作用；另一方面，一些遗传特质也会因为受到环境的影响而得到改变。普罗明、德弗里斯（J C DeFries）和罗琳(J C Loehlin,）1977 年在一个行为发展模型中提出，个体表现型来自于基因型和环境的差异，提出基因型和环境的相关是非线性的，但他们并没有详细解释基因型和环境影响表现型的过程。斯卡尔（S Scarr,）和麦克唐尼（K McCartney）等人在此工作基础上，进一步探讨基因型和环境影响表现型的过程。他们提出了一个行为发展模型，并指出遗传、环境和行为之间存在不同的关系模式，以考察基因型和环境差异如何联合起来影响行为发展的差异。为此他们提出了基因型和环境效应（Genotype-Environment effect）的三种类型，即遗传和环境之间三种相关关系：被动式的关系、唤起式的关系和主动式的关系。被动式的关系就是由父母为儿童提供养育环境；唤起式的关系就是由于个体独有的遗传特质而表现出的行为特征影响其环境；主动式的关系就是个体的遗传特征会影响到对环境的选择和改造（Scarr，McCartney，1983）。例如儿童自身会关注与其遗传特征相符的环境刺激，而较少注意那些不相容的方面。如遗传上体质强壮者会更多关注和参与对抗性体育活动。个性特点不同的儿童，家长可能采用不同的教养方式，从而进一步影响到儿童的发展。

学以致用4—2

米尔沃基计划

美国的米尔沃基计划（Milwaukee Project）是针对贫困家庭儿童而进行的一项早期干预计划，旨在帮助儿童促进他们的智力和学业成绩。选择的新生儿，其母亲的智商IQ分数低于80分。把40个幼儿随机分在一个实验组和一个控制组。实验组孩子的母亲接受教育、职业康复、家政和养育孩子训练。实验组的儿童在婴儿促进中心进行教育项目训练，以促进其语言和认知技能，同时对饮食也进行平衡。儿童每周去5天，每天7个小时。实验干预结束时儿童已经6岁。之后儿童加入当地学校。在干预过程中，实验组和控制组每隔6个月接受斯坦福一比内智力测验和韦氏儿童智力测验，并在7、8、9、10岁和14岁时分别接受其他测验。结果表明，在6岁时，实验组儿童的平均智商为120分，控制组为80分。在7岁时，两组的智商分数差异为22分。10岁时，实验组的智商分数105分，控制组平均为85分。在14岁时，实验组的平均智商为101分，控制组为91分（H L Garber，1988）。

请你对上述研究结果进行解释。

以气质特征为例进一步说明遗传基因和环境之间的关系。假设气质的某些成分具有基因基础，基因和气质表现之间的关系反映出基因—环境之间的交互作用，例如相同的环境对基因类型不同的儿童影响是不同的。基因和环境之间另外一种关系是二者的相关效应。特定基因类型的儿童，如果他们的直系亲属具有共同的基因类型，或者可以激发特定反应的气质特征由特定基因所决定，那么儿童就可能处于一种特定的问题情境，这种情境反过来影响问题行为的发生，这就表明环境和基因存在一定相关性。如果仅用单一的方法评估基因和环境的交互作用，可能会得出基因与环境无关的结论。艾维斯（L Eaves et al.，2003）提出一种贝叶斯方法（Bayesian approach）来同时模拟基因主效应、基因—环境相关效应和基因—环境交互作用。例如，他们研究提出，基因可以从几条路径上解释抑郁的发展。第一，基因的主效应，女孩的早期焦虑增加了她们后期焦虑的危险性；第二，基因—环境相关，即具有高焦虑危险性的女孩更可能遭遇到与抑郁基因有关的生活事件；第三，基因—环境的交互作用，在遗传基因上具有焦虑的高风险性而且处于压力事件中的女孩，对于与抑郁基因有关的生活事件更加敏感。这种理论观点，使得我们对基因和环境如何影响气质的问题认识得更为深刻。

社会环境中的各种影响因素，如电影和电视等媒体中的暴力场面会助长某些易感个体的攻击性行为发生的频率。有些受遗传影响程度很大的特质，由于环境的强烈作用，也可能会得到一定程度的改变。例如一个IQ测试分数不高的儿童，如果被具有良好教育条件的家庭抚养或在良好的学校教育环境中接受教育，那么其智力测量成绩可能会得到提高。对于某些带有精神分裂症易感因素的人，或者其他携带有某种遗传疾病基因的个体，如果没有可能诱发疾病的环境因素，或者良好的环境可以阻止疾病的发作，以及采用干预技术及时预防和治疗，那么就有可能降低患病风险或患病程度。

理论关联4-3

进化发展心理学关于遗传和环境对心理发展的作用

进化发展心理学是在进化心理学与发展心理学学科发展基础上，由麦克唐纳（K B MacDonald）、柏斯凯（J Belsky）和波尔柯拉德（D F Bjorklund）等人提出和发展起来的。该学科试图用达尔文的进化论，特别是自然选择的观点来解释现代人类的发展；试图研究影响人的社会和认知能力的遗传和环境机制，遗传和环境的交互作用，以及如何使这些能力适应具体的环境条件。他们认为进化理论不仅有助于我们理解和预测个人发展的各个阶段，也能解释个别差异。

进化发展心理学认为，所有进化特征的发展，都受到随时间进程而出现的遗传和环境之间连续和双向的交互作用之影响。进化发展心理学不像进化心理学那样，强调环境在发展中的重要作用，而是提出了环境与基因相互作用的模型。他们并不认同遗传决定论，认为发展既包含进化程序的展开，也包括在此过程中机体与环境的交互作用。行为系统的形成是遗传与环境交互作用的结果，同时，人类发展源于适应的压力，要改变行为以适应特定环境的要求，并可以采用自己的方式选择或改变。进化发展心理学的观点为我们理解人类的发展提供了一种视角。

［**资料来源**］David C Geary，David F. Bjorklund. *Evolutionary Development Psychology* ［J］. Child Development，2000，71（1）：57－65.

David F Bjorklund，Pellegrini Anthony D. *Child Development and Evolutionary Psychology* ［J］. Child Development，2000，71（6）：1687－1708.

【本章小结】

1. 个体的发展从受精卵开始。受精卵是指来自于父亲的精子和来自于母亲的卵子结合，而形成一个新细胞。精子和卵子也叫配子，属于生殖细胞。每个配子具有23条染色体。受精卵包含有46条染色体，其中23条来自于父亲，23条来自于母亲。男性第23对染色体是XY，女性第23对染色体是XX。

2. 染色体是存在于细胞中的一种特殊杆状物质，其中包含脱氧核糖核酸（DNA）组成的单元，这就是基因。DNA是一种遗传物质，它是一种双螺旋状的梯级结构，其中携带有个体的遗传物质。染色体储存和传递了特定生物的遗传信息。

3. 在男性生殖细胞的染色体中，第23个染色体既有可能是X，也有可能是Y，而在女性生殖细胞的染色体中第23条染色体就是X染色体。当使卵细胞受精的精子中含有X染色体时，则受精卵发育成为女孩；当使卵细胞受精的精子中含有Y染色体时，则受精卵发育成为男孩。所以，父亲决定了孩子的性别。

4. 基因遗传模式是指父亲和母亲各自提供给子代的基因之间相互影响的方式。这些模式会影响到子代的特征。基因型规定了个体会发展出哪些基本特征，例如特定的基因决定了眼睛和头发的颜色。表现型是指个体继承来的基因型表达为某种性状。基因型为表现型提供可能实现表达的特定范围，对人类的身体特征和行为表现产生很大影响。但环境也对基因型表达为表现型产生一定影响。

5. 当相互竞争的因子同时存在时，在子代身上表现出来的特征，叫显性特征。而没有得到表达的特征，仍然存在子代体内，叫隐性特征。大多发展性状遵循显性和隐性遗传模式。许多疾病和缺陷由隐性基因导致。

6. 胎儿从受精到分娩，经历了三个发展阶段，即受精卵期、胚胎期和胎儿期。受精卵期一般从精子和卵子结合到开始发育的第 2 周。其主要分两个阶段，一是受精，二是着床。男性的精子和女性的卵子形成受精卵，这叫受精。胚胎期大概从着床持续到第 8 周。胚胎发育成了三层细胞，即外胚层、中胚层和内胚层。胎儿期从第 8 周持续到胎儿出生。胎儿的身体器官和神经系统逐渐发育基本成熟。

7. 基因缺陷会引起人类的某些疾病。引起疾病的遗传原因可能涉及隐性基因障碍、基因突变和染色体异常等。目前有些由基因缺陷导致的遗传疾病，可以通过基因检测的手段发现，并采取相应措施，避免生出带有遗传疾病的孩子。

8. 孕期环境包括子宫内外环境，会影响到胎儿的发育。例如母亲的疾病和服用药物、吸烟和饮酒、吸食成瘾物质等，这些都可能导致胚胎发育障碍或导致胎儿发育畸形。孕妇的饮食、家庭环境和所处的自然环境也会影响到胎儿的发育。

9. 神经元是构成神经系统结构和功能的基本单位，由细胞体和突起构成。脑是神经系统中最复杂和最重要的结构，是心理发展的主要物质基础。大脑皮层在人脑进化过程中发展最晚，但却是最重要的中枢神经系统结构，根据皮层的不同特点，可以分为若干区。大脑分为左右半球，由胼胝体结构相连。人的神经系统从胚胎期就开始发育。神经系统的发育或脑发育出现异常或损伤，会严重影响胎儿的发育以及出生后的认知能力和心理功能。

10. 大脑包括左右两半球，包括额叶、顶叶、颞叶和枕叶，胼胝体周围为边缘叶。每叶都包含很多回。大脑半球深部是基底神经节，主要包括尾状核和豆状核，合称为纹状体。大脑半球的表面由灰质覆盖着，称大脑皮质或皮层。大脑两半球存在功能的不对称性，但进入一侧半球的信息会经过胼胝体传达到另一侧，从而实现协同活动。

11. 胎儿出生时脑的发育还不完善，出生后脑的结构迅速发展。脑的发育主要表现为脑重的增加和结构的完善。婴儿出生后，大脑各个部位发育成熟的速度和程度是不同的。

12. 遗传对发展的影响表现在：第一，遗传提供了发展的物质基础；第二，遗传在一定意义上限定了发展的最大程度。

13. 行为遗传学家普罗明把环境区分为共享的环境和非共享的环境。所谓共享的环境，是指对住在一起的人们影响一致的环境因素，使个体形成相似的经验。非共享的环境，是指对住在一起的人们影响不一致的环境因素，导致个体形成不同的经验。

14. 遗传与环境在个体发展中存在交互影响，首先表现在脑发育的可塑性上。其次，这种交互影响还表现在遗传提供了发展的可能性，但这种可能性要变成现实性，则离不开后天的环境条件、个体的努力以及机遇。再次，这种交互影响还表现在遗传和环境对个体发展所起的作用，在不同的时期和不同的发展领域，其作用程度是不同的。最后，这种交互影响还表现在环境和遗传在个体发展中的交互作用上，即不同的遗传特征会影响到环境所起的作用；另一方面，一些遗传特质也会因为受到环境的影响而得到改变。

15. 斯卡尔等人提出了遗传、环境和行为之间的三种关系模式：被动式的关系、唤起式的关系、主动式的关系。被动式的关系就是由父母为儿童提供养育环境；唤起式的关系就是由于个体独有的遗传特质而表现出的行为特征影响其环境；主动式的关系就是个体的遗传特征会影响到对环境的选择和改造。

【思考与练习】

1. 概念解释：遗传密码，基因、染色体，遗传模式，显性遗传、隐性遗传，基因型、表现型，遗传、环境。

2. 请描述基因遗传模式如何影响个体的特征。

3. 脑功能与心理障碍之间存在什么关系？

4. 你如何理解遗传对心理发展的作用。

5. 请结合有关现象或研究说明遗传、环境和心理行为之间的关系。

【拓展阅读】

1. Robert Plomin，John C DeFries，Gerald E McClearn，Peter McGuffin. 行为遗传学［M］. 温暖，等，译. 4版. 上海：华东师范大学出版社，2008.

该书是世界著名行为遗传学家R. 普罗明等人所著。书中介绍了遗传的基本规律、遗传的基础以及基因测定和神经遗传学的内容。第八章到第十三章，主要论述了认知和精神障碍、认知能力和人格与遗传的关系。最后从进化和环境与遗传交互作用的角度讨论了遗传对行为发展的影响。

2. 马克·约翰逊（Mark H Johnson）. 发展认知神经科学［M］. 徐芬，等，译. 北京：北京师范大学出版社，2007.

本书介绍了发展认知神经科学的有关内容，包括发展的生物学；大脑的发育；视觉、定向和注意；对物理世界的理解；对社会世界的理解；记忆和学习；语言；前额皮层、客体永久性和计划；脑的单侧化和交互式特异化等章节。其中，脑结构及功能的发育与心理发展的关系是发展认知神经科学关注的重点。

【参考文献】

1. 马克·约翰逊（Mark H Johnson）. 发展认知神经科学［M］. 徐芬，等，译. 北京：北京师范大学出版社，2007.

2. David R Shaffer，Katherine Kipp. 发展心理学——儿童与青少年［M］. 邹泓，等，译. 8版. 北京：中国轻工业出版社，2009.

3. G Gottlieb，D Wahlsten，R Lickliter. 生物学对人类发展的意义：发展的心理生物学系统观［M］//W Damon & R Lerner. 儿童心理学手册：第一卷（上）. 苏彦捷，译. 6版. 上海：华东师范大学出版社，2008.

4. C A Nelson，K M Thomas，M de Haan. 认知发展的神经基础［M］//W Damon，R Lerner. 儿童心理学手册：第二卷（上）. 王彦，苏彦捷，译. 6版. 上海：华东师范大学出版社，2008.

5. A Caspi，R L Shiner. 人格发展［M］//W Damon，R Lerner. 儿童心理学手册：第三卷（上）. 邹泓，等，译. 6版. 上海：华东师范大学出版社，2008.

6. M K Rothbart，J Bates. 气质［M］//W Damon，R Lerner. 儿童心理学手册：第三卷

（上）. 陈会昌，等，译. 6版. 上海：华东师范大学出版社，2008.

7. R J Gerrig，P G Zimbardo. 心理学与生活［M］. 王垒，王甦，等，译. 北京：人民邮电出版社，2008.

8. 罗跃嘉. 认知神经科学教程［M］. 北京：北京大学出版社，2006.

9. Lerner Jacqueline，Alberts Amy E. *Current directions in Developmental Psychology*［M］.（影印本）北京：北京师范大学出版社，2007.

10. M Tsung. *Schizophrenia：Genes and environment*［J］. Biological Psychiatry，2000（47）：210－220.

11. A Caspi，J McClay，T E Moffitt et al. *Role of genotype in the cycle of violence in maltreated children*［J］. Science.，2002，297：851－854.

12. L Eaves，J Sliberg，A Erkanli. *Resolving multiple epigenetic pathways to adolescent depression*［J］. Journal of Child Psychology and Psychiatry，2003（44）：1006－1014.

13. De Martino，B Camerer，F Colin，R Adolphs. *Amygdala damage eliminates monetary loss aversion*［J］. Proceedings of the National Academy of Sciences of the United States of America. 2010，107（8），3788－3792.

14. N Gogtay. *Cortical brain development in schizophrenia：Insights from neuroimaging studies in childhood-Onset Schizphrenia*［J］. Schizophrenia Bulletin，2008，34（1）：30－36.

第五章

动作与早期感知觉的发展

【本章导航】

本章主要介绍个体出生后的动作发展以及早期感知觉的发生发展过程。首先介绍了新生儿先天的无条件反射、儿童早期大动作和精细动作的发展进程及其对个体心理发展的意义。其次介绍了婴儿早期视觉、听觉、味觉、嗅觉、触觉的发生与发展。最后介绍了早期视知觉、听知觉的发展进程以及跨通道知觉的发展特点。

【学习目标】

1. 掌握新生儿所具有的先天的无条件反射的特点及其对个体心理发展的意义。
2. 能够在理解的基础上说出儿童早期大动作和精细动作的发展进程。
3. 能够举例说明早期动作发展对个体心理发展的意义。
4. 理解并掌握影响动作发展的因素。
5. 了解学龄期及以后儿童的动作发展过程。
6. 了解早期视觉的发生及其发展的表现。
7. 了解早期听觉的发生和发展过程。
8. 了解早期触觉的发生及其发展的表现。
9. 了解早期视知觉的发展过程。
10. 了解早期听知觉的发展过程。
11. 了解早期跨通道知觉的发展特点。

【核心概念】

无条件反射　大动作　精细动作　视觉　听觉　味觉　嗅觉　触觉　视知觉　听知觉　跨通道知觉

著名心理学家威廉·詹姆斯（William James，1890）曾公开表明新生儿的世界是一片“模糊不清的、嗡嗡作响的混沌”。一个多世纪以来的心理学研究否定了这种看法，婴儿并非想象中那么软弱、无助，他们具有超乎人们想象的能力。在婴儿出生后的最初几年里，他们的生理发育和身体控制方面发生了巨大的进步，这种生理和动作技能的发展也为他们探索世界提供了必要的基础。

第一节　动作的发展

婴儿期基本运动模式的出现很长时间以来被认为是人类发展最核心的问题之一（Weiss，1941）。它不仅是个体发展的一个重要组成部分，对个体心理发展具有不可忽视的促进作用，而且也是人们观察、评价儿童发展的重要手段。在生命形成的早期，即胚胎时期就出现了身体运动，最早的运动是微小的、几乎无法辨别的头部弯曲和背部拱起（de Vries et al.，1982；Nilsson & Hamberger，1990；Prechtl，1985）。个体出生以后，动作方面的进步让他们逐渐掌控了自己的身体和周围的环境。动作是如何发展进步的？哪些因素对此产生了影响？这些动作上的发展对个体的心理发展产生了怎样的影响？这就是我们在本节中所要探讨的问题。

一、新生儿的反射活动

婴儿从“呱呱”坠地开始，就具有某些行为能力，如哭泣、吮吸、转头、蹬腿、眼睛追随物体等。这些动作从何而来？我们一般认为，初生的婴儿具有的动作能力是与生俱来、不学而能的，我们称之为先天的无条件反射。这些先天的无条件反射有的在人类进化过程中对适应环境有重要的生物学意义，有的对新生儿具有保护性意义。新生儿所具备的先天无条件反射的数量很多，根据它们对个体生存和发展的意义可分为三类：第一类是对个体具有较为持久的生物学意义、生来就有而且毕生保持的反射，如角膜反射、瞳孔反射、吞咽反射、定向反射等，对人体组织具有一定的保护作用；第二类是对个体生存没有明显的生物学意义、多数在出生后半年内逐渐消失的反射，如探求反射、吮吸反射、抓握反射、踏步反射、游泳反射等，它们可能在人类进化过程中有过一定的生物适应意义；第三类为对临床诊断具有重大价值的反射，如巴宾斯基反射，它在新生儿期呈阳性反应，一般一年左右完全消失，但在睡眠和昏迷中仍可出现，如果清醒状态下继续存在，则可能预示出现脑性病变。[①] 表 5－1 列出了新生婴儿所具有的一些先天的无条件反射及其表现、发展过程和意义。

---

① 董奇，陶沙. 动作与心理发展［M］. 北京：北京师范大学出版社，2002：38－39.

表5－1　新生足产婴儿具有的一些先天的无条件反射①

反射名称与表现	发展过程	意义（重要性）
呼吸反射	永远	提供氧气和呼出二氧化碳
眨眼反射	永远	保护眼睛免受光与外界物质的刺激
瞳孔反射：遇到亮光时收缩瞳孔	永远	抵制亮光保护眼睛；使视觉系统适应低亮度，在黑夜或者光线微弱的环境中放大瞳孔
觅食反射：在受到一个触觉刺激的时候转过脸颊	2个月时微弱，5个月时消失	使儿童对乳房或瓶子产生定向
吮吸反射：吮吸放进嘴里的物体	在生命最初的几个月中逐渐由经验而改变	使儿童摄取营养
吞咽反射	永远，随经验改变	使儿童摄取营养，防止窒息
巴宾斯基反射（如图5－1所示）：当触摸脚底时，脚趾呈扇形张开然后蜷缩	12—18个月时消失	表明神经系统发育正常
抓握反射：接触到婴儿手掌时，手指环绕物体卷曲（如图5－2所示）	取而代之的是自动的抓握	表明神经系统发育正常
摩罗反射：大的声音或婴儿头部位置突然的转变，会导致婴儿将胳膊向外伸展，弯回来然后将胳膊相互靠拢似乎要抱住什么东西似的	4个月时消失，但是对于一些不能预期的大声刺激或失去身体支持时，仍会反应出惊跳反射	表明神经系统发育正常
游泳反射：婴儿在水中会表现出积极的手臂和腿的运动，并且能够自然地呼吸	出生后4—6个月消失	表明神经系统发育正常
踏步反射：抱着婴儿直立，当其双脚接触到平面时，会出现像走路一样的迈步	除非婴儿经常有机会练习，否则在第一个8周消失	表明神经系统发育正常

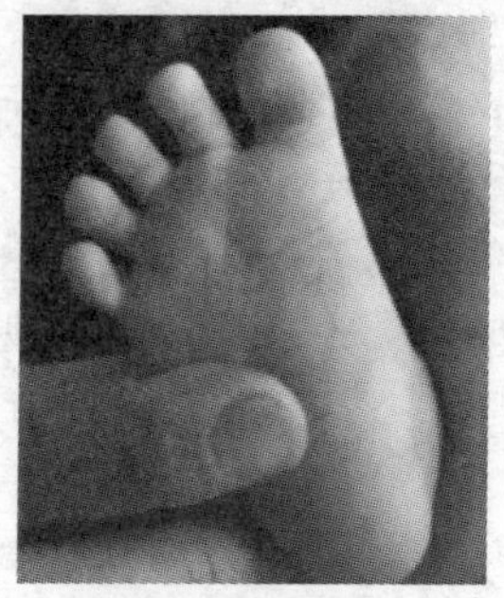

图5－1　巴宾斯基反射

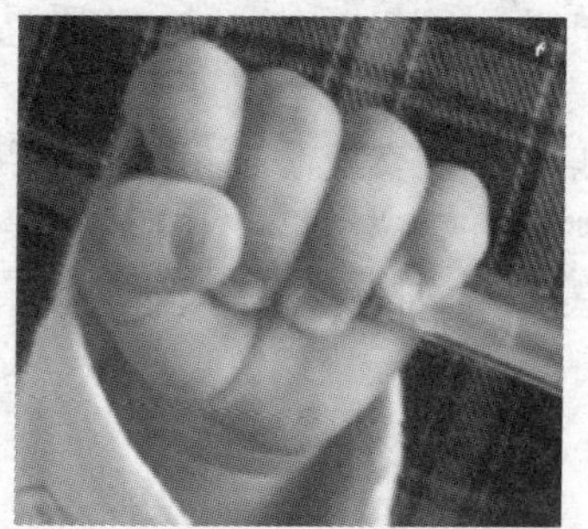

图5－2　抓握反射

① 改编自卡拉·西格曼，伊丽莎白·瑞德尔．生命全程发展心理学［M］．陈英和，译．北京：北京师范大学出版社，2009：149－150.

婴儿在先天的无条件反射动作基础上，逐渐产生自主控制的动作。

二、儿童早期的动作发展

儿童早期的动作发展主要分为大动作的发展和精细动作的发展。大动作的发展主要是指儿童对自己的身体动作的控制，儿童要学会在环境中移动自己的身体，如爬行、站立、走动等。精细动作的发展是指手臂和手指的动作，如抓握、伸手取物等。格塞尔（A L Gesell，1929）、麦克格罗（M B McGraw，1943）、雪莉（M M Shirley，1931）等人的经典研究都表明，婴儿的动作发展遵循一个相对固定的发展序列。目前研究界基本都认可这种发展序列，但不同儿童通过这些序列的速度存在很大的个体差异。

（一）大动作的发展

大动作的发展涉及对身体躯干的控制，包括抬头、挺胸、坐、爬、站、走等。

1. 大动作发展的序列

婴儿大动作的发展从头颈部的控制开始。婴儿在出生后的第一个月末，就逐渐出现了自主控制的头颈部运动（Hottinger，1973），如俯卧时将头抬起一定角度。随着头颈部的自主控制越来越熟练，躯干部的自主控制也逐渐显现，如图 5－3 所示，该婴儿已能在俯卧时将胸部抬起一定的角度。身子靠着支撑物坐着。一般来说，6 个月左右婴儿就能够独自坐着。如图 5－4 所示，该婴儿已不需要任何支撑物在床上稳稳地坐着。此时的婴儿甚至可以让自己的身体向特定的方向移动，这为接下来的爬行做好了准备。7 个月左右，婴儿一般会出现爬行动作。9 个月时，婴儿可以借助桌椅走路。到 1 岁时，大约半数的婴儿会走了。3 岁时，儿童可以沿着直线走或奔跑，但奔跑时还无法很自如地转弯或停止；他们可以双脚离地跳，但跳的时候只能越过很小的物体。4 岁儿童可以跳跃、单脚跳。5 岁的儿童动作更成熟，跑动可以像成人一样摆动胳膊，平衡能力也提高了许多，有些儿童还可以骑自行车。随着儿童年龄的增长，他们在跑、跳等动作技能方面会表现得更好。

图 5－3　婴儿挺胸

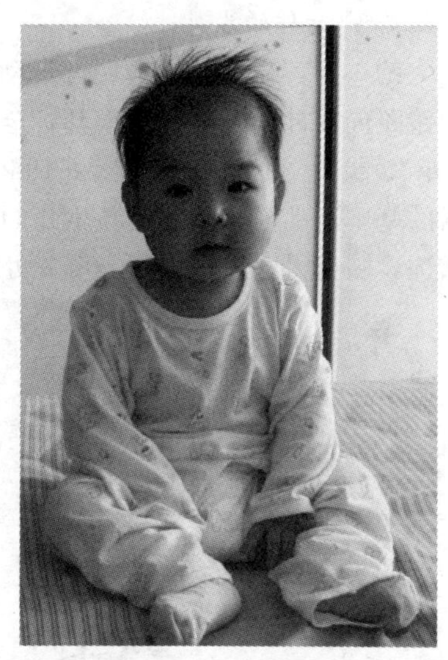

图 5－4　独立坐

2. 爬行动作的发展

婴儿在7个月左右出现爬行动作，这是最早的自主移位动作。当爬行出现后，婴儿的生活就发生了显著的变化，他们可以将自己移动到希望到达的地方。婴儿的爬行可以分为腹地爬行和手膝爬行两种。一般来说，婴儿初学爬行时表现出腹地爬行（如图5－5所示），即胸腹部着地，手伸向前方，利用手臂的力量拖动身体前进，腿几乎没有发挥作用。随着婴儿手腿力量的增加，他们逐渐由腹地爬行演变成手膝爬行（如图5－6所示），胸腹离开地面，依靠手和膝盖移动前行。大约10个月时，婴儿在爬行中能同时移动胳膊和腿使二者形成对角线，以使身体保持平衡（Freedland & Bertenthal，1994）。这样就使婴儿爬行的效率提高了许多，婴儿能够更好地探索周围的世界。另外，从婴儿爬行动作的平衡协调来看，他们表现出了从同侧身体协调发展到对侧身体协调的顺序。同侧身体协调的方式表现为婴儿爬行时身体同侧的肢体与对侧的肢体交替运动，也就是说，左手运动时左腿也在运动，然后换右手和右腿同时运动。对侧身体协调爬行是指身体一侧的上肢与对侧的下肢同时运动。二者相比较，对侧身体协调的爬行效率更高。

图5－5　腹地爬行

图5－6　手膝爬行

3. 行走动作的发展

大约1岁，婴儿开始出现行走动作。此时婴儿的行走显得有些滑稽：步子很小，踉踉跄跄向前冲，两腿分得很开，全脚掌着地，手臂抬到较高的位置摆动（如图5－7所示）。泰伦（Esther Thelen，1984，1995）认为，个体一出生其实就已经具备行走所需的基本运动模式，就是新生儿的踏步反射以及自发的踢腿动作。只是随着婴儿体重增加，腿变得太重，以致当婴儿处于直立姿势时抬不动双腿。

图5－7　蹒跚学步

资料卡片5-1

婴儿的行走训练

泽勒佐和科尔布（Zelazo & Kolb，1972）对刚出生两周的婴儿进行行走训练，训练持续6周，即到婴儿出生后的第8周。24名婴儿被分成三组：第一组称为积极练习组，婴儿每天接受4次行走练习，每次历时3分钟，由成人扶着腋下，脚底接触平面；第二组称为消极被动组，婴儿要么躺在小床上，要么坐在婴儿椅上，要么坐在父母膝上，轻轻伸屈他们的双腿和双臂；第三组是控制组，婴儿没有得到任何训练。训练计划结束时对所有婴儿被试进行测试，并在以后的时间里继续进行追踪，记录他们学会行走的时间。结果发现，积极练习组的婴儿平均在10—12个月学会行走，比常模年龄提前了2—4个月。可见，在新生婴儿的踏步反射尚未消失时进行行走训练，似乎有助于行走动作的形成与发展。

从婴儿时期最初的行走到成熟的行走模式经历了四个发展阶段（Wickstrom，1977；董奇，2002）。

阶段一（12—14个月）：婴儿身体僵硬，行进时身体不平稳。步子小，腿抬得很高，膝盖弯曲厉害，脚重重着地，着地时前腿膝关节弯曲，脚尖先着地。躯干从臀部向前倾，手臂在肘部弯曲，处于稍高于腰的地方，手臂紧张。

阶段二（约2岁）：行进比以前平稳，很少有肌肉紧张表现。两脚分开与肩同宽。大步行走时，每条腿的运动及步长的一致性都有所增加。先迈出的腿在落地时膝关节不再摇晃。出现从脚跟到脚尖的着地动作。行走时手臂放在身体两侧，但仍有些左右摇摆的现象。

阶段三（4—5岁）：腿部动作连贯，每步只有轻微的颠簸。在前脚跟到脚尖着地的过程中，身体重心移动自如，膝关节轻微的弯曲使前腿的伸展和直立动作自如产生。帮助身体重心转移时，胯部有轻微的扭动。前腿迈出时，同侧手臂向相反方向摆动，但手臂的同步动作还没得到很好的发展。

阶段四（约7岁后）：表现出成熟的行走模式，有节奏、流畅，步长保持一定，手臂和腿随着身体的扭动在两侧做方向相反的运动。两腿间距小，只有很少的脚尖点地的动作。

（二）精细动作的发展

精细动作是指个体主要凭借手以及手指等部位的小肌肉或小肌肉群的运动，在感知觉、注意等多方面心理活动的配合下完成特定的任务（Payne & Larry，1995；董奇等，1997）。精细动作在婴儿探索和适应环境中起了十分重要的作用。

1. 手的抓取和抓握

精细动作的发展中，最重要的是手的抓取和抓握。新生儿具有先天的抓握反射，这为其控制物体提供了基础。除了抓握反射，婴儿还表现出了抓取物体的倾向，他们会对眼前摇摆的物体作出挥动或摆动胳膊的动作，偶尔会碰到物体，但这种动作很不协调，他们常常错过这些物体，这种行为被称为前抓取行为，是非自主的抓取。但这表明婴儿已经在生理上具备了抓取物体的手眼协调（Thelen，2001）。

随着抓握反射的消失，前抓取的频率逐渐下降，4—6个月的婴儿出现了自主的尺骨抓握，表现为婴儿的手指对着手掌闭合，在抓握过程中，手掌和手指挤压在一起，像夹子似的，显得十分笨拙。到了约1岁时，这种尺骨抓握被钳形抓握取代，表现为婴儿使用拇指和食指进行抓握，例如捡豆子、拨电话号码、抓小虫、按按钮等。

1岁以后的儿童在双手的灵活度上增加了许多。15个月左右，婴儿能用笔涂鸦，2岁末能画出简单的横线、竖线，能搭几块积木。我国学者的李惠桐等（1988）对3岁前儿童的动作发展进行了调查，发现手的动作发展在出生后第一年和第三年发展较快，第二年发展较慢，形成发展的阶段性；第二年手的动作发展巩固了第一年已经掌握的拇指和食指配合活动的动作，并为第三年及以后手的动作的复杂化做准备。

2. 绘画与书写

绘画和书写都是用笔进行的活动。如果给年幼儿童提供一支笔、一张纸，他可以在纸上进行“创作”。他们的握笔从最初的“手掌向上的抓握”（Rosenbloom & Hortor，1982）慢慢发展到“手掌向下的抓握”；从刚开始通过手臂和肘部运动调整笔的位置发展到用手指调整握笔姿势和笔的位置，握笔位置也逐渐靠近笔尖部位；从主要依靠肩关节活动进行绘画和书写发展到用肘部控制笔的运动，再到用手指来控制笔的运动。大约5岁时，多数儿童会使用成人的握笔姿势进行绘画和书写。

（1）绘画

15—20个月的儿童就出现了涂鸦。从涂鸦到绘画要经历以下几个阶段：

阶段一：涂鸦。不到2岁的儿童就出现涂鸦，他们通过手势动作来表达“艺术”。如一个18个月大的孩子用笔有节奏地在纸上点着，嘴里一边说：“小兔子，一跳，一跳，一跳……”

阶段二：初期的表征形式。3岁左右，儿童的纸上涂鸦开始变成绘画。儿童通常边画边做手势，在纸上画出一定的形状，然后告诉别人画的是什么。如画好多曲线表示喷气式飞机在天上飞（如图5－8所示）。

当儿童能用轮廓线来表示物体时，绘画表征能力产生了一个飞跃。此时儿童开始会画人了，他们最初画出的人是最简单的轮廓——一个圆圈和几根线，俗称蝌蚪人，但看上去仍像人。随着年龄增长，他们会在这些简单的圆圈和线段中增添些如眼睛、鼻子、嘴、头发、手脚等人物特质（如图5－9所示）。

图5－8　32个月儿童的“喷气式飞机”

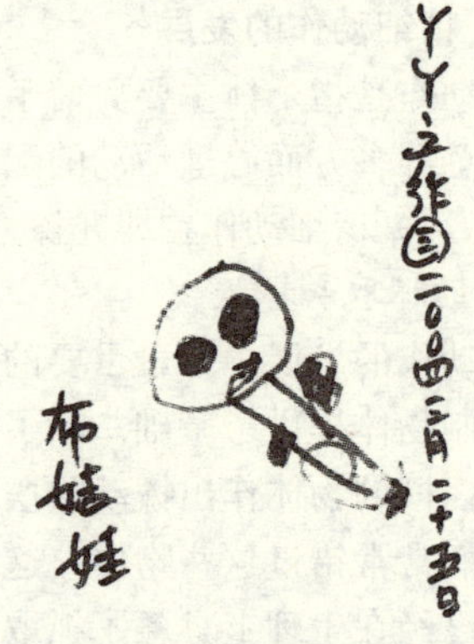

图5－9　34个月儿童的“布娃娃”

阶段三：现实性绘画。随着精细动作和认知能力的发展，儿童开始学会用绘画去表达现实意义，他们创作出了更复杂的画（如图 5－10 所示）。儿童能将人物的头和身子作出区分，而且将手和手臂、脚和腿区分开来了。

图 5－10　儿童的现实性绘画

（2）书写

绘画技能是书写技能的前奏。百瑞（Berry，1982，1989）的研究表明，绘画技能达到能完成水平线、垂直线、圆圈、正十字、右角平分线、正方形、左角平分线、交叉线和三角形九种图形后，才具备文字书写所需的必要基础。

儿童在 3 岁时开始尝试进行书写，但此时的书写就像画画一样，儿童还不能区分书写和绘画。4 岁左右的儿童开始具备书写字母和数字的能力，但此时所写的字母和数字通常比正常的书写体大好几倍，而且歪歪扭扭、间距不一。5 岁儿童能清晰地写出让人看得懂的自己的名字，但字形仍偏大，而且会随着书写的推进，越写越大。多数 6 岁儿童能清晰地写出字母、自己的名字、1—10 的数字等，虽然字形比 5 岁时减小，但依然比成人的书写大。小学二年级的儿童表现出了较高的书写水平。但儿童在书写技能方面也存在着个体差异。

3. 其他自理动作

儿童 2 岁时可以穿脱简单的衣服；3 岁时系纽扣有些困难；4 岁时可以很好地使用汤匙自己吃饭；5 岁时能够系纽扣，还可以使用剪刀、用蜡笔进行书写；大约 6 岁时能够系鞋带等。

对于中国儿童来说，使用筷子是一大特色。林磊等（2001）通过研究归纳出 8 种使用筷子的动作模式，其中有两种模式的使用率最高，分别是模式一和模式四。模式一表现出拇指与无名指把握一根筷子 a，食指、中指、拇指把握另一根筷子 b，b 在三个手指控制下活动自如，a 相对稳定；夹取食物时，手心的空间较大，常以手心向上的方式下箸；在完成任务的过程中，姿势保持不变，以手指间的相对力度及中指和食指的弯曲程度来适应不同夹取对象的特点，这种模式的适应性较好。模式四表现为筷子 a 和 b 位于拇指、食指和中指所形成的控制区中，食指弯曲扣在两根筷子上，无名指和小指几乎不接触筷子，a 和 b 不能随意活动，但 a 的活动余地相对较大，两者形成一定夹角，交叉点位于食指和中指的把握点处或上方，两根筷子相对在同一平面上；夹取食物时，手心空间较小，常以“向心”方式下箸；完成任务过程中，姿势基本不变。这种模式在适应夹取不同特点的物体上极不灵活。这两种使用筷子的模式在不同年龄组和成人中的使用率分布如表 5－2 所示：模式一的使用率随年龄增长而上升，模式四随年龄增长而下降。模式四在年幼儿童中的使用率是比较高的。

表 5－2 筷子使用的动作模式一和模式四在各个年龄组的使用率（%）

动作模式	3 岁	4 岁	5 岁	6 岁	7 岁	儿童 M	成人
模式一	3.7	13.3	5.9	17.6	23.1	12.6	50.0
模式四	59.3	50.0	64.7	32.4	23.1	46.4	10.0

注：儿童 M，指的是儿童的平均使用率。

［资料来源］林磊，等. 3—7 岁儿童与成人筷子使用动作模式的比较研究［J］. 心理学报，2001（3）.

（三）早期动作发展的规律

个体动作的发展是从无条件反射动作、无意识动作发展到复杂、精确、有意识的动作技能，有四个发展原则：

第一，动作的发展有一定顺序，上部动作先于下部动作，大肌肉动作先于小肌肉动作；

第二，动作的发展具有系统性，它不是肌肉、骨骼、关节的孤立发展，而是在与知觉、动机、情绪等系统相互作用中发展的，并与知觉形成不可分离的连环；

第三，动作的发展过程是“分化—整合”，不断往复地螺旋式上升；

第四，动作发展的历程与时间在不同个体身上可能有不同的具体表现。①

理论关联5－1

动力系统理论

成熟论、经验论对动作发展的过程都进行了解释，埃斯特·泰伦（Esther Thelen）创立了动力系统理论（dynamical systems theory），在不否认成熟和经验作用的基础上，提出了新的解释：认为动作发展是个体生理成熟、练习经验和目标之间相互作用的结果。该理论认为，婴儿的动作技能是对先前已经掌握的能力的重新建构。它们更强调婴儿动作技能的目标定向作用，认为环境中的有趣事物会激起婴儿触摸它们的欲望，这种欲望可能促使婴儿主动地把已有的各种技能重新建构成新的、更复杂的动作系统（Adolph，Vereijken&Kenny，1998）。

高尔福德（Goldfield，1989）对 7—8 个月婴儿的爬行能力进行研究，验证了婴儿会建构新的动作系统来接触他感兴趣的事物。他发现儿童在获得如下能力后出现了爬行：(1) 常常转身并抬头朝向环境中有趣的事物和声音；(2) 触摸刺激物时，已经表现出了手和胳膊的偏侧倾向；(3) 早已开始出现踢腿现象，而且踢腿的方向与胳膊伸展的方向相反(邹泓等，2009)。婴儿正是在特定目标的驱使下，对已有的动作能力进行建构的。

［资料来源］ David R Shaffer，Katherine Kipp. 发展心理学［M］. 邹泓，等，译. 8 版. 北京：中国轻工业出版社，2009：193.

① 董奇，陶沙，曾琦，J 凯帕斯. 论动作在个体发展早期心理发展中的作用［J］. 北京师范大学学报：哲学社会版，1997（4）：49.

三、早期动作发展的意义

有人认为，动作是早期的外显智力（董奇等，1997）。皮亚杰在建构其认知发展理论时就把动作视为个体心理的起源，认为个体心理发展是主体通过动作对环境的适应。动作对个体心理的发展具有十分重要的意义。

董奇等人（1997）提出，动作在人类个体心理发展中有以下作用：第一，动作对于大脑的发育具有反向促进作用。动作不断练习、丰富、提高，可以促进大脑在结构上的完善，从而为个体早期心理发展奠定良好的基础。第二，动作使个体对外部世界各种刺激及其变化更加警觉，并使感知觉精确化。第三，动作是婴儿认知结构的奠基石，动作使得婴儿的认知结构不断改组和重建。第四，动作改变着个体与物理环境、社会环境的互动模式，使个体从被动接受环境信息变为主动获取各种经验，这既促进了个体自主性、独立性的发展，同时也深刻地影响着个体的社会交往特点，进而对个体的情绪、社会知觉、自我意识等产生影响。①

（一）早期动作发展对个体认知发展的意义

动作发展使儿童能够掌控自己的身体，儿童在主动移动自己的身体和抓取、摆弄物体的过程中，接触到了生活中的大量信息，这对他们的认知发展起到很重要的促进作用。

1. 爬行和行走动作的发展对认知发展的意义

爬行和行走使儿童能够主动移动自己的身体，促进其感知觉的发展，如爬行或在他人帮助下移动的婴儿，比那些不好动的同龄婴儿更能较好地寻找并发现被藏起来的物体（Kermoian & Campos，1988）。在爬行和行走的过程中，婴儿还会观察到诸如接近某物时，物体变大，而远离某物时，物体的视像缩小等恒常现象。阿道尔夫（K E Adolph et al. ,. 1998）对 15 名婴儿进行了纵向追踪，发现婴儿最初的动作并没有受到主观意识的控制，他们在有了大量的爬行和行走经验后才会对环境变化作出适应性反应，在动作的不断发展和对环境的不断适应中，婴儿的认知得到发展。

在婴儿的迂回行为和客体永久性方面也证实了爬行经验的作用（陶沙，董奇，1999）。在迂回行为的研究中，研究者将 8—11 个月大的婴儿分为会爬和不会爬的两组，完成同一项任务：将婴儿感兴趣的玩具放在透明有机玻璃下的中心区域，婴儿能从透明的盒子顶面看到玩具，但不能从盒子顶面直接够到玩具。而想要够取玩具就必须采取迂回行为，即从正对着他但不能直接看到的开口够取盖在盒子下的小玩具。实验结果发现，会爬的婴儿在迂回任务中表现得比不会爬的婴儿更出色，这说明爬行与婴儿迂回行为的发展可能有功能上的联系，爬行会促进婴儿迂回行为的发展。在客体永久性的研究（曾琦等，1997）中，研究者对比了不会爬、不会爬但使用学步车、手膝爬的三组 8.5 个月的婴儿客体永久性的发展水平，发现不会爬但使用学步车的婴儿和手膝爬行婴儿的发展水平高于不会爬的婴儿，其中尤以爬行经验在 9 周以上的婴儿

---

① 董奇，陶沙，曾琦，J 凯帕斯. 论动作在个体发展早期心理发展中的作用［J］. 北京师范大学学报：哲学社会版，1997（4）：51－52.

表现最佳。这说明爬行等运动经验对婴儿客体永久性的发展具有明显促进作用。

2. 精细动作的发展对认知发展的意义

早期精细动作的发展与脑认知发育的进程存在时间和空间的重合，早期精细动作的顺利发育和有效发展可能有利于早期脑结构和功能的成熟，进而促进认知系统发展（李斐，颜崇淮，沈晓明，2005）。儿童在抓取、抓握动作的发展中，通过触摸、把握、转动、松开物体等，习得关于物体的视像、形状、声音、密度、质量等知识，从而展开对环境的探索。精细动作的发展也与儿童个体的学业、智力等有关。李蓓蕾等（2002）考察了儿童线条填画、图形临摹能力以及筷子使用技能与学业成绩的关系，结果发现学业成绩好的一、二年级儿童在线条填画能力、图形临摹能力和筷子使用的稳定性方面也都较高。

（二）早期动作发展对个体社会性发展的意义

儿童的动作发展为儿童与环境的互动提供了条件，能促进儿童参与社会、适应社会能力的发展。研究发现（Gustafson，1984），当婴儿能够移动和行走后，其社会互动行为发生了显著的改变，对父母微笑与注视的频率比不能自主移动时明显增多。董奇、陶沙等（2000）通过对 69 名 8、9 个月婴儿的母亲进行标准化的访谈，考察个体早期自主位移动作—爬行的经验与婴儿对母亲依恋行为特点之间的关系，发现爬行经验对婴儿依恋行为的特点有一定影响，而且这种影响与特定年龄阶段有关，具体表现为婴儿的爬行时间长短与婴儿依恋行为的变化存在非线性的关系：具有 4 周爬行经验的婴儿比无爬行经验的婴儿更多表现出对与母亲分离的敏感；无爬行经验与具有 4 周以内爬行经验的婴儿以及 4 周以上爬行经验的婴儿在依恋行为上均无显著差异；在 8 个月的婴儿中，会爬的婴儿在与母亲的亲密度、分离敏感性方面显著高于不会爬的婴儿；而在 9 个月的婴儿中，会爬与不会爬的婴儿依恋母亲的行为没有显著差异。在另一项关于婴儿运动经验与母婴社会性情绪互动行为的关系研究中，张华、陶沙等（2000）发现，婴儿在 9 个月时是否会爬对母婴社会性情绪互动行为有显著影响，而且这种影响具有累积效应与年龄特异性。另有研究发现，如果婴儿在遇到不安全的情境时懂得回到看护者身边获得安慰，他们就可能更大胆地接触他人、寻求挑战（Ainsworth，1979）。

（三）早期动作发展对个体身体锻炼和娱乐的意义

个体的动作发展同时也可以给儿童带来身体锻炼和娱乐的机会。一方面，儿童的动作发展依赖于有关骨骼肌肉的发育成熟，反过来，这些动作也使相应的骨骼与肌肉得到锻炼，使其更加强壮。另一方面，儿童通过摆弄玩具获得快乐，通过捉迷藏、拍手等与他人进行社会互动而获得快乐。

四、早期动作发展的影响因素

儿童的动作发展建立在生理成熟的基础上，环境和学习以及个体自身的认知因素，会促进其发展。

（一）成熟因素

儿童随着年龄增长表现出身体动作方面的进步和逐步成熟，这在一定程度上是由于儿童身体变得更强壮了。格塞尔（A Gesell，1929）通过双生子爬楼梯实验很好地证明了成熟因素在动作发展中的重要作用。

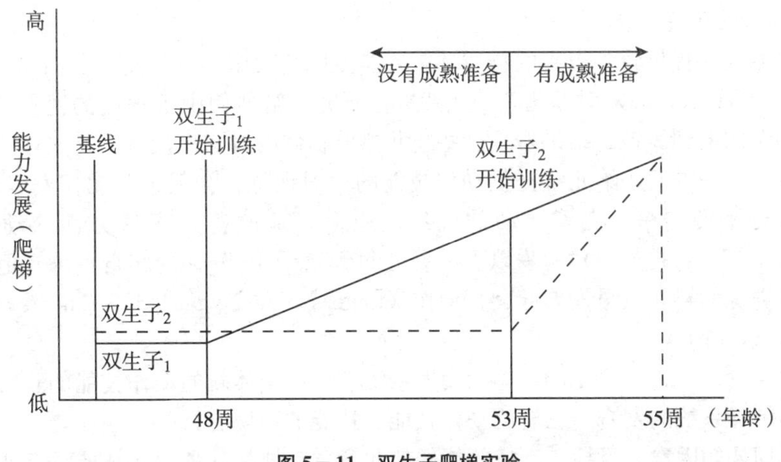

图 5－11 双生子爬梯实验

（二）环境与学习因素

环境和学习因素在个体的动作发展中起了重要作用，如果剥夺了动作发展的环境和练习的机会，个体的动作发展则大大受限。例如，研究者（Wayne Dennis，1960）观察伊朗孤儿院里被剥夺了引发获得动作技能的环境的婴儿，这些婴儿几乎所有时间都仰躺在婴儿床上，没有玩具可玩。结果多数婴儿直到 2 岁后才能自己运动，而且由于长时间的仰躺使他们运动时以坐的姿势移动，而非手膝爬行；15%的伊朗孤儿在3—4 岁才可以自己行走。

1. 家庭教养

家庭中的教养行为对儿童的动作发展起了重要的作用。儿童动作技能的掌握与家庭养育环境及父母的养育观念密切相关，不科学的养育观念会对儿童动作发展起一定的阻碍作用（徐秀等，2007）。我国有研究发现，精细动作的发展与主要抚养人对早期教育知识的态度、是否经常进行精细动作游戏训练有关（孔亚楠等，2009）。早期的教育干预对精细动作的发展起到很好的促进作用，朱敏敏（2008）选取 205 名出生 42 天至 1 岁的婴儿对他们进行为期一年的早教训练，由婴儿家长每天对孩子进行两次被动操和手指操。结果发现，经历过早教训练的婴儿比没有接受早教训练的婴儿在诸如积木在手中传递、能拿起面前的玩具、拇食指捏小丸、撕纸、拿手柄摇拨浪鼓等方面都表现更好。

2. 文化

由于父母受到不同文化背景中传统养育方式的影响，儿童的动作发展也表现出文化特异性。例如，肯尼亚的吉普斯吉人有意教授孩子保持头部直立、独坐和行走的动作技能，因此他们的儿童在上述这些动作的发展上比北美的婴儿要早很多。再如，采用贝利婴儿发展量表来测量巴西婴儿的动作发展水平，发现巴西婴儿在第三、第四和第五个月中整体动作发展的分数显著低于美国婴儿（Antos，Gabbard & Goncalves et al.，2001）。这是因为很多巴西母亲认为，婴儿进行坐和爬行的练习会损害他们的脊柱和腿，他们的孩子在6个月前多数时间被抱在母亲腿上，很少放在地上或没有支撑物地坐着，这就限制了婴儿的大动作发展。

3. 经验的获得

如果给儿童提供较为丰富的物质环境，能促进其动作学习与发展。例如，研究者（White & Held（1966）对孤儿院的儿童进行研究，给他们中等程度的视觉刺激，从最初的简单图案到风铃，结果发现这些婴儿抓取物体的时间比没有看这些东西的婴儿早6个月。另一方面，给儿童提供动作技能的学习训练，会促进其动作发展。例如，对幼儿进行平衡、踢、跳等活动的训练，能很好地改善儿童这方面的动作表现（Werner，1974）。再如，对一岁以下的婴儿每天给予15分钟的爬行训练，他们会比没有接受训练的婴儿更早发展起爬行动作（Lagerspetz，Nygard & Strandvik，1971）。

（三）认知因素

根据泰伦（Esther Thelen）等的动力系统理论，个体新的动作技能的获得除了有赖于中枢神经系统的发育、已有的动作技能、技能的环境支持外，还需要儿童头脑中的目标，即认知因素。目标、动机等能促使儿童主动地把各种动作技能重新建构成新的、更复杂的动作系统（Adolph，Vereijken & Kenny，1998）。

个体的认知因素对动作发展的影响具体表现在以下方面：

第一，认知水平高的儿童可以利用经验学习，从记忆存储系统中选择合适的技巧和提取相关信息来适应当前的情境；

第二，认知的成熟帮助儿童在开始发出动作序列前，形成有效的计划；

第三，儿童可以利用外界或内部的语言信息来提示自己朝着目标明确地完成动作任务；

第四，思维和元认知系统的逐步完善可以帮助儿童选择适当的策略，寻找和模仿有效的动作模式，还能在动作技巧执行期间和完成以后，对自己的动作进行评估。①

学以致用5－1

幼儿精细动作训练

顾伟文、徐本力等人（2001）对幼儿进行了双侧肢体（尤其是左侧肢体）精细动作训练的实验研究。研究设实验班和对照班，实验班的学生每周安排2次以上精细动作的操作活动课，每次课长30—45分钟。操作活动课分四个阶段交叉进行——拧螺丝、手指游戏和剪纸阶段，筷子、打结活动阶段，绘画、鼠标和拼装阶段，综合活动阶段。结果发现，实验班通过以左侧肢体为主的双侧肢体均衡训练，在双手拼装、拧螺丝、剪弧线和剪直线四项精细动作指标的发展速度上明显超过对照班；在左右侧肢体和左手运动技能平衡状况上比对照班有明显的改善，平衡状况优于对照班；在反应速度的增长率上也比对照班具有明显的优势。

［资料来源］顾伟文，等．开发学龄前儿童精细动作和心智潜能的实验研究［J］．安徽体育科技，2001（1）：30－36．

① 董奇，陶沙．动作与心理发展［M］．北京：北京师范大学出版社，2002：119－200．

五、学龄期及学龄期以后儿童的动作发展

学龄期及学龄期以后的儿童在大动作和精细动作方面都有了更大的发展，也表现出了性别差异和个体发展差异。

（一）大动作的发展

学龄儿童的大动作技能在灵活性、平衡性、敏捷性和力量方面都有很大的进步，他们可以自如地跑、单脚跳、跳绳、挥动球拍、投掷物体等。表 5－3 列出了学龄儿童大运动技能的发展状况。

表 5－3　学龄儿童大动作技能的发展①

年　龄	运动技能表现
6	女孩在运动的准确性方面更有优势；男孩在需要力量但不太复杂的活动方面更有优势。可能能够跳跃。投掷时能够有恰当的重心转移和步伐。
7	能够闭着眼睛单腿平衡。能够在 5 厘米宽的平衡木上行走。能够单腿跳，并准确地跳到小方格里（“跳房子”）。能够练习双起双落的开合跳。
8	能够提起 5 千克重的物体。这一年龄男女生同时参加游戏的数目最多。能够以两下—两下、两下—三下、三下—三下的模式进行不同节奏的单腿跳。女孩能够把小球投出 12.5 米。
9	男孩每秒能跑 5 米，能够把小球投出 21 米；女孩也能够每秒跑 5 米，能够把小球投出 12.5 米。
10	能够判断远处飞来的小球的方向并接住它。男女孩都能每秒跑 5.2 米。
11	男孩立定跳远可能达到 1.5 米，女孩约为 1.4 米。

到了青春期，虽然大动作的发展仍在稳步提高，但男孩和女孩表现不同：男孩在大动作方面能力继续增强，力量、速度、耐力等出现急剧增长；而女孩的发展则是缓慢而渐进，到 14 岁趋于平稳。

（二）精细动作的发展

精细动作在学龄期仍在提高，儿童可以掷沙包、玩溜溜球、缝制东西、弹奏乐器，使用诸如螺丝刀、起子这样的工具。儿童的书写和绘画技能也有了很大发展。以绘画为例，此时的儿童从复制二维形状的图形逐渐过渡到复制如立方体、圆柱体等三维形状的图形（在 9—10 岁时），深度知觉线索在绘画中已经出现，如远处的物体比近处的小（Braine et al.，1993）。

第二节　早期感觉的发展

在婴儿的心理发展过程中，感觉是发生最早的心理现象。感觉对人类心理发展具

① 雷雳．发展心理学［M］．北京：中国人民大学出版社，2009：168.

有重要的作用，加拿大麦克吉尔大学的心理学家在20世纪50年代所进行的“感觉剥夺”实验证明了这一点。他们把被试关进一个小屋，戴上半透明的护目镜，使其难以产生视觉；用空气调节器发出的单调声音限制其听觉；手臂戴上纸筒套袖和手套，腿脚用夹板固定，限制其触觉。被试单独待在实验室里，几小时后开始感到恐慌，进而产生幻觉……在实验室连续待了三四天后，被试产生许多病理心理现象：出现错觉幻觉，注意力涣散，思维迟钝，紧张、焦虑、恐惧等，实验后需数日方能恢复正常。可见，没有感觉，人类心理就不能正常发展。

感觉主要有视觉、听觉、味觉、嗅觉、触觉等。在这些感觉中，视觉对人的认识作用最大，在人所接收的外部信息中，80%都是通过视觉获得的，听觉次之。那么，人类的这些感觉功能是何时开始发生，早期又是如何发展的呢？这就是本节要探讨的内容。

一、早期视觉的发生与发展

视觉是人类最重要最复杂的感觉之一，但视觉的发生发展早在胎儿期就开始了。婴儿的视觉发展非常之快，6个月婴儿的视觉功能在很多方面已接近成人。

（一）早期视觉的发生

研究表明，在胎儿第4周的时候，眼睛开始形成，视觉开始产生，在第8周时，视觉神经已经形成，它是大脑获取视觉信息的路径，视觉信息将通过它传到枕叶。胎儿在第4个月的时候眼睑就分开了，对光线非常敏感，母亲进行日光浴时，胎儿即可感受到光的刺激，如果光线太强的话，通常它会转过身避光。现代医学利用B超观察发现，用电光一闪一灭地照射孕妇腹部时，胎儿心搏数出现剧烈变化。近年的研究发现，当强光透过孕妇腹壁进入子宫内后，胎儿马上活动起来，要等几分钟的适应之后，胎动才会减弱下来。后来，实验者对实验进行了改进，以避免因强光的热效应刺激了孕妇腹部而引起的胎动反应，他们把白炽灯泡浸入装水的玻璃槽内，光线透过装水的玻璃照在孕妇腹壁，同样发现胎动增强（刘泽伦，1991）。如果这是一束有节奏的闪烁光，胎儿会安静下来，这似乎显示他们对于光线及其节奏变化具有敏感性。

新生儿一出生就已具有眨眼反射和瞳孔反射，这也表明他们已能进行某些视觉活动。有研究者发现，出生数小时的新生儿的眼球便能跟着慢慢移动的物体活动。海斯（Haith，1980）对出生24小时和96小时的新生儿进行一系列视觉研究，发现新生儿的视觉活动存在如下规律：（1）当光线不太强，婴儿处于清醒状态时，会睁开眼睛；（2）在昏暗情况下，会对周围环境进行仔细的搜索；（3）如果所视对象没有形状，则寻找边缘、拐角等以区分图形与背景；（4）如果发现一条边，则将视线停留在边的附近，在线条上下移动。可见，新生儿已能寻求观察事物，但仍有较大的偶然性和无组织性。

（二）早期视觉的发展

1. 视觉集中的发展

新生儿出生不久便能追视物体，15天左右就能较长时间地注视活动的玩具，但由于新生儿最初2—3周内眼肌协调能力差，眼球运动不协调，双眼有时会像“斗鸡眼”

一样对合在一起，直至新生儿期结束，不协调现象才消失。随着婴儿的成长，视觉集中的时间和距离都逐渐延长，3—5 周的婴儿能对 1—1.5 米处的物体可以注视 5 秒钟。约 2 个月时，婴儿能注视距离较远的物体，注视时间增长，并且可以移视、追视。3 个月时婴儿能对 4—7 米处的物体注视 7—10 分钟，视觉更为集中且灵活，能用眼睛搜寻附近的物体，并追随物体做圆周运动。从第五六个月起，婴儿能长时间注视远距离的物体，如飞机、太阳等。此后，视觉进一步发展，儿童开始对事物进行积极的观察。

2. 视敏度的发展

视敏度（visual acuity）是指精确地辨别细致物体或处于一定距离的物体的能力，即发觉一定对象在体积和形状上最小差异的能力，也就是我们通常所说的视力。由于婴儿的晶状体不能自动调节，因而投射到视网膜上的形象比成人模糊。新生儿最佳视距在 20 厘米左右，相当于母亲抱着孩子喂奶时，两人脸与脸之间的距离。婴儿生命的头半年是视敏度迅速发展的关键期。对于婴儿视敏度的发展，不同的测查方法得出的结论有所不同。

有研究发现（Courage & Adams，1990），新生儿的视敏度值在 20/200 到 20/600 的范围之间，即有正常视力的成人在 200 英尺或 600 英尺处看见的东西，新生儿在 20 英尺处才能看见，表明新生儿的视力范围是成人的 1/10 至 1/30。对新生儿来说，这样的视力已经不错了，事实上，他们的视力与很多近视的成人不戴眼镜时有着同样的视敏度。而且婴儿的视力会越来越精确，采用视觉诱发电位测量法对婴儿的视敏度研究表明：4 个星期的婴儿，其视力为 20/60，即在 20 英尺处才能看见正常视力成人在 60 英尺处看见的东西。5—6 个月的婴儿，视力可达 20/20，相当于常用视力表的 1.0，即成人的正常视力。

但有些研究得到不同的结果，采用视动眼球震颤法研究发现，出生后一天的新生儿具有大约相当于成人 20/150 的视力。6 个月时，婴儿的视敏度已发展到 20/70 左右，大约一岁时可以达到成人的视力水平（Cavallini et al.，2002）。

还有研究利用视觉偏爱法的原理设计视敏度测试法，例如，同时呈现两个圆，一个圆是灰色的，另一个是有条纹的。如果婴儿的视敏度好的话，他就会长时间盯着那个有条纹的圆（如图 5－12 所示）①。范茨（R Fantz）根据同样的原理设计了一幅幅黑白相间的线条图，每幅图的线条宽细不同，每幅线条图都配以一张同样大小的灰色正方形，每次给婴儿看一对图。他推断婴儿一直喜爱的最后那幅最细的线条图便是婴儿可以觉察到的线条宽度。利用这种方法发现新生儿能看到 10 英寸远的 1/8 英寸宽的线条，6 个月的婴儿能够在同样的距离上看到 1/64 英寸宽的线条。

图 5－12 视敏度测试

① 布丽姬特·贾艾斯. 发展心理学［M］. 宋梅，丁建略，译. 哈尔滨：黑龙江科学技术出版社，2008：49.

3. 颜色视觉的发展

对婴儿颜色视觉的研究一般采用视觉偏爱法和习惯化法。有研究（Chase，1937）清楚地表明：15天的新生儿就具有颜色辨别的能力，显示出对某些颜色的偏好，会长时间注视某种颜色（如图5－13所示）①。似乎可以确定的结论是，新生儿至少能够区分红色与白色，关于出生后最初几周的婴儿辨别其他颜色的证据比较不一致。然而2—4个月的婴儿的颜色视觉已经发展得很好，2个月的婴儿能够区分视觉正常的成人所能区分的大多数颜色，4个月时他们的颜色视觉的基本功能已接近成人。婴儿喜欢清晰鲜明的基本色，而不喜欢中间色。

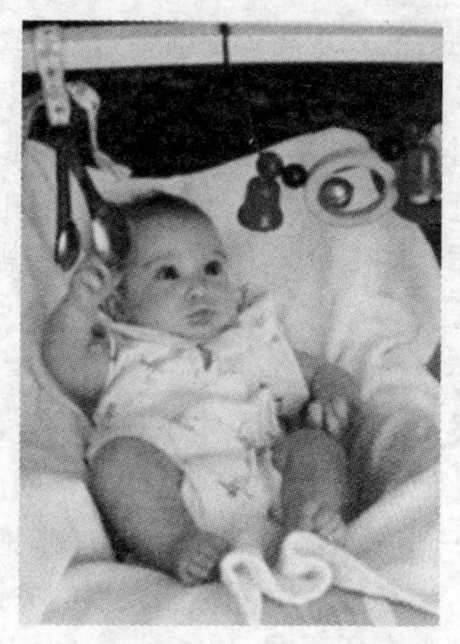

图5－13　婴儿显示出对某些颜色的偏好

二、早期听觉的发生与发展

婴儿的听觉什么时候开始发生？如何发展？婴儿能听到什么？婴儿对声音的空间定位能力如何？这是婴儿早期听觉研究所关心的内容。

（一）早期听觉的发生

早在出生前，胎儿的听觉系统就开始发挥很好的作用。妊娠20周的胎儿已经具备听觉能力。25周的胎儿对声音刺激能作出身体运动反应，并伴随生理指标的变化（Lecanuet，1998）。在28周时，对靠近母亲腹部的响亮的震动声音刺激表现出惊跳反射（Birnholz & Benacerraf，1983）。研究者发现，不能作出这类反应的胎儿出生后往往有听觉问题。而且，新生儿的听觉能力与胎儿期有不可分割的联系。例如，有实验对5个月的胎儿进行听觉刺激，将90分贝的声音通过母腹上的扬声器连续发音5秒钟，发现胎儿心律突然加快。出生后，用同样的音响作用于新生儿，发现新生儿心律的反应与胎儿期的反应极类似。

此外，研究发现，婴儿一出生就具有敏锐的听觉。廖德爱等人（1982）随机抽取42名出生24小时之内的新生儿，对他们进行声音刺激。他们发现通过一次刺激就能发生听觉反应的新生儿达45.24%，通过两次刺激发生听觉反应者为38.10%，二者共达83.34%，其余的通过三次或三次以上刺激发生听觉反应。结果表明，所有的新生儿一出生就能通过空气传导途径产生听觉反应。

（二）早期听觉的发展

1. 检测

新生儿具有明显的听觉能力。他们能够对一些声音作出反应，比如他们会对喧闹的、突然的噪音表现出震惊。他们还表现出对某些声音很熟悉。比如，正在哭泣的新生儿如果听到周围新生儿的哭声，他们会继续哭泣。但是如果听到的是自己哭声的录音，他/她就

---

① 罗伯特·费尔德曼. 发展心理学——人的毕生发展［M］. 苏彦捷，等，译. 4版. 北京：世界图书出版公司，2007：124.

会很快停止哭泣，好像认出这个熟悉的声音（Dondi，Simion，Caltran，1999）。

新生儿虽然一出生就能听见声音，但他们的听觉阈限较高，在最好的情况下也要比成人高 10—20 分贝，最差时要比成人高 40—50 分贝。随着年龄的增长，婴儿的听觉阈限越来越接近成人（Trehub & Schneider，1983）。4—6 个月时，婴儿的听觉阈限可降至 40—50 分贝，7—12 个月时，可降至 25—40 分贝，这时，婴儿会注意室外的风声、雨声和动物叫声。

婴儿对某些极高频和极低频的声音比成人更敏感，这种敏感能力在两岁之前逐渐增强。另一方面，最初婴儿对中等频率的声音不如成人敏感，但最终他们这方面的能力将得到提高（Werner & Marean，1996）。是什么导致婴儿对中频声音敏感性的提高还不是很清楚，可能与神经系统的成熟有关。更令人困惑的是，过了婴儿期，儿童对极高频和极低频的听觉能力却逐渐下降。一种可能的解释是处于高水平的噪音可能会损害这种听极端范围内声音的能力（Stewart & Lehman，2003）。

2. 定位

婴儿听到声音时会将头转向声源或者确定声音来自哪个位置。相对于成人，婴儿在精确的声音定位方面还有些欠缺，因为有效的声音定位需要在声音到达我们的双耳时，利用声音到达时间的细微差异来进行区分。右耳首先听到声音说明声源在我们右边。由于婴儿的头比成人小，所以同样的声音到达两只耳朵的时间差小于成人，因此他们在声音定位时存在困难。

尽管如此，婴儿的声音定位能力在出生时就已经相当好了。魏泰默（Wertheimer，1961）曾对出生几秒钟的新生儿做过确定声源方位的实验，即在新生儿的左边或右边放一个声源，结果是新生儿能正确地将头转向发声的一边。但 2—3 个月时，婴儿的听觉定位能力却消失殆尽，直到 4—5 个月时才再次出现。在一项研究中，将 6—8 个月大的婴儿放在一个黑暗的房间里，把一些发声的物体分别放在他们可以触及和不能触及的地方，或者放在两耳中线的左边和右边，婴儿可以正确地将自己的身体移动到发出声音的方向，同时会对那些听起来可以抓到的物体作出更努力的反应（Clifton，Perris，Bullinger，1991）。在另外一项研究中，对 4—6 个月的婴儿施加以快速或慢速由远及近呈现的声音刺激。当声音呈现速度较快时，婴儿会采用防御策略，即向后倾斜来逃避预期的威胁，这说明婴儿能利用听觉信息推测物体的速度和距离（Freiberu，Tuallv & Crasslni，2001）。研究还发现，新生儿对高调声音的定位好于对低调声音的定位。

婴儿的听觉定位能力表现出 U 形发展曲线。对于这种非线性发展过程的通常解释是，新生儿的定位是一种皮层下的反射性事件，与出生时出现的其他反射相类似，是由特定的环境刺激自动引发的，随着生理成熟而消失。年龄稍大的婴儿的定位更多的是一种皮层事件，具有更多的探索性，更加熟练，与环境变化更加协调。随着年龄的增长，婴儿的定位能力变得越来越精确（Morroongiello，Fenwick & Chance，1990）。婴儿的听觉定位能力在一岁时就已达到成人水平（Trehub et al.，1989）。

三、早期味觉的发生与发展

人的基本味觉大致可分为四种：酸、甜、苦、咸，其他味道都由这几种味觉混合而成。味觉器官在胎儿期已经形成，而且婴儿的味觉比成人还敏锐。

（一）早期味觉的发生

胎儿在第 8 周时味蕾开始发育，大约在第 14 周，味蕾的神经和成长中的大脑皮层的味觉功能区连接起来，胎儿可以津津有味地品尝羊水了。在 28—32 周时，胎儿味觉的神经束已髓鞘化，故婴儿出生时味觉已发育完善。妊娠期母亲的食物味道可能通过羊水成为胎儿对食物味道的一种初体验，进而影响新生儿对相应味道的接受力。

（二）早期味觉的发展

新生儿的味觉十分敏感，因为它具有保护生命的价值。新生儿能够区分甜、酸、苦和咸的味道。对酸、苦和咸的刺激，婴儿脸的上部和中部表现出消极表情，但脸的下部的表情会因刺激的不同而不同：对于酸味刺激，婴儿会作出噘嘴的表情；对于苦味刺激，婴儿会作出嘴张大的表情；对于咸味刺激，婴儿脸的下部观察不到什么表情。新生儿“偏好”甜味，在他们的舌头上放一点有甜味的液体，他们会微笑。一项有趣的研究结果显示，对出生 2—5 天的婴儿分别给以 5%、10%、15%的蔗糖溶液，结果发现，给予 15%的溶液的一组婴儿吸吮时间最长、吸吮速度明显放慢，吸吮间隔时间最短，似乎他们在品尝和享用这份糖水，给予 5%溶液和 10%溶液的一组婴儿吸吮时间最短（Crook，1978）。出生 2—5 天的婴儿对甜的溶液吞咽的频率与含糖量高度相关。婴儿还会基于在母亲子宫里时母亲的饮食而形成味觉偏好。例如，一项研究发现，在孕期常喝胡萝卜汁的孕妇，她们的婴儿对胡萝卜的味道有一定的偏好。

此外，研究表明（Davis，1939），婴儿的食物偏好有时与其营养需要有关：给 3 个 8 个月大的婴儿吃母乳同时加辅助食品，每餐向被试婴儿提供包括肉类、蔬菜、谷物、水果和两种奶的 10 种食物拼盘，由他们随意择食。开始时他们尝试吃任何一种食品，随后就选择他们所喜欢的。不同的婴儿的选择虽然不同，但他们所选择的是适合于他们所需要的；其中一个患软骨病的孩子选择鱼肝油，直到满足了身体需要为止。①

人类的味觉系统在婴儿和儿童期最发达，以后就逐渐衰退。

四、早期嗅觉的发生与发展

（一）早期嗅觉的发生

胎儿早在 30 天时，头部就生发出富含感知神经细胞的嗅上皮。第 7 周时嗅上皮已固定到鼻腔的最上部，其中的嗅细胞已经和嗅球及大脑皮层的嗅觉功能区建立了联系。6 个月时随着胎儿鼻孔拓通，嗅觉系统开始发生作用。最近的研究表明，从 6 个月开始，胎儿就能闻到母亲吃的食物的气味。到 7—8 个月时，胎儿的嗅觉感受器已相当成熟并且具有了初步的嗅觉反应能力，已能区分几种不同的气味。

出生不到 12 小时的新生儿即表现出一定的嗅觉，对各种气味有不同的反应，当闻到臭味时会紧闭眼睛，扭转头，而对巧克力、蜂蜜等令人愉快的气味，新生儿面部肌肉放松，嘴角后缩，表情愉快，并伴以吸吮和舔唇活动。

---

① 但菲，刘彦华．婴幼儿心理发展与教育［M］．北京：人民出版社，2006：193.

（二）早期嗅觉的发展

波特（R Porter）及其同事测查了出生12—18天的母乳喂养婴儿和人工喂养婴儿对母亲、父亲和陌生人的嗅觉认知。实验中，婴儿躺在摇篮里，将两块前一天晚上放在成人腋下的纱布衬垫放在婴儿头部的左、右两侧，记录婴儿的头部从中线转向任一块垫子的次数（如图5－14所示①）。当婴儿的头部转动时，鼻子离其中的一块垫子就只有1—2厘米，以此来测查婴儿的嗅觉偏好。测试的气味刺激包括：母亲与另一位非分娩期女性（最近没有生孩子，也不哺乳的女性）；母亲与另一位陌生的分娩期但不泌乳的女性；父亲与另一位陌生成年男性。将各对刺激分别呈现给母乳喂养的婴儿和人工喂养的婴儿。母乳喂养的婴儿在前面两对刺激中均表现出对母亲的腋下气味有偏好，而对父亲的气味未表现出偏好；人工喂养的婴儿对所有的刺激均未表现出偏好。研究者对此提出两种可能的解释：一是哺乳期的母亲腋下气味可能更强烈，因此婴儿可能是对气味的强弱，而不是对气味的个体性质作出反应。另一种可能是，母乳喂养的婴儿相对于人工喂养的婴儿与母亲的肌肤接触更密切，因此他们更多地体验到母亲的体味。不论如何解释，结果均表明，新生婴儿可以辨别不同的气味并作出不同反应。

婴儿的嗅觉随着脑的成熟和经验的积累而不断发展，到一岁左右，婴儿的嗅觉能力已经和成人的大体相当。

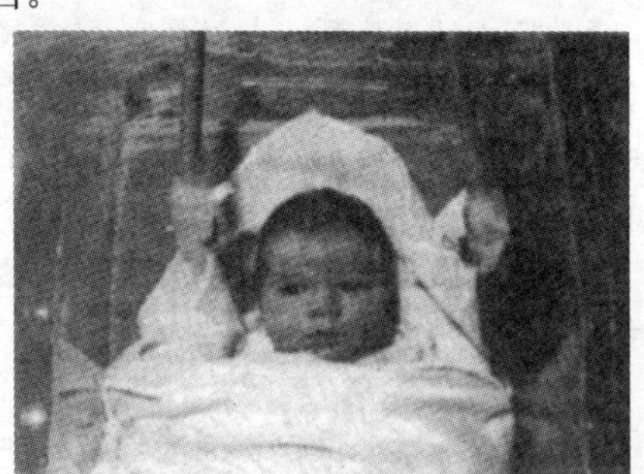

图5－14 气味偏好实验中，一名婴儿正在接受测试

五、早期触觉的发生与发展

皮肤是人体中面积最大的感觉器官，触觉在子宫里最早得到发展。

（一）早期触觉的发生

胎儿在第49天时就已经具有初步的触觉反应（朱智贤，1989）。对人工流产胎儿的研究发现，2个月的胎儿即可对细而又发尖的刺激产生反应。胎龄4—5个月时，触及胎儿的上唇或舌头，就会产生嘴的开闭活动，好像在吸吮。用胎儿镜进行研究还发现，如果用一根小棍触碰胎儿的手心，他的手会握紧手指，碰他的脚板则会引起脚趾动或膝、髋屈曲。总之，国内外有关实验报告均表明胎儿在4—5个月时已初步建立了触觉反应（刘泽伦，1991）。

---

① 朱莉娅·贝里曼，戴维·哈格里夫，马丁·赫伯特，等. 发展心理学与你［M］. 陈萍，王茜，译. 北京：北京大学出版社，2000：19.

婴儿出生时就有触觉反应，有些天生的无条件反射，其中就有触觉参与，如吸吮反射、防御反射、抓握反射、巴宾斯基反射等。

（二）早期触觉的发展

触觉是婴儿获取有关这个世界信息的一种方式。6个月大的婴儿倾向于把任何东西都放到嘴里，通过该物体在嘴里的感觉反应来获取其结构信息（Ruff，1989）。此外，手的触觉也是婴儿认识外界的主要渠道之一。

1. 口腔触觉

新生儿的口腔触觉十分灵敏，科学实验经常以婴儿的吸吮反应作为建立条件作用和操作条件作用的指标。洛克贝特（Rocbat，1983）对1—4个月婴儿的口腔触觉进行了实验研究，结果表明，1个月的婴儿已能凭口腔触觉辨别不同软硬程度的乳头，4个月的婴儿则能同时辨别不同形状和软硬程度的乳头。艾伦（Allen，1982）及其同事对3—5个月婴儿的口腔触觉进行研究，发现他们已能辨别物体的形状和质地，对熟悉的物体，吸吮的速度逐渐下降，出现习惯化现象；而对于新的物体，吸吮的速度和力度增加，即出现去习惯化。这表明婴儿此时能够通过口腔触觉辨别不同的物体。

另外，美国布鲁纳和卡尔敏斯（Bruner&Kalmins，1973）对5—12周婴儿的吸吮活动进行的研究表明，这时期的婴儿可以由口腔触觉建立条件反射活动。因此他们认为，这一时期婴儿的口腔触觉探索活动实质上是一种学习方式，用以弥补其尚未发展的其他探索活动。科普（Kopp，1974）分析了8—9月婴儿的探索行为，发现向婴儿呈现某个新物体时，他会有三种不同的反应，即摆弄并观看手中的新物体、口腔触觉探索活动、用新物体敲打桌面或在桌面上划动，其中口腔活动出现的频率较高。而且，在相当长的时间内，婴儿仍然以口腔的触觉探索作为手的触觉探索活动的补充。例如，1—2岁的婴儿，拿到东西也常常往嘴里送。

2. 手的触觉

婴儿可以通过手的触觉识别、加工、记忆物体的形状。研究者采用习惯化、去习惯化技术对婴儿用手的触觉认识物体的能力进行研究（Streri，Lhote & Dutilleul，2000）。具体方法如下：将婴儿安置在一张固定的椅子上，在他们的右手掌或左手掌中放一个小物体，用一个布屏防止他们看手中的物体，但婴儿可以自由地触摸探索物体。习惯化、去习惯化程序包含两个阶段。习惯化阶段包含一系列尝试：婴儿握住物体时一次尝试开始，当婴儿放开物体或者实验者规定的一段时间之后代表该次尝试结束。重复这一过程若干次。在这些尝试的过程中，可以观察到婴儿抓握时间在减少。当经过两次以上尝试证实新生儿已习惯于一个物体后，将一个新物体放在其手上，如果观察到一个新异反应或抓握时间增加，我们推测婴儿注意到了两个物体间的差异。结果表明，新生儿（最小16小时大）左右手在抓握一个物体（棱柱体和圆柱体）一段时间后出现了习惯化（抓握时间减少）；当换成另一个物体后，抓握时间增加，说明婴儿都能检测出两个小物体的轮廓差异（如图5－15所示）。这一结果说明新生儿能够通过手的触觉检测多个物体的异同。

触觉的发展在整个婴幼儿阶段都发挥着重要作用，是儿童了解事物性质的重要途径，即使到了幼儿阶段，他们仍然需要依靠触觉来认识环境和事物。

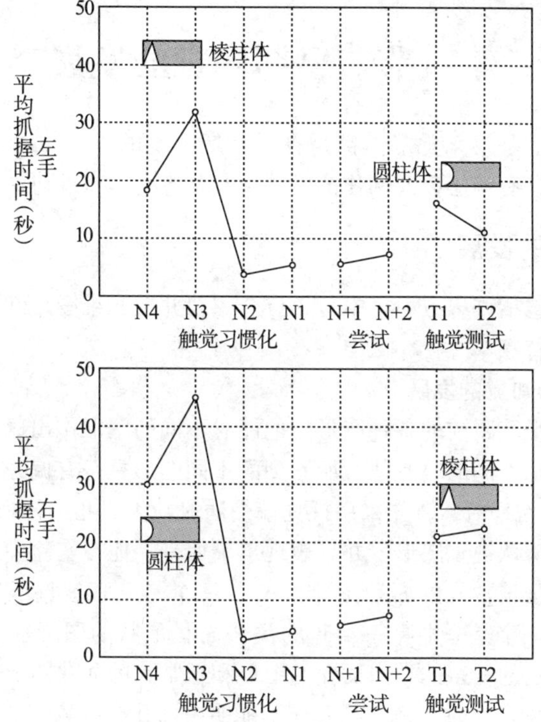

图 5－15　新生儿对物体抓握的习惯化与识别

学以致用5—2

胎　教

由于各种感觉在胎儿期均已发生，母亲在怀孕期间进行胎教，每天对胎儿实施定时的声、光、触摸的刺激，有利于促进胎儿大脑网络的丰富化，有利于胎儿出生后的智力开发和心理卫生。

胎教的种类及方法具体如下：

(1) 音乐胎教。胎儿特别喜欢听大提琴的演奏，还有柔美的小夜曲、摇篮曲、圆舞曲和中外古典乐曲。从怀孕16周开始，孕妇可以听以C调为主的音乐（频率250—500赫兹，强度70分贝左右），每天1—2次，每次5—20分钟，也可以采用母亲给胎儿唱歌或哼唱乐曲的方式。但要注意，音响过大，突发中、低频打击乐的强节奏的声音，不利于胎儿大脑发育。

(2) 抚摸胎教。怀孕四五个月以后，孕妇在睡前可以慢慢地沿腹壁抚摸胎儿或轻轻弹扣、拍打、触压腹壁，刺激胎儿活动，使胎儿做体操，促进大脑发育，为出生后的协调动作和运动打好基础。

(3) 言语胎教。言语胎教是指父母与胎儿讲话，包括聊天，给胎儿讲故事，与胎儿一起欣赏文学作品、画册等，语言讲解要视觉化，将形象和声音同时传递给胎儿，还要富有感情，可以促进胎儿听力、记忆力、观察力、思维能力和语言表达能力方面的发育。

(4) 光照胎教。怀孕28周后，当胎动时，可以用手电筒贴在腹壁上进行一明一暗的照射，每次2—5分钟，以训练胎儿昼夜节律，促进胎儿视觉及脑的健康发育。

[资料来源] 林崇德. 发展心理学 [M]. 北京：人民教育出版社，2009：127－129.

第三节　早期知觉的发展

人类绝大多数的基本知觉能力都是在婴儿期出现的（Bornstein，1992）。婴儿期的知觉发展迅速，这有赖于婴儿动作的发展及其与感觉器官的协调。

一、视知觉的发展

视知觉的发展包括许多方面，本节重点介绍婴儿在二维图形知觉、深度知觉和物体知觉方面的发展特点。

（一）二维图形知觉的发展

新生的婴儿注视着眼前的各种图形，他能对不同的图形作出区分吗？他知道同心圆和圆形的笑脸图是不同的吗？他对所看到的不同图形是否有偏爱？

范茨（R Fantz，1961）首先采用视觉偏爱法对新生婴儿进行观察，发现出生仅 2 天的婴儿就能顺利辨认视觉图形，并且表现出了偏爱。他在实验中给新生婴儿提供三个图形：一个是一张正常人的面孔图形（A)，一个是五官被打乱的复杂的类似面孔的图形（B)，还有一个是一半亮一半暗的类似面孔形状的图形（C)。结果发现，新生婴儿对五官被打乱的复杂的类似面孔的图形和正常人的面孔图形同样感兴趣（如图 5－16 所示①）。可见，此时的新生婴儿还不能明白面孔是有意义的图形。另有研究者（Kellman & Banks，1998）对新生儿的图形知觉进行了研究，发现新生儿喜欢看对比度高、有明显明暗分界线以及有弧线的具有中等复杂程度的图案。

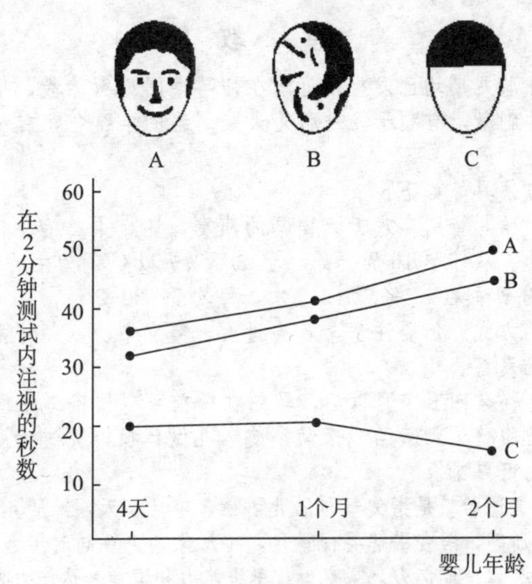

图 5－16　范茨关于新生儿图形偏爱的实验

① David R Shaffer，Katherine Kipp. 发展心理学——儿童与青少年［M]. 邹泓，等，译. 6 版. 北京：中国轻工业出版社，2005：202.

随着婴儿年龄的增长，他们越来越偏爱更加复杂的图形。在一项黑白棋盘知觉的研究中（如图 5-17 所示）①，3 周大的婴儿注视黑白方格少但大的棋盘时间最长（A 小图），而 8—14 周的婴儿却偏爱方格多但小的棋盘（B 小图）（Brennan，Ames & Moore，1966）；而 8—14 周的婴儿能够看清 B 图了，B 图比 A 图含有更多的对比，这是由于 3 周大的婴儿看 B 小图只能看到一个模糊的黑色图形（如 D 小图），而看 A 小图时却能看得清楚（如 C 小图）。由此可见，婴儿喜欢含有更多对比的图形。

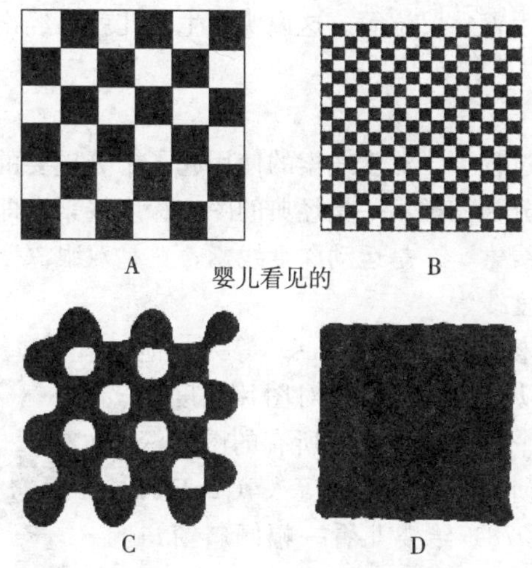

图 5-17 婴儿黑白棋盘知觉实验

（二）深度知觉的发展

虽然我们的视网膜是二维平面的，但我们仍能看到三维世界，这有赖于诸如重叠、熟悉物体的大小、运动视差、线条透视、阴影等单眼线索以及双眼视差、调节、辐合等双眼线索的支持。婴儿从什么时候开始具备这种观察三维世界的能力？即什么时候开始知觉到深度？

1. *深度知觉的产生与发展*

在个体空间知觉的发展中，深度知觉是个备受关注的领域。“深度知觉的研究关注个体如何获取物体和外观在三维空间环境中的位置和排列的知识”②。吉布森和瓦尔克（Gibson & Walk，1960）最早设计了著名的“视崖”实验对婴儿的深度知觉进行研究。在实验中，将 6—14 个月的婴儿放在“浅滩”一侧，看看他们是否听从母亲的召唤爬过“视崖”。结果发现，当视觉深度大约为 90 厘米或更多时，只有 10%的婴儿会越过“悬崖”爬向母亲，多数婴儿不会爬过“悬崖”，说明此时婴儿已具有深度知觉。

坎布斯等人（Campos，Langer & Krowitz，1970）通过判断婴儿的心率来考察是否具有深度知觉。他们分别把婴儿置于“视崖”的“浅滩”与“深滩”，发现 2 个月大的

---

① David R Shaffer，Katherine Kipp. 发展心理学——儿童与青少年［M］. 邹泓，等，译. 6 版. 北京：中国轻工业出版社，2005：203.

② Deamma Kuhn，Robert S Siegler. 儿童心理学手册：第二卷［M］. 王彦，苏彦捷，译. 6 版. 上海：华东师范大学出版社，2006：143.

婴儿在“深滩”一边与在“浅滩”一边相比，心跳变慢了。这说明2个月的婴儿对“深滩”产生好奇，已能觉察出“深滩”和“浅滩”的差异。一旦婴儿有了爬行经验，或者偶尔跌落几次，就会习得对“视崖”的害怕（Campos，Bertenthal & Kermoian，1992）。

鲍尔等人（T G Bower，1970）还用“视觉逼近”来研究婴儿的距离（深度）知觉：向婴儿呈现以一定速度向其逐渐逼近的物体或其影像，观察婴儿对此的反应。结果发现，当真实物体逼近到距离婴儿20厘米以内时，6—20天的新生儿会有明显的躲避反应，如眨眼、挥动手臂、哭泣等。这说明新生婴儿就已经出现了三维空间深度知觉的迹象。

2. 深度线索的使用

在深度知觉的发展过程中，深度线索的使用起了十分重要的作用。对于早期婴儿所使用的深度线索可以分为三类：一是经典的图片深度线索，即可以在平面二维图片上表现出来的图片深度线索；二是运动深度线索；三是双眼深度线索。

（1）经典的图片深度线索

这方面的研究首推杨纳斯（A Yonas）等人，他们的实验发现，7个月以前的婴儿似乎对图片深度线索没有敏感性，大约7个月大的婴儿对所有的图片深度线索都敏感。在一项研究中，杨纳斯等人（Yonas，Cleaves & Petterson，1978）给婴儿看一幅倾斜窗户的图片，图片与婴儿所在平面呈45°夹角（如图5－18所示①）。图片中窗户的右侧看起来比左侧距离婴儿更近，如果婴儿能觉察到这样的深度线索，则会用手去触摸窗户的右侧；如果他们无法察觉这一线索，则触摸窗户左右侧的概率应该是一样的。实验结果发现，7个月大的婴儿伸手触摸窗户右侧的频率更高，而5个月的婴儿则没有表现出差异。

图5－18　倾斜窗户图片的深度线索

（2）运动深度线索

运动视差的深度线索可以为个体提供深度次序的信息。Von Hofsten（1992）对4个月大的婴儿进行了运动深度线索的研究，他们让婴儿来回移动，同时观察排成一排的三个竖直条杆，中间条杆的移动方向和婴儿坐的椅子的移动方向相同，给婴儿一种视觉上的位移。当婴儿对这样的排列产生习惯化后，采用两种呈现方式测试婴儿对运动深度线索的感知：一种是三个并排的静止的竖直条杆；第二种是中间条杆和两边的条杆相距15厘米（这与习惯化的排列一样会产生运动视差）。结果发现，移动中的婴儿看得更多的是三个并排的静止竖直条杆。这些结果支持了婴儿早期对运动视差线索的使用。

（3）双眼深度线索

双眼深度线索对个体的深度知觉的发展起了重要作用。个体的双眼线索在出生后

---

① David R Shaffer，Katherine Kipp. 发展心理学——儿童与青少年［M］. 邹泓，等，译. 6版. 北京：中国轻工业出版社，2005：166.

不久就出现了。有研究（Birch，1993）给婴儿佩戴上特殊的眼镜，该眼镜就像看3D电影戴的眼镜一样，发现婴儿对双眼线索的敏感性在2—3个月间出现，且在最初半年内迅速提高。来自行为学方面的研究也表明，婴儿从4个月开始就产生立体的深度知觉了。

（三）物体知觉的发展

物体知觉包括了对物体本身的边界、形状、大小、整体性等方面的知觉，是对物体空间属性的反映，这是个体认识世界的基础。

1. 形状知觉

形状知觉是对物体各部分排列组合的反映，它依赖视觉、触觉、动觉等的协同活动。当个体从不同角度、不同位置观察某一物体时，尽管投射在视网膜上的物体的形状已经发生了变化，但个体对该物体形状的知觉也应保持相对的稳定，这就是形状恒常性，这是在考察形状知觉时要考虑的一个重要方面。Slater和Johnson（1999）通过习惯化去习惯化范式研究发现，形状恒常性在个体出生后一周就已经具备了。

2. 大小知觉

人类似乎先天就具有观察一个物体的实际物理大小的能力。无论个体观察物体的距离如何发生变化、物体在视网膜上的影像大小如何改变，个体对物体大小的知觉保持不变。这就是大小恒常性。有研究发现，大小恒常性在婴儿出生后几天就已经存在。Slater、Mattock等人（1990）通过一个设计精巧的实验考察婴儿是否能不受距离变化的影响而知觉实际物体的大小。他们将刚出生2天的新生儿分成两组，分别置于处于不同距离（23—69厘米）的形状相同，但实际大小不同（边长5.1厘米和边长10.2厘米）的两个立方体前，先让他们“熟悉”各自观察的在不同距离下出现的立方体。在进一步进行的实验中，每个婴儿都要观察大小两个立方体，大立方体放在61厘米的远处，而小立方体放在30.5厘米的近处。在这两种距离上，两个立方体在婴儿视网膜上留下相同大小的视像。结果发现，几乎所有的婴儿都会更长时间地注视自己先前没有看到过的物理大小的立方体，而且注视新立方体的时间比例高达84%。

3. 物体整体性知觉

“婴儿具有不用学习就能组织不同物体的视觉能力”①。关于这个问题涉及几个方面：一是关于对象与背景的区分；二是关于将部分遮挡的物体视为一个整体；三是区分不同的知觉对象。

在关于对象与背景的区分研究中，斯珀克（F S Spelke）等人让3个月大的婴儿观看一个悬挂在蓝色背景前的橙色圆柱，使其习惯化。然后呈现两种刺激：一是蓝色背景静止，而整个圆柱向婴儿移动；二是圆柱分成两截，一截与背景一起向后运动。如果婴儿能够将圆柱视为与背景分开的独立实体，那么他看到圆柱折成两截且一截随背景移动时将感到惊奇或迷惑不解。实验结果发现，这些婴儿确实对第二种刺激表现出了惊奇或迷惑，这说明至少3个月大的婴儿就能够初步区分对象与背景。

---

① 卡拉·西格曼，伊丽莎白·瑞德尔. 生命全程发展心理学［M］. 陈英和，译. 北京：北京师范大学出版社，2009：191.

婴儿能否将部分遮挡物体视为一个整体？研究发现，4 个月以前的婴儿依赖运动和空间排列来识别物体（Jusczyk et al.，1999；Spelke & Hermer，1996）。例如，4 个月大的婴儿可以用共同运动作为判断所见是否是同一个物体的重要线索（Kellman & Spelk，1983），他们会认为一个物体的所有部分在同一时间会向相同的方向运动。在实验中，实验者（如图 5－19 所示①）将婴儿分成两组，一组看到的是被木板挡住中间部分的静止木棍（A）；另一组婴儿看到的是一根被木板挡住中间部分的运动着的木棍（B）。实验者先让两组婴儿都对他们所看到的物体产生习惯化。然后让他们观看一根没有任何阻挡的完整木棍（C）和一个木棍的两截（D），观察两组婴儿的视觉偏爱。结果发现，对静止的中间被挡住的木棍（A）产生习惯化的那组婴儿对图 C 和图 D 都没有产生任何偏爱；而对运动着的被遮挡的木棍（B）产生习惯化的那组婴儿明显对 D 图产生了偏爱。可见，后一组婴儿已明显将先前看到的被遮挡住的木棍视为一个完整的木棍。4 个月以后，婴儿更多依赖形状、颜色和组织结构，而较少依赖运动来识别客体（Cohen & Cashon，2001）。对 8 个月大的婴儿重新进行上述实验，发现此时的婴儿已无须借助运动作为线索就能知觉到受到部分遮挡的木棍是一根完整的木棍了（Johnson & Richard，2002）。

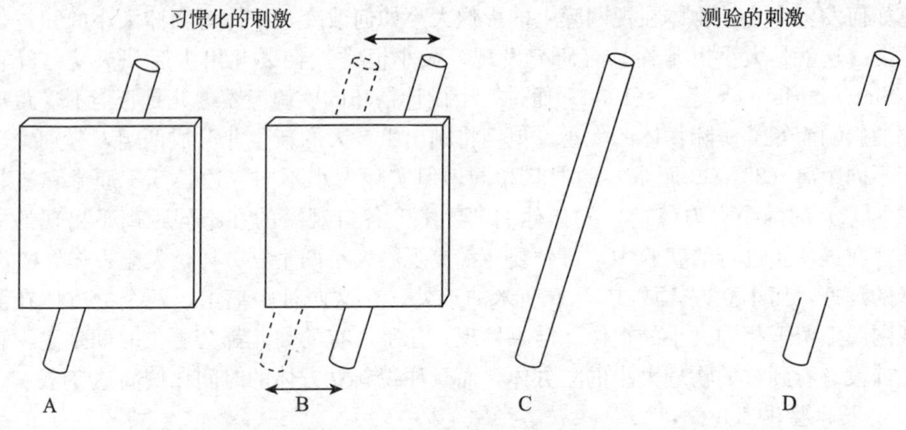

图 5－19　婴儿对物体的整体性知觉

婴儿能否对不同的知觉对象作出区分？斯珀克将 3 个月大的婴儿分成两组，一组婴儿对一个刺激物的情境习惯化，另一组婴儿则对两个刺激物的情境习惯化。然后呈现两个刺激，一是两个接近的、相互接触的刺激物，另一是两个深度不同、明显分离的刺激物，且前面的刺激物挡住后面刺激物的一部分。结果发现，两组儿童都能将第二种刺激呈现视为两个刺激物，而不能将第一种刺激呈现知觉为两个刺激物。可见，3 个月大的婴儿能够将分离且有差异的对象作出区分，但无法对两个紧密联系的知觉对象作出区分。

---

① David R Shaffer，Katherine Kipp. 发展心理学——儿童与青少年［M］. 邹泓，等，译. 6 版. 北京：中国轻工业出版社，2005：164.

4. 面孔知觉

作为一个社会人，在个体的知觉世界中，最为重要的知觉对象就是人的面孔，这为个体的社会交往提供了重要的基础。婴儿什么时候开始将人的面孔知觉为面孔，婴儿又能从面孔中获得哪些信息?

早在1961年，范茨（Robert Fantz）在视觉偏爱实验中，就发现了婴儿偏爱人的面孔。许多研究显示，新生儿偏爱自己母亲的面孔（Bushnell，Sai&Mullin，1989）。一个月大的婴儿就能从不同的视角、平面图中识别熟悉的人脸，通常是他们的母亲（Sai&Bushnell，1988）。但这种认识是粗浅和有限的，并非基于面孔的细节，而是基于头型、发型等总体和外围的特征。帕斯科利斯等人（Pascalis et al.，1995）改变了面孔偏爱的实验呈现，让妇女用围巾遮住头发和前额部分，结果婴儿对自己母亲不再表现偏爱。

2个月大的婴儿对于母亲面部特征的识别和喜欢程度超过了不熟悉的女性的面部特征（Batrip，Morton & deSchonen，2001）。大约3个月的婴儿能够很好地区分不同面孔的特征。5个月以后的婴儿才能根据不同情绪表达强度识别人脸。在实验中，让5个月的婴儿对各种不同程度的微笑产生习惯化，包括从嘴唇微微上翘的笑到露出满口牙齿的笑，这些笑容由4名女性模拟。然后，婴儿开始观察第5名女性模拟一个从未见过的中等程度的笑容和第6名女性模仿的一个害怕表情。结果发现，婴儿注视害怕表情的时间明显较长，这说明他们已经将微笑的面部表情作出了归类，并将新的微笑归入这一类（Bornstein & Arterberry，2003）。7—10个月的婴儿开始把人的表情知觉归为一个有意义的整体。

婴儿除了可以对面孔进行识别外，还可以根据面孔的信息对人加以分类，在这种分类中，婴儿的经验起了很重要的作用。有研究者通过向婴儿呈现男性或女性的面孔，然后测试他们对同性别和异性别的陌生面孔的反应，发现9个月大的婴儿能够利用表面特征（头发长度和衣着）来协助完成性别分类，但是，习惯了男性面孔的婴儿随后对女性面孔的注视时间明显加长，而习惯了女性面孔的婴儿却没有这种表现（Leinbash & Fagot，1993）。奎因等人（P C Quinn et al，2002）考察三四个月大的婴儿对男性和女性面孔的偏好，发现这些婴儿对女性面孔表现出强烈的偏好。当奎因等人采用由男性照顾的婴儿做被试时，发现这些婴儿表现出了对男性面孔的偏好。

二、听知觉的发展

听知觉主要涉及对乐音和人类语音的知觉。婴儿听到了什么？喜欢听什么？

（一）乐音知觉

有研究表明，刚出生不久的婴儿就能辨别乐音与噪音（E C Butterfield，1968），而且新生儿喜欢乐音，讨厌噪音（E C Butterfield & G N Siperstein，1972）。5个月的婴儿就能感知音乐旋律的变化（McCall & Melson，1970）。实验中，先让婴儿对一组八分音系列产生习惯化，然后将这组八分音重新组合后呈现，婴儿的心率都发生了明显的变化。4—7个月时，婴儿能够感知音乐片段，表现出对中间有停顿的莫扎特的《米奴哀舞曲》的偏爱（Krumhansl & Jusczyk，1990）。瓦尔克（Walk，1981）指出，

6个月以前的婴儿已能辨别音乐中的旋律、音高、音色等，也初步具有了协调听觉与身体运动的能力。1岁时的婴儿能辨别两种仅有微小差异的旋律（Morrongiello，1986）。

（二）语音知觉

婴儿一出生，就在语音听觉方面表现出了很强的能力：(1) 将言语分割成更小的音素；(2) 根据声音确认和辨别自己的抚养者①。

1. 语音辨别

新生儿对语音的刺激非常敏感，不仅密切关注，而且能作出最基本的区分。爱默斯等（Eimas et al.，1975，1985）对2—3个月大的婴儿进行了语音分辨实验。他们让婴儿一边听"pa"的音节一边吮吸橡皮奶嘴，直到产生习惯化。然后研究者同时给一组婴儿播放"pa"音节，给另一组婴儿播放与"pa"音节十分相似的音节，给第三组婴儿播放"ba"音节。结果发现，听到"ba"音节的婴儿产生了去习惯化反应（吮吸奶嘴的频率发生了变化），说明婴儿能够区分"pa"和"ba"。另一项研究（Clarkson & Berg，1993）甚至还发现，出生不到一周的婴儿就能区分字母a和i的音。

2. 语音偏爱

新生儿不仅能够对语音进行辨别，而且还表现出语音的偏好，如果在正常的说话声与音乐、混乱的声音中选择，他们更喜欢正常的说话声。Vouloumanos和Werker（2004）对2—6个月婴儿的听觉偏好进行考察，结果发现，与复杂的非言语刺激相比，婴儿更偏爱言语刺激。婴儿对言语刺激的偏好，还表现在对所谓"妈妈语"（指的是一种语速缓慢、音调高而夸张的语言）的偏爱上。出生几天的婴儿就对"妈妈语"表现出更大的兴趣和关注（Cooper & Aslin，1990），而且不论"妈妈语"的发出者是男性还是女性（Werker & McLead，1989）。

同时，对言语的发出者，婴儿更加偏爱自己母亲的声音。有研究对比了新生儿听到母亲和其他女性声音后的反应，发现当新生儿听到自己母亲的声音时，吮吸奶嘴的频率会显著加快（De Casper & Fifer，1980）。这可能是由于新生儿在子宫内时就受到母亲言语的影响。在"帽子里的猫"的研究中，研究者（De Casper & Spence，1986）要求孕妇在怀孕的最后6周每天大声朗读一个故事片段，结果发现，当她们的孩子出生后，每当孩子听到这一特定的故事片段，就会出现吮吸奶嘴速度加快的现象。看来这些婴儿记住了他们在出生前听到过的东西。

三、跨通道知觉

人们在认识世界的过程中，不是单纯依靠某一感官的单独作用，而是将所见、所闻、所触等不同探索方式所获得的信息整合起来，并对信息进行加工，这就涉及跨通道知觉。跨通道知觉是指根据一种感觉通道的信息来确认另一感觉通道所熟悉的刺激

---

① David R Shaffer，Katherine Kipp. 发展心理学——儿童与青少年［M］. 邹泓，等，译. 6版. 北京：中国轻工业出版社，2005：199.

物或形式的能力。例如，即使一个人的眼睛被蒙住，他也可以通过触摸物体（圆圆的），闻到苹果特有的香甜气味来判断所触摸的物体是一个苹果；听到玩具娃娃发出动听的歌声，会不由自主地将目光投向正在“演唱”的娃娃，甚至会伸手摸摸娃娃的脸。这种跨通道知觉何时出现？婴儿期具备跨通道知觉了吗？

有研究发现，婴儿在出生的头6个月中，就表现出了大量的跨通道知觉。这些跨通道知觉主要表现为视—触跨通道、视—听跨通道以及视—动跨通道等方面。早期的跨通道知觉能够促进社会信息和语言的加工。随着年龄增长，个体逐渐学会运用多种形式来感知外界刺激，跨通道知觉逐渐发展起来。

（一）视—触跨通道知觉

出生1个月的婴儿似乎就具有了视—触跨通道知觉，能通过视觉来辨认他们吮吸过的物体。吉布森和瓦尔克（Gibson & Walker，1984）在研究中，让一组婴儿吮吸坚硬的圆棒，另一组吮吸柔软的海绵棒；然后，通过图片让婴儿明白坚硬的圆棒不能弯曲，而柔软的海绵棒能够弯曲。结果发现，吮吸过柔软的海绵棒的婴儿更喜欢盯着坚硬的圆棒看，而吮吸过坚硬的圆棒的婴儿更喜欢盯着柔软的海绵棒看，这说明这些婴儿认出了自己曾吮吸过的物体，而觉得这个物体不如其他新鲜玩意有趣。4—6个月的婴儿能够把触摸到的与看到的物体进行匹配（Rose Gottrfied & Bridger，1981；Streri & Spelke，1988）。

（二）视—听跨通道知觉

视听的跨通道知觉在早期也发展起来。三四个月的婴儿能够将个体的嘴唇运动与所听到的语音联系起来，能把发声个体的年龄及情绪与相应的面孔联系起来（Bahrick et al.，1998）。例如，库尔和梅尔佐夫（Kuhl & Meltzoff，1982）让婴儿同时观看两个成人重复发两种不同的读音，同步传声器重新传出其中一个读音，发现4个月的婴儿对嘴唇运动与所听到的读音相匹配的说话者注视的时间更长。在沃尔克（A S Walker，1982）的实验中给5—7个月的婴儿并排呈现两部影片，其中一部是某陌生人在高兴地自言自语，另一部是某陌生人在愤怒地自言自语，而他们的耳边只听到其中一部影片的话语。结果发现，婴儿注视与所听到的声音相对应的电影片段的时间更长。4个月时，婴儿能将反映距离的视觉线索与听觉线索联系起来。例如，婴儿听到火车声音越来越小时，更喜欢看火车开走的画面，而不是火车开过来的画面（Pickens，1994；Walker Andrews & Lennon，1985）。8个月的婴儿能够根据性别来匹配嗓音和面孔（Patterson & Werker，2002）。

（三）视—动跨通道知觉

视—动跨通道知觉主要表现在婴儿的模仿行为上。梅尔佐夫和摩尔（Meltzoff & Moore，1977）进行了巧妙的实验设计：用聚光灯照亮实验者的脸，使其成为婴儿突出的知觉对象。让婴儿半躺在一把婴儿椅上，其面孔与实验者相距10英寸左右。实验以20秒为一个时间单元，在第一个20秒内，实验者作出缓慢地开闭嘴巴的动作4次，然后停止20秒；在第二个20秒内，实验者作出缓慢地伸缩舌头的动作4次（如图5－20上半部），再停止20秒。这样经历了12次过程变换，这期间，红外感光摄像机记录下婴儿的脸部表现，发现新生婴儿能够很好地模仿实验者的嘴部动作（如图

5－20的下半部所示）。①

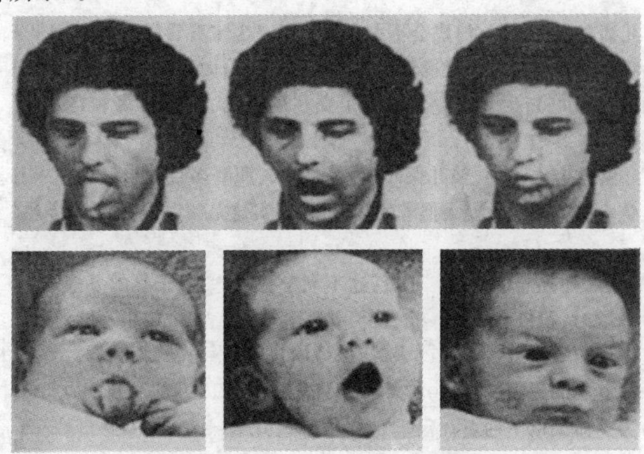

图5－20　婴儿的表情模仿

【本章小结】

1. 新生婴儿具有角膜反射、瞳孔反射、吞咽反射、定向反射，探求反射、吮吸反射、抓握反射、踏步反射、游泳反射、巴宾斯基反射等许多无条件反射，这些无条件反射可以归为三大类，它们对个体的生存和发展具有不同的意义。

2. 大动作的发展涉及对身体躯干的控制，包括抬头、挺胸、坐、爬、站、走等。儿童对躯干的控制是从自己的头颈部开始的，然后是躯干部和腿部。

3. 精细动作指个体主要凭借手以及手指等部位的小肌肉或小肌肉群的运动，在感知觉、注意等多方面心理活动的配合下完成特定的任务。

4. 动作对个体心理的发展具有十分重要的意义。爬行和行走使儿童能够主动移动自己的身体，促进其感知觉的发展，早期精细动作的有效发展可能有利于早期脑结构和功能的成熟，进而促进认知系统发展。

5. 儿童的动作发展建立在个体一定的生理成熟的基础上，环境和学习以及个体自身的认知因素，会促进其发展。

6. 学龄及学龄期以后的儿童在大动作和精细动作方面都有了更大的发展，也表现出了性别差异和个体发展差异。

7. 在胎儿第4周的时候，眼睛开始形成，视觉开始产生。婴儿的视觉发展非常快，6个月婴儿的视觉功能在很多方面已接近成人。早期视觉发展表现在视觉集中的发展、视敏度的发展、颜色视觉的发展。

8. 妊娠20周的胎儿已经具备听觉能力。新生儿能够对一些声音作出反应，婴儿对某些极高频和极低频的声音比成人更敏感。婴儿具有听觉定位能力，该能力表现出

---

① A N Meltzoff，M K Moore. *Imitation of Facial and Manual Gestures by Human Neonates* [M] //边玉芳. 儿童心理学. 杭州：浙江教育出版社，2009：87.

U形发展曲线。

9. 胎儿在第8周时味蕾开始发育，婴儿出生时味觉已发育完善。新生儿能够区分甜、酸、苦和咸的味道。胎儿6个月时嗅觉系统开始发生作用，婴儿到1岁左右嗅觉能力已经和成人的大体相当。

10. 早期触觉发展主要表现在口腔触觉和手的触觉的发展。婴儿能够通过口腔触觉辨别不同的物体，能够通过手的触觉检测多个物体的异同。触觉的发展在整个婴幼儿阶段都发挥着重要作用，是儿童了解事物性质的重要途径。

11. 视知觉的发展主要表现在二维图形知觉、深度知觉和物体知觉方面的发展。二维图形知觉的发展表现为随着婴儿年龄的增长，他们越来越偏爱更加复杂的图形。深度知觉方面，新生儿就已经具备了三维空间深度知觉能力，并且逐渐发展起使用三种深度线索的能力。物体知觉方面，婴儿出生后不久就具备形状恒常性、大小恒常性和一定的物体整体性知觉能力。婴儿偏爱人的面孔，特别是母亲的面孔，婴儿能够把人的表情知觉为一个有意义的整体，还可以根据面孔的信息对人加以分类。

12. 听知觉主要涉及对乐音和人类语音的知觉。6个月以前的婴儿已能辨别音乐中的旋律、音高、音色等，1岁的婴儿能辨别两种仅有微小差异的旋律。婴儿不仅能够对语音进行辨别，而且还表现出语音的偏好，特别偏爱言语刺激，尤其是“妈妈语”。

13. 婴儿在出生后的头6个月中，就表现出了大量的跨通道知觉。这些跨通道知觉主要表现为视—触跨通道知觉、视—听跨通道知觉以及视—动跨通道知觉等方面。视—触跨通道知觉表现为能通过视觉来辨认他们吮吸过的物体，能够把触摸到的与看到的物体进行匹配。视—听跨通道知觉表现为能够将个体的嘴唇运动与所听到的语音联系起来，能把发声个体的特点与相应的面孔联系起来。视—动跨通道知觉主要表现在婴儿的模仿行为上。

【思考与练习】

1. 新生儿有哪些先天的无条件反射？
2. 什么是大动作？什么是精细动作？它们的发展各有什么特点？
3. 儿童早期的动作发展有什么规律？
4. 儿童早期的动作发展对个体心理发展有什么意义？
5. 哪些因素会影响儿童的动作发展？
6. 婴儿早期视觉的发展表现在哪些方面？
7. 婴儿的听觉定位能力的发展有何特点？
8. 婴儿早期触觉的发展表现在哪些方面？
9. 视知觉的发展表现在哪些方面？有何特点？
10. 听知觉的发展有何特点？
11. 婴儿早期跨通道知觉的发展表现在哪些方面？有何特点？

【拓展阅读】

1. 董奇，陶沙. 动作与心理发展［M］. 北京：北京师范大学出版社，2002.

本书全面介绍了儿童动作发展的基本特点和规律，分析了影响儿童动作发展的主要因素，探讨了动作学习的过程，对个体动作发展与认知发展、社会性发展等的关系做了进一步的阐释，并介绍了动作发展的教育应用。

2. 布丽姬特·贾艾斯. 发展心理学［M］. 宋梅，丁建略，译. 哈尔滨：黑龙江科学技术出版社，2008.

该书的第一章介绍了胎儿的发展及影响因素，其中对胎儿期的视觉、听觉、味觉、嗅觉的发生发展做了详细介绍。第三章介绍了视觉和听觉的发展，主要详细介绍了视觉、视知觉及其跨通道知觉。

3. Arlette Streri. 婴儿期的触觉：幼年早期触觉能力的发展［M］//荆其诚. 当代国际心理科学进展：第一卷. Mark R Rosenzweig，张厚粲，陈烜之，张侃，编；张侃，等，译. 上海：华东师范大学出版社，2006.

《婴儿期的触觉：幼年早期触觉能力的发展》一文从三个方面介绍了婴儿期的触觉发展：(1) 触知觉（信息加工、形状分辨、记忆等）；(2) 触觉和视觉的跨通道转换；(3) 在物体的整体知觉和小数量分辨中的触觉认知。

4. Deamma Kuhn，Robert S Siegler. 儿童心理学手册：第二卷［M］. 上海：华东师范大学出版社，2006.

该书的第二章介绍了婴儿听觉的发展，并对婴儿的言语知觉和单词学习进行了探讨。第三章从知觉发展的理论谈起，重点介绍婴儿的视敏度、空间知觉、物体知觉和人脸知觉的发展特点。第四章介绍了对动作发展的新认识，并从样本系统和知觉—动作系统的角度阐释动作发展。

【参考文献】

1. Arlette Streri. 婴儿期的触觉：幼年早期触觉能力的发展［M］//荆其诚. 当代国际心理科学进展：第一卷. 上海：华东师范大学出版社，2006.

2. 卡拉·西格曼，伊丽莎白·瑞德尔. 生命全程发展心理学［M］. 陈英和，译. 北京：北京师范大学出版社，2009.

3. 布丽姬特·贾艾斯. 发展心理学［M］. 宋梅，丁建略，译. 哈尔滨：黑龙江科学技术出版社，2008.

4. 但菲，刘彦华. 婴幼儿心理发展与教育［M］. 北京：人民教育出版社，2008.

5. 雷雳. 发展心理学［M］. 北京：中国人民大学出版社，2009.

6. 边玉芳. 儿童心理学［M］. 杭州：浙江教育出版社，2009.

7. 董奇，陶沙. 动作与心理发展［M］. 北京：北京师范大学出版社，2002.

8. 张莉. 儿童发展心理学［M］. 武汉：华中师范大学出版社，2006.

9. 孔亚楠，孙淑英. 1—3 岁儿童精细动作发育调查及影响因素分析［J］. 中国儿童保健杂志，2009 (2).

10. 李斐，颜崇淮，沈晓明. 早期精细动作技能发育促进脑认知发展的研究进展［J］. 中华医学杂志，2005 (30).

11. 徐秀，等. 婴幼儿抚育环境和动作发展的研究［J］. 中国儿童保健杂志，2007 (5).

12. 朱敏敏. 早期教育对婴儿精细动作发展的效果分析［J］. 中国优生与遗传杂志，2008 (4).

13. L A Werner，G C Marean. *Human auditory development*. *Boulder*［M］. CO:

Westview Press，1996.

14. J P Lecanuet. *Faetal responses to auditory and speech stimuli. In A Slater* (*Ed.*), *Perceptual development*：*Visual*，*auditory*，*and speech perception in infancy* [M]. Hove, UK：Psychology Press，1998.

15. M Stewart J Scherer，M Lehman. *Perceived effects of high frequency hearing loss in a farming population* [J]. Journal of the American Academy of Audiology，2003 (14)：100－108.

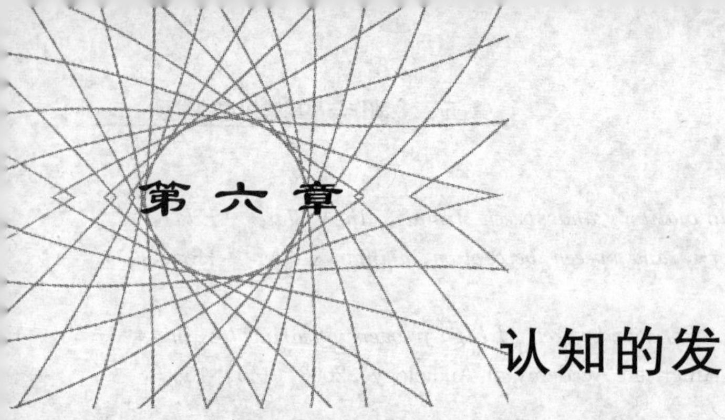

第六章

认知的发展

【本章导航】

认知是发展心理学研究的中心课题。本章从三个层面依次深入地阐述儿童认知发展的过程与研究的新进展：（一）概述心理学研究中认知的概念范畴、个体认知发展的一般趋势以及皮亚杰的认知发展阶段理论；（二）从信息加工理论关于个体的“纯认知加工过程”角度，着重介绍信息加工速度、信息加工过程和元认知的发展特征；（三）以当前领域研究热点为例，通过对认知发展的新领域——心理理论的概述，介绍了儿童心理理论的发生、发展及影响因素，进而拓展读者对于个体认知发展在广度与深度上的理解。本章力图为认识儿童认知发展提供一个多维的视角，帮助学生了解并掌握儿童认知发展过程与规律，并为后续的学习奠定基础。

【学习目标】

1. 准确理解认知和认知发展。
2. 把握儿童认知发展的一般趋势。
3. 能举例说明儿童思维发展阶段与特点。
4. 掌握儿童信息加工能力的发展规律。
5. 了解心理理论的发展及影响因素。
6. 运用儿童认知发展的特点与规律促进其认知的发展。

【核心概念】

认知发展　认知发展阶段　信息加工　心理理论

认知是人类个体内在心理活动的产物，是指那些能使主体获得知识和解决问题的操作和能力。认知过程主要包括：信息的发现、解释和记忆，各种观点的评价，原则的推理和规则的演绎，各种可能性的想象，策略的形成，幻想和做梦等。认知发展是指主体获得知识和解决问题的能力随时间的推移而发生变化的过程和现象。

发展心理学家研究认知主要试图解决两个问题：一是描述儿童的认知能力如何随年龄变化而增长；二是揭示儿童认知能力变化的影响因素或机制。皮亚杰的认知发展理论侧重于儿童认知发展的不同阶段和发展的普遍性，而信息加工理论则针对皮亚杰一般性的结论，对个体的“纯认知（加工）过程”进行了更为深入细致的研究，并成为当代认知研究的主流和方向。近年来心理学家普遍关注的心理理论研究，则成为认知发展研究的新领域。

第一节　个体认知发展的一般趋势

认知是人类适应环境的重要能力，但对个体而言，这种能力的获得要经过一个漫长的发展过程。那么，儿童是如何认识与探索事物的？为什么儿童认识事物的方式不同于成人？随着年龄的增长，其认知又发生了什么样的变化？这些问题如此令人着迷，以致一直吸引着发展心理学家孜孜不倦地进行研究。本节着重介绍个体认知发展的一般趋势与认知发展阶段。

一、认知发展的基本规律

思维是认知的核心成分，思维的发展水平决定着整个认知系统的结构和功能。下面以思维为例，阐明儿童认知发展的基本规律。

（一）认知方式：由直觉行动思维、具体形象思维向抽象逻辑思维发展

人类思维的典型方式是抽象逻辑思维，这种抽象的思维能力在个体发展到一定阶段后才能完全获得。儿童从 2 岁左右思维开始萌发，到青少年时期思维初步成熟，此过程中思维发展经历了若干阶段：从直觉行动思维发展到具体形象思维，最后达到抽象逻辑思维，这是每个儿童思维发展的必经阶段。

1. 直觉行动思维

顾名思义，直觉行动思维是在对客体的感知中、在自己与客体相互作用的行动中进行的思维。动作和感知是思维的工具，活动过程即思维过程。因此可以说，直觉行动思维是借助于动作所进行的思维。

直觉行动思维是思维萌芽状态的主要特征。这种思维的概括性很低，在 2—3 岁儿童身上表现最为突出，在 3—4 岁儿童身上也常有表现。直觉行动思维的特点是：直观性和行动性、出现初步的间接性和概括性、思维的狭隘性、缺乏行动的计划性和对行动结果的预见性。

2. 具体形象思维

具体形象思维是依赖事物的形象或表象以及它们的彼此联系进行的思维。这是从直觉行动思维向抽象逻辑思维发展的过渡形式。它的主要特点是：思维动作的内隐

性、具体性和形象性、自我中心性、过渡性。

具体形象思维是感性认识和理性思维之间的过渡环节，是幼儿思维的典型形式。

3. 抽象逻辑思维

抽象逻辑思维是指用抽象的概念（词）根据事物本身的逻辑关系来进行的思维。这是人类特有的思维方式。

形式逻辑思维和辩证逻辑思维是抽象逻辑思维的两个不同的发展阶段。形式逻辑思维是一种要求系统解决问题的思维类型；辩证逻辑思维是反映客观现实的辩证法，是主体自觉或不自觉地按照辩证法所进行的思维。它们的发展和成熟，是青少年思维发展和成熟的重要标志。

（二）认知工具：由动作、表象向概念发展

儿童认知方式的发展变化，是与其所用工具的变化相联系的。直觉行动思维所用的工具主要是感知和动作，具体形象思维所用的工具主要是表象，而抽象逻辑思维所用的工具则是语词所代表的概念。

在认知发展过程中，动作和语言对认知活动的作用不断发生变化，其规律是动作的作用逐步变小，语词的作用不断加大。这种变化分为三个阶段：

第一阶段：认知活动依靠动作进行，语言只是行动的总结。

第二阶段：语言伴随动作进行。

第三阶段：认知依靠语言进行，语言先于动作而出现，并起着计划动作的作用。

（三）认知活动：由外部的、展开的向内部的、压缩的方向发展

儿童思维起先是外部的、展开的，以后逐渐向内部的压缩的方向发展。

直觉行动思维是和感知、行动同步进行的，其思维对象仅仅局限于当前直接感知和相互作用的事物思维，活动的典型方式是尝试错误。儿童尝试错误的过程，依靠具体动作，是展开的，伴随着许多无效的多余动作。这种外部的、展开的认知活动方式虽然能够初步揭露事物的一些隐蔽属性以及事物间的一些关系，但这些隐蔽的属性和关系的展现，只是儿童行动的客观结果。在行动之前，儿童主观上并没有预定目的和行动计划，也不可能预见自己行动的后果。

突破这种局限的唯一途径是改变思维方式。随着具体形象思维的出现，儿童不再依靠一次又一次的实际尝试，而开始运用事物的具体形象（表象）在头脑内部进行思维，从而实现了从“外显”到“内隐”的转变。随着言语的发展，语词作用的增强，儿童能够抛开具体事物，使用概念和假设进行思维，揭示事物的本质特征或事物间隐蔽的关系。由于思维的概括性和间接性，儿童突破了时间和空间的限制，加快了认识的速度，提高了认知的效率。思维动作从外显向内隐的转变，意味着思维已从它的原始状态中分离出来而成为“心理”活动。从此，思维开始摆脱与动作同步进行的局面，开始对行动具有调节和支配功能。

（四）认知内容：由表面的、片面的向全面的、深刻的方向发展

最初的思维活动，只是反映知觉所不能揭露，而利用实际行动改变客体形态后能够揭露的东西。由于依靠直接感知和实际行动进行，思维的内容仅限于感官所能及的具体事物。因此内容是表面的、片面的，从儿童自身出发的，范围狭隘，所反映材料的组织程度很低，零碎无系统，因而也不灵活。这种思维所反映的往往是事物的非本质特性。随着思维的内化，思维在头脑内部进行，其内容逐渐间接化、深刻化，逐渐能够全面地、客观地反映事物的关系和联系，范围日益扩大。由于概括化内容逐渐形成系统，所以越来越灵活，并且能反映事物的本质。

二、认知发展的阶段

围绕着儿童的认知发展，学界讨论得最多的问题就是发展的阶段性问题。“阶段”是指在事物发展过程中所表现出来的某种时间段落。认知发展阶段就是指儿童在认知发展的全程中所表现出的时间段落性。在每一个特定的时间段落里，儿童将表现出一些较为一致的思维方式和行为方式。

儿童的认知发展具有阶段性，这是皮亚杰认知发展理论的重要论点。皮亚杰认为，“阶段”的概念包括三个基本含义：第一，各阶段出现的先后次序是不变的，但是可以加速或推迟；第二，每个阶段有相对稳定的认知结构，它决定该阶段的主要行为模式；第三，各阶段是前后连贯的，每个阶段的结构是整合的，有整体性。

皮亚杰认为，儿童从出生到成人，其认知发展不仅是一个数量不断增加的简单累积过程，还伴随着认知结构的不断再构，呈现出几个顺序相对固定的认知发展时期或阶段。从婴儿到青春期，儿童经历了感知运动阶段、前运算阶段、具体运算阶段和形式运算阶段四个认知发展阶段。

（一）感知运动阶段（0—2 岁）

感知运动阶段是儿童智力发展的萌芽阶段。在这个阶段，儿童主要凭借感知和动作获得动作经验，在这些活动中形成了一些低级的行为图式，以此来适应外部环境，进一步探索外部环境。其中，手的抓取和嘴的吸吮是他们探索世界的主要手段。

感知运动阶段又可分为六个亚阶段：

1. 反射练习阶段（0—1 月）

儿童出生后借助先天的无条件反射适应外界环境，进一步通过反射练习使先天的反射结构更加巩固，如吸吮奶头的动作变得更加熟练。原有的反射也得到扩展，从吸吮奶头扩展到吸吮拇指、脚趾或玩具等，并且逐渐有所分化。

2. 初级循环反应阶段（1—4/4.5 月）

在先天反射基础上，儿童通过机体的整合作用，把单独的动作联结起来，形成了一些新的习惯，如寻找声源，用眼睛追随运动的物体等。

3. 二级循环反应阶段（4/4.5—9 月）

在视觉和抓握动作开始协调后，儿童就过渡到了这个阶段，开始抓弄所见到的一切身边的东西。如拉动风铃下的彩条，风铃发出悦耳的声响，引发了儿童的兴趣，促使他多次重复这个动作。于是，就在主体动作和动作结果之间出现了所谓的“循环反应”，最后渐渐使动作（手段）和动作结果（目的）产生分化，出现了为达到某一目的而进行的动作，智慧动作开始萌芽。

4. 二级反应协调阶段（9—12 月）

在这一时期，目的与手段已经分化，智慧动作出现了，如儿童拉着父母的手指走向自己够不着的玩具或其他物品，或者要成人揭开盖着物体的布，表明儿童在作出这些动作前已经具有取得物体的意向。不过，这个阶段所用的都是熟悉的动作，只是运用已有的手段去应付新情况而已。这一阶段儿童还出现了“客体永久性”观念，即当客体从婴儿的视野中消失时，他能知道这并非是客体不存在了，而是被藏在了某个地方。客体永久性的获得是感知运动阶段中的一次质变。

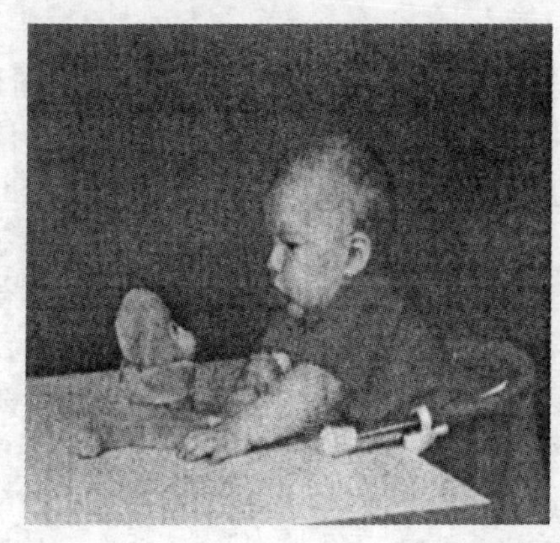
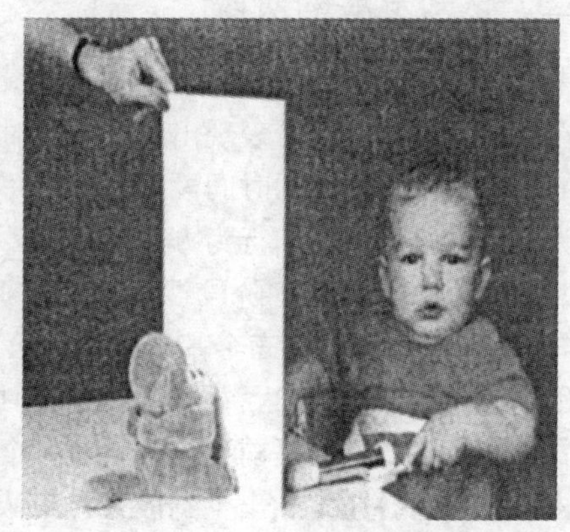

图 6－1　儿童客体永久性实验

5. 三级循环反应阶段（12—18 月）

在这一阶段，儿童偶然发现了新的方法，开始探索达到目的的新手段。如将糖果放在毯子上婴儿拿不到的地方，婴儿用手东抓西抓试图取得糖果，经过一次次失败后，偶然地拉动了毯子一角，观察到了毯子的运动与糖果间的关系，于是一把拉过毯子，拿到了糖果。儿童用新发现的拉毯子的动作达到了目的，这是智慧动作发展的一大进步。但发现新动作纯属偶然，是在尝试错误的过程中实现的。

6. 表象思维开始阶段（18—24 月）

在这一阶段，婴儿具有了心理表征能力，他们可以对自己的行为和外在事物进行内部表征，开始了心理的内化。皮亚杰认识到，这个阶段的婴儿获得的心理表征能力具有两个明显的标志：（1）有时不用明显的外部尝试动作就能解决问题；（2）延迟模仿能力出现。

（二）前运算阶段（2—7 岁）

在这个阶段，儿童的各种感知运动图式开始内化为表象或形象模式，特别是语言的出现和发展，使儿童日益频繁地用表象符号来代替外界事物，但他们的语词或其他符号还不能代表抽象的概念，思维仍受具体直觉表象的束缚，难以从知觉中解放出来。

按照皮亚杰的观点，前运算阶段又可分为两个阶段：前概念思维阶段和直觉思维阶段。

1. 前概念思维阶段（或象征性思维阶段）（2—4 岁）

前概念思维阶段的儿童开始运用象征性符号，出现了表征功能，或称象征性功能，儿童用信号物来代表被信号化的物体，比如用木棍当“枪”，用小手帕当“被子”等。因此，象征性游戏的产生是前概念思维开始的标志。

处于前概念阶段的儿童，其掌握的概念与成人所用概念不同，不是抽象的、富有逻辑的，而是具体的、动作的。儿童认识不到相似物体可能属于同一种类但它们仍是不同物体。如，当皮亚杰和儿子一起散步时，孩子看到了一只蜗牛并指给父亲看。一会儿，他们又遇到了一只蜗牛，孩子声称那只蜗牛又到这儿了。由于未形成类概念，分不清个别与一般的关系。因此，他们还作不出合乎逻辑的推理，常常运用的是“转导推理”，即从一个特殊事例推导出另一个特殊事例的过程。

2. 直觉思维阶段（4—7 岁）

在直觉思维阶段，儿童的思维常常是直觉的、自我中心的、感知的以及伴随着分类上的错误。这个时期，儿童思维的主要特征是思维直接受知觉到的事物的特征所左右。皮亚杰曾作了这样一个实验：给四五岁的儿童展示两个同样大小和形状的杯子，在儿童确认这两杯水一样多时，将两杯水分别倒入矮而宽的杯子和高而窄的杯子中，让其判断两个杯子中的水是否一样多，结果一部分儿童说前者多，一部分儿童说后者多。

前运算阶段的儿童还不能掌握守恒，是与其思维的特点有关。首先，他们的思维具有“中心化倾向”，即关注了刺激物的某一方面而忽略了其他方面；其次，儿童把水开始的状态和最终状态看成是没有关联的事件，忽略了两种状态的动态过程。而前运算思维最重要的特质就是它的不可逆性，即不能改变思维的方向，使之回到思维的起点。

前运算思维的另一个特点就是自我中心思维。所谓自我中心，是指儿童倾向于从自己的立场、观点认识事物，而不能从客体事物本身的内在规律以及他人的角度认识事物。自我中心思维有两种形式：缺乏对他人从不同物理角度看待事物的意识，以及不能意识到他人或许持有和自己不同的想法、感受和观点。

皮亚杰设计的“三山实验”是自我中心思维的最典型的例证：实验材料是一个包括三座高低、大小、颜色不同的假山模型，实验者先请儿童围绕三座山的模型散步，让他从不同的角度观看模型，然后要求儿童面对模型而坐，并且放一个布娃娃坐在模型的另一边。之后，交给儿童四张山的侧景照片，要求儿童从四张照片中选取出一张布娃娃面对山的风景照。结果，儿童取出的是自己面对的那座山的照片。这个实验说明，这一阶段的儿童还不会站在别人的立场上来观察事物、分析问题，只能站在自己的立场上去看问题。

图 6－2 “三山实验”模型

（三）具体运算阶段（7—12 岁）

7 岁以后，儿童思维进入运算阶段。所谓运算是指在心理上进行操作，是外部动作内化为头脑内部的动作（操作）。运算具有四个特征：运算是一种能在心理上进行的、内化了的动作；运算是一种可逆的内化动作；运算具有守恒性；运算不是孤立存在的，它总是集合成系统，形成一个整合的整体结构。

具体运算阶段的儿童认知结构中已经具有了抽象概念，思维可以逆转，因而能够进行逻辑推理。这个阶段的儿童能凭借具体事物或从具体事物中获得的表象进行逻辑思维和群集运算，但思维仍需要具体事物的支持。

具体运算阶段儿童思维的最大成就是获得了守恒。所谓守恒，是指儿童认识到客体在外形上发生了变化，但其特有的属性不变。例如，在“液体守恒”实验中，具体运算阶段的儿童已能理解同样两杯水分别倒入矮而宽的杯子和高而窄的杯子中，水还是一样多。

国内外的研究发现，儿童达到守恒的年龄是不一样的。我国儿童 5—6 岁可以对 10 以内的数目达到守恒，7—8 岁可以理解液体守恒，而长度守恒要更晚一些。研究还发现，儿童通常是通过三种方式达到守恒的。

(1) 可逆性思维

可逆性的出现是守恒获得的标志，也是具体运算阶段出现的标志。以“液体守恒”为例，将一大杯水倒入小杯中时，该阶段的儿童不仅能考虑水从大杯倒入小杯，而且还能设想水从小杯倒回大杯，并恢复原状。这种可逆思维是运算思维的本质特征之一。

(2) 补偿性思维

补偿性思维是指一个方面的变化可以用另外一个方面的变化来补偿，如“这杯水看起来比那杯水少，但这个杯子比那个杯子粗，所以水还有一样多的”。由于他们自我中心的程度较低，所以他们能够考虑到一个情境中的多个方面，即具有去中心化的能力。

(3) 同一性思维

同一性思维是指虽然形状发生了变化，但实质上既没有增加，也没有减少，还是原来的那些东西。“我看它们是一样多的，因为它还是原来那杯水。”

这三种方式表明儿童的思维水平已超过具体形象阶段，故而能透过表面现象把握其本质，保持概念的稳定性，其认知活动更具深刻性、灵活性和广泛性。

图 6－3，展示了对具体运算阶段的几组儿童进行守恒能力测验的情况。

图 6－3　几组儿童守恒能力的测验

（四）形式运算阶段（12岁—成人）

形式运算阶段又称命题运算阶段，是思维发展的最高阶段，其最大特点是儿童思维已摆脱具体事物的束缚，能将心理运算运用于可能性和假设性情境，并通过假设和命题进行逻辑推理，监控和内省自己的思维活动。形式运算阶段具有两大特征。

1. 假设—演绎推理

具体运算思维是运算思维发展的第一步，它是直接与具体的事物相联系，在思维过程中具体形象成分仍然起主要作用，需要具体的、直观的、形象的、感性经验的支持；在面对问题时总是从情境中最明显的现实假设开始。而青少年则完全不同，他们开始能够进行假设—演绎推理。当面对问题时，他们首先考虑的是涵盖了可能影响结果的所有因素的普遍理论，然后从这种普遍理论中推导会发生什么的特定假设，并运用一定的方式对这些假设进行验证。这种方式的问题解决是从可能性假设开始的。

皮亚杰和英海尔德（B Inhelder）用“单摆振动实验”（如图6－4所示）说明了具体运算思维和形式运算思维的区别。

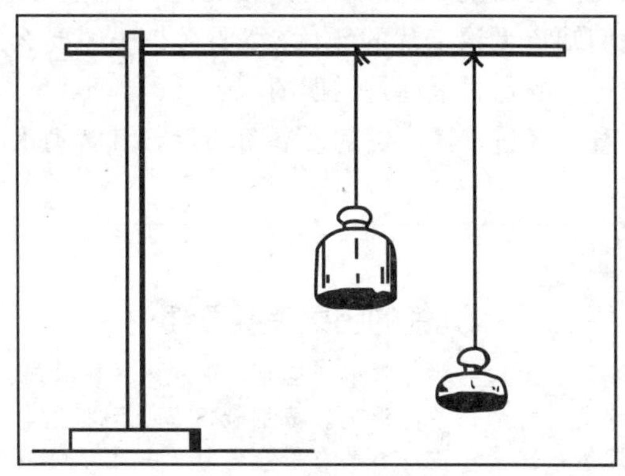

图6－4 单摆振动实验

实验者给被试呈现一个单摆，即在一根线上悬挂一个重物（如砝码），让被试改变线的长度或悬挂物的重量以及振幅、推动力等因素，从而找出影响单摆振动频率的因素。实验中只有一个因素与单摆振动有关，被试必须懂得只有逐个隔离因素方能排除无关因素。

形式运算阶段的儿童总结了四个假设：（1）绳子的长度；（2）悬挂物的重量；（3）物体的起摆高度；（4）起摆时所受到的动力大小。然后，他们在每次实验中都控制三个变量，仅改变一个变量来进行研究，得出绳子的长度与单摆振动频率有关的正确结论。相反，具体运算阶段的儿童虽然能将绳的长度、悬挂物重量及物体的起振高度等按照一个大小序列来进行实验，但他们往往同时改变上述所有因素，故认为各种因素都影响单摆振动速度。

据我国心理学工作者对23个省市4万多名中学生的调查表明，我国中学生在初中一年级时形式逻辑思维已经开始占优势，到高中二年级时这一思维已基本成熟。①

① 黄煜峰，雷雳．初中生心理学［M］．杭州：浙江教育出版社，1993：154.

2. 命题思维

形式运算思维的另一个重要特征是命题思维能力。所谓命题思维是一种在缺失具体例子的情况下，使用抽象逻辑的推理形式。① 青少年能够不通过现实情景而对命题（言语表述）进行逻辑推论。相反，具体运算阶段的儿童只能通过现实世界中的实际例证，来推论言语表述之间的逻辑关系。

在一项关于命题推理的研究中，实验者向儿童提供了一堆卡片，设定了两种实验情形，然后问儿童关于卡片的叙述是正确的还是错误的。第一种情形是实验者在手中藏起一张卡片后对被试说："我手中的这张卡片要么是绿色的，要么不是绿色的。""我手中的卡片是绿色的，也不是绿色的。"第二种情形是，实验者在手中拿一张红色卡片或绿色卡片，但不藏起来，然后重复上述两句话。

结果发现，具体运算阶段的儿童关注卡片的具体特性。当卡片被藏时，他们对两句话都不确定；而卡片未被藏起来时且为绿色，他们认为两句话都是正确的；如果卡片是红色时，他们认为两句话就都是错误的。相反，形式运算阶段的儿童则能够分析句子的逻辑成分，他们知道无论卡片的颜色，"要么是……要么是……"的句式永远是正确的，而"也……"的句式永远是错误的。

皮亚杰认为，儿童在经过上述连贯的发展阶段后，其智力水平就基本趋于成熟。

学以致用6－1

儿童的因果关系思维

用一个大盆装满水，拿出一些日常生活用品，如积木、玩具船、纸、硬币、石头、铁钉等，有的是能浮的，有的是不能浮的。分别让3岁、5岁儿童预测一下这些各式各样的物体能否浮起来，探查儿童对因果关系的理解，并录下你们的对话来验证你对儿童反应的预期。分析一下儿童思维是否有如下特点：

"魔力"思维：儿童是否表现出将自己的动作与漂浮的可能性联系起来。

"现象论"思维：儿童是否表现出认为两个事件只要有联系就互为因果，如"积木漂起来是因为它是红色的"。

"拟人化"思维：儿童是否将人类的动机运用到无生命的物体身上，如石头沉下去是因为它累了。

然后，和一个小学生做这个实验，看看反应有什么不同。

三、基本认知能力的发展

从直觉行动到具体形象，再到抽象逻辑，这一发展趋势贯穿于思维形式（概念、判断和推理）和思维活动（分析与归纳、分类、理解）的整个过程。下面就从分类、概念获得和问题解决等方面进一步描述儿童认知的发展历程，以加深对认知发展趋势

① 罗伯特·费尔德曼．发展心理学——人的毕业发展［M］．苏彦捷，等，译．北京：世界图书出版公司，2007：434.

的理解。

（一）分类能力的发展

客观世界中的事物具有众多的属性和特征，分类就是人脑通过比较，按照事物的异同程度而在思想上加以分门别类的过程。

分类能力是人类的一种基本认知能力，分类活动几乎渗透到人的所有认知活动之中。心理学认为，形成概念或类别是表征知识的一种极为有效的方式，而考察概念或类别的形成，一般是通过考察人们如何对事物进行分类来展开的。

早在 20 世纪 30 年代，维果茨基（Lev Vygotsky，1896—1934）就开始了儿童分类能力的研究，结果发现儿童分类能力的发展经历了三个阶段：主观印象阶段（按照自己主观愿望进行分类）、临时规则阶段（有时按颜色分类，有时按形状分类，分类标准时时变化）和确定规则阶段（按照一个固定标准对所有刺激物进行分类）。

皮亚杰和英海尔德也对儿童的分类问题进行了研究，发现儿童分类能力的发展经历了三个阶段。第一阶段（2 岁到 5 岁半）：儿童分类时只关注事物的形象特征，对其他特征很少顾及，而且不能持续、有效地使用一种固定的标准，分组时容易受刺激物摆放位置的影响。第二阶段（5 岁半到 7 岁）：这时儿童按照刺激物之间的相似性进行分类，并逐步具有按照一个固定标准分类的能力。第三阶段才是真正的分类阶段，儿童在 8 岁开始进入这个阶段。儿童对一些熟悉事物能够进行接近本质的分类，而且能理解类别与类别之间的关系。

凯根（J Kagan，1967）对儿童分类的研究发现，儿童在分类时使用了三种不同方式：分析式分类——依据刺激物的部分特征分类；关系式分类——依据刺激物之间的某种功能上的联系分类；推导式分类——根据内在属性进行分类。

我国学者王宪钿（1964）用单一物体的图片对儿童的分类进行了实验研究，查明了儿童分类的不同类型与水平。儿童分类的发展，可归纳为以下五类：

1. 不能分类。儿童将性质上毫无联系的图片，按原排列顺序或按数量平均地放入各个木格，不能说明分类原因；或任意将图片分为若干类，但不能说出原因。

2. 感知特点分类。依据颜色、形状大小或其他特点分类。例如，将桌子和椅子分为一类，因为都有四条腿等。

3. 生活情境分类。把日常生活情景中经常在一起的事物归为一类。例如，书包是放在桌子上的，所以把书包和桌子归为一类。

4. 功能分类：如桌、椅是写字用的，碗、筷是吃饭用的，车、船是运人的，等等。儿童只能说出物体的个别功能，而不能加以概括。

5. 概念分类。如按交通工具、玩具、家具等分类，并能给这些概念下定义，说明分类原因。

一般来说，4 岁以下儿童基本上不能分类；5—6 岁儿童开始发展初步的分类能力，但主要是依据物体的感知特点与情境进行分类；5 岁半—6 岁，儿童发生了从依靠外部特点向依靠内部隐蔽特点进行分类的转变；6 岁以后，儿童能够按物体的功用及内在联系进行分类，说明儿童的概括水平发展到了一个新的阶段。我国学者吕静（1984）的研究结论与上述研究相似。

早期的学者认为分类能力是学龄儿童的认知成就，只有到了小学阶段儿童才能按照稳定的标准分类。但是，新近的研究发现，幼儿阶段已经能够进行稳定地分类，但是分类的标准可能是具体的知觉特征或者是日常生活中常见的功能关系。其他领域如记忆的研究提供了幼儿按照类别关系组织物体的能力。利用推理或命名的实验也发现幼儿具有按照概念水平的标准进行分类的能力。我国学者的研究也表明，儿童依“类概念”（理论性）分类的能力是随年龄的增长而提高的，7—8岁是发展的突变期①。

（二）概念的获得

概念是人类思维的一种重要形式，是抽象逻辑思维的细胞结构，是人类进行一切认知活动的基础。概念的发展水平在一定程度上决定和反映了思维的发展水平。

概念在儿童的认知发展中具有非常重要的功能。它可以帮助儿童根据事物所具有的共同属性，将不同的事物组合在一起进行认识，并形成组织性记忆；还可以帮助儿童认识那些尚未实际感知过的事物和事件，能运用概念进行归纳推理，从已知导出未知。因此，概念是儿童认识事物的重要思维工具。

概念反映的是客观事物一般的、本质的特征。人类在认识事物的过程中，把某些事物所共同具有的本质特点抽取出来加以概括，并用词标示出来，就形成了概念。因此，概括能力是儿童掌握概念的直接前提。儿童概括能力的发展经历了动作水平的概括、形象水平的概括、抽象水平的概括三级水平。

就个体而言，概念是在个体的发展过程中逐渐掌握的。儿童掌握概念并不是简单地、原封不动地接受，而是要把成人传授的现成概念纳入自己的知识经验系统中，按照自己的方式加以改造。

儿童掌握概念的方式有两种。一种是通过实例获得。儿童在日常生活中经常接触各种事物，其中有些就被成人作为概念的实例（变式）而加以介绍，同时用词来称呼它。儿童就是通过词（概念的名称）和各种实例（概念的外延）的结合，逐渐理解和掌握概念的。另一种方式是通过语言理解获得，即成人用给概念下定义的方式，用讲解的方式帮助儿童掌握概念。在这种讲解中，把某概念归属到高一级的类或种属概念中，并突出它的本质特征。儿童以这种方式获得的概念，通常是科学概念而非日常概念。

“儿童概念的发展过程经历了从具体特征的抽象概括逐步过渡到本质特征和规律的概括的认知过程。”② 儿童掌握概念大致经历了以下四级水平。

第一级水平：表现为儿童不能理解概念或者用原词造句，反映了儿童对某些概念还缺乏理解或只是形式的、笼统的理解。

第二级水平：表现为“具体实例”和“直观特征”，反映了儿童是从具体客体或其可以直接感知的特征去掌握概念的。

第三级水平：表现为“重要属性”、“实际功用”和“种属关系”，反映了儿童能

① 陈友庆，阴国恩．儿童分类的发展特点及影响因素的实验研究［J］．天津师范大学学报，2002（6）：165.

② 左梦兰，等．7—11岁汉族、傣族、景颇族儿童概念形成的比较研究［J］．心理学报，1988（3）：260－267.

从客体非直觉的内在属性以及人与事物或事物与事物之间的关系来认识客体。

第四级水平：表现为“正确定义”，反映了儿童已能认识事物的本质特征。

(三) 问题解决能力的发展

问题解决的首要条件是先要有问题。什么是问题？所谓问题是指需要解决的某种疑难，即当一个人希望达到某一个目标，但又没有可供使用的现成方法时，这个人就面临一个问题。问题包含了三个基本成分：一是给定条件，即问题起始状态；二是问题的目标状态，即问题的答案；三是障碍，即找到答案必须经历的思维活动。

问题解决（problem solving）是指个人应用一系列的认知操作，从问题的起始状态到达目标状态的过程。问题解决被看做是思维活动的最普遍形式，它突出地表明了人的心理活动的智慧性和创造性。对儿童来说，问题解决能力的发展尤为重要，它不仅是儿童发展认知的重要内容，而且通过问题解决，儿童还可以发展许多其他方面的能力。

1. 儿童问题解决能力的发展

了解个体问题解决能力的发展状况，最好的方法之一就是观察不同年龄的个体在解决同一个问题时所表现出的能力。希格勒（Robert S Siegler）进行的关于解决天平问题的实验研究，为我们提供了了解这种发展变化的背景。研究发现，随着年龄增长，个体解决天平问题能力的发展非常显著，表现在对问题有关信息的正确编码、解决问题的具体策略以及从经验中受益的能力等方面。

(1) 天平实验

我们这里所说的天平是一种心理学实验装置，心理学家常常用来测查儿童问题解决的能力（如图 6－5 所示）。天平的中间有一个支点，支点的两端是等长的横杆，横杆可以以支点为中心摆动，在两端的横杆上都有等距的间隔，由于被放置在两端横杆上的重物的重量以及重物的位置与支点间的距离不等，横杆将向左侧或右侧倾斜。在天平实验中，要求被试根据天平两侧的重物以及重物与支点间的距离等条件，判断天平向哪一侧倾斜。

图 6－5　希格勒的天平实验

解决天平问题主要涉及两个维度，即放在两端横杆上的重物重量以及重物到支点的距离。解决问题的关键在于主体是否能对上述两方面的因素进行恰当的编码及合理的分析。通过观察，希格勒归纳出儿童在解决天平问题时所应用的四条规则。

规则Ⅰ：儿童只考虑支点两侧的重量，如果两侧重量相等，则天平处于平衡状态；如果两侧的重量不等，则预测较重的一侧向下倾斜。

规则Ⅱ：儿童首先考虑重量，如果两侧的重量不等，则根据重量判断，向较重的一侧倾斜；如果重量相等，则考虑距离，距离支点较远的一侧将向下倾斜。

规则Ⅲ：儿童会同时考虑重量和距离，当重量和距离均相等时，则预测两侧平衡；当某一维度相等，另一维度不等，能根据规则Ⅰ和规则Ⅱ正确判断；但如果两种的重量和距离均不等，则会出现猜测和混乱现象。

规则Ⅳ：儿童已掌握了“力矩＝重量×距离”的规则，力矩较大的一侧将向下倾斜。

接下来，希格勒又设计了“规则评价法”（rule assessment method），将解决天平问题的四个规则具体化为六类问题，以便引出不同规则支配下的反应模式。这六类问题如下所述。

（1）平衡问题：天平两侧的砝码以及砝码到支点的距离相等；

（2）重量问题：两侧砝码距支点的距离相等，但两侧砝码的重量不等；

（3）距离问题：两侧的砝码重量相等，但砝码距支点的距离不等；

（4）重量—冲突问题：天平某一侧砝码较重，另一侧的砝码较轻且与支点的距离较远，这时较重的一侧向下倾斜；

（5）距离—冲突问题：天平某一侧的砝码较重，另一侧的砝码与支点的距离较远（程度较大），这时距离较远的砝码一侧向下倾斜；

（6）平衡—冲突问题：天平两侧的砝码重量以及砝码与支点的距离均不相等，但两侧的力矩相等，这时，天平处于平衡状态。

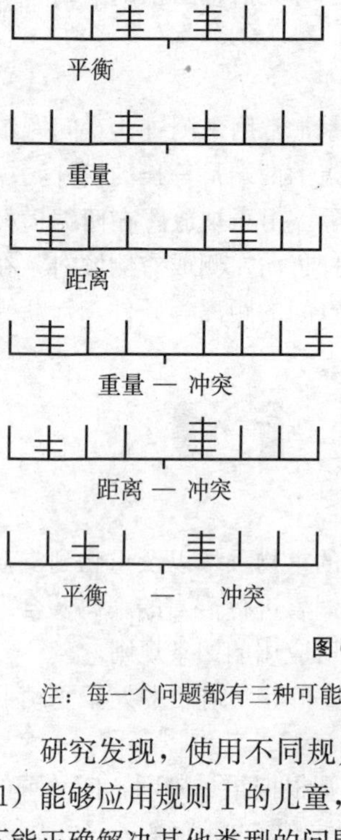

问题类型	规则 I	规则 Ⅱ	规则 Ⅲ	规则 Ⅳ
平衡	100	100	100	100
重量	100	100	100	100
距离	0	100	100	100
重量 — 冲突	100	100	33	100
距离 — 冲突	0	0	33	100
平衡 — 冲突	0	0	33	100

图 6－6　解决天平问题时应用规则的情况

注：每一个问题都有三种可能结构：左边下沉、右边下沉和平衡。33％的正确率说明儿童是在猜测。

研究发现，使用不同规则的儿童在解决这六类问题时表现出不同的反应模式：（1）能够应用规则Ⅰ的儿童，能正确解决平衡问题、重量问题和重量—冲突问题，但不能正确解决其他类型的问题；（2）能应用规则Ⅱ的儿童，除了能正确解决上述三类问题外，还能正确解决距离问题；（3）能应用规则Ⅲ的儿童，不仅可以正确解决前三类问题，还可以在机率水平（33％的可能性）上正确解决后三个含有各种冲突的问题；（4）能应用规则Ⅳ的儿童，能正确解决所有问题。

(2) 儿童解决天平问题能力的年龄特点

希格勒发现，绝大部分的5—17岁儿童至少能应用上述四个规则中的一条规则去解决天平问题。5岁儿童在解决问题时，较经常使用规则Ⅰ；9岁儿童较经常使用规则Ⅱ和规则Ⅲ，17岁儿童则常用规则Ⅲ。在5—7岁儿童中的所有年龄组中，都很少有人使用规则Ⅳ。这一发展趋势也被后来的一些研究（Damon & Phelps，1988；Ferretti & Butterfield，1986；Ferretti et al.，1985；McFadden，Dufrense & Kobasigawa，1986；Zelazo & Shultz）所印证。

儿童在解决上述六个具体的天平问题时也表现出了与规则使用相联系的年龄特征。例如，使用规则Ⅰ的儿童除了能够解决平衡问题和重量问题，还能正确解决重量—冲突问题。但使用规则Ⅲ的儿童，已经认识到在决定天平的倾斜方向时，两侧的物体的重量及物体距支点的距离同等重要。因此，当天平两侧的物体重量及物体距支点间的距离互不相等时，他们在思想上就产生了混乱，以至于正确解决重量—冲突问题的可能性只有33%。希格勒在实验中还发现，虽然5岁儿童只能应用规则Ⅰ，但解决重量—冲突问题的正确率高达89%；相反，那些已经能够应用规则Ⅲ的11岁儿童，解决重量—冲突问题的正确率只有51%。这一结果提醒我们，儿童在完成认知任务时，所表现出来的随着年龄增长成绩反而有所下降的情况，并不代表儿童认知能力的真正下降，而是年长儿童在开始用更高一级的规则去解决问题时还不够熟练造成的。因此，这种表面的退步实质上代表着一种进步。

研究者还发现，儿童在很小的时候就已经对天平的功能有所了解，并能解决某些有关天平的问题，但在解决问题的过程中还不会运用什么规则。儿童很小就表现出来的解决天平问题的原始能力，为以后掌握有关天平问题的规则奠定了重要的基础。

2. 儿童问题解决策略的发展

问题解决策略的形成和发展是一个非常复杂的过程。国内外研究者们分别从对信息的编码、规则的发现、假设检验以及元认知等不同的角度研究儿童问题解决策略能力发展的年龄趋势及特点。

我国学者也对儿童问题解决策略的发展进行了研究。① 研究者以5—13岁的250名儿童为被试，采用图片、数字卡片和图形三种实验材料，要求被试解决三种任务。结果发现，儿童在解决三种任务时的策略水平呈基本一致的发展趋势，均呈现四级发展水平。

(1) 0级水平：无策略，儿童依据自己对某一刺激物的偏好或猜测而提出假设，对主试给予的反馈信息不进行反应，不能解决问题，大部分5岁儿童属于这一级水平。

(2) 一级水平：虽然可以解决问题，但所应用的策略属低水平的保守扫描策略，被试顺次地对每张图片或每个数字加以提问，大部分7岁儿童处于这一级水平。

(3) 二级水平：能初步运用分类策略提出假设，缩小了答案的范围，大多数9岁儿童属于二级水平。

(4) 三级水平：能运用高级的分类策略，能对信息从本质上进行编码，形成在概念系统中位于高层次的概念，所用策略带有聚集式，能迅速排除与答案无关的信息，

---

① 张智，左梦兰. 儿童解决问题策略发展的实验研究［J］. 心理科学通讯，1990 (2)：21－26.

有效地解决问题。11岁儿童达到了三级水平。

其次，不同年龄儿童在解决问题中使用策略水平的发展具体表现为：儿童运用策略的灵活性不断增强，即根据不同的实验任务，随时改变和调整策略；儿童提出的假设从单一维度发展到多维度，能更好地建立起关于问题的心理表征；儿童对反馈信息的敏感性增强，年长儿童通过逆转换的反向思维方式对负反馈信息进行深入加工，对解决问题的全过程表现出良好的监控和调节能力。

第二节 认知过程的发展：信息加工理论

皮亚杰将儿童视为积极的行动者，认为为了更好地适应环境，儿童会不断地重构自己的知识结构，但他没有揭示儿童认知发展的精确步骤。那么儿童认知发展的变化过程是怎样的？儿童的认知发展都表现在哪些方面？如何能更好地促进儿童认知的发展？20世纪七八十年代兴起的信息加工理论（information-processing theory）试图具体地解释上述问题。到目前为止，认知发展研究还没有形成一个统一的信息加工论点，但所有信息加工观点的核心思想都是一致的，即“人们在一个有限的系统中，通过使用不同的认知操作或策略对信息进行加工”①。本节主要从信息加工的速度、工作记忆、元认知三个方面的发展来考察儿童认知的信息加工过程的发展。

理论关联6-1

记忆的信息加工模型（Memory Information Processing Model）

当输入的信息进入大脑后，第一站就是感觉记忆或感觉登记（sensory register）。感觉记忆只是把感觉到的原始信息当做一种后像或者回声暂时存储起来，每一种感觉都有特定的感觉登记器。感觉记忆可以存储大量的信息，但只能保持极短的时间，可见感觉记忆中的内容十分丰富，但如果没有进一步加工，这些内容很快就会消失。如果感觉记忆中的信息被注意到，这些信息就会进入到心理活动的第二站——工作记忆（working memory）。工作记忆的功能表现在两个方面：一是暂时存储一定数量的信息；二是运用这些信息进行特定的加工。工作记忆的存储容量有限，当工作记忆的有限位置被占满时，新的信息要么不能进入，要么必须把原有信息排挤出去，但是运用策略把信息片断组合起来，成为更大单元的信息组合，就可以增加记忆容量。工作记忆存储的时间可以达到15—30秒钟，这就为加工信息赢得了时间，它像一个中央处理器，是心理系统的意识部分，在这里我们可以积极地处理一定量的信息。工作记忆中的信息如果没有得到进一步的加工，也会很快消失，而经过加工的信息就会进入到心理活动的第三站——长时记忆（long-term memory）中。长时记忆可以储存大量的信息，保持的时间也相对持久。但它贮存的信息太多了，以至于人在提取时或从系统中获得反馈信息时常遇到困难。为了帮助从长时记忆中提取信息，我们经常运用在工作记忆中用到的策略。

① David R Shaffer，Katherine Kipp. 发展心理学［M］. 邹泓，等，译. 北京：中国轻工业出版社，2009：272.

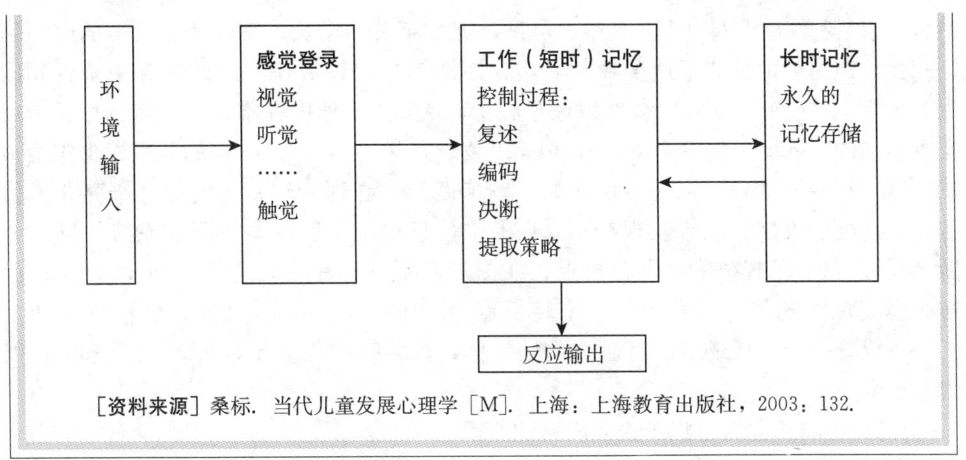

［资料来源］桑标．当代儿童发展心理学［M］．上海：上海教育出版社，2003：132.

一、信息加工速度的发展

信息加工速度是指个体获取、编码、储存和提取信息，并完成一系列操作过程所需要的时间，其主要的评价指标是反应时。加工速度越快，在同一时间内可操作的信息就越多，工作记忆中就会同时有更多的信息处于活跃状态。可见，“加工速度不仅是衡量心理能力的重要指标，而且也是衡量个体心理发展水平的重要指标，信息加工速度的发展变化代表着认知活动的发展变化”①。

（一）儿童在不同的任务中信息加工速度有差异

儿童完成一些任务的加工速度会明显快于完成另一些任务。在一项研究中，分别给 10 岁、12 岁、15 岁的儿童以及成人呈现速度不同（由最快到最慢）的四种任务：(1) 选择反应（如果刺激箭头指向左，就按左边的反应键，如果刺激箭头指向右，则按右边的反应键）；(2) 字母匹配（如果刺激中的两个字母是不同的，则按左键，如果两个字母是相同的，则按右键）；(3) 心理旋转（确定可能处于不同的空间方位的两面旗子上的星星是在左上角，就按左键，反之在右上角就按右键）；(4) 抽象匹配（按两个反应键之一，确定在左边或右边的字母背景与屏幕的背景是否相同，背景可能在字母、字母数量或方位上不同）。研究结果显示：操作较慢的任务更复杂，其中包括了很多认知操作，不仅是简单的刺激反应。比森（Bisan，1979）测量了名字的提取时间，任务是要求被试判断成对图画在形状和名字上是否相同。结果表明被试判断相同名字比判断相同形状慢。这种差异是由于被试需要花时间专门提取名字造成的。

（二）对任务的加工速度随年龄的增长而提高

许多研究表明在各种信息加工任务中儿童的加工速度比成人慢，儿童信息加工速度随年龄的增长而提高。如比森等测量了名字的提取时间，结果表明 8 岁儿童提取相同物体名字所用的时间是 282 毫秒，10 岁、12 岁、17 岁被试分别为 210 毫秒、142

① 沃建中．信息加工速度发展的研究进展［J］．心理学动态，2001 (9)：311－318.

毫秒、115毫秒，成人为113毫秒。可见，随着年龄的增长，完成任务所需的时间逐渐减少。但这种信息加工速度随年龄增长逐渐提高的趋势在不同的任务中是否相同呢？沃建中的研究表明，个体在发展过程中，认知加工速度并不是同比例的增长，而是有不同的飞跃期。他以7岁、11岁、13岁、15岁、17岁、19岁的儿童青少年为被试，以三种性质的任务（简单反应时、图形匹配、心理旋转）为内容，研究儿童信息加工速度的发展，结果发现在不同任务中信息加工所用时间下降的趋势不同：在简单反应时中，11岁是一个转折点；在图形匹配任务中，13岁是一个转折点；而在心理旋转任务中，17岁才是一个转折点。① 而凯尔（Kail，1993）将信息的加工速度看成是一个一般的、任务独立的结构体，童年时代很多不同任务执行速度发展的一致性。

（三）影响儿童信息加工速度发展的原因

许多研究表明儿童信息加工的速度和成人有差别，随着儿童年龄的增长，儿童信息加工的速度不断发展。研究者开始关注造成这种差异的原因，并进行了大量的研究，综合起来有三种不同的假设：经验说、元认知说、整体机能说。

经验说认为信息加工速度年龄差异的主要根源是个体的知识经验，即随着年龄的增长，个体知识经验愈丰富，其加工速度就愈快。持这种观点的人主要的实验依据是来自于在某些专业领域的加工任务中，专家的加工速度总是明显快于新手。这表明刺激任务的性质或刺激知识的熟悉程度影响了信息加工速度，知识差异在一定程度上影响了成人和儿童的加工速度，即信息加工速度的年龄差异是由于知识的差异造成的。

元认知观点则认为认知任务的完成是选择有效策略、合理分配能量、监控任务操作等一系列心理操作的过程，主体所使用策略的差异是造成这种差异的主要原因。如成人在心理旋转任务中，加工效率的比率与被试使用不同的策略相关联。因此可以推测完成某项任务所需加工时间的变化是由于选择不同的策略引起的，个体监控能力水平是影响信息加工速度的重要因素。

整体机能说则认为信息加工成分是以和谐的、同比率的速度在发展，加工速度中年龄差异的一致模式反映了整体性机理的发展变化，其整体机理限制了儿童在大多数任务上的加工速度。加工速度中的发展变化可以反映神经传递速率中的相关年龄变化。这种假设与凯尔（Kail，1991）的观点基本一致，认为加工资源（指心力或注意力）的绝对量是随年龄增长而增加的，控制加工要争夺资源，这样其效能对于这些资源的量是敏感的。为此，凯尔预测整个控制加工的效能同样受年龄影响，而自动加工的效能相对不受年龄的影响，因为它们不受资源的限制。

二、工作记忆的发展

工作记忆是巴德利（Baddeley，1974）等人在对短时记忆系统特征研究的基础上提出的一种对信息进行暂时性加工和储存的记忆系统，它超越了短时记忆简单的存储

① 沃建中．信息加工速度的年龄差异机制［J］．心理发展与教育，1996（3）：12－19．

功能。工作记忆“实际上是一种执行系统，对于信息的编码和存储有计划监控等诸多作用”①。20世纪90年代以来，有关儿童工作记忆发展的探讨，成为目前认知心理学研究的一个热点。作为认知加工过程的一个最基本环节，工作记忆概念比短时记忆概念更具有解释力，这是它受到重视的一个重要原因。

（一）儿童工作记忆加工容量的发展

工作记忆广度的大小直接影响着人类完成高级认知活动的效率，“记忆广度提供了加工容量的估计值”②。儿童工作记忆广度随年龄的增长而扩大。黑尔（Hale，1996）等人研究了人一生中工作记忆的个体差异和年龄差异，在儿童的抽样调查中发现语言和空间工作记忆广度随年龄的增长而扩大，进一步分析表明有97%的工作记忆的年龄差异是由加工速度的年龄差异引起的。图6－7形象地显示了这种变化。

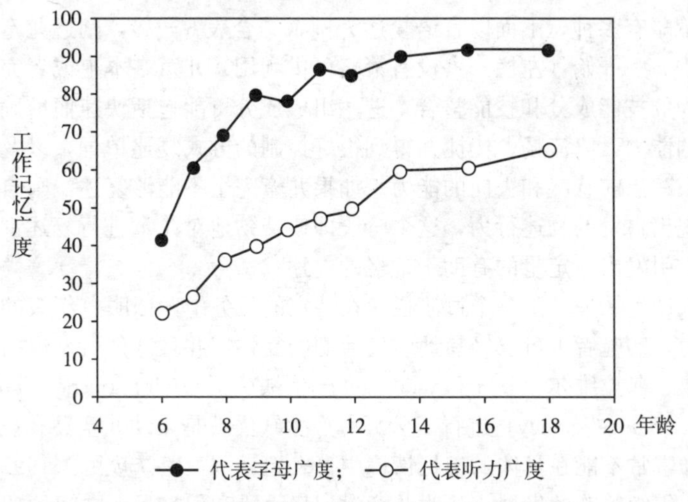

图6－7 不同年龄字母和听力广度的函数图

帕斯夸尔-莱昂内（Pascual-Leone）认为，随着年龄增长，儿童的工作记忆中持有信息的能力也在增长。他称这种能力为M空间（记忆空间），并用实验检验了M空间随年龄增长而发展的假设。他要求不同年龄儿童学习对不同的视觉刺激作出不同的动作反应，例如，看到红颜色就拍手，看到大杯子就张嘴。一旦儿童学会了这些简单的联想，实验者就向他们同时呈现两种或更多的刺激，让儿童作出适当的反应。一个儿童的正确反应数与其在M空间中能综合的图式的最大数是一致的，而能正确完成的动作数在幼儿和学龄儿童中随年龄的增长而增加。

（二）儿童记忆策略的发展

1. 记忆策略的典型发展过程

策略是“为了完成一定的任务而有意采取的心理操控活动”（Harnishfeger & Bjorklund，1997）。大部分有意识的思维都是在策略的指导下进行的，儿童认知活动

① 郭春彦. 工作记忆：一个备受关注的研究领域［J］. 心理科学进展，2007（1）：1－2.

② J H弗拉维尔. 认知发展［M］. 邓赐平，等，译. 4版. 上海：华东师范大学出版社，1999：361.

的年龄差异也大多表现在策略使用的差异上。

表 6-1 记忆策略的典型发展过程①

	策略发展的主要阶段			
	没有策略可供利用	产生缺失	利用缺失	成熟的策略
执行策略的基本能力	从缺乏到贫乏	从中等到良好	良好	从良好到很好
自发的策略使用	缺乏	缺乏	出现	出现
试图引发策略的使用	无效	有效	不必要或者效果微弱	不必要
策略使用对提取的影响		积极的	缺乏或者很小	积极的

记忆的策略有多种，下面以言语复述为例（结合表 6－1），阐述儿童记忆策略发展的一般过程。一开始（左栏——没有策略可供利用）儿童基本上或者完全缺乏构成言语复述行为的技能成分和技能整合。这些组成成分可能包括快速而准确地再认和默读刺激名称的能力，以流畅、快捷并得到很好控制的方式复述单词，以及在执行复述计划时持续跟踪当前状况和去向的能力。如果儿童完全不能够复述，则自然不会在记忆情境下表现出自发的复述行为，这个阶段即使费劲地对儿童进行复述训练，也不可能在儿童身上引发出一定量的有助于记忆的复述。

第二栏（产生缺失）是一个过渡栏，在特定的任务中，证明一年级的被试具有很好的复述能力，实验者也可以轻易地引发他们的复述，并且这种引发也的确有助于他们以后的提取。弗拉维尔（J H Flavell）对产生缺失（production deficiency）和中介缺失（mediational deficiency）进行了区分。产生缺失就是年幼儿童具有执行策略的基本能力，但却常常不能在具体的记忆情境中自发地运用策略。庞虹（1992）研究了小学儿童记忆中组织策略的发展，认为儿童对记忆手段和记忆目标之间的功能关系缺乏清晰的认识，不能清楚地认识策略的有效性，以及常运用自己熟悉的、简单的同时也相对无效的策略，较差的有关记忆材料的知识基础以及较低的认识发展水平是导致产生缺失的主要原因。中介缺失是指儿童记忆策略的使用并不提高记忆成绩的现象。一般认为，记忆策略的使用会有助于个体提高回忆成绩。但在许多情况下，儿童策略的使用和成绩的改进并不同步，成绩的提高常常滞后于策略的使用。

第三栏（利用缺失）描述的是一个奇妙的过渡阶段，出现于成熟的利用策略之前。这种缺失是指儿童开始自发产生策略，但这些策略对记忆没有帮助或很少有帮助，或者这种帮助小于年长儿童使用策略的作用。利用缺失不同于中介缺失，它只适用于儿童的策略产生表现出某种程度的自发性的时候。在相当长的一段时间里，儿童在范围相当广泛的一系列策略和任务中表现出利用缺失。

最右一栏（成熟的策略）是不言而喻的，策略已经能自发出现，而不需要实验者的任何帮助，并且这种策略有助于记忆。

① J H 弗拉维尔. 认知发展［M］. 邓赐平，等，译. 4 版. 上海：华东师范大学出版社，1999：338.

至此我们还无法说出儿童在什么年龄产生缺失变化，什么年龄自发成熟地利用某一特定的策略，因为就同一个个体而言，随着评估使用策略的任务情景不同，这个年龄有很大的变化。

2. 复述策略的发展

研究者（A Oyen & J M Bebko，1996）向3岁儿童呈现一组玩具并让他们记忆的时候，儿童会很仔细观察这些玩具，而且有的还会对玩具进行标示，但是他们不会使用复述策略。年幼儿童在记忆时较少有效使用复述策略，但是可以教他们学会使用。如有些小学三年级学生每次只能复述一个或者两个单元，通过训练他们会主动复述更多的单元，使记忆保持的量增加。小学三年级的学生虽然能使用更加成熟的复述模式，但需要指导和督促，他们在遇到新的问题时往往又不会利用复杂的复述策略。凯勒斯等人（Kellas & McCarland，1975）曾经对儿童的大声复述有过研究，他向小学三年级、五年级、七年级的儿童出示写有9个单词的几张表，每次一张，把他们说话声用磁带录下来以评定他们的复述情况。结果显示，年龄大的儿童的复述多于年龄小的儿童。还有研究表明（Guttentag，Ornstein & Sieaman，1987）年长儿童的复述和年幼儿童的复述也不一样。如果让儿童记忆呈现给他们的一组单词，5—8岁的儿童通常会按原来的顺序每次复述一个单词，而12岁儿童则会成组地复述单词，也就是每次复述前面连续的一组单词，结果表明，12岁儿童记住的单词要多于5—8岁儿童。

弗拉维尔（1966）等做过一项实验，被试是幼儿园和小学的5岁、7岁、10岁儿童。实验时先呈现给被试7张物体图片，主试依次指出3张图片要求被试记住。15秒后，让被试从中指出已识记的那3张图片。在间隔时间内，让儿童戴上盔形帽，帽舌遮住眼睛。这样儿童看不见图片，主试却能观察到儿童的唇边。以唇动次数作为儿童复述的指标。结果是20个5岁儿童中只有2个（10%）显示复述行为，7岁儿童中60%有复述行为，10岁儿童中85%有复述行为。在每一年龄组中，采用自发复述策略的儿童的记忆效果优于不进行复述的儿童。

理论关联6-2

适应性策略选择模型（Adaptive Strategy Choice Model）

儿童的策略并不是阶段性发展的，也就是说儿童策略的发展的方式不是由复杂有效的策略代替较早产生的策略，所有年龄阶段的儿童都有多种不同的策略，他们在解决问题时会自行在这些策略中选择使用。希格勒和同事在关于幼儿算数策略的研究中证实了这个观点。幼儿在学习加法的时候，经常使用数数策略、最小策略、“正好记得”策略。以5+3=？为例，数数策略会大声说出数字（1、2、3、4、5、[暂停] 6、7、8）。最小策略比数数策略更复杂，从较大的数字开始数（5、[暂停] 6、7、8）。比最小策略更复杂的是记忆提取策略，不需要数数，就直接从记忆中提取答案就是“正好记得”。根据横断研究的结果，从使用数数策略到最小策略再到记忆提取策略，儿童的成绩是逐步提高的。进一步的分析表明，儿童在任意阶段都会使用这些不同的策略，只是每一种策略的使用都会随年龄的增长发生变化，年龄较大的儿童倾向于使用更复杂的策略。希格勒和他的同事还进一步提出了适应性策略选择模型。如图6-11所示，策略使用的变化是一系列相互重叠的过程，在不同的年龄阶段，不同策略的使用频率也是不同的。在时间维度上的任何一个时刻，儿童通常使用着几种不同的策略，甚至可能在不同的时候使用不同的策略去解决完全一样的加法问题。像波浪一样，策略也是相互重叠的，即使在某个新的策略已经开始形成时，儿童仍继续使用某个已有的策略。许多策略之所以看起来像波浪一样，是因为它们逐渐聚集力量，达到顶峰，然后再在儿童停止使用时回落，在发展期间，许多策略相互竞争支配地位，而较有效的策略逐渐得到更频繁地使用。尽管儿童最终将替换不良策略，但是他们在相当长的时间里仍然保留着它们。希格勒认为同时保持多种策略是具有适应意义的，因为只有这样，才能使他们灵活地处理某个问题并澄清在什么情境下哪一种策略最佳。

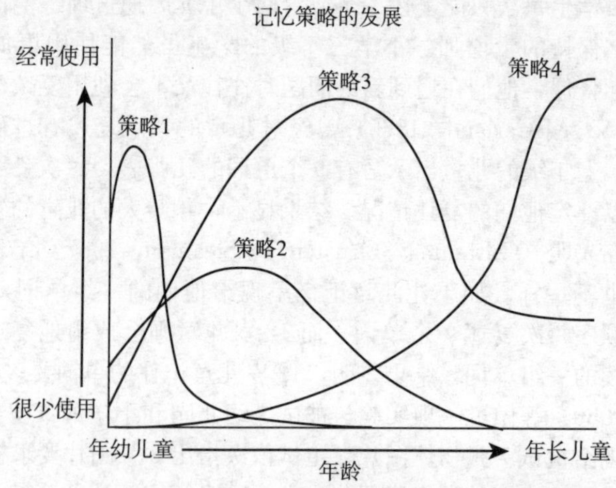

图 6－11　希格勒的适应性策略选择模型

［资料来源］David R Shaffer，Katherine Kipp. 发展心理学［M］. 邹泓，等，译. 北京：中国轻工业出版社，2009：279.

3. 组织策略的发展

虽然复述是一种十分有效的策略，但是“它却是一种刻板的、缺乏想象力的记忆策略，如果人们仅仅依靠复述项目就不能发现刺激物之间特定的、有意义的联系，在很多情况下组织策略是一种更好的策略”（David R Shaffer，2009）。以下面的实验为例。

第一组：小船、火柴、钉子、外套、草、鼻子、铅笔、狗、杯子、花

第二组：刀、衬衫、汽车、叉子、小船、裤子、短袜、卡车、调羹、盘子

尽管这两组单词的记忆难度可能是相同的，但事实上，对于许多人来说第二组更容易记忆，因为第二组项目可以明显分成有语义区别的三类：餐具、衣物、交通工具，这可以成为存储和提取信息的线索。弗拉维尔（1969）等人曾进行过这方面的研究。被试为 5—11 岁儿童，刺激物为一组图片，图片可分为四类：动物、家具、交通工具和衣服。图片被摆成圆形，两两相邻的图片都属不同类别。告诉儿童先学习这些图片，过一会儿要把图片的名字说给主试听。然后，主试托词有事要离开，并告诉儿童，为学习这些图片，可以进行任何有助于记住这些图片的活动。最后，评定被试对这些图片的归类结果，以被试将同类的两个图片挨着摆在一起的次数与同类的两个图

片挨着摆在一起的可能次数之比作为评分指标，结果如图 6－8 所示。从图中可知，10—11 岁儿童基本上是自发应用归类策略以提高记忆效果的，其他低年龄组儿童则不能。经过短暂归类训练，低年龄组儿童自发归类的水平得到显著提高。

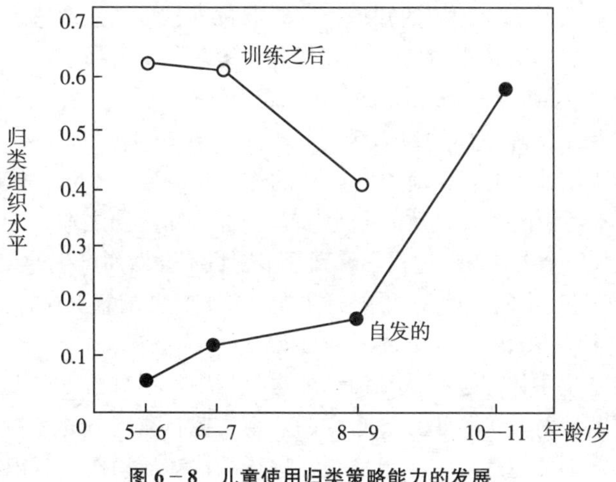

图 6－8　儿童使用归类策略能力的发展

三、元认知的发展

在一本教科书的要点下画线，一边听讲座一边记笔记，在购物之前写一张购物清单，重读本书中一些困难的段落，这些都是元认知的例子。那么究竟什么是元认知呢？元认知（metacognition）是 20 世纪 70 年代中期由美国心理学家弗拉维尔提出的一个术语，弗拉维尔最初提出“元认知是个体对自身认知过程的知识和意识”（1976）；后来又提出“元认知是以各种认知活动的某一方面作为其对象，对其加以调节的知识或者认知过程”（2001）。由此，我们可以将元认知明确理解为两个方面：有关认知的知识和调节认知的活动。前者指相对静态的知识体系，反映个体对认知活动及其影响因素的认识；后者是一种动态的认知活动过程，是个体对当前的认知活动所作的监控和调节。“元认知具有双重状态，它既是一个静态的知识实体，也是一个动态过程。”①

（一）元认知的结构

关于元认知的结构，心理学界有两分法和三分法之分。布朗（Brown，1982）认为元认知包含关于认知的知识和对认知的调节，弗拉维尔认为元认知由元认知知识和元认知体验构成。我国学者综合分析了上述两种结构的内涵，认为元认知成分应包括元认知知识、元认知体验和认知调节（汪玲，1999）。国内学者多倾向于使用三分法为基础来分析元认知各要素之间的关系。因此本文采纳三分法来介绍元认知结构。

1. *元认知知识*（Meta-cognitive knowledge）

元认知知识是指个体对影响认知活动过程和认知结果的各种因素的认识。具体来

① 汪玲，方平，郭德俊. 元认知的性质、结构与评定方法［J］. 心理学动态，1999（1）：6－11.

讲包括以下三方面的内容：（1）个体元认知知识，即个体关于自己及他人作为认知加工者在认识方面的某些特征的知识。（2）任务元认知知识，即关于认知任务已提供的信息的性质、任务的要求及目的的知识。（3）策略元认知知识，即关于策略（认知策略和元认知策略）及其有效运用的知识。同时弗拉维尔特别强调这三类知识的交互作用，他认为，不同个体会依据特定的认知任务对策略作出选择。

2. 元认知体验（Meta-cognitive experience）

元认知体验是指伴随个体的认知活动而产生的认知体验与情感体验。在性质上包含知与不知的体验，难度上包含简单与复杂的体验；在层次上包含能被个体清晰意识到的体验和处于潜意识的体验；从时间上来看包含认知活动之前、活动过程中和活动之后的体验。比如一个人在考试过程中看到很多题目不会做而产生的焦虑与沮丧就是一种产生在认知活动过程中的、对认知内容不知的、被自己清晰意识到的复杂情感体验。

3. 元认知监控（Meta-cognitive supervision）

元认知监控是指主体在进行认知活动的全过程中，将自己正在进行的认知活动作为意识对象，不断地对其进行积极、自觉的监视、控制和调节的过程。元认知监控指主体在从事认知活动的过程中，把自己正在进行的认知活动作为意识对象，不断对其进行主动地计划、监视、检查和控制的过程，包括制订计划、实际控制、检查结果、采取补救措施等具体环节。

（二）元认知能力的发展

1. 元记忆的发展

元记忆（Meat-memory）是元认知中的一个重要方面，它是指主体对记忆活动和记忆过程的知识和监控，即元记忆知识和元记忆监控。

首先，我们来关注元记忆知识。如儿童意识到他们所能记住的东西是有限的，有些任务更容易记忆，而有些任务则会很困难。学龄前的儿童已经具有一定的元记忆知识，比如5岁儿童意识到识记一个短的词要比识记一个长的词容易，识记自己熟悉的物体比识记生疏的物体容易，记住昨天发生的事情比记住上个月发生的事情容易（Kretuzer，Leonard & Flavell，1975）。但学龄前甚至是小学低年级的儿童的元记忆知识处于相对较低的水平，往往会高估自己的记忆能力。如果问幼儿和五年级的儿童“假如你要打电话给一个朋友，有人把电话号码告诉你了，你立即打电话和喝杯饮料再打电话有什么不同?”一般来讲幼儿的回答是没有什么区别，而五年级的儿童就知道该先打电话再喝饮料，因为他们知道电话号码很快就会忘记。进入学校后，儿童元记忆知识表现出了非常明显的进步，表现在对记忆的目的和任务的理解、对自己记忆效果的评价和记忆的组织策略使用等方面。年幼儿童在必须记住某样东西时，常常不知道该如何去记，也不能有效使用记忆策略；年龄大一点的儿童就知道该如何去记，也能较准确地评估自己的记忆能力。比如，把电话号码记下来，把要记的内容大声说出来，把类似的项目组合起来等。如庞虹（1992）的研究发现，从小学一年级到三年级再到五年级，儿童有关组织策略的知识随年龄的增长不断发展。杜晓新（1992）的研究发现，从初中到高中，学生在策略知识方面的发展是明显的。

其次，我们再来关注儿童元记忆监控的发展。总体上看，年幼儿童不能有效地监控自己的记忆，也不能准确地把握学习的程度，青少年的元记忆监控能力随年龄的增长而不断发展。有研究发现中小学生的监控判断呈现波浪式发展。12 岁和 15 岁时出现两个高峰点，每个高峰点出现之前都有一个准备期①。10—12 岁个体的监控判断水平没有显著的增长，10—12 岁和 13—14 岁与 15 岁之间有显著的差异，其发展趋势是不断增长的。

2. 元理解的发展

元理解（Meta-comprehension）是指认知主体对自身的阅读理解活动及其各种相关的主客观因素的认知、监控和调节。元理解也包括元理解知识和元理解监控两个方面。个体的元理解知识包括阅读材料特点的知识、阅读任务目标的知识、阅读策略的知识、有关本人特点的知识。董奇（1989）对我国 10—17 岁儿童的元理解的发展进行了研究，结果表明随着儿童年龄的增长，元理解知识日益丰富，且没有表现出波动性。到青少年期，元理解能力已经发展到一个较高的水平（张文新，2002）。儿童元理解监控能力的发展既存在着年龄差异又存在着个体差异。美国心理学家马尔克曼（Markman，1977）进行了一项关于儿童的元理解监控的研究，研究中要求小学一、三年级的学生帮助其评价一个实验指导语是否表达得清楚明了，指导语的内容是如何玩一种游戏。在这个指导语中，研究者故意删掉了一些词，使其产生模糊。年龄小的一年级儿童不能觉察出这些问题，他们说自己已经理解了指导语，并且认为能在其后的实验中按照该指导语去做。这表明，年龄小的儿童不能对自己的理解进行有效的监控，年龄大一点的儿童则对自己的理解的监控更为有效。赞布柯（Zabrucky et al.，1992）进行了个体对阅读理解监控的研究，该研究以三年级和六年级的良好阅读者和不良阅读者为对象，以含有不一致信息和不含不一致信息的段落为材料，要求被试进行阅读，记录阅读时间和回视情况，结果发现年龄较大的儿童比年龄较小的儿童表现要好，良好阅读者比不良阅读者表现要好，表现出了元理解随儿童年龄的发展，同时也揭示了元理解发展的个体差异性。

3. 元学习能力的发展

元学习是随着对元认知研究的深入，由 Biggs 和 Moose 于 1993 年提出的学习理论。元学习能力是指学生为了保证学习的成功，提高学习的效果，达到学习的目标，而在学习活动的全过程中，将自己正在进行的学习活动作为意识的对象，不断地对其进行的积极、自觉的计划、监察、检查、评价、反馈、控制和调节的一种学习能力。可见，元学习既包括对个体自身学习的评价和监控，又包括对学习策略的制定与创设，还包括对学习心理的调整与优化。②

儿童的元学习能力随着年龄的增长而不断提高。克拉克（Clark，1978）发现，最初的元学习能力在幼儿身上就有所体现。克拉克发现，2 岁的儿童就可以对自己的语言学习进行自我调节；为了更好地与他人交流，他们经常自发地练习和纠正自己的发音、语法和对物体的命名。当儿童进入小学后，其对学习的自我监控能力迅速发展

① 李景杰. 元认知：10—15 岁少年儿童记忆监控能力的实验研究［J］. 心理学报，1989（1）：86－95.

② 张廷楚. 元学习概念及其教学论意义［J］. 教育研究，1999（1）.

起来，学习时间稳定增加，学习时间的分类也更为合理，学习策略更为有效，学习效果不断提高。青少年的元学习能力得到了进一步的提高，以学习的自我监控为例，董奇等的研究发现儿童在 10—13 岁期间，发展较小，而在 13—16 岁期间发展较大，呈现出先慢后快的趋势。①

自我监控学习能力在儿童学习活动中的作用因年级不同而有差异。小学四年级儿童自我监控学习能力与他们的学习成绩并不存在显著的相关关系；初一儿童自我监控学习能力中方法性、反馈性水平与学习成绩存在的显著正相关；高一儿童自我监控学习能力中除计划性外，其余方面以及整体水平均与学习成绩呈现显著正相关。这说明随着年龄、年级的增长，自我监控学习能力对儿童的学习效果的可能影响开始显著地表现出来。②

自我监控的学习活动与其他心理特征的相关有差异。研究表明儿童的自我监控学习与儿童的内在性学习动机呈显著正相关，而与表面性学习动机呈显著负相关。儿童的自我监控学习与成功归因的内控分数成正比，与失败归因的关系不大；具有内在控制点的 14 岁学生和多数 16 岁学生都能够选择与动机相匹配的学习策略（Biggs & Kirby，1984）。自我效能感高则自我监控的学习行为水平高，自我效能感低则自我监控的学习行为水平低。

理论关联6－3

自我监控学习能力的构想成分及界定

在自我监控学习能力的构成上，研究者们有不同的看法，我国学者董奇将儿童的自我监控学习能力分为三个方面八个维度，并通过实验验证了其合理性。

成　分		含　义
学习活动前的自我监控	计划性	指儿童在学习前对学习活动的计划和安排。如学习之前先做好计划，对学习哪些内容、如何去学以及学习时间等进行安排。
	准备性	指儿童在学习前为学习活动做好各种具体的准备。如学习之前准备好学习用具，创设好学习环境，调节好情绪与精力。
学习活动中的自我监控	意识性	指儿童在学习活动中清楚学习的目标、对象和任务。如上课时知道老师为什么要讲这些内容。
	方法性	指儿童在学习活动中讲究策略，选择并采取合适的学习方法。如在不懂的地方做上记号、听讲时弄清老师讲课的思路、采取理解记忆的方法。
	执行性	指儿童在学习活动中控制自己去执行学习计划，排除有关干扰，保证学习的顺利进行。如坚持在完成学习任务后才能做其他事情。

①② 董奇，周勇．10—16 岁儿童自我监控学习能力的成分、发展及作用的研究［J］．心理科学，1995（2）：75－79.

续表

成　分		含　义
学习活动后的自我监控	反馈性	指儿童在学习活动后对自己的学习状况及效果进行检查、反馈与评价。
	补救性	指儿童在学习活动后根据反馈结果对自己学习采取补救性措施。如一旦发现某一部分内容学得不好时，就多花些时间或想一些办法去学好它。
	总结性	指儿童在学习活动后思考和总结学习的经验和教训。如总结自己或借鉴别人或书本上好的学习方法和经验，不断提炼和完善自己学习的方式、方法。

[资料来源] 董奇，周勇. 10—16岁儿童自我监控学习能力的成分、发展及作用的研究[J]. 心理科学，1995（2）：75－79.

根据元学习能力的结构和影响因素，不少学者提出了培养儿童元认知学习能力的策略，也有学者对学习障碍儿童进行了有针对性的元认知训练。综合来看，元学习理论认为一个会学习的学习者应具备如下能力：能够确立自己的学习目标；能够意识到不同的学习方法会产生不同的学习结果；能够意识到自己当前所用的学习方法，因此能监视自己的心理活动；能够从自己采用的学习方法所产生的结果中获得反馈信息，进一步评价自己的学习方法，因而能够依据是否有助于达成学习目标来调节自己所采用的学习和行为方式，以便更好地达到学习目标；学习主体有预见性，能预料事物的发展进程和结果，这就是说，既能事先拟定学习计划，也能在执行计划的过程中依据反馈信息适当调整自己的学习计划。总之，元学习理论相信人是积极主动的机体，人能够监视现在，计划未来，有效控制自己的学习过程。①

第三节　认知发展的新领域：心理理论

长期以来，发展心理学家致力于研究儿童是如何认识外部世界的，如客体、时间和空间、物理因果性等概念的发生和发展，并形成了有关儿童认知发展的种种理论解释。此外，在日常生活中，我们还习惯于对心理状态加以推理、推知他人的意图和信念，通过推测心理状态而预测他人的行为。可以说，这种关于心理状态的认识，是人类最基本的认识领域之一。从20世纪80年代开始，心理学家对儿童认识心理世界的问题开展了诸多研究。

一、心理理论的特殊意义

（一）心理理论的起源与发展

儿童心理知识发展的研究经历了三个主要浪潮：第一个浪潮直接或间接地源于皮

① 张庆林，等. 元学习能力及其培养[J]. 中国教育学刊，1996（3）：34－37.

亚杰的理论和研究，皮亚杰认为儿童对人心理的认知是由自我中心到脱离自我中心逐渐发展的；第二个浪潮始于20世纪70年代，是关于儿童元认知发展方面的理论及研究；第三个浪潮始于20世纪80年代，是关于儿童“心理理论”（theory of mind）的研究。①②“心理理论”的研究是近十几年来认知发展研究的焦点，正如著名心理与教育学家加迪厄（H Gardeer，1991）指出的，在过去的十几年里发展心理学中最重要的研究是有关儿童“心理理论”方面的研究。

最早使用“心理理论”一词的，是两位心理学家普雷麦克和伍德鲁夫（Premack & Woodruff，1978），他们在《黑猩猩有心理理论吗?》这一先驱性论文中，就灵长目的“元表征”能力进行了研究。研究表明，黑猩猩有预测人类行为的能力。他们的研究激起了发展心理学家们的极大兴趣，1983年韦默等人（Wimmer & Perner，1983）开始从发展心理学的角度探讨这个问题，并首创了著名的“错误—信念”的研究范式，用以考察儿童是否获得了心理理论。所谓心理理论，是指个体凭借一定的知识系统对他人的心理状态进行推测，并据此对他人的行为作出因果性的预测和解释的能力。

关于错误信念任务的研究发现，3岁儿童通常给出错误回答，而4岁儿童则能正确回答。为什么3岁儿童不能正确地推测他人的行为和想法呢？这就要从错误信念任务所测查的心理成分谈起。错误信念任务是以儿童的信念特别是错误信念为基础的。信念是指心理对现实世界的反映，它包括知晓、确信、假定、想法和意见。信念可以分为真实信念和错误信念（false belief），前者是指自己或他人与现实一致的信念，后者是指自己或他人与现实不一致的信念。年幼儿童固着于信念真实地反映现实世界，他们只能对现实信息进行复制；年长儿童则能理解心理是可以积极、主动地解释某人知觉到的经验，这些经验可以用来推测他人的信念和预测他人的行为。如果儿童能正确完成错误信念任务，就表明他们能够以不同的方式表征同一客体或事件。一般认为，儿童在4岁时就获得了“心理理论”能力，即4岁儿童已经可以根据一个人的愿望、信念等来理解他人的行为。

“心理理论”的发展对儿童具有重要的作用，它是儿童有效的社会认知工具。儿童社会行为的最基本的两个方面是合作和竞争。在竞争中，儿童必须了解对方的意图、策略等，选择最佳战术以取胜；在合作中，也要求儿童能了解他人愿望、想法，与其他人共享某种情感、信念、态度，需要了解自己的言行将会给他人带来什么影响。如果能帮助儿童更快更好地发展“心理理论”，就能使儿童更好地适应社会生活。

儿童“心理理论”的获得与其元认知特别是元表征能力的发展密切相关。元表征是主体对自己和他人对现实表征的表征，是主体对表征过程的主动监控。在错误信念任务中，3岁以下儿童不能正确地对“错误—信念”而作出判断，其原因是错将自己

---

① J H Flavell，P H Miller. *Social cognition* [M] //D Kuhn，R S Siegler，W Damon ed. Handbook of child psychology. New York：Wiley，1998，851－898.

② J H Flavell. *Cognitive development*：*Children's knowledge about the mind* [J]. Annual Review Psychology，1999，50：21－45.

的视觉信息当成别人行为的依据。因此，“心理理论”的发展是以元表征能力为基础的，同时也促进元表征的发展。

（二）心理理论的研究进展

早期有关儿童心理理论的研究主要集中于获得“心理理论”的年龄以及不同任务带来结果差异的探讨上。近期，研究的焦点逐渐转移到对儿童“心理理论”及其影响因素的研究。具体地说，研究者沿着以下几个方向拓展了心理研究的领域（详见图 6－9）：

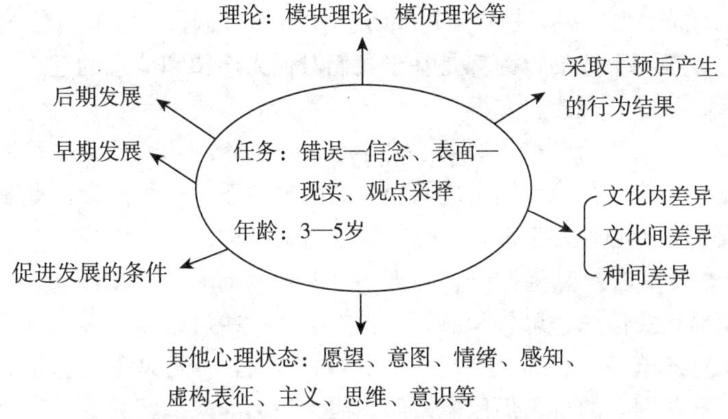

图 6－9 心理理论的主要研究方向①

1. 通过错误信念任务的不同变式，确定儿童获得错误信念的年龄和机制。一般认为，儿童在 4 岁获得了错误信念，但新近的研究发现 3 岁甚至更小的儿童在非语言状态下错误信念任务情景中能作出正确反映，表明 3 岁儿童具有内隐的错误信念。

2. 除了对信念的研究外，研究者还对意图、情绪、愿望、假装等的理解进行了深入研究，拓展了儿童“心理理论”的研究范畴。如弗拉斯伯格（Flusberg）提出了心理理论的两成分模型，其中社会认知成分是传统心理理论研究中的信念，社会知觉成分是指对情绪、意图的理解，与知觉密切相关。

3. 纵向研究儿童心理理论的发展规律和横向研究心理理论各成分之间的联系。如研究者发现，继 4 岁儿童获得了错误信念理解能力（一级错误信念）后，6 岁儿童能理解和运用二级错误信念；在 4 岁儿童理解一级错误信念以前，3 岁儿童就掌握了信念指导行为这一原则。

4. 探讨儿童心理理论获得和发展的影响因素。研究者感兴趣的是儿童心理理论发展的个体差异，并从执行功能、语言等质的因素，以及家庭背景、假装游戏等量化的因素对影响儿童心理理论发展的因素进行了分析。

5. 解释心理理论的获得。儿童获得了哪些心理知识？这些心理知识是如何获得的，又是如何得到发展的？针对这些问题，心理学家们提出了不同的解释性理论模型，主要有理论论（theory theory）、模拟论（simulation theory）、模块论（modularity theory）、匹配理论（matching theory）等，这些模式为后来的实证研究提供了理论框架。

---

① H F John. *Development of children's knowledge about the mental world* [J]. International journal of behavioral development，2000，24：15－23.

6. 运用FMRI、PET、ERG等认知神经科学的研究手段，探查心理理论的脑机制。

二、儿童心理理论的发展

迄今为止，研究者们对心理理论的各个方面的发展做了大量的研究，如错误看法、假装、意向、情绪等，取得了令人瞩目的成绩。

(一) 儿童的愿望、信念及相关表征

理论论的代表人物威尔曼（Wellman）认为，心理理论是基于信念—愿望的推理，我们解释、预测个体的行为都是基于我们对他人愿望和信念的理解，即推测他人的想法、愿望、目的、观念、知识等。

大约2岁，儿童开始获得了愿望心理学（desire psychology）。这种愿望心理学包含愿望、知觉、情绪、行为和结果之间简单的因果关系。这个阶段，儿童最主要的特点是对自己及别人的心理几乎都是以愿望为评定标准的。

3岁时儿童开始进入愿望—信念心理学（desire-believe psychology）阶段。此时，儿童开始自发地谈及信念、思想和愿望，也能掌握一些运用信念来推测行为的基本原则，如3岁儿童知道自己和别人可能会有不同的信念，行为是由信念指导的。尽管如何，他们对自己及别人的行为仍以愿望而非信念为标准来解释的。

4岁儿童获得了类似成人的信念—愿望心理学（believe-desire psychology）。他们能够综合信念和愿望等因素对自己和别人的行为进行推断。4岁儿童不仅能完成错误信念任务，也能完成外表—真实任务。这表明儿童获得了某种心理表征理论，认识到事物可能以不同的方式加以表征。这一突破性发展对儿童获得心理理论领域中的其他能力，如假装理解、意图理解、欺骗等具有重要意义。

(二) 儿童的假装理解

年幼儿童很早就开始了“过家家”、“当医生”之类的游戏，他们将布娃娃当做自己的孩子，将自己假扮成娃娃的妈妈，这些现象表明他们已经能够作出假装行为了。研究发现，2—4岁儿童能够辨认假装，能够自发地作出假装行为。

对假装的研究最早始于莱斯利（A M Leslie），他提出假装可能是儿童心理理论发展的起源。莱斯利认为假装的本质是元表征的，儿童在2岁左右就具有元表征能力，能理解自己和他人的假装心理。而有些研究者提出了不同的观点，认为4岁以后的儿童才能对假装心理进行表征。

研究结论的差异，可能是由对假装心理的含义理解不同造成的。假装理解的含义可以分为：理解假装行为；理解假装是主观的、心理的；理解假装是具有心理表征的。前面的事例说明，从2岁起，儿童就能理解假装行为，而3岁儿童能够理解假装是心理的、主观的。比如，给儿童呈现这样一个假装情景：一个人假定一个空杯子里有巧克力奶，然后离开。这时实验者和儿童假定这个杯子里装着橘子汁。当那个人回来时问儿童，那个人杯子里是什么？结果表明，78%的3岁儿童能够给出正确回应：“是巧克力奶”。5岁甚至更大的儿童才能理解假装上具有心理表征，这方面最有力的证据是利拉德（Lillard）的Moe任务。实验中告诉儿童，Moe是一个来自遥远的地方的玩偶，它对小鸟一无所知，却能像小鸟一们挥动双臂飞起来。然后问儿童：“Moe

是否在假装成小鸟?”大多数儿童都给予了错误的回答:“Moe是在假装成小鸟。”在这个研究范式中,给儿童呈现了一个心理状态与外部行为相冲突的情景,结果表明,儿童根据外部行为来判断Moe是否在假装。

我国学者王桂琴、方格也对儿童的欺骗进行了实验研究,① 结果发现,大部分3岁儿童能辨认假装,但是对假装心理的推断到5岁才逐步形成。

(三)儿童的意图理解

对意图理解的研究始于皮亚杰对儿童道德判断的研究。研究发现,当一个行为受到谴责时,年幼儿童会把原因归结于错误行为而不是行动者的意图。比如,他们会认为故意摔破和不小心碰碎花瓶都应该受到惩罚。对此,研究者的解释是,八九岁以下的儿童不能意识到意图,也不能以此为依据进行道德判断。

新近的研究则认为,儿童能够更早地理解自己和他人的意图,但研究所显示的年龄并不一致。舒尔茨(Shult, et al., 1980)的研究发现,儿童在3岁左右就能够辨别哪些事情的发生是无意图的,但是在辨别膝跳反射是否有意图时却存在困难。弗拉维尔(1999)的研究认为,儿童在3.5—4岁之间能达到对意图的理解。我国学者谬渝、李红等人的研究则显示,中国儿童4岁时已经能够正确判断膝跳反射不是由意图产生的②。

(四)儿童的欺骗能力

欺骗是人类的一项重要技能。自人类掌握了欺骗技能后,对欺骗的研究就开始了。20世纪80年代,随着心理理论的出现,发展心理学家开始从心理理论的视角探讨儿童欺骗的发生发展,并从信念的层面对欺骗重新界定,认为欺骗是指个体有意地培养他人的错误信念,以致他人产生错误的行为或进入某一误区。儿童欺骗行为的研究成为任务模式改变的一个新的趋势,而这方面的研究也成为儿童心理理论研究中的一个特殊领域。

由于这方面的研究刚起步,关于儿童的欺骗行为与心理理论的关系还无法得出明确的结论。一种观点认为,儿童的欺骗发生在4岁之间,即使二三岁这样的年幼儿童也能出现欺骗行为。Lewis(1989)运用“抵制诱惑情景”研究了儿童的说谎行为,并对幼儿的非言语行为进行分析后发现,3岁儿童能够说谎,而且能够隐瞒情绪表现,以此瞒住成人③。但La Freniere在研究中运用竞争游戏——藏与找,并没有获得相同结果。Chandler等人分析了前二者的差异,认为主要原因是儿童对竞争游戏不太熟悉。为了证明这一点,他们也运用了相似的藏与找的游戏,但研究却没有证实当初的假设:所有年龄组的大多数儿童都会运用各种相同的欺骗性策略。对于研究结果的差异,心理学家认为并不矛盾。有的研究证明2岁儿童就会欺骗,有的研究认为4岁儿童才会欺骗成功,这表明技能上的进步,也恰恰反映了儿童心理理论的发展。

---

① 王桂琴,方格. 3—5岁儿童对假装的辩论和对假装者心理的推导[J]. 心理学报,2003(9):667.

② 谬渝,李红,等. 意外地点任务中不同测试问题及意图理解与执行功能的关系[J]. 心理学报,2006(2):210.

③ J W Astington. *Developing Theories of Mind* [M]. Cambridge: Cambridge University Press, 1988.

我国学者（刘秀丽，2005）对 260 名学前儿童的欺骗能力进行了研究，结果发现①：

(1) 3 岁儿童不能拥有隐藏意图的欺骗能力，4 岁开始儿童拥有隐藏意图的欺骗能力。

(2) 3 岁儿童能说谎，但假装无知的欺骗直到 6 岁才出现。

(3) 错误信念理解能力与欺骗能力存在一定相关；错误信念理解与隐藏意图的欺骗存在相关，但与说谎和假装无知不相关。

（五）儿童对情绪的理解

心理学家发现，儿童情绪认知的发展是以其“心理理论”的发展为基础的。在 2 岁甚至更小时，儿童就能识别面部表情。面部表情是人们情绪的外在表现，对面部表情的识别反映了儿童能通过成人的表情推测他们的内部心理状态，但这只是一种简单事件——对应的关系，而不涉及其他复杂的心理活动。

随着儿童心理概念的丰富，他们能对自己和他人情绪产生的原因和线索作出判断，从而预测别人的情绪状态，指导自己作出正确的行为反映。2.5—3 岁起，儿童能够明白愿望与情绪的关系，知道愿望得到满足使人高兴，得不到满足使人难过。4 岁儿童开始逐渐明白信念与情绪的关系，这种能力到 6 岁基本成熟。这一阶段的儿童知道，人们的行为是为了达到他们的目标，但如果他们对目标的信念是错的，他们就会到错误方向去寻求目标；而且人们感到高兴或悲伤是依赖于他们对能否获得想要客体的预期，不管预期是否符合现实的情境。

在理解错误信念后，儿童明白同一事物可以有不同的表征，这也就促进了他们对冲突情绪的理解。冲突情绪的理解是指儿童知道同一个客体可能会引发两种矛盾的情绪反应（积极的和消极的），或者引发不同的情绪，这取决于他们的愿望、期待等内部心理状态。6 岁以后甚至更晚，儿童才能明白同一客体可以引发一种以上的混合情绪。例如，当要和父母外出游行时，面对即将开始的旅途的向往和与抚养他的奶奶的短暂分别，会同时产生兴奋和难过的情绪体验。

三、影响心理理论发展的因素

儿童获得心理理论公认的年龄一般是在 4 岁。但研究者发现，同一年龄的儿童在通过错误信念任务上表现出很大差异，如浩格瑞费等人（Hogrefe et al.，1986）发现 3 岁儿童在错误信念任务上的通过率为 10%，而弗里曼（Freeman，1991）的研究则发现 3 岁儿童错误信念的通过率为 80%，这种显著差异引起了研究者的极大兴趣。学者们开始把目光从对儿童心理理论能力发展的年龄特点及任务特异性等问题的关注，逐渐转向探讨心理理论发展的个体差异以及导致个体差异产生的潜在影响因素的研究上来。

（一）量的影响因素

1. 假装游戏对儿童心理理论发展的影响

假装游戏是幼儿的主要游戏方式。在假装游戏中，儿童用身边已有的物体来代替

① 刘秀丽. 学前儿童心理理论及欺骗发展的关系研究 [J]. 心理发展与教育，2005 (4)：13－18.

假想的物体，如把香蕉当做电话，把椅子当做马或汽车，通过扮演不同的角色来对不同人物的心理状态进行表征，这有助于促使幼儿理解心理与现实的区别。

大量研究表明，假装游戏有助于错误信念的理解。许多学者考察了早期家庭假装游戏与儿童心理理论发展之间的关系，而且大部分的研究者把父母—儿童假装游戏和儿童—兄弟姐妹假装游戏对比起来进行研究。如，杨布莱德和邓恩（Youngblade & Dunn，1995）对 50 名 33 个月和 40 个月儿童与其父母和兄弟姐妹之间的假装游戏进行观察发现，儿童早期参与社会性假装游戏的次数与儿童对他人情感和信念的理解之间存在显著的相关。同时还发现，随着儿童年龄的增长，家庭中的假装游戏的重心由儿童—父母逐渐转移到儿童—兄弟姐妹之间；与儿童—父母之间的假装游戏相比，儿童—兄弟姐妹之间的假装游戏的质量、数量与儿童的心理理论能力存在更高的相关；经常和兄弟姐妹进行假装游戏的儿童的心理理论能力显著高于那些不经常和兄弟姐妹进行假装游戏的儿童；经常与年长的哥哥姐姐进行假装游戏的儿童比经常与弟弟妹妹进行假装游戏的儿童心理理论能力要高。

2. 家庭背景和家庭规律对儿童心理理论发展的影响

家庭是儿童最先接触的小社会，是儿童早期社会化的主要场所，因此家庭是导致儿童心理理论发展差异的一个重要因素。研究表明，家庭规模大小、家庭感情交流的水平、兄弟姐妹数量以及兄弟姐妹之间的关系、父母教养态度和家庭背景等都可能影响儿童心理理论的发展。

关于家庭对儿童心理理论发展的研究主要集中在以下两个方面：

（1）家庭规模对儿童心理理论发展的影响。研究发现，儿童拥有兄弟姐妹的数量与其在错误信念任务上的得分存在显著的相关。在兄弟姐妹数量相同的情况下，拥有哥哥姐姐很多的儿童比拥有弟弟妹妹多的儿童在错误信念任务上的得分高。家庭规模之所以影响着儿童的错误信念理解能力，是因为家庭成员越多，儿童与其他人交往的机会越多，儿童就越可以从与周围人的社会交往中获得关于心理的知识。

（2）家庭言语交流方式对儿童心理理论发展的影响。阿斯廷顿和詹金斯（Astington & Jenkins，1996）认为，兄弟姐妹能够促进儿童心理理论的发展是因为兄弟姐妹能够为儿童提供更多的交流机会，使儿童能够接触到各种不同的观点，尤其是当儿童与其兄弟姐妹的观点不一致时，儿童就开始对自己和他人的愿望、信念进行思考。研究表明，家庭中的言语交流，特别是发生在亲子之间有关内部心理状态的言语交流有助于促进儿童对心理理论的理解。

（二）质的影响因素

1. 执行功能

执行功能（executive function）是指对个体的意识和行为进行监督和控制的各种操作过程，包括自我调节、认知灵活性、反应抑制、计划等。① 执行功能可以划分为工作记忆、抑制控制、认知灵活性三个成分，其中抑制控制能力是执行功能的核心成分。

---

① 李红，高山，王乃弋. 执行功能研究方法评述 [J]. 心理科学进展，2004 (5)：693－705.

执行功能与心理理论之间存在着密切关系。由于抑制性控制是执行功能的核心成分，研究者将研究兴趣集中在抑制性控制与心理理论的关系上。所谓抑制性控制指当个体追求一个认知表征目标时，用于抑制对无关刺激的反应的一种能力，已有证据表明，3—6岁是抑制性控制发生显著变化的时期。近几年来，研究者们设计了一系列的实验任务范式分别对儿童的心理理论发展和抑制性控制发展水平进行测量。凯西迪（Cassidy，1998）研究发现，儿童在假装错误信念任务中的作业成绩优于在标准误信念任务中的作业成绩。他认为，这表明年幼儿童在标准误信念任务上失败的部分原因在于其抑制对突出现实线索作反应的控制执行功能不足。也就是说，当在完成错误信念任务时，儿童需要抑制现实的、具有优势的关于物体当前位置和当前形态的表征，如在意外地点中，“巧克力被放在了另外一个碗柜里（B处）”这一表征，并同时启动非优势但又是正确的表征，如“巧克力放在了原来的碗柜里（A处）”。这一过程就需要工作记忆与抑制控制混合的执行功能参与。

此外，执行功能也参与儿童心理理论的建构，如错误信念概念的建构。对于没有获得错误信念的儿童来说，他们是固着于信念真实地反映现实世界的。在错误信念概念形成的过程中，儿童就必须不断地抑制他们所固着的“信念真实地反映现实世界”，启动和强化错误信念，直至能够运用。

2. 语言能力

许多研究证明，心理理论的发展与语言能力有密切关系。哈佩（Happé，1995）的研究表明，无论是正常儿童还是自闭症儿童，其完成错误看法任务的能力都明显与语言能力有关。

阿斯廷顿（Austington，1996）等人提出语言和心理理论的关系有三种可能：一是心理理论的发展依靠语言，语言的获得是成功通过心理理论测试的先决条件；二是语言的发展依靠心理理论，儿童是先获得对错误信念任务的理解，然后通过语言来表达自己的理解；三是语言和心理理论均依靠其他因素，如工作记忆、监控机制等。

虽然，目前还不能确定二者之间到底是怎样一种关系，但儿童心理理论的获得和语言确实分不开。因为，儿童要理解他人的信念和意图，就需要在社会情形中正确使用和解释他人的语言。首先，儿童需要理解他人所作用的特定的心理术语，以理解他人的心理状态。比如，儿童需要知道“认为”表示某人对某事的看法，代表信念；“想”代表人们的愿望；“知道”代表人们的知识内容，等等。其次，儿童还需要具有一定水平的语法能力，以保证儿童能够听懂他人所说的复杂语句。

总之，探讨儿童心理理论发展差异及其影响因素，有助于理解儿童心理理论发展的机制，并为培养儿童的心理理论能力、发展其良好的社会交往技能提供理论指导。

【本章小结】

1. 认知是指那些能使主体获得知识和解决问题的操作和能力。认知发展是指主体获得知识和解决问题的能力随时间的推移而发生变化的过程和现象。

2. 儿童认知发展的一般趋势是：认知方式从直觉行动思维，到具体形象思维，再到抽象逻辑思维的方向发展。认知工具由动作到表象，再到概念的方向发展；认知活动由外部的、展开的向内部的、压缩的方向发展；认知内容由表面的、片面的向全面、深刻的方向发展。

3. 皮亚杰认为，儿童的认知发展经历了感知运动阶段、前运算阶段、具体运算阶段和形式运算阶段。

4. 分类、概念获得、问题解决等在儿童的认知发展中具有非常重要的功能。分类是人脑通过比较，按照事物的异同程度而在思想上加以分门别类的过程。概念获得是指儿童把成人传授的现成概念纳入自己的知识经验系统中，按照自己的方式加以改造。问题解决是指个人应用一系列的认知操作，从问题的起始状态到达目标状态的过程。儿童的分类能力、概念的获得能力、问题解决能力和问题解决策略的发展都随着年龄的增长而提高。

5. 信息加工速度是指个体获取、编码、储存和提取一定信息，完成一系列的操作过程所需要的时间，其评价指标是反应时。信息加工速度不仅是衡量心理能力的重要指标，而且也是衡量个体心理发展水平的重要指标，信息加工速度的发展变化代表着认知活动的发展变化。

6. 工作记忆是一种对信息进行暂时性加工和储存的记忆系统，它的功能不仅仅是存储信息，更是一种执行系统，强调对信息的编码、监控等诸多作用。

7. 元认知是对认知的认知，其核心思想包括两个方面：有关认知的知识和调节认知的活动，元认知具有双重状态，它既是一个静态的知识实体，也是一个动态过程。

8. 心理理论是指个体凭借一定的知识系统对他人的心理状态进行推测，并据此对他人的行为作出因果性的预测和解释的能力。一般认为，儿童在4岁时就获得了“心理理论”能力。

9. 早期心理理论的研究集中于获得“心理理论”的年龄以及不同任务带来结果差异的探讨上，近年来，研究者在信念基础上，还对意图、情绪、愿望、假装等的理解进行了深入研究，拓展了“心理理论”的研究范畴。

10. 影响儿童心理理论能力发展的因素，既包括假装游戏、家庭背景等量的因素，也包括执行功能、语言能力等质的因素。

【思考与练习】

1. 何谓认知？何谓认知发展？
2. 试述儿童认知发展的一般趋势。
3. 按照皮亚杰观点，儿童认知发展有何特点？
4. 结合实例说明儿童复述策略和组织策略的发展。
5. 何谓元认知？简述元认知的构成。
6. 举例说明儿童元认知能力的发展。
7. 何谓心理理论？儿童心理理论的发展表现在哪些方面？
8. 根据影响心理理论发展的因素，谈谈如何培养儿童的心理理论能力。

【拓展阅读】

1. 陈英和. 认知发展心理学 [M]. 杭州：浙江人民出版社，1996.

本书详细介绍了皮亚杰和现代认知心理学关于儿童认知发展的理论和有关实验研究，并分别从理论观点、研究思路、研究方法和研究成果等不同方面，对这两个关于儿童认知发展的最重要理论进行了分析与比较。本书还从感知觉、记忆、概念、问题解决、社会认知、元认知等方面详细描述和分析了儿童认知发生、发展的规律和特点以及各种影响因素，讨论了认知发展的个体差异。

2. David R Shaffer，Katherine Kipp. 发展心理学：儿童与青少年［M］. 邹泓，等，译. 8版. 北京：中国轻工业出版社，2009.

该书采用分主题的体例，集中叙述了个体发展过程，提供给读者一个关于儿童与青少年在每个发展领域经历的变化序列的连贯图景。同时，在所有涉及的发展领域，都强调了生理、认知、社会和文化等因素之间的相互影响，以突显完整的人和人类发展的整体特点。本书最大的特色是内容的全面更新，作者介绍了许多新理论、新方法、新研究的实践建议，扩充了研究前沿的一些论题，力求反映发展心理学领域日新月异的变化。

【参考文献】

1. 陈英和. 认知发展心理学［M］. 杭州：浙江人民出版社，1996.

2. 桑标. 当代儿童发展心理学［M］. 上海：上海教育出版社，2003.

3. 张文新. 青少年发展心理学［M］. 济南：山东人民出版社，2002.

4. 王振宇. 儿童心理发展的理论［M］. 南京：南京师范大学出版社，2000.

5. 雷雳，张雷. 青少年心理发展［M］. 北京：北京大学出版社，2003.

6. 李丹. 儿童发展心理学［M］. 上海：华东师范大学出版社，1986.

7. 刘金花. 儿童发展心理学［M］. 上海：华东师范大学出版社，2001.

8. 申继亮. 当代儿童青少年心理学的进展［M］. 杭州：浙江师范大学出版社，1999.

9. J H 弗拉维尔. 认知发展［M］. 邓赐平，等，译. 4版. 上海：华东师范大学出版社，2002.

10. M W 艾森克，M T 基恩. 认知心理学［M］. 高定国，等，译. 上海：华东师范大学出版社，2003.

11. 贝克，E 劳拉. 婴儿、儿童和青少年［M］. 桑标，等，译. 上海：上海人民出版社，2007.

12. David R Shaffer，Katherine Kipp. 发展心理学［M］. 邹泓，等，译. 8版. 北京：中国轻工业出版社，2009.

13. Robert S Feldman. 发展心理学——人的毕生发展［M］. 苏彦捷，译. 北京：世界图书出版社，2007.

14. Guy R Lefrancois. 孩子们：儿童心理发展［M］. 王全志，译. 北京：北京大学出版社，2005.

15. 朱莉娅·贝里曼，等. 发展心理学与你［M］. 陈萍，王茜，译. 北京：北京大学出版社，2000.

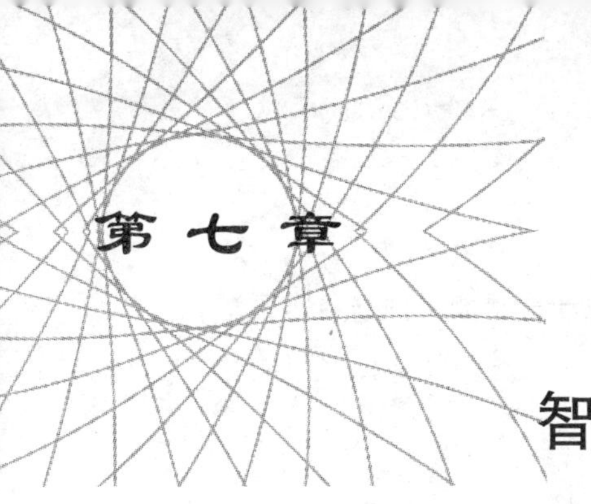

第七章

智力的发展

【本章导航】

本章主要探讨智力的本质、智力的发展与评估、影响智力发展的因素、智力发展对其他心理与行为的影响以及创造力的发展问题。首先，介绍了心理测量学、皮亚杰主义、信息加工和情境主义四种研究取向关于智力发展的代表性观点。然后，以心理测量学的研究文献为主，分年龄段介绍智力的发展及相应的评估工具。接着，总结了影响智力发展的因素，主要是环境因素的证据，并介绍最近提出的解释遗传与环境交互作用的观点；继而，利用实证研究证据表明智力对发展的预测性。最后，介绍了与智力高度相关的概念创造力，以及创造力的发展和培养问题。本章旨在使读者系统地了解智力发展的理论与研究进展。

【学习目标】

1. 能够区分不同研究取向对智力本质的理解。
2. 掌握流体智力与晶体智力发展曲线的含义。
3. 了解研究者如何测量加工速度以及加工速度的毕生发展特点。
4. 了解不同年龄段智力测验工具的构成。
5. 掌握智力老化的几种基本机制。
6. 能够举例说明弗林效应产生的可能原因。
7. 能用智力的生物生态学观点解释遗传与环境的交互作用。
8. 了解创造力表现的4C模型，并能举例说明不同层次的创造力。

【核心概念】

智力　智力的发展　智力评估　遗传与环境　预测性　创造力

燕燕（4 岁）：“妈妈，屋里怎么有苍蝇呀？”

妈妈：“因为冬天外面冷屋里暖和，所以苍蝇飞到屋里来了。”

燕燕：“那蚊子呢？”（似乎燕燕总认为苍蝇和蚊子是很相近的一类东西）

妈妈：“蚊子已经死光了。”

燕燕：“为什么呀？”

妈妈：“蚊子怕冷，被冻死了。”

燕燕：“它怎么不飞到屋里来呀？”

妈妈：“……”（正在思忖是不是该编个理由，比如：蚊子受冻的耐性低，等不到屋里有暖气的时候就已经死光了。）

燕燕（顿悟）：“因为蚊子没有苍蝇聪明，蚊子傻呀！”（对自己的答案满意极了！）

妈妈（释然）：“对，对，对。燕燕自己想出答案来了，真聪明！”

这段富有童趣的母女对话非常清晰地揭示出：无论是稚嫩的幼儿还是世故的成年人都已经很习惯于用“聪明不聪明”来判断个体间的差异。用专业术语来说，这便是对智力的判断。对于发展心理学家而言，他们最关心的问题是：智力是如何发生、发展与老化的？其毕生发展变化的机制是什么？遗传和环境又如何影响智力的发展？纵观心理学的历史，英国科学家高尔顿（F Galton，1822—1911）可谓是智力发展心理学的先驱。尽管他的惊世之作《遗传的天才》（1869）片面甚至不正确地认为“伟人或天才出自名门世家”，但他富有开创性的心理测验研究和统计方法为后人开展智力研究提供了科学的思路和手段。

目前学界对智力的定义尚未达成一致看法，但这似乎并没有妨碍研究者对智力发展规律的探寻。从高尔顿提出天才是遗传的观点到今天历经近一个半世纪，有关智力发展的理论、实证研究层出不穷；争论，特别是关于遗传与环境对智力发展作用的争论，也一直以这样或那样的方式存在着。本章试图对有关智力发展的代表性理论和研究取向进行评述，并根据已有实证研究结果尝试描绘智力的毕生发展特点。

第一节 智力发展的基本研究取向

何谓智力？这样一个简单的发问足以令很多心理学家一时语塞。智力的定义问题恐怕是心理学门派林立、观点不一的最典型表现。西方心理学史上曾专门进行过对智力定义的大讨论。1921 年美国《教育心理学家杂志》邀请当时有名的 14 位心理学家各抒己见，讨论智力的性质和含义。六十多年后，斯腾伯格（R J Sternberg）及同事在主编《什么是智力？关于智力本质及定义的当代观点》（1986）一书时，再次收集了当时多位著名心理学家的观点，并与 65 年前的观点进行了比较。间隔半个多世纪，心理学家对智力的看法有些是保持一致的，例如智力的属性包括基本加工（感觉、知觉、注意）和心理加工速度；但在高级心理活动水平，例如抽象思维、表征、问题解决、决策方面得到了早期学者的重视，而诸如元认知、执行过程、知识、自动化加工等方面则被近期学者强调得更多（白学军，2004）。智力的定义随学科发展而推陈出新的趋势可见一斑。所以，目前关于智力学术界尚未形成统一的定义。从发展心理学角度总结几种有代表性的研究取向，将有助于读者认识到这一概念的复杂性，也有助于读者理解不同取向的研究者如何看待智力的本质和智力发展的实质。

一、心理测量学的研究取向

自1905年法国心理学家比纳（A Binet）及其助手西蒙（T Simon）编制出世界上第一个智力量表以来，智力研究的心理测量取向就成为经典的研究范式。尽管20世纪60年代以后信息加工取向与情境主义取向力量逐渐增强，但心理测量学的研究取向一直很活跃，其具体的测量技术也被广泛使用。心理测量学对智力发展的研究主要有三方面的贡献：（1）通过因素分析技术界定智力的本质；（2）对不同年龄群体的智力进行评估以描绘智力的发展趋势；（3）编制适用于不同年龄段的诸多智力测验，以智商IQ（intelligent quotient）来表达个体的智力水平。

（一）对智力本质的理解

首先，大多数心理测量学家认为诸多智力测验分数背后只有少数几个核心因素可以构成智力的实质，即一般智力（g因素）。基于这种还原论（reductionism）假设，心理测量学家借助因素分析的统计技术尝试找到所谓的核心因素。例如，早期斯皮尔曼（C Spearman）提出了二因素说，瑟斯顿（L L Thurstone）提出了群因素说，后来弗农（P E Vernon）和卡特尔（R B Cattell）分别提出了智力层次结构模型，等等。

其次，心理测量学范式的智力研究者还倾向于认为智力是超情境的，他们不考虑情境因素对智力测量分数的影响。以瑟斯顿提出的七种基本心理能力（primary mental ability）为例（竺培梁，2006），这七种能力包括：

（1）言语理解（V）（verbal comprehension）：阅读理解、言语类推、句子排列、言语推理、言语配对之类测验中的主要因素。使用词汇测验来测量该因素最为适当。

（2）语词流畅（W）（word fluency）：字谜游戏、押韵、列举某种类型的单词（例如男孩的名字、以T开头的单词等）之类测验中所得出的因素。

（3）数字（N）（number）：简单算术四则运算的速度和准确性。

（4）空间（S）（space）：该因素可能表示两种不同的因素：一种是直觉固定的空间关系或几何关系；另一种是操作性想象，想象经过变化的位置或变换。

（5）联想记忆（M）（associative memory）：在配对联想中要求机械记忆测验中所找到的因素。该因素反映利用记忆支撑物的程度。一些研究人员还提出了时间顺序记忆和空间位置记忆等其他范围有限的记忆因素。

（6）归纳推理或一般推理（I或R）（induction or general reasoning）：该因素的鉴定最为模糊。瑟斯顿最初提出归纳因素和演绎因素。归纳因素用数字序列完成测验进行测查最为适当（叙述不甚清晰），要求个体先找出某种规则然后用这个规则完成序列。演绎因素则用三段论推理测验进行测查最为适当。其他研究人员则提出一般推理因素，这种因素用算术推理测验加以测量最为适当。

（7）知觉速度（P）（perceptual speed）：迅速而准确地掌握视觉细节、相同性和不同性。

瑟斯顿认为人在不同领域、不同情境中的智力活动，或多或少离不开上述七种基本心理能力。换句话说，这七种基本心理能力是适用于不同情境、不同领域的智力活动的，可以使用相同的测验去测量一位航天员的智力与测量一位教师的智力。

（二）对智力发展的理解

对于智力的发展，心理测量学家的兴趣是回答随年龄的增长，个体的智力水平或者 IQ 分数是上升还是降低这个问题。需要指明的是，这种关注点的背后隐含了一个有关智力发展的重要基本假设——智力的发展变化是基于量变方式的。同时，还需要对“变化”进行明确的界定，才能回答这个问题。我们至少可以从两个角度界定“变化”：一是随年龄增长，个体与自己前一个年龄段相比智力水平是上升还是下降；二是随年龄增加，与前一个年龄段比，个体的智力水平在同龄人中所处的位置是上升还是下降。对于后一种情况，心理测量学范式的研究者一致认为：个体在同龄人群体中的智力地位是保持稳定的，小时候比多数人聪明的孩子，及至成人也仍然属于智力上乘者。对于前一种情况，心理测量学家的结论也大致相同，即智力从出生到青年期呈增长的趋势，成年期相对平稳，老年期有所衰退。例如，贝利（N Bayley）的智力发展曲线和韦克斯勒（D Wechesler）的智力发展曲线（如图 7－1、图 7－2 所示）都很好地表明了这一观点（竺培梁，2006）。

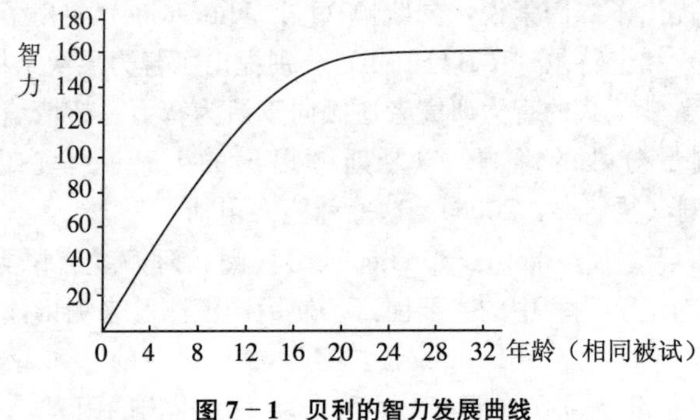

图 7－1　贝利的智力发展曲线

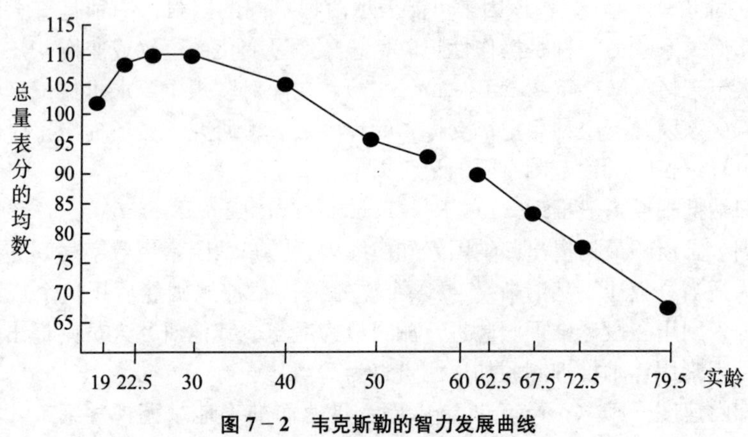

图 7－2　韦克斯勒的智力发展曲线

但是，研究者们在有些问题上也存在一些分歧，如达到智力顶峰的具体年龄以及曲线的分解问题。后一个争论对于毕生发展理论的建构具有突出意义，其中最具代表性的是霍恩和卡特尔（Horn & Cattell，1966；1970）的工作。他们不仅提出了智力的层级模型，即一般智力 g 包括流体智力（fluid intelligence）和晶体智力（crystallized intelligence），而且还描绘出两种智力的毕生发展趋势。

流体智力相对来说不受文化经验影响，它主要指依赖神经生理素质在适应新情境时表现的能力，如知觉速度、归纳推理和空间定向等基本成分等；晶体智力是通过经验积累或接受教育而获得的能力，也是个体文化知识水平的反映，如语词能力和数字能力等基本成分（许淑莲，申继亮，2006）。如图 7－3 所示，流体智力的发展趋势与神经系统功能的发展相吻合，这种智力在成年早期可达到顶峰，随后便衰退；而晶体智力的发展趋势与个体的经验、文化积累过程吻合，它从儿童青少年期到成年期，甚至老年期均呈不断上升的趋势。一般智力曲线在分解为流体智力和晶体智力两条曲线之后，可呈现出不同的发展模式，后来经过修正变为流传更广的智力发展曲线，如图 7－4 所示。

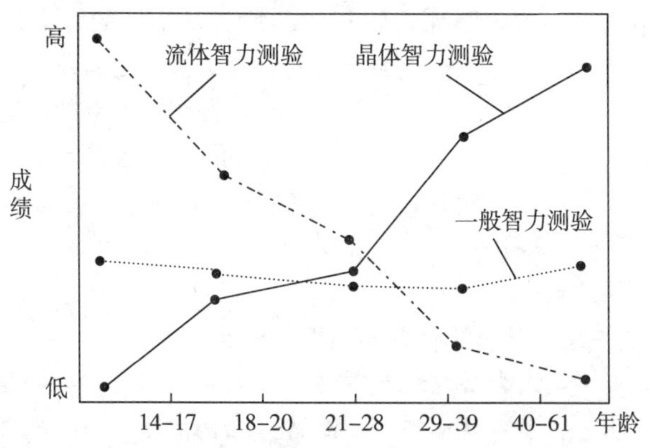

图 7－3　流体智力、晶体智力及一般智力的测量结果

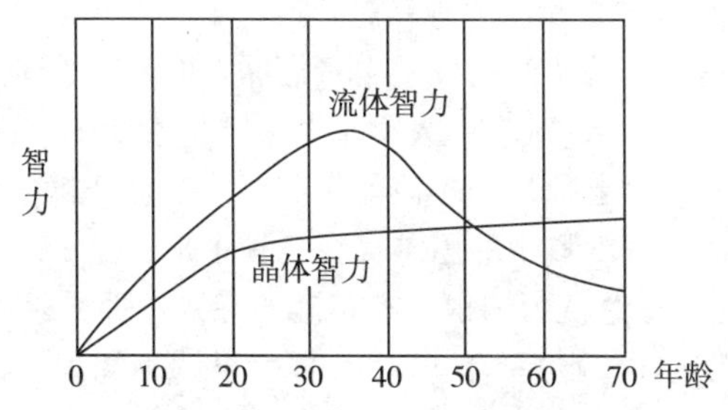

图 7－4　流体智力与晶体智力的发展曲线

从一条发展曲线到两条甚至多条发展曲线，这一进展的最大意义莫过于改变了以往对成人期特别是老年期智力变化的消极看法，为毕生发展理论提供了支持性的经验证据。正如巴尔特斯（P B Baltes，1990；1997）的毕生发展观所指出的那样：发展是获得（gain）与丧失（loss）的平衡，发展是贯穿终生的，发展具有多向性（multidrection）和多维性（multi-dimension）。智力的发展不仅仅是儿童和青少年期的任务，也是个体后半生发展的重要组成部分。

二、皮亚杰主义的研究取向

总体而言，心理测量学取向的研究者致力于评估个体的智力，并描述智力水平如何随年龄变化，这就意味着他们将智力视为一种静态的表现水平，即分数。而皮亚杰及其后来的研究者则致力于解释智力高低差异的原因以及个体的智力随年龄的变化出现差异的原因。

（一）皮亚杰主义对智力本质的理解

我们之所以称某一类研究范式为皮亚杰主义，其原因至少有三点：第一，研究者承认皮亚杰理论中的一些基本过程，如，同化、顺应、平衡与不平衡、结构、组织等，并沿用这些概念解释个体智力的发生与发展。第二，这些研究者认同皮亚杰对智力本质的理解，即智力是个体通过主客体交互作用适应环境的过程。第三，也是最关键的一点，皮亚杰主义旗帜下的研究者认为智力是结构性的，个体智力的发展就是不断形成新的智力结构的过程，因而伴随年龄的增长，个体的智力发展呈现阶段式特征。如同心理测量学取向一样，皮亚杰主义的智力结构也是跨情境、跨领域的。

皮亚杰之后，其智力发展理论不断遭到诟病，按照批评者的研究领域可以将这些诟病分成两类［即两种新皮亚杰主义（Neo-Piagetian）］。首先是来自儿童心理学家的批评，他们主要批评皮亚杰阶段论的普遍性以及对儿童达到特定阶段的年龄的低估（Labouvie-Vief，1992）；其次是来自成人心理学家的批评，他们主要批评皮亚杰认为形式运算是人类智慧的最高水平的观点。

（二）新皮亚杰主义：从形式运算到后形式运算

按照皮亚杰的观点，人类智力的发展到青少年期就达到顶峰，即达到形式运算水平。个体进入成人期之后是否就不再有新的智力结构出现了呢？20 世纪 60 年代末到 90 年代初，不少心理学家集中讨论了这个问题，并给予了否定的回答。佩里（W G Perry）和科尔伯格（L Kohlberg）的研究对其他从事后形式运算研究的学者产生了非常重要的影响，特别是佩里的研究引发了学者们深入的持续性研究。

佩里（W G Perry，1970）对哈佛大学十几名本科生进行了考察，探讨他们对日常学业问题的看法。例如，老师是否应该留作业让学生自己找答案？他把学生的看法进行了分析归类，进而发现本科生的思维存在三种水平：

水平 1：绝对二元论。总认为知识含有正确的答案，听课即听老师讲解那个答案。

水平 2：相对二元论。与水平 1 的学生一样，也认为知识含有正确的答案。但不同之处是，处于该水平的学生认为教师有时不需要给出答案，可以让学生自己去找到正确答案，让学生找答案是很公平的游戏。

水平 3：相对情境主义。答案是否正确要依据上下文；上下文或参照架构不同，则可能存在不同的答案。

佩里认为处于水平 1 的学生认为知识具有非对即错的二元属性。处于水平 2 与水平 3 的学生逐渐显现出不同的思维结构，即知识的对错是相对的，具有约定性；水平

2与水平3显然是超越形式运算阶段的新质思维。据此，佩里对皮亚杰所谓的形式运算即为智力最高水平的观点进行了批评。

沿着佩里的足迹，其他研究者从两方面延伸了他的研究，并深入探讨了后形式运算的特点。一个方面是对其思维阶段性结论的深入研究，即成人思维可以划分成几个阶段。其中，最具批判性的当属拉鲍维维夫（G Labouvie-Vief）的研究。她的工作也是对皮亚杰智力发展阶段理论的最彻底批判，她认为新皮亚杰主义的研究目的不仅仅是在形式运算阶段后面补充若干新的阶段，而是抛开皮亚杰的四个阶段，借用皮亚杰的方法重新寻求并建立一个可以描绘毕生发展的智力发展阶段理论。她重拾皮亚杰早期提出但后来又丢掉的一些观点和概念，例如"情绪与认知是'发展'这枚硬币的两个面，相依相生，认知提供发展的结构，情绪提供发展的能量"（Labouvie-Vief, 1992）。因此，拉鲍维维夫认为个体的情绪调整过程就蕴涵了其认知复杂性的高低。这种观点反过来也成立，即认知复杂性高低决定个体情绪调整的成熟度。在一项研究（Adams & Labouvie-Vief，1986）中，研究者给10—40岁的被试设定问题情境，请被试对故事人物的行为作出推断并说明理由。其中一个流传甚广的故事是这样的：

"约翰是个酒鬼，他经常下班后与同事泡酒馆，直到很晚才醉醺醺地回家。他的妻子玛丽对此已经深恶痛绝，她对约翰发出最后通牒'你要是再喝酒，我就带着孩子离开你'。这一天，约翰又醉醺醺地回到家。"

研究者提出的问题是："你觉得玛丽会离开约翰吗？对自己的回答你有多大把握？"被试对第一个问题的答案并不重要，因为区分被试差异的关键是他们阐述的理由。拉鲍维维夫发现，青少年的回答倾向于根据文本信息进行推断来寻求确定的答案；而成年人的回答就倾向于作不确定判断，他们更多使用"看情况"这样的表述。因此，她认为形式运算并不代表成熟成年人的认知水平，在青少年以后，人类的智力还在继续发生质变。拉鲍维维夫（1989，1994）最终以情绪调整为媒介提出了认知—情感复杂性理论（cognition-affect complexity theory），并以这种理论勾画了智力的毕生发展过程，将智力的发展分成四个水平或者阶段。

前系统水平(presystem level)：个体不能将自己的经验组合到一个抽象的系统之内，完全以自我的需要和利益为中心，缺乏自我反省，想法和行为具有简单、冲动和极端化的倾向。

系统内水平(intrasystem level)：个体只在社会认定的规范和准则这个单一的系统之内来理解事件，并以此调节自己的情绪与活动，具有刻板和绝对化的倾向，容易将冲突的原因单纯归结为一方。

系统间水平(intersystem level)：个体可以同时考虑多个抽象的系统，诸如自我内部的经验和社会规范等，能够接受和容忍两个或多个系统（如理智与情感、自我与他人、精神与肉体等）之间的冲突，认识到自我和他人的差异性以及处理冲突的多种可能性，但不能将多重系统整合为一体，从根本上化解冲突与矛盾。

整合水平(integrated level)：个体可以有机地协调和整合多种系统，能够汇聚多方面的信息来调整自己的行为与情绪，并发展出一套由自我把握的既灵活又开放的处世原则，能富有建设性地化解矛盾和冲突。

佩里研究的另一个方面也得到继续发展，即人类对知识获得的理解和认识。凯钦纳（K S Kitchener，1983）将人类的认知加工划分成三个水平：（1）认知（cognition），即注意、记忆、思维等具体的信息加工过程；（2）元认知（meta-cognition），包括对自己或他人作为加工者的了解，对具体认知任务的了解以及元认知体验；（3）认识论认知（epistemic cognition），包括对知识的有限性、知识的确定性、知识的标准的理解。他还独具匠心地对最高层次的认知——认识论认知的发展进行了深入研究并提出了反省判断模型（reflective judgment model），说明从青少年到成年人对知识获得的认识过程可以分为七个阶段（Kitchener & King，1990）：

阶段1：以具体单一的信念系统为特征：即自己眼见为实的就是正确的。

阶段2：相信存在正确的知识，并且肯定这种知识能够被掌握，但不一定每个人都能掌握。

阶段3：承认在某些领域内暂时看不到真相，因为知识不可能总是即刻获得的。

阶段4：相信由于情境原因会导致知识是不确定的（会出现极具个人风格的答案）。

阶段5：相信知识必须放在某个情境下来理解，被试时常把这种信念称为“相对论”。

阶段6：相信尽管知识必须根据情境和证据来理解，但某些判断或信念可能比其他的要好一些。

阶段7：相信尽管知识绝不是“既定的”，但可以从论点是否反映了对问题本质的理解来判断，看该论点的立场是否经过深思熟虑，经由何种推理得出，是否有信服的证据，以及与其他论点的异同等。

拉鲍维维夫与凯钦纳旗帜鲜明地指出成年人的智力结构在本质上不同于青少年，由于这些理论本身过于晦涩抽象并没有引发持久广泛的理论讨论。现在，提到后形式运算，反映在人们头脑里便是诸如：“辩证的”（dialectical）、“后习俗的”（post-conventional）、“超系统的”（meta-systemic）、“自我参照的”（self-referred）、“情境主义的”（contextualistic）等零散的概念。对于“什么是后形式运算阶段的智力结构特点”这一问题，研究者并没有形成一致的观点。一般而言，具有后形式运算水平的个体能够认识到正确的答案会随情境而变，解决问题的方法必须合乎现实，模糊性与矛盾性是思维的常规而非特例以及情绪和主观因素常常影响思维。

三、信息加工的研究取向

虽然皮亚杰及其后来者对智力随年龄而变化的原因给予了解释，但他们的解释在信息加工取向的研究者看来仍比较模糊，他们认为智力的发展阶段理论并不能告诉人们个体的认知过程，诸如知觉、注意、表征、记忆、推理等在各个阶段会达到怎样的水平。信息加工范式的研究者则致力于回答智力活动的基本过程有哪些？这些成分的年龄发展特征是怎样的？对这些问题的解答也有助于弥补心理测量学研究取向的不足，因为后者对智力的定义不过是基于个体的表现给出了一个或几个测验分数而已，而测验分数并不能真正说明智力是什么。

（一）对智力本质的理解

信息加工理论的发展受益于20世纪计算机技术的长足进展，这就不难理解其关于人脑的信息处理的基本假设：人脑如电脑。基于这一隐喻，信息加工取向的研究者对于智力以及智力的发展持这样的观点：(1) 智力活动可以分解为一系列基本的信息加工成分，智力水平的高低与这些具体成分有关。(2) 不同年龄的个体，其智力的结构或者认知结构是一致的，这就如同不论高性能还是低性能的计算机，其工作原理是一样的。因此，成人与儿童的智力差异不是智力结构上的差异，而是信息加工水平上的差异。(3) 从儿童到成人，智力的发展是逐渐积累的量变过程。智力的发展不仅依赖于“硬件”（如加工速度、工作记忆等）的发展，也依赖于“软件”（如元认知、知识基础等）的发展（Schaffer & Kipp，2009）。

上述信息加工取向的观点从戴斯（L P Das）的PASS模型（Planning-Attention-Simultaneous-Successive processing model）可得到清晰印证。戴斯（1990）根据苏联著名心理学家鲁利亚（A R Luria）的三个机能系统①提出该模型，他认为信息加工包括信息输入、感觉登记、中央加工器和指令输出四个单元，其中中央加工器包括同时性加工、继时性加工两种编码过程和计划过程。所谓同时性加工指将刺激整合成集合，或者对有共同特性的许多刺激进行再认，其主要特点是将刺激的各个成分加以概括观察。所谓继时性加工指将刺激整合成为特定的系列，使各成分形成一种链状结构，继时性加工的关键特征是各成分之间呈顺序排列。图7－5中，Ⅰ、Ⅱ、Ⅲ分别对应人脑的第一、二、三个机能系统。

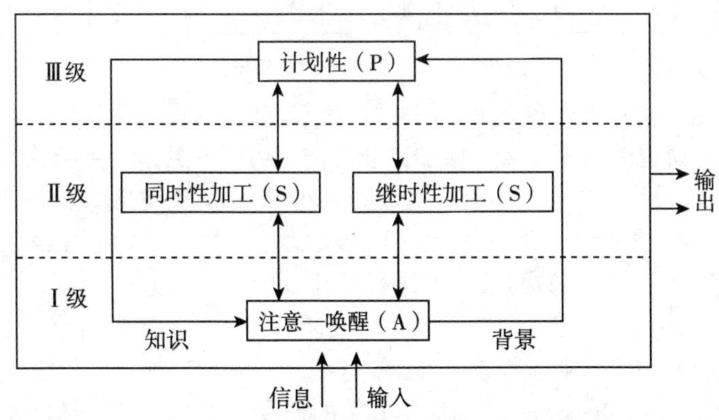

图7－5 戴斯的智力PASS模型

（二）加工速度与智力的关系

从信息加工角度对智力或认知发展的研究，本书第六章已经作了详细的描述。在众多的信息加工能力中，加工速度是一颗耀眼明星，从20世纪后半叶开始就一直受

① 鲁利亚将人脑分成三个相互联系的机能系统。第一机能系统，也叫动力系统，是激活与维持觉醒状态的机能系统；第二机能系统是信息接收加工和储存系统；第三机能系统，又叫行为调节系统，是编制行为程序、调节和控制行为的系统。

人瞩目。大量研究发现，无论儿童、青少年、成人还是老年人，其信息加工速度均与智力水平存在密切关系。因此，我们就加工速度与智力发展之间的关系再作详细阐述。

加工速度对智力的影响，已经体现在很多心理学家的理论建构中。卡罗尔（J B Carroll，1993）提出的智力层级理论就是一例。该理论以卡特尔的层级模型为基础，保留“一般智力 g”、“流体智力”和“晶体智力”这些元素，并将二级模型扩展为三级模型，如图 7－6 所示。在这个三级模型中，自下而上的能力由特殊至一般。其中第二级的智力除了流体智力和晶体智力外，还补充了其他几种能力，二级能力与一般智力 g 的相关从左至右逐渐减弱。

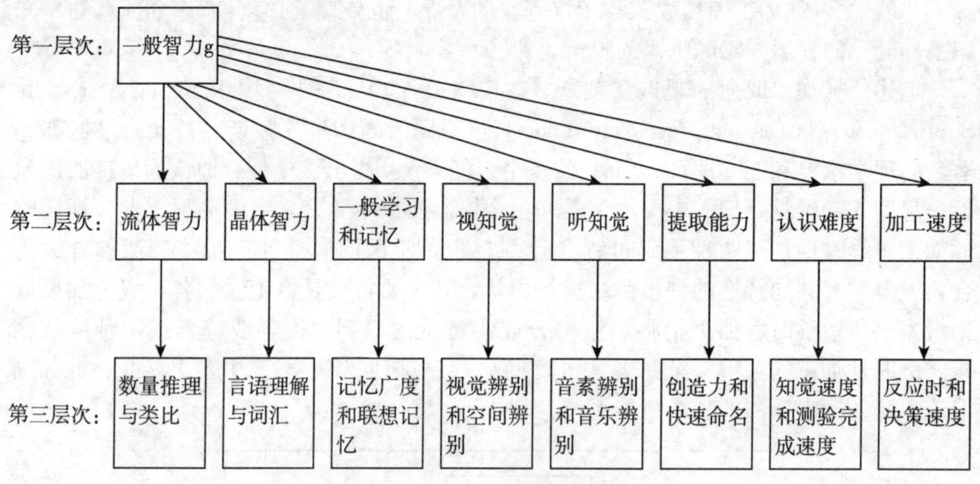

图 7－6　卡罗尔的智力层级模型

到底加工速度与智力有多大关联呢？这是实证研究要回答的问题。经过半个多世纪的研究探讨，研究者是不是可以给加工速度与智力间的关系下个结论呢？谢帕德和弗农（L D Sheppard & P A Vernon，2008）利用 PSYCARTICLE 和 PSYCINFO 搜索引擎对 1955—2005 年间有关加工速度方面的文章进行检索，对符合他们研究目的的 172 篇文章所提及的相关系数与效应值进行了元分析。首先他们把各式各样的速度测验任务进行归类，区分出五种加工速度的测验：（1）反应时任务（reaction time tasks），包括简单反应时和选择反应时测验。（2）信息加工的一般速度（general speed of information-processing），如简单心算的速度。（3）短时记忆加工任务的加工速度（speed of short-term memory processing tasks），如要求被试尽快回答某个刺激（如数字或字母）是否在前面的单元呈现过。（4）长时记忆提取任务的速度（speed of long-term memory retrieval tasks），如判断一对词语是否同义或反义。（5）检测时间任务（inspection time tasks），如通常让被试对形如“π”（如右图）的刺激进行反应，要求被试判断两条平行线哪条更长，然后计算相关系数的平均值并考查各种速度与智力关联程度。除了长时记忆提取任务的速度与一般智力的相关略低（$r=0.10$）外，其他几类速度均与一般智力相关均超过

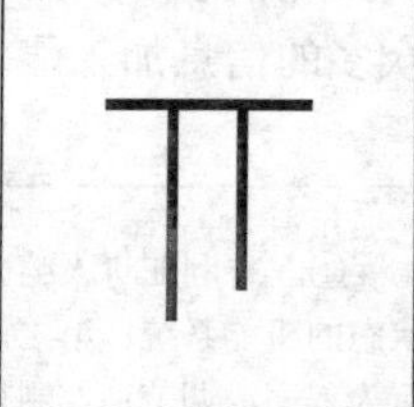

0.30。这项研究中一共收集到1 146个速度与智力的相关，其平均相关系数为0.24（标准差为0.07）。研究者认为这表明相当一部分智力的变异可用加工速度的个体差异来解释。同时，该研究还考察了一些变量的效应值，即标准化后的组间平均数差异，如表7-1所示年龄的效应值。他们认为，加工速度与年龄的关系是曲线关系，形状与流体智力曲线近似。

表7-1 加工速度任务年龄差异的效应值

结果	效应值							
	反应时		检测时间		信息加工一般速度		短时记忆加工速度	
	M	*SD*	*M*	*SD*	*M*	*SD*	*M*	*SD*
老年>青年	1.84（103）	0.69			1.35（23）	0.72		
中年>青年	0.55（10）	0.36			0.49（8）	0.30		
老年>中年	1.07（4）	0.31			1.09（11）	0.67		
儿童>成人	2.38（25）	1.79	0.32（1）		2.56（24）	0.36		
小童>大童	1.66（63）	0.88	0.38（3）	0.21	0.59（24）	0.24	0.57（18）	0.13

说明：括号里是相关系数的个数，“>”表示“时间长于”或者“速度慢于”。

四、情境主义的研究取向

这里所说的情境主义（contextualism）是一个很宽泛的概念，凡在定义智力以及描绘智力的发展时把情境考虑进来的研究都可以算作情境主义的研究取向。实际上，考虑情境的作用已然成为一种主流趋势，前文所提及的三种研究取向也并不是绝对的非情境主义。在这样宽泛的含义上，很难给情境主义取向一个准确界定。大致说，情境主义不倾向于承认存在某种普适性的智力结构或稳定不变的智力表现，它倾向于强调主体与环境或情境的交互作用；情境主义或多或少带有机能主义色彩，倾向于认为智力具有对情境的适应性功能。下面将从几个角度介绍一些带有情境主义色彩的智力发展观点。

（一）情境对智力发展的限制

最宏观的情境莫过于“社会文化”这一十分抽象的概念。毕生发展心理学家巴尔特斯（P B Baltes，1939—2006）认为，人类的心理发展受两方面力量的制约，即生物性和文化。这两方面力量的动力关系决定个体的发展。生物性即进化性选择，年轻人是这股力量的更大受益者，文化则泛指所有心理的、社会的、物质的和象征性（以知识为基础的）人类历代积累的资源。老年人相对于年轻人对文化的需求更大，遗憾的是，由于生物性优势的减弱，他们对文化的利用效率却更低。从发展的角度看，在人的生命历程中有三种来自社会文化的制约（Heckhausen & Schulz，1995）：（1）剩余生命长短的限制；（2）与年龄变化有关的限制；（3）年龄序列模式的限制。首先，生命剩余时间会限制个体以后的发展目标和生活计划。例如，老年人很难像年轻人一样花大量时间尝试或学习多种新鲜的事物。其次，人类生命历程中存在一定的年龄等级结构，这样的结构界定了重要生活事件和转折事件发生的标准年龄。例如，接受九年义务教育的年龄一般是6—15岁，女性生育能力在中年开始衰退。最后是年龄序列限制，典型的例子是业务的专业化。它使得个体在所选领域的专业化水平越来越高，同时也使个体放弃了其他的领域。俗话说“隔行如隔山”，当在某一行业工作多年之后，想换行是相当困难的。

具体到智力，巴尔特斯（1997）认为智力的目的就是适应环境，适应生物性与文化之间的动力关系。发展的程度取决于个体机能的获得与丧失之间的比例。获得与丧失贯穿个体一生，智力在毕生发展中承担三种功能：（1）成长（growth），即逐渐增强适应的能力；（2）保持与恢复（maintenance & resilience），即维持已有的适应能力与恢复曾失去过的适应能力；（3）对丧失的调适（regulation of loss），即在某些适应能力丧失时作出相应的调整。随着年龄的增长，个体智力的成长功能越来越弱，但保持与恢复及对丧失的调适功能则越来越强。

（二）情境作为智力的成分

情境作为界定智力的成分，其代表性观点是斯腾伯格（R J Sternberg）的三元智力理论（the triarchic theory），他用三个亚理论解释智力的构成（Sternberg，2000）：（1）智力的情境亚理论（the contextual subthoery of intelligence），主要强调适应环境、选择环境和塑造环境在个体对生活环境适应过程中的作用。该亚理论明确了在特定社会文化环境中所理解和测量的智力行为是什么。（2）智力的经验亚理论（the experiential subtheory of intelligence），主要强调个体对任务或情境的经验对我们理解智力在人与任务或情境交流中的作用有很大关系。该亚理论说明了解决新异性问题的能力和自动化加工信息能力之间的关系。（3）智力的成分亚理论（the componential subtheory of intelligence），主要强调元成分、操作成分和知识获得成分是智力行为的基本过程。该亚理论说明了个体适应环境的主要过程。这三个亚理论分别对应三种智力，即实践性智力、创新性智力和分析性智力。

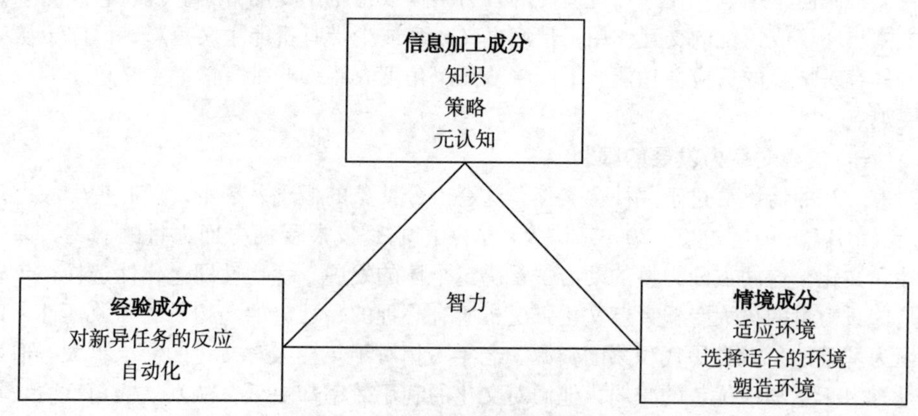

图7－7　斯腾伯格的智力三元理论

斯腾伯格（2001）认为实践性智力与分析性智力的基本信息加工过程是相同的，它们都包括界定问题、运用策略、推断关系等。那为什么还要区分出这两种智力呢？他认为不同情境和任务需要两种智力，在具体的情境中，两种智力的相关可能很微弱甚至可能为负相关，而且在一种情境中运用得很好的信息加工过程不一定适用于另一种情境。在一项关于肯尼亚儿童的实践性智力的研究（Sternberg et al.，2001）中，研究者得到了支持性的证据。这项研究考查了儿童掌握用草药医治寄生虫的默会知识（tacit knowledge）以及这种实践性智力与学术智力（钻研学术的能力，包括在阅读、写作、数学、科学、历史等各方面的能力，其含义与抽象智力很相近，即了解和应用文字或数学符号的能力）。在控制了社会经济地位水平的影响后，两类智力之间呈显著负相关，与英语学习成绩呈边缘显著负相关，与数学学习成绩呈零相关。

（三）情境作为智力的表现领域

情境还可以理解为具体的活动领域，加德纳（H Gardner，1934—　）的多元智力理论充分展示了领域性智力的观点。他认为智力是个人在特定的文化背景下或社会中解决问题或制造产品的能力。在不同领域内，问题的提出有不同的方式，解决问题的目的各不相同，解决的途径也可能不一致。因此，有必要根据领域区分不同的智力。根据他的多元智力理论，人类的智力可以分为以下八种（2003）。

1. 言语智力（linguistic intelligence）：用文字思考，用语言表达和欣赏语言深奥意义的能力。如作家、诗人、记者、演说家、新闻播报员等都展现出了高度的语文智力。

2. 逻辑—数学智力（logical-mathematical intelligence）：使人能够计算、量化及考虑命题和假设，而且能够进行复杂的数学运算。如科学家、数学家、会计师、工程师和电脑程式设计师等都展现了很强的逻辑—数学智力。

3. 空间智力（spatial intelligence）：让人有能力以三维空间的方式来思考，这种智慧使人知觉到外在和内在的影像，也能重现、转变或修饰心像，不但自己可以在空间中从容地游走，还可以随心所欲地操弄物件的位置，以产生或解读图形的讯息。如航海家、飞行员、雕塑家、画家和建筑师等所表现的一样。

4. 肢体—动觉智力（bodily-kinesthetic intelligence）：使人能巧妙处理物体和调整身体的技能。在西方社会，虽然动作技能不像认知技能那么受重视，但是对于许多令人尊重的角色而言，善于支配自己身体的能力是他们不可或缺的条件，运动员、舞者、外科医生和手工艺者都是例证。

5. 音乐智力（musical intelligence）：对于音准、旋律、节奏和音质等很敏感以及通过作曲、演奏、歌唱等表达音乐的能力。有这种智慧的人包括作曲家、指挥、乐师、乐评人、乐器制造者等，还包括善于感知的观众。

6. 人际智力（interpersonal intelligence）：就是能够善解人意，与人有效交往的才能。正因为近来西方文化已经开始认识心智与身体间的联结，所以也开始重视精通人际行为的价值。成功的教师、社会工作者或政治家就是最佳的例证。

7. 自知（内省）智力（intrapersonal intelligence）：是有关如何建构正确自我知觉的能力，并能善用这些知识来计划和导引自己的人生。神学家、心理学家和哲学家就是最佳的例证。

8. 自然观察者智力（nature observator intelligence）：能够高度辨识动植物，对自

然界分门别类，并能运用这些能力从事生产活动的智力。再者，自然观察者擅长于确认某个团体或种族的成员，分辨成员或种族间的差异，并能察觉不同种族间的关系，包括农夫、植物学家、猎人、生态学家和庭园设计师等。

理论关联7—1

智力的思维结构理论

该理论是林崇德（2002）在历时二十多年的对儿童青少年思维发展与促进的研究基础上提出的，主要基于信息加工的观点，将思维作为智力的核心进行理论的建构。不同于其他信息加工取向的智力理论，该理论同时还融入了心理测量学与情境主义的观点或方法，比较全面地解释了智力的构成。如下图所示：

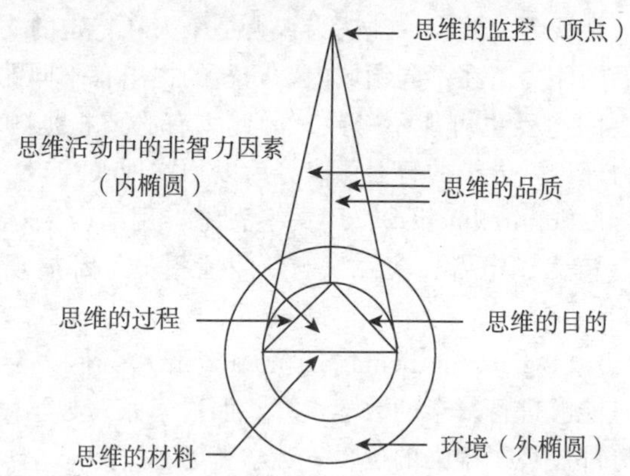

林崇德认为这个思维结构图也可以用来解释智力的结构，并提出研究智力的结构应该包括六个方面：（1）智力的目的；（2）智力的过程；（3）智力的材料和内容；（4）智力的反思或监控；（5）智力的品质；（6）智力中的认知与非认知因素。前三个方面体现在图中三角锥底面的三条边；三角锥的三个侧面笼统表达多种思维品质，例如敏捷性、灵活性、批判性、深刻性等。三角锥的顶点表示思维的监控，即元认知，包括定向、控制和调节。底面的内圆代表非智力因素，外圆代表思维主体所处的环境因素。

［资料来源］林崇德．智力结构与多元智力［J］．北京师范大学学报：人文社会科学版，2002（1）：5－13．

传统的智力测验侧重评估语言和逻辑—数学智力，但忽视了其他领域的智力。加德纳的多元智力理论对于教育领域具有启发意义，他的观点再次警醒教育者们，培养学生的目标不是一元人才，而是多元人才。

情境主义色彩的智力观点还可以包括情绪智力、内隐智力等，这些理论可以看做极端的情境主义例子。其实，无论哪种取向，都不是完全相互排斥的，有些智力理论兼有多种取向的特点。比如斯腾伯格的三元智力理论，既有明显的信息加工取向，又带有显著的情境主义特点，同时在具体研究中他也会用到心理测量学的方法和统计技术。

第二节　智力的发展与评估

要完全勾勒出个体智力是如何随年龄增长而发展变化的，是一项极具挑战性的工程。除因不同研究取向带来的基本假设、方法与手段的不同所导致的结论混杂之外，就个体的发展时间维度——年龄而言，要准确描绘漫长一生的智力变化也是相当困难的。从来没有一项研究可以把个体从出生到年老的连续变化情况都考察进来，也从来没有一种智力评估工具可以适用于从呱呱坠地的婴儿到耄耋之年的老人。研究者们的策略很明显：分段考察智力的发展。因此，我们也大致按照通行的年龄分段方法，介绍个体智力的发展特点与代表性的评估工具。同时，由于测量学方法的经典性，以及皮亚杰主义与信息加工取向的研究结果已在本书其他章节详细介绍，此节主要介绍心理测量学方面的研究结果。

一、婴幼儿智力的发展与评估

（一）婴幼儿智力的发展

俗语“三岁看小，七岁看老”的背后隐含着两层心理学含义：其一，个体年幼的时候就在各方面存在差异；其二，早期的差异可以稳定地保持至成年。这是否也适用于解释智力的早期发展和稳定性呢？心理学家如何测查婴幼儿的智力是很吸引人的事情。因为，学龄前特别是婴儿期的小宝宝不可能像儿童或青少年，更不可能像成年人那样对典型的智力测验任务进行操作或回答。在此方面，发展心理学家格赛尔（A Gesell，1880—1961）的贡献卓著，他提出了最早的测量婴幼儿智力的方法，即从适应行为、动作行为、语言行为和个人—社会行为四个方面来评估。

婴幼儿的智力差异是否可以稳定地预测他们以后的智力状况呢？贝利（N Bayley）采用追踪研究方法考察了婴幼儿智力测验分数的预测性（如表 7－2 所示），结果发现：（1）婴儿期（出生后至 12 个月）的智力测验成绩对后期的智力测验分数没有任何预测性；（2）初次测验与再测成绩的相关随测验间隔的延长而下降；（3）在初次测验与再测间隔时间相等的情况下，两次测验成绩的相关随初测年龄的增大而提高。这些结果说明婴儿期的智力测验分数具有较低的预测性，1 岁时智力不佳的孩子并不一定在 5 岁、10 岁或者 20 岁时也发展落后。从表 7－2 还可发现，4 岁是相关系数显著增大的关键年龄（一般达 0.7 左右），这说明 4 岁时智力分数对后期有较可靠的预测性（刘金花，1997）。

表 7－2　早期智力测验分数与后期智力测验分数的相关

第一次测试年龄	测验名称（第一次）	两次测验相隔的年龄			
		1	3	6	12
3 个月	CFY	0.1（CFY）	0.05（CP）	−0.13	0.02
1 岁	CFY	0.47（CFY）	0.23	0.13	0.00
2 岁	CP	0.74（CP）	0.55	0.50	0.42

续表

第一次测试年龄	测验名称（第一次）	两次测验相隔的年龄			
		1	3	6	12
3岁	CP	0.64	—	0.55	0.33
4岁	S—B	—	0.71	0.73	0.70
6岁	S—B	0.86	0.84	0.81	0.77（W—B）
7岁	S—B	0.88	0.87	0.73	0.80（W—B）
8岁	S—B	0.88	0.82	0.87	
11岁	S—B	0.93	0.93	0.92	

注：CFY＝California First Year（加州第一年智力测验），CP＝California Preschool（加州学前智力测验），S—B＝Stanford—Binet（斯坦福—比纳智力测验），W—B＝Wechsler—Bellevue（韦克斯勒—比利维智力测验），未说明测验名称的一律为S—B。

为什么婴儿期智力测验的结果预测性比较低呢？原因可能有四个：第一，婴儿智力发展尚不稳定，导致预测性较低；第二，婴儿期所测量的智力内容与儿童期或成年期测量的智力内容是不一样的；第三，婴儿的运动能力同后来智力测验结果之间不一定只存在正相关；第四，在生命的最初几个月里，个体差异表现得比较小（白学军，2004）。

（二）婴幼儿智力的评估

受格赛尔思想和方法的影响，贝利发展出一套应用最广泛的婴儿智力评估工具——贝利婴儿发展量表（Bayley Scales of Infant Developmet）。该工具适用于评估2—42个月的婴儿，测查的领域包括婴儿心理能力和动作能力两个方面。贝利利用发展商数（developmental quotient，DQ）计算婴儿的智力水平，DQ＝100为平均水平。表7－3列举了该量表的几个样题。

表7－3　贝利婴儿发展量表的样题（弗里德曼，2007）

年　龄	心理量表	动作量表
2个月	把头转向有声音的地方，对面孔的消失作出反应	保持头部直立或稳定15秒，能在外力协助下保持坐姿
6个月	握住把手儿拿起杯子，看书中的图片	独自保持坐姿30秒，用手抓住脚
12个月	建造两层的方块塔，翻书页	在有帮助的情况下能够行走，抓住铅笔的中部
17—19个月	模仿蜡笔画，认出照片中的物体	用右脚独自站立，在有帮助的情况下走上楼梯
23—25个月	匹配图片，模仿两字句	用带子串3个珠子，跳的距离有4英寸远（约10厘米）
38—42个月	命名四种颜色，使用过去式，明确性别	照着画圆，单脚跳两次，换脚下楼梯

国内也有一些较好的评估婴幼儿智力发展的工具，例如，龚耀先主持编制的《中国幼儿智力量表》（Chinese Intelligence Scale for Young Children，CISYC）（戴晓阳，龚耀先和唐秋萍等，1998）适用于3—6岁的幼儿。该量表总共包括10个分测验，其中8个基本测验和2个附加测验（用于替换）。8个基本测验不仅可以构成两个基本量表：言语理解/概括分量表和空间知觉/推理分量表，还可以形成流体智力与晶体智力两个附加量表。具体测验与量表构成情况见表7－4。

表7－4 《中国幼儿智力量表》的测验内容

量　表	测验名称	测验内容
（一）基本量表		
言语理解/概括分量表	1. 知识测验	主要测量一般知识的丰富程度
	2. 图画匹配测验	主要测量概念的形成，特别是对有意义图形的推理能力
	3. 听觉广度测验	主要测量听觉短时记忆和注意广度
	4. 图片词汇测验	主要测量词语理解能力和词汇量的多少
空间知觉/推理分量表	5. 七巧板测验	主要测量空间知觉和推理能力
	6. 模型旋转测验	主要测量视觉空间的感知及心理转换能力
	7. 视窗测验	主要测量空间知觉、视觉短时记忆和注意
	8. 木块图案测验	主要测量非言语抽象概括和空间逻辑推理能力
（二）附加测验	9. 算术测验	主要测量数概念和心算能力，可作为言语理解/概括分量表的替换测验
	10. 划销测验	主要测量注意、精神运动速度，可作为空间知觉/推理分量表的替换测验
（三）附加量表		
流体智力分量表		由七巧板、木块图案和视窗3个分测验组成
晶体智力分量表		由知识、图片词汇和图画匹配3个分测验组成

二、儿童青少年智力的发展与评估

（一）儿童青少年智力的发展

与婴幼儿相比，儿童青少年的智力水平不仅有显著提升，而且还趋于稳定，对他们成长后期的智力分数预测性更好。我国研究者收集多个纵向研究的证据，绘制出了不同年龄智力分数与成熟期智力分数的相关图（陈帼眉，冯晓霞，1991），如图7－8所示。图中几条曲线来自不同研究者的结果，其总体趋势十分明显：即随年龄增长，先期的智力分数与成熟期智力分数的相关程度逐渐上升，如，儿童在3岁时的智力分数与成熟期智力分数的相关系数仅为约0.40，11岁以后均保持在0.7—0.9之间。

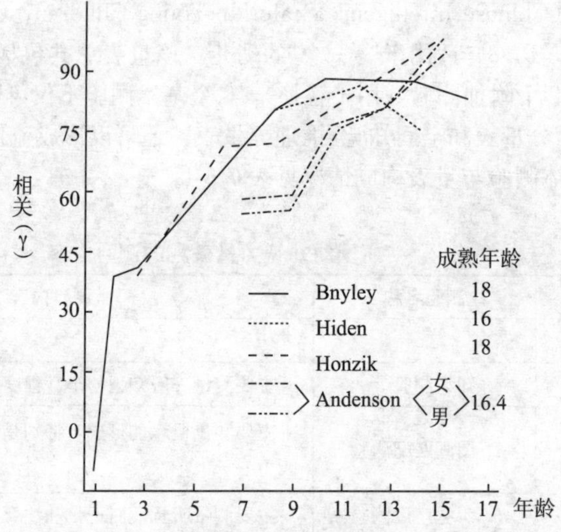

图 7－8　各年级智力分数与成熟期智力分数的相关

（二）儿童青少年智力的评估

最早的智力测验——比纳－西蒙智力量表（Binet-Simon Intelligence Scale）（1905）就是针对学龄期的儿童和青少年编制的。后来斯坦福大学的推孟（L M Terman）对该量表进行了修订，即斯坦福－比纳量表（Stanford-Binet Scale）（1916）。在该量表中推孟利用智力商数（Intelligence Quotient，智力商数＝智力年龄/实足年龄×100）作为智力指标。而目前运用最广泛的儿童智力测验非韦氏智力量表（Wechsler intelligence scale for children，WISC）莫属。在该量表中，韦克斯勒（D Wechesler）对智力的评估采用离差智商作为指标。离差智商表示个体的智力测验分数与同龄标准化样本的平均值相距多远，离差为正表示高于平均值，离差为负表示低于平均值。理论上讲，在同龄群体中智商的分布呈正态曲线，如图 7－9 所示。

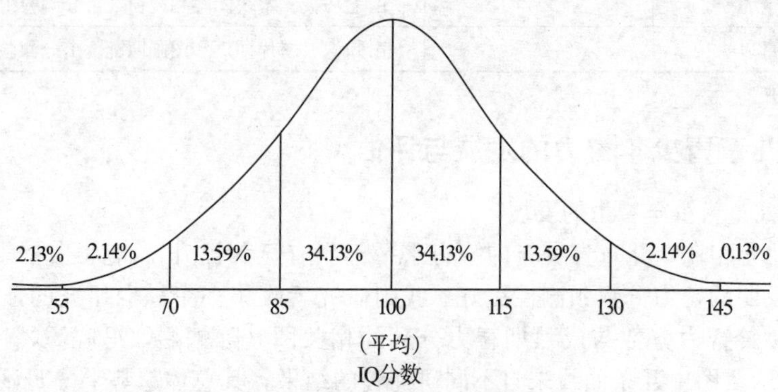

图 7－9　智商的理论分布

韦氏儿童智力量表适用的范围是 6—16 岁，1991 年发表了第三版。这一版测验包括 12 项分测验，用以测量四种智力因素。如表 7－5 所示。

表 7－5　WISC-Ⅲ的 12 项分测验因素分析结果

因素名称	因素 1	因素 2	因素 3	因素 4
	言语理解	知觉组织	注意集中或克服分心	加工速度
包括的测验	常识	填图		
	相似	图片排列	算术	译码
	词汇	积木图案	背数	符号搜索
	理解	物体拼凑		

三、成人智力的发展与评估

(一) 成人智力的发展

“在成人发展中也许没有哪个问题像智力如何随年龄变化那样受到了如此彻底的研究。”① 尽管这一领域已经积累了相当多的研究成果，但至今国内大多数发展心理学教材并未予以充分重视，下面我们对这一领域的研究略作介绍。

1. 成人智力发展的特点

考夫曼（A Kaufman，2001）使用韦氏成人智力量表对 16—89 岁的成年人进行了横断研究，结果如图 7－10 所示；成人智力大约在个体中年期之后就开始下降，到 80 岁以后下降更快。纵向的研究结果（Kaufman，2001）也大致相同。但这真的代表成人智力的发展情况吗？如前文所述，当一条曲线分解为多条曲线的时候，其真实情况可能是另一番景象。最著名的成人智力发展研究当属沙伊（K W Schaie）自 1956 年开始主持并延续到今天的西雅图追踪研究。这项研究每隔 7 年进行一次智力测量，截至到 1998 年，被试累计超过 5 000 人。这项研究产生了一系列有关成人智力发展的重要结论。在西雅图追踪研究中，智力的评估基于瑟斯顿提出的七种基本心理能力，研究者对被试的言语理解、空间定向、推理、数字能力和词语流畅性等方面进行了测

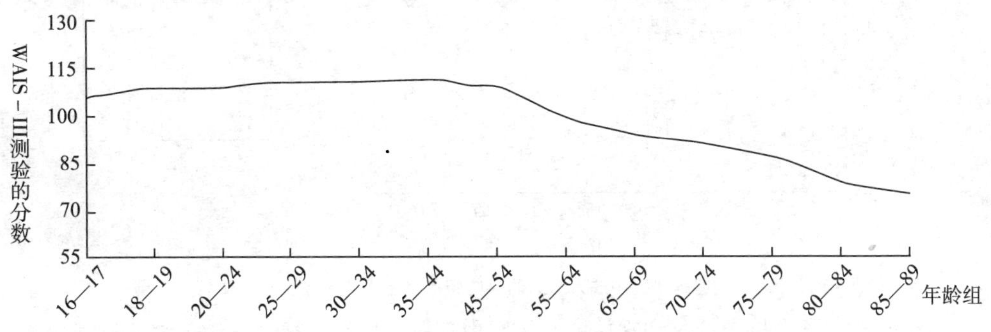

图 7－10　考夫曼有关成人期不同年龄的智商分数的横断研究结果

① C K Sigelman，E A Rider. 生命全程发展心理学［M］. 陈英和，译. 北京：北京师范大学出版社，2009.

量。早期的研究成果主要以单个测验为各种能力的指标，后来，随着统计技术的进展，他们又利用多个观测指标对心理能力（潜变量）的发展状况进行了考察，如图7-11所示。与单个指标相比，潜变量的估计指标更能代表某种能力的真实情况。从潜变量曲线图可见，不同能力的发展模式不尽相同。例如，加工速度、归纳推理、语言记忆和空间定向从二十几岁就几乎直线下降；而数字能力和语言能力则表现为从青年到中年随年龄增长而增长，中年以后缓慢下降，但在80多岁时的成绩与20多岁时大体持平甚或更好一些（Schaie，1994）。

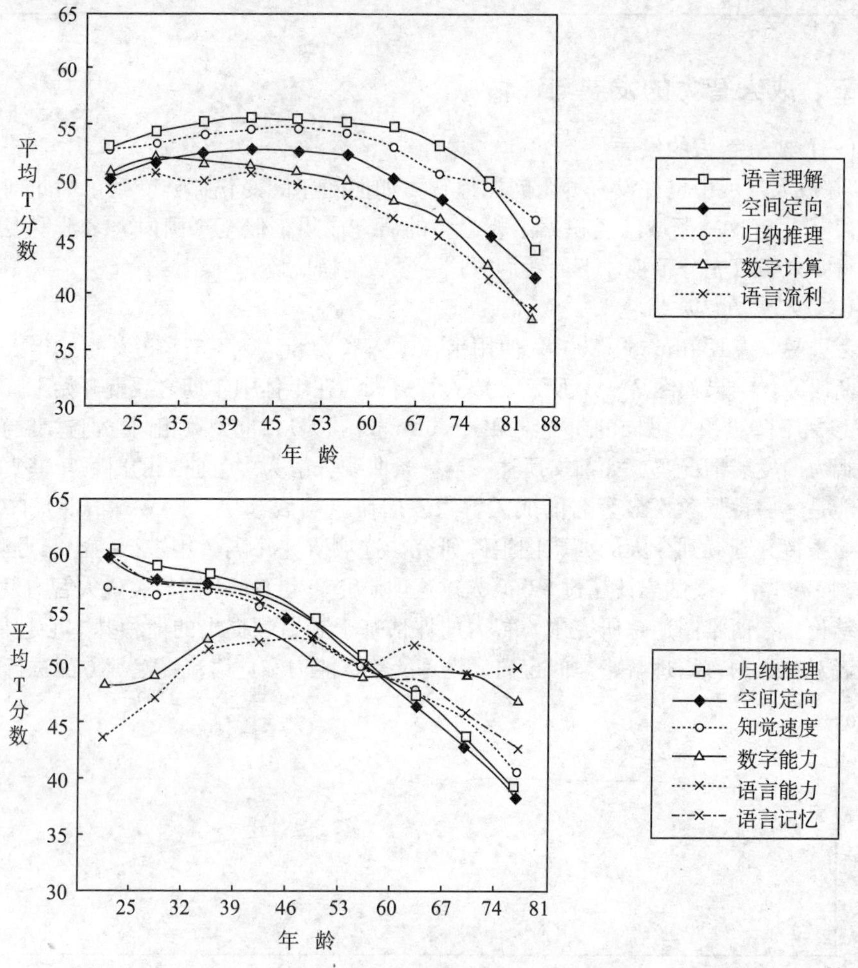

图7-11　西雅图追踪研究中成人智力的年龄特点（上图为单指标；下图为潜变量）

图7-11还支持卡特尔和霍恩的层级智力理论，即流体智力随年龄增长呈现出较为明显的下降趋势，晶体智力相对保持平稳。但如果把高龄老人（80或85岁以上）的情况考虑进来，即便是晶体智力也会出现大幅下降。年龄与智力的关系果真如此密切吗？萨特豪斯（T Salthouse，1998）对生命全程中认知能力的年龄效应（age effect）进行了考察。这项研究的样本年龄范围为5—94岁，他对共计5 470名被试采用伍德库克—约翰逊认知能力测验（Woodcock-Johnson Psycho-Educational Battery,

Woodcock & Johnson，1989，1990）进行测查，并对儿童样本（5—17 岁）和成人样本（18—94 岁）分别进行了年龄效应的分析。结果发现在儿童样本中，各个测验共享的年龄变异为 47.6%，成人样本中这个变异为 28.1%。这一研究的意义在于揭示：无论何种具体的测验任务，在测验分数的个体差异中至少有一部分变异总是由年龄导致的。

2. 智力老化的基本机制

对于成人领域的研究者而言，他们更感兴趣的是年龄与智力测验分数之间的负相关，也就是智力老化带来的衰退问题。是什么原因造成老年人在多种能力上出现衰退呢？认知老化领域的研究者们先后提出了四种可能的原因或机制。

（1）认知老化的加工速度理论（Processing Speed Theory of Cognitive Aging）。这一理论由萨特豪斯（Salthouse，1991）提出，他认为成人的认知加工速度随年龄增长而减慢是流体智力发生老化的主要原因。萨特豪斯（1996）认为加工速度是一种理论性的心理结构，它表征个体执行多种不同认知操作的快慢程度，并提出限时机制（limited time mechanism）和同时机制（simultaneity mechanism）来解释加工速度和认知成绩之间的关系。限时机制指对于一系列互不依赖的操作而言，加工速度较慢时，在有限时间内加工的信息就较少或较差。也就是说，如果前面的操作占用了太多时间，那么后面的操作就不能在有限时间内顺利完成。同时机制指对于前后操作需要相互依赖的任务而言，加工速度较慢时，前面加工的结果还来不及供后面加工的需要就已衰减或畸变；而且，不管可利用的加工时间有多少都将出现这种情况，因为关键的局限是内部机能的老化而不是外部条件的限制。

（2）认知老化的工作记忆理论（Working Memory Theory of Cognitive Aging）。这一理论由克雷克（F I M Craik）与伯德（M Byrd）于 1982 年提出。他们认为老年人之所以发生认知功能的衰退，是因为他们缺少一种"自我启动加工"的能力，亦即工作记忆的效能。对工作记忆的测量，一般考虑以容量为指标。存储—加工双重任务是基本的测量范式，具体的测验主要有词汇工作记忆广度、数字工作记忆广度和空间记忆广度。

（3）认知老化的加工抑制理论（Processing Inhibition Theory of Cognitive Aging）。另一个可能导致认知老化的原因在于抑制能力的减退，因为抑制能力对于需要进一步加工信息的选择至关重要。哈什尔（L Hasher）和扎克斯（R Zacks）于 1988 年提出了认知老化的抑制理论，认为许多认知能力的衰退是由于老年人不能把注意力稳定在重要的信息上，因为他们的注意力常常容易分散，既注意有关信息，也注意无关信息。

（4）认知老化的感觉功能理论（Sensory Function Theory of Cognitive Aging）。1990 年，以巴尔特斯为主的多位研究者组成了一个多学科协作研究组，对 516 位 70—103 岁的老年人进行了系统的研究。他们很意外地发现，几乎所有的 14 项认知测验中，被试表现出的年龄相关衰退都是由感觉功能起到中介变量的作用引起的。由此，他们提出了认知老化的感觉功能理论，认为认知功能的老化是由感觉功能衰退引起的。

（二）成人智力的评估

目前运用最广泛的成人智力测验是1981年修订的韦氏成人智力量表（WAIS-R）。该量表使用平均值为100、标准差为15的离差智商为指标来评估成人的智力。韦氏成人智力量表（WAIS-R）共包括11个分测验：常识、填图、数字广度、图片排列、词汇、积木图案、算术、物体拼凑、理解、数字符号和相似性。这些分测验构成两个分量表：言语量表与操作量表。如表7－6所示。

表7－6　韦氏成人智力量表（WAIS-R）的测验构成

分量表	分测验	测验内容
言语量表	常识	29个知识题目
	数字广度	顺背和倒背数字串
	词汇	35个词的词义解释
	算术	14道小学程度算术文字题
	理解	16个有关社会价值观念、行为习惯理由的问题
	相似性	14对配对事物的名词，找出相同点
操作量表	填图	20张不完整图片，要求指出缺失的部分
	图片排列	10组混乱的图片，按顺序排列
	积木图案	9块积木，按图形要求拼出几何图形
	物体拼凑	4套图形板，要求拼出完整的人或物体形状
	数字符号	9个数字和9个符号按要求进行配对

成人期是一个年龄跨度相当大的阶段，虽然很多研究冠以“成人样本”字样，但多出于方便等原因，选择较为年轻的大学生为被试。对于真正进入社会生活的成年人，尤其对于中老年人而言，韦氏智力量表所测查的学术性智力并不是研究者们关注的重点。受生态化与情境主义思想的影响，关注后半生发展的心理学家（Berg & Sternberg，1985；Baltes et al.，1984）对学术智力进行了批判。他们提出研究日常智力（everyday intelligence），即个体解决日常生活中所遇到问题的能力，也称日常问题解决能力（everyday problem solving）。日常智力又可分为工具性（instrumental）日常智力和人际性（interpersonal）日常智力。工具性日常智力指从事日常生活中对个体的生存具有工具性意义，但不涉及人际情感因素问题的解决活动，如买菜、洗澡、打电话等；人际性日常智力指处理社会关系情境中出现的人与人之间引发的情绪反应问题，如缓和夫妻矛盾、消除朋友间的误会等。其中工具性日常智力的评估对于老年人特别是年岁较高的老人具有特别的意义，这种能力是独立生存的必备能力。最近的一项研究揭示该能力可以显著预测老年人的发病率和死亡率（Millan-Calenti，et al，2010）。

较早并且常用的工具性日常智力的评估工具是由劳顿（M P Lawton）和布罗迪（E M Brody，1969）编制的工具性日常活动量表（Instrumental Activity of Daily Living，IADL）。其包括打电话、购物、做饭、家务、洗衣、乘车出行、用药和理财八个条目。每个条目采用“可以独立完成”与“需要别人帮助”的二择一反应，只要有一项回答为“需要帮助”就说明该个体日常能力有限。

第三节 智力发展的影响因素及其预测作用

一、影响智力发展的因素

人与人之间的智力差异是先天的还是后天环境造成的？关于智力的先天—后天争论旷日持久，及至今日仍难以分出胜负。确切地讲，大多数心理学家认同这样的观点：智力是遗传与环境因素共同作用的结果。但是，对这个问题感兴趣的读者是不会满意这个答案的，他们会不断追问到底遗传的影响有多大，环境的影响又有多大？有些人甚至会追问，一个智商为130的孩子，其测验分数中有多少分属于遗传，有多少分属于环境？而且，对于环境因素，他们更想知道，哪些会对智力的发展产生影响？对这些疑问，目前为止，科学家所能做的就是把两方证据摆出来，尚难以作出最后的评判。

（一）遗传因素的证据

智力的遗传因素证据主要来自双生子研究和领养研究。这两类研究的结论都显示，遗传基因关系越近的个体，他们之间的智商相关也就越高（本书第四章对“遗传与智力”有专门的介绍）。

（二）环境因素的证据

对于教育实践者而言，他们最关心的是有没有可能以及如何提高个体的智力水平。影响智力的环境因素方面的证据会给他们提供更有价值的帮助。下面我们将从时代与社会环境因素、家庭环境因素与教育因素三个方面进行总结。

1. 时代与社会环境因素：弗林效应（Flynn Effect）

以心理学家弗林（J Flynn）命名的“弗林效应”表明了社会时代变迁会给个体带来智商分数的提高。弗林（1987，1996）研究发现：从1949年开始，每过10年各国公民的智商平均增长3—5分，这便是著名的弗林效应。其他研究者的结果也证实了这一现象。以西雅图追踪研究为例，沙伊对同辈效应①（cohort effect）。进行了专门的分析讨论，基于1956年到1991年每间隔7年测查一次的追踪数据，沙伊绘制出了同辈效应曲线（Schaie，1994）（如图7－12所示）。从沙伊的研究结果，可以看到当对各种基本心理能力进行时代差异的检验时，不同的能力会呈现不同的变化模式。在归纳推理和语言记忆能力方面，1907年的同辈到1966年的同辈之间呈现线性递增趋势，最晚一代比最早一代的能力分数高约1.5个标准差；在空间能力方面，也有小幅度的代际递增；而在知觉速度、数字能力和语言能力方面，这些能力的代际变化呈曲折形，20世纪的前25年出生的代际间是上升趋势，而20年代末大萧条时期及以后出

① 同辈效应：指同龄人群体因生活在类似的社会文化环境中，经历类似的历史事件而对群体成员发展产生的影响（林崇德，2003）。

生的代际间差异不大，呈现平稳趋势。

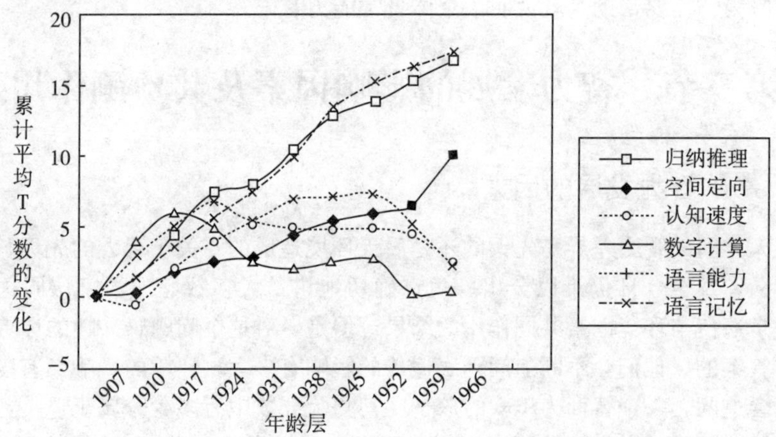

图 7－12　西雅图追踪研究中同辈效应分析（基于潜变量的分析）

弗林效应不仅普遍存在于以美国为代表的发达国家，也存在于欠发达国家和地区。例如对苏丹 4—10 岁儿童在 1964—2006 年间智商的研究发现，在这 42 年里，孩子们的智商平均每 10 年增长 2.9 分（Khaleefa，et al.，2008)。国内虽没有跨度很大的统计数据，但从现有一些小跨度的比较中也可以看到弗林效应的趋势。例如，高岩，钱明，王栋（1998）分别比较了城市与农村 5—16 岁儿童在 1987 年与 1996 年的瑞文推理测验分数上的差异，结果发现，10 年间，城市组儿童智商平均增长 4.71 分，农村组儿童智商平均提高 6.85 分。

弗林效应的发现犹如在智力研究领域中投放了一颗炸弹，迅速引起了研究者们的高度关注。他们不仅仅是重复检验这一现象，而且还热烈讨论这一现象产生的原因是什么。最近，有研究者（Lynn，2009）比较全面地总结了八种可能的原因和相关证据。(1) 教育的改善，这一解释得到最广泛的认可。弗林一开始就提出了这种解释并一直坚持到最近，他说："科学带来巨大变化……正规教育起到了最直接的作用。"(2) 测验熟练程度增加（Jensen，1998)。(3) 近些年环境中的认知刺激越来越多，例如电视、媒体、电脑游戏等（Wolf，2005)。(4) 儿童抚养方式的改善（Flieller，1996)。(5) 对测验的态度更有自信（Brand，1987)。(6) 个人强化者与社会强化者理论，这也是弗林提出的。个人强化者是指聪明的人自身渴求认知刺激，通过正向反馈进而提高智力；而社会强化者指的是社会环境中的他人的影响（Flynn，2007)。(7) 营养状况的改善（Lynn，1990，1993，1998，2009)。(8) 遗传学。詹森（Jensen，1998）认为弗林效应的原因可能在于不同人种的联姻，特别像美国这样的移民国家更是如此。但是这一观点无法解释其他非移民国家也存在明显的弗林效应现象。

值得注意的是，弗林效应的出现是在 20 世纪，再过 50 年弗林效应仍然存在吗？人类的智商仍然以每 10 年 3—5 分的速度升高吗？最近的几项研究似乎预示了一种"反弗林效应"(Negative Flynn Effect)。顾名思义，反弗林效应指随年代推移，人们的智商呈静止或下降趋势。例如，来自挪威的一项研究（Sundet，et al.，2004）发现，20世纪90年代以前挪威人的智商一直上升，但之后直到2002年没有再上升。澳大利亚的6—11岁儿童彩色瑞文推理测验分数从1975年到2003年没有上升（Cotton et al，2003）。丹麦自1959年开始便对应征入伍的18—19岁年轻人的智商有详细记录，从1959年到1989年智商每10年上升3分，但从1989到1998年只上升了1.6分，从1998年到2004年却下降了1.6分（Lynn，et al.，2008）。而在英国，从1975年到2003年的28年间11—12岁儿童的智商下降了12分，平均每10年下降4.3分（Shayer，2007）。反弗林效应的一个原因可能在于智商与生育率之间的负相关现象（Lynn，2008），如表7－7所示（Lynn & Harvey，2008）。当前人类社会出现了智商越高的人生育的孩子数量越少的现象，女性尤为明显（如，Meisenberg，2010）。R Lynn等人（2008）指出：营养、教育等环境因素导致的弗林效应改变了智力的表现型（phenotype），而IQ与生育数量呈负相关所导致的"反弗林效应"改变的是人类智力的基因型（genotype）。从长远发展来看，如果任由两方面力量发展下去，世界人口的智商将不再上升而是下降。

表7－7　不同国家平均智商、生育率与人口数量（部分）

	国家	生育率	平均智商	1950年人口	2000年人口	2050年人口
1	塞拉利昂	6.08	64	2 087 055	4 808 817	13 998 936
2	甘比亚	5.3	66	271 369	1 367 884	4 068 861
3	索马里	6.76	68	2 437 932	7 253 137	25 128 735
4	尼日尔	7.46	69	3 271 073	10 516 111	34 419 502
5	埃及	2.83	81	21 197 691	70 492 342	126 920 512
6	墨西哥	2.42	88	28 485 180	99 926 620	147 907 650
7	希腊	1.34	92	7 566 028	10 559 110	10 035 935
8	俄罗斯	1.28	97	101 936 816	146 709 971	109 187 353
9	美国	2.09	98	152 271 000	282 338 631	420 080 587
10	加拿大	1.61	99	14 011 422	31 278 097	41 429 579
11	芬兰	1.73	99	4 008 900	5 168 595	4 819 615
12	英国	1.66	100	50 127 000	59 522 468	63 977 435
13	瑞士	1.43	101	4 694 000	7 266 920	7 296 092
14	意大利	1.28	102	47 105 000	57 719 337	50 389 841
15	中国大陆	1.73	105	562 579 779	1 268 853 362	1 424 161 948
16	日本	1.4	105	83 805 000	126 699 784	99 886 568
17	中国香港	0.95	108	2 237 000	6 658 720	6 172 725
18	新加坡	1.06	108	1 022 100	4 036 753	4 635 110

2. 家庭环境因素

家庭环境因素包括的内容很广，如父母的智商、职业、抚养方式、家庭规模、家庭社会经济地位等。萨摩奥夫列出了10项风险因素对4岁儿童智商的影响程度，如表7－8所示（Sameroff，Seifer，Baldwin & Baldwin，1993）。经历过风险因素的4岁儿童的平均智商低于未经历风险因素的儿童。而且，这些因素中很多还可以预测儿童13岁时的智商。

表7－8　经历与未经历10项环境风险因素的4岁儿童的平均智商对比表

风险因素	4岁儿童的平均智商	
	经历过风险因素	没有经历风险因素
儿童是少数民族群体的成员	90	110
家长失业或者是低技能的工人	90	108
母亲没有读完高中	92	109
家庭有4个或4个以上孩子	94	105
缺少父亲	95	106
家庭经历许多压力性生活事件	97	105
父母有严格的儿童养育观	92	107
母亲高度焦虑或沮丧	97	105
母亲心理健康状况差或诊断为失调	99	107
母亲很少对孩子表现出正面影响	88	107

国内研究者在20世纪90年代也纷纷开展了有关家庭因素与儿童智力之间关系的研究。例如，武桂英等人（1991）对上海2 109名8—11岁的小学生进行瑞文智力测验，然后从中抽取智商大于130和小于90的儿童各50名，另外选取来自离婚家庭、个体户家庭、寄读家庭的儿童各50名，随机抽取50名儿童为对照组进行比较。结果发现，父母素质、教育方式、家庭气氛等因素对儿童智力发展有重要影响。傅德学等人（1992）对北京4—6.5岁的128名儿童进行调查，调查结果显示父母职业及母亲文化水平与儿童的智力高度关联。吴凤岗等（1990）考察了民俗风格的“沙袋育儿”方式对智力的影响，结果发现，沙袋养育的孩子智商显著低于对照组。

3. 教育因素

大量的证据表明学校教育对儿童智商有显著影响。塞西（S J Ceci，2009）非常详尽地总结了20世纪研究者们得到的有关学校教育不同侧面的研究证据，现摘录部分列于表7－9中。这些证据几乎都一致表明：接受学校教育越多，儿童的智商分数越高；反之，缺乏学校教育的程度越大，则智商分数越低。

表 7－9 学校教育对 IQ 的影响的证据汇总

类 别	证 据	研究者
完成学业的总年数对 IQ 的影响	同卵双生子所受的最高教育年限同 IQ 的相关 r＝0.96	Bouchard，1984
	儿童所受最高教育年限同 IQ 的相关 r＝0.68	Jencks et al，1972
	对 SES 加以控制后，所受最高教育年限同 IQ 的相关 r＝0.6—0.8	Kemp，1955；Jensen，1976；Wiseman，1966
教育的延误对 IQ 的影响	每年都会由于推迟入学而导致儿童的 IQ 下降；推迟的时间越长，他们的 IQ 就越低	Schmidt，1966；Ramphal，1962
	来自拥有较多受教育机会地区的儿童比拥有教育机会较少的儿童在 IQ 测验上多出 10—30 分	Sherman & Key，1932；Tyler，1965
	在无法入学的儿童中，他们的年龄同 IQ 的相关为－0.75，这表明儿童的入学时间被耽误得越久，他们的 IQ 就越低。	Gordon，1923；Freeman，1934

教育对智力的影响还可见于来自老化研究的证据。教育水平高的老人其认知能力的衰退会开始得比较晚，并且其认知能力相对好于受教育水平低的老人。在这个意义上，受教育水平是老年人认知功能的保护性因素（王大华，等，2005）。再宽泛一点理解教育的含义，还可以看到许多来自认知训练的研究证据。沙伊和他的妻子威利斯（S L Willis，1986）利用西雅图追踪研究的样本，对其中 229 位平均年龄为 72.8 岁的老人做了空间定向或推理的干预。经过 5 次一个小时的训练，各组老年人的认知能力水平分别得到显著提升。这些结果表明即使是老年人，他们的认知能力也具有一定的可塑性。

学以致用 7—1

如何界定智力落后?

1961 年美国智力落后协会（American Association on Mental Retardation，AAMR）将智力落后定义为“在个体发展中出现的整体智力机能的低下，并伴之以适应性行为障碍”。

1992 年该协会将智力落后的定义修订为“智力功能的显著落后，在如下适应性机能领域中至少表现出两方面的限制：交流、自理、家居生活、社会技能、社区设施利用、自我定位、健康和安全、功能性学业、休闲和工作。智力落后应发生于 18 岁之前”。

2002 年该协会又推出最新版智力落后定义，即“智力功能和适应性行为的严重限制，表现为概念、社会和实践性适应技能方面的落后，且发生在 18 岁以前”。

请思考：根据你对智力发展理论的理解，你认为从 1961—2002 年该协会对智力落后的界定为什么会有这样的更替？

［资料来源］钱文. 智力落后的成因——当代智力理论新解［J］. 心理科学，2004（6）：1438－1441.

（三）遗传与环境的交互作用对智力发展的影响

智力既受遗传因素的影响，也受环境因素的影响已成为公认的事实。因而，现代社会很少再有研究者持极端的遗传决定论或者环境决定论的观点，多数人都认为智力是遗传和环境共同作用的产物。2009 年，心理学家塞西在布朗芬布伦纳（U Brofenbrenner）生态系统理论的影响下，提出了智力发展的生物生态学观点，进一步解释遗传与情境如何交互作用影响智力的发展（如图 7－13 所示）。

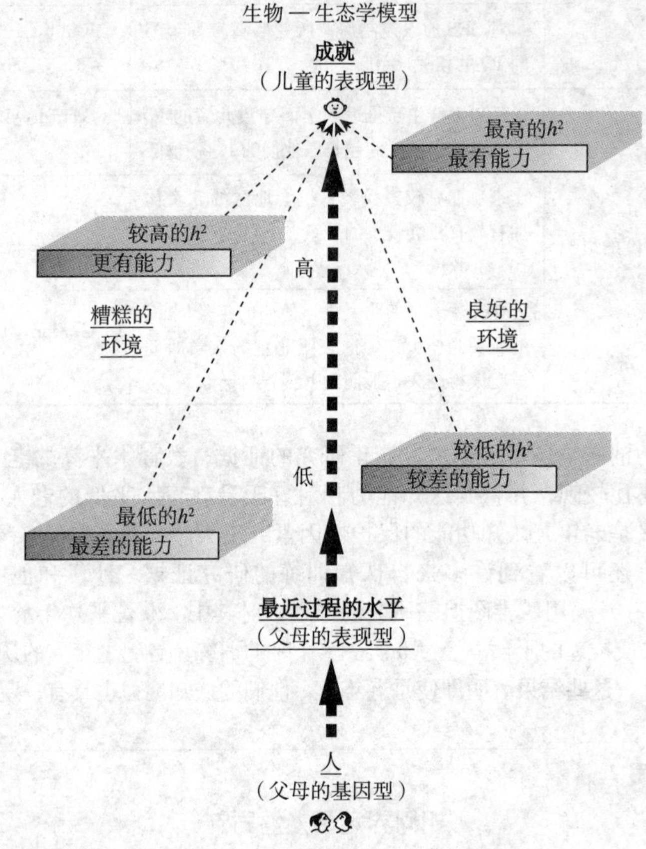

图 7－13　智力发展的生物生态学模型

智力的生物生态学观点有两个基本假设：（1）并不存在一个基础的智力 g，而是存在多种智力形式；（2）从逻辑角度而言，不可能把这些能力同主体获得的知识（在塞西的理论架构里，他认为情境不仅包括外部的环境，也应该包括个体已有的知识储备）作出区分。

“首先，大多数或所有的认知行为中存在不止一种认知潜能或中枢处理器 g，而是存在多种认知潜能；其次，广义上情境的作用包含了动机力量、情境或任务的社会和客观方面、各种类型的育儿方式培养出的价值观以及任务涉及的知识领域的精细化程度，这些方面不仅对认知潜能的最初发展阶段具有重要意义，并且对以后测验阶段的重现也具有重要的影响；再次，知识和才能是不可分割的。因此，在一连串产生认知的过程中，认知潜能不断地接近个体的知识基础（knowledge base），依次改变知识基础的成分和结构。”①

塞西与布朗芬布伦纳（1994）将成长中的有机体与周围环境中的他人、信号和活动之间持续性的交互作用称为最近过程（proximal process）。这个最近过程贯穿于毕生发展的不同情境中。例如，“对婴儿而言，最近过程是婴儿与照料者之间的一种活动，例如照料者努力让婴儿注意某个物体。慢慢地，这种注意变得越来越复杂，成长中的儿童学会了如何在父母逐渐减少的指导下去注意物体。对年长的儿童而言，最近过程涵盖了父母对其家庭作业完成情况的监督或与其进行互动式的阅读”②。

最近过程是个体智力发展的“引擎”。拥有高等级最近过程的儿童将智力行为的遗传潜能发挥得淋漓尽致，而仅具备低等级最近过程的儿童，其潜能常常无法得以实现。在遗传因素相同的情况下，以较低的遗传力水平（h^2）为例，儿童在糟糕环境中只能得到最差的能力表现，而在良好环境中可以得到较好的能力表现，二者之间的差距就是最近过程。

生物生态学理论认为，IQ的高遗传力水平仅仅出现在提供良好的资源和条件并有助于智力发展的环境中。继而，塞西预测：“我预测未来的20年里，在倡导‘新政’（the new deal）和‘伟大社会’（the great society）的社会和教育领域的改革者不懈的努力下，IQ的种族差异将缩小至8分。纵观20世纪，IQ的种族差异介于15—16分之间。我预测到2015年这个差距将减小至8分……”③

二、智力的发展对其他因素的预测性

既然人与人在智力方面存在差异，那么这种差异是否也可以解释其他方面的个体差异呢？比如，具有高智商的人是不是就更成功、更健康、更幸福呢？这不仅是普通人想知道的事情，也是研究者们力图解答的问题。

（一）智力对学业成就的预测

对儿童青少年而言，与智力最紧密的一个话题就是学业成绩。因此，不断涌现大量的讨论。前文已经总结了学校教育对智力有重要的影响，那么反过来，智力是否可以影响学业表现呢？大量的证据似乎给予了肯定的回答。例如，吴万森、钱福永（1988）利用比纳量表对某小学2—6年级1 110名学生的智力与学习成绩进行了相关分析。对总体样本而言，智力与学习成绩二者的相关系数为0.45（$P<0.01$）；从年级分析可见，随年级升高，二者的相关系数也明显提高，如图7－14所示。但陶云、左梦兰（1998）对云南的汉、傣、纳西三个民族的初中生进行研究，发现初中二年级学生智商与学习成绩的相关低于初中一年级，而不同民族之间的相关系数不存在显著差异。最近，英国一份追踪5年的研究报告（Deary，et al.，2007）也发现智力与学业成绩之间存在显著正相关。该研究对英国70 000多名11岁儿童的智力测验分数和25个科目的学习成绩进行测查，并追踪到儿童16岁。结果发现，一般智力g因素的潜变量与学业成绩的潜变量之间相关高达0.81。另一份来自英国的研究（Furnham

---

①②③ S J Ceci，论智力——智力发展的生物生态学理论［M］．王晓辰，等，译．上海：华东师范大学出版社，2009.

& Monsen，2009）显示，通过对 250 名小学生进行分析发现智力差异可以解释学业成绩总体变异的 20%。

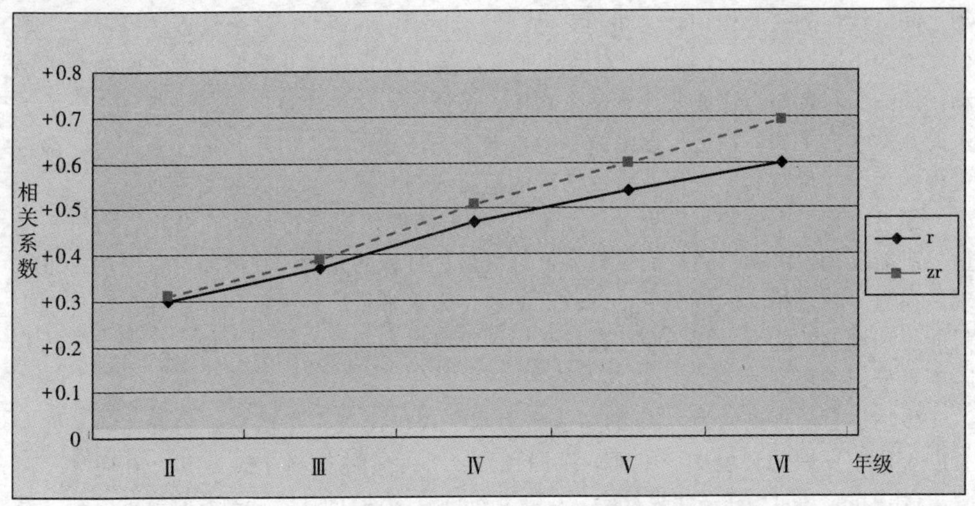

图 7－14　不同年级儿童智商与学习成绩的相（r 代表相关系数；zr 代表标准化后的相关系数）

上述相关研究似乎表明智商与学业成绩之间是线性关系，即智力低下的儿童其学业成绩也较差，但利用其他统计方法得到的结果却略有不同。例如，刘少文等人（1993）通过对韦氏智力测验分数的聚类分析，得到学习困难儿童在智力表现上可分为三种亚类型：即智力水平正常伴有注意与记忆缺陷；智力水平稍低于正常且常识测验成绩差；智力水平边缘。徐家丽、孔平（1999）对 1 013 名 6—13 岁儿童的智力测验表明，智力发育边缘或低下的儿童中，学习成绩优良的约有 40%。这些研究提示：尤其是在小学阶段，智商低不一定意味着学业成绩差。

（二）智力对成功与幸福的预测

如果说智力与儿童学业成绩的相关还算得到多数研究者认可的话，那么智力与成年人社会生活的成功，或者说与幸福感的关系就比较复杂了，其结论也是扑朔迷离。

支持二者之间呈正向关系的典型证据当属推孟的天才儿童研究。1921 年，推孟选择了 1 528 名高智商（IQ 介于 135—196 之间）儿童作为研究对象，探讨 IQ 的预测力。他的研究及结论受到很多人的追捧，例如“被筛选的这组被试（高智商者）在随后生活中取得的成就不论以何种标准来评定都是卓越非凡的。1959 年，有 70 位被列入《美国男性科学家名录》，3 位进入享有最高荣誉的‘国家科学院’。此外，有 31 位入选《美国名人录》，10 位出现在《美国学者名录》中。他们中间有无数极其成功的商人以及各行各业的佼佼者”①。还有研究者（Nyborg & Jensen，2001）基于 1985、1986 年的数据描绘了职业地位与智力水平的关系，如图 7－15（上）所示，不论非裔还是欧裔美国人，尤其对非裔美国人而言，智力水平越高的人，其职业地位越高。

① S J Ceci. 论智力——智力发展的生物生态学理论［M］. 王晓辰，等，译. 上海：华东师范大学出版社，2009.

不过，相反的证据也显而易见。如图 7－16 所示：IQ 与经济收入基本无关，重要的是个体所处的社会阶层①（Ceci，2009）。莫笑笑、韦小满（2009）对智力落后成年人的生活质量进行了文献综述，得到的结论是智力落后者的总体生活质量并不比普通人低。作者列举了两点可能的原因：(1) 自我平衡控制着人们的主观幸福感，主观幸福感是相当稳定的，任何压力（疾病或身体残疾）和人们感受到的整体生活质量是非线性的关系；(2) 生活质量蕴涵了一系列文化因素，如价值观、法律观念以及思考和解决问题的方式等，即生活质量更多地取决于个体的心态，而不是钱或健康等外在因素。

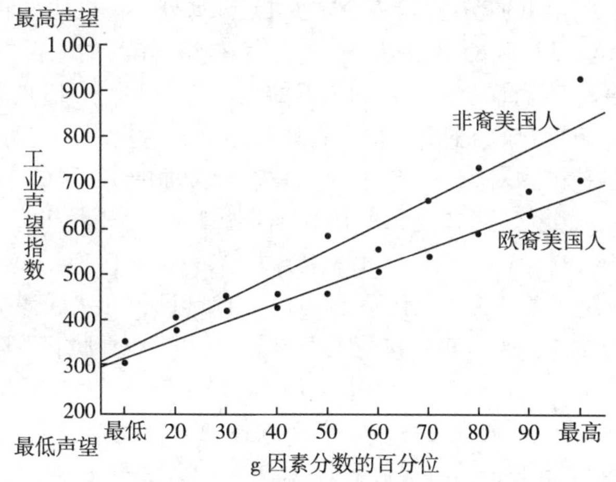

图 7－15　非裔美国人和欧裔美国人的职业地位与智力测验成绩的相关

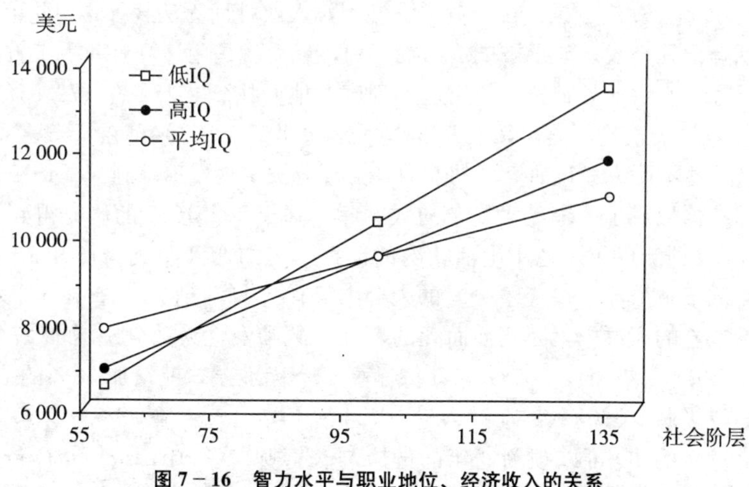

图 7－16　智力水平与职业地位、经济收入的关系

① 社会阶层以平均数为 100、标准差为 10 的标准分为判断标准。评估指标包括父母收入、房产价值等多项相关项目，最低 58 分，最高为 135 分。

（三）智力对健康（长寿）的预测

最近的研究证据表明，智力测验分数对个人生活情况的预测力超乎了想象，它甚至可以预测个体生理上的健康与长寿。有研究者（Gottfredson，2004）指出从积极角度来看，高智商者身体更健康、更倾向于摄入低糖低脂肪的食物以及会更长寿；从消极角度来看，低智商者更有可能酗酒、吸烟、肥胖以及有更高的婴儿死亡率。在一项澳大利亚老兵的健康研究（O' Toole & Stankov，1992）中，研究者用 IQ 以及 56 项其他的心理、行为、健康和人口学变量去预测 2 309 名老兵在 40 岁时的死亡率（这个死亡率排除了由于战争原因所造成的死亡）。结果发现，在控制了其他变量之后，个体 IQ 每增加 1 分，他们的死亡风险将会减少 1%。另外，在机动车事故中（造成死亡的最主要原因），IQ 是最强的预测指标——智商在 85—100 的人群中死亡率是 100—115 的人群的 2 倍，而智商在 80—85 的人群的死亡率是 100—115 的人群的 3 倍。

有关 IQ 与长寿或健康的主要证据来自珍贵的苏格兰资料。迄今为止，苏格兰是世界上唯一在全国范围内对同一年出生的儿童进行全面的 IQ 测试并将数据完好保存达 70 多年的国家。这就是著名的 SMS1932 研究。1932 年 6 月 1 日，苏格兰所有 11 岁的儿童（出生于 1921 年，共计 87 498 名）接受了 MHT（Moray House Test）研究。MHT 是一种效度良好的智力测验工具，它与斯坦福—比奈量表的相关高达 0.8。几十年之后，该样本中的部分被试接受了再测。在一项针对阿伯丁（苏格兰北部的一个城市）样本的研究中，研究者（Whalley & Deary，2001）首先确认共计有 2 792 名儿童当年参加了 SMS1932 研究，然后他们通过各种途径找这些被试。第一步利用死亡登记（the register of deaths）进行筛选，如果被试名字不在死亡登记册里，那就表明他可能仍然存活着；第二步利用苏格兰的社区健康索引寻找，因为它记录了几乎所有的（超过 99%）就医数据。由于许多女性因嫁人改姓而无法找寻，因此第三步就从苏格兰婚姻登记处查找。如果被试依然找不到，最后就是用计算机和手工方式从英国国家健康服务中心注册处查找。使用这种程序，他们找到 2 230 名（79.9%）参加过 1932 年测试被试的确凿下落，其中 1 084 名已经去世，1 101 名健在，45 名移居他处；还有 562 名下落不明。经过研究者的努力，大部分被试得以追踪到。SMS1932 研究及其后续追踪数据形成了一个庞大复杂的数据库，基于 SMS1932 的研究得到了许多有关童年 IQ 可以预测成年及老年生活状况的证据。例如，11 岁的智商和 76 岁的寿命关系密切：低于 1 个标准差（15 分）的人群中只有 79%活到 76 岁；在 11 岁时 IQ 每下降一个标准差的人群中，因癌症而死的男性人数和女性人数分别增加 27%和 40%（Deary，Whalley & Starr，2003）。IQ 每提高 1 个标准差，就增加 33%的戒烟概率，控制了社会等级后，该机率变为 25%。

为什么童年的 IQ 可以预测老年的健康与长寿呢？Gottfredson & Deary（2004）认为主要原因在于高智商的人善于接受一些科学的保健知识从而更可能采取健康生活方式，进而促进了身体健康和长寿。另外，智力可以提供增强健康的心理资源。智力在日常生活中是一个有用的工具，尤其在那些需要创新、复杂的任务中和模棱两可、不断变化、不可预测的情境中。例如，复杂的自我治疗过程中所需要的自我监控和调整，面对新的治疗方案时作的决策等。

第四节　创造力的发展

人类的发展史也是一部人类的创造史，没有创造，便没有人类的文明与进步。创造力的心理学研究历史可以追溯到高尔顿时期。一百多年来，各国政府和社会越来越重视创造力的研究和创造性人才的培养。

让我们再回到智力的预测水平问题：高智商的儿童是否也具有高水平的创造力？高智商的孩子长大后是否就是高创造力的人才呢？既然智力与创造力的名称不同，那么它们的含义就应该不同。研究者如何定义创造力，创造力与智力什么关系，创造力的发展有何特点等这些问题将在本节进行讨论。

一、创造力的概念

（一）创造力的概念

由于研究重点、理论依据、研究方法的不同，研究者对创造力的定义也不尽相同。比较有代表性的观点为吉尔福德（J P Guilford，1967）的发散思维，他认为发散思维是创造力的主导成分，发散思维表现为：流畅性、独特性和变通性。斯腾伯格则将创造力作为其成功智力的重要组成部分，他认为创造力体现在三个维度：(1) 不寻常且恰当地应用智力；(2) 独特的认知方式；(3) 特殊的人格特征。纵观众多创造力的定义，多数研究者同意两种观点：第一，认为创造力是一种或多种心理过程；第二，认为创造力是一种产物（胡卫平，2003）。国内比较公认的是林崇德（1999）的创造力定义，即创造力是根据一定目的，运用一切已知信息，在独特地、新颖地且有价值地（或恰当地）产生某种产品的过程中表现出来的智能品质或能力。

（二）智力与创造力的关系

智力与创造力有一定关系，但二者相关并不十分密切。例如，吉尔福特的观点（Guilford，1967）非常有代表性，如图 7－17 所示。图中的近似三角形表示创造力与智力之间的关系。从该图至少可以发现以下几点：(1) 不论智商高低的人群，其创造力分数都分布在一个高低不等的范围之内。随着智商的提升，这个分布范围也越来越宽广。(2) 智商低下的人很难有较高的创造力，创造力高的人往往出现在智商也较高的人群中，智商 120 分以上的人可能最具有创造力。(3) 就创造力的最高分数而言，其与智商几乎成正比关系；而就创造力的最低分数而言，其与智商几乎没有关系。假设创造力分数在各个智商水平是均匀分布的，那么取各智商人群的平均创造力分数为基点作一连线（图中虚线），则可见创造力与智商的关系大致为中等正相关。总体而言，智商高是创造力高的必要而非充分条件。

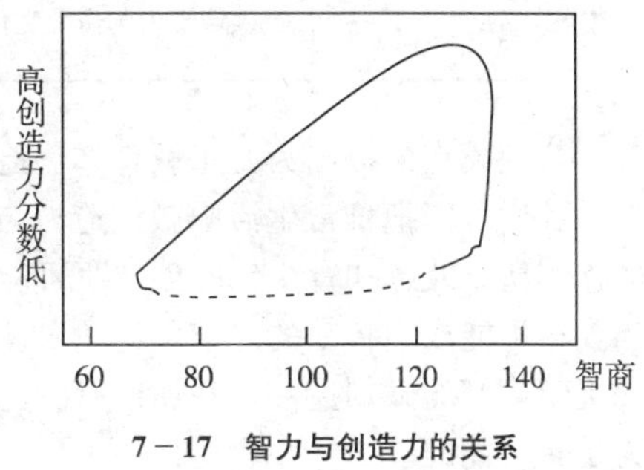

7－17　智力与创造力的关系

（三）创造力的表现：4C 模型

谁是有创造力的人？那些对人类发展或者某个领域产生不朽影响的人，自然是具有伟大创造力的典范。例如，米开朗基罗、牛顿、爱因斯坦、泰戈尔、柴可夫斯基、比尔·盖茨、钱学森、袁隆平等。而在日常生活中进行小发明的人，算不算有创造力呢？再细微一些，儿童对一个习以为常的现象作了不同寻常的发问与解释，算不算有创造力呢？按照一般定义，这些影响力不同的个体表现似乎都符合创造力的核心特征，比如新颖、独特等。但显然这些表现又不在同一个层面。因此，研究者（Kaufman & Beghetto，2009）提出了一个可以涵盖多层次创造力行为表现的模型：4C 模型（Four C Model）（如表 7－10 所示）。

表 7－10　多层次创造力行为表现的模型：4C 模型

4 种创造力	定　义	举　例	测量方法
微创造力（mini-c）	对经历、活动和事件进行的新颖的或具有个人意义的解释	在一般的科学研究中学生利用学过的数学知识悟出了数据分析的新方法	自我评估，微观遗传学方法
小创造力（little-c）	新颖的日常表现以及适用于任务的行为、观念或成果	将剩下的意式和泰式食品进行组合，做出家人爱吃的新的混合口味	等级评定（教师、同伴、父母）；心理测验（如托兰斯测验）；一致性评估
专家创造力（pro-c）	专家表现出的新颖的、有意义的行为、观念或成果（超过了日常领域但没有达到垂名青史的程度）	一位心理学家的研究获得了职业心理学协会的褒奖	一致性评估；同行评议；奖励/荣誉
大创造力（big-c）	载入史册的新颖而有意义的成就，常常给某个领域带来革命性变化	牛顿的科学理论；马丁·路德·金在社会公正方面的创举	重要的奖励/荣誉；历史的衡量

这一模型的提出为儿童教育和创造力的培养提供了有益的理论基础。基于 4C 模型，我们可以把日常生活中微创造力与专业的具有伟大成就的创造力看成创造力表现的连续体。儿童和青少年的创造更可能表现在微创造力或小创造力层面，如果培养得当，很可能成为将来的专家创造力和大创造力。4C 模型提醒教育实践者们，要敏感捕捉学生们的微创造性，并加以有意识培养，造就本杰明·富兰克林式的多领域创造力是有可能的。

二、创造力的发展

如果仅在大创造力层面谈创造力的发展，恐怕只能集中在成人期，但如果把微创造力和小创造力涵盖进来，则创造力的发展在儿童和青少年期就表现出一定的特征。

了解儿童和青少年创造力的发展特征及其相关影响因素有助于教育者们对他们的创造力更好地实施培养。

（一）儿童创造力的发展

对于智力而言，儿童和青少年期的智力随年龄增长而提高，相比之下，创造力与年龄的关系则相对复杂。托兰斯（Torrance，1962）描绘了提问测验中儿童提问题的个数随年龄变化的发展曲线，如图 7－18 所示。儿童和青少年的创造力随年龄增长呈波浪形上升趋势，在四年级、七年级、十二年级有比较明显的下降。同时，在四年级以后直到十二年级，女生的提问能力高于男生。胡卫平（2003）对中英两国 12—15 岁青少年的科学创造力进行了评估和比较，其中一项指标为创造性问题的提出能力。在这个指标上，中英两国青少年有大致相同的发展趋势，即随着年龄的增长，该能力水平越来越高，但并未发现明显的性别差异。英国青少年的得分显著高于中国，不过随着年龄增长，两国之间的差异有减少的趋势。因此，儿童和青少年创造力的发展特点可能随时代变迁出现一些改变，也会因文化不同而出现差异，更可能因为测量指标不同而呈现不同结论。例如，在胡卫平的研究中，其他指标（例如创造性的物体应用能力、创造性想象能力）上的年龄特征、性别差异和文化间差异不同于问题提出的指标。

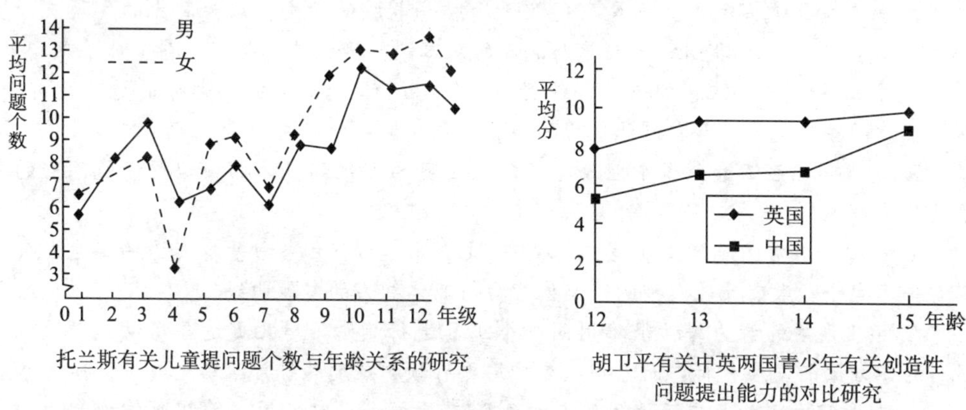

图 7－18 儿童青少年问题提出能力的发展

（二）成人期的创造力

对于成人的创造力，研究者关注的是成果方面的发展趋势。例如，图 7－19 所显示的是每隔 10 年杰出人物创造性成果数量的变化趋势（Sigelman & Rider，2009）。我们可以看到创造性成果数量的高峰期会因学科门类不同有所差异，艺术类（包括建筑学家、音乐家、剧作家、诗人等）的创造成果集中在 30—40 岁，之后就呈迅速下降趋势；科学类（包括物理科学家、发明家以及数学家等）的创造高峰期从 30 岁开始持续到 60 岁，之后也表现出明显衰退；而学者类（包括历史学家和哲学家等）的创造成果高峰持续时间与科学类相似，不同的是，学者们即使在 60 岁至 70 岁还保持高产。

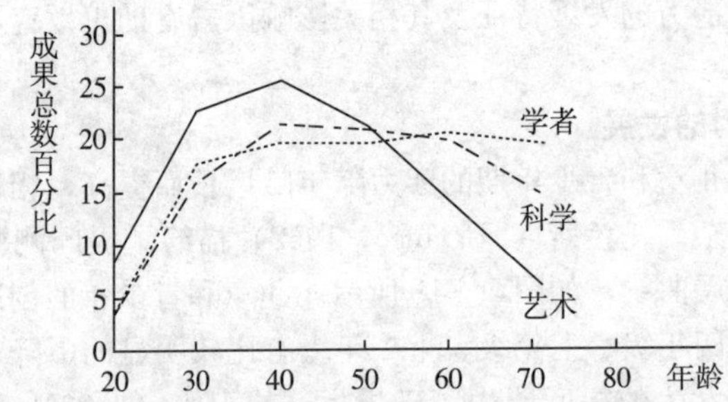

图 7－19　杰出创造者一生中每十年创造性成果总数的百分比

【本章小结】

1. 在传统心理测量学观点看来，智商就是智力的指标，人群中智力水平的分布呈正态曲线。智力的发展表现为测验分数的提升。

2. 皮亚杰主义认为智力的发展呈阶段性，原因在于认知结构不断发生质的变化。成人发展心理学家认为青少年期出现的形式运算并不是人类智力的最成熟水平，还存在更为高级的后形式运算水平。

3. 信息加工取向的智力发展研究基于人脑如电脑的比喻，认为智力的发展在于“软”、“硬”件效能的提升，而儿童与成人的基本认知操作结构没有本质不同。

4. 加工速度作为信息加工的效能指标之一，可以稳定解释一部分的智力变异。加工速度的年龄发展趋势与流体智力的曲线形状相似。

5. 情境观已经渗透到多个理论，可以从宏观的文化到具体领域理解情境色彩的智力发展理论。

6. 尽管一般智力在毕生发展中呈现倒“U”形趋势，但各种基本能力的毕生发展趋势并不完全一致。比较典型的是流体智力与晶体智力的发展曲线。

7. 毕生发展的智力评估很难用同一个工具进行测量，婴儿更适合用动作、适应性行为等方面的发展指标，而老年人应该用更有预测效度的日常活动能力为指标。

8. 韦氏智力测验是广泛使用的智力测验工具之一，它采用离差智商作为智力的评估指标。在人群中，智商的分布呈正态曲线。

9. 对于智力的老化机制，研究者提出加工速度、工作记忆、加工抑制和感觉功能四种解释。

10. 智力的发展是遗传与环境共同作用的结果，生物生态学观点认为环境决定了最近过程继而决定了智力的表现水平。

11. 弗林效应的背后可能有多种社会环境原因，新近研究者提出的反弗林效应值得思考。

12. 尽管存在很多争论，但智力仍然被广泛用于预测儿童乃至成人的各方面发展。

13. 创造力与智力存在非线性的关系，智力是创造力的必要条件而非充分条件。

14. 按照4C模型，从最伟大的创造成就到日常生活中最微乎其微的创新都可以看成是创造力的表现。

【思考与练习】

1. 心理测量学、皮亚杰主义与信息加工取向对智力发展的研究有何不同特点?

2. 举例说明某个带有情境主义观点的智力发展理论，并阐述判定依据。

3. 一个10岁儿童在韦氏智力测验得到智商为120，你认为智商是否就是智力?该分数能说明该儿童智力的哪些信息，不能说明哪些信息?

4. 你如何理解学术智力与日常智力的划分?日常智力对于解释成人特别是老年智力发展有何价值?

5. 影响智力发展的环境因素有哪些?

6. 与20岁的时候相比，70岁的人智力有哪些特征?

7. 什么是弗林效应和反弗林效应?举例说明各自的证据。

8. 试评价智力发展的生物生态学理论。

9. 举例说明创造力的表现有哪些层次?

10. 智力与创造力的关系是怎样的?

【拓展阅读】

1. 白学军. 智力发展心理学. 合肥：安徽教育出版社，2004.

该书从发展角度详细介绍了智力发展的理论、智力发展的年龄特征，并对影响智力发展的因素也作了较为详细的综述。著作较好体现了国内研究的一些进展。

2. S J Ceci. 论智力——智力发展的生物生态学理论 [M]. 王晓辰，等，译. 上海：华东师范大学出版社，2009.

该书首先对传统的智力发展观点进行总结，然后提出质疑和批评，最后详细阐述情境论框架下的智力发展的生物生态学理论。该著作对理解智力发展的情境观提供了新的视角。

3. R J Sternberg. 超越IQ——人类智力的三元理论 [M]. 俞晓林，吴国宏，译. 上海：华东师范大学出版社，2000.

该书详尽阐述了智力的三元理论及其亚理论，解析了该理论与其他智力理论的关联，并论述了该理论对人类理解智力的价值与意义。

【参考文献】

1. S J Ceci. 论智力——智力发展的生物生态学理论 [M]. 王晓辰，等，译. 上海：华东师范大学出版社，2009.

2. H Gardner. 多元智能 [M]. 沈致隆，译. 北京：新华出版社，2003.

3. C K Sigelman，E A Rider. 生命全程发展心理学 [M]. 陈英和，译. 北京：北京师范大学出版社，2009.

4. 白学军. 智力发展心理学 [M]. 合肥：安徽教育出版社，2004.

5. 胡卫平. 青少年科学创造力的发展与培养 [M]. 北京：北京师范大学出版社，2003.

6. 竺培梁. 智力心理学探新 [M]. 合肥：中国科学技术大学出版社，2006.

7. 林崇德. 创造性人才特征与教育模式再构 [J]. 中国教育学刊，2010 (6).

8. 莫笑笑，韦小满. 智力落后成年人生活质量研究综述 [J]. 中国特殊教育，2009 (10).

9. 钱文. 智力落后的成因——当代智力理论新解 [J]. 心理科学，2004 (6).

10. I J Deary, S Strand, P Smith. *Intelligence and educational achievement* [J]. Intelligence, 2007, 35: 13－21.

11. A Furnham, J Monsen. *Personality traits and intelligence predict academic school grades* [J]. Learning and Individual Differences, 2009, 19: 28－33.

12. J C Kaufman, R A Beghetto. *Beyond big and little: The four C model of creativity* [J]. Review of General Psychology, 2009, 13: 1－12.

13. J C Kaufman, R A Beghetto, J Baer, Z Iveric. *Creativity polymathy: What Benjamin Franklin can teach your kindergartener* [J]. Learning and Individual Differences, 2010, 20: 380－387.

14. R Lynn, J Harvey. *The decline of the world's IQ* [J]. Intelligence, 2008, 36: 112－120.

15. L D Sheppard, P A Vernon. *Intelligence and speed of information-processing: A review of* 50 *years of research* [J]. Personality and Individual Differences, 2008, 44: 535－551.

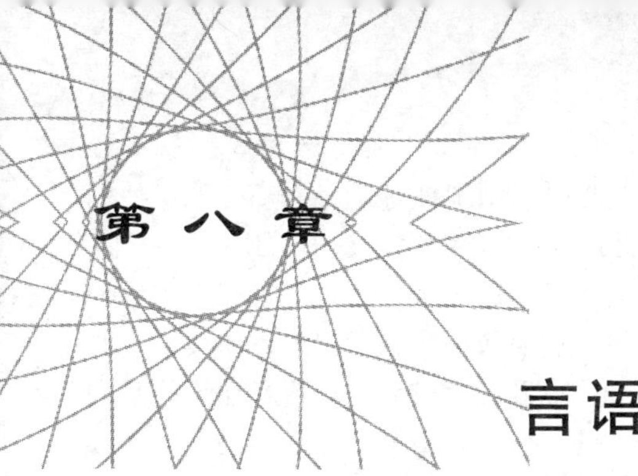

第八章

言语的发展

【本章导航】

本章着重探讨了言语发展的过程、儿童言语发展的特点以及相关的理论解释。首先，本章根据发展心理学有关言语发展研究的最新成果，对言语发展的语音、语义、语法及语用等方面逐一进行了描述和分析。其次探讨了英语儿童和汉语儿童的言语发展过程，并叙述了言语发展各个方面的发展特点。虽然英语儿童和汉语儿童在言语发展的阶段上存在个别差异，但是总体的趋势还是一致的，而且各个方面的发展状况也相似。因此，言语发展具有文化的普遍性。一直以来，言语发展的理论存在诸多争议，因此，本章也对言语习得的相关理论：先天遗传理论、后天学习理论、交互作用理论，作了比较详细的论述与分析。通过本章的学习，能够帮助读者对发展心理学体系中的言语习得及其发展有一个较全面的认识和了解。

【学习目标】

1. 了解前言语阶段婴儿的听觉及发音的状况。
2. 把握儿童词义、句义的发展特点。
3. 掌握儿童语法习得的发展阶段及发展特点。
4. 了解儿童语用能力的发展状况。
5. 比较不同言语发展理论，评价它们的优缺点。

【核心概念】

前言语阶段　语言范畴知觉　语义发展　先天遗传理论　语言获得装置　后天学习理论　交互作用理论

语言是人与人沟通最直接、最有效的方法。婴儿从呱呱坠地的一刹那开始，他们的言语发展就已经开始。哭，使婴儿学习如何协调呼吸和发声，是出声说话的基础；进食，使他们学习运用口腔、咽喉的肌肉，是咬字发音的主要动力；感官知觉则使他们听听、看看、摸摸、闻闻，以探索外在的世界，进而成为认知学习的重要渠道。所有儿童的言语发展，都建立在这些感官知觉、动作以及发声游戏、学习互动等的基础上。儿童的言语发展过程包括语音、语义、语用的掌握，其中又细化为对词汇、句法或语法、句子等的习得。那么，个体言语发展的过程到底如何？本章将对此进行详尽的叙述。

第一节　前言语的语音发展

传统观念认为言语发展是以儿童出生为起点的，其实，言语发展的过程早在胎儿时期就开始了。研究发现，即便是胎儿也已经能够区分不同频率和强度的声音。学界把婴儿说出第一个真正意义的词之前的这段时期（0—12 个月），称之为前言语阶段（pre-linguistic stage）。

一、婴儿的听觉发展

研究显示，新生儿已具备了区分不同语音和不同言语的能力。在母亲怀孕后的第 4—6 个月间，胎儿的内耳就已经发育到能够接收和加工声音信号的程度。有关胎儿和早产儿的研究发现，在第 28 孕周时便能记录到胎儿由声音唤起的皮层电位；而且，胎内的这些声音经验还会表现为新生儿出生时对母亲声音的偏好，以及对胎儿时听过的故事和音乐的偏好。最近，有研究者采用后继偏好注视程序以及测量高振幅吸吮（high amplitude sucking，HAS）的手段发现：相对于非言语刺激，婴儿对言语刺激有高振幅的吸吮动作，即表现出对言语刺激的偏好①。

（一）婴儿的声音感知

婴儿对声音的感知能力是在不断成熟的。斯内德（B A Schneider，1990）等人发现，3 个月大的婴儿只能分辨 4 000—8 000 赫兹的声音，而 6 个月大的婴儿已能分辨所有频率的声音。然而，奥斯奥（L W Olsho，1984）发现，对于 2 000 赫兹以下的声音，6 个月的婴儿要觉察其频率的变化往往比成人困难，而且，当变化的程度是成人能觉察的两倍时，婴儿才能觉察出这种变化。在音高的研究中，7—8 个月大的婴儿在复杂音高知觉中的很多方面都与成人无异，婴儿能够依据基础频率的基线对合成的音调进行分类，甚至能够分辨出合成音调中基础频率的缺失。在强度的研究中发现，7—9 个月大的婴儿能分辨出 3—5 分贝的强度变化，而同等条件下成人能探测出的变化是 1—2 分贝。另外，文纳等人（L A Werner & K Boiker，2001）的研究显示，7—9 个月大的婴儿觉察宽带噪音增加的水平与成人接近。

---

① A Vouloumanons，J F Werker. *Tuned to the signal*: *The privileged status of speech for young infants* [J]. Developmental Science，2004，7 (3)：270－276.

虽然在出生后的头6个月，婴儿对声音的感知仍不如成人一样精确和细化，但是，6个月后，这种差异将变得很小，并且婴儿对言语和其他复杂声音的辨别跟成人非常相似。另外，运用眼动技术和功能性磁共振（FMRI）技术的研究也发现了言语刺激能引起婴儿左半球更大程度的激活，该结果与在成人身上的发现是一致的。可见，婴儿时期的听觉发展已为日后的语音发展奠定了基础。但是，婴儿期对声音的知觉似乎还是不能等同于成人对声音的知觉，这显然跟婴儿自身的生理发育成熟度有关。

（二）婴儿的语调及声调获得

卡兰（E Kaplan，1970）指出，婴儿8个月大时就表现出对英文语调升降的感知。兰尼伯格（E H Lenneberg，1967）也曾指出婴儿有固定的语调规则，7—10个月大的婴儿具有一些“原始词汇”，这些词汇大多是通过语调来表达。卡兰等指出婴儿从5—6个月大时就开始运用语调的不同方面进行交际，也就是说，语调的研究证明了儿童的语调获得早在词汇习得之前就已完成。目前，关于中文词汇及语义层次的声调获得研究还是比较缺乏的。最早的声调获得研究当属赵元任先生。他通过观察自己孙女获得中文声调的过程，发现孙女两岁时，已能完全掌握了中文的四个声调，尤其是单词的发音和声调与成人基本一致。但是，在1岁4个月时，她却把第二声与第三声都发作第二声。另外，他还指出中文的连续变调在孙女两岁时才刚刚开始①。这一研究的不足是研究并没有指出四声的最早获得时间，而对于变调的获得过程也没提及其在2岁后的发展。后来，吴天敏、徐政援等在此基础上再进一步开展了研究。他们发现婴儿在9个月时已能觉察声调的变化，除了阴平外，其他三声也已出现。

（三）婴儿的语音范畴知觉

研究表明，婴儿很早就表现出具有对语言知觉进行划分的能力。一般来说，成人对语音的加工是以范畴知觉（categorical perception）的形式进行的，也就是说，人类通过判别不同声音是属于同一音位范畴，还是属于不同音位范畴来加工连续的声音信号。连续性的语音知觉是具有离散特点的。语音的范畴知觉指语音知觉可以将语音刺激识别为相对小量的范畴，人们识别语音时对不同范畴的语音很容易识别，表现出非此即彼的特点，而对同一范畴中语音刺激的变化则不容易察觉。显然，成人这种语音的范畴知觉是一种细致的加工。成人能忽略范畴内的变异，而判断出不同人发出的/p/为同一个音位；而对一个包含了/b/和/d/的声音连续体（它们在发音位置上存在差异），则可感知为两个不同的声音而不是一个。当两个刺激的声学物理量的差异相同时，依赖语言范畴知觉来辨别刺激的差异显得尤为重要。所以，范畴知觉对语言加工起着不可或缺的作用。有研究者通过考察婴儿吸吮奶嘴的频率来测量婴儿的习惯化和去习惯化，结果发现，在分辨/ba/和/pa/的声音连续体时，1个月和4个月的婴儿已经倾向于将连续体分辨为两个独立的语音范畴，而不是连续变化的量②。

爱马斯等人（P D Eima et al.，1971）随后的研究同样表明，婴儿从2个月起就

---

① Y R Chao. *A system of tone letters* [J]. Mohan，1930，45：24－27.

② P D Eimas，E R Siqueland et al. *Speech perception in infants* [J]. Science，1971，171（968），303－306.

能区分一些相似的语音，如“ba”和“pa”、“a”和“i”。德汉尼—兰博兹等人（G Dehaene-G Lamberts & Bailler，1998）使用事件相关电位技术（event-related potential，ERP）发现，3个月大的婴儿，对不同语音范畴的改变，会有相应的脑区激活，但是语音范畴内的等量变化则不能引起这种激活反应；而且，跟成人一样，婴儿的语音范畴知觉不会因嗓音的变化而变化。也就是说，对于不同说话人的声音，婴儿仍会呈现出相同的语音知觉模式。

此外，阿巴姆森等人（A Abramson & Lisker，1970）以声音发生开始时间（voice onset time，VOT）为指标考察了婴儿语音知觉的范畴性问题。VOT，即气流爆破和声带开始振动的时间间隔，它是区分清、浊辅音的主要声学提示。他们给婴儿重复呈现人工合成音节/ba/和/pa/、/d/和/t/以及/g/和/k/，并控制发声开始的时间在－150毫秒（即在空气吹出前150毫秒开始发出声音）与＋150毫秒（即在空气吹出后150毫秒开始发出声音）之间，以15毫秒为变化间隔，随机呈现给被试，并要求进行识别。结果如图8－1所示。

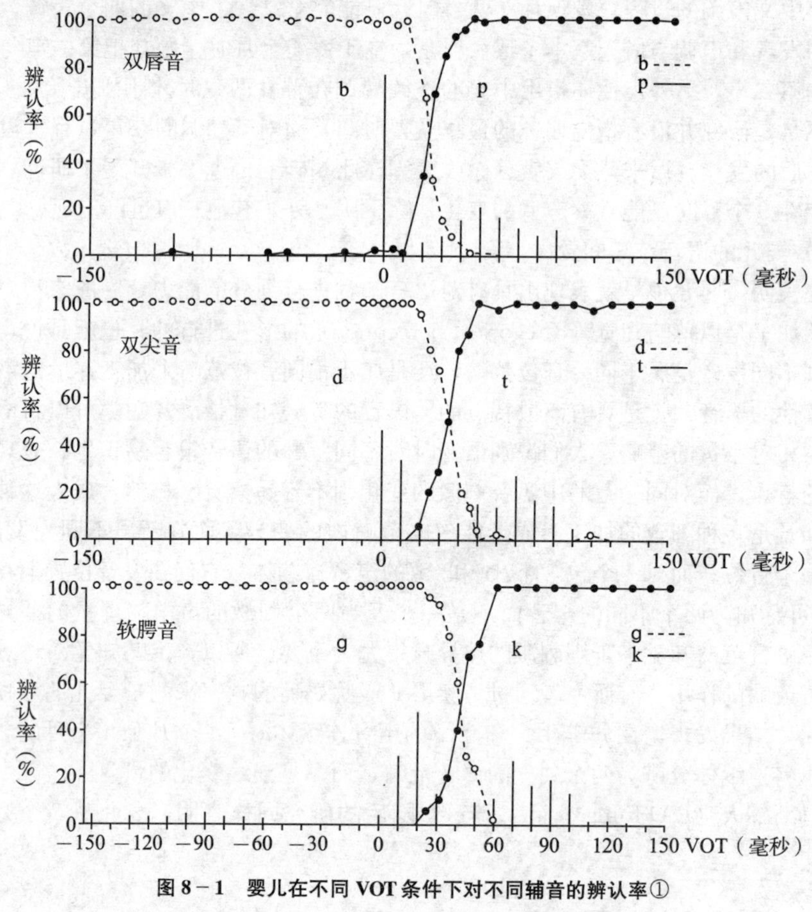

图8－1　婴儿在不同VOT条件下对不同辅音的辨认率①

① 沈德立，白学军．实验儿童心理学［M］．合肥：安徽教育出版社，2004：352．

图 8－1 显示，对于双唇音而言，对/b/和/p/的辨别线相交于 VOT 的值为 30 毫秒处。也就是说，当 VOT 的值小于 30 毫秒时，语音刺激几乎都被识别为/b/，而当 VOT 值大于 30 毫秒时，语音刺激则被识别为/p/。另外，在/b/和/p/的边界范围内（0—60 毫秒），虽然对语音刺激的辨认率低于百分之百，但是，对此范围内的语音刺激的辨别仍存在偏向，在 0—30 毫秒之间主要判断为/b/，而在 30—60 毫秒之间主要判断为/p/。其他的辅音/d/与/t/、/g/与/k/也有相类似的情况。语音知觉的这种"全或无"的特点，清楚地体现了语音的范畴知觉机制。

另外，一系列的跨文化言语知觉研究却发现，成人对一些非母语音（如英语中有/r/和/l/这一对照音）的知觉有困难，即使这些非母语音与其母语中的某些音相似，这种知觉困难仍然存在；而对母语中的对照音，则能很准确地分辨开来。但对婴儿来说，他们却能分辨所有的对照音（包括非母语的对照音）。爱马斯对此的解释为：婴儿出生时具有广泛而普遍的语音敏感性，然而出生后受到母语的限制，这种先天敏感性会渐渐消失。她认为这是对母语语音产生的一种"保持性"认知机制，适用于不同的语言环境。

总的来说，在出生后的 6 个月内，婴儿对声音的知觉有限，从声音中提取的信息不完全。6 个月以后，婴儿对于言语和其他复杂声音的知觉与成年人越来越相似，但从复杂声音中获取信息的途径仍与成年人不同，婴儿通常会忽略包含最多信息的声音波形或时间细节。另外，婴儿的声音空间定位也相当粗糙，这样导致了他们不能很好地从周围嘈杂的声音中离析出言语信号来。

二、婴儿的语音发展

婴儿不仅感知语言的能力在发展，而且其语音发展的能力也在不断地提高。从出生时的或升频或降频的啼哭声，到能发出可辨别的音节，再到发展到类似于成人的语调模式的牙牙语，他们的语音发展在经历着一个循序渐进的过程。

第一，反射性发音阶段（0－2 个月）：该阶段的特征主要为反射性的发音，如哭声、烦躁时的发音以及诸如咳嗽、打嗝和打喷嚏等声音。对于哭声来说，多数婴儿主要有几种哭法，如饥饿、疼痛、无聊等。穆勒等人（E Muller et al.，1974）发现，让父母听没有上下文情况的哭声录音带，他们可以准确判断婴儿哭声的意思。此外，婴儿也开始发出一些类似于元音的声音，特别是婴儿通过将舌头靠近口腔后部，嘴唇变圆发出喃喃低语声，类似于"fun"中的/Λ/音。

第二，简单发音和笑声阶段（2－4 个月）：婴儿可以从口的底部发出声音，并出现了软腭音和后元音以及持久的笑声和咯咯笑声。辅音也逐渐增多。

第三，牙牙学语阶段（4 个月开始）：婴儿发出牙牙语，在他们的咕咕声中加入辅音和重复的音节，很多元音与"a"、"o"、"u"接近，也能将元音和辅音相结合并连续发出声音（如 ba-ba-ba，ma-ma-ma）和变化地发出声音（如 bagidabu）。起初重复牙牙语占优势，在 12 个月左右，变化的牙牙语出现得更多。其特征是所发出的声音和音节带有丰富的重音变化和音调模式，并通常与有意义言语的早期阶段重叠。这一阶段被认为是真正的言语发展的最初阶段。

第四，正式说话阶段（12 个月左右）：婴儿会发出越来越多母语中的语音，不再发出非母语的语音。学步儿童说出第一个可识别的单词。另外，有研究发现婴儿早期的语言是遵循“最大区分度原则”，即区别最大的音通常最易获得，如完全合口的/p/跟完全开口的元音/ɑ/为最早习得的音。在此基础上，贾奥森（R Jakobson，1962）提出儿童获得语音是以语言中的对比音为基础一对一对地获得的，这种对比音获得的顺序是语言获得的一种普遍规律。

就汉语婴儿言语发展阶段而言，吴天敏和许政援提出，汉语婴儿的语音发展可分为三个阶段，即简单发音阶段（0—3 个月）、连续音节阶段（4—8 个月）和学话萌芽阶段（9—12 个月）。张仁俊和朱曼殊随后也提出，汉语婴儿的发音阶段可分为三个阶段，即单音节阶段（0—4 个月）、多音节阶段（4—10 个月）和学话萌芽阶段（11—12 个月），其发展顺序与吴天敏等人的观点一致。

言语知觉既包括了对声音信号的知觉，也包括了对可视音节信息的知觉，其中最典型的例子是麦格克效应（McGurk effect）①，即当观察到说话者说出的音节/gɑ/的同时听到了/bɑ/音，成人对此的反应是报告/da/或/tha/音，这是整合了听觉和视觉刺激的音节。随后，库尔等（P K Kuhl & A N Meltzoff，1982）也发现了四五个月大婴儿的视觉加工效应。他们给婴儿的两个侧面各呈现两张脸，一张脸伴随清晰的有声音节（即/ɑ/），另一张脸则是匹配的不清晰音节（即/i/），发现四五个月大的婴儿偏向观看发出清晰元音的脸，而且婴儿还会随着声音的呈现与消失而张闭嘴巴。这意味着婴儿对视觉和听觉言语信息都进行了加工，而且对发音过程也进行了模拟。最近，这种匹配效应甚至在 2 个月的婴儿中也被观察到。但有研究发现虽然当听觉刺激和视觉刺激不匹配时，婴儿也会表现出与成人相类似的“困惑”或“眼神迷离”的表情，但是婴儿的这种麦格克效应不如成人般明显。可见，婴儿已经具备了一种天赋的知觉系统，其不但对语音的听觉部分敏感，而且对语音的视觉特征也很敏感，并随着婴儿对言语听觉经验和发音经验的增加而逐渐完善。

第二节　语言的发展

一、语义的发展

（一）婴儿早期的语义理解

语音在婴儿出生后不久就开始得到发展，而且婴儿能逐渐识别和掌握母语中的语音特点。而语义则要到婴儿 1 岁多的时候才变得重要起来。一般来说，婴儿 6 个月大时已表现出对一些简单词汇的理解，大约 1 岁左右就能开始说话，也就是真正语言表达的开始。有研究发现，对于非常熟悉的词汇，婴儿在 6 个月大时就能将其语音和语义联系起来。廷考夫等人（R Tincoff & P W Juseczyk，1999）运用注视偏好程序考察了婴儿对父亲和母亲称呼的理解。首先，他们录制了每位婴儿各自父母的头像，然后

---

① H McGurk，J MacDonald. *Hearing lips and socking voices* ［J］. Nature，1926，264（5588）：746－748.

将其父亲和母亲的头像并列呈现，同时播放合成的婴儿声音“mommy”或“daddy”（或者婴儿父母用来称呼他们自己的词语）。结果发现，6个月大的婴儿对被称呼的一方父母头像的注视要比没有被称呼的一方长一些。然而，如果呈现的是陌生男女头像时，这种注视偏好就消失。可见，6个月的婴儿已能把“mommy”和“daddy”与特定的对象联系起来①。

另外，朱斯克等（P W Jusczyk & A N Aslin，1995）让8个月大的婴儿听含有特定词汇的故事，持续10天，隔两周后再进行测试，期间婴儿不会再听到该故事，测试任务是要求婴儿对故事中包含的词汇进行再认。尽管在两周间隔内婴儿也接触了其他大量的言语，但是在测试中婴儿仍对故事中的词汇表现出听觉偏好，这显示婴儿对这些故事特定单词有听觉表征及理解。另外，他们发现婴儿甚至没有把“zeet”和熟悉的“feet”混淆，这表明早期的单词表征具有特异性。同样，斯内格等（C L Stager & J F Werker，1997）发现在反复学习单词与物体名称后，8个月大的婴儿能够区分出与目标词只有一个音节差别的其他词。另外，研究发现当9个月大的婴儿听到和某个物体匹配的标识语时，他们更倾向去注意与其同一类别的其他物体，这表明婴儿们理解了物体标识语的意思。此外，9个月大婴儿也开始能对命令作出正确的反应，如“把球拿来”。因此，语义理解在婴儿9个月时就已经发展到较为成熟的程度，这比婴儿开始说出可懂词汇的时间早得多。

（二）词义的发展

1. 词汇的形成和发展

虽然婴儿的牙牙学语与他们的早期词汇非常相似，但是大致到了10—13个月时，儿童开始能够说话，才产生了最初的词汇。正如之前所述，在产生最初的词汇前，儿童已经能理解一些单词。儿童从只能理解不能说出单词，到能清晰地表达出某些单词，这意味着，儿童实现了从被动接收、理解语言向主动表达语言的转变，也标志着符号交际的开始。许政援认为，如果儿童能自发说出词语，且它们与一定的意义相连，并具有一定的概括性，那么就说明儿童掌握了该词语。克拉克（E V Clark，1973）提出儿童早期词汇的获得主要是基于物质的感知特点，如颜色、形状、大小、声音、味觉及材料等。另外，儿童可以进一步通过一些熟知的具体名词的感知特点去学习新的或与之相类似的词汇，例如，“球”一般指橡胶的、圆的物体。但是，儿童有时把事物一方的特性作为名称运用到另一相关事物上，例如，有的小孩把“乒乓球”跟“乒乓球拍”都称为“乒乓球”。这就是儿童最常犯的“语义过度扩展错误”。但是，儿童最终会习得如何将物质的基本感知特性与其他物质的概念区分开来。

尼森（K Nelson，1974）提出了另一个观点，儿童早期词汇的习得是基于事物的功能意义。例如，小孩经常扔球、拍球、踢球，所以他们懂得“球”是用来干什么的，并把凡是具有球的功能的所有东西都称为球。尼森对1岁到1岁3个月大的儿童进行了考察。她选了10件物件，有的与球外形类似，但功能不同（如，地球仪）；有

① R Tincoff，P W Jusczyk. *Some beginnings of word comprehension in 6-month-olds* [J]. Psychological Science，1999（10）：172－175.

的功能类似，但外形不同（如，汽缸）。结果发现，儿童同时运用了外形与功能两个方面去辨认新的物件，但是如果儿童有机会去玩弄这些物件时，其功能特性显得更为重要。基于这些结果，尼森认为儿童最初的词汇概念获得是以物件功能为基础，之后才包括了其他的物质特性。而且，尼考拉（L A Rescorla，1980）发现儿童所犯的“语义范畴过度扩展的错误”，包括了形状、功能、特征、上下文环境的类似性。因此，儿童早期的词汇可能是建立在两种特性基础上的。

儿童最初的词汇量增长进程缓慢，18 个月的儿童通常的词汇量为 3—100 个单词。这些词都具有很强的儿语特征。大约从 18 个月起，儿童的词汇量表现出骤然增长的趋势，他们所说的词汇都指向自己感兴趣的物体和动作，并开始对所看到的事物命名，在以后的几年里，儿童词汇量仍快速增长，见表 8－1。

表 8－1　不同年龄英语儿童的词汇量

年龄		词汇总量	增加的词汇量
年	月		
	8	0	
	10	1	1
1	0	3	2
1	3	19	16
1	6	22	3
1	9	118	96
2	0	272	154
2	6	446	174
3	0	896	450
4	0	1 540	644
5	0	2 072	532

［资料来源］罗伯特·西格勒，玛莎·阿利巴利. 儿童思维发展［M］. 刘电芝，等，译. 北京：世界图书出版公司，2006.

2. 词类的发展

有研究对 18 个英语儿童早期语言中的头 50 个字进行了考察，发现，这些孩子大多数要至少学会 15 个字以后才能将两个字一起合用以表达意义；而且这些早期的词汇具有明显的规律性，通常都是他们所熟悉的或对他们来说重要的事物名称，主要是名词和动词。具体来说，占比例最大的一类是普通名词，约占 50％，如“球”、“狗”、“猫”、“灯”等，但儿童很少命名静止的东西，如“桌子”或“花瓶”；第二类是专用名词，如“妈妈”、“爸爸”和其他熟悉人的名字等，占 14％；第三类是动词，也占大概 14％，例如“抱”、“吃饭”、“给”、“拿”、“要”等；第四类为修饰词，如“红”、“脏”、“我的”等，约占 10％；第五类为社交词汇，如“好”、“不”、“请”等，约占

8%；第六类为功能词，仅占4%。从上面的数字不难看出儿童早期的词汇多为他们生活中所接触到的事物和事件，这些词汇既现实，又接近儿童生活。而且，儿童早期词汇中有着明显的“名词偏好”。研究者认为这是由于名词对于儿童来说较易学会、而抽象动词较难学会的缘故。

1岁半后，其他类别的词语，包括形容词（如大、小）、副词（如也、都）和代词（如你、我），开始陆续在儿童的话语中出现。在1岁半至2岁间，儿童的言语中还会出现更抽象和更复杂的数词和连词。到了2—6岁，儿童的话语中则主要是实词，虚词只占了10%—20%；对于虚词的发展来说，随着年龄增加，语气词的比例逐渐减少，连词、介词和副词的比例则逐渐增加。在动词上，儿童也从主要反映外部动作和行为的动词（如走、吃）发展到反映内在心理活动的动词（如喜欢）；在形容词上，则从表示事物外形的特征发展到反映事物内在的品质等。

其实，建构像名词和动词这样的具有范例性词汇的类别是儿童语义发展的一个重要过程。但是，范例性词汇类别在语言中是没有任何明显标记的。虽然贝斯等（E Bates & B MacWhinney，1979）认为，话语中先出现的名词是以某个具体实物的概念呈现的，而最初的动词也是以某个具体行为的概念呈现的，随后它们会概化到与这些名词或动词相关的其他对象。但是，事实上，儿童名词与动词的发展并非如此。研究发现，在言语发展的初期，年幼儿童就能使用名词谈及其他非实物实体，如“breakfast”、“kitchen”、“kiss”、“lunch”、“light”、“night”和“party”等，而且，他们还使用动词来预测事件的非行为状态，如“like”、“feel”、“want”、“stay”、“be”等。另外，在言语发展早期，儿童还学会了既可作名词也可作动词的单词，如“bite”、“kiss”、“drink”、“brush”、“walk”、“hug”、“help”和“call”等。

儿童早期获得的名词不仅仅是“为物命名”而已，即让儿童知道了该物体的名称，而且名词学习还与人类思维中一些最基本的逻辑和概念能力有关，包括客体个别化（object individualization）、客体范畴化（object categorization）和归纳推理（inductive inference）等过程。识别和加工信息输入能力对婴儿期名词的获得也是非常重要的。而且，名词的获得还有助于学习者尽快习得其他语法形式以及它们与概念含义之间的联系。具体来说，儿童必须首先识别名词并将它们与世界中的实体对应起来，才能进一步获得与该概念有关的语法知识。名词的获得还为发展其他语法范畴及它们同含义之间的对应关系提供了一个途径，尤其是名词能够促使学习者建立一个基本的句法结构，这使他们能够鉴别出其他的语法范畴。

汉语是有别于拼音文字的语言，它有着自己独特的书写系统及语法结构。研究汉语的言语发展弥补了拼音文字研究以外的空缺，有利于明了言语发展的普遍性和特殊性。吴天敏等人用追踪法研究发现，汉语婴儿也有明显的词类发展①，具体结果如表8－2所示。

---

① 吴天敏，许政援．初生到3岁儿童言语发展记录的初步分析：发展心理教育心理论文集［G］．北京：人民教育出版社，1980：56－78．

表 8－2 汉语儿童 1 岁半到 3 岁的词汇量

词类	1.5—2 岁		2—2.5 岁		2.5—3 岁	
	词数	所占比例（%）	词数	所占比例（%）	词数	所占比例（%）
名词	366	38.5	287	26.9	208	24.2
动词	299	31.5	354	33.2	237	27.6
形容词	62	6.5	55	5.2	62	7.2
副词	88	9.3	102	9.6	96	11.1
代词	41	4.3	145	13.7	151	17.6
连词	6	0.6	7	0.6	12	1.4
数词	11	1.2	14	1.3	5	0.6
象声词	9	1	4	0.4	4	0.5
语气词	6	0.6	27	2.5	33	3.8
词尾	62	6.5	70	6.6	52	6
合计	950	100	1 065	100	860	100

由表 8－2 可见，自 1 岁以后，儿童在口语中，除了名词、动词之外，其他各类词，如形容词、副词、代词、连词等随着年龄增长，其所占百分比也有所提高。但对于各种关系词，如副词和连词等的内容还比较贫乏。另外，各类词的词汇量在幼儿中相差极其悬殊，总的趋势是：虽然名词和动词占的比例最大，但其增长率却逐年减少，这说明其他类的词汇所占的比例日益增长；而且数量词和虚词的掌握发生比较晚。总的来看，英语儿童和汉语儿童词类发展的规律基本上是非常一致的。

3. 词义外延的扩展与缩小

显然，儿童使用某一词汇时所赋予的词义并非与成人完全相同。他们表征词义的差异在 2 岁时已十分普遍，而更为微妙的差异则需持续多年才完善起来。儿童的语义差异主要有两种：过度扩展（over extension）和扩展不足（under extension）。语义过度扩展是指将一个单词用来指代其正确含义所指向的物体以外更广泛的其他物体，如用“小汽车”指代公共汽车、火车、卡车和消防车；用“小狗”指代狗、羊、猫、狼和牛。过度扩展反映了儿童对类别的敏感。他们将词语应用于一组类似的物理体验中，例如，用“狗”来指代毛皮覆盖的、四条腿的动物；用“打开”来表示开门、剥水果和解开鞋带。这些都意味着儿童是在有意识地对外界事物进行分门别类的。对于词语过度扩展出现的原因，目前还不是很清楚。但一般认为，这是因为儿童难以回忆或者还没有获得适合的单词，只好以现有的、有限的词语来代替使用。与这一说法一致，研究者发现，当一个词难以发音时，儿童很可能用一个他们能够说清楚的相关词来代替。随着儿童掌握的词汇不断增多和发音的不断进步，过度扩展也会逐渐消失。

语义扩展不足是指将词语限制用于其内涵的子集上，过于狭窄地使用它们。如，“熊”仅指代自己的泰迪熊；“瓶子”仅指代塑料饮水瓶；“桌子”就是特指自己家里的小圆桌。相比于过度扩展，扩展不足的错误出现得比较少。

学以致用8-1

儿歌与幼儿语言习得的共鸣

儿童认知心理学研究表明，儿童最早学会的单词常常是与他们生活密切相关的事物，并且大多是对他们来说比较突出、熟悉和重要的物体和事件。儿童早期的单词多为名词，如家庭成员、动物、交通工具、玩具、食品、突出身体部位、衣着、家常用具等。

儿歌内容的选择本身符合儿童心理及儿童语言习得的规则，词汇的选择或多或少地考虑了对象性；加之口头流畅的关系，儿歌的词汇呈现出以名词、动词、形容词等实词为主，虚词用得很少的特点。使用实词时，多用具体形象的词，少用抽象的词。儿歌多以儿童所熟悉的物体和事件为内容，符合儿童的认知水平，有利于儿童的语言习得，加快儿童词汇积累的速度，有效扩大儿童词汇的数量。儿歌以简单明白的语言对人、事、物作简明扼要、通俗易懂的描写，使幼儿在具体语境中学习词汇，从而一听就懂、一学就会。

儿童认知发展表明，儿童只有知道词语所指对象的特征后才能正确地使用它们。词语所指对象的特征是十分丰富的，词典释义式的单独解释不见得对掌握其语法功能有太大的帮助，而且没有说出的特征很可能包含着重要的语法信息。儿歌将词组镶嵌在句子中，如"小燕子，穿黑袍，尾巴翘翘像剪刀。捉害虫，一条条，保卫田里丰收苗"。儿童不仅掌握其基本语义特征，如"小燕子"、"黑袍"、"害虫"、"条"等；而且能通过儿歌习得很多没有注出的特征，如"黑袍是可以穿的"、"害虫是一条条的"等。这样，儿童就会逐渐地能灵活运用单独的词语。

短的儿歌用最少的词语展示了最简单的语法，为儿童以词代句顺利表达作出了示范，提供练习情境和语料。双语阶段以后，儿童已经会用语序这种规则系统产生句子，如"拍妈妈"、"妈妈拍"利用词序这种纯粹语法工具来表示所想表达的意义差异。同样的，在这一阶段，当倾听他人的言语时，儿童常常能利用词序作为线索，显示出对语序推测意义的能力。

准确地感知语音，是幼儿准确发音的先决条件。因此，语言教学提出了注重培养幼儿听音、变音和准确发音的能力。幼儿天生对音韵节奏具有敏感性。在进入大脑的许多信息中，音响效果给幼儿的印象是最深刻的。儿歌与音乐密切联系，儿歌篇幅短小、工于音韵、句式工整，读起来朗朗上口。儿歌和谐的韵律、铿锵的音响都从听觉上给幼儿以愉悦感，从而培养幼儿形成良好的语音和语调。

在儿童文学中，语言音乐性的表现形式主要有以下几种：文句押韵、节奏、重读和音高等。多种押韵的方式、音节组合、音调排布形成的儿歌音韵上有规律的重复，造成音乐的美感，给幼儿带来听觉上的愉悦，激发儿歌诵读的兴趣。同时，韵脚的重复对儿歌的内容起到提示作用，方便幼儿诵读，使之快速记忆。

[资料来源] 易波. 儿歌与幼儿语言习得的共鸣 [J]. 长沙师范专科学校校报，2009 (4)：15－18.

4. 句义的发展

儿童的句义理解发生早于对句子结构的掌握。未满1岁的儿童就能根据说话人的表情、动作和情境来理解简单的句子，并作出相应的反应。1岁以后，儿童虽然还不能将单词组合成双词句，但已能执行"亲亲妈妈"、"宝宝过来"等指令。也就是说，儿童此时已能听懂话语中的多个词义和明了它们彼此间的关系。二三岁的儿童则喜欢和成人交谈，能听懂别人所讲的故事、儿歌等。四五岁儿童能和成人作自由交谈，但对一些结构复杂的句子（如被动语态句子和双重否定句）还不能很好地理解，但到了六七岁时，儿童就能较好地理解这些常见的复杂句子。另外，儿童对各种复杂句子的理解也遵循着一个渐进的过程。缪小春和朱曼殊的研究发现，4 岁儿童基本理解并列复句，6 岁儿童虽然基本理解递进复句和条件复句，但对于选择复句（“或者……或者”，“不是……就是”）的理解，儿童还是感觉困难①。

二、语法的发展

（一）语法词素的发展

语法词素是构造句子意思更加精确的修饰成分，常见于欧洲语言中。英语儿童要想表达完整的句子，一个先决的条件是学会使用这些语法词素及其变化规则。语法词素虽然没有独立的决定性的意义，但它们可以在时空上、顺序上以及体态上添加修饰，从而使句子的意义更为清晰。布朗（Brown，1973）指出，语法词素的规则变化是英语儿童从单词句、双词句到完整句过渡的一个关键要素。不掌握语法词素的规则，就不能理解和表达符合成人语法的句子。这些修饰成分通常在儿童 3 岁左右出现。具体表现在：名词后加 s 构成复数，用介词词素 in 和 on 表示定位，用现在进行时-ing 和过去时-ed 指明动词时态，或者在词尾加’s 描述所有格关系等。这些语法词素的获得要经历一个较长的时间过程。布朗进行了长期的跟踪，考察了 14 个英语语法词素的获得。结果发现，这些语法词素发展的顺序为：介词（如“in”、“on”），冠词（如“a”、“the”），名词所有格（如“’s”），名词复数（如“s”），动词时态（包括规则的变化，如“eat—eating”，以及不规则的变化，如“go—went”），第三人称现在时单数的变化（如规则动词后加“s”，不规则动词有形态变化，如“have—has”），最后是“to be”作为助词的缩写形式及不缩写形式（如“I’ m—I am”）。

另外，有研究发现，儿童的语法语素意识发展呈现出相对固定的阶段性特点。在 3—4 岁，儿童首先获得的是有关语法语素曲折变化的简单图式，这一年龄的儿童只能掌握一般的变化规则（如，表示过去式加 ed)。4—6 岁为规则的泛化阶段，儿童经常将这一般的变化规则泛化到需要特殊变化的词性中，即儿童习得了一个新的语法词素，他们不仅会把这个规则应用到熟悉的情境下，而且会延伸至新的情境中。例如，在英语中，大部分动词的过去时都是规则的，即在动词后面直接加 ed，如“look”后面加 ed，构成“looked”。然而，也有许多常见的动词不适合这条规则（如“read”的过去时还是“read”）和不规则的动词（如“run”的过去时是“ran”)。儿童在掌握了大概 60—70 个动词过去时后，就能抽取出“ed”，并泛化使用到其他不规则动词中。这就是过度规则化（over generalization）的现象。这种现象持续的时间较长，而且非常普遍，大多数儿童都会出现这种现象。这与儿童的“自我中心思维”的绝对性有关。过度规则化最终会消失，但因词而异，一些单词错误的持续时间会长于另一些单词。

但是，过度规则化也只出现于少数不规则单词场合。例如，有调查发现，在

① 缪小春，朱曼殊. 幼儿对某几种复句的理解 [J]. 心理科学，1989，12 (6)：1-6.

11 000多句过去时态话语中，过度规则化只发生在大约4%的情况中，如将动词“read”的过去时形式泛化为“readed”。过度规则化说明，像“readed”这样的单词不可能是儿童对所听到的某一个单词的模仿。这种错误的出现，表明儿童不仅仅是在模仿，而是在主动形成一个规则系统。过度规则化不局限于语法，在语音和语义的发展中也有类似的现象。例如，一位英语儿童以“yesterday”为模版创造出“yesternight”，就是一种语义的过度规则化现象。汉语儿童甚至成人在读音过程中也会产生过度规则化的错误，即将不规则整字按照声旁读音。例如，将“狂”读成“王”。但是到了6岁以后，儿童的语素意识发展到达了细化的阶段。儿童逐渐能够将特殊变化规则与一般变化规则区分开，并逐渐对原有图式进行丰富，最终达到自动化。

（二）句子结构的发展

1. 以词代句阶段

由于受所学语法知识和词汇量所限，儿童会以不同的方式使用他们最初获得的词汇，例如，儿童看到自己的奶瓶会说“宝宝”。在此，儿童所指的意思可能是：奶瓶是宝宝的。另外，儿童的单词往往出现在儿童活动的转折点上，尤其是在儿童注意到他周围环境变化的时候。戴尔（P S Dale，1976）发现当飞机出现时，儿童会说“飞机”，在飞机远去后说“再见”。这种语言行为证明了事物变化与儿童单词应用间的密切关系。

由此可见，单词似乎超出了其表达某一特定意义的范畴，并被儿童用来表达复杂的思想，这明显具有句子的特性。因此，有学者认为儿童此时的单词实际上是一种“以词代句的语言”（holophrastic speech），即儿童表达的词汇事实上是表达了整个短语或句子的意思。麦尼尔（D McNeil，1970）认为儿童脑中已经形成了完整的句子，但由于记忆及注意力十分有限而不能完全表达出来。的确，在儿童开始讲话的最初半年里（12—18个月大），他们常用单个词。即使只是说出单个词也需要儿童大量的认知资源，这一点可以从儿童经常把多音节词说成单音节词（如“po”代替“piano”），且常在单词的音节之间停顿的现象中得到证明。所以，说出单词的认知资源限制了儿童意义的表达。

帕尼斯和尹格安（D Parisi & D Ingram，1971）也认为儿童脑海中的确已形成了完整的思想，只是儿童没有相应的语言能力将这些思想以句子形式表达出来。例如，动词“打”包括了三方面的因素：施事者（打的人）、受事者（被打的人）以及介体（打的东西）。但是，在表达时，小孩却通常只关注其一，并因场合的不同而选择不同的因素来表达自己的思想。例如，1岁儿童说“球”时可能表达多种完整的想法：“把球给我”、“这是球”或“小狗把球拿走了”。但是，根据说话的语境以及儿童选用的特定单词，单个字词还是能被理解的。例如，单字阶段的儿童想要香蕉时常说“香蕉”而不是“要”。

因为“要”的对象可能有很多，而“香蕉”则有足够的信息量去表达自己想要的东西。布卢姆（L Bloom，1973）则认为儿童在单词阶段根本不具备语法概念。她指出儿童知道一些字的意思，但这只发生在词汇的语义上，而不能证明儿童已知道字与字之间的语法关系。另外，格林菲德等人（P M Greenfield & J H Smith，1976）也提出虽然儿童可以像成人运用句子那样使用单词来表达思想，但是儿童并没有掌握句子中的语法关系。这种理论认为儿童能够在单词语言中分辨不同的语义关系，但强调单词的意义仅在于语义而不在语法，是需要借用外界环境来表达单字以外的意思。例如，小孩看到爸爸回来了，说“爸爸”，则表示施事关系；若指着爸爸的帽子说“爸爸”，该字则表示拥有关系。

2. 电报句阶段

1岁半左右，儿童开始进入双词阶段。这一阶段儿童将两个字或词组合在一起形成不同的语义语法关系。例如，拥有—被拥有的关系（宝宝奶瓶），施事—行为（宝宝觉觉）等。双字词比单字词表达的意思更明确，已具备语句的主要基本成分。但是它仍然简略、断续、不完整，有些看起来更像人们打电报时用的语言，故被称为“电报句”（telegraphic speech）。儿童用双词句来表达多种多样的含义，但是，他们还不能应用一致的语法。而且，儿童的双词语言是否具备了主、谓、宾之类的语法概念还是不清晰的。双词语言有着简单的构成，例如“想要＋X”和“更多＋X”，X可被不同的词语代替。儿童新的语言形式的出现大多是迫于交际功能的要求，显然新的语言形式可以帮助儿童实现某种交际功能，而不必再依赖手势或受到时空的限制。

此时，儿童很少犯较大的语法错误，但他们的话语有时会违背规则。例如，儿童说“more hot”和“more read”，这是不符合英语语法的。当然，儿童并不是在随意将词组合在一起，而是遵循着一定的规则，并懂得复制成人的词序规则。汤马斯洛等人（M Tomasello et al.，1997）发现18—23个月的儿童可以把新的不熟悉的名词和动词形式的无意义单词轻松地与旧词结合。例如，告知儿童一个玩偶叫“meek”，一个猛咬的动作叫“gop”他们会说“更多 meek”和“更多 gop”。在这个例子中，“meek”和“gop”为新词，“更多（more）”为旧词。儿童语法发展的每一阶段都经历着语言获得的一种以新代旧、不断更新语言技能的过程。这一阶段的儿童语言尽管简单，但尤为重要，它反映了儿童最初认识组织语言的策略和方法。

表8-3 布朗（1973）双字期儿童语言的语义关系

语法关系	例句
称呼	是妈妈
要求添加	还要狗狗
不复存在	没有猫猫
施事＋行为	妈妈看
行为＋受事	看灯灯
施事＋受事	妈妈鞋鞋（妈妈拿鞋鞋）
行为＋地点	不坐椅
拥有者＋拥有物	奶奶袜袜
物质特性	大猫猫
指示词＋施事	那个妹妹

布朗（Brown，1973）发现：85%左右的儿童双词句与10种语义关系有关，见表8-3所示。有些双词句语法关系与之前的单词句语法关系相同。而且，句子只有实词没有虚词，例如，“妈妈袜袜”等，这与成人打电报时所用语言相类似。这一语言特点显示出儿童有区分实虚词的能力，并且明白实词较虚词更能传达信息。

儿童的语法体系开始时只是简单的词汇排列组合，词与词之间的关系也只是一些具体的语义关系，如施事、行为、受事等。随着语言的频繁使用，儿童的语言知识会逐渐上升到更为抽象的层次。马雅特素（M Maratsos，1982）认为，儿童经历着一个分析与再分类的过程。他们将一些语义类似，但语法功能不尽相同的词再进一步根据它们的语法特点抽象出来。随着年龄的增长，儿童电报语的出现逐渐减少，他们的话语逐渐扩展，同时加入了越来越多成人语言的成分。由此，中期或后期的儿童语言在经历着一个从简单的词语组合到复杂的语法关系的发展过程。

3. 完整句阶段

完整句是指句法结构完整的句子。2—3岁之间，英语儿童会使用简单的句子，遵循主-谓-宾语的顺序，并采纳成人语言中词的顺序。此时，儿童对语言的语法已经有了初步的掌握。儿童在遵循词汇顺序的基础上，还会在用词上作出小小的变化，以使自己的意思表达得更清楚和灵活。例如，他们会使用介词（如“in”和“on”），并且懂得动词“to be”的不同时态形式（“is”，“are”，“has been”，“will be”）。3岁半左右，儿童已经掌握了大量的语法规则，甚至会有时过度规则化使用这些语法规则。例如“I readed more than you”（我阅读得比你多），“There are two sheeps”（有两只绵羊），这样的表达方式在2—3岁之间开始出现，并持续到儿童中期。

3—6岁期间，儿童掌握了更复杂的语法结构，但仍会犯一些明显的错误。例如，他们在构成的问句时，不会将主语和动词倒置，如“What you are doing?”。3—6岁的学前儿童几乎总是使用简短的被动形式（如“It got broken.”），而不是完整的被动形式（如“The glass was broken by Mary.”）。对被动形式的完全掌握要到儿童中后期才会实现。在4—5岁时，儿童掌握了嵌套句，如“我想他会来的”，以及反问句，如“爸爸很快就回家了，不是吗”，并且能够使用间接宾语，如“他给他的朋友看了一下礼物”。学前期快结束的时候，儿童已经能够非常好地使用语言中的大部分语法结构。

汉语与英语的明显区别在于它是一种没有形态变化的语言。汉语儿童从单词句、双词句到完整句的发展过程，都不以获得词素的形态变化知识为前提。这样，汉语儿童的语言获得过程是否与英语儿童的不同呢？朱曼殊指出，汉语儿童也大致需要经历以下几个阶段，包括简单单句阶段、复杂单句阶段和复合句阶段。朱曼殊发现，在简单单句阶段，汉语儿童的单句都没有修饰语句，如“妈妈亲亲”、“宝宝饿了”。对于某些词语（如“老伯伯”、“小白兔”）表面上表现出有修饰语（“老”和“白”），但实际上儿童是把它们看做是一个整体单位，即一个词组。这些证据还表现为，儿童会说“灰小白兔”、“大小白兔”等名词短语，儿童把“小白兔”看做一个整体，用“灰”和“大”来修饰它。2岁到2岁半时，汉语儿童语言中会出现一定数量的有简单修饰的话语，如“两个娃娃玩积木”、“妈妈穿好看衣服”等。也就意味着，儿童开始懂得把修饰成分与被修饰成分在概念上分开来。3岁儿童的话语已基本上都是完整句，可以使用较复杂的名词结构的“的”字句（如“这是我喜欢的裙子”）、把字句（如“我把玩具收拾好”）、较复杂的时间状语（如“我有时候吃馒头”）、地点状语（如“我和爸爸在公园玩游戏”）以及各种语气词（如“你吃吧”，“这里很大啊”）。3岁半时，汉语儿童在单句中使用复杂修饰语的句数和修饰词的种类增长最快，约为3岁时的两倍，直到6岁仍有增长，但增长速度减慢，不如3岁半时明显。3岁半可能是简单单句发展的关键期（朱曼殊，等，1990）。

伴随的句法发展过程是从没有修饰语的简单句到有修饰语的简单句再到复杂单句。复杂单句是指由几个结构相互联结或相互包含的成分组成的单句。复杂单句阶段的特点是句子中出现了复杂的谓语。朱曼殊等发现在2—6岁的汉语儿童语言中出现了三类复杂单句：一是几个动词连用的连动句，如“小东找到了袜子就去告诉妈妈”；二是动宾结构和主谓结构嵌套的兼语句，如“妈妈教我唱歌”；三是主语或宾语是独立的单句结构，如“大家欺负小东是不好的”。各种单句发展的顺序为：（1）不完整句；（2）具有主—谓、谓—宾、主—谓—宾、主—谓—补等结构的无修饰语单句；（3）简单修饰语单句、主—谓—双宾语句、简单连动句；（4）复杂修饰语句、复杂连动句、兼语句；（5）主语或宾语含有主谓结构的句子。

5岁时，儿童复合句的发展较为完善。此阶段的特点是儿童可以将两个单句根据它们的逻辑关系排列成句，但是结构比较松散，缺少连词。儿童的复合句主要有两大类，即联合复句和主从复句。武进之等的调查显示，儿童的语言中联合复句约占全部复句的70%以上，主从复句只占15%左右。在联合复句中出现最多的是并列复句，如“小东扫地，小梅洒水”；其次是连贯句，即按事物的先后顺序进行描述，如“爸爸出去了，买回一个泰迪熊玩具”；还有补充复句，即对前面话题补充说明的句子。

三、阅读的发展

1. 连贯性语言能力的发展

连贯性语言能力是指连续说出几句意思前后通顺的话，以使人能明白其表达内容的能力。连贯性语言能力是篇章能力发展的基础。范存仁等研究了4—7岁儿童连贯性语言的发展，儿童要将所见所闻用自己的语言复述出来，他们对各年龄儿童语言中的情景性语言和连贯性语言的比重进行了分析。结果发现：随着年龄的增长，情景性语言的比重逐渐下降，连贯性语言的比重逐渐上升。到7岁时连贯性语言才占较大优势，如表8-4所示。

表8-4 4—7岁儿童连贯性语言的发展

年龄	情景性语言（%）	连贯性语言（%）	总句数
4	66.5	33.5	981
5	60.5	39.5	1 283
6	51	49	1 263
7	42	58	1 018

2. 篇章能力的发展

语言是一个有着复杂层次关系的系统。篇章是由词、句子组成的、能自成统一体的意义单位，处于语言体系的最高层。儿童语言能力的发展，除对词和句子的掌握之外，还表现在篇章能力的发展上。阅读时，读者不仅需要同时运用许多相关的技能，而且还要使用信息处理系统的多个功能。首先，读者必须理解单个字和字母组合，并将它们说出来，在学会识别许多常用单词的基础上，把当前文章的信息以及长时记忆中的相关信息整合起来，加工成一个可理解的整体。在阅读的过程中，大多数的技能都是自动进行的。如果一个或多个技能发展不好，就会导致阅读能力的降低。阅读是从学龄前期开始的复杂的过程。一般来说，儿童篇章能力的发展有三个衡量的指标：衔接、发展和突出。衔接，是篇章内的前一成分（如句子）与后一成分的联系或后一成分对前一成分的呼应。也就是说，联系、呼应是衔接的表现方式。发展，是使衔接起来的句子间形成一种有序化的表达方式。突出，是篇章能力趋于成熟的标志，体现在归纳、演绎和离散结构上。谢晓琳等调查了 4 岁和 5 岁两个年龄组各 60 名儿童篇章能力的发展情况。调查者要求儿童在没有任何提示和帮助下，在 2 分钟内，看图独立说出一个关于蓝精灵的故事——“蓝精灵乐队”。结果发现，4 岁组儿童的篇章能力发展水平比较低，表现为思维联系不密切，思路不够清晰；5 岁组儿童的篇章能力有进一步发展，话语的整体性比 4 岁组的好，篇章的叙述有始有终。而且两组儿童的篇章结构均出现平行发展和延伸发展，但 4 岁组以平行发展为主，5 岁组则以延伸发展为主。从结构上来说，平行结构较延伸结构简单，并处于略低的思维发展层。

四、语用的发展

言语既具有结构规则（语法），也可指示意义（语义），同时还执行一定的功能，即语用，也就是指人们不断操作和使用语言进行交流的现象。例如，一位儿童指着风扇并说“热”时，她不可能是指称风扇发热，而更可能是因为自己感觉热而要求母亲把风扇打开。儿童在交往过程中成长起来的语用能力，主要表现为儿童如何运用适当的语言形式、策略以及根据不同情境的需要去与人交谈或表达自己。儿童的语用能力随着认知能力的发展而不断提高。

但是在习得语言之前，儿童已能十分有效地利用其他交流工具进行交流，如哭、面部表情、姿势和手势等。3—4 个月大的婴儿已经可以某种方式与成人进行交流了。例如，当成人和他们说话时，他们倾向于保持安静。而当成人停止谈话时，他们倾向于发出更多声音，这样形成一个相互轮换的过程。另外，婴儿对母亲发声和语调模式的模仿，更加鼓励了成人与之交谈。

除了语音、词汇和语法，儿童必须学会在社会环境中有效地使用语言。在习得语言后，儿童会将言语反应自动运用到与成人的交流中。儿童通过使用单词和短语来达到各种交流的目的。哈佛大学教授凯瑟琳·斯洛领导的研究小组，曾对美国英语儿童的语言交流行为进行跟踪研究。结果发现，早期儿童语言交流行为的发展主要表现为三个方面：一是语言交流行为从模糊向清晰发展。儿童最初借助于手势、表情以及声音来表达自己的意思，后逐渐转为主要依赖语言的表达方式，而且 3 岁后儿童社会交往倾向和言语行为越来越清晰。二是语言交流的类型逐步扩展和增加。儿童的交往倾向类型和言语行为类型有着不断增加和扩展的过程。同时，儿童语言运用的灵活性也随着交往倾向和言语行为类型的增加而发展。三是儿童早期的语言交流行为存在一些常用的核心类型。儿童语言运用能力的发展过程，反映了儿童在认知能力、社会理解力及语言技能这三方面的整合性发展。

另外，随着儿童语言能力的发展，他们使用语言时也会越来越懂得从交流对象的角度来考虑交流方式。例如，2 岁儿童在跟比自己小的儿童和洋娃娃说话时会简化他们的语言，而且儿童还会根据听者能否看见他们而改变其交流行为。在小学低年级，由于儿童认知技能和对社会语言理解的发展，6—7 岁儿童懂得在交谈中为对方提供充足信息的重要性，而且他们的自我中心程度也减弱，这样，他们能逐渐获得一些角色采择技能。这有助于儿童根据情景的需要来调整自己的言语。6—10 岁的儿童能够根据听者是否是熟悉的人，而决定是否为对方提供更多的信息，以此来调整自己的言语内容，以适合听者的需要。儿童语言运用被看做儿童语言学习的动力和源泉，因为儿童在运用语言的过程中建立起与他人的交流情境，产生社会性交往和互动过程，也因此学到了更多的真正有用的语言。

有关汉语儿童早期语用能力的研究发现，汉语儿童早期语言交流行为的发展速度与英语儿童相仿，但是在发展的模型上存在差异。在各个年龄段上，汉语儿童语用交往倾向和言语行为类型的扩展速度，使用不同语言交流行为类型的频率，语用清晰度的增长情况以及语言交流行为的核心类型的状况，均与英语儿童基本相似。

为了使谈话能顺利进行，参与者必须轮流发言，并保持围绕相同的主题，明确地陈述他们的信息并和文化规则保持一致，这些规则控制着个体应该如何交流以及交流的内容。在学龄前阶段，儿童在掌握语言的用法方面取得了很大的进步。孩子已经是熟练的交流者了，在和同龄人面对面的交流中，他们会轮流说话、用眼睛接触，对同伴的评论作出合适的回应，并且在一段时间内保持一个话题。有研究也发现，2 岁汉语学龄前儿童已经在母子对话中表现出轮流说话的意识。3 岁的学龄前儿童开始在与同龄人交谈中表现出较为强烈的轮流说话意识，懂得选择合适的语言形式达到交际目的。4—6 岁的学龄前儿童已经学会了部分使用语用话语标记语，但在使用“仍然”、“但是”、“首先”、“其次”等的时候经常出现错误。

在以后的年龄段，儿童在交流中会增加其他的会话策略，比如转变（turn about），也就是说话者不仅仅对刚才所说的进行评论而且还会增加问题让同伴再次回答。在学龄前阶段转变策略的使用明显有所增加。在 5—9 岁之间，儿童会使用更高级和有效的会话策略，比如遮蔽（shading），即在主题变化时，逐渐地通过修改讨论焦点来变换主题。

第三节　言语发展理论

一、先天遗传论

（一）先天遗传论的基本观点

乔姆斯基
（Norm Chomsky，1928—　）

先天遗传论者认为，人类习得语言的能力是先天具备的，是由人类基因携带遗传下来的。语言学家乔姆斯基（N Chomsky，1928—）是先天遗传论的代表，提出转换生成说。与斯金纳（B F Skinner，1904—1990）强调的环境作用论相反，乔姆斯基强调先天遗传过程和生物机制的作用，主张语言习得是一种本能的过程，指出儿童一生下来就具备了语言获得装置（language acquisition device，LAD），如图8－2所示。LAD包含一个普遍语法，不管儿童身处哪一种语言，只要他获得足够的词汇，就可以通过语言获得装置，将单词组合成新的、受规则限制的言语，并能理解他人的言语。所以，乔姆斯基认为：（1）语言是利用规则去理解和创造的，而不是通过模仿和强化来获得的。（2）语法是生成的。婴儿先天具有一种普遍语法，言语获得过程就是由普遍语法向个别语法转化的过程。这一转化是由先天的语言获得装置（LAD）实现的。（3）每一句子都有其深层和表层结构。句子的深层结构（语义）通过转换规则而变为表层结构（语音等），从而被理解和传达①。

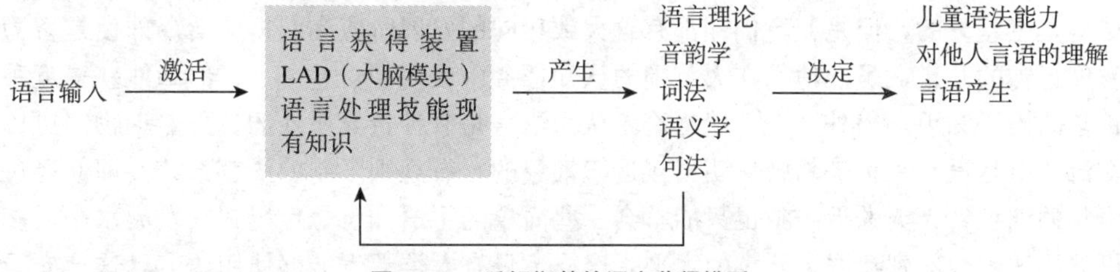

图8－2　乔姆斯基的语言获得模型

乔姆斯基对普遍语法的发现来源于他对美国结构主义“普遍语法机制”的驳斥，他认为这并不足以说明语言习得。一个主要的问题是，如果儿童是通过一些机械的步骤，如概括、类推等来学习语言的，那他们如何凭直觉区分结构相同但意义不同的句子呢？

John is eager to please.

John is easy to please.

以英语为母语的人凭直觉很容易能区分第一个句子是指“John is eager to please some other person”，第二个句子指“other people can easily please John”。但人们对这

① N Chomsky. *A review of B F Skinners verbal behavior* [J]. *Language*, 1959，35：26－129.

种句子无法从结构来区分其意义上的区别，故从结构角度入手，提倡“普遍语言机制”的语言习得方式，在乔姆斯基看来这种解释存在根本性错误。首先，它不能解释语言的创造性；其次，它不能解释语言知识，即以其为母语的人的语法能力。乔姆斯基推测出，人类语言中一定有某些潜在的共同的规则可循，继而提出了“普遍语法天生”的假说。

乔姆斯基把人天生的语言能力分为两个阶段：第一个阶段为初始状态，第二个阶段为稳定状态。第一个阶段的语言为内在化的语言，在个体的成熟期前后形成，即在生命的早期，儿童以快速的质变方式掌握语言的基本结构的时候。第二个阶段的语言能力由第一阶段的初始状态成长、发展而来，是初始状态在个别环境中的特定产物。在乔姆斯基看来，先天的初始阶段的语言能力是第一性的，是人类各种不同语言的共同基础和来源。稳定状态的语言能力，即实际运用语言的能力，是第二性的。第一性决定第二性。

其他先天遗传论者，如斯洛宾（D I Slobin，1985），也有类似的观点。斯洛宾认为儿童的语言知识是后天获得的，而语言制造能力（language making capacity，LMC）则是先天所具备的。LMC 是指高度专门化的语言学习的认知和知觉能力，这些天生的能力使儿童能够处理语言输入，并理解语义关系和句法规则等。LMC 是一种语言的普遍能力。不同语言背景的儿童都能通过这种普遍能力去获得语言。这样，对于先天遗传论者来说，只要儿童有语言输入，他们的语言获得就是自然和自动化的。

（二）对先天遗传论观点的评价

1. 对先天遗传论观点的支持

目前，一些观察结果的确支持了先天遗传论的观点。例如，不同文化地区的语言结构是有差异的，但是儿童们却都有着大致相同的发展阶段和获得年龄。即使是智力发展迟钝的儿童，虽然他们在大范围的认知任务中表现相对差一点，但却能获得近乎正常的语法知识。另外，先天遗传论者认为语言是有种特异属性的。虽然动物间可以交流，但是没有一种动物曾发明出接近于抽象的、有规则限制的语言系统。即使经过多年的训练，人类的近亲猿也只能学会一些简单的手语和符号代码，其发展水平最多也只能达到 2 岁到 2 岁半儿童的水平。这样，只有人类天生能够使用语言，这与先天遗传论的观点是一致的。

2. 对先天遗传论观点的反对

虽然有不少心理学家都认同了语言学习在很大程度上受到生理因素的影响，但是毕竟“语言获得装置”（LAD）或“语言制造能力”（LMC）是一种假设，尚未有证据能对此提供直接的证明。另外，LAD 对语言发展的解释还不够充分。例如，对这种先天处理器的操作过程，如怎样过滤加工语言输入，怎样推断语言规则等还不清楚。一些研究者对先天遗传论者的某些支持研究结果也提出了挑战。例如，婴儿在出生的最初几天和几周内就能够辨别声音的重要差异，这似乎并不是为人类所特有的，其他物种的幼崽（如恒河猴和南美栗鼠）也表现出相似的听觉辨别能力。乔姆斯基过分强调了天赋和先天的作用，低估了环境和后天教育的影响，忽略语言的社会性，有唯心主义倾向。虽然后来乔姆斯基对其理论进行了补充，认为这种言语获得基础的先天机制，必须在后天语言的刺激下才能被激活，否则就会失败。但是先天遗传论显然是不完整的，它更像是一种语言学习的描述，而不是一个真正的解释。

二、后天学习论

（一）后天学习论的基本观点

后天学习论者认为儿童是通过模仿他们听到的、看到的，当他们正确使用语法而得到的强化，以及当他们说错的时候得到的纠正来习得语言的。后天学习理论强调模仿和强化在学习过程中的作用。因此，又有强化说和模仿说之分。

1. 强化说

斯金纳认为儿童能学会说话是他们在学习过程中正确的语法不断被强化的结果。在小孩牙牙学语时，成人就开始有选择性地强化儿童咿呀声中最类似单词的那些语音，来塑造儿童的言语，因此增加了这些声音被重复的可能性。一旦儿童完成了声音到词语的过渡，成人会停止进一步的强化，直到小孩开始组合单词，产生最原始的句子以及更长的符合语法的话语①。巴甫洛夫的经典条件反射和斯金纳的操作性条件反射都认为，言语的获得就是条件反射的建立，而强化在这一过程中起着非常重要的作用。斯金纳特别强调即时强化的作用。也就是说，在儿童言语行为发生后成人立即给予适当的强化是非常重要的。强化说有其合理之处，可以解释一些低级言语行为的发生过程，如最初的语音和单个词语的习得等。

2. 模仿说

模仿说最早见于阿尔伯特（F H Allport）提出的关于言语获得机制的理论②。他认为，儿童获得言语的过程就是对成人言语行为的模仿过程，是成人语言的简单复制。后来，班杜拉（A Bandura，1925—　）进一步细化了社会学习理论并认为，儿童主要是对成人的各种言语模式（verbal modeling）进行观察学习，也就是模仿学习，从而逐渐获得言语能力的。这些模仿行为多数是在没有强化的情况下发生。哈里斯（Harris）和哈森马（Hassemer）对言语获得过程进行了考察，也发现了儿童言语活动中的模仿行为。后来，怀特赫斯特（Whitehurst）在传统“模仿说”的基础上，进一步提出了“选择性模仿”。他认为，儿童是在对成人的言语进行创造性的、选择性的模仿。

儿童获得言语的过程是复杂的，就模仿的类型来说也是各种各样的，并不是班杜拉的直接观察模仿或怀特赫斯特的选择性模仿所能单独承担的。总的来说，在儿童言语获得过程中相继有四种类型的言语模仿行为：第一，即时的、完全的临摹；第二，即时的、不完全的临摹；第三，延迟模仿（有创造性因素）；第四，选择性模仿（可以按照语言范型的结构、概念在新情境中表述新的内容）。即时性模仿在言语发展的最初期起主要作用，但随后便被延迟模仿所代替。这两种模仿主要在 2 岁前发挥着重要作用。后来，选择性模仿占据了主导地位，它使儿童能迅速地掌握和运用大量语言材料和基本语法规则。

---

① B F Skinner. *Verbal behavior* [M]. East Norwalk，CT：Appleton-Century-Crofts，1957.

② F H Allport. *Social psychology* [M]. Cambridge，MA：Riverside，1924.

学以致用8-2

如何运用"言语获得理论"中的模仿说把语言教学渗透到幼儿生活中

虽然幼儿期幼儿的语音发展迅速，能逐步掌握本族语言的全部发音，但在实际说话中，幼儿对于有些语音往往不能正确发音。特别是广东一带的幼儿，大多数时候把"师"发成"xī"或"sī"；"是"、"四"、"十"发成"xì"、"xí"；"日"发成"yì"；"苹果"发成"苹果（duǒ）"；平舌音与翘舌音不分等。"语音的发展除受言语器官和神经系统成熟发展的制约外，更受环境和教育条件的影响。"因此，在幼儿语言教学中，教师要特别注意自身语言的正确性，发音要标准、清晰，为幼儿树立良好的语言范型。教师在教幼儿发音时，除了让幼儿仔细听、认真读之外，还可以让幼儿观察老师的嘴型，必要时让幼儿伸出小手触摸老师的嘴直接感受发音；另外，可以利用磁带，让幼儿模仿正确读音，也可让个别语音发音特别强的幼儿作示范。在词汇、语法方面，教师注意不要用错词语，语法结构要正确。总之，要树立良好的语言范型，为幼儿实施正确的语言教学。

［**资料来源**］http://s0090.s.9ye.com/school/article～a～view-46308～sn_id～41766.html

（二）对后天学习论的评价

模仿和强化在早期语言的发展中功不可没，而且并不是偶然的。儿童以父母的说话方式来说话，并且带有地区的口音。另外，用玩具作为强化手段，年幼的儿童很快就习得和使用合适的名称为新的玩具改名。父母经常鼓励孩子说话，儿童在做游戏、讲故事和其他支持性干预的背景下，会更倾向使用新奇、复杂的单词。但是，对于那些极为复杂的语言行为，则不是儿童的强化或模仿能在起作用。

学习理论家在对句法发展的解释上已经作出了很大的努力，但显然收获甚微。如果儿童的语法习得是通过父母的表扬强化而获得的，那么，父母在生活中就应不断地给予强化。但是，研究却发现父母强化的不是语法的正确与否，而是儿童话语的真实性，即语义的正确与否。例如，儿童盯着一头牛说："Him cow."（这句话语义真实，但语法不正确），母亲可能会给予积极的赞许："That's right!"但是，如果儿童说："That's a cat."（语法正确，但语义不真实），母亲可能会马上纠正他："That's a cow."（那是一头牛）。这样，学习理论认为儿童的语法是通过强化来获得，似乎还是备受争议的。另外，儿童早期说出的许多句子都具有创造性，如"All gone cookie"或"It borked"等，它们在成人的言语中是不会出现的，所以，不应该由模仿习得。而且，儿童在努力模仿成人的言语时，他们会将其变形，以符合自己当前的语法能力水平，例如，成人说："Look，the kitty is climbing the tree."儿童会说："Kitty climb tree."如果儿童的语法规则不是通过直接模仿成人使用的语法或得到的强化而习得，那么他们的语法知识是怎样获得的呢？

三、交互作用论

（一）交互作用论的基本观点

交互作用论者认为，学习理论学家和先天遗传论者在一定程度上都是正确的：言语发展来源于生理成熟、认知发展和语言环境之间复杂的相互影响作用，其中语言环境主要指儿童与同伴间相互沟通的情况。皮亚杰认为，语言是儿童的一种符号功能，语言源于智力并随认知结构的发展而发展。在主客体间的相互作用过程中，动作的发展与协调产生了逻辑，并导致了言语的发生，即语言是由逻辑构成的。

皮亚杰提出，语言是儿童众多符号功能中的一种，符号功能是指儿童应用一种象征或符号来代表某种事物的能力。表征能力不是与生俱来的，而是婴儿期的发展成果。儿童言语发展的基础是他们的认知结构。由于儿童的认知结构发展顺序具有普遍性，所以，其语法结构的发展顺序也具有普遍性。皮亚杰认为儿童的言语反映了他们的所知，而他们的所知则源自感知运动。另外，唐纳德·赫布（Donald Hebb）认为，婴儿在出生时就对人类言语的声音模式具有特殊敏感性，脑中具有接收、理解和生成言语的特殊结构。但是要使这种结构产生言语功能，还需要有适当的环境和经验的作用。这就是说，人类之所以有言语能力，一方面是因为大脑中先天就有专门负责言语功能的特殊结构（言语中枢），具有处理抽象语言符号的能力，另一方面则是因为后天经验的作用和语言环境的影响。

由此可见，交互作用论者认为，儿童在学习各种不同语言时所表现出来的相似性，证明了生物因素对语言习得的作用。各国儿童以类似的方式讲话，表现出语言普遍性，这是因为他们是属于同一种属的，拥有共同体验的缘故，但儿童不具有与生俱来的语言知识或处理技能。在复杂的大脑日渐成熟后，儿童在大致相同的年龄都会发展起类似的想法，并用语言把这些想法表达出来。儿童已经从生理上准备好要习得语言。复杂的人类大脑，慢慢成熟，为儿童可以获得越来越多的知识提供了生理基础。此外，合乎语法的言语产生与社交需要有关：当儿童理解并掌握100—200个单词以上时，他们会将这些语言知识组织起来，产生可以让别人理解的言语。这样，语言环境支持了语言的发展。成人不断地与儿童讲话，这实际上是创造了一个支持性的学习氛围，帮助儿童掌握语言的规律。

（二）对交互作用论的评价

显然交互作用理论是一种折中的理论，但它也没有逃过研究者们评判的眼光。对于为什么儿童能够使用单词，以及为什么他们使用特定的词表达特定的意义等问题，皮亚杰的理论都有很强的解释力。但是就儿童如何掌握句法规则来说，皮亚杰的理论似乎还是无能为力的。尽管皮亚杰传统的研究者已经作了很多不懈的努力，但对句法习得的问题还不能给出很好的解释。生物、认知和社会经验在语言形成的不同的方面都起着轻重不一的作用。对于复杂的事物来说，这些因素的相对贡献会随着年龄的发展而变化。所以，关于儿童语言的研究仍然面临着许多理论上的困惑。目前，对语言发展过程的了解显然要比对语言获取过程的了解要多得多。

近年来，语言发展的新理论已经产生了，他们强调内部爱好和环境输入之间的相互作用，代替了由斯金纳和乔姆斯基的争论而产生的划分。虽然不同的研究者提出了不同形式的交互作用模型，但实际上它们都一致强调语言学习的社会语境。一个有获得语言天赋的孩子会观察并参与到与他人的社会交流中，从这些经验中，孩子就会建立起一个将语言形式和内容与它的社会意义联系在一起的交流体系。也就是说，与他人交流的强烈愿望，获得语言的先天能力与丰富的语言、社会环境联合起来，帮助儿童去发现语言的功能和规则。

第四节 影响言语发展的因素

一、生理因素的作用

(一) 大脑与语言

一般来说，语言功能在左半球，而空间视觉功能在右半球。从出生起，婴儿的左半球就表现出对语言的某些方面很敏感，例如，言语的声音能引发婴儿左半球较多的电位活动，而音韵和其他非言语的声音特性则引起右半球较多的活动。在出生后的最初几天和几周内，婴儿已非常擅长辨别重要的语音差异。这些发现似乎表明，新生儿天生就有言语知觉，已经准备好了分析言语声音的能力。

具体来说，语言加工的主要区域在左脑，尤其是在布洛卡区（Broca's Area）、威尔尼克区（Wernicke's Area）和角回（Angular gyrus），如图 8－3 所示。布洛卡区在左半脑前部，主要控制语言的发声与表达。威尔尼克区（Wernicke's area）在左半脑的中下部靠近听觉中枢，主要控制声音语言的接受与理解。角回（Angular gyrus）位于威尔尼克区左下方，它将视觉材料转换成为声觉材料，这一中心异常重要，它把事物、事物名称及口头、书面表达形式联系起来。

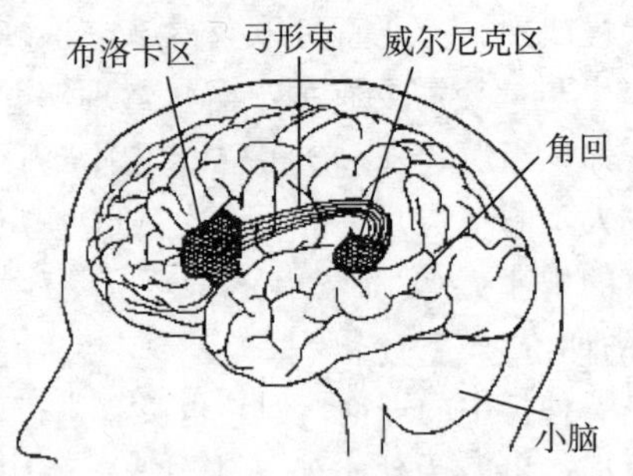

图 8－3 语言脑区

对于口头语言，词信号首先是从威尔尼克区出发，通过弓形束（Arcuate fasciculus）到达布洛卡区，决定该词的形式及发音，然后具体的指令再送到控制声带发音的区域。对于书面语言，词的信号首先要从视觉区到角回，再到达威尔尼克区，激活其对应的听觉词信号，然后通过弓形束到达布洛卡区，形成发声指令再传输到控制发声的区域。对于语言理解来说，口头词语从声觉区（在威尔尼克区的右下方）出发，到达威尔尼克区而被理解。如果语言区域受到损害，就会导致失语症。不同的语言区受损，导致的失语症状也不尽相同。布洛卡区受损的病人会引起布洛卡失语症，也叫表达紊乱症。这些病人大都说话吃力而缓慢，不流利也不清晰，语法不通，语句不连。通常布洛卡区病人的语言表达能力要比语言理解能力受损严重得多。威尔尼克区损伤的病人，会出现威尔尼克失语症也叫理解紊乱症。这一病症与布洛卡症不同，其病症是语言流利但毫无意义，而且病人的理解也受到损伤。布洛卡区病人通常能理解一些简单的指令，如吃饭，而威尔尼克区病人常听不懂语言的意思。

（二）关键期与语言学习

一般认为，7—8岁前是语言学习最迅速、最关键的时期，并可细分为三个子言语发展期：出生8—10个月是婴幼儿开始理解语义的关键期；1岁半左右是婴幼儿口头语言开始发展的关键期；5岁半左右是幼儿掌握语法、理解抽象词汇以及开始形成综合语言能力的关键期。在这段时期内，偏侧化的大脑对语言加工变得越来越专门化。儿童一旦错过关键期的语言学习，就会造成言语发展不足，以后再补偿将非常困难。

关键期的重要性是显而易见的。例如，儿童失语症者常常在经过治疗后就能很大程度上恢复失去的语言功能，而成人失语症通常需要大量的治疗干预才能恢复一部分的语言技能。对于这种差异的解释是，左脑受损伤时，儿童还未完成右脑的语言专门化分工，失去的语言功能可通过右脑对应的语言区补偿回来；但是，已过青春期的成人，大脑语言分工的专门化已基本完成，不能再依靠右脑来承担失去的语言能力，所以青少年和成人的失语症很难治愈。众所周知的“狼孩”，被救出后经过多年的语言训练也只能说几个单词，就是有力的佐证。而且早学第二语言的人和晚学第二语言的人在大脑组织上也是有差异的。有研究发现，对于在童年早期获得第二语言的双语者来说，讲两种语言中的任何一种都会激活大脑的相同区域；而对于在青春期后学习第二外语的双语者来说，讲两种语言激活的是大脑的不同区域。

有关儿童语言发生与发展的关键期的研究结果，说明儿童早期的语言教育在儿童认知发展的全过程中起着非常重要的作用。

二、语言环境的作用

心理语言学家对语言环境的影响一直都非常感兴趣。社会交互作用的语言获得理论尤其强调儿童语言习得中环境的重要性。婴幼儿期的大脑发育速度很快，2岁后，儿童摄取的信息量也越来越多，此时，他们急于用语言表达自己的思想，但是语言的发展程度却不足。这时，一个良好的语言环境和正确的语言信息输入对儿童言语发展起着很大的影响作用，否则，儿童会容易表现出口吃、语言贫乏、交流障碍等语言发育问题。

（一）家庭环境

儿童的早期语言环境一般为家庭环境。父母或照料者的任何努力都会让儿童的语言习得变得容易和轻松。例如，当儿童没有完全理解父母的语言表达时，父母可以把句子变简单，或分步骤地解释说明，这样会让儿童的语言模仿行为得以顺利发展。有研究发现，不同形态的儿童家庭环境和儿童言语发展的能力有关。这些研究关注的家庭环境参数，包括家庭生活质量（如活动的多样性、社会性沟通和互动、儿童活动中成人的介入程度），家庭的物质条件（家庭书本数量和玩具数量及多样性、儿童参加文化活动的频数）以及儿童家庭的多样化统计形态。

罗宾森等人（C C Robinson et al.，1995）的研究中将学龄前儿童分为两组，对实验组提供精选故事书，并允许其带回家进行为期 12 周的阅读，对控制组儿童则不提供这种条件，结果发现实验组儿童平均阅读时间显著高于控制组儿童的阅读时间。一些研究发现，家庭拥有读物的数量与儿童阅读能力之间存在较高的正相关，儿童获得阅读书籍的数量可以在较大程度上解释儿童阅读能力的个体差异。来自不同文化的研究都发现，父母早期给孩子读故事、与孩子共同阅读图画书可以促进孩子口头词汇的获得，提高孩子阅读兴趣及阅读能力。舒华等人（2002）通过问卷调查和测验方法探讨了家庭文化背景与儿童阅读能力发展的关系。回归模型表明文化背景对一年级、四年级儿童的阅读成就都有显著影响；路径分析进一步表明：父母与孩子间的文化活动对一年级儿童的阅读成就有直接影响，而家庭文化背景的四个方面相对独立地对四年级儿童的阅读能力发展产生影响。

多样化的家庭语境包括活动路线、游戏、日常活动会话、与儿童一起读书和看电视节目等。发展儿童听力技能的相关活动，可以促进他们使用语言转换、叙事、解释、联结口语和书面语的表达。除此之外，近年来的研究成果表明，家庭中父母的受教育程度、教养方式、沟通策略、与儿童会话过程中的情绪状态以及家庭的经济状况都会对儿童的言语发展造成影响。同时，大量的研究表明，家庭中父母的语言输入特点直接影响着儿童的言语发展。周兢（2002）在对汉语儿童语用发展的研究中发现，由于高教育背景的家庭父母和低教育背景家庭父母的语言输入方式不同，导致在相似的母子互动情境中，儿童在言语倾向、言语行动和言语变通三种语用发展水平的一般评价指标上均存在差异。

（二）学校环境

对于学龄儿童来说，学校环境在其言语发展过程中起着不可或缺的作用。它创设着一个语言学习的大环境，包括学校的设备设施、教师的教学方法、师生间的互动、儿童间的交流等。任何一方面的完善都有助于提高儿童的言语能力。

苏霍姆林斯基（B A Cyxomjnhcknn）曾经说过，学校里的学习不是毫无热情地把知识从一个头脑传递到另一个头脑里，而是师生之间时时刻刻在进行着心灵的交流。对于语言发展来说，师生间的交往可表现在，教师有意地提供示范，让儿童观察、学习、模仿、感受运用语言的基本规则和积极作用。通过师生间的交往不断调整儿童的语言表达方式，培养语言表达的良好习惯。由于人类获取的信息，有 83%来自视觉，11%来自听觉，所以在儿童发展过程中，直觉行动思维占主导地位。因此，直观教学法是一种行之有效的教学方法。教师可利用多媒体技术为儿童提供形象直观、生动活泼、艺术性强的语言学习媒体资料，加上虚拟现实技术，把学生置于真实的语言环境中，吸引儿童注意力，增强学习与教学效果，寓学于乐、寓教于乐，加深儿童对所接触信息的印象与存储。

另外，事实表明，儿童在与同伴交往中能通过相互作用主动地创造、调整自己的语言，从而获得主动发展。例如，两个儿童在争夺玩具。一方要抢，一方不让抢。这样就形成了互动。研究发现，儿童在这个过程中，起码使用了十多种交往的策略，其中有威胁、警告、协商、说明原因、提出条件、转移注意等的不同语言表达方式。争夺的双方都主动根据对方的态度和行为选择较为恰当的策略，且不断地调节自己的语言，以期影响对方行为，达到自己的目的。由此可见，学校或教师可通过多方面多途径，为儿童提供一个自由、宽松的语言表达交往平台和交流环境，以此促进儿童的言语发展。

三、认知发展的作用

言语的发生与智力水平的高低有着密切的关系，心理学家常常根据儿童说话能力的发展来大致推测儿童的智力水平。如果一个人的智力发育迟缓，对事物的认识能力差，则他的言语发展也就必定迟缓。这与认知理论的观点是一致的。著名的认知心理学家皮亚杰就认为，儿童言语的发展源于儿童智力的发展，婴儿能够用手势交际是因为他们的智力发展到能用符号思维的程度。总之，认知心理学家强调言语与思维在儿童发展过程中的相互作用，言语反映并影响着不同阶段的思维能力。

最近几年，认知心理学家开始把信息处理理论应用到儿童言语研究上，并就信息处理局限性对儿童语言的影响作了深入的研究。结果表明，这种局限性最易在句子层次上起作用，因为这一层次的处理过程涉及许多儿童尚未掌握的语法结构。而且儿童似乎能发展出一套操作规程，专门用来减少语法的复杂性，以便在能力允许的范围内进行处理。

认知发展的观点并不为乔姆斯基代表的语言先验论所接受。乔姆斯基强调语言是一个具有独特发展规律的认知子系统，而且认知与语言在一定程度上是相互独立的。认知学者关注的是儿童如何从言语前的手势交际过渡到早期语言，而先验论者则关注非言语期与言语期的交接点。认知学者认为言语发展缓慢是由于认知系统的紊乱，而先验论者则指出，语言紊乱时，其他智力功能仍然可以正常，因而语言是一个独立的认知系统。虽然认知论与先验论之间的争论还会持续下去，但是不可否认的是人类的认知能力的确对语言的发展有影响作用。

四、其他因素

儿童的言语获得过程大都雷同，但后来关于个人差异因素的研究却证明儿童获得言语的方法不尽相同，会因人而异。尼森（C A，1995）研究了儿童的言语学习方式，并发现儿童主要有两种不同的言语获得方式：一种是参考法，一种是表达法。但采用参考法的儿童较多，即儿童在学习名词，有时甚至动词或形容词时，往往借助于他们所知道的外界事物。而采用表达法的儿童则在较多词汇种类上都使用到表达法，包括社交套语，例如，“Stop it”，“I want it”，这些套语似乎是作为一个完整的、未经分析的单位而学会的。表达式儿童在早期言语中常用“假字”，即在句子中没有意义，但起一定的语法功能作用。从这一点看，表达式儿童的早期语言获得是落在句子层次上，而不是单字上，而参考式儿童则相反。卡罗（D Carroll，1986）还进一步指出其实大多数的儿童是两种获得方法都同时采用。因而，参考法与表达法仅仅是一个连续统一体的两个极端。

另外，社会、文化、经济条件、性别对儿童言语的发展也有影响作用。社会文化生活较丰富的孩子言语发展快，在孤儿院度过幼儿期的孩子言语的发展较迟缓，农村儿童比城市儿童的言语发展一般也要迟些。另外，女孩子比男孩子的言语能力发展要快些。总而言之，言语的发展是受到多种因素的影响。儿童必须借助多方面的知识去学习语言，而且语言获得也不只是局限在某一方面，而是多方面交叉共同作用的结果。

【本章小结】

1. 连续性的语音知觉是具有离散特点的。语音的范畴知觉是指语音知觉可以将语音刺激识别为相对小量的范畴，人们识别语音时对不同范畴的语音很容易识别，表现出非此即彼的特点，而对同一范畴中语音刺激的变化则不容易察觉。

2. 婴儿的语音发展主要包括了四个阶段：反射性发音阶段（0—2 个月），简单发音和笑声阶段（2—4 个月），牙牙学语阶段（4 个月开始）和正式说话阶段（12 个月左右）。英语婴儿和汉语婴儿的语音发展阶段大致相同。

3. 儿童词语的发展，一开始较熟悉的名词和动词先被习得，接着是如形容词、副词、代词、连词等，它们随着年龄增长，其所占百分比也有所提高。

4. 语义过度扩展是指将一个单词用来指代其正确含义所指向的物体以外更广泛的其他物体。

5. 语义扩展不足是指将词语限制用于其内涵的子集上，过于狭窄地使用它们。

6. 句子结构的发展主要包括：以词代句阶段、电报句阶段和完整句阶段。

7. 先天遗传理论：以乔姆斯基为代表。该理论认为言语知识是先天的，人生来就具有言语获得能力。通过言语获得装置（LAD），人类自然就学会言语。儿童根据普遍语法规则就能产生和理解大量的语句，包括他们从未听到过语句。言语获得不是学习的结果。

8. 后天学习理论：该理论与先天遗传论相反，强调后天学习对言语获得的决定性作用，主要有强化说和模仿说。

9. 强化说：主要以斯金纳为代表，认为言语行为和其他行为一样，是通过操作性条件反射学会的。他强调强化在言语学习中的作用，认为儿童恰当的言语行为会因环境的鼓励和奖赏而保持和加强，错误的言语行为因得不到鼓励和奖赏而逐渐消退。

10. 模仿说：传统的模仿说认为，儿童学习言语知识是对成人言语的机械临摹，儿童言语仅是成人言语的简单翻版。近年来的研究发现，儿童只能模仿那些他们已经知道如何说的句法形式。儿童的模仿并非机械临摹而是具有选择性。这种选择性模仿把临摹和创造结合在一起。

11. 交互作用理论：以皮亚杰为代表，认为儿童的言语发展是生理成熟、认知发展和语言环境之间复杂的相互作用的结果。儿童的言语学习是建立在儿童认知能力发展的基础上的。言语学习能力是认知能力的一种。认知能力的发展决定言语能力的发展。该理论认为人类有一种先天的认知能力，这种能力随着躯体内部组织的成熟而发展，与环境相互作用，形成了一定的“认知结构”。认知结构随着儿童的发展而变化，随之儿童的认知能力也不断从低级阶段向高一级阶段发展。

12. 影响言语发展的因素包括：生理因素、语言环境、认知发展等。

【思考与练习】

1. 婴儿语音发展有哪些阶段？在每个阶段儿童的表现如何？

2. 儿童的语义发展阶段及各阶段特点如何？

3. 儿童的语法发展包括哪些方面？

4. 与言语有关的脑区有哪些？它们各自负责哪些功能？

5. 言语发展有哪些理论？对它们的评价如何？

6. 影响言语发展的因素有哪些？

【拓展阅读】

1. 彭聃龄. 汉语儿童言语发展与促进［M］. 北京：人民教育出版社，2008.

本书主要汇编了汉语儿童语言发展与促进方面的一些主要研究成果，同时也包括了汉语认知与汉语学习。全书分为五章，介绍了儿童元语言意识、儿童词汇的发展、儿童语言发展的促进条件、语言的生物学基础以及语言障碍的研究。

2. 周兢. 汉语儿童言语发展研究［M］. 北京：教育科学出版社，2009.

本书主要对汉语儿童语言的发展作了总结。内容包括儿童语言发展研究与汉语儿童语料库建设、汉语儿童平均语句长度发展研究、汉语儿童早期词汇习得的发展研究、汉语儿童叙事语言发展研究、汉语自闭症儿童语言图景特征研究等。

3. 何克抗. 语觉论——儿童语言发展新论［M］. 北京：人民教育出版社，2004.

本书以语觉为出发点，探讨了语觉的先天和后天关系问题，比较了儿童语言获得过程和成人言语生产与理解过程，阐述了阅读与书写能力的习得，分析了语觉论对儿童语言获得过程的影响作用。

【参考文献】

1. 罗伯特·西格勒，玛莎·阿科巴利. 儿童思维发展世界［M］. 北京：世界图书出版公司，2006.

2. 沈德立，白学军. 实验儿童心理学［M］. 合肥：安徽教育出版社，2004.

3. 张积家. 普通心理学［M］. 广州：广东高等教育出版社，2008.

4. 王甦，等. 中国心理科学［M］. 长春：吉林教育出版社，1997.

5. 贺利中. 影响儿童言语发展的因素分析及教育建议［J］. 教育理论与实践，2007，27（3）：31－33.

6. 胡平，焦书兰. 国外阅读发展研究的新进展［J］. 重庆师范学院学报：哲社版，2000（2）.

7. 靳洪刚. 言语获得力量研究［M］. 北京：中国社会科学出版社，1997.

8. 刘森林. 学龄前儿童语用发展状况研究——聚焦言语行为［J］. 外语研究，2007（5）.

9. 陆爱桃，张积家. 阅读流畅性研究及其进展［J］. 心理科学，2006（2）.

10. 仝中原. 抓住言语关键期，培养幼儿言语表达能力［J］. 决策探索，2009（6）.

11. 张磊. 儿童早期语素意识的发展及其对阅读能力的影响［J］. 幼儿教育：教育科学，2009（3）.

12. 周兢. 重视儿童言语运用能力的发展——汉语儿童语用发展研究给早期言语教育带来的信息［J］. 学前教育研究，2002（3）.

13. 朱曼殊，缪小春. 心理言语学［M］. 上海：华东师范大学出版社，1990.

14. Dehaene-Lambertz，G Dehaene ，L Hertz-Panier. *Functional neuroimaging of speech perception in infants*［J］. Science，2002，298（5600）：2013－2015.

15. R Desjardins ，J F Werker. *Is the integration of heard and seen speech mandatory for infants*?［J］. Developmental Psychobiology，2004，45（4）：187－203.

第九章

情绪的发展

【本章导航】

本章主要总结分析了情绪的产生发展及其情绪理解、调节等情绪能力与依恋等情绪情感的发展变化。首先，对于生命历程中情绪反应与表达的发展进行了分析与总结，叙述了生命开始后的各个年龄阶段，快乐、愤怒、悲伤、恐惧、惊讶和厌恶等基本情绪的产生与社会化的过程，以及尴尬、害羞、自豪、内疚和嫉妒等自我意识情绪的形成与发展。其次，对于表情识别、情绪语言与情绪情境理解、混合情绪理解等情绪理解与情绪能力的发展进行了概括，并陈述了情绪调节、情绪表现规则的运用等情绪能力的发展及其在个体社会适应中的意义。最后对于依恋的类型、特征及其对于其他心理发展的影响进行了分析阐述。通过本章的学习，学习者应掌握情绪、情绪能力发展的基本规律及其对于个体适应的作用。

【学习目标】

1. 说出主要情绪出现的基本顺序。
2. 了解社会性微笑的意义。
3. 知道婴儿基本情绪发展的特点。
4. 了解婴儿在陌生人焦虑与分离焦虑方面的特点。
5. 把握幼儿情绪识别与理解发展的特点。
6. 把握幼儿自我意识情绪发展的特点。
7. 了解青春期学生情绪发展的特点。
8. 知道依恋形成的阶段与依恋的类型。
9. 理解依恋的内部工作模型。

【核心概念】

情绪发展　基本情绪　积极情绪　消极情绪　情绪能力　自我意识情绪　依恋

情绪是由客观刺激引起的个体的内心感受和行为反应。情绪反应是个体生存适应的重要方式，也是个体发展的动力源泉和个体社会互动的信息纽带。情绪发展是指各种基本情绪发生及其引发刺激的具体化过程，是情绪理解和情绪调节形成与提高的过程，也是一个自我意识情绪、复合情绪产生与复杂化的过程。情绪发展既受个体生物成熟水平的制约，也受到个体认知、言语和其他社会性发展的影响。同时，情绪的发展又保证和促进了个体其他方面的成长和进步。

第一节　情绪反应与表达

婴幼儿时期是情绪发展的主要时期，各种关联生存与适应的情绪反应与表达在这一时期已经基本形成。在生命历程的其他阶段各种情绪反应更加丰富与复杂化，情绪反应与表达也以更加协调与适应的方式出现。

一、情绪的发生：先天还是后天

关于情绪的发生，伊扎德（Izard，1991）等认为情绪系统是进化适应的结果，是先天预先设定的。情绪在生活早期就已经出现分化，并与内部心理状态联系起来。他甚至认为婴儿的面部表情在本质上与成人的面部表情是一致的，尽管也有一些例外。在基本情绪方面，无论积极情绪还是消极情绪，婴儿表现出与成人类似的面部表情，而且伴随面部表情的情绪感受在一生中是不变的，表情与情绪的感受状态具有内在一致性。

但大多数情绪心理学家认为，所有情绪基本都是在后天学习经验中逐渐分化与整合而来，这种分化和整合是逐步发生的，每个年龄阶段具有显著意义的情绪是不同的。如布里奇斯（Bridges，1932）认为，所有情绪都是从一种单一的状态，即出生时的一般性激动或兴奋状态逐渐分化而来：婴儿 1 个月时从一般性激动或兴奋状态分化出了痛苦和快乐，6 个月时从一般性痛苦中又分化出了恐惧、厌恶和愤怒，12 个月时从快乐中分化出了高兴和喜爱等。刘易斯（Lewis，1992，1993）认为成人的大部分情绪在生命的头三年已经出现和形成，尽管有些情绪可能后来才出现，或有些情绪后来变得更精巧化。他认为儿童天生具有两极的情绪反应——痛苦与愉悦，也可能有一个介于两者之间的状态，即兴趣。随着个体成长，婴儿出现了基本的自我感，有了区别自己反应与他人反应的简单知觉，随之，愉快、惊奇、悲伤、厌恶、愤怒、恐惧情绪开始出现。随着自我意识的产生，自我意识情绪开始出现，即逐渐显现出尴尬、移情和嫉妒等情绪。

二、情绪出现的顺序

在生命的头两年，各种情绪反应与表达逐步发生（如表 9－1 所示）。出生时婴儿会表现出满足、痛苦、厌恶与好奇等情绪。2—7 个月时，婴儿会表现出愤怒、快乐、恐惧、悲伤和惊讶等（Izard，1995）。12—24 个月时，婴幼儿开始出现自我意识情绪，例如尴尬、害羞、自豪、内疚和嫉妒等。

表 9－1 不同情绪出现的时间顺序①

时　间	情　绪	情绪类型	影响因素
出生	满足 痛苦 厌恶 好奇	基本情绪	生理性因素。
2—7 个月	愤怒 恐惧 快乐 悲伤 惊讶 兴趣		所有健康儿童都在大致相同的时间段出现这些情绪，在所有文化中的解释也是相似的。
12—24 个月	尴尬 羞愧 自豪 内疚 嫉妒	自我意识情绪	需要自我感知与认知能力来评判自己的行为是否违背了标准或规则。

三、基本情绪的发展

（一）快乐

快乐是对生理需要获得满足和有机体舒适感的反应。微笑是快乐的重要体现，是一种非常有影响的社会信号，即使在发送者没有交流意向的情况下也是如此。关于快乐发展的研究主要反映在婴儿微笑的研究上。新生儿最早出现的微笑被称为内源性微笑［如图 9－1（a）所示］，因为这种微笑是自然发生的和反射性的，依赖于婴儿的内在状态。这种早期的微笑，表现为嘴角变化和眯缝眼睛，在清醒和警觉状态下不会发生，只发生在婴儿的睡眠中。

婴儿的第一个清醒状态下微笑的发生与内源性微笑发生非常相似，它们由相同类型的中等强度刺激引发，只有简单的面部肌肉动作。到 1 个月左右，婴儿进入外源性微笑的阶段（LaFreniere，2000）。婴儿在觉醒状态下，广泛的外部刺激的反应会引起婴儿的微笑［如图 9－1（b）、（c）、（d）、（e）、（f）所示］。婴儿的觉醒状态下的微笑涉及多种肌肉活动，包括眯起眼睛、张开嘴巴。

许多刺激都会引起婴儿的微笑，包括不同的触觉刺激、婴儿感兴趣的视觉刺激，以及面孔和高频度的语音等社会刺激。婴儿的这些微笑逐渐不再依赖于机体状态，很少有刺激结束后潜伏期的存在。研究发现婴儿在 4 周时，小蛋糕成为高度有效的引发外源性微笑的刺激，5 周是点头、面具脸等视觉刺激（Wolff，1963）。研究还发现 2 个

① David R Shaffer，Katherine Kipp，发展心理学——儿童与青少年［M］．邹泓，等，译．8 版．北京：中国轻工业出版社，2009：408.

月大的婴儿对平静面孔产生微笑反应，说明微笑发展到了一个新的水平，即微笑不再是反射性的而是反应性的，这伴随着婴儿内源性微笑的下降和大脑皮层的成熟。

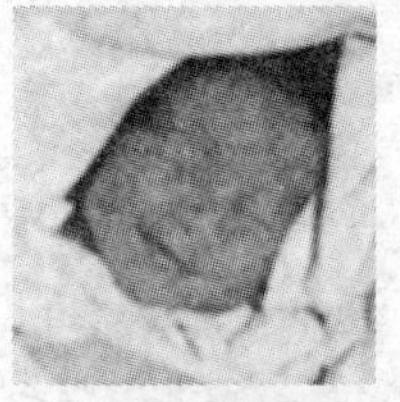

(a) 内源性微笑

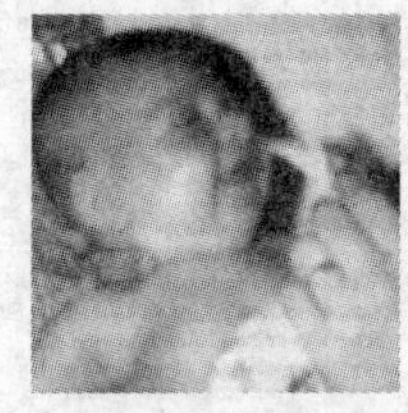

(b) 触觉刺激引发的微笑

(c) 视听刺激引起的微笑

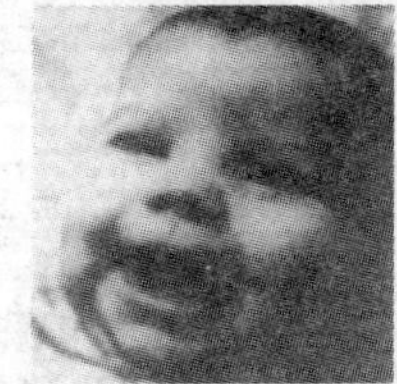

(d) 习得一个游戏动作引起的微笑

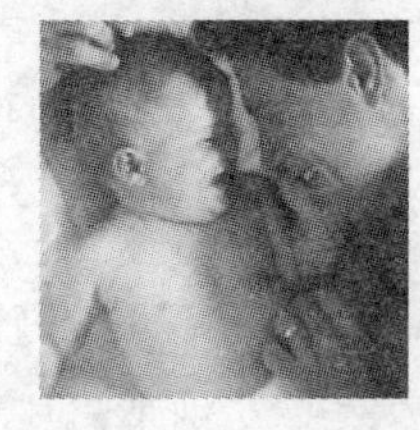

(e) 社会互动引起的微笑

(f) 出声笑

图 9-1　婴儿各种各样的微笑①

当婴儿微笑中出现认知因素时，真正的第一个社会性微笑就出现了。当婴儿日益参与到初步的社会互动中，事件的内容、意义比外部刺激的量更能成为引起情绪反应的可靠线索。6—8 周的婴儿，看到人的面孔会张开嘴巴、眯起眼睛，3 个月婴儿对于熟悉的面孔表现出偏好，4—5 个月婴儿对于养育者的声音和面孔产生反应性微笑。到这个阶段微笑不仅取决于刺激是否新奇，也受到刺激内容的影响。

2 个月婴儿的微笑容易由不同的社会刺激引起。3 个月左右的婴儿出现选择性的微笑，进而影响养育者的行为（Camras，Malatesta，Izard，1991）。婴儿对于母亲的微笑和声音比对不熟悉的成年女性同样的反应表现出更多的微笑。当婴儿进入依恋形成的阶段，微笑是迎候母亲到来的重要反应，促进了母婴之间的亲密与游戏行为。微笑最重要的社会功能是引发他人的趋近和积极的反应，这对于母婴依恋的发展具有本质的作用。微笑是婴儿一种重要的表达行为，与注视一样，调节着面对面（face-to-face）互动的强度，这对互惠性发展非常关键。

研究认为婴儿微笑发展经历三个阶段（孟昭兰，2005）：(1) 自发性的微笑（0—5 周），(2) 无选择的社会性微笑（5 周至 3 个月），(3) 有选择的社会性微笑（3 个月以后）。自发性微笑是内源性的微笑，是快乐情绪的一种生理原型。社会性微笑是外源性的微笑，是由社会刺激引起的。

出声笑在促进母婴互动中也起着重要作用，研究认为大约 4 个月时，婴儿就出现

---

① (a) 孟昭兰. 情绪心理学 [M]. 北京：北京大学出版社，2005：117.
(b)、(d)、(f) M W Sullivan，M Lewis，*Emotional expressions of young infants and children*：*A practitioner's primer* [J]. Infant and Young Children，2003，16 (2)：126.
(c) (e) R S Feldman，*Child development* [M]. Prence-Hall，Inc. 1998：190，192.

了出声的笑。用母亲做研究助手，斯瑞福（Sroufe，1996）等做了一项追踪研究，从婴儿 4 个月开始，一直到 12 个月，他们研究了通过触觉、听觉、视觉和社会刺激引发婴儿出声笑的次数。结果发现：婴儿 6 个月以后，出声笑的引发刺激由触觉刺激、听觉刺激向社会性的刺激和微小的视觉刺激转变（如图 9－2 所示）。①

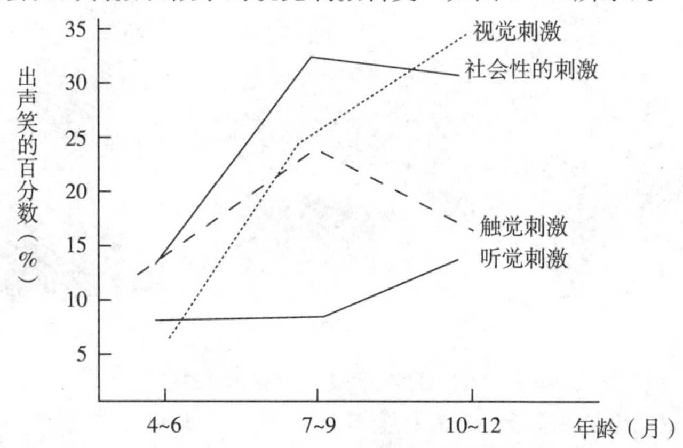

图 9－2　触、听、视和社会刺激引发婴儿出声笑的变化趋势

（二）兴趣与惊奇

在某种意义上，兴趣反应的原型是定向反射。人类新生儿具有定向反射，定向反射作用是多方面的。例如婴儿的面颊受到乳头的轻轻接触，婴儿就会反射性地把嘴巴转向刺激源。各种视觉和听觉刺激均能引起定向反射，这些定向反射加强和支持了婴儿对重要刺激的兴趣。但兴趣不同于定向反射，定向反射在没有外部感觉刺激的情况下不会发生，兴趣受到认知机制的调节，能够被单独的心理意象激活和维持。

兴趣与惊奇也是不同的，兴趣可以通过婴儿开始几周的面部表情和行为辨别出来，甚至在出生后一周的婴儿身上就可以观察到。相比之下，惊奇依赖于认知发展，当婴儿认知能力发展到能够形成期待后惊奇才可能出现。兴趣和惊奇的面部表情传递的信息是迅速和高度地被某个特定对象所吸引。达尔文描述惊奇的经典表情是眼睛睁大，嘴巴张大，眉毛上翘，凝视其他行为，其作用是提高对于新奇事件的知觉。依据伊扎德（Izard）的观点，兴趣的表情是眉毛轻轻上挑或向中聚拢，视觉追视，轻轻张开嘴巴或噘起嘴巴，这些面部运动方面单独或联合给出兴趣的信号。

婴儿五六个月时，兴趣和惊奇表情已经分化（如图 9－3 所示）。有研究认为婴儿兴趣的发展过程中，表现出三种不同的形式（Sullivan，Lewis，2003）：第一种是开放式兴趣或好奇式兴趣［如图 9－3（a）所示］，这种形式的兴趣是由环境中新异刺激引起的低紧张兴趣，在婴儿早期甚至出生一周就可以看到。第二种是锁眉式兴趣或兴奋式兴趣［如图 9－3（b）所示］，这种形式的兴趣出现在婴儿与成人面对面（face-to-face）互动中，婴儿对成人的面孔与声音，尤其是母亲的面孔与声音表现出来紧张度比较高的兴趣，会表现出一定的兴奋性。这种形式的兴趣在婴儿一两个月时表现得

① 沈德立，白学军. 实验儿童心理学［M］. 合肥：安徽教育出版社，2004：423.

比较明显，在 3—8 个月时有所下降，而 9 个月以后又有所增加。但 9 个月以后的兴奋性兴趣是婴儿在参与一些挑战性活动时表现出来的，反映出努力的注意和主动的信息加工。第三种是调节形式兴趣［如图 9－3（c）所示］，这种形式的兴趣出现得相对比较晚，在五六个月以后可能才会出现，是婴儿在社会互动中，由另外的突然出现的社会情境所引起的。这种形式的兴趣其突出特征是闭上嘴唇，面部动作有一定控制性。

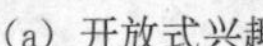

（a）开放式兴趣

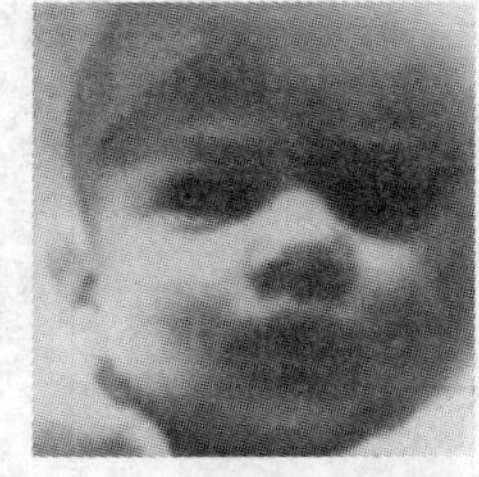

（b）锁眉式兴趣

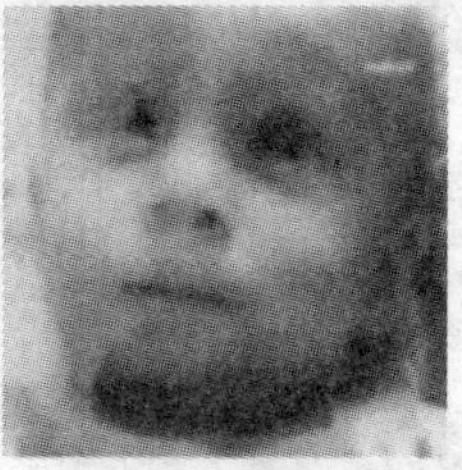

（c）调节形式的兴趣

图 9－3　婴儿兴趣发展过程中的三种表现形式①

有研究者也提出婴儿兴趣形成和发展经历了三个阶段：先天反射性反应阶段（0—3 个月），表现为婴儿感官被环境的视、听、运动刺激所吸引；相似性再认知觉阶段（4—9 个月），适宜的光、声刺激重复出现引起婴儿的兴趣，这时婴儿开始作出有意活动，使有趣的情境得以保持，产生对活动的快乐感；新异性探索阶段（9 个月以后），这时婴儿开始对新异性刺激感兴趣。

（三）愤怒

伊扎德等的（Izard，Hembree，Huebner，1987）一项纵向研究，对 2 个月、4 个月、6 个月和 18 个月的婴儿常规的百日咳、破伤风等免疫疫苗注射过程的反应进行了录像。从 2 个月到 6 个月的所有婴儿都作出生理痛苦的信号反应，包括痛苦的面部表情和强烈的哭叫声。这种反应是婴儿动员了所有生理能量哭叫以求得帮助。2—7 个月的婴儿中，90％的婴儿在痛苦表情之后，表现出明确的、全部面部表情的愤怒。愤怒表情是短暂的，是次于痛苦表情的。19 个月时，这些婴儿对于第四次接种疫苗也是最后一次接种疫苗表现出了痛苦，相对于这些婴儿早期的反应，大一点的婴儿表现出了短暂的生理痛苦，但 100％的都表现出愤怒表情。

伊扎德认为，较小的婴儿由于不能够抵抗这些刺激，所以把所有能量都转换为一种痛苦的表达，竭尽全力哭叫而求助。随着婴儿的成熟，他们的表情行为发生了变化，所有强烈的生理痛苦表情退让给愤怒的表情。在面临不可预期的疼痛刺激时，愤怒表达更具有适应性，因为愤怒能够动员所有能量用来保护和防御。婴儿最终不仅习得如何调节和抑制愤怒，而且习得在情境要求时如何在自我防御的工具性行动中控制愤怒动员的能量。

婴儿的愤怒表情有时候往往混合着痛苦的成分，但婴儿的愤怒表情、痛苦表情也是明显分化的（如图 9－4 所示）。

① M W Sullivan，M Lewis. *Emotional expressions of young infants and children*：*A practitioner's primer*［J］. Infant and Young Children，2003，16（2）：123－124.

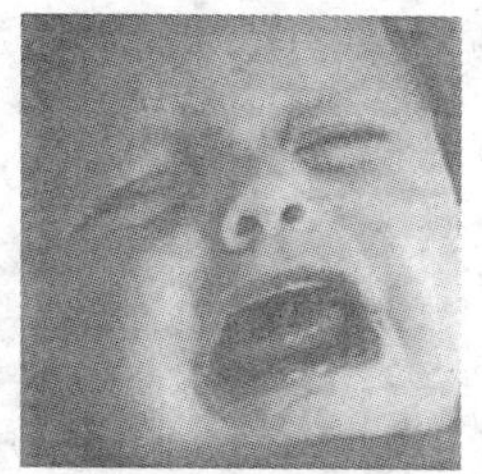
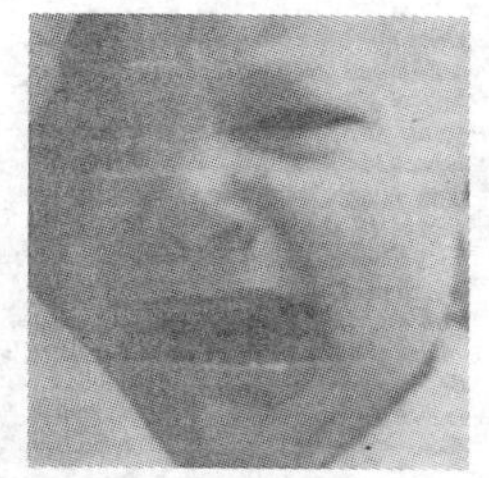

(a)、(b) 痛苦的表情

(c) 伴有痛苦的愤怒表情

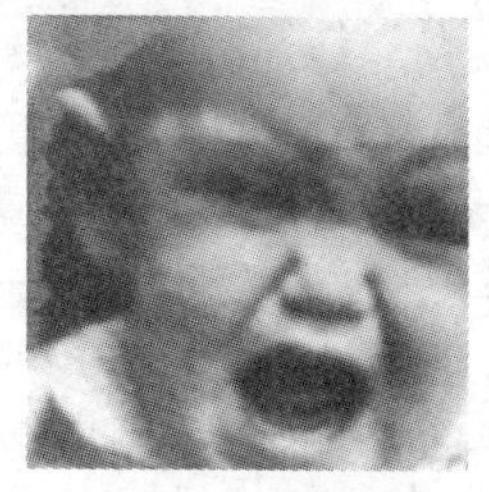

(d) 典型的愤怒表情

图 9－4　婴儿痛苦表情与愤怒表情的发展变化①

依据斯瑞福（Sullivan）的情绪发展理论，愤怒在婴儿期的发展经历了三个阶段。在愤怒发展的最初阶段，是意向行为受阻而产生的即刻的负性反应。在生命的第一天，限制婴儿的头部运动就可以观察到。但斯瑞福认为这是愤怒的生理原型，不是愤怒本身。在接下来的新生儿期，预兆性的愤怒出现不再是纯生理性的，而是合并生理成分与相关的具体事件的意义评价。第三阶段，6 个月左右，婴儿对于阻止目标实现的事件的意义能够进行具体评价，从而产生了成熟的真正意义上的愤怒。

（四）悲伤与抑郁

对于婴儿悲伤研究最广泛的是婴儿对于与母亲分离和对于母亲没有应答作出的反应，这也是儿童生命中首先诱发悲伤的因素，发生在接近 3 个月时（Lewis，1993）。这个阶段婴儿的反应与养育者的表情相协调，二者的表情对于调节他们之间的互动起着主要作用。没有研究支持婴儿悲伤的发生与怎样的具体刺激或情境关联，但研究发现悲伤在许多情况下与愤怒情绪混合在一起［如图 9－5（c）所示］。

一项研究观察了婴儿在与母亲面对面交流中，母亲没有表情时婴儿如何反应。一种是抑郁条件，母亲看着婴儿，但以单调的语调说话，没有表情，保持面部是中性的，极少活动，避免接触婴儿；另一种是常态条件，母亲表现出自然的表情。对两种条件下婴儿的反应进行了录像，共 3 分钟时间，运用分析系统对于婴儿的行为和情绪状态的改变进行编码分析。结果表明，对于没有表情的母亲，婴儿的反应越来越被扰乱，越来越痛苦；在正常条件下，婴儿通过游戏和积极的表情愉快地与母亲进行交流，并保持与母亲的眼神接触。

---

① (a)、(b)、(c) M W Sullivan，M Lewis. *Emotional expressions of young infants and children*：*A practitioner's primer* [J]. Infant and Young Children，2003，16 (2)：130，135.

(d) R S Feldman. *Child Development* [M]. Prence-Hall，Inc. 1998：190.

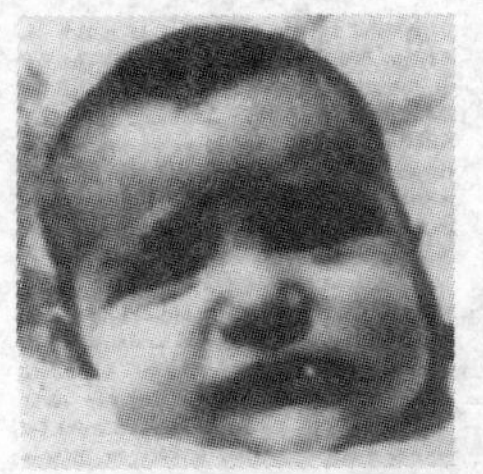
(a) 低唤醒悲伤表情

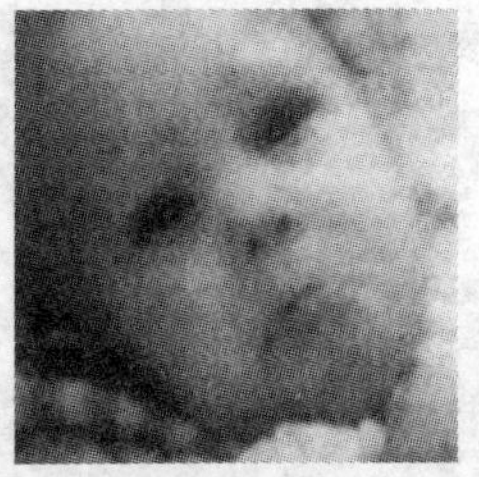
(b) 高唤醒悲伤表情

(c) 伴有愤怒的悲伤

图 9－5　婴儿悲伤表情的发展变化①

运用静止面孔(still-face)的范式，对婴儿及其抑郁的母亲进行研究发现(Field，1984)，抑郁母亲的婴儿已经习惯于抑郁母亲的交流方式，在静止面孔条件下没有兴奋表现，而非抑郁母亲的婴儿在同样的条件下反应是兴奋的。在实验室对抑郁母亲与她们的婴儿的互动进行录像，发现抑郁母亲对婴儿的接触、讲话和注视的时间非常少，积极的情感反应少而消极的情感反应多。相应的抑郁母亲的婴儿讲话少、活动水平低、有更多的消极情感反应。他们也表现出更多的注视厌恶和反抗行为，表现出更多的厌倦。

对 9 个月婴儿和他们的母亲做的一项研究发现，在面对面的互动中诱发母亲的悲伤表情，增加了婴儿悲伤和愤怒表情，降低了婴儿的探索和游戏水平。研究表明，9—18 个月的婴儿对于短暂分离不仅有悲伤的情绪反应，而且还有恐惧、焦虑和愤怒等情绪及混合情绪。

生态学家认为，婴儿悲伤反应在信号价值和对婴儿内在状态的调节方面具有重要的作用。悲伤的面部、声音和其他非语言的表达引起他人的照护。婴儿对于分离的反抗和哭叫一般会使养育者回到婴儿身边，进行安慰和注意。如果反抗没有成功使得养育者返回，抑郁活动和退缩会起到适应性的作用。

(五) 厌恶

达尔文曾描述了厌恶表情，他认为厌恶是由实际知觉的或想象为反感的事情所引起的感觉，最主要是由味觉引起的，其次是由嗅觉、触觉和视觉引起的。达尔文认为厌恶情绪是进化的反应，是很早就出现的普遍表情，它的功能是拒绝被污染了的食物。他描述了一个 6 个月的孩子吃一个樱桃时出现的厌恶表情：嘴唇和嘴巴改变形状使得食物很快掉出来，伸出舌头，这些动作还伴随着颤抖，眼睛和额头有惊奇的表情，样子有些滑稽。

在许多情况下厌恶被认为是一种从原始的退避机制进化而来的最早的情绪。这些反应的发生涉及味觉和嗅觉的参与。厌恶反应也可以通过给新生儿舌头上放少许苦的物质而引起，那些由于先天缺陷或疾病导致的没有机能皮层半球的婴儿也会对苦味产生厌恶反应。脑干调节的厌恶表情伴随着情感状态，驱动表达行为，导致对苦药的拒绝。近期的研究也表明，丁酸气味能够引起新生儿类似厌恶的表情(Soussignan，2005)。

---

① M W Sullivan，M Lewis. *Emotional expressions of young infants and children*：*A practitioner's primer* [J]. Infant and Young Children，2003，16 (2)：135－136.

有关婴儿厌恶情绪的研究，主要集中在有味觉和嗅觉刺激引起的厌恶反应（如图9－6所示），这种厌恶的情绪反应是具有生理意义的刺激引起的。但厌恶情绪会由更广泛的刺激如视觉、听觉刺激引起，而且社会性刺激引起厌恶的情绪反应也会随着婴儿的成长逐渐发展。

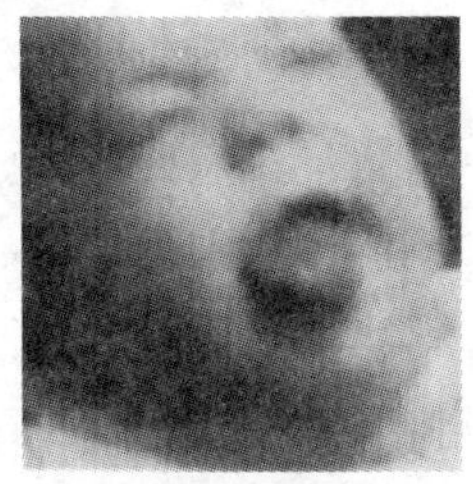

（a）味觉刺激引起的厌恶表情

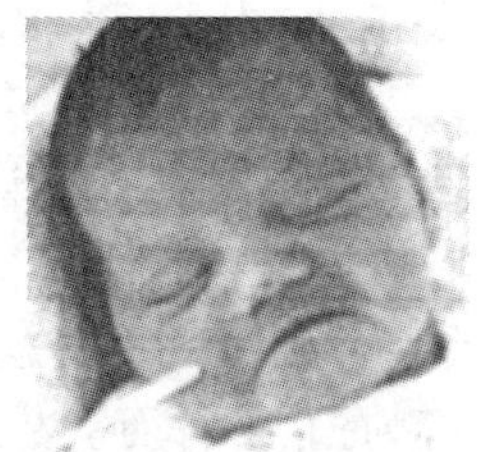

（b）丁酸气味引起的新生儿厌恶表情

图9－6　婴儿因味觉、嗅觉而引起的厌恶表情①

（六）恐惧

华生（J B Watson，1878—1958）曾提出婴儿一出生就具有恐惧反应，即大的声音和身体突然失去支撑两种无条件刺激都能引起婴儿恐惧反应。但后来的一项研究观察了出生后一两个月婴儿的行为，结论一致认为婴儿出生时没有恐惧反应出现。婴儿会因为各种不同原因而痛苦，对于疼痛、不适、饥饿和其他不愉快的体验作出哭叫反应。研究也提出，婴儿恐惧的出现是在六七个月以后，因为恐惧感的形成需要婴儿具有一定评价情境与事件危险性的认知能力，需要独立移动和行为抑制的能力，在六七个月后，婴儿就初步具备了这些方面的能力［如图9－7（b）所示］。但混合惊奇表情的恐惧表情在两三个月就可以观察得到［如图9－7（a）所示］。

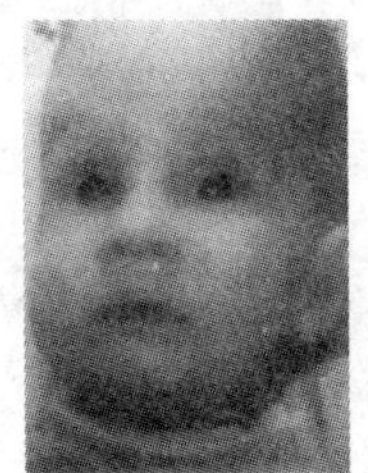

（a）2个月时由突然出现的幻灯片和音乐引起的惊恐表情

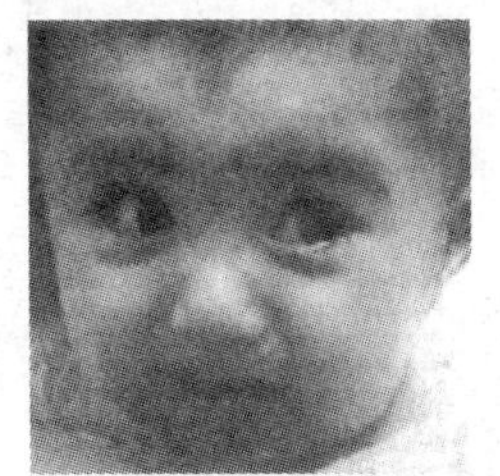

（b）6个月时注射疫苗的护士返回引起的恐惧表情

图9－7　婴儿的恐惧表情②

① （a）M W Sullivan，M Lewis. *Emotional expressions of young infants and children：A practitioner's primer* [J]. Infant and Young Children，2003，16（2）：133.

（b）R Soussignan，B Schaal. *Emotional process in human newborns：A functionalist perspective.* [M] //J Nadel，D Muir (Eds.). Emotional development，New York：Cambridge University Press，130.

② M W Sullivan，M Lewis. *Emotional expressions of young infants and children：A practitioner's primer* [J]. Infant and Young Children，2003，16（2）：138.

对于婴儿的恐惧情绪什么时候出现，由什么刺激引起，还存在不同的理解。鲍尔贝（Bowlby，1969）曾认为婴儿的恐惧是由生物学和经验的结合而引起的，婴儿更可能对能够提供危险线索的情境和事件作出恐惧反应，并认为疼痛、单独放置、刺激的突然改变和快速接近都可能引起恐惧。目前，对于婴儿恐惧的研究主要集中在深度恐惧、碰撞恐惧、陌生人焦虑和分离焦虑等方面。

1. 深度恐惧

婴儿的深度恐惧最初是通过视崖（visual cliff）实验进行研究的。实验证明：婴儿5个月时开始知觉到和注意深崖，9个月时对深崖有了恐惧反应。5个月婴儿待在深崖的一边注意深崖，心率下降，没有表现负性情绪的信号。心率下降是对新信息的定向和注意，是兴趣的信号。而从9个月开始，婴儿对深崖表现出急剧的心率上升，有的婴儿拒绝爬过深崖一边，有的开始哭叫，这是恐惧反应的表现。

研究认为爬行经验是深度恐惧出现的重要影响因素，因为深度恐惧出现在爬行开始后相对固定的时间，而不是固定的年龄段。多数婴儿在7—11个月间的不同时期学会爬行，他们的视崖恐惧出现的时间也因此不同，但多数视崖恐惧出现在婴儿学会爬行3周之后。

2. 碰撞恐惧

碰撞恐惧是另一个具有生物学基础的恐惧。运用一定特制的仪器给婴儿施加单纯的视觉冲撞刺激，一系列小点在视觉上好像刷向婴儿，新生儿一致地出现了眨眼反射，八九个月的婴儿出现了预期的防御反应、心率加速和其他的恐惧信号。

3. 陌生人焦虑

4—5个月的婴儿已经有了陌生人焦虑的预兆，这个时期的婴儿对于陌生面孔表现出了痛苦的反应。在这个阶段当陌生人盯着婴儿看时，婴儿会盯着陌生人看，大约30秒左右婴儿就开始哭泣。

几个月后，婴儿对于陌生人作出负面的和直接的反应，尤其是当陌生人突然接近婴儿或抱起婴儿的时候。这种负面反应在7—12个月的婴儿身上最容易引起，这就是陌生人痛苦或陌生人焦虑。陌生人焦虑受到陌生人接近的性质与情境影响，如果陌生人是微笑的、轻声说话、拿着玩具，慢慢接近婴儿，而且养育者是在旁边可触及的，婴儿通常表现出兴趣和愉快，很少表现出痛苦。对于陌生人突然闯入而引起痛苦的程度在婴儿与婴儿之间有很大的不同，这可能与婴儿的气质类型有关。

研究表明在不同文化中，如乌干达和美国，陌生人焦虑的出现有一个普遍的精确时间表。双生子的研究也同样支持了陌生人焦虑的发生学基础，同卵双生子陌生人焦虑出现的时间比异卵双生子出现的时间更接近。

4. 分离焦虑

像陌生人焦虑一样，婴儿分离焦虑出现在半岁前，也是遵循着一个发展的时间表。8—10个月的婴儿与养育者之间的互动变得越来越主动，动作能力增强，活动范围增大。随着这些能力的增强，婴儿探索外界事件的渴望也增大，但需要以养育者为安全源，这个时候分离焦虑开始逐渐达到高峰。婴儿关心养育者与他保持联结，以便安全离开或返回到其身边，如果养育者决定离开婴儿，婴儿的这种关心就变成了实际的痛苦。

研究表明，不同文化下养育婴儿的方式影响了分离焦虑（如图 9－8 所示）。凯根（Kagan，1980）对南非的纳米比亚和博茨瓦纳人、安提瓜岛上的危地马拉人、以色列的基布兹人和危地马拉的印第安人的婴儿与母亲分离的反应模式进行了研究。研究发现：尽管不同文化背景下婴儿的分离焦虑模式相似，在接近 1 岁时达到高峰，但高峰持续的时间不同，而且分离焦虑反应的强度存在文化上的差异。

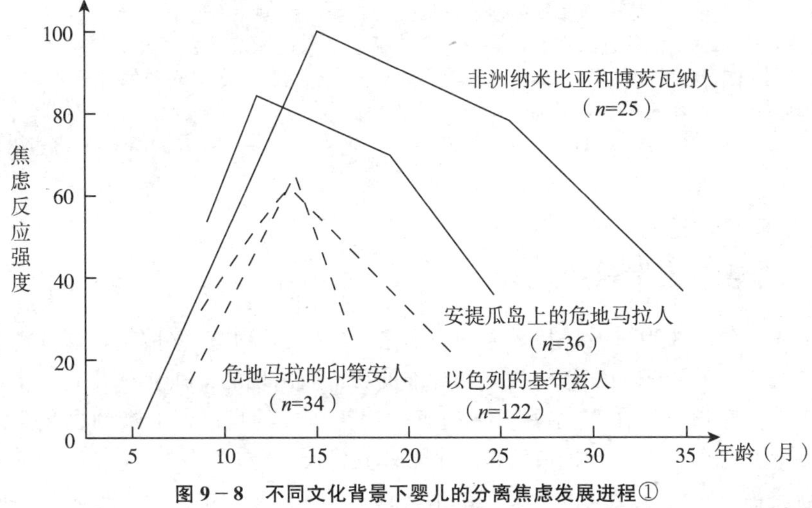

图 9－8 不同文化背景下婴儿的分离焦虑发展进程①

尽管分离焦虑开始的时间非常确定，但这种行为什么时候结束却不清楚。例如，学步期的幼儿和学前儿童进入托儿所开始的一两周，表现出非常强的分离焦虑是非常普遍的。他们的痛苦可能是分离焦虑和陌生人焦虑的混合产物。后来，儿童逐渐接受了新的环境，尽管父母离开时仍表现出较大的痛苦，但他们很快就安静下来，参与到周围许多有趣的活动中去。

学以致用 9－1

减轻婴儿陌生人焦虑的措施

（1）熟人在身边。如果没有母亲或其他亲密陪伴者在身旁，婴儿对陌生人的反应会相当消极。例如医生与护士如果能不让儿童与父母分离，他们的小病人的反应会更积极。

（2）儿童的陪伴者要对陌生人作出友善的反应。如果婴儿的养育者友好地与陌生人打招呼，或者用积极的语调向婴儿介绍陌生人，婴儿的陌生人焦虑会减少。医护工作者在接触儿童之前先同其父母友好地交流一下会有很好的效果。

（3）让环境更加“熟悉”。在熟悉的环境下陌生人焦虑发生的概率较小，例如 10 个月的婴儿在家里很少对陌生人感到焦虑，但在不熟悉的实验室环境下大都会对陌生人有消极的反应。诊疗室可以布置得类似儿童的房间，比如在墙上贴上卡通画，在角落里放上个玩具车，或者给婴儿一两个毛绒玩具玩。

① 沈德立，白学军．实验儿童心理学［M］．合肥：安徽教育出版社，2004：429.

(4) 做一个更敏感、更和善的陌生人。陌生人最好是先离婴儿远一点，然后说着话，微笑着拿着熟悉的玩具或做着熟悉的动作慢慢接近儿童。要是陌生人能像一个敏感的养育者那样理解婴儿发出的一些信号效果会更好。婴儿会喜欢那些能听自己话的陌生人，那些一下子就要靠近和控制婴儿的粗鲁陌生人（比如，在婴儿适应之前就想去抱他）会遭到反抗。

(5) 不要让婴儿觉得你很生疏。陌生人的外表在一定程度上也会影响婴儿的陌生人焦虑。如果陌生的面容很难被他已有的图式所同化，婴儿就会感到害怕。所以，一个穿着白大褂、脖子上挂着奇怪的听诊器的医生会让婴儿感到十分恐惧。虽然作为一个儿科医生，很难改变许多会让儿童害怕的生理特征，但还是可以脱去白大褂，收起那些奇怪的仪器，打扮得“正常”一点儿，会让你的小病人认出你是属于人类的。

通过以上内容的阅读，能给你带来什么启示？

［资料来源］ Shaffer，Kopp. 发展心理学［M］. 邹泓，等，译. 北京：中国轻工业出版社，2009：407.

四、自我意识情绪的发展

自我意识情绪主要涉及尴尬、羞愧、自豪、内疚、嫉妒、移情等，这些情绪一般被认为是随着自我意识的发展、规则和标准的获得而出现的。在从婴儿向学步儿童过渡的时期，大多数婴儿在22个月开始能够认出镜子中的自己，清晰的自我意识开始形成。在此基础上，自我意识情绪也逐渐形成并发展起来。

尴尬是最简单的自我意识情绪，在儿童能够再认自己的镜像时开始出现。研究发现，要求在陌生人面前表演节目和受到过度表扬引起尴尬的婴儿，都能够自我再认（Lewis et al.，1989）。

而羞愧、自豪、内疚等自我意识情绪则需要儿童在再认自己镜像的同时，掌握一定的行为准则与标准，并依据行为标准进行自我评价时才能够发生（Lewis，1993）。儿童到了3岁，能够更好地评判自己表现的优劣时，在成功完成一项困难任务后会表现出自豪，如微笑、鼓掌，或者叫着说“这是我做的”。这时的儿童也会在没有能够成功完成一项简单的任务时产生羞愧，如耷拉着头向下看，或者说“这个我不擅长”。

羞愧是内疚情绪的前奏，羞愧感只要求简单的好坏感，这种好坏感是对成人责备或表扬的反应。而自豪和内疚要求儿童有更加分化的自我感，评价标准越来越内化，能够理解是实现还是违背了内在标准。这个时候内疚和自豪得到了很大的发展，5岁儿童基于任务完成的好坏已经表现出了充分的自豪和内疚。

研究者观察到了18—42个月儿童在实验者操纵成败的任务中的面部表情和姿势表情反应。与成功相联系的表情行为包括微笑、抬头和下巴突出，挺直身体，失败时则出现相反的行为，如皱眉、凝视、厌恶、脑袋下垂、身体向前等（LaFreniere，2000）。成功引发学前儿童开放的姿态，失败则引起儿童封闭的姿态。

一系列横向研究（Stipek，1995）报告了儿童自豪和羞愧的发展变化。如在成败任务实验中，任务失败时，10%的2岁儿童表现出皱眉反应，4岁儿童则50%表现出皱眉。任务成功时，2岁儿童中25%表现出微笑等积极情绪反应，4岁儿童80%表现出微笑等积极情绪反应。对儿童完成任务的成败或输赢后的表情行为的观察表明，成功后的行为要么反映了自豪，要么反映了掌控的快乐；失败后的不同行为反映了羞愧、挫折或愤怒。

内疚是指对违背了个人内在标准而产生的情绪反应，其产生与道德标准的内化密切相关。学前儿童能够不违背父母的禁令，当违背了禁令会通过认错而修复与父母的关系，以降低内疚感，甚至非常小的学前儿童在对同伴实施攻击行为后也出现修补行为。实验证明：在糟糕事情发生后，学前儿童对于养育者表现出普遍的修补行为。在实验中，研究者安排用锤子砸到母亲的手指或打碎非常贵重的物品，然后对学前儿童的反应进行录像，并编码处理。结果发现儿童的表情有快乐、愤怒、悲伤、紧张或担心，但同时表现出了修补行为。

移情是一种社会性情绪，成熟形式移情的出现意味着儿童习得了区别自我和他人，能够认知他人的情绪状态。霍夫曼（Hoffman，1984）对儿童移情发展作了比较深入的研究，认为在新生儿身上基于动作模仿的移情唤醒是遗传而来的一种反应，在此基础上霍夫曼提出移情发展阶段理论，把儿童移情的发展分为三个阶段。霍夫曼观察到新生儿对其他婴儿哭泣作出哭泣反应，女孩比男孩更明显。霍夫曼认为这种受负性情绪感染的特征是移情的前奏。最初对于痛苦的移情反应形式是通过一般唤醒模式体验的，是不自觉和普遍的，说是移情的前奏是因为还不能够真正证明这种情绪反应是一种对痛苦的移情性感受。因此，霍夫曼认为新生儿的情绪感染是移情发展的第一阶段。

在第二阶段，学步期儿童自我意识的发展使得他们能够区别自己和他人。这一时期的儿童会对其他儿童的痛苦以有目的的帮助行为作出反应，但是自我中心的，他会以自己喜欢的玩具安慰其他儿童。学步期儿童明显能够区分自己的痛苦和别人的痛苦，但没有表现出与学前儿童一样的观点采择能力。例如，一个 21 个月的男孩会通过给妈妈芭比娃娃或拥抱妈妈来安慰悲伤中的妈妈，但婴儿原始的与母亲的亲密关系是对母亲情绪作出反应的重要线索，而不是对母亲悲伤的真正移情反应。

第三个阶段是学前早期，儿童发展了观点采择的能力，变得越来越能意识到他人的感受与自己的不同，他人的情绪感受是基于他人的需要，他人的需要与自己不同。这一时期才开始形成真正的移情。

对移情的实证研究在一定程度上支持了霍夫曼的移情发展阶段理论。在两项纵向研究中，研究者要求母亲记录婴幼儿对自然发生的和诱发的悲伤的反应（Radke-Yarrow，Zahn-Waxler，1984；Zahn-Waxler，Radke-Yarrow，1992）。结果表明，1 岁婴儿大多数能以身体接触来安慰痛苦中的他人，不管痛苦的原因是什么，这种行为实际上不仅安慰了痛苦者，也安慰了自己。从婴儿 2 岁起，这些早期的帮助行为变得越来越分化，包括帮助、分担、同情、安慰痛苦中的人。研究者观察到儿童的亲社会行为在 18—24 个月时期有大幅度的增长，移情关注和对于痛苦原因的解释也大幅度增长。

在理解儿童移情发展时，区分替代性的个人痛苦和移情非常重要。艾森伯格（Eisenberg）及其同事从心理生理反应、面部表情、声调表情方面区分了个人痛苦和移情关注的不同。个人痛苦与恐惧具有一些共同的特征，如心率加速；而移情关注与心率下降相联系，儿童对于他人不幸以痛苦反应还是移情关注对于儿童是否实际帮助痛苦中的个体具有重要的决定作用。

五、情绪反应与表达的后期发展

在生命的最初几年，大多数情绪都发生了。到了童年期，儿童情绪发展的最大变化是引发情绪的事件与情境反应之间的多样化与复杂化。如，焦虑和恐惧的原因由无法解释或直接处理的威胁（真实或想象的）变成重要的现实生活事件。儿童社会认知能力的变化也影响了可能引起他们情绪反应的事件与环境。随着儿童将更多的规则、道德准则和行为标准内化，并增加了对自己和他人行为的监控和评价，他们逐渐获得了更多体验这些复杂情绪的能力，如自豪、羞愧和移情等。

情绪反应与表达发展历程中的另一个值得关注的时期是青春期，青春期青少年变得越来越喜怒无常，消极情绪急剧增加。从青少年早期到中期，日常情绪体验从某种程度上讲变得越来越消极，积极成分也越来越少（尽管日常情绪体验总体上是积极的），特别是一些青少年体验到孤独和低自尊，或者表现出轻微的行为障碍(Schneiders et al.，2006)。这种心境低落的趋势持续到青少年中期（Larson & Lampman-Petraitis，1989；Larson et al.，2002，如图 9－9 所示），从成年早期开始，人又逐渐变得更为积极。虽然绝大多数青少年都能够很好地管理和调节这些情绪上的变化，但是青少年早期的较为严重和亚临床的抑郁仍然有所增加。研究表明，有15%—20%的青少年遭遇这种情况（Hankin et al.，1998)，而被诊断为抑郁症的女孩数量要多于男孩。

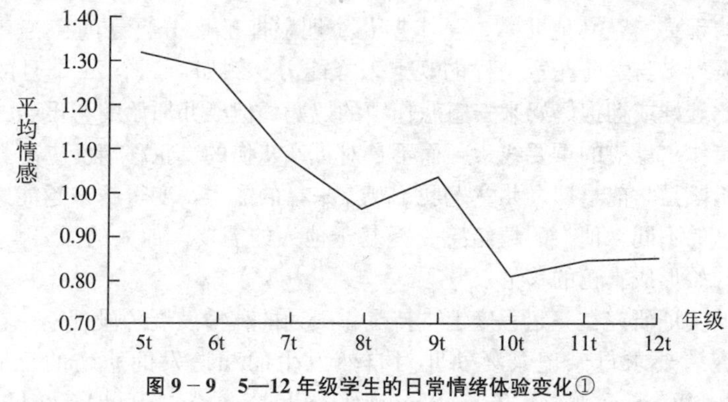

图 9－9　5—12 年级学生的日常情绪体验变化①

为什么处于青春期的青少年会突然体验到这么多消极情绪呢？性成熟的心理和激素变化可以部分解释郁闷和烦恼增加的原因（Buchanan，Eccles & Becker，1992)。许多研究者认为，与父母、老师和同伴的矛盾激增是青少年早期积极情绪体验减少的主要原因。父母与孩子之间在个人责任和自我管理方面的冲突在青少年早期到中期达到顶峰，随后几年逐渐减少（Laursen，Coy & Collins，1998)。因此，随着家庭矛盾

① David R Shaffer，Katherine Kipp. 发展心理学——儿童与青少年［M]. 邹泓，等，译. 8 版. 北京：中国轻工业出版社，2009：391.

的减少，青少年情绪低落的趋势也停止了。拉森（Larson，2002）及其同事在一项研究中发现，生活压力可以很好地预测青少年的情感体验，在每个年龄段中，体验到较多生活压力的青少年报告了更多消极的日常情绪体验。

生活压力是青少年体验到消极情感的主要原因之一，也部分解释了女孩比男孩更容易抑郁的原因。在一项日记研究中，和男孩相比，13—15 岁的女孩不仅报告说她们与家庭成员、同龄人之间的压力体验得更多，而且对这些压力源的反应也更消极，特别是在处理和同伴的争执上（Hankin et al.，2007）。从学前早期开始，女孩就开始在意与玩伴或其他同龄人维持和睦的关系，这使得她们在与朋友和其他同龄人发生争执后会变得更为困扰，也就导致她们更容易产生抑郁情绪。

青春期以后，青少年的情绪体验更加丰富与深刻，情绪感受更加复杂化，以至于成人的世界里，各种情绪体验与内心感受成为生命不可或缺的构成部分。

第二节　情绪理解与调节

一、情绪识别与理解

（一）表情知觉

随着视觉能力的发展，3 个月的婴儿开始能够识别妈妈的照片，注视妈妈照片的时间明显比注视陌生人照片的时间长，如果给婴儿呈现长胡子妈妈的照片，他们会显得很痛苦。婴儿 3 个月后，逐渐能够记住和区别不同陌生人的面孔，对更有吸引力的面孔表现出偏好。婴儿很早就对面孔具有偏好，能够区分不同的面孔，这对面对面交流和社会情感的发展具有重要的意义。

婴儿在社会互动中对人的面孔感知经验逐渐增多，逐渐能够辨别面部表情。3 个月的婴儿就能够区分不同的面部表情（Nelson，De Haan，1997）。在这个年龄阶段，婴儿能够区分愉快面部表情和惊奇面部表情、悲伤面部表情和惊奇面部表情的不同，能够区分出微笑和不愉快，区分出不同强度的微笑面孔。4 个月的婴儿能够区分愉快面孔、愤怒面孔与中性面孔。5 个月的婴儿开始能够根据声调和面部表情辨别悲伤、恐惧和愤怒情绪。

6 个月以后，婴儿能够把表情知觉为一个有组织的整体。他们能够知觉不同情绪的温和表情和强烈表情，能够对愉快、惊奇面部表情和悲伤、恐惧面部表情作出不同的反应，甚至这些情绪是不同的人以轻微的不同变化方式表达的。这个时期的婴儿也开始以面部表情作为重要指标，对情绪性的不确定情境和事件作出反应（LaFreniere，2000）。例如 10 个月左右的婴儿，会观察母亲的面部表情，以母亲的面部表情为依据对陌生人（对婴儿来说是陌生人）作出情绪上的反应；如果母亲对陌生人是高兴与愉快的表情，婴儿会表现出愉悦；如果母亲的表情是恐惧的，婴儿的情绪反应也会是恐惧的。

社会推断的产生也是婴儿能够明确进行面部表情识别的有力证据。10 周的婴儿开始以有意义的方式对于母亲的面部表情作出反应，而 10 个月左右的婴儿就能够依据情绪线索决定如何对广泛的他们没有经验过的事件作出反应。10 个月大的婴儿，如果母亲对陌生人表现出积极的行为，他们就能很容易克服由于陌生人到来引起的警觉注意。

同样，母亲的面部表情调节着婴儿对一些有兴趣但又有害怕感的对象的应对行为。凯勒奈特（Klinnert，1984）曾把12—18个月的婴幼儿放在有三种不熟悉的玩具的情境中，即人的头具模型、恐龙模型和遥控蜘蛛，让婴儿的母亲站在一边，分别作出高兴、恐惧和中性的表情，婴儿分别以母亲的表情指导他们的行为。如果母亲的表情是恐惧的，婴儿则退向母亲；如果母亲的表情是高兴的，婴儿则接近玩具。另外，在修订了的视崖实验中，所有1岁婴儿当母亲作出恐惧表情时避开了深崖一边；而当母亲作出愉快的表情时，74%的婴儿则爬过视崖。

凯勒奈特提出婴儿表情知觉经过四个发展阶段：（1）无面部表情知觉（0—2个月），婴儿对成人的表情不能辨别，婴儿自发的表情与养育者的表情没有联系；（2）不具备情绪理解的表情知觉（2—5个月），婴儿能够知觉成人的面部表情，对养育者的面部表情作出情绪反应；（3）对表情意义的情绪反应（5—7个月），这个时期的婴儿能够对成人不同的面部表情作出不同的反应，而且能够把表情识别与情境联系起来；（4）在因果关系参照中运用表情信号（7个月以后），这个时期的婴儿能够辨别成人的不同表情，并根据他人表情线索指导和调节自己的行为。

（二）情绪识别与标签

学步期儿童和学前儿童辨别表情的能力越来越完善。研究发现，如果要求儿童把不同的情绪图片进行匹配或与相关的情绪情境匹配，学前儿童能够区分愉快、愤怒、悲伤、恐惧等面部表情。有些情绪对学前儿童来说更容易识别和标签，如研究表明学前儿童识别自发和作出的高兴表情、悲伤表情、愤怒表情要比识别恐惧表情、惊奇表情、厌恶表情好（Felleman，Barden，1983；Harrigan，1984；王振宏，田博，等，2010）。同样当要求模仿不同的面部表情时，学前儿童模仿高兴面部表情比模仿恐惧、愤怒表情要好。研究还发现，2—6岁幼儿对于高兴、悲伤、愤怒面部表情的标签成绩要比恐惧、惊奇、厌恶面部表情的标签成绩高，各种面部表情的标签能力随着年龄的增加而逐步提高（Widen，Russell，2003，2004；王振宏，田博，等，2010）。表情识别的成绩高于表情标签的成绩，不论表情识别还是表情标签，3—5岁时期是一个快速发展时期，5岁以后提高的水平变缓（王振宏，田博，等，2010）。

一些研究也探讨了儿童不同感觉通道情绪解码的精确性，要求儿童依据面部或声音信息确定和标签不同的基本情绪，结果表明，提供的情绪信息越多，儿童识别情绪越好。随着年龄的增加，儿童通过声调和语言识别情绪的精确性提高。与面部表情识别不同，儿童通过声调语言识别愤怒的情绪比其他情绪要好，而从声调识别悲伤则非常困难。在这些方面，儿童与成人表现出相同的模式（Schere，1989）。

除了识别和标签基本情绪的进步，学前儿童对情绪体验的理解也增强。这个时期的儿童对自己情绪感受的语言评价的数量和复杂性增加，他们解释自己情绪感受的能力、劝说他人安慰和注意自己感受的能力急剧提高。研究表明，3—5岁是幼儿情绪理解快速发展的时期（陈英和，等，2005）。由于语言的发展，学前儿童能够与他人共享对外界事物的情绪体验，包括亲昵、爱、孤独、恐惧等。学前儿童能够通过听故事确定在熟悉的情境中所感受到的情绪，也能够提出哪些情境会使人感到快乐、悲伤、惊奇、恐惧或愤怒。

学步期和学前初期的儿童，开始学习谈论他们的情绪。一些研究探讨了儿童接受式和产生式情绪词汇，研究了母亲和儿童一起观看表情图片时儿童语言的情绪内容以及自然背景下儿童谈论情绪的语言。研究发现（Bretherton，Fritz，Zahn-Waxler，1986），大多数儿童 18 个月时开始使用情绪词，从 18 个月到 36 个月，儿童先后习得：(1) 标签自己和他人的情绪；(2) 推断现在和未来的情绪；(3) 讨论情绪的前提和结果。在一项对 2 岁 6 个月到 6 岁儿童的横向研究中（Ridgeway，Waters，Kuczaj，1985）发现：理解先于运用，即接受先于产生，如大多数 18 个月儿童能够理解愉快和悲伤，但能够说出愉快一词的只有 50%，能够说出悲伤一词的只有 7%。

大多数学前儿童喜欢的活动，为儿童的情绪理解发展提供了重要的背景。如与父母、幼儿园老师一起读儿童故事书，与同伴一起游戏等，在这些活动中，儿童经常涉及讨论情绪的内在感受。通过对儿童在自然背景下谈论情绪、说出情绪感受、理解情绪的因果关系以及对儿童单独的想象式游戏、与同伴的社会戏剧性游戏中谈论情绪等方面的研究发现，学前儿童能够大范围说出自己和他人的情绪感受，对许多一般情绪体验有了初步的理解，能够预期情绪反应。

（三）混合情绪的理解

学前儿童往往不能理解某一事件能够同时引起两种以上冲突的情绪，当要求描述或想象对故事特征的情绪反应时，他们往往只能就一种情绪进行描述和想象。如要求学前儿童描述他们前一天在学校的感受或受到邀请在舞台上唱歌时的情绪感受时，学前儿童不能想象出两种不同情绪同时被引发。在 6—8 岁时期，儿童会报告他们是悲伤的或是愉快的、激动的或是害怕的，但从不是同时感受到了两种情绪（Harris，1993）。但到了 9 岁或 10 岁时，儿童明确知道了前一天在学校的某些场合引起了混合的情绪感受，如老师提到要放暑假时，他们会觉得既愉快又伤心，因为暑假来了肯定感到愉快，但要暂时与同学、老师分别，又有一点不舍（李佳，苏彦捷，2004）。

儿童混合情绪理解的出现，需要儿童认知发展到能同时考虑单一事件的各个方面，类似于皮亚杰所说的由于去自我中心化而守恒能力提高，使得儿童能够同时考虑事情的不同方面、而不是单一地考虑一个方面的情况。学前儿童能够回忆引起混合情绪反应的故事的所有成分，但当要求预期故事特征引起的情绪反应时，他们一般只关注一个成分。五六岁儿童能够描述使他们感觉既好又不好的人，他们喜欢又不喜欢的人。例如，五六岁学前儿童会描述一个自己既喜欢又不喜欢的人，喜欢他是因为他与自己在外面一起玩，不喜欢是因为他拿走了自己的玩具。但当问学前儿童不同的人是否会对某个事件有不同的情绪反应时，所有儿童都选择了一种可能的情绪反应。似乎他们不能够从不同的角度同时分析事件，只能确定一个主要的方面。

哈里斯（Harris，1993）等做了一个训练研究，让儿童听一个包含两种冲突成分的故事。为了保证儿童注意故事，要求儿童回答每一个成分引起了什么样的情绪，并回答对整个故事的情绪感受。结果表明，六七岁儿童在有简单的提示后获得了对混合情绪的理解，更小的儿童则不能。但学龄儿童通常会报告同时感受到了两种相对立情绪的发生。同样当被问到在自己的实际生活中的情绪体验时，他们也会有混合情绪的描述。对更加复杂的情绪体验的理解对于儿童是重要的进步，因为这种理解导致对于社会生活理解的增强，包括自己和他人冲突动机、矛盾的人际关系和更复杂的自我概念理解的增强。

但运用语言报告的方法，研究者可能低估了儿童混合情绪意识和理解。如依恋研究者观察到1岁时婴儿用他们的非语言行为表达了对陌生情境的情绪冲突，留在陌生情境中表现出愤怒，母亲回来表现出放松。儿童的情绪体验与在认知上组织这种体验的能力并以语言进行沟通的能力之间显然存在很大的距离。在有些情况下，儿童尽管意识到了更加复杂的情绪体验，但在情绪沟通时仅注意到了特定情境中的某种最主要的情绪。

二、情绪调节

（一）情绪调节发展的一般趋势

在个体生命的第一年中，情绪调节主要是情绪唤醒控制，即增强、减弱或维持唤醒水平以保持与环境的协调。这种唤醒控制的意义有两个方面：一是保持正性情绪唤醒与负性情绪唤醒的动态平衡，以达到适当的舒适状态。这种唤醒控制本质上就是一种自我保护机制，能够安全指导婴儿脱离引起不适的激动状态或痛苦状态。婴儿会运用控制唤醒水平调节养育者的看护行为，保证他们能够处于一种舒适的状态。二是通过情绪调节建立与维持社会关系，即婴儿必须学会管理自己的情绪唤醒水平以保持、巩固与养育者的亲密关系。随着婴儿的成长，婴儿逐渐知道有时候自我平静会比哭叫更有效，学会当需要得不到满足时转移自己的注意。随着婴儿的成长，婴儿会学会通过调整情绪唤醒来得到更多的爱护和关切，密切亲子关系或与养育者的关系。

考普（Kopp，2003）等认为，婴儿最初的情绪调节或者是一种特殊目的性反应的激活，如面部表情反应；或者是一种减少痛苦的机制，如非营养性的吮吸；或者是对养育者的积极情绪状态反应的同步行为。这种情绪调节是前意识的、非符号化的和生存需要驱动的。新生儿基本上是通过哭叫表达他们的生理状态的，并通过哭叫引起养育者的关注和满足自己的需要。在2个月以前，婴儿的情绪调节完全是这种方式，以后逐渐向外显知识支配下的情绪调节转变。外显知识反映了行为的意识性，是婴儿与物理和社会环境相互作用的结果。当婴儿获得了一定的行为主动性，逐渐降低对抚养者的完全依赖，明显地出现有意识的目的行为后，即具有了外显知识，他们的情绪调节随之发生了一定的变化。如当感到痛苦时会通过随机扫视降低痛苦，5个月婴儿尝到不好吃的味道时，他会盯着抚养者看，并会左右摇头。随着婴儿的成长，他们的外显知识越来越多，情绪调节越来越从被动的、生理反应性的、前意识的调节向主动的、有明确社会性目的、有意识的调节发展。

情绪调节研究者提出，婴幼儿的情绪调节行为主要有四类：安慰行为、分心行为、工具性行为和认知重评。安慰行为是指使内在的消极情绪体验恢复到平静状态，如父母的安慰或婴幼儿自己获得安慰，也有研究者称之为身体的自我平静或寻求身体安慰。研究认为安慰行为是婴儿最先出现的情绪调节行为。分心行为是指目光或注意离开引起消极情绪的情境，朝向其他目标，分心行为也表现为主动地从事其他替代的活动。研究发现自觉地进行分心或转移注意是在自觉运用安慰行为策略之后形成的另一重要的情绪调节方式。工具性行为是指消除消极情绪源，如口头反对、离开、寻求看护者的帮助，或触摸喜欢的玩具、试图重新找回、盯视暂时得不到的目标等。婴儿1岁左右工具性情绪调节行为已经出现，但这种情绪调节方式的发展主要是在婴幼儿动作技能和言语能力有了一定发展之后。认知重评是以积极的方式看待消极的情绪事件，没有研究证明幼儿2岁以前能够运用认知重评策略调节情绪，但这一时期的幼儿能够用语言表达自己的情绪体验，出现安慰他人的现象，并逐渐能够理解养育者的解释，如“不怕、不怕，没有危险”等，说明认知调节已经萌发。

基于情绪发展的组织观点，斯克提（Cicchetti，1995）等认为幼儿的情绪调节有两个主要趋势：第一，调节变得越来越复杂和概括化。在这一时期，情绪从反射性和生理导向的调节逐渐向依恋人物、自我防御导向的调节发展。儿童情绪受环境刺激的影响降低，而受个人经验理解影响的自我控制增加。第二，随着发展，情绪调节开始分化。情绪的内在体验成分逐步与情绪的外在表达分离，开始采用更加具体的调节策略以保持与环境、交往要求相一致。

儿童情绪调节从养育者导向的调节向自我调节发展经历了四个阶段，通过这四个阶段，消极情绪的自我管理逐渐增加。在第一阶段，婴儿依赖于养育者来理解情绪信号和对痛苦的反射信号作出应答，以获得稳定性，完全是养育者导向的情绪调节。在第二阶段，儿童的情绪表达以更具体形式调整着儿童与养育者之间的互动，儿童开始能够控制自己的情绪反应强度，尽管仍然是养育者导向的。第三阶段，与养育者建立了明确的依恋关系后形成了新的表征、情感、认知和行为系统，保证了儿童与养育者的亲近得以维持，安全需要得到满足。这一阶段，儿童能够在心理上表征亲子互动关系的经验，情绪的认知调节开始形成，幼儿能够听从语言指令来调节情绪。第四阶段是情绪自我调节的出现与成熟。

（二）情绪掩饰

重塑情绪的自然发生和冲动表达，使之在文化上以更加恰当的形式予以表达，是儿童社会化的中心目标之一。每一种文化通过各种不同的社会实践使儿童知道他们怎样的情绪表达是被期待的，这种社会化经验逐渐把儿童的表情行为塑造成为一种具有文化特定性的形式，并保持着一种普遍的性质，但增加了个体如何向他人表现的自我控制成分。情绪的这种自我控制叫情绪掩饰（emotional dissemblance）。情绪掩饰可以被区分为两个方面，即文化的表现规则和策略性欺骗。艾克曼（Ekman，Friesen，1975）等在一系列的研究中开创性地研究了情绪掩饰的问题。

情绪掩饰的第一个方面涉及文化的表达规则的运用，如“当有人给你礼物，你要表现得高兴，即使你不喜欢它”。艾克曼运用了表现规则的术语来说明某种特定文化内社会化方式能够改变人类的面部表情。

因为表达规则主要是社会文化影响的结果，在特定的文化中具有很高的特异性，互不接触的文化间的情绪表达规则非常不同。每一种文化传递给其成员广泛的内隐的和外显的情绪表达的各种不同规则，没有这种社会化，进入一种新的文化环境的个体会敏锐地觉察到这种特殊规则的存在，在文化抵触的情况下，违反它就会引起误解和摩擦。尽管情绪的文化表达规则具有难以置信的多样性，但只要在困难的情境中真正地表达温暖、关照、关心和礼貌等，不同文化中的成员的和谐也是很容易建立的。

情绪掩饰的第二个方面是策略性欺骗的运用。以获取有利，避免不利。针对于表现规则的概念，艾克曼等提出了欺骗线索和泄密的概念，如让信息接收者知道欺骗是发生了的，但没有告诉隐瞒信息的内容（欺骗线索），或对保留信息泄露。按照艾克曼的观点，发动一个欺骗性的沟通，发送者有两个选择：抑制和假装，或者有时候是二者的混合。发送者会选择调整或调节情绪的紧张度，要么表现出比实际感受到的更强的情绪，要么表现出比实际感受到的更弱的情绪。尽管切断非言语信号是阻止泄密最安全的手段，但它也被当做试图欺骗的重要线索。对于信息发送者来说，更策略的方式是维持信息流，假装没有什么被隐瞒，但选择性地抑制某些情绪状态和情绪反应的表达。

研究发现，3 岁儿童能够放大他们的情绪表达。研究者观察到这个时期的幼儿在操场上遇到小灾祸时，当他们意识到老师在注意他们时比老师没有注意他们时更容易哭泣。老师和父母非常容易区分真实的痛苦表达和夸大的痛苦表现。大量的研究涉及从儿童早期到青春期的不同年龄阶段儿童在不同情境中管理不同情绪表达的不同策略的发展，研究证明儿童从很早就能够管理自己的情绪表达，这种管理能力随着年龄的增长而提高。学龄初期是情绪掩饰发展的一个显著增长时期。情绪掩饰的发展基于情绪表达规则的理解与运用，情绪表达规则的理解与运用体现了情绪的社会化过程。研究认为 4 岁儿童理解表面情绪与真实情绪不一致的能力有限，而且他们并不能解释自己运用情绪表达规则掩饰内心真实情绪的原因，而 6 岁儿童开始运用语言来解释自己的情绪掩饰行为（Harris，1993）。这说明三四岁的儿童开始能够运用情绪表达规则管理自己的情绪表达行为，但是还不能真正理解情绪表达规则。而随着年龄的增长，五六岁的儿童对情绪表达规则的理解逐渐得到改善，儿童对情绪表达规则的认识达到意识水平，能够用言语将自己的理解表达出来。

虽然学前儿童已经在一定程度上理解和掌握了情绪表达规则，但是他们理解和运用情绪表达规则的能力还非常有限。从小学阶段开始，随着儿童家庭、学校社会化经验的增多，以及区分心理表征和外部行为的认知能力的发展，儿童对情绪表达规则的理解和掌握在小学时期得到了根本上的发展。小学时期尤其是一到三年级是儿童情绪表达规则知识快速发展的阶段，三年级以后则维持在一个稳定的水平上（侯瑞鹤，俞国良，2006；俞国良，等，2006）。对学龄期儿童所做的研究表明，小学儿童对亲社会表达规则的理解比自我保护表达规则的理解更好一些（Gnepp & Hess，1986）。因此，学前儿童的情绪表达控制行为可能是以自我中心目的为动机的，而随着年龄的增长和情绪社会化的发展，儿童逐渐理解和掌握亲社会表达规则。

菲尔德曼（Feldman，1979）等以一年级、七年级学生和大学生为被试，要求他们在喝酸果汁时表现出高兴的、积极的情绪，然后让盲评者进行评价，盲评者更容易发现年龄小的儿童的情绪欺骗。这符合艾克曼等的观点，因为年龄小的儿童运用内外在反馈控制他们的面部表情的经验较少，他们的情绪掩饰容易被识别。萨尼（Saarni，1984）运用失望礼物的任务研究了一年级、三年级和五年级学生管理表情能力的发展。儿童在第一种情况下收到一个喜欢的玩具，但接下来收到一个不具有吸引力的玩具，然后研究者对他们试图控制表情的行为进行录像编码。结果发现：与收到有吸引力的玩具的广泛微笑和热情的谢谢相反，收到没有吸引力的玩具时儿童的积极情绪反应降低，并试图掩饰失望。结果也发现，越是年龄小的儿童（尤其是男孩）当被给予没有吸引力的玩具时保留不微笑的表情，而大一点的儿童（尤其是女孩）表现出了礼貌的微笑。库利（Cole，1986）等修改了萨尼的方法进行研究，发现女孩在实验者不在场时表现出了更多的失望，而实验者在场时则掩饰了她们的失望。

另外，一些研究者研究了儿童的表情行为，与观察法研究的结果一致：即随着年龄的增长，儿童以文化适当的方式表达情绪的能力增强，他们越来越能够考虑到表情行为对他人造成的影响，尤其是在愤怒、悲伤等消极情绪的表达上越来越谨慎，因为儿童能够预期到这些情绪的表达会带来消极的人际结果。

儿童的情绪表达受到文化背景的影响也是非常明显的。研究发现（Saarni，1988；Zeman，Garber，1996），美国白人学龄儿童更容易向父母、成人表达悲伤、愤怒等消极情绪，而不是向同伴表达。非洲裔美国学龄儿童报告他们更倾向于直接向同伴表达愤怒情绪，而不是向老师表达。

儿童的情绪表达也存在性别差异，这种性别差异也反映出文化背景的影响。研究发现，女孩对于情绪表达规则的理解和运用要优于男孩。一项研究发现，在生气故事情景下，尽管男孩和女孩报告在生气体验上没有差异，但男孩比女孩选择采用更多的生气面部表情（Underwood，1992）。运用观察法所做的研究也发现，在失望礼物情景下，女孩比男孩表现出更多的积极行为和更少的消极行为。另外，研究也发现在亲社会表达规则故事上，6 岁女孩对于表面与真实情绪之间差异的理解要比男孩好（Josephs，1994）。导致这种差异的原因之一是由于社会对男孩和女孩性别角色期望的不同，大部分文化中都期望女孩温顺礼貌，考虑他人，所以，女孩更可能管理调节自己的生气行为，更多地运用亲社会表达规则，而对于男孩来说，他人对其生气、愤怒等带有攻击性的情绪表现则比较宽容。

另一个可能的原因是男孩和女孩掌握情绪表达规则的发展水平和时间不同，可能女孩掌握情绪表达规则的时间更早一些。研究发现，在生气故事情景下，三年级、五年级、七年级的女孩在解释自己的情绪掩饰行为时没有差别，但是三年级女孩比同龄男孩能更准确地解释情绪掩饰行为的原因，而五、七年级男孩和同龄女孩的表现就没有差异了。另外，情绪类型也是影响男孩和女孩表现差异的一个原因。研究发现，对于生气情景来说，女孩比男孩更能掩饰生气；而对于悲伤和疼痛情景来说，女孩则比男孩更可能表现出悲伤和疼痛（Zeman，1997）。因此，在不同的情绪类型中，男孩和女孩的表现是有差异的。

儿童依据文化适当性的情绪表现规则表达情绪的能力也是从儿童早期到青少年期不断提高的。情绪表现通过社会化的过程逐渐被习得，儿童早期已经习得了一定的适合文化要求的情绪表现规则，到儿童期晚期，儿童越来越能够考虑到表情行为的结果，在表达愤怒、悲伤等消极情绪时越来越能够认识到这些情绪表达的消极人际结果。儿童的情绪调节水平直至青春期一直在提高。

三、情绪能力与适应

情绪能力的获得对儿童的社会能力发展至关重要。社会能力是指个体在社会交往中保持与他人积极关系的同时获取个人成就的能力（Rubin，Bukowski & Parker，1998）。情绪能力有三个主要成分：情绪表达能力，主要指有更多的积极情绪表达，消极情绪表达较少；情绪理解能力，指能准确识别他人的情感及其出现的原因；情绪调节能力，将自己的情绪体验、表情调整到达成个人目标的适当水平（Denham et al.，2003）。研究发现情绪能力的这些成分与儿童的社会能力有关，多数时候表现出积极情绪，相对较少表达愤怒和悲伤的儿童往往更受老师的欢迎，也更容易和同伴建立友好关系（Hubbard，2001；Rubin et al.，1998）。情绪理解水平较高的儿童往往会被老师认为有较高的社会能力，他们也更容易交上朋友和在班级体内建立良好的关系（Brown & Dunn，1996；Dunn，Cutting & Fished，2002；Mostow et al.，2002）。而那些对正常调节自身情绪（尤其是愤怒）有困难的儿童，则往往会受到同伴的拒绝（Rubin et al.，1998），也可能存在过于冲动、缺乏自我控制、不当的攻击、焦虑、抑郁和社交退缩等适应问题（Eisenbergd et al.，2001）。研究也发现，情绪反应与调节能力缺陷是导致青少年攻击行为尤其是身体攻击行为的重要原因（王振宏，等，2007，2008）。班杜拉及同事（2003）的发现表明，青少年（14—19 岁）对自己情绪控制能力的知觉会影响到他们社会生活的许多方面。例如，认为自己能在公共场合较好控制自己表情和情绪的青少年更亲社会、更容易抵制同伴压力、对同伴也更有同情心。

情绪能力会随着个体的成熟而不断发展，成为个体社会适应的重要能力。成人越来越以社会文化适应的方式作出情绪反应与情绪表达，情绪能力越来越高，直至老年后又有所下降。

第三节　依恋的发展

婴儿的依恋是一种婴儿与父母或养育者的亲近关联，是一种心理行为的亲近和依附，是一种母婴之间的情感纽带。依恋主要表现为啼哭、笑、吮吸、喊叫、抓握、身体接近、依偎和跟随等行为（如图 9－10 所示）。

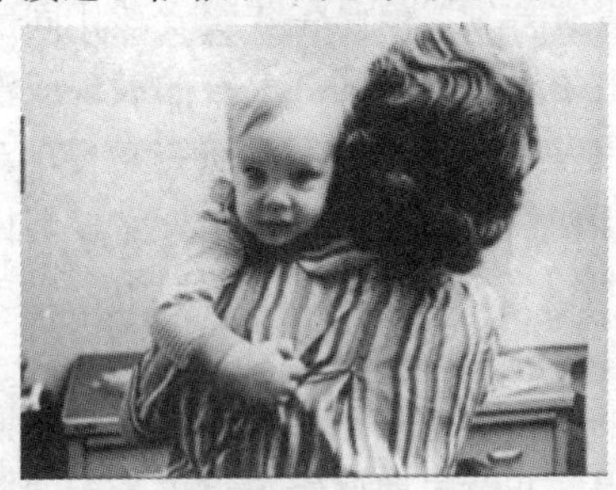

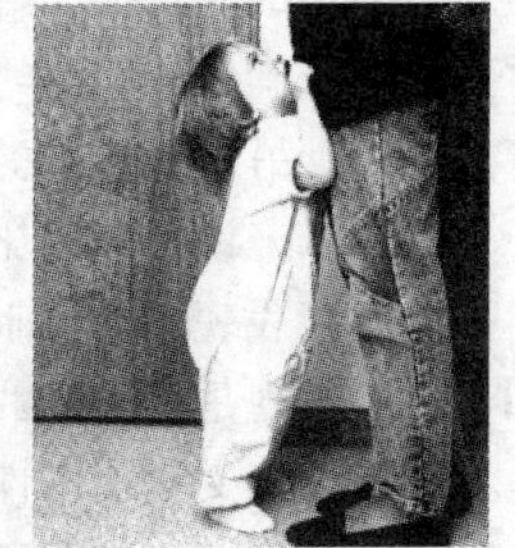

图 9－10　婴儿依恋行为①

① R S Feldman. *Child Development* [M]. Prence-Hall, Inc. 1998：192，198.

一、依恋的形成

鲍尔贝（J Bowlby，1969）强调，父母—婴儿依恋是一种相互关系——婴儿对父母产生了依恋，父母同样对婴儿产生了依恋。在建立这种亲密情感联系时，父母显然要早于婴儿。在婴儿出生之前，父母就有了依恋的表现：他们幸福地谈起自己未出生的宝宝，为宝宝制订完美的计划。在新生儿刚出生的几个小时内同他们密切接触，能增强父母对子女已有的积极情感，但真正的情感依恋是在父母和婴儿最初几个月的交往中逐渐形成的。

在出生后的头几个月中，婴儿和养育者建立起的日常同步性对依恋的形成有重要的作用。正常的婴儿在4—9周大时开始有意注视母亲的面孔，并对其产生兴趣，2—3个月时开始理解一些简单的社会事件。当3个月大的孩子处于觉醒和注意状态时，如果母亲对他笑，他通常就会高兴起来，咧嘴笑，作为回报，并期待着从母亲那儿得到有意义的回应。甚至很小的婴儿也期待自己的姿态和养育者有“同步互动”，这些期待也是婴儿在出生几个月后，与经常的陪伴者之间面对面的互动游戏越来越协调和复杂的原因之一。在正常情况下，婴儿和养育者之间的同步互动在一天中会重复出现，这种同步互动的经验，使得母婴双方在生活历程中逐渐建立了强烈的依恋关系。

施卡福和埃莫森（Schaffer & Emerson，1964）对一组刚出生的苏格兰婴儿进行了18个月的追踪研究。婴儿的母亲每个月都要接受一次访谈，访谈的目的是为了确定：(1) 在7种情境中婴儿同亲密的陪伴者分离时的反应（如，被留在婴儿床上，被留下来和陌生人待在一起等）。(2) 婴儿的分离反应是指向哪个个体。如果一个儿童同某个人分离时总是表现出反抗行为，则认为他同这个人形成了依恋。

施卡福和埃莫森发现，婴儿在同养育者形成密切关系时要经历以下几个连续的阶段。

1. 非社会性阶段（0—6周）。这时候的婴儿处于非社会性阶段，很多社会或非社会信息都可能会引发其偏好反应，很少表现出抗拒行为。这一阶段婴儿对于养育者缺乏区分反应，对不同喂养行为线索都作出积极反应，不论这种行为是谁提供的，尽管有证据说明婴儿对于母亲的气味和声音有敏感性，但还不能完全证明有这种清晰的倾向。在这个阶段末，婴儿表现出对社会刺激（如微笑的面容）的偏好。

2. 未分化的依恋阶段（6周—六七个月）。这一阶段的儿童对人更为偏好，但是还未能进一步分化——他们更多地对人而不是对其他类似人的物体（如会说话的木偶）微笑（Ellsworth，Muir & Hains，1993），任何人把他们从怀里放下来都会让他们相当不安。尽管3—6个月大的婴儿只对他们熟悉的人大笑，日常养育者对他们的安慰也更有效，但是他们似乎对任何人（包括陌生人）的关注都感到快乐。婴儿也逐步能够把母亲与他人区别开来，对母亲和对陌生人的反应不同。在母亲出现时会微笑，发出声音，当感到不安全时紧贴母亲的怀抱。这一阶段婴儿开始习得这种特殊关系的自然关联，发展了对于不同信号养育者要作出不同反应的期待。但由于没有客体永恒性，婴儿不会出现反抗分离的反应。

3. 分化的依恋阶段（7—9个月）。在7—9个月间，婴儿在与某个特定个体（一般是母亲）分离时开始表现出抗拒行为。这时候婴儿已经能爬行了，他们常常试图追随着妈妈，缠着她，在妈妈回来时热情地欢迎她。他们也变得对陌生人有些警觉了。旋卡福和埃莫森认为，这些婴儿已经建立起了最初的真正的依恋。这一阶段的显著特点是出现从母亲或养育者那里获得安全的倾向，如果出现危险和痛苦，会回到母亲那里寻求安慰。

安全依恋的形成带来了一个重要结果：促进了探索行为的发展。安斯沃斯（Anisworth，1979）强调了依恋对象作为探索的安全基地的作用，即从这个安全基地出发，婴儿可以自由自在地大胆探索。因此，一个安全型依恋的婴儿，和妈妈一起去邻居家时，只需偶尔回头确认一下母亲还坐在沙发上，就可以无忧无虑地继续在客厅的某个角落玩耍；要是妈妈去了洗手间，他就会变得焦虑并停止玩耍。婴儿显然需要依赖另一个人才能自信地独立行动。

4. 多重依恋阶段（大约 9—18 个月）。施卡福和埃莫森研究中的婴儿有一半在形成最初的依恋几周内，和其他人，如父亲、兄弟姊妹、祖父母甚至某个固定的看护人也建立起了依恋关系。到 18 个月时，很少有婴儿只对一个人产生依恋，有的婴儿会有 5 个或更多的依恋对象。

理论关联9-2

依恋形成的理论

精神分析理论：弗洛伊德认为，婴儿正处于口腔期，他们用嘴吸吮和咀嚼物体以获得满足，会对任何为其提供口腔快感的人产生好感。依据弗洛伊德的观点，由于通常是母亲喂养婴儿，母亲自然是婴儿最初获取安全和情感的对象。艾里克森也认为，母亲的喂养将影响婴儿依恋的强度和安全性。

学习理论：学习论者认为婴儿会对那些喂养他们、满足他们需要的人产生依恋。喂养对依恋形成非常重要，它会引发婴儿的积极反应（微笑，发出喔啊声），而这又会增进养育者对婴儿的喜爱；另外喂养婴儿时，母亲带给他们更多的舒适——食物、温暖、温柔的抚摸、轻柔安慰的话语，久而久之，婴儿就会将母亲和舒适或快乐的感觉联系在一起，使得母亲本身成为有价值的对象。一旦母亲或其他养育者获得这种次级强化物的地位，婴儿的依恋便形成了。

认知发展理论：认知发展理论认为依恋的形成在某种程度上有赖于婴儿的认知发展水平。在产生依恋之前，婴儿必须要能将熟人和陌生人加以区分，还必须能够意识到熟悉的陪伴者存在的永恒性。依恋最初在 7—9 个月时才出现绝非偶然——准确地说这时婴儿正进入皮亚杰所说的感觉运动期的第四个亚阶段，物体永恒性开始出现。

习性学理论：习性学者从进化论角度对于依恋作出了解释。其基本的假设是：所有生物，包括人类在内，生来就有一些有利于物种在进化过程中生存的本能行为倾向。鲍尔贝（J Baobby，1969）相信许多固有的行为就是特别设计的，以促进婴儿与其养育者的依恋。依恋关系本身甚至也有适应价值：保护幼儿免遭天敌或其他自然灾害的伤害，也保证他们需要的满足。

［**资料来源**］David R Shaffer，Katherine Kipp．发展心理学——儿童与青年少［M］．邹泓，等，译．8 版．北京：中国轻工业出版社，2009：404－405．

二、依恋质量的个体差异

不同婴儿对分离和陌生人的反应有很大的差异：有的表现得无动于衷，而有的则显得相当恐惧，为什么有这样的差异？发展心理学家认为，这反映了婴儿依恋关系质量上的，或者说安全性上的个体差异。

婴儿与养育者建立的依恋关系在质量上的确有所不同。有的婴儿与养育者在一起时显得相当放松和有安全感，而有的婴儿则显得很焦虑，或者对将要发生什么感到没有把握。为什么有的婴儿属于安全型依恋，有的婴儿属于非安全型依恋？

依恋质量的研究主要运用陌生情境研究范式（Ainsworth，1978）。陌生情境测验包括8个连续的情境（如表9－2所示），模拟了三种场景：(1) 自然情景中，有玩具时养育者和婴儿的互动（观察婴儿是否将养育者当做探索的安全基地）；(2) 暂时和养育者分离，陌生人的进入（这往往让婴儿感到不安）；(3) 重聚（关注不安的婴儿是否会从养育者那里获得安慰，重新开始玩耍）。通过对儿童在这些场景中的反应—探索行为、对陌生人和分离的反应，尤其是同亲密陪伴者重聚时的反应的观察和分析，可以将依恋划分为以下四种类型：安全型依恋（secure attachment）、抗拒型依恋（resistant attachment）、回避型依恋（avoidant attachment ）、混乱型依恋（disorganized attachment）。

表9－2 陌生情境测验场景①

场景	事件	注意观察潜在依恋行为
1	主试带领家长和婴儿进入游戏室，然后离开。	
2	家长坐在一旁看儿童玩。	家长作为安全基地
3	陌生人进入，坐下，和家长交流。	陌生人焦虑
4	家长离开，如果婴儿感到不安，陌生人给予安慰。	分离焦虑
5	家长返回，和婴儿打招呼，如果婴儿感到不安给予安慰；陌生人离开。	重聚行为
6	家长离开。	分离焦虑
7	陌生人进入给予安慰。	接受陌生人抚慰的能力
8	家长返回，和婴儿打招呼，如果婴儿感到不安给予安慰。用玩具吸引婴儿。	重聚行为

注：除了第1个场景外，每个场景的时间为3分钟。如果婴儿极端不安，分离场景与重聚场景的时间会相应缩短和延长。

1. 安全型依恋。这类婴儿在陌生情境中，在探索、游戏和保持与养育者接近之间达到了理想的平衡：他们在陌生情境中能够离开养育者去玩玩具，但又保持着与养育者的接近，能够友好地接近陌生者；在游戏中与养育者保持感情共享，在养育者在场的情况下能够加入到陌生情境；当遇到痛苦时，能够主动地寻求与养育者的联系，

---

① P J LaFreniere. *Emotional development：A biosocial perspective* [M]. Wadsworth Press，2000，150.

并从痛苦中恢复，保持与养育者的联系是终止痛苦的有效策略；当痛苦消除后，就又开始参与到游戏中。

2. 抗拒型依恋。这类婴儿的情绪是不平衡的：在陌生情境中他们不愿意离开养育者，一旦离开就立刻表现出焦虑和痛苦；他们很难离开养育者去探索，对于陌生情境产生焦虑和痛苦；在分离之后团聚时仍然很难恢复平静，持续哭叫、乱闹甚至击打养育者以表达愤怒；抗拒型依恋婴儿的寻求接近和接近反抗混淆在一起。

3. 回避型依恋。这类婴儿容易离开养育者参与到陌生情境中去，缺乏与养育者的感情共享：当养育者离开时，不表现出明显的分离焦虑；当养育者返回时，也不主动寻求接触；当养育者接近时反而转身离开，回避养育者的亲近行为；当忧伤时，陌生人的安慰效果与养育者差不多。

4. 混乱型依恋。这类婴儿混合了抗拒型和回避型依恋的模式，表现出一些混乱和矛盾的行为：他们要接近养育者，但当养育者靠近时又离开；接近养育者时，表现出茫然和忧郁的表情，表现出奇怪的姿势等；当养育者回来时，这些婴儿看起来不知所措，或者他们会在接近养育者的过程中因为养育者的接近而突然跑掉；他们也有可能在不同的重聚场景中同时表现出这两种模式。

研究表明，安全型依恋的婴儿占 65%，抗拒型依恋的婴儿占 10%，回避型依恋的婴儿占 20%，混乱型依恋婴儿占 5%左右。

三、影响依恋质量的因素

为什么有的婴儿属于安全型依恋，有的婴儿属于非安全型依恋？许多因素都可能影响婴儿形成的质量，包括他们受到的抚养质量、家庭的特征或情感氛围以及婴儿自己的健康状况和气质等。

（一）抚养质量

安斯沃斯（Ainsworth，1979）认为，婴儿与母亲（或任何其他的亲密陪伴者）的依恋质量在很大程度上有赖于他们所受到的关照。如果养育者对婴儿有积极的态度，敏感地回应他们的需要，与他们建立了同步互动，为他们提供了很多愉快的刺激和情感支持，婴儿经常从与他们的相互作用中体验到舒适和愉悦，就可能会形成安全型依恋。

比起安全型依恋的婴儿，抗拒型依恋的婴儿脾气有时会比较暴躁，反应会比较迟缓。他们的父母在抚养过程中也常常表现不一致——他们依据自己心境的好坏对婴儿时而热心，时而冷漠，很多时候没有反应（Ainsworth，1979；Isabella，1993），婴儿在应付这些养育者时也采取很极端的方式，如纠缠、哭闹和其他依恋行为等，来获得情感支持和安慰，而当其努力并不能奏效时就变得愤怒和怨恨。

至少有两类抚养方式有可能使婴儿形成回避型依恋。安斯沃斯和其他研究者（1993）发现，许多回避型婴儿的母亲对自己的孩子缺乏耐心，对他们的信号没有回应，常对婴儿表现出消极情感，很少能从与子女的亲密接触中获得快乐。安斯沃斯（1979）认为，这些母亲多是刻板的、自我中心的人，她们有可能拒绝子女。另一种情况是，回避型婴儿的父母过于热心，总是喋喋不休，甚至在婴儿感到厌倦时仍然提供过多的刺激。对这些自己不喜欢或者老是纠缠他们的父母，婴儿自然习得了适应性的回避父母的反应方式。当抗拒型婴儿在竭尽全力获得情感支持时，回避型婴儿似乎已经学会放弃（Isabella，1993）。混乱型依恋类型的婴儿往往想要接近养育者，但又因为曾经受到的忽视和身体虐待使他们感到害怕。这些婴儿在重聚时表现出的接近或回避行为（或者完全的混乱行为）是完全可以理解的，因为他们既经历过养育者的接纳，也受到过他们的虐待，所以不知道自己是应该接近养育者寻求安慰，还是应该远离养育者保证自己的安全（Main & Soloman，1990）。已有研究支持这一理论：混乱型依恋类型的婴儿在所有研究中的数量都比较少，而在受虐待的婴儿中是普遍的（Carlson，1998）。这种接近和回避的混合，加上重聚时的忧郁，也是母亲严重抑郁的婴儿的典型特征。

（二）婴儿的气质

凯根等人（Kagan，Reznick & Gibbions，1989）认为，陌生情境测验只是在测量婴儿气质类型的个体差异而非依恋质量的个体差异。这种观点来自于他的观察，他发现1岁时建立起安全型、抗拒型和回避型依恋的婴儿比例，与托马斯和切斯划分出的容易型、困难型和迟缓型的气质类型很相符（如表9－3所示）。

表9－3　不同气质类型婴儿在不同依恋类型上的比例①

气质类型	可划分类型婴儿的比例（%）	依恋类型	1岁婴儿的比例（%）
容易型	60	安全	65
困难型	15	抗拒	10
迟缓型	23	回避	20

凯根认为，气质困难型的婴儿一般会积极抗拒活动常规的改变，对新异刺激感到心烦，所以在陌生情境中表现得很沮丧，并且无法很好地接受母亲的安抚，从而被划分为抗拒型依恋。相反，一个友好随和的婴儿则易于被划分为安全型依恋；而那些害羞或缓慢活跃起来的儿童，在陌生情境中可能显得冷淡和疏离，很可能被划为回避型依恋。因此，凯根的气质假说认为，婴儿而非养育者，是他们形成的依恋类型的缔造者。儿童表现出的依恋行为反映了自己的气质特点。

（三）抚养方式和气质的共同影响

研究一方面表明抚养的敏感性和依恋安全性之间的重要关系，同时也表明气质有时也会影响到婴儿形成的依恋类型。科坎斯塔（Kochanska，1998）提出的依恋整合理论认为：（1）抚养质量是决定婴儿所产生的依恋安全与否的最重要的因素；（2）如果婴儿形成的是非安全型依恋，他们的气质会决定所形成的非安全依恋的类型。科坎斯塔首先测量了婴儿在8—10个月以及13—15个月时母亲的抚养质量（母亲对婴儿的敏感性、母婴积极情绪的同步性），同时也测量了婴儿气质中的恐惧性维度。结果

---

① David R Shaffer，Katherine Kipp. 发展心理学——儿童与青少年［M］. 邹泓，等，8版. 译. 北京：中国轻工业出版社，2009：416.

发现：胆怯的婴儿面对陌生和没有把握的环境时会有凯根称之为抑制性行为的表现；而胆大的婴儿，在面对陌生的环境和人或和熟悉的人分离时，会有凯根称之为非抑制性行为的表现。最后，科坎斯塔用陌生情境测验考察了婴儿在13—15个月时和母亲的依恋关系。这些数据使她能确定是抚养方式还是气质对婴儿表现出的依恋安全性以及依恋的具体类型有更大的影响。研究结果正如整合理论所预期的那样，抚养的质量而非婴儿的气质准确预测了婴儿和其母亲建立的依恋关系是否安全，积极的有反应的抚养方式和安全型依恋相联系。而婴儿的气质则可以预测非安全依恋的类型，胆怯的非安全型儿童很可能形成抗拒型依恋，而胆大的非安全型儿童往往表现出回避型依恋。

因此，依恋形成的抚养方式假说和气质假说都过于偏颇。实际上，安全型依恋是由于婴儿受到的抚养质量和他们自身的气质相吻合而产生的；而非安全型依恋的形成，很可能是因为压力过大或比较呆板的照料者无法适应婴儿的气质。事实上，敏感的抚养方式总会带来安全型依恋的一个原因是，敏感性本身即意味着依照婴儿的气质特征调整自己的抚养方式。抚养行为与婴儿的气质和行为的复杂关系一直会持续到童年期。

四、依恋的毕生发展

依恋研究最初是以婴儿期为架构建立的，并在相当长的时期内只关注早期的母子依恋。然而，作为一种“从摇篮到坟墓”的现象（Bowlby，1979），随着生命全程依恋观（Bartholomew，1993）和多重依恋说的兴起，依恋的研究阶段和研究对象均有所扩展。大量研究相继指出，人生的其他时期也有可能建立起依恋关系，依恋对象也不仅限于主要的照顾者（母亲），还包括其他的亲人（父亲）、同伴、恋人、配偶等。尽管鲍尔贝在其学说中也提到多重依恋，但他认为，婴儿天生具有对母亲形成单一依恋的倾向性。例如，如果让一个焦虑、悲伤的婴儿在母亲和父亲之间选择一个以寻求抚慰，婴儿一般会选择母亲。然而，这种偏好在出生的第二年显著降低，婴儿在18个月时就形成并拥有了多重依恋关系，且很难确定哪个是主要的依恋关系，其中，对父亲的依恋是普遍存在的。

在许多研究中父亲往往是一个被忽略的促进儿童发展的因素，其在儿童发展过程中的作用经常被认为是无关紧要的。但近期的研究发现父亲对新生儿的关注并不亚于母亲，父亲与婴儿互动的时间在出生后的一年内与日俱增。大多数婚姻幸福的父亲会更经常地和子女待在一起，也会以更积极的态度对待子女，甚至一些婴儿会与父亲形成最初的依恋关系。近年来的大量研究也发现，作为儿童的“重要他人”，父亲的参与对儿童的发展具有关键作用，父亲有关养育、温暖、挚爱、支持和关心的表达对儿童的情绪和幸福感的发展非常重要。如与母亲相比，个体的抑郁和物质滥用与父亲的行为有更高的相关（Veneziano，2003）。与父母都有安全依恋的儿童表现出更少的焦虑退缩，入学适应更好，较少出现问题行为。甚至在离开家之后，与父亲形成的安全的、支持性的关系也有利于个体的成长和健康。可见，与父亲的安全依恋关系对儿童的发展非常重要。

随着年龄的增长与活动能力的增强，儿童和兄弟姐妹或同伴间的交往增多，他们从哥哥姐姐那里得到安慰，或与周围的儿童一起参加活动或游戏。尽管这种同伴关系与对父母的依恋具有不同的功能，并由不同的行为系统调控，但二者的行为表现有明显的重叠（如友好相处、分享等），且同伴关系发展的最初阶段会出现某些依恋的核心成分。如儿童在三岁左右就需要与同龄人保持社会交往，且随着年龄的增长，其与同龄人交往的喜好稳步增加，这种“寻求亲近”正是依恋的构成成分之一。到了童年中期，儿童已经具备了与同伴发展更亲近关系的能力，他们逐渐开始转向同伴以寻求舒适感（依恋的另一个成分）。有研究显示，少年晚期的大部分个体更倾向于向同伴而不是父母寻求感情方面的支持（Steinberg & Silverberg，1986）。向同伴寻求支持与个体向父母寻求安全庇护在功能上是相似的。研究者指出，对于8—14岁的个体而言，尽管父母仍是其安全感及分离忧伤的重要来源，然而多数个体都更倾向于寻求与同伴而非父母的亲近，多选择将同伴作为舒适感和情感支持的源泉。到了青少年晚期（15—17岁），个体对同伴的依恋才完全建立，此时的同伴关系中包含依恋的所有成分，且大多数人（83%）已开始将恋人作为自己的主要依恋对象。以上研究结论均表明，从儿童到青少年期，依恋关系的发展具有连续性。

对成年期依恋的研究结果显示，在亲近寻求和安全庇护方面，成年人明显是同伴导向的，几乎所有的成年被试都报告喜欢与朋友和同伴在一起或寻求情感支持，而不是父母或者兄妹。此外，与伴侣持续两年以上关系的被试在回答分离忧伤和安全感方面的问题时，几乎都选择了将自己的伴侣作为依恋对象（少于两年的伴侣关系中只有三分之一的回答是伴侣，少于一年的伴侣则几乎没有人回答是伴侣）。短期伴侣关系及没有伴侣的被试则倾向于把父母作为分离忧伤的制造者，并认为和他们在一起更有安全感。

20世纪90年代之后，研究者开始关注老年人在面临分离、丧失（丧亲、退休、健康状况的下降等）等情况下依恋的重要作用。目前研究已经考察了不同依恋对象对老年人生活的影响，包括对兄弟姐妹、成年子女、配偶及父母的依恋及特殊的符号化依恋对老年人生活的影响；同时依恋模式在老年人中的分布与年轻成人相比存在很大差异，老年依恋的主要模式是冷漠型和安全型依恋，并存在显著的年龄效应。当前有关老年依恋心理功能的研究主要集中于两个领域：（1）老年依恋与慢性疾病中的照料；（2）老年依恋与心理健康。研究者发现，老年期的慢性疾病与个体自主行为能力的受损有关，并常伴随老年人恐惧感、脆弱和不安全感的增加。有关依恋与生活适应、丧亲反应、婚姻满意度和幸福感的研究结果也指出，依恋对老年期的心理健康具有重要影响。

五、早期依恋与后期的发展

依恋理论认为，婴儿与主要抚养者间温暖而持久的依恋关系与人类的适应需求相一致，可以推动个体一生的心理健康与幸福（Bowlby，1969），这就是著名的依恋能力假设。此观点得到了安斯沃斯（1967，1973）的支持，她指出个体从安全型依恋中获得的温暖、信任和安全感对个体后期的社会适应、亲密关系和健康发展奠定了基础，而非安全依恋的个体将来获得最佳发展结果的可能性则较小。因此，母婴依恋安全感的差别可能对个体后期的亲密关系、自我理解甚至精神病理学带来显著的长期影响。但目前有关这一点现有研究的结论仍存在较大的争议。

20 世纪 70 年代后期的一系列纵向研究支持了依恋对个体发展的促进作用。如研究发现，在 12 个月左右建立了安全依恋的婴儿 2 岁时表现出更好的问题解决能力，喜欢更复杂和更具创新意义的象征游戏，拥有更多的积极情感（Kochanska，2001）。而那些没有建立早期依恋安全性的婴儿则在学前和学龄期被同龄人拒斥，表现更多的敌意与攻击行为。其他一些长期的纵向研究也得到类似的结论。与非安全型依恋者相比，15 个月时是安全型依恋的儿童，在 3 岁、11—12 岁及 15—16 岁间具有更强的社会技能和更好的同伴关系。而那些曾经或现在与母亲属于非安全依恋的青少年与同伴的关系较差，朋友相对较少，并有更多的偏差行为（如在学校里不遵守纪律）和心理病态症状。一些研究者认为，这些发现意味着婴儿期的安全型依恋可以促成个体后来认知、情感和社会技能的发展。

然而也有一些研究结论对此提出了质疑。如在一些短期追踪研究中，安全型依恋的婴儿并没有比不安全型的婴儿表现出较好的发展；另一些长期的追踪研究也没有发现婴儿期的母亲看护及依恋质量与青少年期和成年早期的适应状况间存在显著的一致性联系。为什么依恋能力假设的长期效应并不清晰呢？有研究者指出，部分原因是因为不同时期依恋测量内容间的一致性程度存在差异，部分是因为养育或看护质量的持续性决定了依恋的安全性是否与后来的发展密切相关。如果父母不只是在婴儿期，而且在以后的若干年中也都保持敏感的反应性，儿童更可能发展良好；相反，由于父母长期反应不敏感，导致孩子形成回避、抗拒或混乱型依恋，从而造成学业、情感及社会性发展上的困难。

六、依恋的内部工作模型

对于早期依恋的安全感对个体后期心理发展的重要性，鲍尔贝（1969，1982）提出了有关依恋核心机制的“内部工作模型”（internal working models）的概念加以解释。他认为在早期亲子互动的背景下，所有个体都将发展出有关自我和他人的内在表征，即内部工作模型。这种表征模型将对个体在依恋关系中的认知、情感和行为反应模式产生重要的影响，成为个体理解并预测环境、作出生存适应反应、建立并保持心理安全感的基础。根据鲍尔贝的观点，内部工作模型不仅包括存储在心理表征结构中的关于自我和依恋对象关系的一般预期，而且包括与自我和他人有关的人际经验的具体细节和与之相关的情感体验；其中最重要的两种成分是自我意象（image of self）和他人意象（image of other）：自我意象即有关“自己是否是能够引起依恋对象作出有效反应的人”的表征；他人意象即关于“依恋对象在自己需要支持和保护时是否会是及时作出反应的人”的表征。

依恋的内部工作模型一旦形成，在个体遇到新关系或关系发生变化时，将通过同化和顺应过程继续发展和演化。一方面，内部工作模型高度抗拒变化，更倾向于将与已有模型一致的信息同化进入工作模型，甚至不惜以扭曲它们为代价，因而保持了相当的连续性和准确性；另一方面，内部工作模型又不是严密的表征系统，也会根据现实环境和人际情境自行调节，尤其是当与已有模型不一致的信息无法被忽略或排除时，内部工作模型的修正或“更新”就会出现，因而又表现出了一定的适应性。

依恋的内部工作模型理论认为早期孩子与父母的依恋关系是随后恋爱关系模式的原型，同时孩子与父母的依恋关系与随后的家庭组织模式是相关的，且这种关系在家庭模式的代际传递中扮演重要作用。随着研究的不断深入，研究者也开始讨论了依恋与成人的亲密关系之间的相关。婴儿的依恋功能包括“维持亲密”、“抗拒分离”、“安全基地”和“避风港”。很多人认为，婴儿—养育者之间的这些情感纽带关系也同样适用于大部分婚姻关系和已有承诺的恋人关系。也就是说，个体可以从配偶或恋人那里获得舒适和安全，有与对方厮守在一起的愿望，当对方提出分离时就会拒绝。在成人生活中，安全型依恋能促进依恋关系之外的能力的发展。如个体有在与伴侣关系中寻求安全与舒适的经历，当这些安全感与舒适性有效时，个体就能够从伴侣提供的安全基地离开，并满怀自信从事其他的活动。

成人之间的依恋和父母—孩子间的依恋最大的区别就在于成人的依恋行为系统是有交互作用的，也就是说成人之间不会分别来扮演“依恋对象/看护者”和“依恋的个体/看护接受者”这样的角色。依恋行为与依恋对象这二者在任何一个成人身上都可以观察得到。每一个成人既是对方的依恋对象，同时又会向对方展示依恋行为；在伴侣之间的角色也会经常迅速发生转变。此外，成人依恋不同于父母—儿童依恋还表现在成人间的依恋关系通常提供多种多样广泛的其他机能，包括性别联结、同伴友谊、能力感觉及共享的目标与经历等。

在青少年期和成年期早期的某些时候，个体会将他们最初的依恋对象由父母身上转到同伴身上。研究也考察了青少年对不同支持网络对象依恋的强度。被试自己界定他们自己的情感支持的重要来源，并对他们的支持网络中的5名成员（母亲、父亲、挚友、恋人和其他亲密的成年人）进行排序。结果发现：安全依恋型的青少年会有多种不同的支持来源，父母比同伴更重要，并且与父母的关系是互动平等的；与此完全相反的是，回避型的青少年不认为父母是他们情感支持的重要来源。这种依恋类型的青少年有近三分之一的人有过分的独立性，并且报告没有重要的支持对象。

【本章小结】

1. 在生命的头两年，各种情绪反应与表达逐步发生。出生时婴儿会表现出满足、痛苦、厌恶与好奇等情绪。2—7个月，婴儿会表现出快乐、愤怒、悲伤、恐惧和惊讶等。2岁左右，婴幼儿开始出现自我意识情绪，例如尴尬、害羞、自豪、内疚和嫉妒等。

2. 微笑是快乐的重要体现，是一种非常有影响的社会信号。婴儿最早的微笑是内源性微笑，1个月左右出现外源性微笑。在婴儿微笑中出现认知因素时，真正的第一个社会性微笑就开始出现了。微笑最重要的社会功能是引发他人的趋近和积极的反应，这对于母—婴依恋发展具有本质的作用。婴儿微笑发展有三个阶段：(1) 自发性的微笑（0—5周），(2) 无选择的社会性微笑（5周—3个月），(3) 选择性的社会性微笑（3个月以后）。

3. 婴儿的兴趣对其认知与社会性发展具有重要意义，婴儿兴趣形成和发展经历了三个阶段：先天反射性反应阶段（0—3 个月），表现为婴儿感官被环境的视、听、运动刺激所吸引；相似性再认知觉阶段（4—9 个月），适宜的光、声刺激重复出现引起婴儿的兴趣，这时婴儿开始作出有意活动，使有趣的情境得以保持，产生对活动的快乐感；新异性探索阶段（9 个月以后），这时婴儿开始对新异性刺激感兴趣。

4. 陌生人焦虑与分离焦虑是婴儿两种重要的与恐惧相关的情绪反应。4—5 个月婴儿已经有了这种陌生人焦虑的预兆，7—12 个月婴儿的陌生人焦虑真正开始形成，在不同文化中陌生人焦虑的出现有一个普遍的精确时间表。像陌生人焦虑一样，婴儿分离焦虑也是遵循着一个发展的时间表，8—10 个月婴儿分离焦虑开始逐渐达到高峰，不同文化背景下婴儿的分离焦虑模式相似。

5. 自我意识情绪主要涉及尴尬、羞愧、自豪、内疚、嫉妒、移情，这些情绪一般被认为是由于自我意识的发展、规则和标准的获得而出现的。尴尬是最简单的自我意识情绪，在儿童能够再认自己的镜像时即接近 2 岁时开始出现。而羞愧、自豪、内疚等自我意识情绪，则是在儿童能够再认自己的镜像，同时掌握了一定的行为准则与标准，并依据行为标准进行自我评价时才能够发生。儿童到了 3 岁时在成功完成一项困难任务时会表现出自豪，在没能够成功完成一项简单的任务产生羞愧等。内疚是指对违背了个人内在标准而产生的情绪反应，到了学前期儿童道德标准内化有了明显的证据后才出现。

6. 情绪反应与表达发展历程中的另一个值得关注的时期是青春期，青春期青少年变得越来越喜怒无常，消极情绪急剧增加。从青少年早期到中期，日常情绪体验从某种程度上讲变得越来越消极，积极成分也越来越少（尽管日常情绪体验总体上是积极的），特别是一些青少年体验到孤独和低自尊，或者表现出轻微的行为障碍。这种心境低落的趋势持续到青少年中期。

7. 到了学步期儿童和学前儿童辨别表情的能力越来越完善。学前儿童能够成功地区分愉快、愤怒、悲伤、恐惧等面部表情。学前儿童识别高兴、悲伤、愤怒表情要比恐惧、惊奇、厌恶表情好，对高兴、悲伤、愤怒表情标签成绩比恐惧、惊奇、厌恶表情标签成绩高，学前儿童表情识别的能力高于表情标签的能力。表情识别与表情标签，在 3—5 岁时期是一个快速发展时期，5 岁以后提高的水平变缓。到了 9 岁或 10 岁时，儿童理解混合情绪的能力形成。

8. 随着婴儿的成长，情绪调节越来越从被动的、生理反应性的、前意识的调节向主动的、有明确社会性目的、有意识的调节发展。婴幼儿的情绪调节行为主要有四类：安慰行为、分心行为、工具性行为和认知重评。婴儿最先出现的情绪调节行为是安慰行为。分心行为是在自觉运用安慰行为策略之后形成的另一重要的情绪调节方式。儿童 1 岁左右工具性情绪调节行为已经出现，认知重评情绪调节是儿童 2 岁以后才逐渐发展起来的调节情绪策略。

9. 三四岁的儿童开始能够运用情绪表达规则管理自己的情绪表达行为，但是还不能真正理解情绪表达规则。而随着年龄的增长，五六岁儿童对情绪表达规则的理解逐渐得到改善，儿童对情绪表达规则的认识达到意识水平，能够用言语将自己的理解表达出来。从小学阶段开始，随着儿童家庭、学校、社会化经验的增多，以及区分心理表征和外部行为认知能力的发展，儿童对情绪表达规则的理解和掌握在小学时期得到了根本上的发展。儿童依据文化适当性的情绪表现规则表达情绪的能力也是从儿童早期到青少年期不断提高。

10. 婴儿的依恋是一种婴儿与父母或养育者的亲近关联，是一种心理行为的亲近和依附，是一种母婴之间的情感纽带。婴儿在同养育者形成依恋关系时经历了非社会性阶段（0—6周）、未分化的依恋阶段（6周至六七个月）、分化的依恋阶段（大约7—9个月）、多重依恋阶段（大约9—18个月）等四个阶段。

11. 依恋划分为以下四种类型：安全型依恋、抗拒型依恋、回避型依恋、混乱型依恋。婴儿与养育者建立的依恋关系在质量上不同，有的婴儿属于安全型依恋，有的婴儿属于非安全型依恋。许多因素都可能影响婴儿形成的依恋类型，包括他们受到的抚养质量、家庭的特征或情感氛围以及婴儿自己的健康状况和气质。

12. 随着生命全程依恋观和多重依恋说的兴起，研究者提出在人生的其他时期也有可能建立起依恋关系，依恋对象也不仅限于主要的照顾者（母亲），还包括其他的亲人（父亲）、同伴、恋人、配偶等。

13. 鲍尔贝提出“内部工作模型”认为在早期亲子互动的背景下，所有个体都将发展出有关自我和他人的内在表征，即内部工作模型。这种表征模型将对个体在依恋关系中的认知、情感和行为反应模式产生重要的影响，成为个体理解并预测环境、作出生存适应反应、建立并保持心理安全感的基础。依恋的内部工作模型一旦形成，在个体遇到新关系或关系发生变化时，将通过同化和顺应过程继续发展和演化。依恋的内部工作模型理论认为早期孩子与父母的依恋关系是随后恋爱关系模式的原型，同时孩子与父母的依恋关系与随后的家庭组织模式是相关的，且这种关系在家庭模式的代际传动中扮演重要作用。

【思考与练习】

1. 主要情绪出现的基本顺序是怎样的？
2. 婴儿微笑发展的过程怎样？社会性微笑的意义是什么？
3. 婴儿基本情绪发展的主要特点是怎样的？
4. 婴儿兴趣发展的过程与特点是什么？
5. 婴儿陌生人焦虑与分离焦虑的特点及其形成的原因是什么？
6. 幼儿情绪识别与情绪理解发展的主要特点是什么？
7. 幼儿自我意识情绪发展的主要特点是什么？
8. 小学生情绪能力发展基本特点及其意义是什么？
9. 青春期青少年情绪发展的主要特点什么？
10. 不同依恋类型的特点是什么，影响依恋发展的影响因素有哪些？
11. 依恋的内部工作模型的内涵及特征是什么？

【拓展阅读】

1. P J LaFreniere. *Emotional development*: *A biosocial perspective* [M]. East Windsor: Wadsworth Press, 2000.

本书比较全面地总结了情绪发展的理论、各年龄阶段个体的情绪发展过程与特点。

2. L A Sroufe. (1996). *Emotional development*: *The organization of emotional life in the early years*. [M] Cambridge, England. Cambridge University Press, 1996.

本书是西方情绪发展理论的代表作之一，系统地总结了情绪发展的本质、情绪发展的历程与特点、情绪发展与适应等内容。

【参考文献】

1. 孟昭兰. 情绪心理学 [M]. 北京：北京大学出版社，2005.

2. 陈英和，崔艳丽，王雨晴. 幼儿心理理论与情绪理解发展及关系的研究 [J]. 心理科学，2005 (3).

3. 侯瑞鹤，俞国良. 儿童对情绪表达规则的理解与策略的使用 [J]. 心理科学，2006 (1).

4. 李佳，苏彦捷. 儿童心理理论能力中的情绪理解 [J]. 心理科学进展，2004 (1).

5. 李春花，王大华，陈翠玲，刘永广. 老年人的依恋特点 [J]. 心理科学进展，2008 (1).

6. 王振宏，田博，石长地，崔雪融. 3—6 岁幼儿面部表情识别与标签发展的特点 [J]. 心理科学，2010 (2).

7. 王振宏，张美玲，刘燕，卢胜利. 122 名初中工读学生的情绪反应与表达特点 [J]. 中国心理卫生杂志，2008 (2).

8. 俞国良，侯瑞鹤，罗晓路. 学习不良儿童对情绪表达规则的认知特点 [J]. 心理学报 2006 (1).

9. D Cicchetti, B P Ackerman, C E Izard. *Emotions and emotion regulation in developmental psychopathology* [J]. Development and Psychopathology, 1995, 7 (1) 1－10.

10. J Cassidy, P R Shaver. *Handbook of attachment theory*, *research and clinical applications* [M]. New York, London: The Guilford Press, 1999.

11. S A Denham, K A Blair, et al. *Preschool Emotional Competence*: *Pathway to Social Competence*? [J]. Child Development, 2003, 74 (1) : 238－256.

12. B L Hankin, R Mermelstein, L Roesch. *Sex differences in adolescent depression*: *stress exposure and reactivity models* [J]. Child Dev, 2007 Jan-Feb, 78 (1): 279－95.

13. G Kochanska. *Emotional development in children with different attachment histories*: *the first three years* [J]. Child Development, 2001, 72: 474－490.

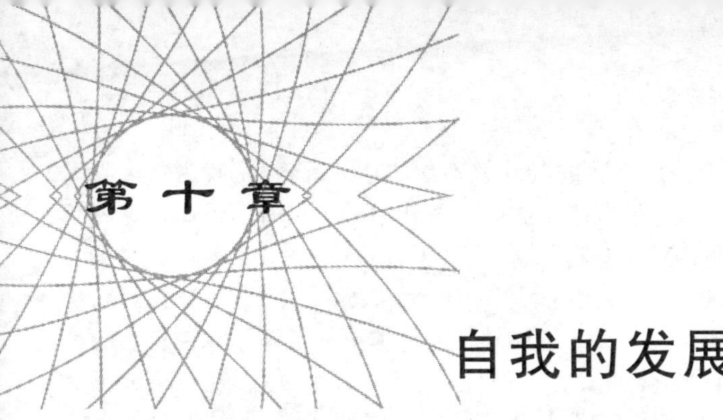

第十章

自我的发展

【本章导航】

本章主要介绍了自我的产生、发展及影响因素。首先，阐释了自我的内涵和外延，并介绍了自我的独特性问题；其次，分别介绍了个体在自我认识、自我体验和自我调节等方面发展的一般特点，并简要介绍了异常儿童自我发展的特殊性；最后，介绍了自我的神经解剖学基础及父母和社会文化两大因素对自我发展的影响。通过本章的学习，学生可以较系统地了解发展心理学视角下自我的发生、发展及影响因素等问题。

【学习目标】

1. 能够在理解的基础上说出自我的概念及其内涵。
2. 能用自己的话描述自我产生的基础。
3. 能够阐述自我形成的过程。
4. 了解不同发展阶段中个体自我发展的特点。
5. 能够掌握自我发展的理论。
6. 能用自己的话描述影响自我的神经解剖学因素。
7. 能够举例说明为什么自尊是自我体验的核心内容。
8. 能够运用自我调节的知识帮助中小学教师解决儿童自我发展中遇到的一些常见问题。
9. 运用生活中的事例说说自我发展是如何受家庭与社会文化影响的。

【核心概念】

自我　自我认识　自我体验　自我调节

个体自降生到这个世界上之后，对自我的疑问就不断地在进行着："我为什么咬自己的手就痛，而咬奶瓶就不痛?"；"我为什么推球，球就滚动了，而不推球，球就不滚动?"；"我是谁?"；"我从哪里来?"；"我喜欢什么又不喜欢什么?"；"为什么我很在意爸爸和妈妈的表扬？而不喜欢听他们的批评?"……诸如此类关于自我的问题，不仅伴随着个体的成长不断得到丰富与发展，还能够促使个体更加了解并掌控自己的发展与变化规律。自我，也称自我意识，是个体发展的一个动力系统（dynamic system），它由知、情、意三方面组成。"知"是指个体对自我的认识，"情"是指个体对自我的体验，"意"是指个体对自我的调节。所谓自我的动力系统就是指自我各构成要素随时间发生变化，这些要素间以相互作用的形式实现动态平衡的系统。

其中，自我认识（self-knowledge）是自我的认知成分，它是个体对自己身心特征和活动状态等的认知与评价，包括自我感知、自我观察、自我分析、自我概念、自我评价等，其中，自我概念（self-concept）与自我评价（self-evaluation）是自我认识中的两个主要成分，能够反映自我认识的发展状态与水平。自我概念是指个体对自己的印象，包括对自己存在的认识，对自己身体、性格、态度、能力等方面的认识。自我评价是指个体在对自己身心特征了解基础上对自我作出的判断。

自我体验（self-experience）是自我的情感成分，是指个体对自己所持有的一种态度，包括自爱、自信、自尊、自豪感、内疚感与羞愧感等。其中，自尊是自我体验中最重要的成分，它能影响自我认识与自我调节两个方面的发展。

自我调节（self-regulation）是自我意志的体现，是指个体有目的、有策略地对自我认知、情绪、动机和行为进行激活、控制、调整和维持的过程。

随着社会化进程水平的提高，个体对自我的认识、体验和调节的意识与能力都在不断提高，并日臻完善。那么，自我到底是怎样产生的，又是怎样发展的？发展的过程中又受到哪些重要因素的影响？影响的结果又如何呢？本章将对这些问题逐一进行阐述。

第一节　自我的产生

现实世界中，每一个正常人都很在意"我是一个什么样的人"这个问题。幼儿园里的小朋友，在意自己每天是否能得到老师给的奖励，并把它作为"我"是否是"好孩子"的等价物；青少年阶段的学生，开始在意自己是否被异性喜欢或爱恋，他们把拥有这份情感作为"我"是否是"有魅力的人"的个人特征；到了"不惑"之年的人，就不太在意别人对自己的好与坏的评价了，他们常将自己是否能胜任各种责任，作为"我"是否是"有价值的人"的标尺；而当人进入晚年，他们对自己的把握就有了"随心所欲，不逾矩"的气度与胸怀。心理学家将这种追随个体对自己特征的认识水平不断改变的过程统称为自我毕生发展。

一、自我的内涵

（一）自我的界定

自我（self）是个体生理与心理特征的总和，是指个体独特的、持久的同一性身份。自我可以被看做是个体人格的重要组成部分，或是个体关于自己的观念。心理学上认为，在人的观念系统中个体对自身能力的认识、体验与调控，主要是通过思想意识、理想化、观念冲突及自尊体验四个主要环节来实现的。

1. 思想意识

所谓思想意识是指人的观念系统。观念系统就是人对世界的认识，包括信念与理想两部分。在这两个部分中，意识的作用是不同的。信念指向人们对世界理解后而产生的思维倾向或态度认同，而理想则指向人们对未来的追求。心理学家布兰登（Nathaniel Branden）认为，生命之初，人就在内部世界中构建了一个能正确理解世界的信念，即人有一种先天的观念：我是“万能的”（I am right，I am always right）。这种观念促使人产生了理想化。

2. 理想化

所谓理想化就是指个体超越现实的一种观念倾向。由于人对自我的“万能”认识，个体喜欢间接或直接地通过生活经验（记忆与想象）的正向引导来积极、乐观地对待自己的未来。记忆是个体对过去经历过的人、事、物的保持、再现与回忆。而想象是将过去经历过的人、事、物有机地连接起来，形成关于事物的新形象。在这个过程中，记忆的内容是复杂的，有好坏之分，有喜忧之别。想象的画面也会由于记忆内容的不同，时而变得万种风情，色彩斑斓，时而变得扑朔迷离，黯淡无光。这种差异有时会使人陷入诸多反思当中：“真实的我”与“理想的我”一致吗？我的能力与别人的能力相同吗？我的能力能胜任未来的要求吗？……当人开始反问自己时，自我怀疑也就随之到来。例如，我的能力是不是很有限？我能像别人一样做得很优秀吗？为什么自己的努力与理想总存在差距？……诸如此类的问题，使人的理想化开始遭受打击，出现了观念冲突。

3. 观念冲突

所谓观念冲突是指两种或两种以上的不同认识在人头脑中的交织与错融，使人的思维处于混乱状态。如上所说，由于人的记忆与想象的复杂性，使人的观念出现了矛盾。如为什么我不是全能型人才？为什么我想做好而实际却没有做好？我的实际能力与客观要求到底存在多大差距？……这些疑问或困惑已经表明：人的认识已经开始在观念与能力之间矛盾地徘徊着。随着儿童的发展，这种徘徊在认识力量推动下，在能力标准要求下，逐渐使人能够将自己区分为“真实自我”与“理想自我”。从能力角度讲，它已经提醒人们，人从来就没有被证实过是“万能的”或完美无缺的，只是证实了：人是依靠某种能力进行思维、判断并知道自己的行为是否是正确的；人只要坚持不懈地努力，能力不仅会提高，而且还会达到一个新的水平，从而获得成功、赢得尊重、产生自信、体验自尊等。

4. 自尊体验

所谓自尊体验是指人除了在意识系统引导下依靠能力生存，赢得胜任感及满足自尊外，还要在意识系统指导下获得生存的有价值、有意义的感受。这就涉及人是有目的、有选择地趋向他的生存目标，即在社会价值标准选择面前，人要依从社会规则与价值标准来指导自己的行为。在儿童早期，当儿童能够自己去作出行动选择时，他们就产生了像成人一样去做正确事情的欲望，其表现就是努力去做他自己认为是正确的或受成人喜欢的事情，而尽量避免做他自己认为是不好或成人不喜欢的事情。但此时，儿童还不明白这个问题与生活的成功或失败有联系，他们只知道它与快乐或不快乐相关。儿童认识到为了获得快乐，就必须按照成人的要求做正确的、做好的事情，否则，他们就很难得到成人的喜欢。没有成人的喜欢，他们就没有快乐。因为成人的喜欢不仅代表了社会的承认与接纳，更代表了社会价值标准的认可与满意。所以说，儿童的快乐感从社会价值标准选择开始，就与自豪感、归属感、受尊重等高级情感相关。正因为如此，人不能脱离社会的价值要求及价值判断而活着，即无论人对自己的判断是有意识的，还是无意识的；无论是理性的，还是非理性的；无论是一致的，还是不一致的；无论是自我改进的，还是消极被动的，他们都要依据社会价值标准去行事。个体一旦背离了自己生活中的社会价值标准（或道德信仰），就会发生价值感欠缺的危机，他们就会逃避社会价值标准的要求，趋向他自己（有限的正确或错误）的价值判断，从而迷失自我前行的方向，丢失自尊。

理论关联10－1

哲学家眼中的自我

西方哲学家较为关心的首先是自我的存在问题，即人类是否存在“自我”。早在17世纪，法国哲学家笛卡儿（R Descartes，1596—1650）就提出“我思故我在”，这一论断将自我实体化，认为自我就是心灵（mind），把自我看做了真实存在的精神实体。但是休谟（D Hume，1711—1776）对此持不同的观点，他怀疑所谓“自我”是根本不存在的，只是一种个体体验到的注意指向的行为，这些体验具体而特殊。所以休谟认为，既然个体体验不到自我的这种一般性的、持久性的特征，就不能说自我是存在的。美国当代哲学家塞尔（J R Searle，1932—　）的观点将这两种不可调和的论调巧妙地融合在一起。他认为：虽然休谟等认为人体验不到自我的存在，但是这并不代表自我不存在。这是因为，自我并不是一个人所能体验到的东西，自我是借助于有意记忆的连续性而形成的。他指出自我即个人认同，是人通过身体的时空连续性、结构的时间连续性、记忆的连续性、人格的连续性实现的。其次，西方哲学家还关注自我的本质及其变化形式。康德（I Kant，1724—1804）与穆勒（J S Mill，1806—1873）均将自我看做良知，认为自我是求真求善的发展过程。孔德（Isidore Marie Auguste François Xavier Comte，1798—1857）进一步指出，自我在不同年龄阶段会发展出不同的形式，如儿童的自我是一种神学的自我，认为物我均具有灵魂，因此自我并非个体独有的特性；青少年以理性看待自我，但却缺乏对自我与外界力量的关系的辩证态度，易偏激；成年人可以认识到自我的局限性，客观地审视自我与环境的力量制衡问题，因此其自我更具科学性。

［资料来源］朱滢. 文化与自我［M］. 北京：北京师范大学出版社，2007：1－13

（二）自我的独特性

自我是否是人类所独有的，这是我们在区分人与动物时经常提到的问题。为解答这一问题，我们首先要确定判断标准。吉利汉（S J Gillihan，2005）认为自我独特性的判断标准有三个：一是脑区定位，即自我类信息与其他信息的加工脑区不同或联合脑区不同。吉尔施（T T Kircher，2000）等进行了一项关于自我相关判断的实验，要求参与者比较自我描述词和非自我描述词。结果显示：大脑右侧边缘系统和左侧前额皮层（preforntal cortex，PFC）对自我相关的描述词较为敏感。这说明无论自我相关的信息加工深度如何，它们都存在着相对应的功能脑区。二是功能独特性和自主性，即信息在一个系统内得到加工的方式，且自我表征系统的运行不依赖于另一个表征系统。普拉提克（S M Platek，2003）和伊什特万（István Tátrai，2005）的研究分别证实了自我相关特质词具有右半球加工优势效应。自我参照效应（self-references effect），是指个体加工自我相关材料时记忆增强，能够较好地体现自我的功能独特性和自主性。三是物种独特性，是指自我系统为人类所属种群所特有的心理现象。研究发现，只有1.5岁的婴儿就能和成年大猩猩一样能够通过点红实验任务（Kircher，2000）。虽然大猩猩能够通过镜像识别任务，但是它们对自己的行为缺乏认识，即没有中介经验（agency）。因此，如达马西奥（Antonio R Damasio，2007）所言，大猩猩所表现出的自我只是原始自我（这种“自我”只是一系列相互联系、暂时一致的神经模式，每时每刻表征着有机体的状态，但不能被意识），缺乏意识性。而只有人类具有有意识的核心自我，并能够在此基础上将自我在时空上连接起来。因此，自我是具有物种独特性的。

二、自我的解说

一个多世纪以来，自我的性质一直困扰和吸引着多学科领域的学者们。在心理学领域，心理学家们对此也展开了深入的探讨，形成了关于自我的各种理论观点。

（一）“二元”自我观

詹姆斯（William James，1890）在其著作《心理学原理》中，将自我分为主体我（I）与客体我（Me），这种划分代表着二元自我观。其中，主体我是指自我的行动者、观察者和认识者，体验着自己的身体、心理及二者关系的变化，具有调整、控制、组织的能动感，对客体我具有支配作用。客体我是主体我认识与体验的经验总和，是被认识和被体验的对象，也是被调整、控制和组织的客体，故也称作“经验自我”。

詹姆斯
（William James，1842—1910）

“我们每个人的经验自我就是所谓的‘客体我’。很明显，‘客体我’与‘我的’之间的界限很难区分。我们对属于我们的东西的感受和行为与我们对于我们自己的感受和行为十分相似。我们的名望、我们的孩子、我们的作品对我们而言也许和我们的身体一样宝贵。而且一旦它们受到了攻击，所引发的情感和行为与身体受到攻击时是一样的。那么我们的身体仅仅是属于我们的，还是就是我们？”①

詹姆斯将自我分为主体我与客体我之后，又将客体我分为物质自我、社会自我和精神自我。

---

① William James. 心理学原理［M］. 田平，译. 北京：中国城市出版社，2003：291.

物质自我（material me）包括身体自我和自己的所有物，也可以认为是身体自我和身体外自我。身体自我就是对个人的五官、四肢、手脚等身体组成部分的感知。而自己的所有物是指对于我们的孩子、我们的财产、我们的劳动成果等所有物的感知，并不是这些物理实体成了物质自我，而是指拥有它们的感受成为了物质自我的一部分。例如，一个人有一件她非常喜爱的衣服，衣服本身并不是她自我的一部分，而“我最喜爱的衣服”则表达了一种占有感，使“我的衣服”成为物质自我的一部分。

社会自我（social me）是指自己被其他人认可的那些特征的总和，也就是我们如何被他人看待与认可的。从这一点来说，我们如何看待自己在很大程度上取决于我们所扮演的社会角色。在不同的社会情境中，我们的自我是不同的。例如，很多年轻人在他们的父母和老师面前是非常严肃认真的，但在朋友面前却是无拘无束的。他人观点具有多样性，詹姆斯总结说：“一个人有很多社会自我，就像很多认识他的人在其各自的心里都创设出对他的印象。”① 这种社会自我的多重性可能是不和谐的，如，一个将军对他的孩子是温柔的，但对他的士兵却是严厉的；也可能是冲突的，就像只在固定情境或角色中出现的人出现在其他场合或以其他角色出现时我们常常会令我们感到惊讶一样，如在校外（如娱乐场所）遇到老师的学生往往会感到慌乱，因为他们很少看到老师以另一种角色出现，而老师不同的社会自我此时可能也会发生冲突。人们在不同的社会背景下表现出自我的不同侧面，这不禁使我们陷入思考：是否存在一个超越这些社会角色的稳定的、核心的自我呢？目前心理学家们对此还没有形成统一的结论，一种观点认为自我由我们的各种社会角色构成，并不存在一个独立于社会角色外的真实自我（Gergen，1982；Sorokin，1947）；而另一种观点认为在这些不同的社会特性中还存在一种普遍的自我（James，1890）。詹姆斯认为，我们的社会自我只是自我的一个重要方面，并不是自我唯一的方面。总之，社会自我包括我们所拥有的各种社会地位和我们所扮演的各种社会角色。

精神自我（spiritual me）是一个人的内部自我或心理自我，由一个人的思想、性格、道德判断等自我中较持久的方面组成。我们所感知到的能力、态度、情绪、兴趣、动机、意见、特质、愿望等都是精神自我的组成部分。简言之，精神自我就是我们所感知到的内部心理品质，它代表了我们对自己的主观体验。正如詹姆斯所论述：

“精神自我……我认为指的是个体内在的或主观的存在，他的心理能力或性格倾向……这些心理性格倾向是自我最持久和私密的部分。当我们思考和辨别我们的能力、道德感和良心以及我们的愿望时，会拥有比调查我们的所有物时更强烈的自我满足感。”②

詹姆斯认为精神自我有两种方式：一种方式是孤立地考虑每一种特性，即抽象方式；另一种方式是把特性作为连续不断的溪流来考虑，即具体方式。

“可以用多种方式来考虑精神自我。可以把它看成不同的能力……把它们各自分

① William James. 心理学原理［M］. 田平，译. 北京：中国城市出版社，2003：294.

② 同①，296.

离开来，分别来确认我们自己。这是用抽象方式处理意识的方法……或者我们也可以坚持具体的观点，那么精神自我要么是我们的整个个人意识流，要么是当前的‘片段流’……不管是具体还是抽象，我们对于精神自我的理解毕竟是一个反映过程……我们放弃只看外表的观点，开始把自己当做思想家。”①

纵观詹姆斯的自我理论，从主体我到客体我，客体我中又从物质自我到社会自我，再到精神自我，都体现了自我发展的不同层面。

(二)“交互作用”自我观

交互作用自我观主要来自符号交互论者关于自我的观点。符号交互论（也称符号交互作用理论）有两位代表人物：库利和米德。

1. 库利的“镜像自我”观点

库利
(Charles Horton Cooley,
1864—1929)

库利（C H Cooley，1902）提出了“镜像自我（looking-glass self)”的概念，他以镜子中的自我形象为比喻，指出自我是从外界（客观、他人）得到的关于自己的印象。“镜像自我”包括他人对自己外表、形象的认识和他人对自己行为举止、人格等方面的评价。库利被誉为符号交互作用理论的先驱者，他扩展了社会环境中自我发展与他人联系的观点，强调自我的概念或观点不能与社会影响分离，并表明自我是通过反映他人对自己持有的观点而形成的。库利（1902）认为，人们对自己的感觉通过观点采择过程（perspective-taking process）得到发展，人们观察到他人如何评论自己，然后把这些观点融入到自我概念中；在镜像自我的建构中，涉及三个过程：(1) 一个人想象自己要如何出现在别人面前；(2) 想象他人如何判断或评价自己；(3) 对想象中的他人评价产生一些情感反应，如自豪或羞愧等。当然在这个过程中，一些人的评价可能比另一些人更重要。例如，关系密切的人或对自己重要的人可能会比陌生人对镜像自我的产生有着更大的影响。那么，对于儿童来说，父母、教师等一些与儿童关系亲近或在儿童心中具有权威的人就会对其镜像自我的形成产生重要影响。

2. 米德的“符号交互作用”理论观点

米德
(Ceorge Herbert Mead,
1863—1931)

社会学家米德（G H Mead，1863—1931）在库利工作的基础上，极大地扩展了镜像自我的观点，创建了符号交互作用理论（theory of symbolic interaction)。该理论强调个体在与他人的社会交互作用过程中塑造了自我，因此，米德认为自我是社会的，个体脱离他人就不可能形成自我。自我的产生是个体在群体内部与他人交互作用的结果，而人们在人际交互作用中所使用的符号对自我形成具有重要意义。所谓符号是指在一定程度上具有象征意义的事物。在“镜像自我”

① William James. 心理学原理［M］. 田平，译. 北京：中国城市出版社，2003：296.

这一概念的基础上，米德提出了“概括化他人（generalized other)”的概念。认为人们在镜像自我的形成中，不仅受到某些重要他人观点的影响，也会受到整个社会群体总体评价的影响。也就是说，个体逐渐将整个社会群体对他的看法概括化，并融入到自我结构中，形成一种社会化的自我。

理论关联10－2

反映性自我评价（reflected self-appraisal）

该理论是金奇（J W Kinch，1963）在符号交互作用理论背景下发展起来的理论模型，它是指人们在评价自我时，在某种程度上是通过内化他人对自己的看法而形成自我评价的。这一观点正源于美国社会学家库利提出的“镜像自我”概念，即在他人眼中看到自我，通过观察他人如何评价自己，然后把这些观点融入自我概念的建构中。该模型有三个成分：（1）他人对我们的真实想法是什么（他人真实评价）；（2）我们对这些评价的知觉（知觉评价，即反映性自我评价）；（3）我们关于自己的想法（自我评价）。模型假设真实评价决定了知觉评价，知觉评价又决定了自我评价。真实评价与自我评价之间没有直接作用。这意味着，正是个体对于他人评价的知觉（而不是他人对自我的真实评价）决定了自我评价。

［资料来源］J W Kinch. *A formalized theory of the self-concept* ［J］. American Journal of Sociology，1963，68（4）：481－486.

在这种观点的基础上，米德将自我的形成与发展分为三个阶段：（1）准备阶段(preparatory stage)：该阶段出现于个体生命早期，此时个体的自我意识还没有出现，只是无意识地模仿他人。由于婴幼儿尚未掌握语言符号，他们无法用语言与他人交流，所以对人际互动的符号和意义缺乏理解；（2）模仿阶段（play stage)：当儿童掌握了语言后，开始模仿和扮演身边成人的角色，如老师、父母等，他们也会尝试从别人的角度来看待自己，但这种模仿还局限于某一个重要他人，很难做情境的转换；（3）社会角色扮演阶段（game stage)：儿童在这个阶段已经能够熟练扮演某个社会角色，并能从多个“重要他人”的角度看待自己。当儿童把周围人的期望、社会的价值、规范、目标内化时，他们就会去努力扮演社会认可和接受的角色。正如米德所言：“自我是某种发展的东西，它不是与生俱来的，而是在社会活动过程中产生的。”①

第二节　自我的发展

自我出现的最初表现形式为自我感知（self-perception)。所谓自我感知是社会知觉的一种形式，是指个体通过对自身行为的观察而产生的对自己的认识。自我既是认识的主体，同时也是认识的客体。如前文所述，自我包括主体我（I）与客体我(Me)，而自我感知的发展就要从这两种形式说起。

① 李幼穗. 儿童社会性发展及其培养［M］. 上海：华东师范大学出版社，2004：288.

主体我作为自我的行动者、观察者和认识者，是我们对自己作为独特的统一体的感觉，这种感觉具有持续性，它能够按照自己的意愿进行活动，也即我们知道自己的存在。客体我作为被观察或认知的对象，是我们对自己更为具体的看法，包括对我们的外表、喜好、社会角色与社会关系、价值观与人格特点等方面的看法，也即我们知道自己的特点。主体我的发展先于客体我，人们首先要意识到自己的存在，然后才能了解自己是什么样子。所以，刘易斯（M Lewis）和布鲁克斯·甘恩（J Brooks-Gunn，1979）在主体我与客体我概念基础上，区分出存在的自我（existential self）与类别自我（categorical self）。存在的自我即主体我，任务是认识到“我”是独立于他人而存在的；类别自我即客体我，即主体我发展之后，儿童必须发展出类别特点，如用性别、年龄等来定义他们自己。逐渐地，儿童能够越来越多地认识自己的各种特征，形成自我概念，如我喜欢绘画；并能够对这些特征进行正面或负面的评价，即自我评价，如我的绘画很生动；同时与自我评价相伴随的是对评价结果的情感体验，即自我体验，如我为自己能画一幅生动的作品而感到自豪；当儿童的抑制性发展到一定程度时，他们开始能对自己的行动作出控制和调节，即自我调节，如我能够为绘画做好时间上的安排。从自我概念形成之时，儿童的主体我与客体我便开始相互交融，共同作用，并且协调性逐渐增强。当儿童能够进行自我调节时，自我所发挥的功能便达到了最高层面。

一、自我认识的发展

（一）自我感知的发展

1. 主体我的形成与发展

当婴儿来到这个世界时，能否意识到“我”的存在？婴儿如何发展起一种能把自己与他人、他物相区分的自我感，并意识到自己是一个独立的统一体呢？这种自我感就是自我知觉，即主体我。主体我出现的主要标志是自我与他人或他物的区分，即自我分化。例如，婴儿触摸自己身体的感觉与触摸他人身体或其他物体的感觉不同；咬自己的手和脚与咬其他人的手和脚或咬其他物体的感觉不同。又如当婴儿观看其他物体移动时，转动自己的头与保持头部不动的视觉经验不同。此外，婴儿对自己的声音和其他婴儿的声音的反应也是不同的。这种主体我的感觉分辨能力使婴儿感到自己是引发事情变化和人物反应的独立动因，他们会表现出自己行动与周围物体改变之间的因果性（即行动使得物体改变）学习。例如，婴儿看到踢自己的小脚对悬挂的活动装置有影响，即属于行为与结果具有因果关系（如图 10－1 所示）；幼儿抓握悬挂物，悬挂物便摆动，幼儿就会发现了二者间的因果关系（如图 10－2 所示）。

马勒（M S Mahler，1968）最初观察到婴儿与母亲分离时的反应，如悲伤、抓住母亲离开的门，这表明婴儿能区分出自己和母亲，感到自己不再与母亲是一体的，而是一个独立的人。马勒认为这代表了分离个体化过程（也即自我分化）的开始，分离主要指自我与客体区分的过程，而个体化是指婴儿逐渐认识到自己是一个独立的、自主的整体。自我分化带来的能动感，使婴儿发展出了对自身与外界的掌控能力。

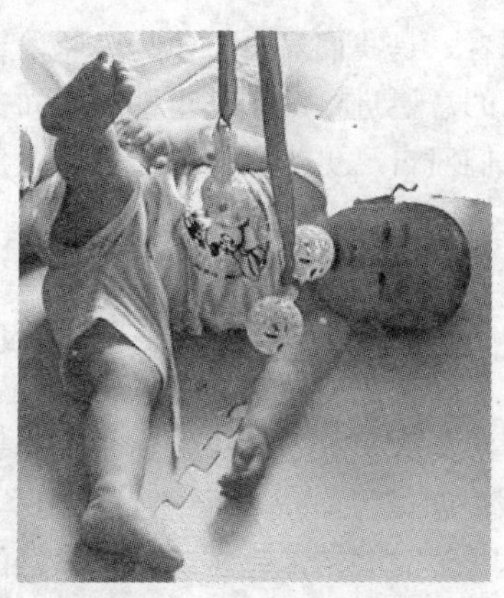

图 10－1　婴儿因果性学习

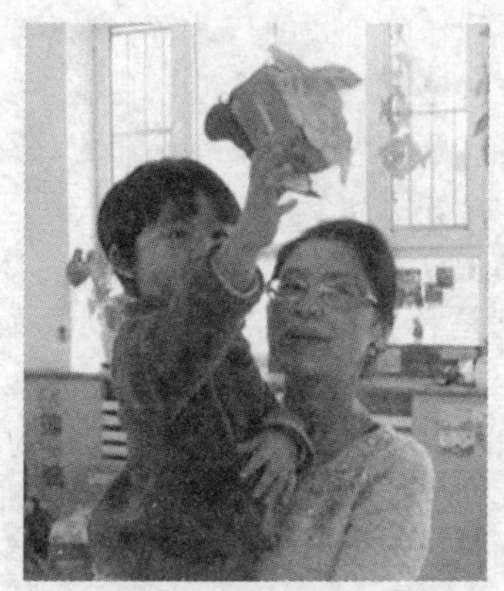

图 10－2　幼儿因果性学习

所谓掌控能力就是婴儿对自己身体的控制，即由自身动作与其产生的感觉之间建立起来的即时联系，它使婴儿认识到自己感觉的变化是由动作产生的，而动作又是由自己这个主体所发出的，从而认识到自己的力量，认识到自己是活动的、积极的主体。这方面的早期研究来自刘易斯和布鲁克斯·甘恩（1979），他们利用视觉识别范式，根据相倚线索（contingency clues），即镜像行为动作与婴儿的行为动作保持一致，观察到婴儿能意识到自己身体的运动会引起镜子中视觉图像的移动，进而把自身推断为一种积极的能动力量。斯特恩（D N Stern，1985）将其描述为自我能动性（self-agency），它是一种支配自身产生行为的意志感，即“我自己能作出行动”。

掌控能力的进一步发展表现为对外部环境和他人反应的控制。当婴儿学会伸手够或用手抓物体并使物体发生移动时，他们会感到“我能使物体运动”，即自己是外界事物运动的起源或动因，班杜拉（A Bandura，1990）称其为“自我效能感”（self-efficacy）的先兆（forerunner），他认为当婴儿意识到自己能控制特定的环境事件，特别是当敏感的照顾者在这个过程中给予婴儿帮助时，他们就会获得一种个体能动感。凯斯（R Case，1991）观察到，当婴儿显示出对物体的控制时，例如作出一种移动，他们就特别喜欢展示自己有劲的行动，表现出一种愉悦感。图 10－3 即儿童对外界事物的掌控。

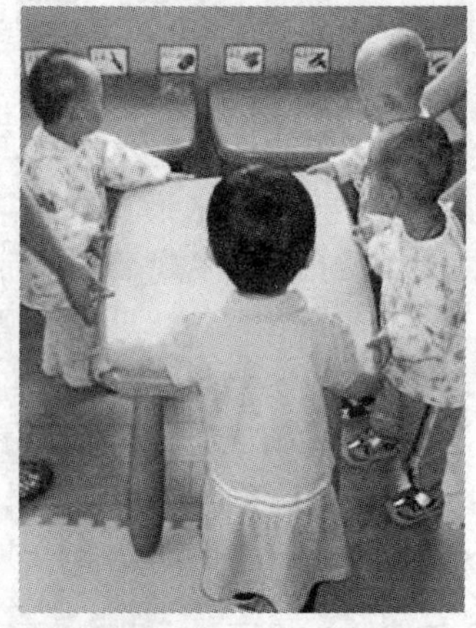

图 10－3　儿童对外界物体的掌控

除了对无生命物体的掌控，婴儿逐渐地会对照顾者施加影响。例如婴儿通过啼哭引来母亲或其他照顾者对他的关怀；通过向母亲或他人微笑，而得到母亲或他人的微笑和爱抚；通过向母亲伸出手、想要“抱抱”而得到母亲的亲吻和拥抱。甚至再大一些到20—25个月，婴儿甚至还会对成人“发号施令”，指挥成人的行为，如“我要……!”“把……给我!”这些都会使婴儿感到自己是行动的发起者，具有影响与掌控他人的能力。

2. 客体我的出现与发展

当婴儿到了15个月左右，婴儿的自我觉察能力开始出现，他们能够把自己作为客体来对待。也就是说，婴儿的客体我开始萌芽。对这方面，阿姆斯特丹（B Amsterdam，1972）在研究方法上取得了突破，他运用镜像自我识别的实验来考察婴儿的自我识别，即婴儿能否认出镜子中反射出来的人物就是自己，从而使婴儿自我认识的起点得到了确认的标准。阿姆斯特丹借用盖洛普（G G Gallup，1971）研究黑猩猩自我再认的方法，在婴儿鼻尖上涂了一个红点，并假设：如果婴儿表现出意识到自己鼻尖上红点的自我指向行为（如去摸自己的鼻子），就表明婴儿具有了自我认知的能力，能够把自己的某种特征当做客体去认识。阿姆斯特丹的实验结果表明，只有到了15—24个月时，婴儿才能显示出稳定的对自我特征的认识，他们会对着镜子去触摸自己的鼻子和观看自己的身体。

刘易斯和布鲁克斯·甘恩（1979）在解释婴儿自我认知这一问题上，重复并发展了阿姆斯特丹的点红实验。他们对三组婴儿（9—12月组、15—18月组、21—24月组）的镜前自我再认行为进行了更加细致的考察。结果表明，9—12个月组的婴儿对自己镜像的反应是微笑和抚摸，但没有特别指向红点的行为，也就是说，他们对自己镜像的反应是社会性的，好像镜子中的人是另一个小孩一样，他们并没有对红点作出反应。在某种程度上，这表明他们没有意识到看见的是自己。15—18个月组的婴儿开始出现自我指向行为，如直接触摸自己的鼻子。21—24个月组的婴儿自我指向行为的表现更加明显。最小年龄组的婴儿由于能认出自己在镜前的移动而表现出一些对自己的再认，另一方面也表现出自我再认的偶然性，实际上确切的自我再认并不明显。因此，刘易斯和布鲁克斯·甘恩认为，15个月是婴儿客体我发展的转折点。当婴儿表现出稳定的对自我特征的认识时，如对着镜子去触摸自己的鼻子和观看自己的身体，他们就认为婴儿出现了有意识的自我认识。

在此基础上，刘易斯和布鲁克斯·甘恩（1979）用更精巧的实验来评价婴儿的自我识别能力。他们使用两种与自我相关的信息来源：偶然线索（当“我”移动时，镜子里的人也在移动）和特征线索（镜子里的人看上去像“我”）。为了确认哪一种线索对自我识别更重要，他们利用三种形式来呈现偶然线索和特征线索：（1）静止的照片（只具有特征线索），（2）即时的视频（婴儿看到电视里移动的自己，它同时提供了两种线索），（3）延迟的视频（提供了特征线索和延迟的偶然线索）。这次实验的被试是9—36个月的婴儿，研究者用多种方法对自我识别能力进行评估，包括（1）自我指向行为（在看镜子时触摸自己鼻子上的标记），（2）发出语音（用恰当的名词或人称代词来指代自己），（3）自我意识情感（在镜子里看到自己时感到窘迫，而看到别人时并没有这种感觉)①。

结果发现，对于 9—12 个月的婴儿，偶然刺激能引起视觉自我识别。多数婴儿在镜子里看到自己或看见即时视频时会表现出认识自己的迹象。他们微笑、专注地看自己，并触摸自己的身体。然而，非偶然刺激（如照片和延迟的视频）只能引起有限的和可变的自我识别。这些发现表明，对于这个阶段的婴儿来说，偶然性线索对自我识别是必要的。多数 15—18 个月的婴儿都能通过脸部标记测试。当看到镜子里的影像时，婴儿会在他们的脸上指出红点的正确位置。许多 15—18 个月大的婴儿也能够在照片里把自己与他人区别开来，并指出他们的位置。这些发现表明这个阶段婴儿的自我识别不再需要偶然性线索。这些能力在 18—21 个月时仍然在发展，这时，几乎所有正常发育的婴儿都能够用偶然性线索来识别自己，有超过 75%的婴儿能够使用非偶然性刺激进行自我识别。这个年龄的婴儿中有 67%的人在看自己的照片时也开始使用人称代词。到 21 个月大时，婴儿自我识别的能力已经发展得很完善了。由此，刘易斯和布鲁克斯·甘恩根据婴儿不同时期对镜像反应的特点，区分了主体我与客体我的判定界线和线索（如表 10－1 所示）。

表 10－1　主体我与客体我的判定界线②

年　龄	表　　现
0—3 个月	只对他人的形象感兴趣，完全没有显示自我认知。
3—9 个月	开始表现出与镜像动作相一致的动作水平上的自我认知，即以相倚线索达到主体我的自我认知。
9—12 个月	开始将镜像特征与自身特征相联系，并以动作表现出来，初步以特征线索显示客体我的认知水平。
12—24 个月	完全能按自身特征线索达到自我觉知的水平，显示了主体我与客体我的整合。

哈特（S Harter，1983）总结出婴儿期主体我与客体我的五个发展阶段，前三阶段为主体我发展，后两阶段为客体我发展，具体表现如表 10－2 所示。

表 10－2　主体我与客体我的发展阶段③

阶段及主要标志	年　龄	表　　现
阶段一： 未形成自我意识	5—8 个月	婴儿显示出对镜像的兴趣，他们注视它、接近它、抚摸它、微笑并咿呀作语。但对自己镜像与其他婴儿镜像的反应没有区别，说明他们并未认识到镜中的形象是自己的反映，更不会认识到自己与他人有什么差别，也没有认识到自己是独立存在的个体。因此，该阶段婴儿还没有形成自我意识。

① Michael Lewis，Jeanne Brooks-Gunn. *Social cognition and the acquisition of self* ［M］. New York：Plenum Press，1979.

② 孟昭兰. 婴儿心理学［M］. 北京：北京大学出版社，1997：389－390.

③ 同②，390－391.

续表

阶段及主要标志	年　龄	表　　现
阶段二： 形成初步的主体我	8—12 个月	婴儿显示了对自己作为活动主体的认识。表现为他们愿意以自己的动作引起镜像中的动作。他们主动地引起自身动作，以引发镜像动作与之匹配，表明婴儿产生了对自己作为活动主体的认识。该阶段产生了初步的主体我。
阶段三： 主体我明确发展	12—15 个月	婴儿已能区分由自己作出的活动与他人作出的活动的区别，对自己的镜像与活动之间的联系有了清楚的觉知，说明婴儿已经会将自己与他人分开。主体我得到明确发展。
阶段四： 客体我被意识到	15—18 个月	婴儿开始把自己作为客体来认识，表现在对客体特征与主体特征的联系上，认识到客体特征来自主体特征，对主体某些特征有了稳定的认识，反映了他们在客体水平上的自我意识。
阶段五： 形成明确的客体我	18—24 个月	婴儿已具有了用语言标示自我的能力，如使用代词（我、你）标示自我与他人。婴儿在此时已经能意识到自己的独特特征，能从客体（如照片）中认识自己，用语言表达自己，表明已具有明确的客体我。

（二）自我概念与自我评价的发展

自我概念是个体对自己的印象，包括对自己存在的认识和对自己身体、性格、态度、能力等方面的认识；自我评价是个体在对自己身心特征了解的基础上对自我作出的判断。这二者是自我认识中的两个主要成分，能够反映个体自我认识的发展状态与水平。自我概念与自我评价是随着个体认知水平的发展而发展起来的，同时又是在社会生活中通过实践和交往逐渐形成并发展起来的。

1. 学龄前期（2—6 岁）

随着婴幼儿自我感知的发展，学龄前期儿童出现了类别自我（categorical self）。所谓类别自我就是他们能够注意到人与人之间的某些差别。类别自我的出现是在意识层面中自我认识的开始。

一般来说，儿童是以年龄和性别作为类别自我的判断标准的。3—5 岁的幼儿能够轻易地在 1—70 岁不同年龄阶段人群的照片中区分出“小男孩、小女孩”（2—6 岁）、“大男孩、大女孩”（7—13 岁）、“父亲和母亲”（14—49 岁）、“爷爷和奶奶”（大于 50 岁）①。9—12 个月的婴儿可以从陌生男人的照片中轻易区分出女性的照片并报以更多的微笑；18 个月时他们能很快从同年龄段异性孩子的照片中找到自己的照片；到 2 岁时，多数儿童能分清自己是男孩还是女孩，尽管这些儿童可能还没有意识到性别特征是稳定不变的。幼儿期儿童对性别的认识是逐步提高的，直到进入小学前，他们才能意识到自己的性别是无法改变的，进而会学习许多有关男性和女性的社

① 李幼穗. 儿童社会性发展及其培养［M］. 上海：华东师范大学出版社，2004：295.

会文化规范。

类别自我是自我发展过程中，从自我感知到自我概念、自我评价的一个过渡阶段。当儿童越来越多地认识到自己的不同特征，并能对这些特征予以正面或负面的判断时，就出现了自我概念和自我评价。自我概念与自我评价作为自我认识的主要成分，从幼儿早期形成到青春后期成熟一直处于发展中状态。

进入幼儿期后，儿童开始认识到自己更多的特征，如身体外貌、衣着打扮（尤其是女孩）、所有物、喜欢什么、能做什么等表面特征与行为特征，关于自我的这一系列特点构成了幼儿最初的自我概念。同时，每个儿童自我概念的具体内容又与他们的切身经验息息相关。在对幼儿自我概念相关内容的调查（刘双，2010）中，研究者让3—6岁的幼儿回答以下问题（如图10－4所示）：你长得什么样？你都喜欢什么？你都会做什么？你都有什么？你是一个什么样的男孩或女孩？结果显示：较小的幼儿（三四岁）还认识不到自己的身体外貌特征，他们不知道自己长什么样，或者说还不会描述自己长什么样；而较大幼儿（五六岁）已经能够用简单的词语或句子来描述自己的身体外貌，如我长得很漂亮，我长得很帅，我长得像爸爸，等等。所有幼儿都知道自己喜欢什么，包括一些小动物、玩具等物品或一些喜欢做的事。一般他们喜欢做的事也就是他们认为自己会做的事，自己喜欢的东西也是他们认为自己拥有的东西。对于整体性的问题，如“你是一个什么样的男孩或女孩?”一些幼儿会用一些简单的形容词来回答，如“漂亮的、长头发的、大眼睛的……”等外貌特征词，或“穿紫色衣服的、戴粉色发卡的……”等衣着特征词，或“听话的、聪明的、很乖的……”等性格特征词，或“爱画画、爱上游乐场玩……”等兴趣特征词，或“我会打跆拳道、我会帮妈妈干活……”等擅长行为的特征词。这些回答表现出幼儿会用某一方面的特征来对自我的整体进行描述。当然，还有超过60%的幼儿不会回答该问题。这一方面可能是因为他们还不会对自己进行整体描述，或不会用其他某一方面的特征做替代性描述，即幼儿期的自我概念还没有发展出对自我整体性特征的认识；另一方面可能是因为幼儿语言发展的局限，对“什么样的”这个词还不能理解，或语言储备中没有相对应的词汇来回答。

图10－4　自我概念调查中的幼儿

自我评价伴随幼儿自我概念的出现而出现。我国学者认为，自我评价开始出现的年龄是在3.5岁到4岁之间，大多数5岁儿童已经能够进行自我评价①。总体而言，幼儿期儿童的自我评价能力还很低，其个性发展在很大程度上会受到成人评价的影响，但幼儿的自我评价仍然表现出四个明显特点：(1) 比较信赖他人的评价。如要幼儿评价他自己是个好孩子时，他会说：“妈妈说我是个好孩子。”或者说：“老师说我

① 李幼穗. 儿童社会性发展及其培养 [M]. 上海：华东师范大学出版社，2004：296.

乖。”其实这种自我评价不能算是真正的自我评价，只能算作“前自我评价”。(2) 主要对自己的外部行为进行评价。如儿童在回答自己是好孩子的理由时，一般都倾向于依靠外部行为标准。因为“我不骂人”或“我听老师的话”，所以我是个好孩子。这种评价是对自己外部行为的评价而不是对自己内心品质的评价。因此严格地说，这也不是真正意义上的自我评价。(3) 评价比较笼统，大多数幼儿只从某个方面或局部对自己进行评价。如让幼儿评价自己是否是好孩子时，大多数幼儿都认为自己是好孩子，其评价标准仅仅是因为回答“我吃饭吃得好，睡觉好”或者“上课坐得好，不乱说话”等。(4) 评价带有比较明显的主观情绪性。幼儿自我评价往往不从具体事实出发，而是从情绪出发，带有主观片面性。如要幼儿对自己的作品和小朋友的作品进行比较时，即便明显可以看出是其他小朋友的好，他们也总会评价自己的作品好。这里不排除有单纯所有权效应（mere ownership），即对自己拥有的物品有较高评价，但是一般情况下，幼儿总倾向于过高评价自己。随着年龄的增长，幼儿对自己的过高评价逐渐趋于隐藏，自我评价也趋于客观。

2. 学龄初期（7—11 岁）

自我概念和自我评价的许多变化出现在学龄期。其中，小学阶段的儿童对外部事物和他人的认识逐渐趋向抽象化和概念化，他们对自我的认识也逐步呈现这种趋势。这一时期，儿童对自我的描述从以身体和外部特征为主逐渐转向稳定的内部特征，如性格、价值观、人生信仰等。如他们会说“我努力使自己变得对人更友好”、“我做事不太专心”、“我很孤独”等。他们的自我概念也变得更为概括，不再用特定的行为来看待自己，开始运用含义更为广泛的词汇来描述自己，如我喜欢运动、喜欢唱歌等。也就是说，这个年龄的儿童能够使用一些心理学术语来定义自己和他人的特质。这些特质中很多是重要的社会特征，如好看、可爱或友好等。在这些变化中，很多现象都可以用认知成熟来解释。这个时期的儿童处于皮亚杰认知发展阶段理论中的具体运算阶段。在这个阶段，儿童获得了逻辑思考的能力，能够通过归纳推理来进行思考。这些能力使他们得以建构起关于自己的更为一般的观点。另外，这个年龄的儿童也获得了采纳他人观点的能力，以及从他人眼中看待自己的能力。他们的社会比较过程也变得更有影响力，儿童能对自己与他人进行比较，并从中得出和自我相关的结论，如我比他更聪明。

小学儿童的自我评价能力在幼儿的基础上有了进一步发展，其表现在：(1) 从顺从他人的评价发展到有一定独立见解的评价，随着年级的升高，自我评价的独立性增强；(2) 从比较笼统的评价发展到对自己个别方面或多方面行为的优缺点进行评价；(3) 开始出现对内心品质进行评价的初步倾向；(4) 对自我的抽象概括性评价和对内心世界的评价能力都处于迅速发展期；(5) 自我评价的稳定性逐渐加强。

3. 青少年期（12—18 岁）

根据艾里克森（E H Erikson，1902—1994）的理论，进入初高中阶段儿童面临的最为重要的发展任务就是同一性获得。同一性的获得是一个冲突增长的过程。儿童必须通过建立个体同一性，以避免同一性混乱状态。也就是说，儿童需要有效地评估自己的优点和缺点，学会如何对诸如“我是谁”等问题获得清楚的认识。如果此时儿童尚未获得同一性，那么就会遭遇自我怀疑和角色混乱等问题。

对于初高中阶段的青少年来说，自我概念出现了另一种转变。这一阶段的青少年用偏重于他们所知觉到的内部情绪和心理特点的抽象特征来定义自己。例如，一个青少年很可能会说他自己很忧郁或不可靠。这样的认识不仅反映了个体自我定义时更为复杂和更具分析性的取向，也体现了更不为人知的一面。

初中生的自我评价能力处于发展关键期，他们自我评价的独立性、抽象概括性和稳定性仍在不断增强。但初中生的自我评价能力还落后于对他人评价的能力，他们对自我评价的客观性和全面性不足，还表现出一些主观偏执性。到高中阶段，随着抽象逻辑思维的进一步发展和社会阅历、知识经验的不断丰富，高中生逐渐能够较全面、客观和辩证地分析和评价自己。他们不但能够对自身某一方面的行为和心理特点进行评价，而且能够对自我的整体心理面貌和稳定的心理品质给予较适当的评价。高中生自我评价趋于成熟，这对于他们自我调节和自我控制能力的发展是有积极作用的。

表 10－3 对自我概念与自我评价的发展趋势进行了归纳，并将其与詹姆斯提出的经验自我（客体我）的三种成分进行了比较。在学龄前期，儿童着重于物质自我（物理特性，所有物）；到学龄期，他们开始关注社会自我（运用社会比较信息，并且强调自己的人际特征）；而到青少年阶段，他们则开始关注精神自我（个体所知觉到的内部心理特性）。

表 10－3　自我概念与自我评价的发展阶段与特点①

发展阶段	自我概念与评价内容	例　子	与经验自我比较
学龄前期 （2—6 岁）	具体的、可观察到的外部特征； 特定的活动能力； 所有物形式的特征； 特定的兴趣和行为	我是男孩。 我是长头发。 我会画画。 我有很多玩具。 我喜欢玩游戏。	物质自我
小学 （7—11 岁）	一般兴趣与能力； 运用社会比较； 人际特征	我喜欢运动。 我比他聪明。 我很好看。	社会自我
初高中 （12—18 岁）	隐藏的、抽象的心理特征； 影响人际交往的社会技能； 角色规范；个人信念、价值和道德标准	我很忧郁。 我愿意与人交往。 我很自觉。 我应该努力学习。 我要实现我的理想。	精神自我

① 乔纳森·布朗. 自我［M］. 陈浩莺，等，译. 北京：人民邮电出版社，2004：85.

二、自我体验的发展

（一）自尊是自我体验的核心

1. 自尊的概念

人最在意的是什么？心理学研究认为，没有什么比对自我价值的评价（简称自我评价）更让人在意的事情了。也就是说，在心理发展中，人都十分重视他人对自我价值的评价。这是因为，这个评价通常能被人体验到，即自我体验。人对自我的体验不仅表现在意识形式、语言判断等方面，而且还表现在他经常体验到且难以分离与区分的情感上：评价影响人的情感，进而影响人的情感反应。

自尊是个体对自我能力和自我价值是否得到他人、社会承认和认可的情感体验，属于自我系统中的情感成分，具有评价意义。

2. 自尊的本质

自尊的本质是人生存需要与价值需要的有机结合。自尊两因素理论指出，自尊由两个相互联系的方面组成：胜任感（能力感）及价值感。人都要面对并应对生活中的各种挑战，可现实生活中人的能力是有差异的，能力强的人能够应对生活中的各种挑战且获得胜任感（perceived competence），产生自信心；而能力弱的人经常因为做事情不成功，产生无力感，从而丧失自信心。另外，当人有能力去应对生活挑战时，人的能力的发挥还必须同时符合社会的价值标准。人的行为符合社会要求，就会得到社会的承认与认可，进而产生价值感（perceived worthiness），得到他人与社会的尊重及产生受尊重的感觉，否则相反。因为这种感受是在符合或不符合社会规则评价时产生的，因而带有社会性。这两种感觉也可以归纳为自我信任与自我尊重。自我信任表达的就是人需要有能力生存，即要有胜任感；自我尊重表达的是人要生存的有价值，即要有价值感。

理论关联10-3

自尊两因素理论（two-factor theory of self-esteem）

该理论指出，自尊是人生存需要与价值需要有机结合的具体体现。生存需要要求人必须有能力应对生活中的各种挑战，即表现为能力（competence）；价值需要要求人的能力的发挥必须符合社会价值标准，即表现为价值（worthiness）。能力使人产生自信心，即自信（self-confidence），价值使人产生自己是重要的、有意义的或受尊重的感觉，即自尊（self-respect）。在西方近百年自尊研究过程中，该理论作为其基础理论，为自尊心理学领域起到了奠基作用。

[资料来源] 张向葵，刘双. 西方自尊两因素理论研究回顾及其展望 [J]. 心理科学，2008，31 (2)：494－499.

（二）自尊的发展

1. 自尊的形成与发展过程

（1）学龄前期自尊的形成

正如自尊两因素理论中所述，能力和价值是自尊的成分，它们在自尊的形成与发展过程中也是很重要的。自尊的形成是一个社会化过程，它包括能力感和价值感的形成。首先，随着儿童认知能力的日益发展，他们逐渐开始对自身拥有的能力特征和品质进行认识和评价，并在成功和失败的经历中产生不同的情绪体验，形成能力感。其次，随着儿童生活范围的逐渐扩大，儿童的社会化程度逐渐加深，交往方式由与父母等人的简单交往转向与老师、同伴等多人较广泛的社会交往，他们进而习得了是非对错等社会评价标准，并在外界反馈中获得价值感。自尊也就形成了。

能力感形成的关键在于儿童自身能力的多样化与自我认知的发展。随着个体的成熟，儿童的能力已经不局限于婴儿期的简单掌控，而是逐渐分化到不同领域。到了幼儿期他们就已经在认知能力和身体能力方面体现出多样化，并逐步发展社会能力。如哈特（1984）在其“年幼儿童能力感和社会接纳感图形量表”（The Pictorial Scale of Perceived Competence and Social Acceptance for Young Children）中确定了4—7岁儿童认知能力和身体能力的具体表现，并通过社会接纳显示出儿童早期的社会能力表现。认知能力包括擅长拼图、数数、认识颜色名称、认识自己名字等（4—5岁），能独立阅读、写字，擅长算术等（6—7岁）；身体能力包括擅长跑、跳，会系鞋带等（4—5岁），擅长攀登、跳绳、跑步等（6—7岁）；社会能力初步体现被母亲和同伴接纳。随着年龄增长和学习环境的变化，儿童的认知能力更加强调学业表现，如课堂表现好、理解能力强、完成作业迅速、和他人一样聪明等，或者分为具体的数学能力、阅读能力等；身体能力更加强调体育运动能力，如在体育运动中表现优秀、擅长户外游戏等；社会能力则更多强调同伴关系，如有很多朋友、容易被他人喜欢、是班级中重要成员等。可见，能力感的来源从婴儿期的简单掌控到幼儿期的认知、身体和社会方面，经历了多样化的发展，那么儿童是怎样认识并评价自身能力进而产生能力感的呢？

如前所述，主体我的发展为认识自我尤其是认识自身能力提供了必要的主观条件。之后随着身体自我识别的出现，婴儿逐渐能够把自我作为客体来认识，随之客体我出现，自我概念开始萌芽并在幼儿期逐渐发展。个体开始认识到自己的能力，但由于幼儿期认知水平的局限，儿童对自我能力的认识大多停留在具体行为层面，如“我会玩球”、“我会摆积木”等。同时，在能力感的获得过程中，成人评价与社会比较是两个重要方面。儿童一方面通过成人对自己能力活动的评价，获得能力高低的反馈，习得简单的成败标准；另一方面通过活动结果的社会比较而鉴别出自我能力的高低。根据这些，他们逐渐学会进行能力的自我评价并由此产生正性或负性情绪体验。如“我能把所有的拼图都拼上”，“我的积木没有别的小朋友摆得好”等。儿童在拥有这些评价的同时自然会伴随着自豪、羞愧等自我意识情绪体验，这标志着能力感的形成。

初步形成的能力感表现出了很多幼儿期特征：（1）这种感觉是不稳定的，随着不同情境表现而发生变化，即具有很强的情境性和可变性，没有形成某个领域稳定的能力感。（2）这一阶段能力感大多源于外在行为层面，以具体活动对象为载体，还没有形成概括能力。（3）这时的能力感往往是偏高的，因为此时儿童还不能客观地认识自己，具有自我中心性并常常依赖成人对自己能力过高的评价。

价值感形成的关键在于儿童对社会价值标准的习得，而这一重要环节是儿童在不断的社会化进程中实现的。随着儿童社会化的深入，价值感的来源不仅局限于母亲的接纳和喜爱，而更多来自社会性交往。儿童逐渐学会依据社会价值标准来评价自己的能力发挥，进而产生评价性情绪体验，获得价值感或无价值感。那么社会价值标准是怎样获得的呢？日本学者新井（1989）认为，儿童对社会约定俗成的标准和一般规则的理解分为三个阶段：(1)"无规则概念"阶段。该阶段儿童的社会规则标准概念几乎为零，他们不能把个体行为与集体、社会联系在一起。虽然儿童也知道要遵守规则，即听大人的话，但不知道为什么要遵守规则，而且会把无必然联系的社会规则等同起来，但他们对偷窃、撒谎、杀人等行为能够进行判断，认为那些都是坏行为。(2)"成人即规则"阶段。该阶段儿童以父母或老师的要求作为社会价值标准，成人的话就是权威，因而有"必须绝对服从"的概念。虽然他们还不能理解规则标准本身的内涵，但能够认识到社会约定俗成的标准和一般规则对于社会生活是极其重要的。(3)"清楚认识"阶段。该阶段儿童已经理解社会规则和行为标准，认识到它们对于集体和社会全体成员的重要性，具有了一定的道德观念，并且在与他人的相互作用中，学会遵守社会规则和行为标准。可见，儿童对社会价值标准的习得经过了无标准—外界标准—内化标准的过程。在无标准和外界标准阶段，儿童对行为标准的认识是缺乏的或外在的，他们对自我行为的判断更多是通过成人或同伴的反映性评价，如果个人行为结果获得了成人或同伴的肯定与赞扬，他就会认为自己的行为是好的、正确的，即符合了社会价值标准，进而获得价值感，常常表现出喜悦、自豪的情绪；反之，如果儿童的行为结果引起了成人或同伴的否定与批评，他就会认为自己的行为是坏的、错误的，即不符合社会价值标准，进而也不会获得价值感，常常表现出悲伤、羞愧等情绪。到了社会标准内化阶段，儿童对自己行为的判断就不会过于依赖外界反馈，而是通过内化的社会价值标准来评价自身行为对错，并相应产生一些自豪或羞愧等情绪体验，获得价值感或无价值感。但幼儿期一般都处于前两个阶段，即无标准或外界标准阶段。所以在此时期，成人与同伴的接纳成为他们价值感的重要来源。

根据上述分析，学龄前期的幼儿初步形成了价值感，但也表现出一些明显的幼儿期特征，其中有些是和能力感特征对应的：(1)是否符合社会价值标准主要依赖于外界反馈，特别是重要他人如父母、教师或同伴的反馈，使得价值感的获得与否及其情绪表现随他人的评价反应而变化，因而它是情境性的、不稳定的。(2)对自我价值感的判断思维是非好即坏的，即儿童一旦获得了关于自己行为结果的反馈信息，他们就会绝对地判断自己是好的或坏的，而不会采取折中的态度。(3)对自我价值的判断主要归因于具体的外在行为表现，而不是概括化水平的内在品质①。

(2) 学龄期自尊的发展

刚刚进入学龄期的儿童虽然已经形成自尊，但由于其自我评价仍会不切实际的积极化，他们常常会表现出高于客观条件的自尊水平。但随着儿童认知能力的发展，他

---

① 刘双，张向葵. 婴幼儿自尊的前兆与形成［J］. 学前教育研究，2008（10）：26－30.

们开始基于外界的反馈和社会比较来进行自我评价，进而形成一种更加平衡化的和精确化的自我观点，包括他们的学业能力、社会技能、人际吸引力及其他个人特征。随之，儿童的自尊水平也开始发生变化。

例如，随着儿童进入小学，他们可能接收到更多来自教师、父母和同伴的消极反馈，相应地，他们的自我评价也开始变得趋于实际甚至更加消极。所以，儿童的自尊水平在进入学龄期后开始呈现下降趋势，且趋势明显。

到学龄后期，也即青春期，儿童的自尊水平继续下降。研究者们将这一时期自尊水平的下降归因于身体形象及其他与青春期有关的问题。例如，该时期的青少年开始产生抽象思维能力，他们开始从更高的认知层面来思考自我和未来，也考虑到自己曾经错过的机会和无法成功的期望或无力实现的理想。此外，从小学到初中、高中的转变，也伴随着更多的学业挑战和更加复杂的社会背景，这些都会令他们的自我评价消极化，因而降低了自尊水平。虽然自尊在儿童期（包括学龄前期与学龄期）的发展看起来有些易于波动，但到学龄期结束之前，儿童的自尊水平和类型已经基本形成，会拥有较为稳定的能力感和价值感。

纵观自尊在整个儿童期的发展，容易出现三类问题：（1）儿童可能在早期能力或价值发展中遇到了问题或障碍。例如，学龄前期的行为问题、学龄期的学习困难、非支持性的或虐待性的教养方式等都会影响自尊的早期发展，妨碍自尊向积极的方向进展；（2）儿童先天的能力可能与特定环境所要求的技能不对应，或者发展这些技能的机会受到了限制，又或者在可以创造的情境中儿童失败的机率超过了成功；（3）发展中的儿童可能会遇到价值冲突。那些内在的或已经内化的价值对于自尊的发展是有帮助的，但是一些偶然性价值或外在的价值却相反。所以，当儿童面对这些价值或价值选择的冲突时，他们就容易处于自尊发展的危险之中。

2. 自尊获得与保持的条件

（1）自我感觉的参与作用

每个人都知道在他没长大之前有些问题是弄不清楚的，这是很自然的事情，问题出在儿童的自我感觉上。儿童早期经常感觉到自己失败的时候多于成功，然而作为个体，他又需要自己有成功的感觉。结果，儿童就会对自己产生不满意感，这种感觉会与儿童的意志努力产生矛盾。因此，儿童要承受一些来自成人世界的要求与压力。例如，一个孩子生活在一个不良的环境里，但其心理上又要求生存，他必须与成人规定好的成长规则做斗争，可斗争结果往往是失败的。由此，他会感到自己与周围的世界关系不和谐。但经过自我的合理调节，这种不和谐感就会减低，因此，他也就不会感到自己是无能的人。可见，这种自我感觉的参与，使儿童获得并保持了自尊。

（2）自我验证的认知作用

自尊的获得与保持还需要自我验证的认知作用。自我验证（self-verification）是指人们为了获得对外界的控制感和预测感，会不断地寻求或引发与其自我概念相一致的反馈，从而保持并强化他们原有的自我概念①。自我验证的认知作用表达了个体对

① 辜美惜. Swann自我验证理论及实证研究简介［J］. 心理科学进展，2004（2）：423－428.

思想、判断及控制行为的主张。简言之，人要勇敢地去消除自我观念中的权威神秘感，去认识自己的能力，去信奉自己的感受。如果对他人的思想与意识既不能判断也不能防御，最后只能伤害自己的自尊。人为了生存，必须有意识地控制自己的情绪。因为情绪是被动的，属于反应性要素，它在某些特定的情况下，受潜意识所控制，因此它不一定能恰当地反映现实。所以，去判断情绪反应的恰当与否或有效性是人理性特点的任务之一。如果人的理性泯灭了，他放纵自己的情绪，在现实中他就会失去控制感。因此，去控制人的情绪，就要进行健康的自我调节。健康的自我调节是将情绪作为价值判断的有效结果，即明确在特殊的环境下这些判断的本质及有效性的程度。人只有这样做，才能不断地去获得并保持自尊。

三、自我调节的发展

自我调节作为自我系统中意志的表现形式，是各种心理机能发挥作用的动力因素，它是指个体有目的、有策略地对自身认知、情绪、动机和行为进行激活、控制、调整和维持的过程。佛贺斯（K D Vohs）和鲍迈斯特（Baumeister）曾指出，自我调节是人的动物性向社会文化性转变的必要因素。从心理发展角度来看，这一转变正是个体实现社会化的过程，可见自我调节在儿童社会化过程中发挥着重要的作用。自我调节能力是随着儿童年龄的增长，借助与环境的互动，逐渐发展起来的。自我调节在儿童期主要以努力控制（effortful control）的形式表现出来。努力控制是执行功能发展的产物，是为了实现激活非优势反应、计划和侦测错误的目的，而抑制优势反应的能力，它包括觉察有计划行为、对有意控制的主观感受性、计划新行为、纠错、解决冲突等围绕抑制能力展开的相关能力。一般认为，自我调节是学龄前期的一个关键性、标志性的发展成就。随后的时间里，自我调节的能力在不断成熟，但是仍旧不稳定。

由于前注意系统在儿童2岁前发展极为缓慢，因此努力控制能力要到3岁以后的学龄前期才开始快速发展，且发展能够持续到成年阶段。具体来说，在1岁左右，儿童已经能通过协调手的动作和视觉，完成抓取远处物体的动作，这说明儿童此时已经能够有效控制动作，具备了一定的抑制能力。到30个月左右，儿童Stroop类任务的准确率显著提高，且注意转移能力也发生明显的变化。寇卡斯卡（G Kochanska，2000）设计的努力控制测试系列任务，是测量两三岁儿童的经典任务，其中包括延迟、努力注意、低语和信号激停任务，其结果也表明，努力控制在22—33个月有大幅度提高。Gerardi-Caulton发现，努力控制能力在24—36个月有了显著的改善，而波斯纳（M I Posner，1998）和罗斯巴特（M K Rothbart，1998）的研究进一步发现，努力控制能力到4岁就已经发展得很好了。寇卡斯卡的研究提供了努力控制发展稳定性的证据，他还进一步指出，努力控制是一种稳定的气质特质。

青少年自我调节能力逐渐由自发性、冲动性向主动性、计划性发展。青春期初期，儿童的行为尚缺乏计划性和预见性；但进入青春期后期，他们不仅能够有效预测行为结果，而且还能够适应形势并调节已有目标和方法，其灵活性大大提高。韩进之等人（1985）的研究表明，儿童自我调节能力在整个学龄期有大幅度的提高，高中阶段其自我调节能力基本达到成人水平。

四、异常儿童的自我发展问题

异常儿童的心理障碍指在儿童期因某种生理缺陷、功能障碍和某些环境因素作用下出现的儿童心理活动和行为异常的现象。与儿童自我发展异常相关的有自闭症、注意缺陷多动障碍等心理障碍。

(一) 自闭症儿童的自我

自闭症（autism）是因脑部功能异常而引致的一种发展障碍，症状通常在幼儿3岁前出现。自闭症常伴随有智障、癫痫、过度活跃、退缩及闹情绪等问题。患有自闭症的儿童在日常生活中有三大障碍：人际关系障碍、语言表达障碍及行为障碍。

儿童自闭症的起因尚不太清楚，病因也尚无定论。但是，自闭症儿童普遍在自我意识上存在缺陷。奈瑟（U Neisser，1988）认为个体存在五种自我意识：生理自我意识（ecological self-awareness），人际自我意识（interpersonal self-awareness），概念自我意识（conceptual self-awareness），私有自我意识（private self-awareness）和时间自我意识（temporally extended self-awareness）。霍布森（R P Hobson，1998）等人通过对12个自闭症儿童与10个正常儿童的比较研究表明：自闭症儿童在生理自我方面与正常儿童没有差异，但是在人际自我方面，自闭症儿童要显著差于正常儿童。霍布森和奈瑟等人认为这是由于人际自我是通过社会交往、模仿和角色转换等途径获得的，而自闭症儿童由于不能与人正常交往而无法通过这些途径获得自我的相关信息。

学以致用10－1

自闭症儿童缺乏自我意识的研究案例

川上十市（Motomi Toichi）和神尾叶子（Yoko Kamio）等人（2002）为了检验自闭症患者的自我意识，采用无意记忆任务范式，选取18个自闭症儿童和18个正常儿童。首先要求两组儿童作答3种问题（语音、语义和自我参照问题，如：这个单词可以描述你吗？）的形容词或人格特质词，以此探测两组儿童是否存在不同的加工方式。然后，要求两组儿童判断是否见过某词语。研究结果表明：两组儿童的语义词语再认成绩都要优于语音词语，但是正常组儿童的自我参照词语再认成绩要优于语义组词语，而自闭症儿童的再认成绩与语义组和自我参照组的成绩没有差异。这表明，自闭症儿童在自我意识上有缺陷。

请思考：本研究是否能检验自闭症儿童在自我意识上存在缺陷？如何检验自闭症儿童在自我意识的其他方面也存在缺陷？

［资料来源］ M Toichi et al. *A lack of self-consciousness in autism* ［J］. American Journal of Psychiatry，2002，159（8）：1422－1424.

(二) 注意缺陷多动障碍儿童的自我

注意缺陷多动障碍（attention-deficit hyperactivity disorder，ADHD）是以注意力

不集中、活动过度、冲动任性和伴有学习困难为特征的一种综合症（简称“多动症”）。患有多动症的儿童常表现为：注意力不集中、成绩差、书写潦草、活动过多；还有的儿童表现为：冲动任性、顶嘴冲撞、不合群，缺乏自我克制能力或者行为幼稚、乖僻、无目的以及贪玩、逃学、打架，甚至说谎、偷窃等行为，无论怎么教育都无济于事。随着年龄增长，他们因自控力差易受不良影响和引诱，容易发生打架斗殴、说谎偷窃行为，甚至走上犯罪的道路。

瑞典心理学家尤斯贝里（Ljusberg，2007）等对445名多动症儿童自我意识的研究发现，多动症儿童的学校自我意识、个人自我意识、社会自我意识及总体自我意识均低于正常儿童。王梦龙（2007）等对61名多动症儿童和80名正常儿童进行病例对照研究，结果显示，除身体自我外，多动症儿童其他各项自我意识评分及总分，均少于正常对照组儿童，同时还显示多动症儿童的低意识水平人数明显高于正常组，这也进一步表明多动症儿童的自我意识水平低于正常儿童。对此结果，该研究者认为这是因为多动症儿童往往由于注意力不集中，自我控制能力差，不遵守纪律，做事有始无终，冲动、任性，情绪不稳，甚至说谎，打架斗殴，以及学习成绩下降等原因而常遭到老师的批评、指责，同学的嘲笑、鄙视，家长的训斥及打骂，他们的自尊常受到伤害，以致形成恶性循环，导致自我意识水平降低，缺乏自信，继而出现较多的行为问题和情绪障碍，学习成绩下降更为明显。

理论关联10-4

分离性身份识别障碍与自我

分离性身份识别障碍（dissociative identity disorder，DID），以往被称为多重人格障碍（multiple personality disorder，MPD），它在美国精神疾病诊断统计手册（第四版）中被定义如下：分离性身份识别障碍最基本的特点是：在同一个体身上存在两种或两种以上的不同的身份或人格状态，这些不同的身份反复地控制着患者的行为，个体不能回忆重要的个人信息，其程度无法用通常的健忘来解释。

自我系统由与情境关联的不同自我表征组成。个体具有保持积极自我印象的倾向，因此为了应对极端创伤经历，自我信息加工时，没有把消极信息与发展中的自我系统整合到一块。而正是自我系统的整合与联合不良导致了分离性身份识别障碍。

［资料来源］L Oppenheimer. *Self or Selves? Dissociative Identity Disorder and Complexity of the Self-System* [J]. Theory & Psychology，2002.12（1）：97－128.

第三节 自我发展的影响因素

一、影响自我发展的神经解剖学因素

神经心理学和脑成像研究认为自我是由一些既相互独立又相互联系的子成分、过程和结构组成的一个复杂系统，它们通过研究自我不同子成分的神经基础来促进人们对自我本质的理解。目前，自我的神经心理学研究主要集中在自我参照加工和自我面孔再认这两方面。

麦克雷（C N Macrae，2002）使用自我参照范式进行的有关自我的脑成像研究表明：当和他人参照比较时，自我参照无一例外地激活了内侧前额叶（medial prefrontal cortex，MPFC）；当和语义加工比较时，自我参照也激活了 MPFC。另外，斯塔斯（D T Stuss，2002）综述了脑损伤病人的研究，提出额叶特别是右额叶与自我有密切的关系。临床实验研究发现额叶受损的病人，特别是眶额叶皮层（orbitofrontal cortex）受损的病人，其自我反思和自我的元认知机能受到严重破坏，但他们对自我人格特质的判断能力正常。

理论关联10－5

自我参照范式

自我参照效应的经典研究范式与传统的记忆加工层次研究范式类似，一般分为学习和记忆两个阶段，或者在两个阶段之间加入干扰任务。罗杰斯（Rogers）等人最初的研究范式是选用40个人格形容词为实验材料，然后将被试分成结构组、韵律组、同义词组和自我参照组（简称自我组），分别给每组被试呈现相应的问题，引导被试进行相应的加工。最后，被试进行自由回忆。结果表明，自我组的记忆成绩优于包括语义加工在内的其他三种编码条件，即出现了自我参照效应。

［资料来源］朱滢．文化与自我［M］．北京：北京师范大学出版社，2007：50－60．

基南（J P Keenan，2000）综述了许多自我面孔再认的研究，提出前额叶与自我面孔再认有密切的关系；并且他认为右前额叶比左前额叶对自我面孔再认的作用更强。基南等人（2001）的研究发现：分别麻醉病人的大脑左右半球，再让这两类病人看自我和好莱坞明星的面孔使用 morphing 技术（一种图片渐变技术，从一张图片转变为另一张图片过程中的每张图片包含两端图片的比率成分不同）合成的照片，并要求病人记忆，当病人从麻醉中恢复后再回忆自己刚才见到了谁。结果发现，麻醉右半球的5个病人中有4个报告见到了好莱坞明星，麻醉左半球的5个病人却报告刚才见到了自己，这反映了大脑右半球与自我面孔再认有密切的关系。

神经心理学家达马西奥对自我的神经机制进行了较为系统的研究。他认为自我包括原始自我、核心自我和自传式自我。原始自我是一系列相互联系、暂时一致的神经模式，每时每刻表征着有机体的状态，不能被意识。核心自我是被改变的原始自我的二级映射表征，每当一个客体改变原始自我的时候，这种叙述就会出现，能够被意识。自传式自我是以自传式记忆为基础的，自传式记忆是由包含许多实例的内隐记忆构成的，这些实例就是个体对过去和可以预见的未来的经验。实际上，一个人的一生中那些不变的方面都是自传式记忆的基础。达马西奥认为，在没有意识的原始自我和有意识的核心自我之间是可以转换的，决定转换的因素是由核心意识的机制所控制的。比如，对重复出现的核心意识经验的实例的记忆会形成自传式记忆，而对核心意识的持续动向和自传式记忆的持续激活则形成自传式自我（如图10－5所示）。

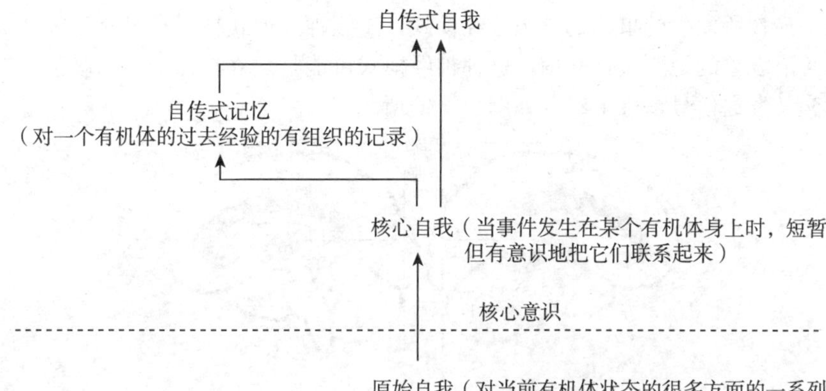

图 10－5 自我的种类及其关系

（一）原始自我

执行原始自我的脑结构分为三类：(1) 调节身体状态和映射身体信号的一些脑干神经核团；(2) 下丘脑和基底前脑，对内环境的状态进行表征；(3) 脑岛皮层（被称为 S_2 的皮层）以及内侧顶叶皮层（位于胼胝体的后面），它们都是躯体感觉皮层的一部分。在人类身上，这些皮层的功能是不对称的，如图 10－6 所示。

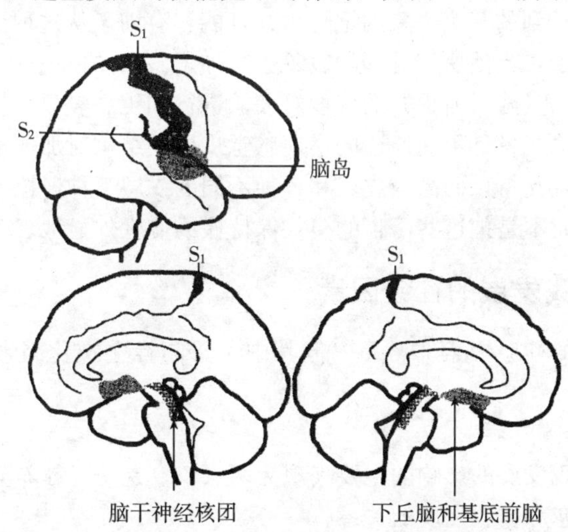

图 10－6 原始自我脑结构的位置

（二）核心自我

核心自我的心理学基础就是在被改变的原始自我的二级映射中的表征。通过有机体与任一客体的相互作用而使最初的原始自我发生改变。在许多神经结构中，作为原因的客体和原始自我发生的变化是分别表征的，在这些神经结构之外至少还有一个结构，这个结构对它们短暂关系中的原始自我和客体都进行了重新表征，因而能够表征在有机体身上实际发生的事情：在最初那一瞬间的原始自我；进入感觉表征的客体；使最初的原始自我转变为被客体所改变的原始自我。在人脑中有几种结构，都能产生重新表征最初所发生的事物的二级神经模式。二级神经模式把对有机体与客体关系所作的非言语表象的说明包括在内，这种神经模式可能是建立在几个“二级”结构中的复杂的交叉发送信号基础上的（如图 10－7 所示）。

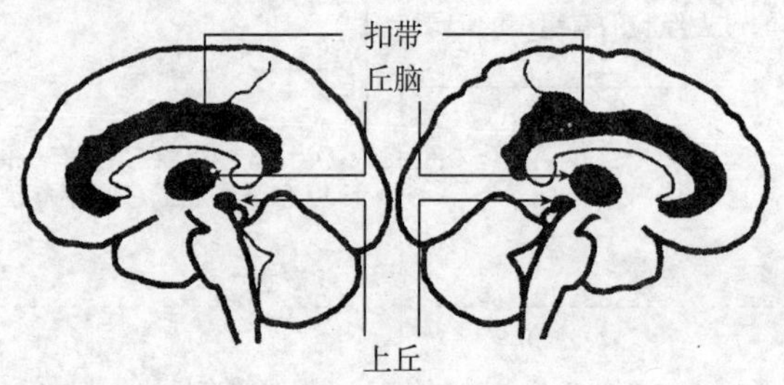

图 10－7　核心自我脑结构的位置

（三）自传式自我

我们需要引入自传式自我的神经解剖学基础来解决心理表象与脑之间关系的理论框架这个问题。这个框架假定了一个表象空间，在这个空间中所有感觉类型的表象都能清晰地表现出来，包括核心意识让我们认识的外显心理内容。这个空间还假设了一个痕迹空间，在痕迹空间中，痕迹性记忆包含着对内隐知识的记录。在此基础上这些表象可以在记忆中构建、运动并得以产生，表象的加工过程也能得到促进。这些痕迹能够保持对先前知觉到的某个表象的记忆，并且能够有助于从这种记忆中重构一个类似的表象；也有助于对当前所知觉到的表象进行加工。例如，根据与这种表象相一致的注意程度以及根据其随后所提升的程度对表象进行加工。表象空间和痕迹空间都存在相应的神经对应物。各种不同通道的早期感觉皮层的结构对那些很可能是心理表象基础的神经模式提供支持。而高级皮层和各种不同的皮层下神经核保持着能够产生表象和动作的倾向，而不是把这些清晰的模式保持住或使之外显地表现出来。

二、影响自我发展的社会因素

影响自我发展的社会因素非常多，但其中父母与社会文化因素的影响是比较明显的。

（一）父母的影响

父母对儿童自我发展的影响的主要表现为两点：一是父母教养方式和自我发展的关系；二是亲子依恋和自我发展的关系。

1. 父母教养方式对自我发展的影响

父母作为儿童生活中的重要他人，不仅为子女提供身体发育的物质基础，还教给子女社会行为规范，他们在子女发展过程中所起的作用是深刻而久远的。父母教养方式是父母在教育、抚养子女的日常生活中表现出来的一种行为倾向，是其教育观念和教育行为的综合体现。它相对稳定，不随情境的改变而变化，反映了亲子交往的实质①。早在 19 世纪末，弗洛伊德就注意到了不同养育方式对孩子的影响，他对父母

① 张文新. 儿童社会性发展［M］. 北京：北京师范大学出版社，1999：95－98.

的角色作了简单的划分：父亲负责提供规则和纪律，母亲负责提供爱与温暖。20世纪50年代，帕森斯（T Parsons）发展了弗洛伊德的观点，并把这个问题与家庭角色及性别特征联系起来。他认为女性善于表达，情绪比较敏感，所以适于处理与孩子间的各种关系；而男性指导性强，负责制定规则更好。西尔斯（E R Sears，1957）把这些思想与学习理论相结合，提出了教养方式中的两个重要概念：温暖和控制。鲍姆林特（D Baumrind，1971）以此为基础提出常见的四种教养方式：专制型、权威型、宽容型、漠不关心型。我国学者对父母教养方式的研究始于20世纪80年代后期，许多研究儿童发展与教育的专家学者从不同角度、不同层次，采取各种方法对父母教养方式在儿童发展中的影响进行了多方面的探索和研究。如有关父母教养方式与儿童自我概念的关系的研究发现，在不同的年龄阶段，父母的支持、鼓励和积极参与可以促进儿童自我概念的积极发展，而粗暴的不支持行为则会阻碍儿童自我概念的健康发展。父母教养方式对儿童自尊发展影响的研究发现，父母的教养方式对少年儿童自尊发展具有显著的影响。父母对少年儿童采取“温暖与理解”的教养方式会促进儿童自尊的发展，提高儿童的自尊水平；相反，父母对少年儿童采取“惩罚与严厉”、“过分干涉”、“拒绝与否认”、“过度保护”等教养方式会不同程度地阻碍儿童自尊的发展，降低儿童的自尊水平。此外，父母教养方式对儿童自我效能感和良好情绪的培养起着一定的作用。国内外研究发现，在家庭影响因素中，父母教养方式极大地影响着儿童的自我体验、自我评价和自我调控等能力，影响儿童的挫折承受力和健康观，是儿童自我意识发展至关重要的因素。

2. 依恋对自我发展的影响

依恋一般指两个人之间亲密的、持久的情感联结，这些情感联结提供给个体情绪支持、亲密感和连续感。在面对生活中的重要转变时，它能为个体探索自己和外部世界提供安全感和自信心，对个体一生的发展都具有积极的影响（Ainsworth，1989；Bowlby，1982）。施鲁夫（L A Sroufe，1979）和他的同事进行了一系列研究，认为依恋质量上的个体差异与不同的行为模式相联系。安全型依恋有利于同时期发展任务的掌握和以后发展阶段的成功适应。许多有关青少年依恋的研究考察了安全型依恋与青少年的发展结果之间的关系。大量研究发现，安全型依恋似乎是最佳的依恋类型，它与青少年晚期人格机能的各种健康特征相系，包括独立自主、自我同一性发展、自尊、社会能力和大学适应能力等。肯尼（M E Kenny，1995）等人的研究发现，安全型依恋与大学生的社会情绪健康有积极的联系。来昂达（A Leondari，2000）等人的研究发现，与非安全型依恋的学生相比，安全型依恋学生报告了更高的自尊和较低的焦虑与孤独。一些研究者已经发现，安全型依恋和一般自我价值感之间有积极联系，而较低的社会自我概念和较低的学术自我概念与非安全型依恋有关。研究表明，亲子依恋类型与儿童自我概念各方面联系密切。安全依恋的儿童社会化发展很好，他们较少存在敌意，表现出更多的适应性，愿意探索新的活动和经验。也就是说，亲子安全依恋与同伴竞争相关，而这种相关将在积极的同伴自我概念中反映出来。由此可见，同伴自我概念主要由同伴关系决定，并且间接地由依恋决定。例如，儿童的自我概念被视为由学校中的成功经验来决定，也是由依恋的安全程度来决定的，它可以提高儿童对新环境的适应性；而促进儿童安全依恋的父母也倾向于支持儿童的学业能力。

（二）社会文化的影响

西方文化强调个体的独立性，强调培养独立型的自我，自我与非自我的边界是个体与任何其他人；东方文化强调人们之间的依赖关系，强调培养互倚型的自我，自我与非自我的界限是父母、亲人、好朋友等自家人与外人的区别（如图 10－8 所示）。

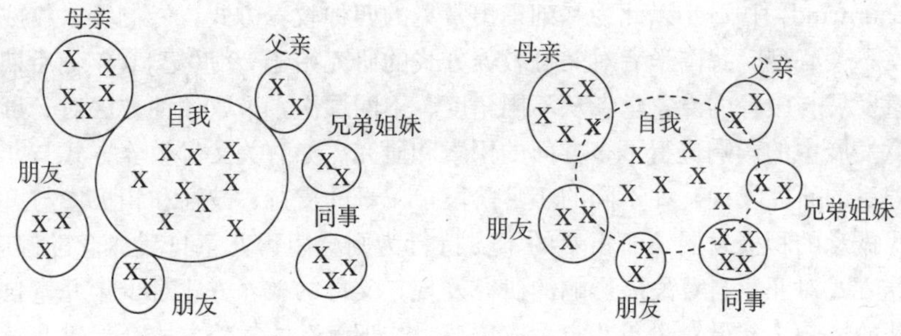

图 10－8　独立型自我与互倚型自我

朱滢等人（2002）在自我参照效应的研究中发现，中国人的自我参照效应并不比母亲参照的记忆结果好，二者处于同等水平，但均优于他人参照。多次观察发现，这一结果与西方被试的结果——自我参照效应显著优于母亲参照——形成鲜明对照。马库斯（H R Markus，1991）的自我图式理论解释了东西方文化下自我参照效应的差异：东方人的自我结构中母亲与自我有交叉，母亲是自我的一部分，因此母亲参照可以利用自我独特性的认知结构，导致母亲参照的记忆类似于自我参照；西方人的自我结构中母亲与自我分离，母亲不是自我的一部分，因此母亲参照无法利用自我独特的认知结构，导致母亲参照的记忆显著差于自我参照。西方被试有关自我的脑成像研究结果表明：自我参照编码激活了内侧前额叶（medial prefrontal cortex，MPEC）。而张力（2004）等人有关中国被试的脑成像研究表明，母亲参照编码时也观察到 MPEC 的激活。

上述研究表明，东西方个体的自我具有显著差别，其原因在于东西方文化差异对自我有着重要的影响。有关中国人的自我研究，需要以中国文化为背景。

在中国文化中，存在三条重要的文化背景。首先，中国人重视家族，家族是事业的基础。费孝通提出的差序格局认为中国社会以宗法群体为本位，人与人之间的关系，是以亲属关系为主轴的网络关系，是一种差序格局。在差序格局下，每个人都以自己为中心结成网络。这就像将一块石头扔到湖水里，以这个石头（个人）为中心点，在四周形成一圈一圈的波纹，波纹的远近可以标示社会关系的亲疏，从而形成“个人——家——家族——国家——天下”的顺序，正如儒家思想对个人所提出的要求是修身、齐家、治国、平天下。其次，中国的历法是按月亮的变化计算日子的。太阳是东升西落，月亮有“阴晴圆缺”。月亮民族不强调勇往直前的创发，而强调和谐与顺天应人，得而不喜、失而不忧，这就使得中国人追求谦和、勤奋、内敛、和谐。最后，中国曾长期处于匮乏的农业经济为主、靠天吃饭的阶段，这使得中国人的人生哲学表现为修己顺天，重视人际关系和崇尚权威。如果社会中的每一分子都能修养

“自己”到“至善”的“仁”的境界，整个社会就会成为一个安宁与和谐的大同世界。在这个理想构思中，社会的秩序与和谐是建筑在每个人将“自己”由“个己”不断地转化为包容整个“社会”的“自己”。

根据对中国文化的简述，我们不难看出，社会的秩序与和谐一定要由其中的个人开始。中国人的“自己”与“社会”的关系可以说是“包含”与“合一”的关系，而非“个人”与“总和”的关系，这就要靠个人“内转”的功夫，使“自己”超越“个己”，与“社会”融为一体。那时，个人的“个己”已不复存在，或已被“非集中化”。

就中国文化层次来探讨中国人的“自己”时，发现有以下几个特色：

1. 中国人的“自己”是非常受重视的，它不但是个人行为的原动力，也是达成理想社会的工具。中国人的“自己”也极注重自主性，但是这个自主性要表现在“克己复礼”的道德实践上。

2. 中国价值体系中的“自己”，不像在西方价值体系中的“自己”那样以表达、表现及实现“个己”为主，而是以实践、克制及超越转化的途径，使“自己”与“社会”结合。中国主流哲学思想以强调个人的“至善”的道德修养为维系社会和谐的基础。如果说西方是“自恋”的文化，那么中国可谓是“自制”的文化。

3. 中国哲学理念对“自己”发展的构想是与个人道德的修养分不开的。中国哲学对“自己”的讨论多以如何达到“道德自己”为主，因此对于人应该发展成为什么样的人有一个比较确定的看法。如此，对中国人的“自己”而言，学习“要怎么做”比学习“要做什么”重要得多。“自己”被看成是一个不断向前进步、走向道德至善的过程。

4. 在“自己”的修养过程中，“自己”的界线逐渐地由“个己”超越转化成包括许多其他人的非个体性的“自己”。因个人道德修养的高低不同，“自己”的界线也因而有所不同。

【本章小结】

1. 自我，又被称为自我意识，是一个由自我认识、自我体验和自我调节构成的动力系统；是个体生理与心理特征的总和，是指个体独特的、持久的同一性身份。

2. 自我认识是个体对自己身心特征和活动状态的认知和评价；自我体验是个体对自己所持有的一种态度；自我调节是指个体有目的、有策略地对自身认知、情绪、动机和行为进行激活、控制、调整和维持的过程。

3. 詹姆斯将自我分为主体我和客体我。主体我是自我的主动方面，支配客体我；客体我是被认识和经验的对象，进一步可以分为物质自我、社会自我和精神自我。

4. 库利提出了镜像自我的概念，认为个体是借助于观点采择能力来实现对自我的认识。米德在库利研究的基础上，提出了概括化他人的概念，指出个体的自我主要受到来自社会的一般性、总体性评价的影响。

5. 儿童在学龄前期的自我概念和评价发展表现为具体的可观察到的外部特征、特定的活动能力、所有物形式的特征、特定的兴趣和行为；在学龄期的小学阶段表现为一般兴趣与能力、运用社会比较和人际特征；在初高中阶段其自我概念和评价主要包括隐藏的、抽象的心理特征，能够影响人际交往的社会机能，角色规范和个人信念、价值、道德标准。

6. 自尊是自我体验的核心。自尊是个体对自我能力和自我价值是否得到他人、社会承认及认可的情感体验，属于自我系统中的情感成分，具有评价意义。自尊的本质是人生存需要与价值需要的有机结合。

7. 学龄初期儿童的自尊已经形成，且水平较高；进入学龄后期呈明显的下降趋势；到了学龄期的初高中阶段后期，儿童所获得的自尊水平和类型已经基本形成了较为稳定的能力感和价值感。

8. 自我调节是一个复杂的心理结构，由多个维度构成。这些维度既包括认知成分，又包含情绪内容；既有内部的心理表现，又有外部的行为趋向；既有操作性，又有动力性。

9. 自闭症儿童在自我意识上存在缺陷。注意缺陷多动障碍儿童的学校自我意识、个人自我意识、社会自我意识及总体自我意识均低于正常儿童。

10. 自我的神经心理学研究主要集中在自我参照加工和自我面孔再认两方面。右额叶与自我有密切的关系。达马西奥认为自我包括原始自我、核心自我和自传式自我。

11. 在家庭影响因素中，父母教养方式极大地影响着儿童的自我体验、自我评价和自我调控等能力，影响儿童的挫折承受力和健康观，是儿童自我意识发展的至关重要的因素。亲子依恋类型与儿童自我概念各方面联系密切。

12. 中西方个体的自我具有显著差别。国人的“自己”是非常受重视的；中国价值体系中的“自己”以实践、克制及超越转化的途径，使“个己”与“社会”结合；中国哲学理念对“自己”发展的构想是与个人道德的修养分不开的；在“自己”的修养过程中，“自己”的界线逐渐地由“个己”超越转化成包括许多其他人的非个体性的“自己”。

【思考与练习】

1. 什么是自我？自我系统包含哪些成分和结构？
2. 如何判断自我是否具有独特性？
3. 儿童自我认识的发展特点是什么？
4. 自尊的本质是什么？自尊在儿童期的发展有哪些特点？
5. 自我调节可以分为哪些成分？自我调节各成分的发展特点是什么？
6. 请举例说明有哪些发展性障碍会引起自我发展异常？
7. 请结合研究结果说明自我的神经解剖学基础。
8. 影响儿童自我发展的主要家庭和社会文化因素有哪些？

【拓展阅读】

1. 朱滢. 文化与自我［M］. 北京：北京师范大学出版社，2007.

本书收集了作者2000年以后的文章。全书分为六个专题：哲学的自我、心理学的自我、自我参照效应与母亲参照效应、自我参照效应的机制、自我面孔识别与自传记忆、神经科学的自我，具体收录了“自我记忆效应的实验研究”、“五岁儿童的自我参照优势”、“自我与有意遗忘现象”等论文。

2. J D Brown. *The self* [M]. New York：McGraw-Hill，1998.

【参考文献】

1. M B Jerry. 人格心理学 [M]. 陈会昌，等，译. 北京：中国轻工业出版社，2000.

2. J K Marjorie. 儿童社会性发展指南理论到实践 [M]. 邹晓燕，等，译. 北京：人民教育出版社，2009.

3. 达马西奥. 感受发生的一切：意识产生中的身体情绪 [M]. 杨韶刚，译. 北京：教育科学出版社，2007.

4. 但菲，刘彦华. 婴幼儿心理发展与教育 [M]. 北京：人民教育出版社，2008.

5. 杨国枢. 中国人的自我：心理学的分析 [M]. 重庆：重庆大学出版社，2009.

6. 朱滢. 文化与自我 [M]. 北京：北京师范大学出版社，2007.

7. 樊召锋，俞国良. 自尊、归因方式与内疚和羞耻的关系研究 [J]. 心理学探新，2008 (4).

8. 冯晓杭，张向葵. 城市贫困中学生自豪感、外显自尊与抑郁状态的关系 [J]. 心理发展与教育，2008 (4).

9. 耿晓伟，张峰，郑全全. 外显与内隐自尊对大学生主观幸福感的预测 [J]. 心理发展与教育，2009 (1).

10. 李怀虎，陈本友，杨红升. 关于自我独特性问题的研究 [J]. 西南大学学报：社会科学版，2008 (4).

11. 张林，徐强. 自我概念和个体自尊、集体自尊对大学生主观幸福感的影响 [J]. 中国临床心理学杂志，2007 (6).

12. 张向葵，刘双. 西方自尊两因素理论研究回顾及其展望 [J]. 心理科学，2008 (2).

13. D Watson，J Suls. *Global self-esteem in relation to structural models of personality and affectivity* [J]. Journal of Personality and Social Psychology，2002，83 (1)：185－197.

14. A F Paul. *Handbook of Dynamic System Modeling* [M]. New York：Chapman & Hall/CRC，2007.

15. J L Tracy，R W Robins. *The psychological structure of pride*：*A tale of two facets* [J]. Journal of Personality and Social Psychology，2007，92 (3)：506－525.

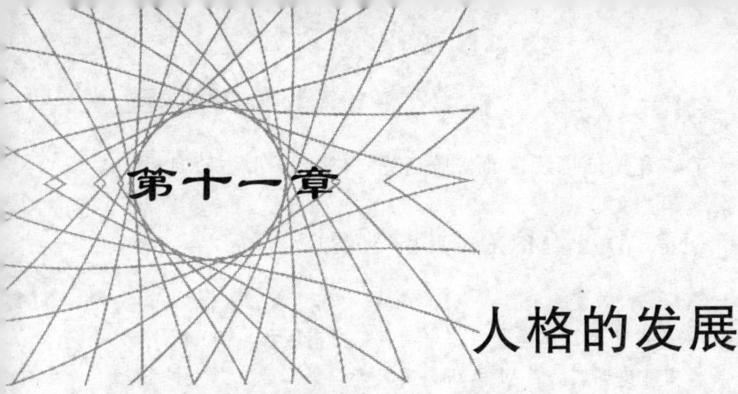

第十一章

人格的发展

【本章导航】

本章将从人格的角度，关注个体稳定的心理和行为模式的发展过程，并将重点聚焦于个体差异方面。在第一节中，首先概括介绍了人格发展的内涵，其次从影响人格发展的因素和人格发展的稳定性与变化性两方面来阐述人格发展的特征。最后，以人格发展认识论为视角，介绍了人格发展机体主义模型和背景主义模型的主要代表理论。第二节阐述了人格发展的基础，气质的内涵、特点以及与人格的关系，归纳了主要的气质结构及其发展性特点。第三节对人格结构的内涵进行了界定，并重点论及了五因素人格结构的发展。通过对本章内容的学习，帮助读者从人格的整体上认识个体心理发展的特点。

【学习目标】

1. 掌握人格发展的内涵。
2. 能够举例说明环境因素和主体因素是如何交互作用影响人格发展的。
3. 阐述人格发展稳定性和可变性的模式。
4. 了解气质与人格的关系。
5. 理解人格发展机体模型和背景模型的要义，并对二者进行比较。
6. 了解气质的主要模型及发展特点。
7. 掌握五因素人格结构的内容及发展特点。

【核心概念】

人格　人格发展　气质　人格结构

当你回想起一个感兴趣的人时，真正吸引你的不是他在不同的时间、场合下不同的行为表现，而是他在思考问题时、在情感起伏变化中、言谈举止间和待人接物上表现出来的特有模式，这就是他的人格。人格构成了个体独具特色的精神领域，显示了一个人最显著的人性特征。它是由不同层次和不同方面构成的复杂动态结构，人格的发展就是人格结构的不同层次在个体成长过程中进行重构和转换的过程。在这个过程中，客观因素和主观因素的交互作用决定着人格发展的方向与性质。人格结构的复杂性决定了人格发展模式的多样性和发展趋势的复杂性。那么，个体之间的人格差异是在人格形成过程中的什么时候开始显现呢？是什么因素导致了这些差异的出现？个体间最显著的人格差异表现在哪些方面？目前，关于这些问题的研究，儿童心理学家较为关注气质的差异研究，而成人人格研究者则以人格结构的研究为主，因此本章将从气质和人格特质的角度进行阐述。

第一节　人格发展的实质

人格的发展究竟遵循什么样的轨迹？是如常言所讲“从小看大，三岁知老”还是“什么样的生活塑造什么样的人”？然而，人格的发展是一个非常复杂的过程，很难用非此即彼的简单判断进行概括。总体来讲，人格发展是毕生的过程，在发展中既有增长又有衰退，这是一个稳定性与可变性、获得与丧失同时存在的过程。影响人格发展的环境因素和主体因素是互相依赖、交互作用的。因而理解这二者之间交互作用的方式是理解影响人格发展因素的重要途径。而通过对不同人格发展理论模式的阐述，有助于我们从多个角度了解心理学家关于人格发展的重要的观点。

一、人格发展的一般问题

（一）人格发展的内涵

1. 人格的定义及其特征

人格（personality）与平常所说的“个性”含义接近，具有个人内在品质与外在行为特征集合的含义。人的复杂性决定了人格具有极其丰富的内涵。不同心理学家对人格进行界定时各有侧重，一般是从人格的某个侧面对人格系统进行描述。根据大多数定义的基本要点，可将众多定义分为三种类型：第一种强调个体差异的重要性。例如，佩尔斯（Pares，1991）认为人格是一个人区别于另一个人并保持恒定的具有特征性的思想、情感和行为模式。第二种强调内外环境对人格的影响作用。例如，艾森克（Hans J Eysenck，1955）认为人格是个体由遗传和环境所决定的实际的和潜在的行为模式的总和。第三种是将人格假定为一种内在的结构与组织。例如，桑福德（Sanford，1963）将人格定义为一个由各部分或元素（子系统）组成的有机整体（系统），因其内部活动以某种方式进行而从环境中分离开来。

我国心理学家黄希庭对人格所下的定义较具综合性，他认为人格是“个体在行为上的内部倾向，它表现为个体适应环境时在能力、情绪需要、动机、兴趣、态度、价值观、气质、性格和体质等方面的整合，是具有动力一致性和连续性的自我，是个体在社会化过程中形成的给人以特色的心身组织”①。

心理学家们对人格的界定虽然侧重不同、表述各异，但人们对人格所具有的基本特征已经形成了一定的共识：

第一，结构性：强调人格是一种动态的组织，是多种成分在不同层次上的构成。如能力、气质、性格、情感、意志、认知、需要、动机、态度、价值观及行为习惯等成分在生理与心理、潜意识与意识等不同层面上形成相互联系的结构组织。

第二，整体性：人格是个体的心理和行为的综合整体。各成分之间通过密切联系、协调一致的统一活动来决定行为。就像是一个交响乐团，在统一的指挥下演奏一支交响乐。其中，自我充当着乐团指挥的角色，在人格中起协调和监控作用。发展良好的人格整体性较强，而发展出现障碍的人格往往整体性较差，显露出心理行为各方面相互冲突和分裂、人际交往不协调等表现。

第三，稳定性：人格是持久而稳定的行为模式，表现在跨时间的持续性和跨情境的一致性方面。例如，一个外倾的人，在童年时表现出不认生、喜欢和同龄人一起游戏的特点，到了成年时期也是个喜欢交往、善于言谈的人；无论在陌生的环境中还是熟悉的环境中，都表现出合群倾向。个体的遗传特征、持续的自我是人格保持稳定的重要因素。

第四，独特性：个体的遗传基础各不相同，所处的环境千变万化，因此，在这二者的相互作用下所形成的适应环境的模式必定都是独特的，所谓千人千面。

第五，社会性：人格主要通过后天的人际交往经历、在社会化活动中形成，是在与他人交往中掌握社会经验和行为规范，获得自我的过程。即使是像满足吃饭、睡觉这样人类最原始的本能和需要的行为都不能脱离所处的社会环境的影响和约束。

2. 人格发展的趋势

人格发展（personality development）是指在从出生至死亡的整个生命历程中，个体的人格特征随着年龄增长和习得经验的积累而逐渐改变的过程。人格特征形成是一个人在内外部诸多因素的影响下，通过逐渐形成的自我的调节作用实现对过去经验、当前现状和未来目标的构建过程。各种因素的影响力、自我的调节作用的大小在不同的时间阶段中发生着变化，这决定了人生各阶段人格发展的状态。

首先，童年期是人格塑造的重要阶段。早期经验在最初的人格塑造中具有重要意义。幼年时个体神经系统迅速成长，他所接触到的环境因素对神经系统的发展和塑造起到重要的影响作用。其原因主要源于两方面：一是，此时个体对外界刺激十分敏感，因而刺激引起个体强烈的反应，阻碍其他不相容行为反应的习得；二是，幼儿的语言发展还不完善、认知发展水平较低，更易受情绪因素的左右，不能理性地对经验进行加工和筛选，因此，外界的各种影响会在记忆中形成鲜明和稳定的印象，并对今后个体的行为和心理产生长远的影响。例如，一个幼年时被狗惊吓过的人，在他成年后即使知道狗不能对自己造成伤害，他还是无法克服对狗的恐惧感。

在早期经验中，家庭的影响具有重要作用。婴儿出生后最早接触的环境是家庭，

① 黄希庭．人格心理学［M］．杭州：浙江教育出版社，2002：315.

其中，父母的教养方式、父母本身的人格特点、家庭子女的数量和排行、家庭结构、家庭氛围等各种因素对婴幼儿人格发展的影响非常大。婴儿与养育者能否建立起有价值的依恋关系，关系到今后相当长的时间内孩子社会交往能力的发展和人际交往风格的形成。当然，早期经验的影响并不是绝对的，如果人们意识到自己人格中某些特点与早期经验的联系，并能够用成熟的理念对以往经历进行重新的审视、理解和诠释，就能够调整已形成的行为模式，改变早期经验带来的不良影响。

其次，青少年期是人格形成的关键期。这一时期个体的人格特征既受早期经历的影响，又受未来指向和探索的影响。个体在成长过程中形成评价自己和他人的认知模式，尤其是自我意识对个体心理和行为起着重要的引导作用。自我意识是指个体对自己以及自己与周围事物的关系，尤其是人我关系的认识。自我意识的水平是人格发展水平的标志，也是推动人格发展的重要因素。从青春发育期开始到青年后期，是自我意识迅速发展并走向成熟的时期。在青少年期的人格发展和自我发展问题上，艾里克森（E H Erikson）指出自我同一性（self-identity）的确立和防止同一性混乱是该时期的主要任务。青少年身心的成熟以及面临对未来成人角色的选择都促使他们进行同一性探索，并确定自己内在世界中存在着的“本来”的、本质的自我。自我同一性的形成使他们能有目的、有计划地改造自我、塑造自我，能更全面地认识、评价和看待自我，能有意识地协调自己的心理与行为。由于自我认识水平的提高、自我体验程度的加深、自我调控能力的增强，青年人的人格形成趋于成熟和稳定。

最后，成人期个体的人格仍然存在着进一步的发展。20 世纪 60 年代以前，大部分经典人格理论认为人格的发展到成人期或更早就已经完成。从 20 世纪 60 年代开始，人们对成年人的人格发展进行了一系列的研究，发现随着年龄增长个体人格表现虽然日趋一致，但仍保持着变化的潜力。赫尔森和温克（R Helson & P Wink，1992）对一组妇女从其 43 岁到 52 岁进行追踪研究后发现，在这十年间她们的责任感、自我控制都有所增加。罗伯特（B W Roberts，1997）发现职业经历与中年人外向型及责任感测量成绩的变化有关。麦克雷（R R McCrae，1999）等人对 9 个国家 12 000 多名被试的年龄与大五人格关系进行了研究，结果发现年龄的增加与责任性和宜人性呈正相关，而与外向性、开放性和神经质呈负相关。

这些研究表明人格在儿童期、青少年期、成人期甚至老年期都没有停止发展，但随着年龄的增长，人格的稳定性会逐渐提高，即人格变动的幅度会逐渐减弱。巴尔特斯（D W Baltes，1997）认为这可能与生命经历中资源分配的指向不同有关。儿童时期，主要资源分配指向发展；成年时期，资源分配指向维持和修复；老年时期，资源分配指向对各种耗损的控制和处理。因此，随着年龄的增长，个体维持或增进自身机能的资源总是越来越少。为了利用好有限的资源，个体不得不采取选择（selection）、优化（optimization）和补偿（compensation）三种适应手段。选择是指个体从众多的人生任务中选出一部分作为发展的目标或方向；优化是指个体不断强化可利用的、有效用价值的资源或能力；补偿是指对某种资源或能力的丧失进行补偿性地调整。由此，表现在人格的行为方式上就越加稳定和模式化。

3. 人格发展研究

人格发展的研究虽然主要采用实证的方法，但对人格发展的全面考察要求具有更综合的视角，因此，从哲学、教育学角度进行的思考是必不可少的。在实证研究方面亦要求综合采用多种方法。首先，由于影响发展过程的主要因素一般是在人际情境中被发现的，所以，人格发展的研究也是社会关系的研究。在这类研究中，主要使用自然观察法和调查法在不同的时间点中进行研究，同时也需要通过对个体差异的总体特征和社会交互作用进行测量，来记录行为模式的产生和发展趋势。其次，将个体差异研究与遗传学、神经科学研究方法相结合，有助于更深入地了解人格特质的内在生理与心理机制。

在所有实证研究方法中，人格发展研究更注重使用通过设计、编制问卷或量表进行测量的方法。量表测量取向以个体为中心。不同时间测量个体不同的行为特征，比较各种行为特征跨时间的测量分数，以考察个体的各种人格特征变化情况。这种研究取向获得的数据来自于儿童和青少年人格结构的发展性研究，以及成人人格结构的跨文化研究。另一种取向是着重对多被试的相同变量进行的比较研究。在不同时间测量统一变量或特征，比较跨时间的测量分数，以考察这一变量或特征的变化情况。

(二) 人格发展的稳定性和变化性

在个体发展过程中，人格随时间的增长既具有稳定性也存在着变化。人格的稳定性包括纵向的连续性和横向的一致性。纵向的连续性指个体的人格特点是否长期稳定，当数周或数年之后再做测量时，个体在人格特征上的得分是否相同。横向的一致性指在不同环境下个体行为表现出的相同程度。人格的变化性的表现也是多侧面的，表现为相对自身的绝对变化和相对于群体的相对变化，人格特质的变化和可观察层面行为表现的变化，在时间上连续性的变化和非连续性的变化等。随着人格纵向研究资料的不断积累，人们从纵向研究中观察到连续性和变化的三种类型：差异连续性与变化，平均水平的连续性与变化，自比连续性与变化。

1. 结构的连续性与变化性

结构的连续性是指个体在某个特定的人格特质上的相对次序随时间而保持稳定性的程度。人格特质的不同成分在连续性上的程度不同，其中气质、智力的连续性最高，大五人格特质次之（具体人格特质），而一个人的政治态度等价值因素稳定性最低。例如，一个人从一个国家移民到另一个国家一段时间后，会出现价值观与当地文化融合的趋势。导致人格不同结构连续性区别的原因可能有：(1) 由于能力测验要求表现出个体最高的成绩，而态度等其他因素量表所测量的是个体有代表性的典型行为，因此前者具有更高的连续性；(2) 由于认知活动更多地依赖内部反馈系统，而社会行为的一致性则需要环境的支持，因此，人格和态度更容易受社会文化背景变化的影响；(3) 气质和智力比人格特质的其他因素尤其是态度具有更强的遗传性。

2. 平均水平的连续性与变化

平均水平的连续性是指在群体中某种人格特质水平的稳定程度，即某个群体在某种人格特质上增强或减弱的程度罗伯茨（B W Roberts）等人从五因素模型的角度，对 87 项从 10 岁到 101 岁的纵向研究数据进行元分析。结果发现从青春期到成人期，多数人心理上会变得更成熟。就开放性来说，人们对经验的开放性不再逐渐增加，接近老年时属于经验开放性的特质会表现出下降的趋势；在情绪稳定性、责任感和宜人性特质所包含的因素里，如计划性、慎重、决断力、体贴、同情心等成分的程度提高。那些基本特质成熟较早的个体，在自己的爱情、工作和健康上都发展得更好。

3. 自比连续性与变化

自比连续性是指某一个体的各种人格变量在时间发展历程中的连续性，也称个体中心连续性（personal centered continuity）。随着时间的变化，人格结构中的成分及关系会不断发生变化。例如，人们会经历一些共性的生物性和社会性的事件，如青春期、结婚、工作等，在个体跨越人生中重要的角色转变时（如成为父母），自我概念上的巨大变化，会导致人格结构共性变化。就个体水平上来说，相同的生物社会因素对个体人格发展的影响存在很大的个体差异，同样的事件并非对所有的个体都有同样的影响。心理和社会背景的差异塑造了个体各自经验的不同，使其对同样的机遇做出了不同的解释，从而形成了人格结构变化的个体差异。

布洛克（Block，1971）研究发现，总体人群的连续性，往往掩盖了个体差异。例如，有关童年期至青少年期人格连续和变化的研究结果发现，从童年到青少年，个体自身在人格连续性或变化上有非常大的差异，个体内的连续性也存在个体差异。布洛克最先提出，与人格出现变化的个体相比，那些从青少年到成人期人格保持不变者，在青少年时智力更高、情绪更稳定、社会表现更成功，对其适应性的测量结果也说明他们的适应能力更强。对此，研究者们尚须进一步作更系统、更深入地探讨。

（三）影响人格发展稳定性与可变性的因素

是什么原因导致了人格的稳定与变化？这个问题与主体因素和环境因素密切相连。

1. 主体因素的作用

主体的遗传因素对人格的稳定存在影响。基因规定了个体生理结构和机能特点及发展进程。研究发现，婴儿期至青春期的同卵双生子比异卵双生子更具共变性。但到青春晚期和成年期，大部分的人格变化则是由环境因素引起的。

主体对自我的内省是导致人格变化的重要因素。随着年龄的增长，自我顿悟逐渐成为人格改变的重要条件。在心理治疗中，心理学家通过引导病人洞察自身行为的不当，及认识自身能力和责任来激发他们改变原有的行为模式的愿望，并通过建立新的认知图式取代原有的错误思想，从而促进个体以新的行为模式应对环境。

2. 环境因素的作用

人类的许多人格特征是多种基因组合发挥作用的结果，但遗传并非作为独立因素决定人格发展的蓝图，环境因素和行为经验对基因表达存在着重要的影响。环境的稳定性是人格呈现跨时间稳定性的一个重要原因。如果在个体发展的不同时期，父母的要求、教师的期望、同伴与配偶的影响比较一致，则这些环境因素会促进人格的稳定性。

显而易见，环境因素同样也是引起人格变化的重要原因。第一，特定的环境事件往往通过改变个体的行为来影响人格的发展。例如，个体所承担管理者的角色要求其行为应表现出聪明、勤奋、严谨、公正和理性等特点，因此个体会有意或无意地用此标准来要求自己，经过一段时间，角色要求逐渐内化为个体自我概念时，人格也随之发生改变。第二，环境中他人的影响。人格形成也是社会化的过程，社会化的主要途径是通过他人的影响来实现的。一个人从小到大接受父母的养育、家庭成员的熏陶；教师的引导、学校的教育；同伴的影响等。社会的要求潜移默化地渗透到他的观念和行为之中，确定了自己的角色行为从而发展了人格。第三，历史上及个人生活中的重大事件的影响。战争、结婚、参军、工作等会在一定程度上引起个体人格的变化。

3. 遗传与环境的交互作用

个体发展的每个阶段既受环境的影响，同时这种影响的效果又受个体生物遗传特点的制约。从人格的成分来看，气质、能力、认知等受生物因素的影响可能更大些，而态度、价值观、行为习惯等成分的特点更多地受环境因素制约。

从作用方式来看，遗传与环境的交互作用有多种方式，如在第四章中提到基因型和环境效应（genotype-environment effect）的三种类型，即被动式交互作用关系，唤起式交互作用关系和主动式交互作用关系。

被动式交互作用（reactive interaction）是指面对同样的环境，不同的个体会以不同的方式感受、体验、解释并对其进行反应。个体拥有的不同遗传素质和已存在的心理建构会使个体形成某种预期态度，这种预期态度使个体能够对新的社会关系和情境作出特殊的解释，而解释过程本身又反过来强化了人格的稳定性。在这种交互作用中，个体是环境事件的被动接受者。例如，不同的遗传素质会影响个体的学习机制，包括正负强化、惩罚、辨别学习和消退等。外倾性个体对潜在奖赏更加敏感，神经质对潜在威胁比较敏感，而这种差异也能预测个体在知觉、记忆和注意方面的偏差。

唤起式交互作用（evocative interaction）指个体已有的遗传特征和已有的人格特征唤起了来自环境的不同反应，而环境的反馈又唤起了个体新的特殊行为。例如，具有交感神经系统高敏感性的孩子，对家长或教师的惩罚反应更强烈，因此，促使其对该情景更加躲避。此外不同的教养方式也与儿童的人格特质和行为有关，儿童已有的人格特征也在影响着父母的教养方式，而这种教养方式又反过来塑造了个体的人格。例如，活泼的个体比沉默寡言的个体会得到更多的关爱，温顺的儿童比惹是生非的儿童会受到较少的管束和训斥。

主动式交互作用（proactive interaction）指具有不同遗传结构的个体会主动地选择、改变和建构自己所偏好的环境，形成相应的人格特质，这种人格特质还会进一步促使个体选择不同的环境和生活事件强化人格特质的结构。随着年龄的增长，儿童的自我调节能力不断发展，个体开始选择、强化和维持自己的个性特征。从儿童期到成人期，环境选择的过程对个体越来越重要。年幼儿童自身的遗传气质影响成年人为其选择的环境。进入儿童中期后，儿童有更多的自由去选择自己所处的环境。随着青春期的到来，自我概念开始确立，更为复杂的自我调节功能发展，个体开始改变和操控周围的环境，并在这一过程中发现自我，学会如何调节自己的行为，并更好地理解他人行为的原因。个体的人格会决定他们与同伴的关系类型和质量、参与活动和休闲的方式，并在各自环境中不断改变自己所追求的目标，这些都可能影响儿童改变环境的方式。在成年期，个体会根据自己的人格特点来选择自己所受的教育、职业和亲密关系，这些选择构成了个体的日常生活环境。个体对环境的选择和创造是其人格表达中最具个性化和最普遍的部分。

总之，个体既是环境影响的相对被动的接受者，又可通过自己的唤起反应在环境中起作用，还可以在选择和创造环境中发挥积极的作用。每一种情况都有遗传和环境的交互作用。在人格发展的过程中，上述三种遗传与环境交互作用方式在不同阶段的表现强度各不相同。

生命的早期阶段，个体仅限于在父母提供的有限环境中活动，基因与环境的内在相关最为强烈，交互作用以被动性和唤起性交互作用为主。随着儿童的成长，个体选择和建构自身行为与环境的能力逐渐增强，虽然被动性交互作用和唤起性交互作用在生活中仍经常起作用，但主动性交互作用不断增长。总之，环境不会直接单纯地满足个体的一切心理需要，而是通过个体有意识有目的地选择和建构环境使之满足自己需要的。在环境影响和制约个体的同时，个体也在选择和改造着环境。二者的动态交互作用就这样造就了一个人的人格。

学以致用11－1

日托幼儿园是如何影响儿童发展的?

目前，在我国城镇中，大多数孩子在3岁左右就开始接受幼儿教育。幼儿园中的生活和学习环境，尤其是幼儿教师对孩子的态度，会成为影响儿童人格发展的重要因素。

请你联系一个日托幼儿园，选择1个3岁的孩子，使用自然观察法对其进行1周的系统观察，研究日托中哪些因素对儿童亲社会行为的发展产生重要影响。

二、人格发展的主要理论模型

心理学家在研究人格发展时，由于其对人性的认识不同，研究的出发点不同，研究途径、研究方法的选择各异，因而形成的有关人格发展的理论模型也丰富多彩。总体上可将这些理论大致分为五类：(1) 强调人格组成要素以及人格特质与实际行为之间关系的特质理论；(2) 强调人格内部作用过程，尤其是内部的冲突与矛盾斗争的精神动力理论；(3) 强调外部环境、条件与学习作用的行为主义理论；(4) 强调注重个体感受和主观体验以及个人成长机制作用的人本主义理论；(5) 强调个体内部认知结构及作用的认知理论；目前没有哪一种理论被完全证实或被彻底否定。它们为认识人格发展规律提供了重要的研究资料和理论构想。这些理论在探讨人格发展问题时，都会关注三个方面的问题：人格发展的实质是什么？遗传素质和环境影响在人格发展中的地位及作用如何？个体在多大程度上能够决定其行为的选择？

(一) 特质理论模型的人格发展观

奥尔波特（Gordon W Allport）是特质模型的经典代表。他认为人格是一种动力组织，由生物结构和心理结构组成。人格的各个方面是连续的并处于正在组织建构之中的状态，其中包含一个不能改变的核心内容，人们用这个内容来定义自己是谁，这个核心即统我（proprium），它能将人格特质统一和整合成为一体。统我的形成受个体原有遗传天赋的影响，并在后天发展而成。

完善的统我在个体发展中经历了八个阶段：

躯体我的感觉阶段（0—1 岁）。婴儿这阶段在不断产生和发展的躯体感觉中，认识到了自己身体的局限性，并确认了自身的存在。躯体我的感觉为个体的自我觉知提供了一个固着点，并成为自我的核心，是人一生中自我发展的重要方向。

自我统一感阶段（1—3 岁）。儿童在这个阶段，尽管他们的身体在成长，经验不断发生变化，但自己仍然是同一个人，即认识到自我在时间上的延续性。

自尊感阶段（3—4 岁）。此时，儿童对自己周围的事物和环境更为熟悉，当其完成力所能及的任务时，就会体验到自豪感；反之，则会有羞耻感。他们发展自我意识的一个明显倾向就是具有典型的抗拒性，表现为反对来自父母的任何建议。这种倾向在青春期经常重新显现出来。

自我扩张感阶段（4—6 岁）。此时儿童典型的表现是自我中心，他们往往十分关注自己的占有物。尽管自我扩张在早期的表现是自私的，但随着个体的成熟，他们会逐渐把对自己的关注扩展到家庭、事业和国家上来。

自我意向感阶段（6 岁）。与自我扩张感相伴，儿童开始产生自我意象。自我意象包括两种成分：其一是个体对要求自己扮演角色的习得性期待；其二是个体对将来寻求实现的抱负。自我意象的发展使得导读感也随之逐渐产生。儿童学习去做大人期望他们做的事，并且避免去做会遭到反对的行为。他们开始思考未来的职业和信仰的价值。

自我理智调适阶段（6—13 岁）。该阶段的儿童开始感到他们理智的力量，并努力实现他们，儿童设计解决问题的策略，喜欢检验自己的技能，同时还会歪曲事实和进行自我防御。

统我追求显露阶段（13 岁起）。青少年开始发展自我的方方面面，这种对统我的追求要求个体努力实现自我目标。当个体追求主要目标时，统我使人格的各个方面获得统一。因此，奥尔波特认为长远目标的拥有是个人存在的中心，它使人类和动物相区别，承认与儿童相区别，健康者与病人相区别。

知者自我的显露阶段（成年时期）。该时期，个体具备了将之前所有状态整合为一体的能力，使期中的几个方面或全部在一个特定的情境中能够同时起作用。

卡特尔（R B Cattel）的特质论针对影响人格发展因素进行了有意义的研究。他主张遗传与环境均为人格的决定因素。他认为，一个人的先天特性会影响他人对他的反应，影响他本身的学习方式，也限制了环境力量对其人格的可变性。卡特尔认为在人格形成中学习起着重要的作用。相对于整合学习，经典条件作用和操作条件作用对人格形成并不重要，但整合学习是影响整个人格结构的学习。特质论的另一代表人物艾森克认为，遗传和环境交互作用才产生人格，但遗传的生物因素起着特殊重要的作用。行为的遗传基础十分重要，正是这些遗传使个体的各种特质从儿童到成人始终保持相对稳定。

20 世纪 60 年代开始，人格特质理论最显著的发展是五因素模型的提出。这方面的内容在后面会详细阐述。

（二）精神动力模型的人格发展观

弗洛伊德（S Freud）是精神动力模型的经典代表。在其理论中，强调人格发展源于里比多能量的变化和发展。人格发展是沿着所有人从出生到成人所经历的若干有先后顺序的阶段而前进的。这些阶段都有一个身体的相应部位成为里比多投放的中心，如果人在某一阶段中受到过多的满足或挫折，就会形成人的某种人格特征。

对于人格发展的影响因素和行为选择的可能性，弗洛伊德强调先天生物对人格发展阶段的决定作用，而个体 5 岁之前的早期经验决定成人的人格特征。在这个问题上，后继的精神分析模型发展出了两种取向。一种取向以哈特曼（Hartman）、艾里克森（Erikson）为代表，他们从主体内寻找人格发展的原因。哈特曼（Hartman）提出了自我的自主性发展学说，认为自我的起源和能量都独立于本我，因而在发展上也独立于本我。他还将本我的能量中心化为自我的能量，使自我脱离本我的控制。艾里克森发展了哈特曼重视的社会环境对自我适应作用的思想，从生物、心理、社会环境三个方面考察自我的发展，提出了一个以自我为核心的人格发展阶段说，使自我心理学的理论研究达到了一个新的水平。另一种取向以弗罗姆（Fromm）为代表，主张从主体之外寻找人格发展的原因。认为社会文化因素决定了个体的人格形成。弗罗姆反对把人看做由生物本能驱动的生物人，而是从研究人的本质入手来研究人的发展，强调社会角色、人际关系、家庭环境、亲子关系、社会制度以及文化模式对人格形成和发展的影响。

（三）行为主义模型人格发展观

在解释人格发展变化的原因上，行为主义关注外部环境、条件与学习在人格发展中的作用。华生（J B Watson）的行为主义学习理论忽视遗传对人格形成的作用，而强调后天环境对人格形成的决定意义。斯金纳（B F Skinner）同样强调研究环境事件和行为之间的联系，他用强化来说明人格的发展和改变。认为人格不过是人们所观察到的个人行为模式，而行为上的个别差异是由于人们所处的学习情境的不同造成的。班杜拉（A Bandura）认为，发展不是一个内部成长和自发发现的过程，而是围绕着个体的目标、计划、自我效能和爱好的变化，这种变化可以用观察学习、替代性强化、自我调节等原则来解释；人格由外部力量和内部力量共同决定，是奖励和惩罚之类的外因和生物因素、信念、思维和期望之类的内因相互作用的影响结果。

（四）人格发展的人本主义模型

人本主义关注人格发展中个体感受和主观体验以及个人成长机制的作用。代表人物马斯洛（A H Maslow）和罗杰斯（C Rogers）都将自我实现需要看做人格发展的动力。马斯洛认为人具有先天遗传的“自我实现”的动机倾向，其他一切动机都是这一根本性动机的表现。自我实现是一种生而俱有的潜能，随着有机体的生长，会冲破先天遗传的限制，通过各种途径，朝着自我调节、自我支配和自主性发展的方向前进。

罗杰斯认为，人格是毕生发展的结果而不是与生俱来的，自我的形成和发展有赖于个体和环境互动的许多因素，个体如果能得到更积极的关怀和教育，就能将其内化到个体的自我结构中，使个体体验到自我价值，使理想中的自我与经验中的自我协调一致，人格就能更健康地发展。

（五）认知模型的人格发展观

认知人格理论认为，个体人格的不同是由于人们信息加工方式的不同造成的。乔治·凯利（George Alexander Kelly）的个人建构理论认为，个体像科学家一样，形成、检验和修改自己对世界的假设，即个人的建构。个体在建构的形成过程中逐渐产生了专属于自己独有的特殊建构。个人建构系统一旦被建立起来，会反过来制约个体。一个人总是受到自己创建起来的个人建构系统的强烈影响。个体的人格倾向都是由其预期未来事件的个人建构系统所指引的。

该理论认为人格的发展是围绕个体建立对世界理解的建构系统而展开的。关于影响认知建构的复杂化因素研究发现，一些特定的因素对个体发展复杂化的认知建构具有作用。Bieri（1966）发现6—9岁儿童的认知复杂性开始变得越来越复杂。另一项研究发现，认知复杂性高的儿童的父母倾向给予其独立自主、民主的教养方式，这可能是由于当父母给予儿童更多检验不同事件和获得不同经验的机会时，就为儿童提供了建构复杂认知结构的外界条件。

米歇尔（Walter Mischel）认为，人们虽然有稳定的人格，但当遇到事件时，需要利用复杂的认知情感系统来辨别所知觉到的具体情景或情境类型，并最终决定行为，行为反过来也会影响情景或情境。由于每个人认知情感系统的差异，导致了个体行为模式的不同。更重要的是，在不同刺激情境中认知情感系统导致个体出现不同的行为反应。我们每个人都有在类似情境中作出相似行为而在另一类型的情境中则作出不同行为的特有行为方式。在所有的社会情境中都是外向或都是内向的人是极少见的，大多数人都在一类情境中有典型的善于社交的行为模式，而在另一类似的情境中却有害羞的行为模式。

第二节　气质的发展

一、气质的本质

刚出生婴儿的心理并非是人们可以任意描画的白纸，从是否爱哭、哭声大小到动作的活跃水平、睡眠规律等都表现各异，气质正是个体出生后就显现出来的明显而稳定的人格特征。不同的气质特点会导致婴儿以特定的方式去反应和行动。

气质对人格发展具有不可忽视的重要作用，它既是未来人格发展的出发点也是人格的生长点。就个体内部而言，气质会影响婴儿对外界环境刺激的注意程度、诱发或抑制某些反应的可能性、在问题解决任务中的参与性等；就个体之间而言，气质能够揭示出婴儿在环境中影响他人、与他人相互作用及其交往行为差异的原因。例如父亲、母亲对不同气质的孩子会有不同的态度和行为，而这些态度和行为又决定了婴儿对待他们的父母的方式，并进一步强化父母对其作出不同的反应。

(一) 气质的定义与特点

1. 气质的定义

气质与人们经常说的“脾气”或“禀性”近似，例如有些人动作迅速、情绪易起伏，而有些人行动从容、情绪平稳。不同学者对气质的界定虽各有侧重，但概括地讲，气质是指人生来具有的心理活动的动力特点，表现为心理过程和行为在速度、强度、灵活性方面的动力倾向。气质是具有生物遗传型的个体特征，并以遗传、自然成熟和经验共同决定的生理结构为基础。

2. 气质的特点

(1) 情绪性。情绪是气质的主要特征。它包括对情绪刺激的敏感性、习惯的反应强度和速度、个体主导心境的品质及心境波动和强度方面的所有特性。气质特征还表现在行为方式上，即如何进行反应：或快或慢、或轻松或紧张、或粗心或精心等。注意特征上表现为注意力的分散程度、注意的广度与持久性等。

(2) 反应与调节性。气质是反应性和自我调节特点的表现。反应性是指个体对内、外环境变化的反应，反应的测量指标包括动作、情绪和注意等方面的反应潜伏期、持续时间和强度（Rothbart & Derryberry，1981）。自我调节代表的是调节反应性的过程，包括抑制优势反应的能力、激活非优势反应的能力、计划能力以及察觉错误的能力。个体早期在情绪、活动性水平和注意上的差异是在儿童的反应性和自我调节基础上产生的。

(3) 遗传性。气质的生物基础具有遗传性。从新生儿身上可以发现在运动的敏捷性、情绪的稳定性等方面存在显著的差异。研究表明，遗传对气质具有重要的作用。罗威（Rowe，1997）的研究发现，气质特质的个体差异有 1/3—1/2 是由遗传变量所决定的。林崇德（1982）研究了不同类型双生子的气质差异，结果发现：双生子的遗传因素越接近，在气质的表现上也越相似，其中双生子间在气质上相关系数的次序为：同卵双生子＞异卵同性双生子＞异卵异性双生子。

气质与高级神经活动的类型、皮下中枢和内分泌腺等的活动都具有密切的关系。20 世纪 20 年代巴甫洛夫关于气质的高级神经系统活动机制说在很大程度上揭示了气质的生理机制。他认为气质有三种特性：高级神经系统活动兴奋、抑制过程的强度，以及这两种神经过程的平衡性和灵活性。三种特性的不同整合，构成的四种神经活动类型便是人的气质的生理基础。艾森克（H J Eysenck，1967）和格雷（Gray，1982，1987）进行了气质生物学基础的现代研究。艾森克认为内、外向维度与中枢神经系统的兴奋、抑制的强度有关；自主神经系统和边缘系统是神经质维度的生理解剖基础；精神质维度可能与雄性激素的分泌有关；神经质、内外向、精神质维度均与遗传因素有关。

(4) 可变性。气质在一定程度上具有可变性。先天与后天的相互作用导致个体的气质既有稳定性又有可变性。伴随个体的发展，气质本身也在与外界环境相互作用的过程中发生着一定的变化。婴儿的神经系统和心理活动都处在不断发展、变化的过程中，具有较强的可塑性，所以后天环境与教育对其发展的影响不应忽视。过去人们认为遗传基因是稳定的，它们的作用是固定的，但高桥（Takahashi，1995）的研究发现，有些基因非常易变，这种基因的变化会产生出新的特殊的蛋白质。这预示着个体的经验可能降低或增强最初的气质倾向。例如，一个儿童出生时有强抑制和害怕的生理基础，但他随后经历了一个支持性的环境，在这个环境里没有严重的不确定性，该儿童很可能在大脑环路上产生一些生理变化，而正是这些环路在调节情绪反应和降低苦恼。因此，最初所赋予的基因物质并非是决定性的，它们也要服从于经验的调节。

环境对气质的影响是很复杂的。刘明和王顺兴等（1990）研究了十二种社会因素对儿童青少年气质发展的影响。研究结果表明，儿童青少年的某些气质类型，如胆汁多血质、抑郁多血质较易受社会环境影响；而另一些气质类型，如多血抑郁质、多血黏液质、胆汁黏液质和黏液质则较少受社会变量的影响而发生变化。某一种具体的社会变量，显著影响某种或某几种气质类型的变化，而对另一些气质类型的影响则不显著①。

（二）气质与人格发展

具有不同气质的个体在面对环境时，表现出相应的适应倾向。例如有的气质特征表现出活跃、顽皮，有的表现出沉稳、安静；有的表现出勇敢，有的表现出怯懦。这些不同的倾向会影响人格特征形成的难易和快慢程度。其原因在于具有一定气质特点的个体，在出生后面对特定刺激或情境时，思维、情绪和行为的习惯化激活容易产生，而成为人格特质。这种变化可能涉及以下过程。

第一，气质会影响儿童学习过程中经典和操作条件反射形成的难易和模式。气质的差异将导致个体学习机制的差异，从而使不同气质的个体形成相应的学习模式。例如，外倾性个体对潜在的奖赏更加敏感，而神经质个体对潜在威胁比较敏感。抑郁质的人容易自爱也容易胆怯，更易学习社会规则、遵纪守法，但也更容易受挫。具有高开放性气质的儿童，更愿意把复杂、新奇的刺激看做一种强化。畏惧型儿童在做错事时，内心的痛苦体验更易使其产生内疚感，因此母亲温和的教养方式会促进其道德的发展；相反母亲温和的教养方式却无法预测对非畏惧型儿童道德发展的影响。

第二，气质的差异诱发儿童对环境的不同反应，转而影响他人对儿童的典型反应方式。例如，气质特质会影响家庭环境，特别是母亲、父亲或者其他养育者的行为。儿童对父母的影响最主要体现在儿童消极情感的个体差异上。许多研究发现，与随和型婴儿的母亲相比，困难型婴儿的母亲表现出较低的自信、自我效能和较多的沮丧；儿童的易激惹性也会诱发父亲的消极情绪，并更广泛地影响到整个家庭系统。表现出积极情感的儿童更容易获得同伴喜欢，被教师评价为友好的、合作的。因此，儿童气质对形成人际经验十分重要，这种人际经验不仅引发他人的反应，也会影响他人对儿童的期望，进而可能被内化为儿童自我概念的一部分，影响儿童对自我的评价与期望。

第三，气质影响儿童调整、改变、操控环境的方式。儿童的气质会部分地影响成人为其选择的环境，随着儿童年龄的增长，他们拥有更多的自由选择所处的环境。例如，高责任感的儿童更喜欢有挑战性的活动。个体选择和塑造环境的方式可能与自我调节密切相关。个体会根据当时的情绪体验来调节自己的行为，也会根据自己对潜在情境的预期及目标的选择来决定应对环境、调节自己和他人的行为。例如，高外倾性

---

① 刘明，王顺兴．中国儿童青少年气质发展与教育［M］//朱智贤．中国儿童青少年心理发展与教育．北京：中国卓越出版公司，1990：386－387.

的儿童会积极地说服其他儿童推选自己作为群体的领导者。

第四，气质影响儿童对环境体验的认知建构方式，并形成较固定的认知建构。随着儿童价值系统和期望的形成，气质通过情绪影响个体的认知建构。气质影响认知的最主要的原因在于气质的情感特征，情感过程又会影响认知的发展。雷蒙瑞斯、阿塞尼奥（Lemerise & Arsenio，2000）认为，儿童在神经质和情绪调节方面的个体差异可以影响社会信息加工过程。例如，在积极情感和消极情感上存在的个体差异将影响他们对环境中线索的注意、主要目标的确定以及潜在反应类型的形成。成人的神经质与许多认知偏差相关。在实验室条件下，压力情景可预测高水平焦虑，这表明神经质与适应不良之间具有一定关系。

气质还会影响个体自我和同一性的发展。不同气质的儿童在与他人的社会比较和与自己不同时期比较过程中，体验到不同的情绪，进而建立对自己的评价。儿童较高水平的焦虑和抑郁水平可以预测其消极的自我认识和对自己能力的低估。

学以致用11－2

父母的气质与抚养方式

父母是孩子的主要抚养者，父母的抚养方式对婴儿人格发展的影响不可低估。例如，过度焦虑的孩子常有过度保护、对子女反应十分幼稚化的母亲；受父母溺爱的孩子常缺乏爱心、耐性和抗挫折能力；经常受体罚的孩子会变得更具攻击性。

影响父母抚养方式的因素有很多，其中，抚养者的气质与婴儿气质之间的相互作用也是因素之一。

请你收集在抚养过程中，父母与婴儿气质之间相互作用的研究资料，并尝试进行实地观察，将你观察的结果与已有研究结论进行对照和分析。

二、气质的结构及其发展

以往有关气质结构的解释，主要从环境因素（天气、饮食和社会经验等）和机体内部因素（体液、产前事件、基因等）两方面来阐述。不断发展的神经科学和遗传学充实了对气质结构的认识。下述气质结构模型既有来自对婴儿和学步早期儿童的发展性研究，也有来自神经科学在成人身上所作的研究。

（一）儿童的气质结构模型

1. 九维度气质结构模型

20世纪60年代后，托马斯和切斯（Thomas & Chess，1977）为预测儿童适应的潜在问题，领导纽约纵向研究计划（NYLS）进行了持续30年的追踪研究，其中一项研究内容就是气质。该研究依据日常行为观察法和父母问卷调查法，结合丰富的临床经验，了解婴幼儿在各种情景下的行为表现及发生背景，并将婴幼儿的情绪和行为分离出九个相对稳定的气质维度，具体包括：活动水平，生理节律性，注意分散度，接近—退缩，适应性，注意广度和持久性，反应强度，反应阈限，心境。各维度的含义及在婴幼儿不同年龄的行为表现如表11－1所示。

表 11－1　NYLS 气质维度含义以及在婴幼儿不同年龄的行为表现

气质维度	含 义	2 个月	1 岁	2 岁
活动水平	日常生活中身体活动的数量	换尿布时的移动速度	穿衣、吃饭速度	在家具上爬上爬下
生理节律性	外来刺激对儿童活动的干扰程度	睡眠时间、吃饭多少是否规律	入睡时间长短是否规律	
注意分散度	坚持某项活动的时间长短	换尿布时是否哭闹	玩耍时，用其他物品吸引他时，他是否分心	没给他想要的东西是否哭闹
接近—退缩	对新鲜事物的初始反应	初次用奶瓶是否喜欢	接近陌生人是否喜欢	在奶奶家第一次过夜是否睡得好
适应性	对新事物初始反应后的长期调节反应	换尿布是否愿意	以前没有吃过的食物是否愿意吃	理发时是否每次都哭
注意广度和持久性	生理功能、日常行为或对事件反应的规律性或可预测性	想吃奶时是否接受喝水	对喜欢的玩具是否玩很长时间	是否坚持玩智力游戏直到最后
反应强度	反应强度的大小	饥饿时低声啜泣或大哭	从头顶穿衣是否无所谓	别的小朋友打他是否计较
反应阈限	引发儿童出现可观察到的反应或注意的刺激的量的大小	对声音反应是否迅速	喜欢和不喜欢食物放在一起是否在乎	走路被别的小朋友超过是否在乎
心境	情感性质，高兴与不高兴心情的数量的多少	吃完奶后是否无故烦恼	母亲离开时是否哭	理发时是否哭

托马斯和切斯（1986）后来又将九个维度合并成五个维度，包括：生物节律性和可预测性，对新异刺激的趋避性，对新的经历和常规改变的适应性，情绪反应强度，典型心境。他们据此进一步将婴儿的气质划分三种类型：

① 容易型：该类型约占全部研究对象的40%。这类婴儿的吃、喝、睡等生理机能有规律，节奏明显，容易适应新环境，也容易接受新事物和不熟悉的人。他们情绪一般积极愉快、爱玩，对成人的交往行为反应积极。由于他们生活规律、情绪愉快，且对成人的抚养活动提供大量的积极反馈（强化），因而容易受到成人最大的关怀和喜爱。

② 困难型：该类型约占全部研究对象的10%。他们突出的特点是时常大声哭闹，烦躁易怒，爱发脾气，在饮食、睡眠等生理机能活动方面缺乏规律，对新事物、新环境接受很慢。他们的情绪总是不好，在游戏中不愉快。成人需要费很大的力气才能使他们接受抚爱，很难得到他们的正面反馈。由于这种孩子对父母来说是一个较大的麻烦，因而在养育过程中容易使亲子关系疏远，因此需要成人极大的耐心和宽容。

③ 迟缓型：该类型约占全部研究对象的15%。他们的活动水平很低，行为反应

强度很弱，情绪总是消极，而不甚愉快，但也不像困难型婴儿那样总是大声哭闹，而是常常安静地退缩，情绪低落；逃避新事物新刺激，对外界环境和事物的变化适应较慢。但在没有压力的情况下，他们也会对新刺激缓慢地发生兴趣，在新环境中能逐渐地活动起来。这一类儿童随着年龄的增长，随成人抚爱和教育情况不同而发生分化。

以上三种类型只涵盖了约 65%的婴儿，另有 35%的婴儿不能简单地归到上述任何一种气质类型中去。他们往往具有上述两种或三种气质类型的混合特点，属于上述类型的中间型或过渡（交叉）型。

2. 两维度气质结构模型

许多关于个体早期气质的研究关注狭义的低级特质成分。罗斯巴特（M K Rothbart）和她的同事（1989）经过多年对气质的研究，发现了婴儿和学步儿高阶层的气质结构，提出了气质的两个维度——反应性和自我调节。

（1）反应性代表个体在动力唤醒、情绪性和指向性上的差异。凯根（Kagan）的研究发现，注意的反应性与婴儿注视的比率保持一致。在 8—13 个月之间和 13—27 个月之间，注意指向对象保持稳定，但在 8—27 个月之间却没发现这种稳定性。这可能是由于儿童 1 岁时执行注意开始出现，注意控制和计划能力加强，因而提供了更多的途径来调节反应倾向。

（2）自我调节代表的是调节这种活动性的过程。接近或躲避（或行为抑制）的定向及努力控制均为个体的自我调节过程。

努力控制反应执行注意的效率，包括抑制优势反应的能力、激活非优势反应的能力、计划能力及察觉错误的能力。努力控制的发展与儿童持续注意的维持紧密联系。格罗苏那（G Kochanska，2000）的研究发现，9 个月儿童的集中注意可以预测儿童以后的努力控制，努力控制与 22 和 23 个月时儿童对愤怒的调节以及 33 个月时儿童对兴奋性的调节有关。22—45 个月之间努力控制的稳定性持续增加，33—45 个月之间努力控制的稳定性与智力相匹配。儿童在 22 个月时对愤怒和兴奋性的调节能力越高，与害怕相关的抑制能力越高，以后的努力控制能力就越好。

（二）气质的神经模型

在以成人为对象的气质神经科学研究中，人们获得了大量的成果，加深了对气质结构内在生理机制的了解。

1. 大三气质结构与气质的发展

英国心理学家艾森克（Hans Eysenck，1967，1987）对气质的生物学模型进行了开创性的研究，将气质分成神经质，内、外倾性和精神质三个维度。

（1）神经质/负情绪：反映个体将世界知觉为有威胁、不能预知、使人痛苦程度的个体差异。高神经质的人比较情绪化，即情绪不稳定，表现为有些人过分担心某事物、害怕某些人或地点，还有些人表现出一些无法摆脱的冲动症状。艾森克认为神经质的控制部位在边缘系统，包括海马回、杏仁核、扣带回、中隔及下丘脑。这些部位都和人的先天能力有关。神经质水平高的个体，边缘系统活动阈限较低，交感神经系统的敏感度较高，因此，他们对任何较弱的刺激都会产生过度的反应。在压力情形下，经历的恐惧和焦虑水平都较高。

（2）内、外倾性：涉及个体试图控制环境的意愿。艾森克将内、外倾的原因归因为脑干中上行网状激活系统（ascending reticular activating system，ARAS）的活动水平。ARAS具有唤醒大脑皮层的作用，是个体保持清醒、精力充沛和充满警觉的条件。内倾者的皮层唤醒水平高于外倾者，因而他们对刺激更为敏感，在行为上表现出对环境中强烈刺激的回避现象，而外倾者则相反。

（3）精神质：反映了个体一种固执倔强、粗暴强横、铁石心肠和冲动的特点，具体表现为攻击性的、自我中心的、有创造力的、冲动的、缺乏同理心等特征。心理测量研究表明，男性的精神质得分显著高于女性，罪犯和精神病患者的分数也比较高，这些人中男性较多。因此，艾森克推测精神质可能与男性生物特征，特别是雄性激素的分泌密切相关，但目前还没有实证研究材料支持这一推测。

德普（B E Depue，1996）在此基础上提出了气质维度的生物学综合理论。德普指出奖励信号激活了构成内外倾基础的神经生理系统。该系统由两种主要的上行多巴胺（DA）的中脑缘的和中央皮质的投射系统构成。这些系统的共同工作可以激活相应的情绪反应系统，进而增强目标实现的目的性行为，促进对新颖环境的评价。神经质的生物学基础是中枢神经系统5－羟色胺（5－HT）投射的功能性活动。5－HT信号对信息流动发挥激励的抑制影响。低5－HT的个体对感官输入是过度敏感的，以至于低强度刺激也会引起个体的反应。对人类来说，低5－HT活动与冲动性攻击有高相关，包括纵火、杀人和自杀行为（Coccaro et al.，1989）。对于神经质的神经机制，德普推测可能与蓝斑的去甲肾上腺素的活动有关。

2. 气质的强化敏感理论

格雷（Gray，1972）在神经科学研究的基础上提出了气质的强化敏感理论。他将气质分成冲动性和焦虑性有关的两个维度。这两个维度的生理机制是脑系统中的“行为抑制系统（behavioral inhibition system，BIS；与焦虑有关）”和“行为激活系统（behavioral activation system，BAS；与冲动有关）”。BIS一般由新异刺激及代表惩罚或挫折性刺激所激活，是一个停止系统，抑制正在进行的行为并对环境信息作进一步的加工。BAS则由代表奖赏或惩罚消除性刺激所激活，是一个发动系统，激发起趋向行为。这两个系统彼此竞争实现对行为的控制。高行为激活系统反应性的个体常表现出大量的冒险、感觉寻求行为。儿童的一些行为失调如伴有多动症状的注意缺陷以及操行失调等，在部分程度上是行为激活系统功能失常所造成的。高行为抑制系统反应性的个体则倾向于躲避风险。

第三节　人格结构的发展

一、人格结构的内涵

人格结构（personality structure）是人格心理学家用来解释个体差异的假设性概念，但他们对构成人格的单元及其结构的理解和阐述却不尽相同。许多人格心理学家将特质视为人格的基本单元。

对人格特质概念的理解可以区分为描述性、倾向性和解释性三个层面（Zuroff，1986）。从描述概念的角度讲，特质指个体过去行为中可观察到的一致性。在这个层面上特质结构常被描绘成静止的、非发展的人格概念。从倾向性的角度讲，特质代表在特定情境下个体以特定方式行事的倾向。与描述性概念不同，倾向性概念强调情境诱发对特质预测行为发生的重要性。解释性概念将特质看做内部心理结构的标志或指示器，人们可以通过人格特质出现时各部分的发展联系而对其了解，正是在这个层次上研究者可以将特质融入过程理论中，使得对人格特质发展的早期条件及其心理和生理基础的研究成为可能。

人格五因素模型（five-factor model of personality）正是从解释层面对人格特质进行分类的因果模型。该模型是目前较受关注，且在人格结构发展方面研究较多的一种人格结构理论（如表 11－2 所示）。

表 11－2　1949—1990 年以来学者们对人格五个主要维度的命名

学　者	维度Ⅰ	维度Ⅱ	维度Ⅲ	维度Ⅳ	维度Ⅴ
非斯克（Fiske，1949）	社会适应性	顺从性	成就愿望	情绪控制	探究性才智
艾森克（Eysenck，1952）	外倾性	宜人性	可靠性	神经质	
图普斯和克里斯特尔（Tupes & Christal，1961）	感情起伏		精神质	情绪性	文化
诺曼（Norman，1961）	感情起伏	宜人性	谨慎性	情绪稳定性	文化
博格大（Borgatta，1975）	过分自信	可爱性	工作兴趣	情绪性	智力
卡特尔（Cattell，1975）	外倾性	友善	超我强度	焦虑	智力
吉尔福特（Guilford，1975）	社会活动性	偏执狂偏向	思维内倾性	情绪稳定	
杨国枢和彭迈克（1984）	精明干练		善良、淳朴	冲动任性	智慧文雅
迪格曼（Digman，1988）	外倾性	顺从朋友	成就愿望	神经质	才智
霍根（Hogan，1986）	好交和野心	可爱性	智虑、谨慎	适应性	智慧
麦克雷和科斯塔（McCrae & Casta，1987）	外倾性	宜人性	谨慎性	神经质	开放性
皮博迪和戈登堡（Peabody & Goldbezg，1989）	权力	爱	工作	感情	才智
巴斯和普洛明（Buss & Plomin，1984）	活动性	社会能力	易冲动性	情绪性	
特尔根（Tellegen，1985）	积极情绪		拘束	消极情绪	
洛尔（Lorr，1986）	人际卷入	社会化水平	自我控制	情绪稳定	独立性
约翰（John，1990）	外倾	愉快、利他	公正、克制、拘谨	神经质	率真创造性思路新
戈登堡（Goldberg，1990）	外倾性	宜人性	谨慎性	情绪稳定性	才智

［资料来源］黄希庭. 人格心理学［M］. 杭州：浙江教育出版社，1996：35.

二、人格五因素结构的发展

(一) 五因素模型概述

麦克雷和科斯塔（McCrae & Costa，1961）通过大量研究发现了人格五因素模型(FFM)，它涵盖了人际关系、工作行为、控制力、情绪性以及能力等多方面的表现，是对人格特质共变的实证概括。五因素模型包括内—外向（E因素）、神经质（或称情绪稳定性，N因素）、责任性（C因素）、宜人性（A因素）与经验开放性（O因素）。以首写字母命名，构成了“OCEAN”模型。五因素模型以特质概念为基础，是一个综合的人格特质分类系统，它对人格的描述代表的是一个概括和宽泛的层面，每个因素下还包含若干低级特质，如表11－3所示。①

表11－3 儿童和青少年五因素包含的低级特质

五因素	内—外向	神经质	责任感	宜人性	经验开放性
低级特质	社交性	恐惧	专注	亲社会倾向	智力
	活动水平	焦虑	自控	对抗性	创造力
		悲伤	成就动机	任性	好奇心
			条理性		

对于五因素特质，心理学家不仅强调对人格结构全貌的勾勒，而且强调对五因素模型特质属性的证实。作为特质的分类系统，五因素模型具有客观的遗传基础。因此，五因素模型不仅描述了个体的表现型特征，而且描述了个体的基因型特征，是具有解释意义的因果模型。

(二) 五因素模型的发展

经过数十年的努力，人格五因素的研究积累了大量有关人格特质的起源、发展和功能的研究成果（McCrae，1992）。来自人格、气质问卷、行为任务以及观察测量的工具数据，均证实了人格五因素在一生中的变化。

1. 外倾性

(1) 外倾性概念：外倾性一般指具有好交际、友好、积极的、坦率的、支配的、身体活动性强以及精力充沛等方面的特点。外倾性的低级特质包括社交性和活动水平。社交性是外倾性最原始的成分，表现为喜欢与人相处、频繁不断地与他人建立联系的行为、健谈友好、活泼和富有表现。活动水平指能够以旺盛的精力投入令人愉快的任务以及健谈、热情等。

(2) 外倾性的表现及发展：积极情绪的体验和表达能够作为外倾性的测量指标。亚伯和伊扎德（Abe & Izard，1999）的研究发现，18个月的儿童在陌生环境下的正面积极情绪能够预测其3.5岁时的外倾性。在成人期积极情绪体验与外倾性之间也有

① Nancy Eisendberg. 儿童心理学手册：第三卷［M］. 林崇德，李其为，董奇，译. 上海：华东师范大学出版社，2006：342.

密切的关联，当前积极情绪体验之间的平均相关为0.37（Lucas & Fujita，2000）。另一些指标也可以预测儿童后期外倾性的特点。卡斯奇和哈林顿（A Caspi & H Harrington，2003）等人一项长达23年的纵向研究发现：高自信水平、友善和热情的3岁儿童在成人之后表现出高外倾性；相反沉默寡言、不善交际、有恐惧感的3岁儿童成人后在外倾特质上得分较低。

理论关联11－3

中国人的大七人格结构与西方人的大五人格结构的关系

从跨文化的角度来看，人格结构可以分为两部分：（1）所有文化下的人们共有的人格成分，它是人类生存和发展过程中遗传的相似性以及适应共同的或相似的生存压力的结果；（2）某一文化下的人们所独有的人格成分，它是该文化下人们独特的遗传因素和适应其独有的生存压力的结果。跨文化心理学家将前者称为人格的etic（一致性）成分，将后者称为人格的emic（独特性）成分。

国内学者根据人格研究的词汇学假设，通过系统搜集中文人格特质形容词建立起了中国人人格的七因素模型，并编制了相应的测量工具。中国人的人格由外向性（活跃、合群、乐观）、善良（利他、诚信、重感情）、行事风格（严谨、自制、沉稳）、才干（决断、坚韧、机敏）、情绪性（耐性、爽直）、人际关系（宽和、热情）和处世态度（自信、淡泊）7个维度、18个次级因素（括号内）组成。

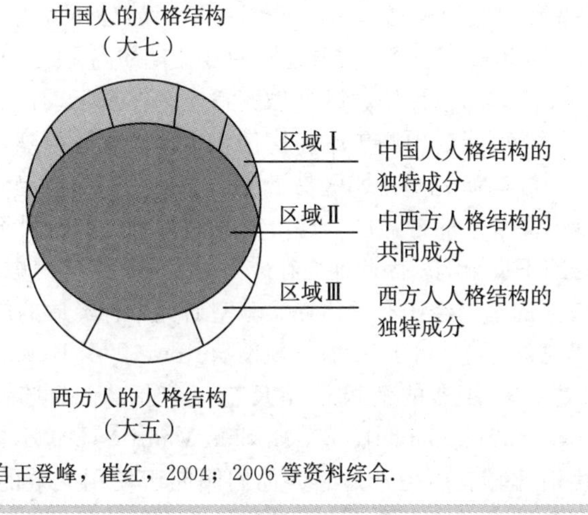

［资料来源］采自王登峰，崔红，2004；2006等资料综合.

罗伯茨（Roberts，2004）等人按照平均特质水平整合了92个不同的研究，发现个体一生外倾性中的社交活力在青少年期和青年期缓慢增长，之后开始缓慢下降。社会支配在40岁之前迅速上升，然后保持平稳。

2. 神经质

（1）神经质概念：神经质指情绪化和情绪不稳定的程度。神经质水平与各种情绪和行为调节困难有关，高神经质的个体情绪上表现出焦虑、紧张、易受惊吓等特点，在压力情况下易崩溃、容易内疚、情绪化、抗挫折力差。在与他人交往时缺乏安全感，对批评和嘲讽敏感。因此，神经质可能是个体以消极角度看待自我和世界的重要影响因素之一。

神经质包含的主要低级特质有恐惧、焦虑、悲伤。恐惧代表了由于置身于真实的或想象的事物或情境中而产生的消极情绪和身体症状。焦虑是在危险还没有来临之前的紧张忧虑、一般的悲伤、担心和躯体紧张。悲伤的孩子常表现诸如情绪低落、无助感，以及由失落和失望引发的沮丧。

(2) 影响神经质形成的因素：生理学研究发现，神经质水平的差异与生物学上的退缩、抑制或者回避系统的变化有关。根据格雷（Gray）的理论，个体的神经生物行为抑制系统（BIS）在其面临潜在惩罚、无奖赏和新异刺激时发挥抑制行为的作用。具有较强 BIS 的个体对危险信号一般很敏感，当觉察到危险信号时，会迅速撤回或者抑制行为的发生。他们比神经质程度更低的个体体验到更多的负性生活事件，并且有更高水平的消极情绪反应（Gable et al.，2000）。

在认知方面，神经质水平一般与个体对消极信息的加工偏好有关。高特质焦虑和高抑郁的成人常会假设即将遭遇到消极事件，因此倾向于关注那些让他们感到焦虑或恐惧的相关信息。神经质个体对消极信息的加工偏好，可能与执行功能有关。神经质个体存在注意方面的困难，会干扰注意的分配。(MacCoon，Wallace & Newman，2004)。

(3) 神经质的表现及发展：18 个月的婴儿在陌生情境的实验条件下，其高强度、消极情绪表达程度能预测其 3.5 岁时的神经质水平的高度；相反，温和的、可控性的积极情绪（有趣和高兴）表达，也可以预测个体具有较低的神经质水平（Abe & Izard，1999）。婴儿的高恐惧和低积极情绪可以预测童年期的恐惧和悲伤水平（Rothbart & Derryberry，2002）。童年期的愤怒、受挫感可由婴儿期的高受挫感、高活动水平和抓握小件物体时很短的反应时间来预测。尽管恐惧和愤怒在童年期似乎是彼此独立的，但随着时间的推移，愤怒可能会预测焦虑和忧伤水平，愤怒越强烈，焦虑和忧伤水平就越高。例如，在一项纵向研究中，那些易激惹、易分心、不安定、不易控制的学前儿童，在成人后表现出高水平的神经质。这可能是因为，先前容易愤怒和不易控制的儿童受到了自己行为的不良影响，因此他们在成人后表现出更多焦虑。①

神经质还同成人的消极经历有关。在实验室研究中神经质的成人会对各种负性刺激报告更多的消极情绪反应（J J Gross，S K Sutton，T V Ketelaar，1998）。神经质的成人对日常问题有较强烈的消极情绪反应，包括人际冲突、工作和家庭压力（Bolger & Schilling，1991；Gabletl，2000；Suls Manti & David，1998）。神经质个体可能会觉得日常生活比较有压力，是因为他们倾向于使用无效的应对反应和行为模式，譬如逃离和回避高水平的直接的人际冲突、令人反感的行为和顺从行为、较少的令人愉快行为和支配行为（Cote L Moskowitz，1998）。

3. 责任感

(1) 责任感概念：责任感是个体积极参与各种不同任务的指标，在这个特质上得分高的个体会投入更多的精力完成工作，并坚守承诺，遵守秩序（Ashton & Lee，2001）。因此，责任感反映了个体在有效完成任务中实施自我控制的能力。责任感高的

---

① Nancy Eisenberg. 儿童心理学手册：第三卷［M］. 林崇德，李其为，董奇，译. 上海：华东师范大学出版社，2009：347.

个体被描述为专注的、坚持不懈的、整齐有序的、有计划的、有高标准的、事前思考的；责任感低的个体被描述为不负责任的、不可信的、粗心的、分心的和容易放弃的。

责任感包括的低阶成分有：自我控制、成就动机、秩序感、责任感、注意—分心。自我控制考察的是计划性、谨慎、深思熟虑以及行为控制等倾向。成就动机考察的是努力达到高标准，努力工作，多出成果，以一种坚定、执著的态度追求目标的倾向。秩序感（或组织性）反映了一种整齐、干净、有组织性的倾向。所有的这些行为都包括了个体对任务和环境的主动建构。责任维度涉及可信任、可依赖的倾向，主要涉及在与他人的关系中表现出来的责任心。注意—分心考察儿童集中注意、通过转换心理定势来调节注意，以及在面对干扰时坚持完成任务的能力。这种个体差异在婴儿期已经出现，但在成人的人格模型中，注意的作用并不突出，也许成人在注意和执行控制上的个体差异已被包含在责任感的大多数成分之中了。

（2）责任感的表现及发展：童年期的自我控制直到入学前都是十分稳定的。很多研究都是通过观察儿童的延迟满足能力来评价儿童自我控制的，例如米切尔（Mlschel，2004）进行的最为著名的延迟满足的观察研究。延迟满足不但与自我控制有关，还与注意的趋向有关。另一些研究发现，情绪反应的早期差异可以预测后期的自我控制。儿童18个月时在陌生环境中较为温和的、更具控制性的积极情绪，可预测其在3.5岁时的责任感（Ahe & Izard，1999）。相反，而几种早期个体差异也可以预测儿童期低水平的自我控制：过早的愤怒和强烈的喜悦情绪，可以反向预测学龄前儿童的努力控制水平。对于早期情绪能够预测后期的自我控制的原因目前学术界尚无定论。既有可能是具有较强趋近趋势和愤怒情绪的儿童在发展自我控制方面会遇到更多困难，因为他们需要控制过于强烈的情绪，需要努力调控自己急切和愤怒的情绪以实现自我控制；也有可能是儿童早期对于愤怒的表达和高强度的积极情绪部分反映了早期的自我控制困难。

责任感与社会功能有关的原因可能与责任感特质的内在属性有关。霍根和万斯（R Hogan & D S Ones，1997）基于社会分析理论提出，责任感的个体差异反映了个体在采纳和遵守群体规则和期望方面的差异，因此，责任感可能反映的是儿童和成人所采用的控制行为的社会标准。责任感特质通常包括对行为更为自主的控制。儿童逐渐形成的执行控制能力，可能会在一定程度上控制适应行为的趋近和回避系统的自动化控制系统的活动。在整个儿童期，较强的注意控制能力与对消极情绪的较好调控有关。儿童早期主动的努力控制，可以更好地预测儿童后期对愤怒和喜悦的自我控制。

责任感与自我调节具有密切的关系，关于自我调节的研究可能会使人们对责任感的认识更加清晰。考察自我调节的生物学基础的研究者指出，前额皮层对于各种各样的自我调节技能是非常重要的，包括工作记忆、情绪加工、计划、新奇寻求、冲突信息解决、发起行动、抑制不适当反应等，这些能力反映了个体在执行注意方面的差异，它们与前额皮层的发展特别是与头部附近前扣带回皮质（anterior cingulate cortex）的发展密切相关。婴儿在警觉和定向上表现出个体差异，二者均反映了更加活跃的注意系统。然而，到了9—18个月的时候，婴儿开始表现出更自主的注意控制。在1—3岁时，其执行注意能力显著增强，而且在整个童年期一直保持增长状态。基于这个模型，儿童在努力控制方面的显著差异很大程度上是由执行注意的差异导致的。一些实证研究已证实执行注意和努力控制有关（Rothbart，Ellis，Rueda & Posner，2003）。

童年期的责任感可以很好地预测学业成绩及其随时间推移而提高的程度，责任感也是成年人取得事业成功的最好的人格预测指标。责任感还与有效的社会化功能有关。一项考察学龄儿童与父母之间互动的观察研究表明，儿童的责任感与娴熟的社交技能、热情和良好的合作性有关。儿童期的责任感也可以用来预测儿童当前和今后的同伴交往能力和规则遵从行为，以及解决同伴冲突的能力。

在人格五因素的研究中发现，父母很少使用责任感特质去描述 6 岁以下的儿童。父母认为在孩子接近上学年龄时，使用责任感的相关形容词去描述孩子才是合适的。婴儿期的集中注意能力，能够预测儿童期的努力控制（Kochanska et al.，2000）。在任务坚持性上的个体差异从学步期到学前期，从童年中期到青少年期都具有高稳定性（Guerin，Gottfried，Oliver & Thomas，2003）。努力控制在儿童 22 个月到 33 个月时具有中等稳定性，而从 33 个月到 45 个月它就成为一个高度稳定的特质（Kochanska & Knaack，2003）。有研究发现，儿童早期的智商可以预测儿童后期任务的坚持性和努力控制（Guerin et al.，2003）。

4. 宜人性

（1）宜人性概念：宜人性反映了在与他人维持和谐关系的动机方面的个体差异，宜人性能够区分出因考虑他人而放弃自己利益的自愿程度。高宜人性的一端包括诸如热情、考虑周全、移情、慷慨、文雅、保护他人以及友好、帮助他人达成愿望而不将自己的愿望和意图强加于他人；高宜人性的个体更关注维持和谐的关系，在潜在和真实的人际冲突中会感到悲伤。低宜人的一端包括攻击、粗鲁、恶意、顽固、专横、讽刺、操纵等倾向。

宜人性低阶特质包括亲社会和敌意、任性两方面。亲社会倾向是在关心他人，而不是仅仅关注自己这一特质上表现出来的个体差异，表现为个体对他人亲社会性的关心、尊重。亲社会行为方面包含两组特质，一组是热情和友爱，另一组是利他和慷慨。亲社会行为的个体差异从学龄前期到学龄期是中等稳定的，从学龄期到成人早期可能是比较稳定的。

敌意包括从平和、友爱到攻击、恶意、好争吵、粗鲁的倾向。得分高的儿童会公开表达对他人的敌意，包括身体攻击及关系攻击（例如流言和社会排斥）。任性是指个体通过压抑性的行为将自己的意愿强加于他人的程度。高任性水平的个体表现出专横、操控性强、傲慢无礼、难以通融的特点。虽然在儿童晚期，亲社会性和攻击性呈相反的共变趋势，但是，它们在一些青少年中却共同存在着，并且当它们组合在一起时能使儿童获得社交上的好处（Hawley，2003）。

（2）宜人性表现及发展：在高宜人性个体的生活经历中，他们具有较强的维持和谐、亲密的人际关系的基本动机，并善于将维持积极人际关系动机转化为不同的处理冲突的方法。高宜人性个体在生活中更关注爱与友谊、团结和照顾他人（McAdams，et al.，2004）。他们人际冲突较少，当产生冲突时，也有很强的解决能力。低宜人性的个体即使知道可以用更好的方法来处理冲突，仍然更可能采纳破坏性的技巧，如操控、强迫和主张暴力等。低宜人性的儿童处于更高水平的冲突和紧张状态，采用更多破坏性的冲突解决方法，如离开、辱骂和回避（Jensen Campbell et al.，2003）。

目前研究者认为，宜人性可能来源于对积极情绪和消极情绪自我调节的早期差异和人类在进化中形成的生物学系统的特点。首先，早期个体对外倾性的良好调节能预测亲社会倾向，而早期无节制的外倾性将预测反社会倾向。宜人性本身和成人期较高的愉快情绪有关，例如高兴、兴奋和热情（Watson & Clark，1992），这种可以控制的积极情绪和社交能力很有可能是后期亲社会倾向的基础。相反，当自我控制较弱时，较高的趋近倾向尤其可能导致严重的外显的反社会行为（Eisenberg，Spinrad et al.，2004）。当目标寻求被阻碍时，儿童的外倾性可能导致高水平的挫败和愤怒，而挫折和愤怒将可能导致对攻击性行为较低的自我控制水平。例如，婴儿高强度的积极情绪和抓取小件物品时较短的观察时间，可以预测儿童时期的攻击性（Rotbbart，Derrberry et al.，2000）。

其次，宜人性还与消极情绪的自我调节有关。宜人性及其几个成分能被高水平的易激惹性与挫败感的早期差异负向预测，被早期注意与自我调节正向预测。当儿童愤怒、有挫败感或被激怒的时候，良好的注意力控制有助于个体将注意力从消极情绪转变成积极情绪（Wilson，2003）。早期的害怕情绪促进了高宜人性，害怕预示着个体更大程度的顺从、更强的道德自我（KocMnska et al.，2002）、较高的移情能力（Rothbart，Errybtlrry et al.，2000）和更低的攻击性（Raine et al.，1998）。然而，害怕和焦虑可能与对陌生人的亲社会行为呈负相关（Eisenberg & Fabes，1998），而高激惹性没有受到自我调控限制或受到抑制害怕能力限制的儿童，他们的宜人性较低（Caspl，Harrington，2003）。

最后，麦克唐纳（MacDonald，1992，1995）等人通过研究认为，宜人性源于人类进化中发展出的生物联结系统。该系统使保持亲密关系的行为和照顾具有亲密关系的人的行为获得内在奖赏，并使人体验到愉悦的情感，相反失去这种关系则令人痛苦和绝望。这样的系统具有适应性，其目的一是促进亲子之间的依恋关系，使婴儿与照料者之间建立起强烈的情感联系，从而保证后代得到良好的照料。二是促进夫妻之间的联结。根据这个模型，女性在进化中发展出“照料”和“帮助”两种方式应对压力和威胁。研究发现人类的情感联结能够激活能支持积极情绪的脑区域，抑制那些与攻击、伤害和悲伤情绪有关的脑区域（Diamond，2004），这与宜人性的特征恰好吻合。

5. 经验开放性

（1）经验开放性概念：经验开放性包括对观点、想象力、美学、行为、情感和价值观的开放性。麦克雷和科斯塔（1997）认为开放性包括两种特别重要的过程：作为心理结构的开放性和追求新异复杂经验的动机的开放性。一方面开放的个体会有意识地接触更多的思想、情感和驱动力等内部体验，并能保持它们的共同存在；另一方面，开放性高的个体有探索新奇世界的较高动机，热衷于学习新知识，有相对较少的权威意识和传统观念。

（2）经验开放性的表现及发展：开放性从儿童早期到青少年期经历了显著的发展历程，在个体发展过程中有如下表现：第一，开放性高的儿童在早期表现出具有强烈的好奇心和对新环境的积极探索行为，而这些特点可以预测后期个体的学业成就和智力水平。亚伯和伊扎德研究发现，18 个月大的婴儿在陌生环境中的正面的积极情绪可以预测其 3.5 岁时的开放性。第二，开放性的许多表现在儿童中期表现出明显的个体差异。到高中阶段个体能够表述自己开放性的大部分稳定特征。第三，开放性与外倾性在生命的全程中具有共变性。具有开放性和外倾性的个体都表现出高强度的积极情绪和积极探索的特点（J M Digman，1997）。第四，成人期开放性与定向敏感性有关。开放性越高的个体，有较高的政治自由、较少的权威意识和传统观念。他们在描述自己的生活时，使用复杂的叙述，例如有着与众不同的办公室和卧室，收集各种书籍等（M K Rothbart，S A Ahadi et al.，2000）。

总之，个体的发展中，人格五因素表现出不同的变化趋势。罗伯茨等人按照平均特质水平整合了 92 个不同的研究，该调查显示，一生中人格五因素的变化是很明显的。如图 11－1 所示，外倾性中的“社交活力”在青少年期和青年期缓慢增长，之后开始缓慢下降，而“社会支配性”在 40 岁之前经历了一个迅速上升阶段后，维持在较平稳的水平。宜人性、责任心和情绪稳定性都是缓慢上升的，但在 20—30 岁时出现一次飞跃。经验开放性在青少年时期发展迅速，之后一直保持稳定，直到 60 岁开始下滑。由此研究可以发现，人格特质的许多变化并不是在儿童期或青少年期发生的，而是在 20—30 岁的青年期完成的。青少年期，人格特质的平均变化模式差异不大，等级次序稳定性的水平较低。因此，青少年期并不是人格特质变化定性的关键期，而更类似于人格特质变化的延缓期（Roberts，2006）。这种显现表明，人格特质的变化与生活中社会角色的改变具有密切关系。

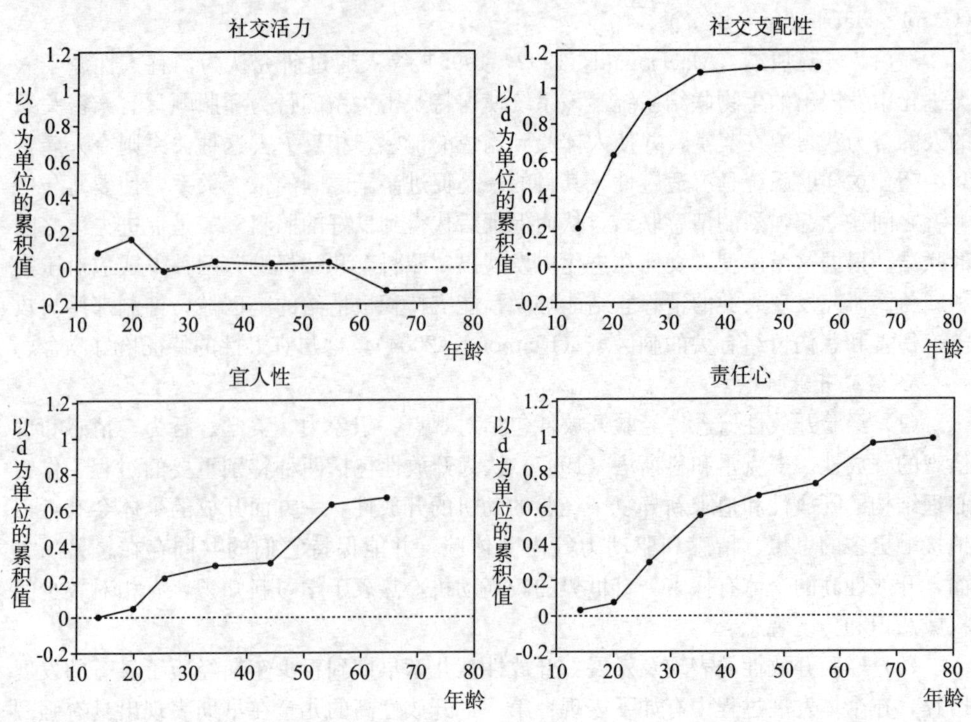

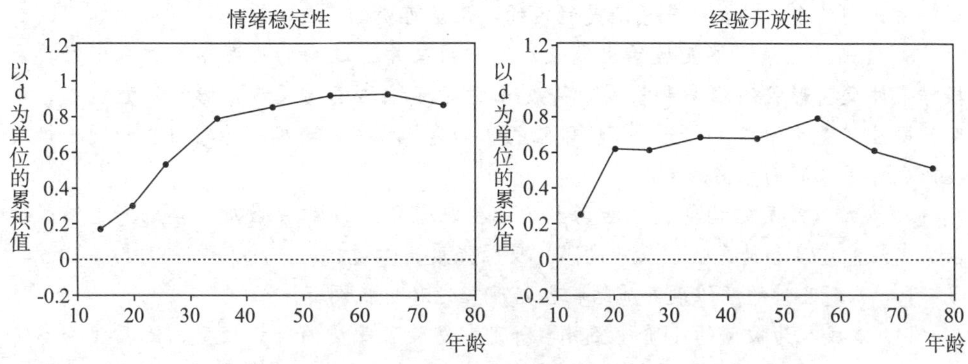

图 11－1 人格五因素发展趋势①

注：图 11－1 中纵坐标中的 d 为人格特质的标准化分数。

【本章小结】

1. 人格是行为的有机整体，是个体在行为上的内部倾向，它表现为个体适应环境时在能力、情绪需要、动机、兴趣、态度、价值观、气质、性格和体质等方面的整合，是具有动力一致性和连续性的自我，是个体在社会化过程中形成的给人以特色的心身组织，其变化具有稳定性和变化性。

2. 人格发展是指在从出生至死亡的整个生命历程中，个体的人格特征随着年龄增长和习得经验的积累而逐渐改变的过程。人格在儿童期、青少年期、成人期甚至老年期都没有停止发展，但随着年龄的增长，人格的稳定性会逐渐提高，即人格变动的幅度会逐渐减弱。

3. 对人格发展的研究集中在个人研究取向和变量研究取向两方面。人格发展性的研究需要综合使用不同类型的研究方法。

4. 人格的稳定性包括两方面的含义，即纵向的连续性和横向的一致性；包括三种典型的连续和变化性的类型：差异连续性与变化，平均水平的连续性与变化，自比连续性与变化。

5. 主体因素和环境因素导致了人格的稳定与变化。主体的遗传因素对人格的稳定存在影响。主体对自我的内省是导致人格变化的重要因素。环境的稳定性是人格呈现跨时间的稳定性的一个原因。环境因素同样也是引起人格变化的重要原因。遗传与环境交互作用对人格稳定与变化产生影响。

6. 不同人格理论流派都会关注三个方面的问题：人格发展的实质；遗传素质和环境影响在人格发展中的地位及作用；个体在多大程度上能够决定其行为的选择。具体包括：特质模型的人格发展观；精神动力模型的人格发展观；行为主义模型的人格发展观；人本主义模型的人格发展观；认知模型的人格发展观。

7. 气质是关于心理和行为在速度、强度、灵活性方面的动力倾向；气质是具有

① David C Funder. 人格谜题［M］. 许燕，等，译. 北京：世界图书出版公司，2009：185.

生物遗传型的个体特征；气质既是稳定的，又是可变的。

8. 气质是未来人格发展的出发点，气质的差异通过影响儿童学习过程中经典和操作条件反射形成的难易和模式，诱发儿童对环境的不同反应，影响儿童调整、改变、操控环境的方式及儿童对环境体验的认知建构方式，影响个体对自我和同一性发展产生作用来影响人格的发展。

9. 九维度气质结构包括：活动水平；生理节律；注意分散度；接近—退缩；适应性；注意广度和持久性；反应阈限；反应强度；心境。

10. 罗斯巴特的两维度气质结构包括反应性和自我调节。

11. 以成人为被试的气质神经科学研究中发展了气质的神经模型。代表理论有艾森克神经质、内外倾性和精神质三维模型和格雷气质的强化敏感理论。他将气质分成冲动性和焦虑两个维度。

12. 人格五因素模型是人格结构发展方面研究较多的一种人格结构理论。五因素模型包括内—外向（E因素），神经质（或称情绪稳定性，N因素），宜人型（A因素），责任性（C因素），与经验开放性（O因素）五个因素。

13. 大量的早期个体差异可以预测儿童后期外倾向的特点方面。外倾性中的社交活力在青少年期和青年期缓慢增长，之后开始缓慢下降。社会支配在40岁之前迅速上升，然后保持平稳。

14. 神经质水平的差异与生物学系统的变化、认知方面对消极信息的加工过程及成人消极经历有关。那些易激惹、易分心、不安定、不易控制的学前儿童，在成人后表现出高水平的神经质。

15. 童年期的责任感可以很好地预测学业成绩及其随时间推移而提高的程度。儿童期的责任感也可以用来预测儿童当前和今后的同伴交往能力和规则遵从行为，以及解决同伴冲突的能力。

16. 宜人性中亲社会行为的个体差异从学龄前期到学龄期是中等稳定的、从儿童期到成人早期有可能是稳定的。在儿童晚期，亲社会性和攻击性呈相反的共变趋势，但是，它们在一些青少年中却共同存在着。

17. 经验开放性从儿童早期到青少年期经历了显著的发展历程，开放性高的儿童在后期个体的学业成就和智力水平表现较好。开放性的许多表现在儿童中期表现出明显的个体差异，到高中阶段个体能够表述自己开放性的大部分稳定特征。开放性与外倾性在生命的全程中具有共变性。成人期开放性与定向敏感性有关。

【思考与练习】

1. 什么是人格？人格发展的实质是什么？

2. 为什么说气质是人格发展的基础？气质是如何影响人格发展的？

3. 人格发展的稳定性和可变性的内涵及产生的原因是什么？

4. 儿童期主要的气质结构理论包含哪些内容？

5. 气质的神经模型是如何阐述气质差异的？

6. 简述人格结构的内涵及五因素人格理论的主要内容。

7. 阐述五因素人格发展的主要表现及趋势。

【拓展阅读】

1. Nancy Eisenberg. 儿童心理学手册：第三卷［M］. 林崇德，李其为，董奇，译. 上海：华东师范大学出版社，2009.

该手册由西方儿童心理学领域内最权威的专家合力著述，第三卷的主题是“社会、情绪与人格发展”。它通过十六章的内容反映了儿童心理学研究在上述主体方面最近发生的变化以及使这些变化得以产生的经典研究。堪称当今儿童心理学领域最权威的学术“标准”。

2. David C Funder. 人格谜题［M］. 许燕，译. 北京：世界图书出版公司，2009.

为了更好地掌握儿童人格发展的内涵，学习时不仅需要从发展心理学的方面掌握与了解相关内容，还应从人格心理学的角度拓展视野。这有助于学习者更深入地理解儿童人格发展的实质。这本书是父子两代人以科学的态度和独特的视角将人格心理学呈现出来的，它以第一人称叙述了主要人格理论、追溯其历史渊源，同时也收纳了大量的当前人格研究资料，是一部可读性较强的人格心理学参考书。

【参考文献】

1. 黄希庭. 人格心理学［M］. 杭州：浙江教育出版社，2002.

2. David C Funder. 人格谜题［M］. 许燕，译. 北京：世界图书出版公司，2009.

3. Lawrence A Pervin，Oliver P John. 人格手册：理论与研究［M］. 黄希庭，译. 上海：华东师范大学出版社，2003.

4. 樊召锋，俞国良. 自尊、归因方式与内疚和羞耻的关系研究［J］. 心理学探新，2008（4）.

5. 王登峰，崔红. 中国人人格量表（QZPS）的信度与效度［J］. 心理学报，2004，36（3）：347－358.

6. 王登峰，崔红. 人格结构的中西方差异与中国人的人格特点［J］. 心理科学进展，2007，15（2）：196－202.

7. D W Guerin，A W Gottfried，P H Oliver，C W Thomas. *Temperament：Infancy through adolescence*［M］. New York：Kluwer Press，2003.

8. L M Diamond，*Emerging perspectives on disinctions between romantic love and sexual desire*［J］. Current Directions in Psychological Science，2004（13）：116－119.

9. N Eisenberg，T L Spinrad et al. *The relations of effortful controland impulsivity to children's resiliency and adjustment*［J］. Child Development，2004（75）：25－46.

10. L A Jensen-Campbell，K A Gleason，R Adams，K T Malcolm. *Interpersonal conflict，Agreeableness，and personality development*［J］. Journal of Personality，2003（71）：1059－1085.

11. D P McAdams，N A Anyidoho，C Brown，Y T Huang，B Kaplan，M A Machado. *Traits and stories：Links between dispositional and narrative features of personality*［J］. Jouranl of Personality，2004（72）：761－784.

第十二章

性别发展与性别差异

【本章导航】

性别的形成与发展对个体的个性发展与社会适应具有重要的影响。本章将介绍五方面的内容：(1) 性别、性别认同、性别角色等相关概念的内在含义；(2) 性别发展的历程：性别认同、性别角色以及性别刻板印象的发展历程；(3) 性别差异；(4) 性别形成与发展的影响因素：生物性因素与社会性因素一起共同塑造奇妙复杂的性别世界；(5) 性别形成与发展的理论：各种理论从不同的角度共同解释了性别的复杂性。

【学习目标】

1. 理解性别的基本概念，分清性（sex）和性别（gender），掌握性别角色、性别角色标准、性别认同以及性别刻板印象的定义。

2. 了解个体性别的发展历程，能从性别认同、性别角色和性别刻板印象等方面总体把握性别发展的概况，了解不同年龄阶段个体的性别发展状况。

3. 了解性别差异的总体状况，能正确解读性别差异的意义所在。

4. 能辩证地理解生物性因素和社会性因素在性别发展和性别差异中的作用，并能学以致用，解读现实生活中的性别现象。

5. 掌握性别形成与发展的理论，能够用该理论解释现实生活中的性别现象。

6. 整合与性别形成与发展的相关理论，尝试提出自己的理论见解。

【核心概念】

性别　性别认同　性别角色　性别刻板印象　性别差异

性别可以说是人类的第一类别。当一个准妈妈怀孕以后，她最想知道的答案之一就是肚子里的小生命是男孩还是女孩。当孩子出生时，兴奋的医生或护士传递给父母的第一个信息往往就包括这个孩子的性别他/她。亲戚朋友们听到孩子出生的消息后问的第一个问题就是："男孩还是女孩"。孩子在成长的过程中，也一直是以"男孩"或"女孩"的身份被看待的。在成年人的世界里，在社会交往中，我们都会不由自主地用性别的眼光去看待周围的人。

那么，什么是性别呢？性别的形成与发展历程是什么样的？男女之间存在哪些性别差异？又有哪些因素影响个体的性别形成与发展？心理学理论又是如何解释性别这种现象的呢？

第一节　性别的形成与发展

要了解性别的形成与发展，我们首先要了解什么是性别。性别一般可以分为生理性别和心理性别两种。在中文中，性别既可以指生理性别（sex），也可以指心理性别（gender）；而在英文中，则分别以 sex 和 gender 两个词来指代生理性别和心理社会性别。生理性别主要指生物意义上的特征等，如性激素、生殖器官以及解剖学上的差异及特征。心理性别主要指心理社会意义上与性别紧密相关的行为和态度等。生理性别主要受先天的、生理性因素的影响，心理性别主要受到后天的、社会性因素的影响。在心理学研究领域，研究者主要关注的是心理性别，在本章中，如无特别说明，性别特指心理性别。

性别的形成与发展是一个持续终生的过程。在胎儿时期，生理性别已经在发生发展。在个体发展的早期——儿童与青少年时期，性别的发展较为迅速。个体一旦生理和心理成熟，其性别将趋于稳定，变化很小，也很缓慢。

当前，心理学有关性别形成与发展的研究主要集中在以下三个方面：第一，性别认同的形成与发展；第二，性别角色的形成与发展；第三，性别刻板印象的形成与发展。

一、性别认同的形成与发展

性别认同（gender identity）是指个体对自身及性别及性别所具有含义的认识与接受程度。在正常情况下，男性会接受自己的男性身份，以男性为自豪；女性会接受自己的女性身份，满意于自己的性别。但在某些情况下，个体可能并不认同自己的性别，并寻求改变自身的性别。

如果问一个两周岁的孩子："你是男孩还是女孩？"很多孩子往往不知道该怎么回答，他们会疑惑不解地看着你。即使有少数孩子能够回答出他是男孩还是女孩，这也并不意味着他已经明确了自己是男孩还是女孩。一个孩子不能准确、顺利地回答出这个问题，说明他的性别认同还未真正发展起来。

关于个体性别认同的发展，最有影响的理论阐述当属科尔伯格的认知发展理论。科尔伯格（Lawrence Kohlberg，1927—1987）认为在六七岁以前，个体并没有形成较为稳固的性别认同。

性别认同的发展往往是随着个体认知能力的不断提升而发展的，科尔伯格认为要形成较为稳固的性别认同，真正理解成为一个男性和一个女性的内涵，个体往往要经历以下三个阶段。

第一阶段：基本性别认同阶段。基本性别认同是指个体对自己及他人性别能予以准确地识别。科尔伯格认为，一般到3岁时，个体才能获得基本的性别认同，确定自己是男孩还是女孩。费格特等人（B I Fagot & M D Leinbach，1993）的研究发现，在1岁末时，婴儿已经能够区分照片上的男人和女人，并且当男性或者女性的声音与相应的男性或者女性的脸匹配的时候，婴儿注视他们的时间要比注视那些不匹配的时间长一些。汤普逊（S K Thompson，1975）研究发现，当向儿童呈现印有典型的男性形象和女性形象的图片时，24个月大的幼儿中有76%可以正确辨别性别图片，30个月时正确辨认比例上升至83%，36个月时上升至为90%，说明绝大部分幼儿可以准确地识别自己和他人的性别，即获得了基本的性别认同。

第二阶段：性别稳定性阶段。大约4岁时，个体对性别的永恒性开始有了一个大概的把握，认识到性别不会随年龄的改变而改变这一事实，即男孩长大后必定是男人，女孩长大后必定为女人。但是，处于该阶段的个体获得的对性别稳定性的认识还不够牢固，他们仍然会认为：改变发型、衣服等行为将会导致一个人转换性别。

第三阶段：性别恒常性阶段。在学前阶段后期和学龄阶段早期（5—7岁），个体对性别的认识更趋成熟。他们了解到这样一个事实：外貌可以改变，但性别是恒定的，一个人的性别具有跨情景的一致性。如果问一个男孩："如果你想成为一个女孩的话，你能变成女孩吗?"男孩的回答一般是否定的，他们对于性别的认识不会再停留于表面现象。科尔伯格认为个体对性别恒常性的认识与其认知守恒能力的发展是密不可分的。

二、性别角色的形成与发展

性别角色（gender roles）是指一个特定社会中被看做男性和女性恰当的行为模式。性别角色标准是指为某一社会所认可的、更适宜于某一性别的价值观、动机和行为方式等。在大多数文化中，女性往往扮演生育者和抚育者的性别角色，男性往往扮演赚钱、养家糊口等的性别角色。性别角色的形成，自个体出生后即告开始。当个体获得了一定的性别认同之后，就开始表现出不同的性别行为。研究发现，14—22个月的男孩就更喜欢卡车和小轿车，女孩更喜欢玩布娃娃和其他柔软的玩具（P K Smith & L Daglish，1977）。即使在没有玩具可以玩的情况下，许多18—24个月的婴儿通常会拒绝玩一些看起来是异性玩的玩具（Y M Caldera，A G Huston & M Brein，1989）。在婴儿时期就已出现性别分离（gender segregation）现象，即出现儿童喜欢与同性伙伴交往，而将异性伙伴看做圈外人的倾向。2岁的女孩喜欢与其他女孩玩耍；3岁时，男孩会稳定地选择男孩而不是女孩作为自己的玩伴（D R Shaffer，2005）；4岁半时，美国儿童与同性别伙伴玩耍的时间是与异性别伙伴玩耍时间的3倍；6岁半时，儿童与同性别伙伴相处的时间超过与异性伙伴相处时间的10倍以上

(E E Maccoby，1998)。从小学阶段一直到青春期开始，儿童更喜欢与同性伙伴玩耍，并形成男孩团体和女孩团体，研究发现这种现象具有跨文化的一致性，并随年龄的增长而加深（C Leaper，1994)。研究还进一步证实：那些坚守性别界限并回避与“敌人（异性)”接触与交往的个体更受同性伙伴的欢迎，而那些与异性交往的个体更受同性伙伴的拒绝（D M Kovacs，J G Parker & L W Hoffman，1996)。

这些研究结论与我们的经验是一致的，在上小学的时候，男孩和女孩往往是两个对立的群体，男女同桌往往以一条“三八线”相隔离。男孩会聚在一起形成男孩群体，女孩聚成女孩群体，好似水火不容，男孩看不起那些喜欢与女孩交往的男孩，女孩也看不起那些喜欢与男孩交往的女孩。

在经历了小学阶段的性别分离以后，到了青春期，性别角色的发展发生了很大的逆转，男孩女孩之间由性别分离逐渐转为异性之间的相互吸引，这主要是性驱力的作用使然。在青春期，随着男孩和女孩之间相互接触，互为好感，他们以更符合性别角色预期的方式行事，没有充分表现出男性化特征的男孩和没有充分表现出女性化特征的女孩可能会不太受欢迎，也难以得到他们同性及异性伙伴的认同（L Steinberg，2007)。

三、性别刻板印象的形成与发展

性别刻板印象是指人们对男性或女性在行为、人格特征等方面的期望、要求和一般看法的固定印象（林崇德等，2003)，即个体获得了男孩和女孩、男性和女性应该是什么样，应该如何行为的观念。在众多性别刻板印象之中，有一些是不合时宜的，比如大男子主义就是一种典型的性别刻板印象；有一些则属于性别偏见和歧视，比如用“头发长，见识短”来描述女性，用“四肢发达，头脑简单”来描述男性。

在个体发展的初期，性别刻板印象就在逐渐形成。早在 1.5 岁时，儿童就已经开始选择与性别相适宜的游戏和玩具了（Y M Caldera，A G Huston & M Brein，1989)。研究人员曾做过这样一个实验（Kuhn，1978)，给 2.5—3.5 岁的学前儿童呈现一个男性洋娃娃和一个女性洋娃娃，然后询问这些儿童哪一个洋娃娃会从事下列活动：烹饪、缝补、玩卡车、说很多的话、打架、爬树等典型的性别刻板活动。结果发现：2.5 岁的儿童已具有了一定的性别刻板印象，认为女孩说话比较多、从不打人等，而男孩往往喜欢玩卡车、打架等。一项以英格兰、冰岛和美国的 5 岁和 8 岁儿童为研究对象的跨文化研究发现（D L Best et al.，1977)：在上述三个国家中，5 岁和 8 岁的儿童，无论是男孩还是女孩，大多数都认为男性比较强壮、更富攻击性，而女性则比较温柔。

性别刻板印象的发展并非直线式增强的。研究人员用四个信念故事测验了 4—9 岁儿童的性别刻板印象的强度（C K Sigelman，2009)。在故事中，主角或者对性别刻板印象活动感兴趣，例如，一个叫汤姆的男孩是另外一个男孩的好朋友，他喜欢玩飞机；或者对相反性别活动感兴趣，例如，一个叫约翰的男孩是一个女孩最好的朋友，并且喜欢玩娃娃。研究人员问被试儿童是否喜欢玩娃娃、踢足球、跳绳、玩枪等。结果发现 4—6 岁的年幼儿童比 6—9 岁的年长儿童的性别刻板印象更强烈，他们更不能接受男孩玩娃娃、跳绳或者女孩踢足球、玩枪等行为。

一些学者认为年幼儿童比年长儿童更刻板，他们往往将性别角色标准看做不容侵犯和不可改变的，对不适宜的性别角色行为的容忍度更低。

到了小学阶段，儿童的性别刻板印象比幼儿阶段稍微缓和一些，不再那么绝对和难以容忍，变得灵活一些了。在10—11岁时，儿童的性别刻板印象已经接近成人了。在小学阶段，男孩和女孩经常单独活动，男孩经常聚在一起从事那些属于典型的男孩的活动，女孩们聚在一起从事典型的女孩活动。到了青少年早期，性别刻板印象又一次变得僵化。青少年对偏离性别刻板印象的行为容忍度再次降低，对于那些表现出异性倾向、从事异性活动跨性别行为，青少年会作出更多消极的评价（T Alfieri，D M Ruble & E T Higgins，1996）。

为什么年幼儿童和青少年的性别刻板印象表现得更为强烈？对于年幼儿童来说，可能是因为刚刚获得基本性别认同，他们往往会把性别以及与性别相关联的事件看得更为重要；而对于青少年来说，更重要的是一些生理及外部社会性因素使他们变得更为刻板。在青少年初期，性激素的大量分泌，导致第一性征和第二性征的急剧变化，加强了青少年对自身性别的关注。在社会层面，父母往往会对孩子产生符合社会标准的性别期待，希望男孩有个男人的样子，女孩有个女人的样子。父亲会加强对男孩的关注，而母亲会加强对女孩的关注。另外一个社会性因素则是对异性同伴的影响。青少年的性心理已经开始觉醒，他们逐渐发现，为了吸引异性，自己必须强化自身的传统性别角色，因为女孩子一般更喜欢具有男子汉气质的男孩，男孩子也更喜欢具有女性气质的女孩。

青少年期结束以后，个体的性别刻板印象发展将进入稳定期。

第二节　性别差异

在不同的文化背景中，存在很多有关性别差异的说法，许多父母和老师往往认为：男性的数学能力更强，而女性的语言能力更胜一筹；男性更强壮，而女性则更有忍耐性。诸如此类的说法不胜枚举，那么从心理学角度，从研究证据来讲，哪些是真实存在的性别差异？哪些是主观臆造、似是而非的差异？

真实存在的性别差异，一般是指经过研究证实的性别差异。大多数研究者认为在以下五个方面存在着真实的性别差异。

一、言语能力

著名的人类学家玛格丽特·米德（Margaret Mead，1901—1978）的跨文化研究指出：几乎在所有文化背景下，女孩的语言能力都比男孩要强。研究者已经基本达成共识：女孩的语言能力总体优于男孩。女孩获得语言、发展言语技能的年龄较男孩早。在整个学校教育阶段，女孩在阅读和写作测验中获得更高的分数，这种差异具有跨文化的一致性。2003年，国际学生评价项目对以经济合作与发展组织成员国为主的42个国家的学生成绩进行了测查。结果显示：在所有参与测查的国家中，女生的阅读成绩均大幅度领先于男生。同年，国际阅读素养进展研究对35个国家四年级学生进行的阅读测试成绩也显示：女生成绩全面“盖”过男生（庞超，2007）。

为什么会存在这种差异？其中一个可能的原因是女孩生理成熟得更快更早，这种生理成熟促进了大脑左半球皮层的更早发育，最终导致了女孩早期的言语优势。对动物和人类大脑的解剖证实，女性的大脑左半球皮层比男性的稍大一些而且更为成熟。另外一个原因是环境因素起作用，如父母和老师往往认为女孩在语言课程上有优势。

二、空间及数学能力

空间能力是指从不同空间维度知觉某一现象的能力。在把一个平面图形解读为一个立体图形或者在辨别方向时，就需要这种空间能力。大多数研究者认为，男孩的空间能力优于女孩。研究者（Liben & Golbeck，1980）曾用实验来考察空间能力的性别差异，研究对象为3—11岁的儿童。问题是这样的：一杯水由垂直竖立状态倾斜50度，杯中的水平面看起来是什么样的？当一辆货车爬一个50度的斜坡时，用线悬挂在车厢的灯泡会处于什么位置？研究结果表明：男孩的成绩优于女孩的。空间能力的性别差异在个体生命的初期就已经出现，而且贯穿于整个生命全程。

与空间能力相一致的是男孩的数学能力要优于女孩。在美国，一项针对上千名7—8年级聪明学生的研究中，学习能力倾向测验（SAT）中数学分测验的分数超过500分的男孩是女孩的2倍，700分以上的男孩是女孩的13倍（L E Beck，2002）。从青春期开始，男孩在算术推理测验上表现出了相对于女孩的微小但持续的优势。但是，这种优势并非是全面的优势，女孩在运算技能上比男孩强；在基础数学知识方面，女孩和男孩能力相当；在数学推理、几何等方面，女孩落后于男孩。

男孩空间能力的优势可能源于男孩有一个更为发达的大脑右半球，而数学能力则与男孩的空间能力优势密不可分。

三、攻击性

男孩的攻击性高于女孩，男性的攻击性也高于女性，这已成为许多研究者的共识。从2岁起，男孩的身体攻击和言语攻击就多于女孩（David R Shaffer，2005）。在青少年期，男孩参与反社会行为和暴力犯罪的可能性比女孩高出10倍（L E Beck，2002）。我国学者张文新等人（1996）对学前儿童攻击行为的观察研究也发现，男女儿童的攻击行为发生频率存在显著的性别差异，男孩的攻击性显著高于女孩。

男孩或男性更高的攻击性水平可能有其生物性因素，高水平的雄性激素往往与攻击性紧密相连，如人们在养殖牛马时，往往可以通过阉割手段降低其攻击性。

四、情绪敏感性

女孩的情绪敏感性高于男孩。在2岁时，女孩就比男孩更多地使用与情绪有关的词语。幼儿时期，当被要求用语言来判断其他人的情绪状态时，女孩的表现就要稍好于男孩（L E Beck，2002）。学前儿童中，女孩使用“爱”一词的频率是男孩的6倍，使用“伤心”一词的频率是男孩的2倍，使用“疯狂”一词的频率与男孩相同。与儿子相比，父母与女儿更多地谈论情绪以及与情绪有关的事件（Dan Kindlon，2007）。

女性的情感敏感性可以从多个方面予以解释：一是进化层面，因为女性承担抚育者的角色，长期的进化可能使女性在基因上发生了改变，以保证她们能为养育后代做好准备；二是父母的教养，从婴幼儿期开始，母亲就可能对女孩的情绪情感表现给予更多的回应。

五、发展的脆弱性

男性其实是个更脆弱的性别。从胎儿期开始，男性胎儿更容易流产。儿童和青少年精神病专家克雷默（Sebastian Kraemer）的研究报告指出：在发育过程中，男孩出现发育失调症状的机率要比女孩高3—4倍。在儿童和青少年时期，在常见心理疾病上，男孩的发病率要远远高于女孩。在多动症方面，美国心理学会（APA）2000年的权威数据指出：多动症的男女比例为2∶1—9∶1（刘毅，2005）；国内有学者指出（王建平，2005），男孩与女孩患多动症的比率为4∶1—9∶1。在自闭症方面，国外学者（Lauren B Alloy，2005）指出，其发病率男女比例为3∶1—4∶1。在学习障碍方面，美国教育部1988年的统计数字显示，出现学习障碍的男生为女生的2.6倍之多；我国学者（王建平，2005）认为，男孩与女孩患学习障碍的比例可能在2∶1—6∶1之间，其中，在最为普遍的阅读障碍上，患有严重阅读障碍的男孩是女孩的3倍多。在智力障碍方面，男女发病率比例为1.5∶1—1.8∶1。

至于男孩脆弱性的原因，有学者从进化角度进行了论述。从进化角度来看，男性的Y染色体比X染色体更脆弱，Y染色体本身与女性的X染色体相比更不稳定，更容易发生基因变异，其发生病变的可能性是女性染色体细胞的10—15倍。Y染色体弱小而萎缩，仅有大约78个基因，而X染色体（女性染色体）上有1 098个基因。而且，由于Y染色体形单影只，它没有机会与其他任何染色体结合，不能利用有性生殖提供的机遇与其他染色体交换DNA，也无法自行修复基因变异带来的损伤。

关于性别差异，还有一些学者认为在活动水平、冒险、顺从等方面也存在性别差异，男孩有更高的活动水平，男孩更愿意冒险，男孩更不顺从等。

谈及性别差异，我们必须清楚认识到，上述所列的性别差异都属于群体差异，不能根据群体差异的结论去判定个体差异。现在，许多发展心理学家认为：男性与女性在心理上的共性远大于差异性，因此，我们在重视性别差异存在的同时，不应夸大其作用。

学以致用12－1

教育中的性别差异：中国男生的学业成绩落后于女生

2009年12月，孙云晓、李文道等人合作出版了《拯救男孩》一书，指出了当代中国男孩面临的四大危机——学业危机、体质危机、心理危机和社会危机，其中，学业危机尤为值得关注，因为从小学到大学，男生学业成绩全线落后于女生。

在中小学，男生学习成绩落后于女生。

对广东省301名中小学教师作了调查，结果发现，在这些教师所带的班级中，最近一次本学科考试成绩排在前10名的学生中，女生显著多于男生，后10名的学生中，男生显著多于女生。语文、数学、英语三科总成绩在班级中位于前25%的学生人数中，女生也显著多于男生；后25%的学生人数中，男生显著多于女生。班干部中，女生的人数显著多于男生。三好学生的人数，女生显著多于男生。

对上海市部分初中和小学的600名学生的抽样调查表明，在语文、数学两门主科上，无论是平均分还是及格率，女生均保持绝对优势，其中2001、2002两年中，男女生的及格率差距均超过20个百分点。另外一项研究抽取了上海市某区四至七年级语、数、外学科共计960份期末统考卷，统计发现，男生在语、数、外三门主科上的劣势都非常明显。

大城市如此，县城和乡村也差不多。对湖南省邵阳市、邵阳郊区、邵阳县等地的多所中小学的抽样调查发现，小学至初中阶段，女生各科的总成绩显著优于男生。

在高中，男生学习成绩也呈现落后状态。

对1999—2008年高考状元的统计分析表明：高考状元中男生的比例由66.2%下降至39.7%，女生的比例则相应由33.8%上升至60.3%。文科高考状元中，男生的比例由1999年的47.1%降至2008年的17.9%，女生的比例则由52.9%增长到82.1%。高考理科状元中，男生的比例也在逐年下降，1999年男生占到86.1%，到2008年这一比例已经下降到60.0%，而女生理科状元则相应地由13.9%增长到40.0%。

2002年，对重庆市26所中学6539名高中生会考成绩的统计分析发现：(1) 女生的学习成绩总分显著高于男生；(2) 学习好的学生中女生多，学习差的学生中男生多；(3) 女生的优势科目是男生的两倍。

在大学，男生的学业成绩也呈全面落后态势。

对2006—2007、2007—2008年度国家奖学金获奖者名单的性别分析表明：2006—2007年度，在50000名获奖者中，男生只有17458人，男女生比例为1∶1.86。2007—2008年度的情况也差不多，男女生获奖的比例为1∶1.88。统计分析还显示：不管是部属大学，还是省属大学，不管是重点大学，还是普通大学，男生在获国家奖学金方面全面落后于女生。

如何解释这种“阴盛阳衰”的现象？中国男孩是否需要拯救？应该如何拯救？

［**资料来源**］孙云晓，李文道，等. 拯救男孩［M］. 北京：作家出版社，2010：2－10页.

第三节　性别发展与性别差异的影响因素

性别角色的发展以及性别差异的存在是多重因素相互作用的结果，生物因素、社会因素等相互融合、渗透，共同塑造着多姿多彩的性别世界。

一、生物性因素

生物性因素主要指遗传、性激素等。生物性因素尤其是性激素在个体的生命初期独自发挥作用，塑造了个体的性别。在出生以后，生物性因素的影响依然巨大。

（一）染色体

男女之间最根本的差别在于染色体的差别。人类的第 23 对染色体——性染色体基本上决定了一个人的性别：在正常的男性身上，性染色体组合为 XY；在正常的女性身上，性染色体组合为 XX。

一旦性染色体出现异常，个体的性别形成与发展就有可能会偏离正常的发展轨道。特纳综合征患者就是由于第二条染色体整体或部分缺失导致的，患者为女性，其言语智力正常，但是常常在空间能力测试中的表现低于正常水平。克兰费尔特氏综合征患者多遗传了一个或两个 X 染色体，其染色体呈现为 XXY 或 XXXY，患者为男性，20％—30％的克兰费尔特氏综合征患者在言语智力上有缺陷，并且遗传的额外 X 染色体的数量越多，缺陷就越明显。

理论关联12－1

特纳综合征、克兰费尔特氏综合征

特纳综合征。1938 年医生特纳（H H Turner）最早记载相关病例，后来就以特纳的名字来命名此综合征。它属于先天性性染色体异常，患者的性染色体类型为 XO。每 2 500 个女性新生儿中有 1 个患此综合征。患此综合征的女孩外表为女性，身体矮小，手指脚趾短粗，脖子呈蹼状，乳房小而发育不全；性发育不正常，没有生育能力。言语智力正常，但其空间能力测试分数常常低于平均分。

克兰费尔特氏综合征。属于常见的先天性性染色体异常，其性染色体类型为 XXY 或 XXXY。每 750 个男性新生儿中有 1 个患此综合征。患此综合征者外表为男性，但到达青春发育期时会出现一些女性第二性征（如增大的臀部和胸部），身高显著高于正常男性。由于睾丸发育不全，不能生育。在智力方面，20％—30％的克兰费尔特氏综合征患者在言语智力上有缺陷。

［**资料来源**］David R Shaffer. 发展心理学［M］. 邹泓，等，译. 北京：中国轻工业出版社 2005：82.

（二）性激素

性激素（荷尔蒙）在性别的形成发展过程中发挥着非常重要的作用。在胎儿期，性激素的种类和数量直接决定着胎儿性别及诸多性别特征的形成。

受精卵最初发育成胚胎时，只有一个尚未发育的性腺，在外形上看它是中性的。到第八周时，男性胚胎收到指令，其睾丸开始大量分泌两种性激素——睾酮和缪勒式管抑制物质。睾酮的作用是促进男性内部生殖器官的发育，而缪勒式管抑制物质的作用则是抑制女性内部生殖器官的发育。正是在这两种性激素的作用之下，中性的性腺最终发育为男性生殖系统。在异常情况下，有一些男性胚胎没有收到分泌以上两种性激素的生物指令，没有分泌这两种性激素，其性腺就发育为女性生殖系统。正常情况下，女性胚胎不会收到这种指令，也不会分泌以上两种性激素，胚胎的性腺将自动发育为女性生殖系统。鉴于此，研究者习惯上把女性看做成“默认的性别”。

男性胎儿发育至3—4个月时，睾丸分泌的睾酮会促进男性阴茎和阴囊的生长发育。如果没有睾酮的分泌，或者男性胎儿的细胞对睾酮不敏感，男性胎儿就会偏离轨道，其男性外生殖器官将发育成女性外生殖器官（阴唇和阴蒂）。

在某些异常情况下，性激素的作用表现得尤为明显和突出。在女性胚胎或胎儿的发育过程中，如果孕妇体内存在高水平的雄性激素，女性胎儿将会偏离正常的轨道。比如，由于某种基因缺陷，女性胚胎或胎儿的肾脏系统产生异常高水平的雄性激素（这种现象被称做先天肾增生），使先天肾增生的女孩的生殖器官发展异常，在出生时其内生殖器官为女性，而外生殖器官却男性化。先天肾增生的女孩长大以后，更喜欢玩汽车、卡车等传统的男性玩具，更喜欢与男孩子一起玩，对传统的女性角色不感兴趣。再如，有些怀孕的母亲，在不知情的情况下，误服了一些含有黄体酮的药物来减缓孕期反应，这些药物在人体内被转化为男性的睾丸激素，如果胎儿是女孩，在这些睾丸激素的作用下，尽管她们的染色体是XX，内生殖器也是女性的，但出生时她们可能具有类似男孩的外生殖器官。对这些女孩的追踪研究显示（J Money，1985），这样的女孩长大以后，更像男孩，喜欢男孩的玩具和剧烈活动，进入青春期以后，她们开始约会的时间也晚于其他女孩，这些女性报告自己是同性恋或双性恋的比例也非常高。

在出生以后，性激素的作用虽然不像胎儿时期那么明显，但其作用仍不容忽视，性激素与环境因素一起影响着性别的发展和诸多性别差异的形成。有研究者认为（R S Feldman，2008），女性雌性激素分泌水平高的时候，她们的言语技能水平高于雌性激素分泌水平低的时候；但雌性激素分泌低的时候，她们的空间任务完成得更好。研究发现（J M Dabbs et al.，1995），那些自称在行为和言语上都具有攻击性的16岁男孩，其睾酮水平的确比那些自称不具攻击性的男孩更高，睾酮水平极高的男性犯罪、吸毒、暴力行为的比例都高于一般男性。性激素在青少年期的表现也非常明显。在青少年初期，个体体内的性激素水平有了较大的提高。在雄性激素的作用之下，男性青少年的骨骼加速生长，体毛、胡须等第二性征迅速出现，生殖器官迅速发育成熟，身体呈现“倒三角”形。在雌性激素的作用之下，女性的乳房、子宫、阴道迅速发育成熟，其身体呈现“S”形。

二、社会性因素

在出生之前，个体的性别发展完全由生物性因素所控制，但从新生儿呱呱坠地的那一刻起，社会性因素就开始发挥作用。成人往往以不同的态度对待男孩和女孩，使性别表现形式多样丰富多彩。在诸多社会性因素中，研究者最为关注的主要是家庭、学校和文化等社会因素。

（一）家庭因素

家庭在影响性别发展及性别差异形成的诸多社会性因素之中，其作用是第一位的。在孩子未出生之前，父母们已经在想象孩子的性别，并根据孩子不同的性别有不同的教养设想。出生以后，父母的性别观念和性别角色榜样行为在无时无刻地影响着孩子。

孩子刚一出生，父母就以性别的眼光去看待他们的行为了。在一项研究中（E L Beck，2002），研究人员对第一个孩子出生后24小时的父母亲进行了访问，尽管新出生的男孩和女孩在体长、体重或阿普伽新生儿评价方面没有什么显著差异，但父母们仍然认为儿子更结实、身材更高大、更容易合作、更警觉、强壮并且能吃苦，而女儿则更温柔、容貌姣好、情感更细腻等。

理论关联12-2

阿普伽新生儿评价量表

该量表由美国医生弗吉尼亚·阿普伽所编制，用于迅速评价一个新生儿的健康状况。该量表根据5个方面的体征来评价一个新生儿的健康状况，其评分标准如下表：

体 征	分 数		
	0	1	2
心率	无心跳	每分钟低于100次	每分钟100—140次
呼吸力	60秒无呼吸	不规则、浅呼吸	深呼吸
应激反射力	无反应	弱反射反应	强反射反应
肌肉张力	软弱无力	腿、手臂运动力较弱	腿、手臂运动力较强
肤色	身体、手臂和腿呈蓝色	身体呈粉红色，手臂和腿呈蓝色	身体、手臂和腿全呈粉红色

把以上5个方面体征的得分相加，得分越高，表明新生儿健康状况越好。7分及7分以上意味着新生儿的健康状况较好，4分及4分以下的新生儿往往需要紧急医疗照顾。

［资料来源］ David R Shaffer. 发展心理学［M］. 邹泓，等，译. 北京：中国轻工业出版社，2005：130.

在孩子生命的第二年里，在儿童尚未获得基本的性别认同，也没有表现出明显的性别角色偏好时，父母就会鼓励与儿童的性别相适宜的行为，并阻止那些与儿童的性别不一致的行为（B I Fagot & M D Leinbach，1989）。

在日常教养行为方面，父母对男孩女孩也表现出不同的态度。父母往往给男孩更大的自主权，而对女孩则进行更多的直接控制（C Leaper，K J Anderson & P Sanders，1998）。遇到困难时，父母总是倾向于很快地为女儿提供帮助，而更多地鼓励男孩自己解决问题（B I Fagot，R I Hagan，M D Leinbach & S Kronsberg，1985）。

杰奎琳·埃克尔斯（Jacquelynne Eccles）等人曾进行了一系列的研究，集中探讨：为什么女孩通常会回避数学和科学学科，而且较少从事与数学和科学有关的职业。他们的研究发现了其中的原因和机制：父母对子女数学能力性别差异的预期的确会成为自我实现性的预言。心理学家沙弗（David R Shaffer，2005）总结如下：

(1) 父母们受到性别刻板印象的影响，期望他们的儿子在数学上有比他们的女儿更好的表现；(2) 父母们通常将他们的儿子在数学上的成功归因于能力，而把他们的女儿在数学上的成功归因于努力。这种归因强化了女孩缺乏数学天赋，只有通过刻苦的学习才能取得好成绩的观念；(3) 儿童会逐渐接受父母的观念，因而男孩感到自信；而女孩却常感到焦虑和沮丧，容易低估自己的数学能力；(4) 由于认为自己缺乏能力，女孩变得对数学失去了信心，所以选择数学课程的可能性比男孩小，在高中毕业后寻找需要数学背景的工作的可能性也自然比男孩小。

(二) 学校因素

学校是社会性因素中的另外一个重要变量，从幼儿园开始，个体将在学校中度过相当长的时间，学校对性别发展及性别差异形成的影响也是不容低估的。在学校里，影响个体性别发展以及性别差异形成的因素主要有教科书及教师等。

1975 年，美国一个名为“语言和图画中的妇女”的研究小组分析了 16 家出版社的 134 本小学教科书中的 2760 个故事，结果发现关于男性的故事比关于女性的故事多出了 4 倍。而且，故事中的女性多出现在家里，她们的行为多表现为被动、害怕和退缩等，男性则往往表现为富有支配性和冒险倾向 (Anita Woolfolk，2005)。我国研究者佐斌 (1998) 对人民教育出版社出版的小学语文课文的研究分析发现：小学语文分配给男女两性扮演主角的数量，男性是女性的 4.3 倍；而在男女能力方面，语文教材中描述的女性多是无知低能的，男性则多是知识渊博、能力高强的；在男女性格方面，描述女性更多的是不良性格特征，如小气、狠毒、不信任、迷信等，而描述男性则多是坚强、勇敢、正直、友爱等优良的性格品质。史静寰等人 (2002) 对人民教育出版社 (1994—1996) 的六年制小学语文教材 (共 12 本) 的数据统计发现：女性形象出现率仅为 20.4%，而且呈现年级越高，课本中女性出现的比例越低的趋势；小学教材中依然普遍存在“男性强于女性”、“男性优于女性”的性别观念。

教师是影响个体性别发展以及性别差异形成的重要他人。许多研究指出，男孩似乎得到教师更多的关注 (C K Sigelman，2009)，在科学课堂上，男孩被提问的频率比女孩多 80% (D Baker，1986)。但也有研究者 (L E Beck，2002) 认为，在教室里，听话常常受到重视，坚持己见则受到阻碍，这种现象被称做“女性化偏见”，对男孩女孩都不利。

(三) 文化因素

人是社会性动物，性别发展以及性别差异的形成也深受文化的影响，被涂上浓厚的时代色彩。

关于文化的影响，人类学家作出了很大的贡献。美国著名的人类学家玛格丽特·米德在 20 世纪 30 年代曾对新几内亚的三个原始部落社会 (阿拉佩什、蒙杜古马和特哈布利) 的性别角色进行了一个经典性的研究。研究发现，在前两个部落社会中，几乎没有什么性别差异。在阿拉佩什部落中，男性和女性所显示的行为被认为是女性化的，男女都被教导形成合作、不侵犯他人、能敏

米德
(Margaret Mead，1901—1978)

感觉察他人需要的特点。与此相反，在蒙杜古马落中，男性和女性的行为都表现为男性化的，人们通常互相敌视，富有攻击性，行为残忍；男女两性都被期望是坚定的、好斗的、对人际关系漠不关心的，而这正是西方社会中典型的男性化行为模式。在第三个部落——特哈布利中的性别角色模式与西方社会的传统性别角色模式恰恰相反：男性很敏感，有依赖性，懂得关心人，对手工艺感兴趣；而女性则是支配的、独立的和有进取心的，在作出重大决定时发挥关键作用。因此，米德认为性别角色是一种社会文化现象，受到社会文化的影响和制约。

在一个涉及 110 个社会群体（大多数是原始部落）的大型人类学研究中（Barry et al.，1957），研究者发现，有 80%以上的社会群体都清楚地认为：女孩比男孩更多地被鼓励去从事养育、抚养等抚育性的事情，男孩比女孩更多地被训练去依靠自我、要有所成就。许多社会还特别强调女孩责任心和顺从性的培养。

在一项“六种文化的研究”（Whiting & Edwards，1973）中，研究者直接观察了肯尼亚、日本、印度、菲律宾、墨西哥和美国六种文化背景下的 7—11 岁男女儿童，观察的主题是“支配性”、“对委屈事件的反应”、“攻击行为的特征”等。结果发现，在上述大部分文化背景中，女孩表现出更高的抚育性特点，更喜欢身体接触；而男孩表现出更高的攻击性，更喜欢打斗性的游戏。

此外，电视作为一种社会文化的表现形式，对性别发展以及性别差异形成的影响也引起了研究者的关注，电视还被研究者称为是性别刻板印象的源泉。研究发现，儿童节目主要由男主角控制，在电视中，男人往往从事专业性的职业，而女性往往从事家务性、照料性的职业；男性角色往往是主动的，而女性角色往往是被动的。英美两国的研究者通过对电视节目的“内容分析”——分析电视节目中男性和女性角色的数量和种类，结果发现，男性角色的数量是女性角色的 2—3 倍，男性角色往往被描述为强有力的、支配性的、理智的和聪明的，而女性角色则往往被描述为柔弱的、顺从的（Durkin，1985）。

学以致用12-2

生物性因素影响性别形成：布鲁斯/布伦达

在美国，曾发生过这样一件与性别有关的事情。

布鲁斯·默尔出生时有一个双胞胎兄弟，他们都是男孩。当布鲁斯 8 个月大时，他的阴茎在包皮环切手术中被意外切掉了一大部分。这个事故后果很严重，这意味着他将不能结婚，不能过性生活。布鲁斯的父母和医生最后决定，把他变成一个女孩，通过外科手术，先切除剩下的阴茎，并摘除了他的睾丸，最后将他的生殖器官改造为阴道，他的名字也被改成为一个女孩的名字——布伦达。

自此之后，布伦达的父母像对待女孩那样养育她，给她买连衣裙和娃娃，他们还把她送到心理医生那里接受咨询以帮助她形成女性观念。到 12 岁时，医生开始给她服用雌性激素以促进她乳房的发育。

但这一切都没有奏效。布伦达拒绝接受她的女性身份。她拒绝穿连衣裙，拒绝洋娃娃，她喜欢跟男孩玩而不与女孩玩。她喜欢男孩的玩具，她的双胞胎兄弟不愿与她分享玩具卡车，她就把零花钱都存起来以便能买自己的玩具卡车。她甚至试图站着小便。在少年时，尽管布伦达注射了雌性激素，但她从没有感到对男孩有吸引力。她没有朋友，她的同学们折磨她，她甚至痛苦地考虑过自杀。

在 14 岁时，布伦达拒绝服用任何雌性激素，拒绝任何使她女性化的治疗，并公开对她的女性身份进行质疑。迫于无奈，她的父亲不得不告诉了她以前的故事——她在出生时是一个男孩。对布伦达来说，这个消息带来的不是极度的痛苦，而是一种解脱，她说："第一次一切变得合情合理……我明白了我是谁，我是男还是女。"

最后，布伦达决定重新变回男人。她注射雄性激素，并做了乳房切除手术，重新制造了人工男性生殖器，最终恢复了原来的性别。在 25 岁时，他与一位女士结了婚，而且还收养了孩子，过上了正常人的生活。

现在的许多社会学家，尤其是女权主义者特别强调性别主要是后天环境塑造的，通过布鲁斯/布伦达的经历，你有何感想？

[资料来源] 苏珊·吉尔伯特. 男孩随爸，女孩随妈 [M]. 樊玲，译. 北京：中信出版社；沈阳：辽宁出版社，2003：11.

罗伯特·费尔德曼. 心理学与我们 [M]. 黄希庭，等，译. 北京：人民邮电出版社，2008：182.

第四节　性别形成与发展的理论

心理学有关性别的理论解释，类似于盲人摸象，不同的学者站在不同的角度，得出了不同的理论，而且有些理论之间差异巨大，但正是由于这些不同理论的存在，使我们能够更加客观、全面地认识性别，解释性别。

一、弗洛伊德的人格发展理论

弗洛伊德（S Freud，1856—1939）的人格发展理论特别强调性本能在个体发展中的作用，认为性本能是推动个体及社会发展的根本性动力。在弗洛伊德的人格发展阶段理论当中，他认为性别角色的发展起始于前生殖器期，最初表现为对异性父母产生兴趣，性别的发展是通过认同同性别的父母的性别角色而逐渐发展的。在前生殖器期，男孩对母亲产生性的欲望，即表现为恋母情结，嫉妒同性别的父亲，但由于害怕父亲发现他们的想法而阉割掉他们的阴茎（阉割焦虑），压抑自己对母亲的欲望，进而通过自居作用强烈认同同性别的父亲，转而学习父亲的男性特征。弗洛伊德认为如果父亲的阳刚等男子汉气质不够，经常不在家，那么男孩的男子汉气质的发展将会受到影响，妨碍其性别角色的正常发展。在前生殖器期，女孩对异性的父亲产生性的欲望，即恋父情结，但由于女孩没有阴茎，她感觉不到被阉割，而是感到嫉妒。为了解决这种冲突，女孩被迫认同同性别的母亲来获得父爱，并在父亲的鼓励下获得女性性别角色。

弗洛伊德认为，在前生殖器期之后，个体进入到潜伏期，儿童的性本能好像潜伏起来了，男孩和女孩之间处于一种相互排斥的状态。进入青春期以后，性本能迅速增强，在性本能的强烈作用之下，个体变得对异性充满兴趣。

二、班杜拉的社会学习理论

班杜拉（A Bandura，1925—　）的社会学习理论是解释性别发展的另一个重要理论。班杜拉认为，儿童的性别认同及性别角色发展主要是通过两种途径获得的。第一种途径是直接强化。当儿童表现出“性别适宜性”的行为时会受到奖赏，当表现出与其性别不相适宜的行为时就会受到惩罚。第二种途径即观察学习。儿童通过观察榜样的行为及其后果进行学习。这种学习可能更为普遍，因为我们生活中的大多数人，是按照一定的性别角色标准进行生活的，父母即是很好的观察对象，影视中的角色也往往成为观察学习的对象。

直接强化从孩子一出生就已经开始发挥作用了，父母主动按照社会的要求把男孩培养成男孩，把女孩培养成女孩。在儿童青少年时期，父母往往以性别化的视角来看待孩子的行为，鼓励那些与孩子性别相一致或适宜的活动和行为，而反对那些与传统性别要求不一致的行为。研究显示（B I Fagot & R I Hagan，1991），与女儿相比，当儿子玩汽车和卡车，跑、跳或者试图从别人那里拿到玩具时，父母的反应更为积极；与女儿交流时，父母常常指导她们的游戏活动、提供帮助、鼓励她们参与家务劳动并且讨论情感。通过父母的直接强化，个体将获得（D R Shaffer，2005）：（1）标签自己是男孩还是女孩；（2）对具有性别典型特征的玩具和活动形成明显的偏好；（3）建立对性别模式的理解。除了父母的直接强化以外，教师和同伴也往往扮演了强化的角色，如教师往往会根据性别刻板印象对儿童的成绩和社会行为作出反应（L E Beck，2002）。

班杜拉认为，除了直接强化以外，观察学习在性别的形成和发展中起到非常重要的作用。个体通过观察榜样的行为及其后果，模仿学习那些“与性别相适宜”的行为。可供个体观察与模仿的对象有很多，除了父母之外，还有教师、同伴以及影视传媒中的榜样等。教科书中的人物性别行为对个体性别发展的影响也往往是通过观察学习进行的。教科书中的人物就是某种形式的榜样，具有较强的权威性，经由教师的教学，最终通过观察学习影响个体的性别角色形成与发展。影视传媒中的榜样对个体的性别发展也具有一定的影响，如受选秀文化（如超女、快乐男生）盛行的影响，中性化的男孩和女孩越来越多。

三、莫尼和艾德哈特的生物社会理论

在性别发展方面，有些学者强调生物性因素的作用，如弗洛伊德强调性本能这种生物性因素对个体性别发展的影响；有些学者特别强调性激素在性别发展中的作用，进化心理学认为性别的发展是人类长期进化的结果。同时，还有另外一些学者强调社会性因素的影响，如班杜拉的社会学习理论。这些理论分歧的存在，使一些研究者注意到理论融合的可能性，把这两种看似对立的理论整合起来，其中，具有较大影响的代表性理论就是莫尼（John Money）和艾德哈特（Anke Ehrhardt）的生物社会理论，该理论既强调早期的生物性因素对性别发展的影响，又认为社会环境因素对个体的性别发展具有重要的作用。

莫尼和艾德哈特首先强调染色体和性激素的影响。在精子和卵子结合的一刹那，个体的生理性别已基本被确定。个体如果从父亲那里继承的染色体是Y，那么这个胚胎将会发展为一名男性；如果继承的是X染色体，则会发展成一名女性。在胚胎发育

的前6周时间里，胚胎是没有性别的，只有一个尚未分化的性腺。如果受精卵正常发育，男性胚胎将分泌大量睾酮和缪勒式管抑制物质，该胚胎将发育出男性内部生殖系统。在睾酮的作用之下，男性胚胎的阴茎和阴囊将会生长发育。如果在胚胎发育的过程中，没有大量的睾酮分泌，发育中的胚胎将自然发育成女性。莫尼和艾德合特认为，在出生以前，染色体和性激素的分泌是非常关键的，决定了个体的生理性别。

一旦新生儿出生，社会环境因素迅速发挥作用，与生物性因素一起共同塑造一个人的性别。在极端情况下，如果一个男孩因为生殖器发育不正常而被标定为一个女孩，在幼儿时期，在父母和他人的直接教导下，这个男孩有可能形成一种女性认同感。如果一个女孩被错误地标定为男孩，父母和他人把她当做一个男孩抚养的话，那么她在幼儿时期就有可能形成一种男性认同感。但是，当青春期到来时，随着性激素的大量分泌及迅猛增加，生物性因素将再一次发挥其强大的力量，导致第一性征和第二性征的发育，再次塑造个体的性别。莫尼和艾哈德特曾追踪研究了几个外部生殖器官被人为切除、被当做女婴抚养的个体，发现当进入青春期以后，他们报告自己是同性恋或双性恋的比例高达37%。总的来说，生物性因素与社会性因素交互作用、难以分清，生物社会理论将生理因素与社会环境因素有机融合起来，是一种很有价值的整合。

四、科尔伯格的认知发展理论

在班杜拉的社会学习理论中，性别的形成与发展是被动的，由环境塑造的。而科尔伯格认为个体在性别发展方面具有一定的主动性，个体通过其认知系统主动地把自己变成男孩或女孩，这为我们理解性别发展开辟了一条新的通道。

该理论主要观点为：(1) 性别角色的发展取决于认知发展，儿童必须对性别具有一定程度的理解之后，才能接受社会经验的影响；(2) 儿童积极参与到自身的性别形成过程之中，而不是被动地接受社会的影响。

科尔伯格认为，儿童必须首先了解自己的性别，确定自己是男孩还是女孩，然后再去主动地寻找性别认同的榜样和选择自己的性别角色标准。儿童对性别角色的理解必须经历三个阶段：(1) 基本的性别认同阶段；(2) 性别稳定性阶段；(3) 性别恒常性阶段。

科尔伯格把性别形成与认知发展结合起来，有其独到之处，得到了一些研究的证实，但也招致了一些批评。一个最大问题是：该理论不能解释在成熟的性别认同之前，儿童的性别是如何发展的。

五、马丁和霍尔沃森的性别图式理论

性格图式理论是由马丁和霍尔沃森（Carol Martin & Charles Halverson，1981）提出的基于信息加工的性别理论。该理论也认为儿童不是被动地接受外在环境的塑造，而是积极地参与到性别发展的过程之中。该理论认为在2—3岁时，儿童一旦获得了初步的性别认同就开始了自我的社会化——获得性别图式。性别图式是一套关于男性和女性特点的信念和期望。性别图式可以分为两种：第一种叫“组内和组外”图式，指男女两性的典型行为方式、角色、活动及行为的一般知识，如什么样的行为和角色是适合男性的，什么样的行为和角色是适合女性的；第二种是有关自身的性别图式，即什么样的性别行为是适合自己的，什么样的性别行为是不适合自己的，儿童借此表现出与其性别相一致的行为模式。有关自身性别的图式，使个体把注意力集中于那些与自身性别相一致的行为，而忽略那些不相一致的行为。

研究证实，儿童确实会更喜欢那些与自身性别图式相一致的活动，性别图式一旦形成，就会影响到儿童的信息加工过程，进而影响他们的编码和记忆。在一项研究中（C L Martin & C F Halverson，1983），研究者给一些5—6岁的儿童看了一些图片，图片有两种，一种是儿童进行与自己性别相一致的行为（一个男孩子正在玩汽车），一种是儿童进行与自己性别不相一致的行为（一个女孩在锯木头）。一个星期以后的测查表明：不管男孩还是女孩，他们能较好地回忆起那些与自己性别相一致的行为，而扭曲与自己性别不一致的行为。

六、贝姆的双性化理论

很久以来，人们一直把男性化和女性化看做为单一维度的对立两极，传统的性别角色也把某些特点赋予一定的性别，如男性的勇敢，女性的温柔。但是，在20世纪70年代，君士坦丁堡（A Constantinople，1973）对这种传统看法提出挑战，呼吁要建立新理论来重新看待性别和性别差异。

不久，贝姆（Sandra Bem，1974）提出了双性化的概念，以“帮助人们从性别刻板印象的禁锢中解脱出来”。贝姆反对把男性化和女性化看做单一维度的对立两极，而认为男性化和女性化是相对独立的特质，可以看做两个相对独立的维度，一个人可以同时在两个维度上得分很高，即同时具备男性特征和女性特征，这样的人被贝姆称为“双性化”个体。贝姆认为适应最好的就是双性化的个体。与双性化个体相对应，那些具有较多男性特征的人属于男性化个体，具有较多女性特征的人属于女性化个体，而既缺乏男性特征又缺乏女性特征的人属于“未分化”个体（如表12－1所示）。

表12－1 贝姆的双性化理论

		女性化	
		高	低
男性化	高	双性化	男性化
	低	女性化	未分化

双性化理论是一个具有开拓意义的理论。众多研究表明，双性化的个体是存在的，双性化的个体也具有一定的优势，能更好地适应社会。

学以致用12-3

“性背叛”还是“情感背叛”更令人痛苦?

进化心理学认为，男性和女性在配偶关系中关注的重点是不同的，男女两性可能以不同的方式体验两性关系中的危机。为了验证这个观点，研究者巴斯等人设计了一系列的研究，研究是“性背叛”还是“情感背叛”更令人感到痛苦，在这一问题上是否存在性别差异，下面就是其中的两个研究。

研究一：让202名大学生对以下的两种情境进行思考并作出选择：

情境1：请设想一种非常忠诚的浪漫关系，可以是你曾经经历过的、现在拥有的或是将要得到的；而你却发现你的忠诚伴侣对别人感兴趣。下面哪一种情况会使你感到更加痛苦或是心烦意乱：

A——设想你的伴侣对那人产生了很深的情感依恋。

B——设想你的伴侣与那人有了性关系。

情境2：请设想一种非常忠诚的浪漫关系，可以是你曾经经历过的、现在拥有的或是将要得到的；而你却发现你的忠诚伴侣却对别人感兴趣。下面哪一种情况会使你感到更加痛苦或是心烦意乱：

A——设想你的伴侣与那人尝试了不同的性交体位。

B——设想你的伴侣深深地爱上了那个人。

结果：对于第一种情境，60%的男性认为性背叛使他们更加痛苦，而只有17%的女性这样认为，83%的女性认为情感背叛使她们更痛苦。对于第二种情境，45%的男性认为性背叛使他们更加痛苦，而只有13%的女性这样认为。

结论：男性认为性背叛更痛苦，女性认为情感背叛更痛苦。

请依据以上研究谈谈你的看法。

[资料来源] D M Buss，R J Larsen，D Westen，J Semmelroth. *Sex differences in Jealousy: Evolution, physiology, and psychology* [J]. Psychological Science，1992：251－255.

拉里·谢弗，等. 普通心理学研究故事 [M]. 石林，等，译. 北京：世界图书出版公司，2007：183－191.

【本章小结】

1. 性别一般可以分为两种：生理性别、心理性别。生理性别是生物意义上的特征，主要受到先天的、生理性因素的影响。心理性别主要指心理社会意义上与性别紧密相关的行为和态度等，主要受到后天的、社会性因素的影响。

2. 性别角色是指一个特定社会中被看做男性和女性恰当的行为模式。性别角色标准是指为某一社会所认可的、更适宜于某一性别的价值观、动机、行为方式等。性别认同是个体对自身性别及性别所具有含义的认识与接受程度。性别刻板印象是指对男性或女性在行为、人格特征等方面的期望、要求和一般看法的固定印象。

3. 性别的形成与发展是一个持续终生的过程。性别形成与发展主要表现在三个方面：(1) 性别认同的形成与发展；(2) 性别角色的形成与发展；(3) 性别刻板印象的形成与发展。

4. 科尔伯格认为个体的性别认同发展要历经三个阶段：基本性别认同阶段、性别稳定性阶段和性别恒常性阶段。

5. 性别角色自个体出生后即告开始。婴儿时期就已出现性别分离现象。幼儿时期，个体往往选择同性别的伙伴作为交往的对象。小学阶段，形成男孩团体和女孩团体，男孩与女孩之间处于拒斥状态。青春期阶段，个体由性别分离逐渐转变为异性相吸。

6. 性别刻板印象的发展并非直线式增强的。在婴幼儿时期，性别刻板印象已在逐渐形成之中。小学阶段，性别刻板印象发展呈缓和趋势。青春期时，性别刻板印象再次增强。青春期后，个体的性别刻板印象发展进入稳定期。

7. 许多研究者认为，性别差异存在于以下五个领域：(1) 言语能力，女孩获得语言、发展言语技能的年龄较男孩早，女孩的言语表现了优于男孩；(2) 空间及数学能力，男孩的空间能力优于女孩，男孩在数学表现上总体优于女孩；(3) 攻击性，男孩的攻击性高于女孩；(4) 情绪敏感性，女孩的情感敏感性高于男孩；(5) 发展的脆弱性，男孩的生理心理在许多方面比女孩更脆弱。

8. 影响性别形成发展以及性别差异存在的因素主要包括生物性因素和社会性因素。生物性因素主要指遗传、性激素等。生物性因素尤其是性激素，在个体的生命初期独自发挥作用，塑造了个体的性别。在出生以后，生物性因素与社会性因素一起共同塑造个体的性别。社会性因素包括家庭因素、学校因素和文化因素。家庭对性别的形成和发展具有重要影响。

9. 性别形成和发展的理论主要包括弗洛伊德的人格发展理论、班杜拉的社会学习理论、生物社会理论、科尔伯格的认知发展理论、性别图式理论，还有最近较有影响的双性化理论。

10. 弗洛伊德的人格发展理论强调性本能在个体性别发展中的作用，认为个体通过认同同性别的父母从而形成性别特征。

11. 班杜拉的社会学习理论认为儿童的性别认同及性别角色发展主要是通过直接强化和观察学习两种途径获得的。

12. 莫尼和艾德哈特的生物社会理论既强调早期的生物性因素对性别发展的影响，又认为社会环境因素对个体的性别发展具有重要的作用。

13. 科尔伯格的认知发展理论认为个体的性别形成与认知发展紧密相连，儿童对性别角色的理解必须经历三个阶段。

14. 马丁和霍尔沃森的性格图式理论强调性别图式在个体性别发展中的作用。性别图式可以分为两种："组内和组外"图式、有关自身的性别图式。性别图式通过影响儿童的信息加工过程来影响性别形成。

15. 贝姆的双性化理论把男性化和女性化看做两个相对独立的维度，并认为双性化的个体适应最好。

【思考与练习】

1. 什么是性别？
2. 性别的形成和发展主要体现为哪几个方面？
3. 科尔伯格认为性别认同要经历哪几个阶段？
4. 性别差异存在于哪些领域？
5. 性激素对性别的形成和发展有何影响？

6. 家庭是如何影响个体的性别形成和发展的？

7. 简述性别图式理论。

8. 分析并比较各种性别理论的异同。

【拓展阅读】

1. 赫尔格森（Vicki S Helgeson）. 性别心理学［M］（英文影印版）. 2 版. 北京：世界图书出版公司，2005.

此书的研究领域涉及心理学、社会学、人类学、医学和公众健康等多个方面，全面系统地介绍了性别心理学的相关理论、两性在诸多方面的性别差异以及男女两性在社会中的角色、两性关系等。

2. 方刚. 性别心理学［M］. 合肥：安徽教育出版社，2010.

本书是在吸收国内外关于性别心理学的最新研究成果基础上由国内学者编著而成。本书先介绍了性别心理学的发展，特别是各种理论流派的演变，然后在一些独立的议题上进行展开，如情绪、攻击性行为、沟通、友谊、爱情与婚姻、性、学校、工作、成就、压力与健康等。

【参考文献】

1. 阿妮塔·伍德沃克. 教育心理学［M］. 陈红兵，等，译. 南京：江苏教育出版社，2005.

2. 丹·金德伦. 照亮男孩的内心世界［M］. 刘鲲，等，译. 上海：上海教育出版社，2007.

3. 卡拉·西格曼，等. 生命全程发展心理学［M］. 陈英和，等，译. 北京：北京师范大学出版社，2009.

4. 劳拉·贝克. 儿童发展［M］. 吴颖，等，译. 南京：江苏教育出版社，2002.

5. 劳伦斯·斯腾伯格. 青春期［M］. 戴俊毅，译. 7 版. 上海：上海社会科学院出版社，2007.

6. 罗伯特·费尔德曼. 心理学与我们［M］. 黄希庭，等，译. 北京：人民邮电出版社，2008.

7. 林崇德，黄希庭，杨治良，等. 心理学大辞典［M］. 上海：上海教育出版社，2003.

8. 刘毅. 变态心理学［M］. 广州：暨南大学出版社，2005.

9. 王建平. 变态心理学［M］. 北京：高等教育出版社，2005.

10. 庞超. 英国中小学男生学业成绩相对落后问题透析［J］. 外国中小学教育，2007（10）.

11. 史静寰. 教材与教学：影响学生性别观念及行为的重要媒介［J］. 妇女研究论丛，2002（2）.

12. T Alfieri，D M Ruble，E T Higgins. *Gender stereotypes during adolescence：Developmental changes and the transition to junior high school*［J］. Developmental Psychology，1996（32）：1129－1137.

13. B I Fagot，M D Leinbach. *Parenting during the second year：Effect of childrens' age，sex and attachment classification*［J］. Child Development，1993（64）：258－271.

14. D Baker. *Sex differences in classroom interaction in secondary science*［J］. Journal of Classroom Interaction，1986（22）：212－218.

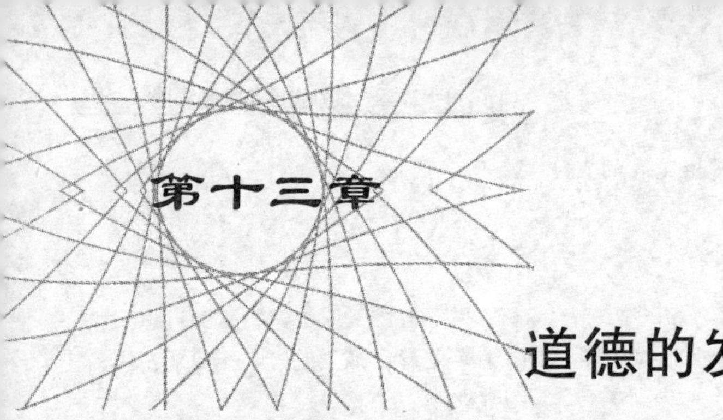

第十三章 道德的发展

【本章导航】

本章主要探讨儿童的道德品质、亲社会行为和攻击性行为的形成机制、年龄发展特点以及各种影响因素。首先，从儿童道德认知、道德行为的发展两个方面分别阐述了道德认知和道德行为的含义，介绍了皮亚杰和科尔伯格的道德认知发展理论及其相关的评论，借助社会学习理论阐释了道德行为的形成过程和形成机制。其次，从亲社会行为的界定入手，介绍了亲社会行为的动机、发展过程以及影响亲社会行为的各种内外因素。最后，介绍了攻击行为的含义及主要的攻击行为理论，阐析了攻击行为的发展趋势及影响因素，并在此基础上提出了有关攻击行为的预防与干预措施。通过本章的学习，读者可以系统地了解在发展心理学视野下的道德品质及其相关的亲社会行为和攻击性行为。

【学习目标】

1. 能够正确解释道德品质、道德认知、道德行为、亲社会行为和攻击行为等概念。
2. 能明晰地阐述道德认知发展理论并进行相应的评价。
3. 能够掌握道德行为的形成过程和形成机制。
4. 能够分析亲社会行为的动机及影响亲社会行为的各种因素。
5. 了解不同发展阶段中个体道德认知、亲社会行为的发展特点。
6. 能够设计促进儿童亲社会行为发展的方案。
7. 能够掌握攻击行为的理论并用于分析实际事例。
8. 了解攻击行为的发展特点，并能够分析影响攻击行为的各方面因素。
9. 能够运用攻击行为的相关知识预防攻击行为发生。
10. 能够运用相关知识矫治儿童的过失行为和攻击行为。

【核心概念】

品德　道德认知　道德行为　亲社会行为　利他行为　攻击行为

德国哲学家康德曾说过："有两样东西，越是经常而持久地对它们进行反复思考，它们就越使心灵充满常新而日益增长的惊赞和敬畏。这两样东西是：我头顶的星空和我心中的道德法则。"这里"头顶的星空"是指大自然，尊重大自然便是尊重每一个自我；"心中的道德法则"意味着成方圆的规矩和从容有序的生活。在现代社会中，道德通常指一种社会意识形态，它是人们共同生活及行为的准则和规范。这种准则和规范在不同社会文化背景中可能不尽相同，并且还会随着时代的变迁而产生变化。生活在不同社会中的个体若遵守该社会的准则和规范，社会生活就显得井然有序；若不能遵守或不愿意遵守，各行其是，社会生活就会陷入混乱无序的状态。

道德的发展意味着个体出生之后，经过社会化的过程，他会明白为人处世之道，能依照社会规范行动。个体道德的形成和发展，也同其他事物的形成和发展一样，有其自身的内部规律性。本章中道德的发展所涉及的三部分内容有其内在的联系，但也在各自的取向上存在较大的差别。道德品质的发展强调的是个体依照规则、法律行事，进而依照道德良心行事的认知、情感和行为的发展，其中的道德行为是指个体对他人或社会所履行的符合社会道德规范的一系列具体行为。而亲社会行为是指有益于他人和社会的行为，虽然它也隶属于道德行为，却和道德行为存在取向上的差异，道德行为是禁令取向的，亲社会行为显示更多的是关怀取向。攻击行为则是道德行为和亲社会行为的对立面，它是违背社会规则、违反法律规定、与人交恶的行为。了解攻击行为的形成原因和机制，及时防患于未然，有助于个体朝着与人为善、遵纪守法的方向发展。

第一节 儿童道德品质的发展

道德品质，又称品德，是社会道德现象在个体身上的表现。从本质上说，品德是一种自觉的、自我评价的、受自己观念指使的人格倾向，即使面临一系列不同的道德情境，它仍保持某些稳固的特征。儿童的道德品质随着年龄的增长而发展，从一开始的自我中心主义，逐渐朝着依照规则和法律行事，依照自我的道德良心，为维护社会所有人的价值、尊严和权利而行动的方向发展。品德的心理结构主要由三个成分构成：道德认知、道德情感和道德行为。本节我们着重讨论道德认知和道德行为及其相关的理论学说。

一、道德认知的发展

道德认知是指个体对行为准则中是非、好坏、善恶等的认识。当这种认识达到坚定不移的程度，并能指导自己的行为时，就形成道德信念。儿童的道德认知是通过理性化和社会化两个过程逐步形成和发展起来的。所谓理性化过程也称做"明善"过程，在此过程中儿童学会了正确的判断和推理，并最终学会依善行事。所谓社会化过程，则指儿童与社会中的各类人沟通交流，获得观点采择能力的过程。在这个过程中他们逐渐可以理解复杂的人际关系，建立起自己的价值标准。认知发展心理学家认为儿童的道德品质发展在很大程度上依赖于认知的发展，并遵循一定的阶段顺序。

（一）从他律到自律——皮亚杰的理论

1. 研究方法

皮亚杰是儿童道德认知发展理论的主要代表人物之一。他在 1932 年出版的《儿童的道德判断》一书为道德认知发展的研究奠定了重要基础。在皮亚杰看来，道德成熟的标志在于尊重准则和公正观念两个方面。为了研究儿童道德观念的发展，皮亚杰采用了两种截然不同的方法。

（1）自然观察法，也称做临床访谈法。皮亚杰采用自然观察法研究了儿童对游戏规则的理解和使用情况。皮亚杰和他的合作者分别跟大约 20 个 4 岁到十二三岁不同年龄的儿童一起玩弹子游戏，或者观察两个儿童玩弹子游戏，记录他们在游戏中如何创造规则和执行规则。为了了解儿童的规则意识，皮亚杰向儿童提出一些事先设计好的问题，诸如“每个孩子都必须遵守规则吗?”，“这些规则是否可以改变?”。通过分析儿童的回答，皮亚杰概括了儿童对游戏规则认识和使用的发展特点：4 岁左右的幼儿并不懂得规则，因此规则被他们看做可以随意更改的东西；五六岁时儿童才意识到规则，但他们认为这种规则是成人规定的、外加的。11 岁左右的儿童才开始发觉规则不是成人规定的，是同伴之间互相约定的，这时他们才意识到一种遵守规则的义务感。皮亚杰认为这就是儿童品德发展开端的一个重要标志。

（2）对偶故事法。这是皮亚杰自己独创的研究方法。他和同事们设计了许多包含道德两难内容的对偶故事，用以研究儿童的是非观念。以下是一对故事举例：

故事 1：一个叫约翰的小男孩待在自己的屋里。听到妈妈喊他吃饭，他向餐厅走去。餐厅的门后有一张椅子，椅子上放着一个装有 15 个杯子的盘子，约翰对此一无所知。他推开门走进餐厅，门撞倒了盘子，同时也把 15 个杯子全撞碎了。

故事 2：有一个小男孩名叫亨利。一天，妈妈外出了，他想要拿橱柜里的果酱吃。亨利爬到椅子上，伸长手臂；但果酱放得太高了，他够不到……当亨利努力够果酱的时候，他弄翻了一个杯子。杯子掉到地上，打碎了。

讲完故事后，要求儿童回答“哪个小孩更淘气些？为什么?”以及“这个淘气的小孩应该受到什么样的惩罚?”。这类对偶故事的结构基本上是：A. 有意，造成较小的财物损失；B. 无意，造成较大的财物损失。皮亚杰的研究涉及的主要课题是客观责任和惩罚问题。前者从儿童对过失行为和说谎行为故事情节的判断中去考察，后者则从儿童对某种行为赏罚故事情境的判断中去分析。

2. 理论观点

通过上述的研究方法和一系列的研究，皮亚杰建立了道德认知发展阶段理论。

（1）前道德（premoral）阶段（2—4 岁）：这个阶段的儿童没有真正的道德概念和规则意识。在玩弹子游戏时，儿童并不是为了赢而玩游戏。相反，他们似乎是按照他们自己的规则来玩，并且认为游戏的关键是为了轮流玩耍。这一阶段的儿童虽能接受游戏规则，但规则对他而言，尚不是一种具有约束性的东西。

（2）道德实在论（moral realism）或他律道德（heteronomous）阶段（5—7 岁）：这个阶段的儿童将规则的权威性看做神圣的、不可改变的。他们强烈地尊重权威，并相信规则是由权威制定的，他们眼中的权威包括上帝、警察、父母等。按照皮亚杰的说法，即使是因为医疗急救而超速行驶，6 岁的儿童也会认为这是不对的行为。因为这种行为破坏了交通规则，就应该受到惩罚。他们处在道德实在论阶段，认为道德规则是绝对的，任何道德事件都是“非对即错”，而遵守规则就是对的行为。

他律道德阶段的儿童喜欢根据客观结果而不是行为意图来判断行为的对错。因此，他们会认为打破 15 个杯子的约翰比打破 1 个杯子的亨利更淘气。他律道德阶段的儿童喜欢强制性（抵罪性）惩罚，并没有考虑到惩罚与违禁行为的关系。此外，他律道德阶段的儿童相信内在公正，认为违反社会规则就一定会受到惩罚。

（3）道德相对论（moral relativism）或自律道德（autonomous）阶段（8—11 岁）：8—11 岁的儿童已经到达了皮亚杰所说的道德相对论——自律道德阶段。道德相对论是指，儿童认为社会规则是由人们共同制定的协议，必要的时候这些规则是可以被挑战的，甚至可以加以改变。因此，他们不会认为医疗急救过程中司机的超速行驶行为是不道德的。此阶段的儿童判断行为的对错，更多是基于行为者的行为意图，而不是行为本身所带来的客观结果。大多数 10 岁儿童会说，虽然约翰在去吃饭的途中打碎了 15 个杯子（好的或是中性的行为意图），但是，为了偷吃果酱（坏的行为意图）而打破 1 个杯子的亨利比约翰更淘气。

在决定如何惩罚越轨行为时，处于自律道德阶段的儿童更喜欢回敬性（报应性）惩罚（reciprocal punishment）。这一阶段的儿童可能认为，故意破坏窗户的男孩应该从自己的零花钱中拿出一部分进行补偿，而不是简单地被打屁股。

3. 从他律道德向自律道德发展

根据皮亚杰的理论，儿童从他律道德向自律道德的发展，需要具备两个条件：观点采择能力（认知能力的发展）和在与同伴交往中所获得的平等地位。同伴交往的过程培养了儿童的观点采择能力，使他们学会认识和适应不同的同伴观点。

在儿童从他律道德向自律道德发展的过程中，家长们扮演了什么样的角色呢？皮亚杰认为，除非家长们放弃一些权力，否则他们会通过强化使儿童对规则与权威产生夸张的尊重，从而导致儿童的道德发展进程变慢。例如，如果家长通过威胁或是“快去做，我告诉过你了！”这样的命令强制儿童执行一个规则，很容易发现儿童可能将这些规则归结为“绝对的”（Shaffer，2005）。

总之，皮亚杰认为儿童的道德认知发展是一个从他律到自律的过程。早期儿童的道德判断是根据客观法则，即行为的外在结果来进行的，他们不关心主观的意向和动机。这是他律的道德判断，具有客观的性质，受“道德实在论”支配。后期儿童的道德判断已为自己主观的价值标准所支配，他们不再把规则看做不变的绝对物，而看做为了保证人们的共同利益相互约定和接受的准则。因而后期儿童的道德判断是自律的，具有主观性，受“道德相对论”的支配。

皮亚杰有关儿童道德认知发展阶段的理论得到了在许多其他文化背景下研究结果的证实，具有文化普适性。但是一些相关研究也表明在年龄阶段的划分上不同文化之间还是存在差异的。例如，中国心理学家李伯黍（1982）的研究结果显示：我国少年儿童在强制性和回敬性两种惩罚之间的选择判断上，其发展曲线同早期研究者所揭示的发展模式相符合；只是在这种判断出现重大变化的时间上，我国少年儿童不是出现在12岁，而是出现在8—9岁之间。如果让儿童自由地给出惩罚建议，除强制性和回敬性两种惩罚形式外，很多儿童还提出了一种批评性惩罚的建议。如对中国15个地区进行三择一实验的大样本测查结果显示，中国少年儿童在对强制性、回敬性和批评性三种惩罚形式进行选择判断时，未遵循早期研究者所揭示的发展模式；各年龄儿童的判断中，批评性惩罚占有绝对优势，相应地，选择回敬性和强制性惩罚的人数就大大减少。这一研究结果证实了少年儿童在自由建议下的惩罚观发展进程的事实，弥补了皮亚杰的儿童惩罚观研究中的一些不足。

（二）道德判断阶段水平——科尔伯格的理论

1. 理论模式

从1955年开始，科尔伯格对儿童道德发展进行了一系列的研究。他在1958年完成的博士论文中，用新的研究方法检验了皮亚杰理论，并在此基础上提出自己的道德认知发展模型。科尔伯格最初研究了72个10岁、13岁和16岁的儿童，对每个儿童进行了长达2小时的询问。他采用的9个道德故事中，有的是自己设计编撰的，有的是引用别人的（包括皮亚杰的），每个故事都包含左右两难的道德问题。下面就是其中一个典型的道德两难故事。

海因茨偷药

在欧洲，有个妇女身患一种特殊的癌症，正面临死亡的威胁。医生认为，当地的药剂师刚发明的一种新药也许能拯救她。药剂师开价很高，小剂量的药（可能挽救生命）要价2 000美元，尽管其成本价只有200美元。病人的丈夫海因茨，尽其所能，只筹借到一半的钱——1 000美元。他告诉药剂师，他的妻子生命垂危，希望他能便宜点将药卖给他或者是迟点再还钱。药剂师拒绝他："不行！我发明了这种药，就是要靠它来赚钱。"海因茨绝望了，为了挽救生命垂危的妻子，于是在夜里破门而入将药偷去。

海因茨应该这么做吗？为什么？

当儿童对充满矛盾冲突的道德情境作出判断后，主试问他一系列的问题：海因茨应该这样做吗？为什么？法官该不该判他的刑？为什么？主试以这种方式查证儿童选择这种判断的思维基础。通过对儿童回答的原因进行分析，科尔伯格最终形成了三水平六阶段的道德认知发展阶段模型。

表13-1　科尔伯格关于道德认知发展的阶段模型

水　平	阶段和特征	判断举例
1. 前习俗水平 （个体水平） 服从权威、避免惩罚，注重个人得失、享乐主义。	**第一阶段**：服从与惩罚的道德取向 自我中心地遵从较高的权力与威望。相信客观责任、顺从准则以避免惩罚。	**赞同偷窃**：把药拿走没什么大不了，因为他最初是想先付钱的。他并没有破坏其他东西，也没有拿走其他东西。而且他所拿走的药只是价值200美元，并不是2 000美元。 **反对偷窃**：海因茨在没有得到同意的情况下，把药拿走了。他不能就这么破窗而入。他破坏了这些东西，是一个坏人。并且偷了这么贵的东西，他犯了一个很严重的罪行。

续表

水　平	阶段和特征	判断举例
	第二阶段：天真的利己主义的道德取向（相对功利取向） 把有利于满足自己需要和偶然地满足别人需要的行为当做正确的行为。意识到每个行为者的需要和看法的价值相对性。相信天真的平等主义和可逆关系。为了获得奖赏而遵从准则。	**赞同偷窃**：海因茨并没有伤害药剂师，而且他最终会偿还的。他只是不想失去他的妻子，他应该去拿药。 **反对偷窃**：药剂师并没有错，他只是跟其他人一样想获益。也就是像你从事工作那样，想赚钱而已。
2. 习俗水平 （社会水平） 满足他人期望，设身处地为他人着想，遵守社会规则。	**第三阶段**：好孩子的道德取向（寻求认可取向） 倾向于赞许、愉悦和帮助别人。维护良好关系的道德品质。评价别人时考虑到意向。为了免遭非难而遵从准则。	**赞同偷窃**：偷窃是不对的，但海因茨只是做了一个好丈夫都会做的事情。你不能因为他出于对妻子的爱，而作出了偷药的事情而指责他。相反，如果他没有救他妻子，你倒是应该要指责他了。 **反对偷窃**：假如海因茨的妻子死了，他也不应该受到指责。你不能说因为他没有实施犯罪，所以他没有良心。真正自私、没有良心的人是药剂师。海因茨只是尽他所能罢了。
	第四阶段：维护权利和社会秩序的道德取向 倾向于“尽本分”和表示尊重权威及为社会秩序而维护社会秩序。为了免遭指责导致内疚而遵从准则。	**赞同偷窃**：假如药剂师眼睁睁看着一个人死去，那么他就是错误的。海因茨的职责是去救他的妻子。但是，海因茨不能破坏法律，他必须偿还药费，并受到由偷窃所带来的惩罚。 **反对偷窃**：海因茨想救他的妻子是很正常的，但他的偷窃行为是错误的。不管你的情感出于什么特殊的情况，你都必须遵守规则。
3. 后习俗水平 （道德理念水平） 依据社会契约、人的固有权利、德性的普遍原则。	**第五阶段**：社会契约的道德取向 认识到共同约定的准则是用来保护而不是限制个人自由的，可根据需要加以改变。有害社会的行为即使不违法，也是有错的。强调人人都有平等的生存权利。	**赞同偷窃**：在你说“从道德方面来看，偷窃是错误的”之前，你应该要考虑到整个情况。当然，法律对于破窗进入商店的行为有明确的规定。并且海因茨知道他的行为是没有法律理由的。然而，在那种情况下，任何人都会理解这种偷药行为的。 **反对偷窃**：我明白非法取药后所带来的种种好处。但是这种结果是不能说明什么的。法律是一种协议形式，代表了人们如何生活在一起。而海因茨有义务去尊重这种协议，不能说海因茨偷药的行为是完全错误的，但这些情况也不能使这种行为变成正确的。
	第六阶段：良心或原则的道德取向 不只倾向于实际规定的社会准则，而且也倾向于选择的权利。强调在超越法律之上有普遍的道德原则。相信每个人都有个人的价值，理应受到尊重。	**赞同偷窃**：当一个人必须在触犯法律和拯救生命之间作出选择时，从道德层面来看，挽救生命这一更高的原则会使得偷药行为变成正确的。 **反对偷窃**：在癌症泛滥、药物稀缺的情况下，就没有办法照顾到所有需要药物的人。行为的正确的过程应该是所有人都认为是正确的。海因茨不应该只靠感情或法律行事，应该依据他所认为的一个公正的人在这种情况下会如何行事的规则。

2. 阶段模型的内涵

科尔伯格的阶段模型具有三方面的含义：(1) 不同认知发展阶段的个体会显示出不同质的道德决策思维。前习俗水平个体道德推理的依据是遵从自己的需要，习俗水平个体道德推理的依据是他人期望和社会规则体系，而后习俗水平个体推理的依据则为个人的价值、尊严和权利。此外，科尔伯格也承认只有少数哲学家和神学家才能达到第六阶段的水平。(2) 儿童道德发展阶段是分阶层逐级发展的，各个阶段又标志着儿童道德成熟的水平。由于道德两难故事所要探查的是儿童从道德矛盾情境中去选择某种行为的理由，因此，标志一个阶段发展水平的道德观念在许多儿童的道德行为中会反映出一致性。道德判断上的成熟预示着道德行为上的成熟。(3) 科尔伯格强调角色扮演和认知冲突在促进儿童道德发展中发挥着重要作用，它们可以促进儿童的社会交往，为他们提供道德两难情境，是儿童道德品质自觉发展的有效途径。

学以致用13-1

科尔伯格道德认知发展阶段理论在实践中的运用

与皮亚杰只注重道德观念研究不同，科尔伯格一再强调要把他的道德认知观点应用到学校道德教育中去。根据他的观点，儿童的道德发展既不是固有本性的自然展现过程，也不是外部灌输和奖惩内化的结果。儿童的道德发展是自身素质与环境相互作用的结果，因此，选择适合儿童特点的教育形式、创设与儿童自身素质相匹配的环境就显得尤为重要。科尔伯格和他的合作者就如何提高青少年学生的道德判断能力，先后提出了三种具有实效的教育形式，分别是小组道德讨论、自主管理的组织活动和道德氛围创设。

(1) 小组道德讨论，强调的是课程内容是由道德规范要素支撑的道德两难故事；开展小组讨论时，成员的道德发展水平不能过于悬殊，相差一两个水平比较合适；教师发挥的是“精神助产士”的作用，能引导学生争辩，激发学生积极思考。

(2) 自主管理的组织活动，是指青少年学生亲身参与各种自主管理的组织活动，如学生自治会、团队活动、夏令营等，在直接的自主管理机构中运用集体责任、集体奖惩等手段，解决真实的道德两难，以促进青少年道德发展。

(3) 道德氛围创设，是指学校、家庭和社区三方面环境均要提供促进儿童道德发展的道德气氛（即隐性课程），包括家庭、学校和社会提供给儿童角色承担机会的多寡，以及学生所处的学校、家庭和社区机构的道德原则水平的高低。

问题：请依据上述三种教育形式，设计一个切实可用的道德教育活动。

3. 对科尔伯格研究的发展

科尔伯格将研究对象延伸到青少年，采用了包含更多道德规范要素的道德两难故事，运用了能更多挖掘儿童青少年思想的个别谈话法。因此，科尔伯格所概括的道德认知发展的阶段理论年龄适应面更广，是对皮亚杰的方法和理论的系统扩展。最初他使用的记分方法相对烦琐和主观，针对这一问题，科尔伯格又发展出一套精致复杂的评价道德认知发展阶段的方法，即道德判断交谈法（MJI）（即使用道德两难故事，与青少年进行开放性的个别交谈，从他们的道德陈述中分析出道德发展的规律）。在科尔伯格的基础上，一些道德心理学家经过努力，又发展出更多更为简便快捷的道德判断能力测验。例如，美国雷斯特（Rest）的“确定问题测验”（DIT）（1979），德国林德和威根赫特（Lind & Wakenhut）的“道德判断能力测验”（MUT）（1979）以及我国李伯黍等提出的“上海地区青少年道德判断能力测验”（1996）等。

当然，科尔伯格的研究也受到来自不同方面的质疑。这些质疑主要集中于以下几个方面：

（1）根据科尔伯格的观点，儿童的道德发展阶段是依不变的顺序展开的，这种顺序是不可逆的。但在他研究的个别数据和后人的研究中发现了跨阶段的发展或倒退到较低阶段的现象。

（2）科尔伯格认为儿童道德判断的成熟能预示其道德行为的成熟。哈桑（Hartshorne）、梅（May）等人的研究却显示，儿童的诚实与欺骗多半有赖于情境，而不依赖其普遍的、一贯的道德特征。

（3）科尔伯格的理论强调公正推理水平是道德发展的最好指标，他的早期研究也发现女性的道德推理水平一般低于男性。吉列根（Gilligan）指出科尔伯格的理论建立在男性常模之上，这对擅长从人际关系、关怀的角度解释道德两难情境的女性是不公平的。

二、道德行为的发展

（一）道德行为的含义

作为一个道德成熟的个体，其成熟表现在能够履行道德行为。那么道德行为的确切含义究竟是什么呢？

伦理学角度的道德行为是指人们依据一定的道德价值观而对他人或外界的反应。社会学角度的道德行为即人们在一定的道德认识支配下调节个人与他人、个人与社会利益关系时所表现出来的善行或恶行。

从心理学的角度解释，道德行为是指采取符合从人类利益和公正角度出发的道德规范和标准的行动，或者是个体面临道德问题情境时所表现出来的一系列自觉的复杂的意志行动过程。

（二）道德行为的产生过程

道德行为的产生是一个极其复杂的过程，既包括外显的行为，也包括行为形成的内部心理过程。内部心理过程又包含道德认识的引领和道德情感体验。20 世纪 80 年代，雷斯特提出了道德行为过程的“四成分模型”，用以分析道德行为产生过程的构成因素。

1. 道德敏感性

道德敏感性是对情境道德含义的领悟和解释能力，是对情境道德内容的觉察和对行为如何影响别人的意识，它与个体对情境的自动化加工及其伴随的直觉情绪有着密切的关系。道德敏感性会使一个人重视或者漠视某种道德的意义，对行为动机的形成起到一定的作用。研究表明，一个人对道德情境的了解能力越差，对情境的道德敏感性越低，产生道德行为的可能性就越小。

2. 道德判断

个体在对当前的情境有所觉察和意识后，会进一步对行为过程中各种需要考虑的因素进行衡量比较，确定在当前的情境中，应该采取怎样的行为才是道德的。

3. 道德抉择

个体在对当前的情境觉察并作出道德判断后，就要作出是否实施道德行为的道德抉择。此时，个体自身内部的动机斗争将会非常激烈。如果个体非道德的价值观念占了上风，将可能影响最终的道德抉择与道德行为。

4. 履行道德行动计划

在道德抉择的基础上，个体就要把道德意向付诸行动，执行道德行动计划。在此过程中，个体要明确行动的具体步骤，确认执行行动所需要的技巧和手段，设想在行动过程中的各种障碍，明确在道德行动中涉及的心理特质，包括勇气、坚韧毅力、自我控制力等。如此种种，最终才能达成道德行动计划。

例如：在一辆公共汽车上，潜在行为者看到一位抱着孩子的妇女上车，他首先会环顾四周，看看此时车上有没有空座位；如果没有的话，他会关注周围是否有人有让座趋势；若发觉没人有让座的意向，该行为者就会考虑自己是否应该让座；最终，经过思虑再三，让出了自己的座位。这一简单的让座行为，充分体现了道德敏感性、道德判断、道德抉择以及履行道德计划这四个成分的相互作用。

(三) 道德行为的形成机制——班杜拉的社会学习理论

班杜拉（A Bandura，1989）在传统研究和深入探讨的基础上，建立了现代社会学习理论体系，开辟了一条从行为方面去探讨道德发展的广阔途径。这一社会学习理论体系可以从新行为的来源、榜样学习的过程及对道德行为的影响三方面来加以理解。

1. 新行为的来源

该理论认为，儿童的学习大多源于对他所见所闻的其他人的语言和行为的模仿。新行为并非仅来源于对偶然习得的行为的强化，更多来自儿童对所观察到的行为的复演。儿童将观察到的他人各种行为的不同部分混合而产生了新行为，这种观察学习既包括直接观察，也包括借助间接可靠的榜样形式进行学习，例如阅读或听到的观点和行为。

2. 观察学习的过程

观察学习是指一个人通过观察他人的行为及其受到强化的结果而习得某些新的反应，或使他已有的某些行为反应得到矫正。班杜拉认为儿童可以借助视觉或听觉进行观察学习，这些通过观察获得的信息可以帮助他们确定哪些行为可能帮助或妨碍他在未来环境中的需要满足。这些信息以符号的形式存储于记忆之中，作为未来的参照。

观察学习过程包含五个子过程：注意、编码、保持、复现以及动机过程。现以班杜拉的经典实验“充气娃娃”来说明儿童的观察学习过程。

第一阶段：将儿童分成两组，让他们分别观看一段录像。甲组儿童观看的录像是大孩子在打充气娃娃，如图 13－1（a）所示，过一会儿来了一个大人，给大孩子一些糖果作为奖励。乙组观看的录像一开始也是大孩子在打充气娃娃，但过一会儿来了一个大人，打了他们以示惩罚。在这一阶段中，甲乙两组儿童都注意到了录像中榜样的行为，他们将榜样行为及结果以视觉表象形式进行编码并保留在记忆中。

第二阶段：将观看录像的两组儿童领到一间放有充气娃娃的小屋里。结果发现，甲组儿童复现了录像中榜样儿童的行为，他们开始打充气娃娃如图 13－1（b）（c）所示；而乙组儿童却很少有人去打充气娃娃。在这一阶段中，只有甲组儿童在近似情境中进行了近似的榜样行为学习尝试，乙组儿童并没有进行榜样行为学习。这是由于不同的动机产生了不同的行为结果，甲组儿童希望像榜样儿童一样获得糖果奖励而进行了榜样行为的学习，乙组儿童为了避免受到成人的惩罚而没有进行榜样行为的学习。

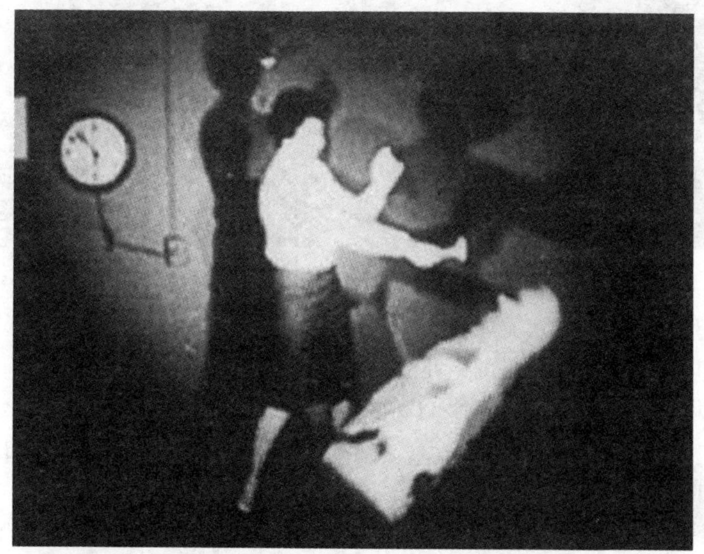

图 13－1（a） 榜样正在敲打充气娃娃

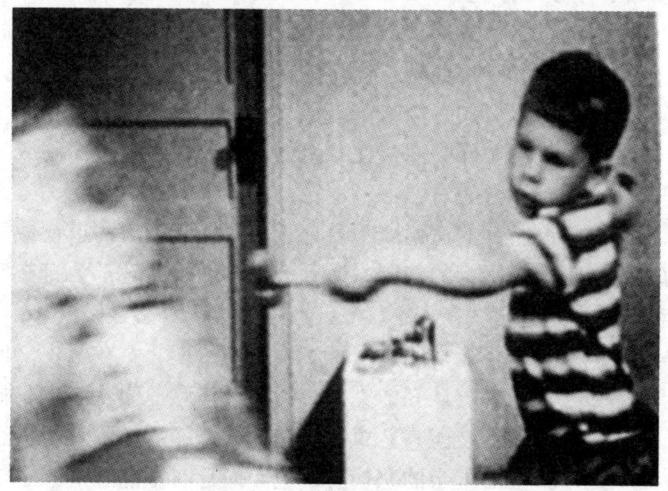

图 13－1（b） 观察到榜样行为的男孩正在复演敲打娃娃的行为

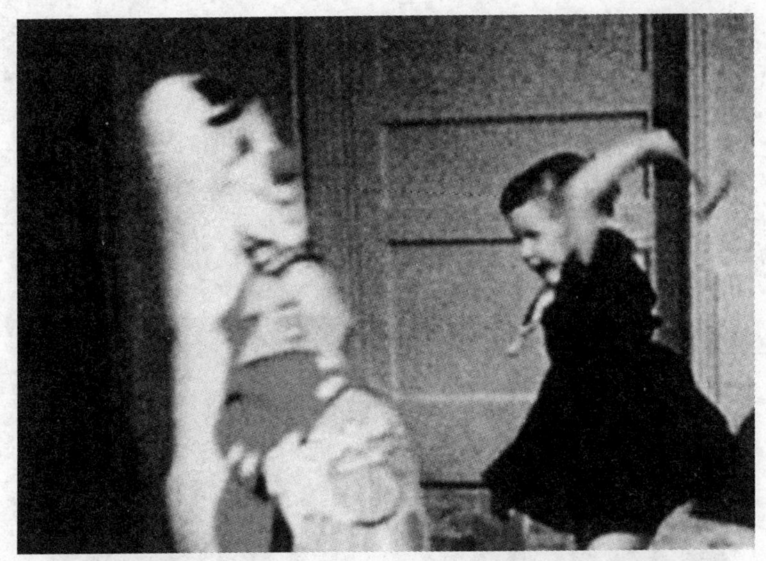

图 13－1（c） 观察到榜样行为的女孩正在复演敲打娃娃的行为

第三阶段：在随后的实验中，鼓励两组儿童学录像里的大孩子打充气娃娃，谁学得像谁就可以得到糖果，结果两组儿童都开始使劲打充气娃娃。

需要说明的是，有很多因素影响观察学习。这些因素包括：未注意有关的活动、在记忆表象中示范动作的编码不恰当、不能保持所学习的东西，没有能力去操作，或者没有足够的动因等。

3. 观察学习对道德行为的影响

从实验结果看，甲组儿童通过观察录像中大孩子的榜样行为习得了新的行为——打玩具娃娃。因此，如果给儿童展示道德的榜样行为，通过观察学习，儿童因为看到榜样的道德行为，也会直接形成这种道德行为。

研究也发现乙组儿童并没有表现出习得的榜样行为，这是因为乙组儿童为了避免受到成人的惩罚而抑制了习得的行为——打玩具娃娃。由此推论，当儿童观察到不道德的行为时，也可以通过对榜样的惩罚使儿童的不道德行为得到抑制或消退。

因此，观察学习和榜样行为对学习者道德行为的影响可以总结为：直接形成新的道德或不道德行为、消退已有的道德或不道德行为、抑制已有的道德或不道德行为以及解除已有的道德或不道德行为的抑制（受到鼓励的两组儿童都会打充气娃娃）。

（四）道德行为的发展

一些证据表明，儿童道德能力的发展很早就出现了。儿童在两岁的时候就具备了解释他人身体状态和心理状态的认知能力，在情感上体验他人状态的情感能力，以及某些可以减轻他人痛苦的行为技能。儿童在引起他人悲伤后的弥补行为也随着年龄的增长而增加。两岁儿童不但对母亲的悲伤有反应，而且对不熟悉的人也会表现出一些敏感性（Zahn-Waxler et al.，1992）。

儿童道德行为的发展大致可以分为以下四个阶段。

阶段一：前道德时期或适应性社会行为发展阶段

耶鲁大学研究人员的研究结果显示：6 个月婴儿已具备辨别是非的能力，但仍不能证明这是一种真正意义上的道德。一岁半以前的婴儿，通常不会有意地作出任何道德行为，但是他们会与照料者之间产生亲密的情感联系，接触到像“好”、“不好”等词汇，婴儿就产生一些相应的行为。这种行为可能是条件反射，也可能是他们对照料者无意识模仿的结果。

阶段二：萌芽性道德行为发展阶段

一至两岁儿童能理解一些“好”、“坏”行为的简单规则，并作出一些合乎成人要求的道德行为。但这一阶段的道德行为大多不是自发、自愿的，儿童也未必能够真正理解自己行为的意义，这种行为更多是受到了成人鼓励和奖赏的结果。

阶段三：情境性道德行为发展阶段

3—4 岁儿童容易受到情境的暗示，他们的道德行为带有偶发性、情境性和不稳定性。由于好动、好奇又缺乏社会经验和技能，这个阶段儿童的过失行为特别多，冲动和模仿使他们的言行经常违反规则。但他们可能是出于道德的目的去模仿他人，只不过最后造成了不好的后果。

阶段四：服从性道德行为发展阶段

5—7 岁的儿童对“好”、“坏”的理解逐渐复杂起来，开始形成某些抽象观念；由于自我控制能力还很有限，该阶段儿童的道德行为常常是服从权威人物的结果。

理论关联 13—1

谁说婴儿不分好坏？

不满周岁的婴儿通常被认为什么都不会，娇弱可爱的他们在成人眼里就像个“小傻瓜”。但千万不要小瞧这些小家伙，实际上他们拥有一些成人不具备的神奇能力。近来一项研究发现，6 个月大的婴儿就有辨别“好坏”的能力和“乐于助人”的品质。

耶鲁大学的这项研究刊登在 2007 年 11 月 22 日出版的《自然》杂志上。负责这项研究的基利·哈姆林说，决定与谁合作共事是人类和其他社会性动物的一个重要能力。当选择合作伙伴时，能够判断出谁是潜在的合作对象是非常重要的。众所周知，成人具备这样的能力，但哈姆林想知道人类是从多大起开始发展这项能力的，是否婴儿能够区分“好人”和“坏人”。

哈姆林和她的同事们为此进行了实验。他们向 6 个月大的一组婴儿和 10 个月大的一组婴儿演示一个拟人化的“木偶表演”，即用 3 个不同形状的木块扮演 3 个角色：试图登上一座山的“攀登者”、代表“好人”的“帮助者”以及代表“坏人”的“阻碍者”。“帮助者”协助“攀登者”爬上山，而“阻碍者”则将“攀登者”推下山。

随后，研究人员将代表“帮助者”和“阻碍者”的木块放在一起让两组婴儿挑选，在 16 名 10 个月大的宝宝中有 14 个更喜欢“帮助者”，12 名 6 个月大的宝宝选择的全是“好人”。这表明婴儿们对乐于助人的“帮助者”更有好感。

哈姆林表示，虽然实验还不能反映出婴儿们对“好人”的偏爱是否是一种天生的能力，但可以肯定的是，这不可能是大人教给孩子们的。她说：“也许这是婴儿们与生俱来的。”

［**资料来源**］http://www.chinadaily.com.cn/hqgj/2007—11/26/content_6278716.htm.

随着儿童的道德认知从他律发展到自律，他们开始依内化的道德准则行事，这就形成了真正意义的道德行为。一项针对10—15岁儿童道德技能发展状况的研究表明，与10—12岁的儿童相比，13—15岁的儿童有更高的敏感性，在道德发展上更加成熟。10—15岁的儿童在试图不假装和不欺骗上作出的努力没有显著的年龄差异。13—15岁的儿童比年幼儿童更加宽容、有更多的责任感，也能够更努力地做到不羞辱他人、信守诺言、对自己的行为负责（Sniras & Malinauskas，2005）。

第二节　亲社会行为的发展

2008年年初，一场特大雪灾袭击了华南地区，湖南郴州成了一座冰雪中的孤城。没有上级号召，也没有组织要求，河北唐山13个农民除夕那天租了辆中巴车，顶风冒雪来到郴州参与救灾。这13个农民被郴州市授予“荣誉市民”的称号。

2008年5月12日下午，得知四川汶川发生特大地震，宋志永在和12位兄弟商量之后，几经辗转来到灾情最重的北川县城，他成为最早进入北川的志愿者之一。

小颜是一个活泼可爱的女大学生，进入大学1个月后，她就在学校加入了中华骨髓库。填写申请表、采集血样，这一切她都瞒着家人操作。没多久她接到市红十字会来电，告知可能配对成功，需要进一步体检。最终她说服了父母，将自己的造血干细胞捐献给一名年轻的白血病患者，小颜因此成为该市目前最年轻的一名捐献者。

妈妈在厨房准备晚餐的时候不小心手指被刀划了个口子，她痛得大叫了起来。正在客厅玩耍的兵兵听见了，赶忙走到妈妈身边，询问妈妈伤到哪儿了，抚摸着妈妈的手，试图缓解她的痛苦。

上述事件中，当事人的所作所为在我们的社会中意味着什么呢？

一、亲社会行为的含义

（一）亲社会行为的界定

上述列举事例均是现实生活中的真实事件，虽然事件发生的场景各不相同，但它们所表达的意思却一样，即给予他人帮助和关心。这里有对陌生人的人道主义援助和捐助，也有对身边亲人的抚慰。有关援助、捐助、抚慰等问题就是接下来所要阐述的亲社会行为，即倾向于对他人有利的自愿行为。

亲社会行为在不同的学科领域所蕴涵的意义略有不同。在比较心理学领域，亲社会行为指的是有机体为同类中其他成员的生存而减少其自身或后裔生存机会；而在社会心理学领域，亲社会行为是指关心他人利益和福祉的行为，包括给予和获得，目的在于减轻他人的痛苦、提高生命的价值，从而形成相互依存、互惠互利的社会氛围。其典型的界定有以下几种。

艾森伯格和缪森（J Eisenberg & Mussen，1989）将亲社会行为定义为“内在激发的有益于他人的自愿行为”——由对他人的关心或内化的价值观、目标和自我奖赏所激发，并不期望具体的、社会的奖赏或避免惩罚。

斯陶布（Staub，1994）把亲社会行为与利他行为作了区分。他认为亲社会行为是任何有益于他人的行为，有益于他人的原因可能是获得对等的利益，如“合作”这种双方均得益的行为；也可能是为了获得他人的赞许。纯粹的利他行为强调的益于他人的行为只是出于促进他人幸福、使他人得益的动机，是自发产生的，并非出于获得奖赏的目的。

克雷布等人（Kreb & Hesteren，1995）将亲社会行为描绘成一个行为的连续体，一端是自我利益的行为取向，另一端是他人利益的行为取向。行为越是朝向有利于他人而背离自我利益的方向，行为的利他性成分就越多。

（二）亲社会行为的动机

亲社会行为是有益于他人和社会的行为，其目的在于帮助其他个体或群体减轻或解除痛苦，使他们从无助的状态中解脱出来，是一种值得赞赏的行为。人们实施亲社会行为的动机各不相同。也就是说，有人会因为有能力让别人幸福而获得自我奖赏，自觉自愿地帮助他人；有人是因为害怕不帮助而受到惩罚，迫不得已地帮助别人；有人则可能因为无法容忍受害者痛苦的表情，情不自禁地伸出援手。

卡利罗斯基（Karylowski，1979）认为，亲社会行为的动机源有两种：第一种与个体积极自我形象的维持和提升有关；第二种与改善受困者的处境条件或防止那些条件进一步恶化有关。前一种动机源指向个体的内心世界（内倾动机源），促使个体帮助别人的原因不仅仅在于外界环境的某些变化，更重要的是这些变化是由于施助者自身的行为而引起的。施助者往往考虑诸如此类的问题，“我是怎样的人?”“我有能力帮助别人吗?”一旦成功地帮助到别人，他们体验到道德满意感，否则将体验到内疚感。后一种动机源指向外部世界（也就是受助者，外倾动机源），施助者内心的满足是由受助者状况的改善而诱发的。施助者通常有意识地将注意力集中于受助者目前所处的情境、受助者的需要和情感，并预期受助者将发生怎样的变化（Derlega & Grzelak，1982）。

卡利罗斯基认为，个体利他行为的内倾动机源和外倾动机源也是一个发展的过程，可以通过来自家庭或学校的不同训练和干预手段发展。有些干预手段在促进儿童内倾动机源发展的同时，可能会抑制外倾动机源的发展。例如，“标签法”是根据儿童在特定情境中的行为表现，给予积极或消极的标签，如“你是一个坏孩子”，“好孩子是这样做的”，这是促进内倾动机源发展的一种手段，却可能抑制外倾动机源的发展。“他人取向的教导”侧重指明儿童的行为会给对方带来什么样的结果，例如，“那里有个孩子跌倒了，好像跌得很严重，血流出来了，快点去扶他起来，再帮他止血，这样他应该会好受些。”这样的教导方式有助于促进儿童外倾动机源的发展。卡利罗斯基认为由内外倾向两种动机源所激发的亲社会行为虽然均对他人的利益和幸福起到积极的作用，但在后续的持久影响上，似乎外倾动机源激发的亲社会行为更有效些。因为施助者关注的是受助者状况的改善，施助者与受助者之间具有某种积极的社会关系。内倾动机源激发的亲社会行为强调的是“帮助别人让我对自己很满意”、“我是强有力的”等，过分夸大自己的感受可能削弱施助者的观点采择能力，可能提供不适当帮助引起受助者反感。

雷库斯基（Reykowski，1975）将亲社会行为的动机分为四类：（1）功利性动机。

具有功利性动机的个体往往预期在特定情境中实施某种亲社会行为将获得某些社会奖赏（如表扬、物质报酬、名声等）或避免受到某些社会惩罚；(2) 规范性动机。具有规范性动机的个体熟知社会规范、准则的特点，可能因为对规范的内化而心甘情愿施助，也可能出于尊重社会要求而勉强施助；(3) 内在的动机。内在的动机强调对他人需要的觉察，愿意维持与受助者的关系，施助者因为自己的助人能力而产生自我价值感；(4) 个人标准泛化的动机。持有个人标准泛化的动机的施助者认为对象的需要与自己关系密切，受助者之所以有价值，是因为施助者对他的幸福美满感兴趣（Derlega & Grzelak，1982）。

二、亲社会行为的发展

（一）亲社会行为发展的研究

在早期发展中，分享与合作能力、同伴交往能力既是儿童重要的社会技能，又与亲密关系的发展息息相关。与其他孩子的分享与合作、与成人的合作是儿童早期亲社会行为发展的重要方面。有关研究显示，12 个月的婴儿会与别人“分享”他感兴趣的活动，偶尔还会把玩具给同伴玩，如图 13－2 所示。在家庭开展的研究表明，两岁以下的儿童也能帮妈妈做家务，在游戏中合作，对他人所表现的情感焦虑作出反应（王海梅等，2004）。学步儿童的分享行为具有人际功能，旨在于发起或维持与成人或同伴的社会交往。在因玩具数量不足而引起冲突时，分享也是婴儿之间解决冲突的一种途径（桑标，2003）。

图 13－2　婴儿的分享行为

研究显示，12—18 个月大的婴幼儿开始表现出一些利他行为。当目击别人的痛苦时，18 个月以上的幼儿中约有 1/3 都表现出或多或少的利他行为。例如，他们会像爸爸妈妈一样，通过轻拍对方、拥抱对方、给对方玩具，甚至采用某些迂回的方法来设法安慰别人（Zahn-Waxler & Radke-Yarrow，1982），能够在成人的提示下帮助别人（宗爱东，李丹，2005），如图 13－3 所示。通过对 1—3 岁儿童在家中的行为进行录像，在频率和性质维度上对他们亲社会行为和自我中心行为进行编码，发现幼儿亲社会行为极少是自发的，母亲在幼儿亲社会行为的发生中起着极其重要的作用（Bridgenman，1992）。

图 13－3 幼儿的抚慰行为

霍夫曼（Hoffman，2000）认为，2 岁以前的幼儿开始能够区分自我和他人，可以体验对别人的移情关心。他们有时也可能试图安慰他人，但不能很好地区分自己和另一个人的内部状态，亲社会行为可能是幼儿自身想要寻求的安慰。2 岁以后，随着移情能力的发展，出现个人标准泛化的动机，儿童开始提供适宜的亲社会行为。当幼儿的母亲处于痛苦中时，16—22 个月幼儿的亲社会行为反应增多（Van der Mark et al.，2002）。3—5 岁幼儿的亲社会行为还处在萌芽状态，在实验员提示下幼儿作出帮助行为的比例占绝大多数，这种帮助行为更多是对成人权威的一种顺从（宗爱东等，2010）。

在一般物品的分享上，中国儿童自 5 岁起已能表现出一定程度的“慷慨”，9 岁儿童同情和重视他人“需要”已占支配地位；在荣誉物品的分享上，5—7 岁组幼儿多数认为作出较多成绩的人应该分得荣誉物品，从 9 岁开始，多数认为应该让这方面需要更迫切的人分享荣誉物品（岑国桢，刘京海等，1988）。不同年龄儿童愿意采取的助人方式很不一样，年幼儿童比较单纯，倾向于采用亲力亲为的方式，如捐物、捐款等；而年长儿童考虑的是怎样才能帮助受困孩子解决问题（李丹，姜企华，2002）。海等人（Hay & Pawlby，2003）对 149 个家庭的儿童在母亲怀孕、随后的幼年、4 岁和 11 岁时进行追踪研究。结果发现，儿童在 4 岁时的合作和在 11 岁时一般的亲社会趋势与外部的问题呈负相关，而与内在的问题没有关联。那些亲社会的孩子比一般的孩子表达了更多对家庭成员的担忧，儿童早期的合作行为可以防止他们以后出现外部的问题。

艾森伯格和费伯斯（J Eisenberg & Fabes，1998）的元分析显示，从童年到青少年，个体的亲社会行为呈增长趋势。青少年在分享或捐献中的亲社会行为水平高于 7—12 岁的儿童，无论 13—15 岁的青少年还是 16—18 岁的青少年，他们的亲社会行为水平均倾向高于小学生（Fabes，Carlo，Kupanoff & Laible，1999）。少年比年幼儿童更多参与志愿者服务的亲社会行为。大约一半青少年参与某种类型的社区服务或志愿者活动（美国国家教育统计中心，1997）。

（二）亲社会行为发展的理论

1. 亲社会推理的发展阶段

艾森伯格（1991）指出，科尔伯格的道德两难故事只是研究道德判断的一个方面——禁令取向的推理，而亲社会行为强调的是对他人利益和福祉的关心，与禁令取向的行为存在一定差别。因此，她设计了亲社会两难情境（例如，为了帮助一个受伤的孩子而无法出席一个社会活动），呈现给学前、学龄儿童道德两难情境故事，以引发他们对这一冲突的推理，从而提出了儿童亲社会推理的阶段模式。

艾森伯格等人（Eisenberg et al.，1991）让儿童听一些故事，故事中的主人公必须作出决定：如果亲社会行为会使他付出一些代价，那么他是否还会去安抚或帮助别人。以下是艾森伯格研究中使用的典型故事：

有一天，一个名叫玛莉的女孩要去参加朋友的生日舞会，在途中她看到一位女孩不小心跌倒，而且跌断了腿。这位女孩请求玛莉到她家去通知她的父母，这样她的父母才能来带她去看医生。但是如果玛莉真的跑去通知她的父母，就来不及参加生日舞会，而且会错过吃冰激凌、蛋糕，错过所有游戏的时间了，玛莉该怎么做呢？为什么？

如表 13－2 所示①，亲社会道德两难情境的推理在儿童期至青年期之间的发展要经过五个层次。学前儿童的判断常常是享乐主义的，首先考虑自己的得失；只有当儿童逐渐成熟时，他们才会更多地考虑到别人的需求及期望，并趋向从内化的价值标准角度去考虑对他人的帮助。

表 13－2 亲社会推理的阶段模式

层　次	描　述	年龄阶段
1. 享乐主义、自我关注的取向	关心自己，对自己有利的情况下可能帮助他人。	学前儿童及小学低年级儿童
2. 他人需求取向	助人的决定是以他人的需求为基础，不去助人时不会有很多同情或内疚的现象。	小学生及一些正要步入青春期的儿童
3. 赞许和人际关系取向	关心别人是否认为自己的利他行动是好的或值得称赞的，友好的或合宜的表现是重要的。	小学生及一些高中生
4. 自我投射的、移情的取向	对别人出于同情的关心，设身处地为他人着想	高中生及一些小学高年级的学生
5. 内化的法律、规范和价值观取向	助人的判断是以内化的价值、规范和责任为基础的，违反个人内化的原则将会损伤自尊。	少数的高中生，小学生中没有人达到这个阶段

① N Eisenberg，P A Miller，R Shell，S McNalley & C Shea. *Prosocial development in adolescence：A longitudinal study* [J]. Developmental Psychology，1991，27：849－857.

艾森伯格等人的研究表明，对他人移情的能力可促使儿童到达较高的亲社会道德推理水平，成熟的亲社会推理者可能对他人的忧伤有特别强的移情反应，这种情绪反应会引发相应的亲社会行为。艾森伯格并没有把亲社会道德推理的这五个阶段看做是普遍的，也并没有认为它们之间的顺序是固定不变的。根据研究，即使幼儿也会出现他人需求取向、移情取向的判断。总体而言，随着儿童的年龄增长，自我中心取向减少，他人取向增加。但年长儿童也可能作出低水平的判断，在亲社会道德推理和实际行为之间还可能有其他因素介入影响。

2. 亲社会行为的发展阶段

巴—塔尔等人（Bar-Tal et al.，1976）提出，真正意义上的利他行为至少要符合以下三个条件：①行为的目的是为了使他人受益；②行为必须是自愿的、自发的；③不期望任何外界的回报。

根据上述条件，引发利他行为的原因是道义、责任，而非对物质回报的期望。巴—塔尔等人在分析了亲社会行为与认知、社会观点及道德发展之间的密切关系后，提出了亲社会行为的三方面认知因素：第一，亲社会行为由不同的行为动机引发，这些行为动机的认知特点是按阶段发展的；第二，观点采择能力是亲社会行为发展的认知基础；第三，延迟满足的认知能力，是随着年龄的增长而发展的。

从第一方面的认知因素出发，他们进行了众多的实验研究，最终归纳出儿童亲社会助人行为的六个发展阶段，其着眼点在于从动机出发的儿童亲社会行为的发展。在这六个阶段的发展过程中，亲社会行为最终满足了利他行为的所有条件。

阶段一：顺从及具体的强化物。个体此时的帮助行为受痛苦或快乐的经验所驱使，并没有责任、义务或尊重权威的意思。这时的儿童尚处于自我中心阶段，意识不到他人的感觉和想法与自己不同。儿童之所以愿意帮助妈妈收拾撒落在地上的玩具，是因为妈妈的要求，而且妈妈答应收好玩具后给他们吃糖果。

阶段二：顺从。这个阶段的个体提供帮助是为了顺从权威。这时的儿童意识到人们的感觉和想法可能与自己不同。此时的助人动机是为了获得肯定，避免惩罚，并不需要具体的强化物。儿童之所以帮助妈妈摆放碗筷，是应妈妈要求的结果。

阶段三：自发和具体回报。此阶段个体可以自愿、自发地表现帮助行为，但是这种自发性与接受具体回报相伴随。儿童明白他人的需要，其帮助行为却依然是自我中心的动机起作用。也就是说，在此阶段只有当个人有机会得到一个即时的回报时，帮助行为才能产生。儿童可能把自己的玩具让给别人玩，但他会要求对方以冰淇淋作为回报。

阶段四：规范的行为。在这个阶段，个体的帮助行为是为了遵从社会规范。儿童明白与规范相一致的行为将会得到赞许，帮助他人的动机是为了获得赞许并使他人快乐，他们所期望的回报不是具体的奖赏。儿童会说我提供帮助，妈妈就会喜欢我。

阶段五：普遍的互惠互利。在此阶段，个体的帮助行为是由普遍的交换原则所引发的。人们之所以帮助他人，是因为他们相信某一天自己需要帮助时也会得到别人的相助。这就是建立在抽象契约上的互惠互利的社会共识。帮助的回报不是具体的，没有给定。对此，特利弗（Trivers，1971）使用“救助模型”进行解释：从长远利益看，个体若去助人则会比不助人得到更多的益处，有更大的生存机会。

阶段六：利他行为。在此阶段，个体的助人行为满足了利他的三个条件，即自发、自愿，对他人有益且不期望外界回报。尽管个体不期望任何利益回报，但他已能自我奖励，能从对他人的帮助中获得自我满足感，获得自尊。

需要指出的是，并非每个人的亲社会助人行为都能达到最高阶段，其发展阶段也没有很严格的年龄界线。有些人在很小的时候就有发自内心自愿帮助他人的经历，他们乐于助人、勇于助人、善于助人，因为能帮助他人会使自己处于自我满足感的心境，这一种境界正是我们的教育所追求的目标之一。

理论关联13-2

巴—塔尔的利他行为发展理论的贡献

巴—塔尔的利他行为发展理论对理解儿童亲社会行为的发展作出了重要贡献。

首先，不同于其他发展理论，这个理论与行为有关，而非推理、认知或情感。其他理论（例如，科尔伯格，1969）首先分析推理、认知或判断的发展，然后才讨论与行为的关系。该理论则首先集中在行为上，然后再讨论行为背后的动机。

其次，考虑到认知、社会知觉和道德发展是利他行为的必要条件，巴—塔尔认为为了实现认知、社会和情感发展的潜在能力，有必要提供某些社会学习原则。尽管认知理论提到从认知准备到行为表现的机制，但是并没有进行清晰的表述，结果几乎没有超越认知到达真实道德行为研究的实验文章。而巴—塔尔的利他行为发展理论试图去定义发展阶段间的行为的变化。例如，他们考察了强化物的特征，强化物从具体的、给定的和即时的变化至抽象的、未给定的和延迟的变化。

再次，巴—塔尔的利他行为发展理论综合了助人行为和认知、社会知觉和道德发展之间的关系。它提出高水平的助人行为发展与高水平的认知、社会知觉和道德发展相倚相伴，在个人的能力范围内能发展出更高阶段的助人行为。

最后，该理论还厘清了助人行为发展和不同情境下表现助人行为的可能性之间的关系。个体在所有的发展阶段都有能力表现出助人行为，然而其背后的动机却不相同。只有在第六阶段个体才有能力表现利他行为。但即使处于第六阶段的个体也并非在所有情境中都表现出利他行为，亲社会行为常常受情境条件的影响。

三、影响亲社会行为发展的因素

影响儿童亲社会行为发展的因素很多，有个体自身的诸如性别、个性特征等内部因素，也有同伴、父母、社会文化等外部因素。

（一）个体自身的因素

1. 性别

通常我们所说的男女有别，强调的是男女生理特点的差异；而生理是心理发展的基础，因此性别差异体现在心理行为上也是必然的。已有的研究显示，男女两性在亲社会行为的表现方式和动机等方面均存在一定的差异。在无他人在场的情形下，男性和女性助人的比率一样，而在有他人在场的情形下，男性比女性表现更多的助人行为（Karakashia et al.，2006）。女性帮助他人更多源于同情，而男性提供帮助则更多源于公道。与男性相比，女性更愿意采取捐物和劝说亲人接纳的帮助方式，这两种行为方式在某种程度上反映了女性的细心和感性（李丹、姜企华，2002）。这与吉利根所认为的女性占优势的是关怀取向，男性占优势的是公正取向较为一致。女性占优势的亲社会反应是表达和关心，男性较突出的是行动和手段（Larrieu & Mussen，2001）。

性别社会角色理论强调，男性角色促进英雄和侠士般的帮助，女性角色鼓励养育和关怀的帮助。男性会在短暂的相遇中给予陌生人帮助，而女性的帮助较多体现在日常冒险性低、无须太多身体能量的帮助中，如帮助有学业问题的同性朋友等（George et al.，1998）。其他研究也发现，在帮助父母方面，女孩在情感支持、有形帮助、关爱以及看护方面的分数比男孩高得多；在帮助兄弟姐妹方面，女孩在情感支持、看护以及信息提供方面的分数明显高于男孩（Elizabeth，Robin et al.，1995）。可见，男女两性在帮助的细节上差异非常大。

瓦登等人（Warden et al.，2003）对 9—10 岁儿童研究发现，男孩同伴认为其他男孩或女孩具有同等的亲社会行为，而女孩同伴在有关实际的或关系的亲社会行为上有更多的性别偏爱。女孩同伴更愿意提名女孩是亲社会的，提名男孩是欺负者，女孩的亲社会行为（无论实际的还是关系的）大约是男孩的两倍多。瓦登等人认为在友谊模式方面，性别隔离可能是这个年龄段的特点。如果性别隔离进一步发展，那么这种性别差异就可能反映了女孩对同性别同伴觉察能力更强。

2. 个性特征

一些研究者认为个性品质与帮助等亲社会行为存在某种关系，存在一种利他个性（Staub，1994）。个性可能通过与周围环境相互作用而决定最终的帮助行为（Staub，1974）。艾森伯格（1989）等人的研究结果表明，利他的个性特质在某些情境中促进了亲社会行为。他们认为，确实存在一种利他个性，利他特质是以个体在特定情境中对需要帮助的人作出同情性反应为中介的。具有利他个性特征的人似乎比其他人更可能产生他人取向的动机和与内疚相关联的帮助动机。

一些研究认为气质中的社交倾向与利他行为有关，爱社交的幼儿有更多的利他行为。刘文和杨丽珠（2004）亦证明幼儿气质中的重要维度——社会抑制性影响幼儿的利他行为，爱社交幼儿的利他行为多于害羞的幼儿。其他研究表明，在实验室里好交际的儿童比不好交际的儿童更助人，但在家里的表现不受交际能力的影响。这是因为在实验室中的需要帮助者是不熟悉的，这对好交际和不好交际儿童的影响是不同的（Stanhope et al.，1987）。

个性影响人们的行为主要是通过系统建构与他们的个性特质相协调的社会环境来实现的。传统观点认为，当个体实际面对受害者时，气质性移情将影响他的情境反应。但是近年来的研究强调气质性移情将影响个体面对受害者时的策略选择（Davis et al.，1999）。此外，研究发现，积极的自我观念会促进儿童的亲社会行为，女孩对他人的支持、帮助和安慰与她们的自信心相关联，而男孩的关心与“每个人都可获得公平的分享”的信念相关；女孩的亲社会价值观与观察到的帮助水平以及同伴评价中对他人的关心呈显著正相关，男孩对亲社会目标的高度评价则与同伴评价的“分享行为”显著相关（Larrieu，Mussen，2001）。

3. 观点采择能力

所谓观点采择能力，是指个体所具有的把其他人的观点和自己的观点区分开来的能力或倾向，包括考虑别人的态度、察觉别人的思想和情感、设身处地为他人着想等。根据皮亚杰的观点，幼儿在发展之初是十分自我中心的。幼儿无法区分主观感觉与客观事实间的差异，如果自己喜欢吃汉堡、薯条，他们会认为爸爸妈妈也一定喜欢吃。幼儿想送妈妈一件生日礼物，结果却可能选择了自己喜欢的玩具或糖果。随着年龄、社会经验的增加，幼儿在与社会互动的过程中逐渐会发现已有的认知模式不能解决现阶段问题，从而会发展新的能力。个体开始逐渐学会以别人的观点来看待周围的社会，以别人的立场来考虑事情。他们会考虑："妈妈为什么不喜欢吃我买的糖？哦！我忘了，妈妈本来就不喜欢吃糖的。下回我买东西时应该先考虑妈妈想要的是什么？如果我是妈妈，我会想要什么？"

发展心理学家特别强调儿童的观点采择能力在亲社会行为发展中的作用。因为个体在表现亲社会行为之前，必须先有对别人思想、情感和需求的一些知识，以便决定哪些行动才是可以满足别人需要的。摩尔（Moors，1982）通过元分析发现，观点采择能力和亲社会行为呈高相关，即使年龄因素被控制，二者之间仍然具有显著相关。一个孩子只有具备了较强的观点采择能力，才有可能充分理解他人的需要，作出有益于他人的行为。哈森等人的研究发现，如果幼儿明确要求得到帮助，则不论观点采择能力水平高低，小学二年级的儿童均会给予他人帮助；若幼儿的需求是难以捉摸或是间接的，观点采择能力好的儿童能够加以分辨并提供帮助，观点采择能力差的儿童却只是对有所求的年幼儿童微笑，仍继续他自己的活动（Hudson，Forman & Brion-Meisels，1982）。

从理论上说，较高的观点采择能力与亲社会行为相关，但实际研究结果可能与理论并不完全一致。科尔伯格等人对美国孤儿院儿童的研究显示，孤儿院儿童观点采择能力发展迟缓是导致他们缺乏相应的亲社会行为的原因之一。其他研究发现，儿童观点采择能力与分享行为之间的相关很低，与捐献行为的相关却较高，观点采择能力较强者有更多的捐献行为（李丹，1994）。观点采择能力对儿童的分享行为有影响，其中主要是认知观点采择对实际分享行为有积极的影响（贾蕾，李幼穗，2005）。观点采择能力与亲社会行为的相关还可能受其他因素的影响，诸如同情心、道德推理、社会技能等。观点采择能力强的儿童在一定意义上也被赋予了更多表现亲社会行为的机会。

4. 移情能力

移情是指个体因为对另一个人情绪状态的理解而产生的与其相一致的感情状态。移情研究的代表人物霍夫曼（Hoffman，2003）对移情与亲社会行为的关系作了阐释。他认为幼小的孩子就已经能够对他人的情绪产生共鸣，一旦这些孩子能够区分自我和他人，他们就会通过帮助的方式应对自己的共鸣情绪。霍夫曼也强调儿童移情能力的发展是一个循序渐进的发展过程。个体最初的移情性情感唤起是自主的、非随意性的，并无道德含义，例如新生儿听到其他婴儿的哭叫会跟着哭叫起来。随着个体成长，通过语言的作用或设身处地地思考等认知活动可以激发人的移情性情感唤起，这时的移情性情感也就拥有了某种道德意义。

霍夫曼注意到年幼儿童的帮助可能是不适当的，因为他们不太能区分减轻他人悲伤和自我悲伤的方法，孩子们常常误以为适用自己的方法也适合他人，这与他们的观点采择能力未能很好地发展有关。根据霍夫曼的理论，随着观点采择能力的发展，儿童逐渐能够区分自己和他人的情绪状态。他们除了能够体验到移情的悲伤，还能够体验到同情的悲伤，也能够更加熟练地以合适的方式帮助别人。童年后期，随着儿童对人类的进一步理解，他们可能对他人的一般生活状况表示出理解和同情，从而促进他们出现长期以痛苦的人为对象的亲社会行为。

霍夫曼之后，大量的研究表明，移情增加了助人和其他亲社会行为（Batson，1991），移情关心主要以融为一体的情绪反应影响助人（Cialdini et al.，1997），增加了对他人幸福的关心（Batson et al.，1997）。移情确实与利他相一致，而且诸如情绪的领悟力、表达能力以及观点采择能力等因素都与移情有显著相关（Robert & Strayer，1996）。荷伦等（Helen et al.，2004）研究了52名18—36个月幼儿（主人）对同伴（客人）的痛苦的反应，对这些孩子在相差6个月的两个时段在自己家中与同伴玩耍的过程进行录像。结果显示，主人对他们自己引起的痛苦比对他们见证的痛苦具有更积极的回应，消极的反应最有可能出现在主人自己引起同性别客人的痛苦时，有年长同胞的幼儿更有可能对客人的痛苦作出消极的回应（Demetriou & Hay，2004）。

国内亦有相关研究证实了移情与亲社会行为之间的密切关系。有研究发现，移情能力对亲社会行为有明显的促进作用，那些接受移情训练的被试移情能力得到提高，能更为敏感地觉察到他人的情绪情感状态及相关线索（李辽，1990）。能自发帮助实验员收拾玩具的孩子更快速地对母亲的痛苦表情作出反应，而在提醒之后帮助实验员收拾玩具与始终不帮助的孩子一样，对母亲痛苦的反应速度相对较慢，这个研究结果反映了儿童对他人需要的敏感性与亲社会行为之间存在密切关系（李丹等，2005）。

（二）社会文化因素

1. 父母的教养方式

父母给予孩子的爱有助于培养儿童的亲社会行为；而父母对孩子使用的教导方式，能促使儿童对他人境遇的关注，从而促进儿童移情能力的发展。父母权威手段的使用与儿童的道德指标呈负相关，教导方式的使用与道德指标则呈正相关。女孩的帮助行为与父亲将儿童的注意力引向其行为的有害结果有关，男孩的帮助行为与母亲使用的诱导方式和爱的情感呈正相关（Huffman，1975）。

其他研究也显示，母亲的惩罚行为与儿童亲社会行为呈显著负相关（李丹，2000），母亲责骂甚至体罚的教育方式会使孩子产生消极抵制的不合作态度，进而不能顺从成人的要求；母亲权威与儿童助人行为呈显著负相关，父亲的拒绝对儿童亲社会行为具有消极的影响（宗爱东，李丹，2005）。良好的亲子关系与青少年在家里、学校、社会中表现出来的亲社会行为和利他行为的频率之间存在正相关（Shek & Ma，1997）。

巴—塔尔等人认为，教导在儿童的助人行为发展中起重要作用，父母应该对儿童的人际互动行为给予口头指导，引导孩子关注他人的需要，预测自己的行为可能产生的积极或消极的后果。男孩的助人行为更多受到父亲教养方式的影响，女孩则更多受到母亲教养方式的影响（牛宙等，2004）。

2. 同伴交往

皮亚杰认为，儿童在同伴间建立真正的社会交往和社会合作关系是从他律道德向自律道德过渡的一个重要原因。哈特普强调（Hartup，1977）没有与同伴平等交往的机会，儿童就不能习得有效的交往技能。反社会青少年最好的朋友倾向于对该青少年施加更消极的影响，亲社会青少年最好的朋友倾向于对该青少年施加更积极的影响（Ma，Shek，Cheung & Lee，1996）。社会活动能力强、善于合作的儿童更容易建立并维持良好的同伴关系，亲社会行为可能在儿童的同伴关系中成为保护因素。如，攻击性强的儿童若能展示中等水平的亲社会行为，就很少受到同伴的排斥（Chen et al.，2000）。

图 13－4　同伴游戏是年幼儿童常见的交往方式

人际交往状况对儿童亲社会行为的影响非常显著，同伴关系好、人际信任度高的儿童有较多的亲社会行为（李丹，2000）。郭伯良和张雷（2003）对儿童亲社会行为和同伴接受、同伴拒绝的相关结果进行了元分析，发现儿童亲社会行为和同伴接受有正向关联作用，和同伴拒绝有负向关联作用，亲社会儿童有较好的同伴关系。此外，同伴接受性对儿童亲社会行为还具有良好的预测作用。

同伴对儿童亲社会行为的影响还体现在同伴榜样的观念和行为上。积极的社会榜样与青少年积极的社会观念和社会行为之间存在很高的正相关，与消极的社会观念和社会行为之间呈负相关（芦咏莉，1998）。儿童通过观察成熟同伴或年长同伴的良好行为，可以习得相应的行为。青少年志愿者的朋友往往是那些在学校表现良好、参与社区活动和志愿者工作的个体（Zaff et al.，2003）。朋友的支持性行为与儿童的亲社会目标追求有关联（Barry & Wentzel，2006）。

鉴于同伴交往在亲社会行为发展中的重要作用，教师可对儿童进行团队相互作用的技能训练，鼓励儿童尝试去体谅他人，并负起社会责任。教师还可以运用班级管理技术促进亲社会规范和价值观的内化，通过建立课堂内的积极人际关系鼓励儿童的自我控制，让儿童定期进行角色扮演游戏。在这样的游戏情境中，有些人处于需要帮助的状况，儿童因此可以体验“受害者”和“帮助者”的状态。

3. 传媒的影响

关于电视传媒的影响问题，早在20世纪70年代就有国外学者进行过研究。研究者让三组6岁儿童分别观看三个电视片段：一个表现营救主题的片段（助人模范），一个与亲社会主题无关的片段和一个充满幽默特点的片段（无亲社会内容）；之后，让孩子们一起玩游戏来赢取奖金。游戏过程中，实验安排这些儿童经过一群饿得乱叫的小狗，如果儿童停下来帮助这些小狗，就可能失去赢取奖金的机会。结果显示，那些观看过营救片段的孩子更有可能停下来安慰那些可怜的小狗，而另外两组儿童却很少停下来实施帮助（巴伦，伯恩，2004）。

另一个经典研究（Friedrich & Stein，1973）的对象是97名参加暑期活动的3—5岁儿童。研究者首先对孩子进行为期3周的自由玩耍活动观察，将他们的行为分为“攻击性”、“亲社会”和“自我控制”等几类。然后，把孩子随机分成三组，让他们连续4周观看有选择的电视节目：第一组儿童观看带有攻击性的电视片；第二组儿童观看中性片，如孩子在农场干活；第三组儿童观看一个亲社会的教育电视节目。结果发现，观看攻击性的电视片导致儿童攻击性增加，观看亲社会电视片段会使儿童亲社会行为增加；攻击性电视片段降低了儿童的自控行为，而亲社会电视片增加了儿童的自控行为。

基于上述的研究，对儿童亲社会行为的培养可以借助电视或其他传媒途径，如让儿童通过电视和报纸观看亲社会的成人榜样，剪贴有关亲社会的报纸文章等。学校还可以邀请真实的榜样从媒体走到课堂里讲述他们的故事，有计划地实施用于促进亲社会理解的活动，包括在课堂上对人物故事、电视和电影的小组讨论等。帮助儿童形成对他人观点、情感和需要的觉察与理解，以促进他们的亲社会发展。

第三节 攻击行为的发展

攻击行为是人类社会和动物世界普遍存在的一种现象，对攻击行为的关注涉及多个学科，既包括心理学和动物学，也包括社会学和犯罪学。尽管人类社会的文明程度不断提高，每天发生在世界的各个角落的攻击行为仍是不计其数，从有组织的恐怖袭击、黑社会暗杀，到日常生活中因磕磕碰碰而产生的口角、谩骂甚至大打出手。攻击行为可能造成人员伤亡和财产损失，给当事人及他们所属的群体和社会带来无尽的痛苦和永久的创伤。基于此，研究攻击行为的形成原因，探寻攻击行为的发生机制，从发展的角度考虑攻击行为的预防和干预问题，是诸多领域的学者孜孜不倦的追求。

一、攻击行为及其理论

（一）攻击行为的含义

有关攻击行为的本质的认识至今仍存在分歧。有人将攻击行为界定为伤害他人的任何行为（Taylor et al.，2004）。该定义只强调行为的结果，却忽略了行为意图。有人认为攻击行为是指有意识地将伤害施加于他人的行为（Baron & Richardson，1994），特别强调了攻击的意图。帕克和斯拉比（Parke & Slaby，1983）认为攻击是“以伤害或侮辱其他人或人群为目的的行为”，这一界定中的“伤害或侮辱”兼顾了行为的意图和结果。

现实生活中，无伤害意图的攻击行为可能导致伤害（如运动中的身体碰撞）；有明显伤害意图的攻击行为却可能不会导致伤害（如凶手慌乱中未命中目标）。因此，厘清攻击行为的本质特点对相关研究工作的开展尤为重要。布雷在整合多种定义的基础上提出攻击行为必须符合四个条件：（1）潜在的伤害性；（2）行为的有意性；（3）身心的唤醒性；（4）受害者的厌恶性（Brain，1994）。该定义兼顾了行为的动机与结果，并考虑到攻击者和受害者在攻击当时的身心状态。

（二）攻击行为的理论

各学科领域的专家、学者站在不同的角度，对攻击产生的原因进行了不同的解读。有人认为攻击是人之本能，有人认为攻击属生存的需要，也有人强调争夺有限资源是攻击的直接原因。对攻击产生原因的探寻，形成了有关攻击行为的各种理论学说。

1. 攻击的本能论

攻击是人的本能，因为人类社会从来就没有停止过战争和各种宣泄本能的竞技体育运动。精神分析学家弗洛伊德认为人的心理与行为均由其本能的力量所决定。人既有生之本能，亦有死之本能，当这种死之本能指向他人时便会表现为攻击、侵犯和杀戮。持类似观点的还有著名的动物学家、诺贝尔生物学奖获得者洛伦兹（Lorenz），他认为人和动物均有针对同种属成员的基本攻击本能。这种本能有助于确保只有最强壮和精力旺盛的个体才能将基因遗传给下一代（巴伦，伯恩，2004），帮助雄性动物夺得心仪的配偶，帮助雌性动物保护它们的幼崽（Taylor et al.，2004）。

2. 挫折—攻击假设说

每个人在社会生活中均可能遭受挫折，尽管挫折的大小不一，但最终都干扰或阻碍目标的达成。人们对于自己所遭受挫折的反应是各不相同的。有些人或自我疏解或寻求帮助，也有些人可能通过攻击或破坏的方式来消解挫折带来的不良情绪。美国心理学家道拉（Dollard，1939）认为挫折是产生攻击的重要原因，并由此提出了挫折—攻击假设说。他认为个体的受挫感引发了攻击驱力的觉醒，这种驱力指向引起挫折的原因，从而引起攻击或破坏的行为。巴克等人（Barker，Dembo & Lewin，1941）的经典实验将儿童分成两组，一组儿童在门外看到一间屋里放满了非常诱人的玩具，研究者却不允许他们入内玩耍。这些儿童需等待一段时间后，才有机会进入房间玩。另一组儿童则从一开始就能玩这些玩具。结果发现，那些一开始受到挫折的儿童一旦拿到玩具就会使劲把玩具摔在地上或扔到墙上，他们的行为非常具有破坏性；而那些未曾受到挫折的儿童玩起来就安静得多，其破坏性行为也比较少（Taylor，2004）。

事实上，与攻击联系的是愤怒，愤怒或生气的儿童通常会以比较激烈的方式宣泄自己。有些人受挫后产生的是痛苦悲伤的情绪，若当事人将悲伤压抑到内心，那么挫折所导致的就可能是内在的心理问题。因此，贝科维兹（Beikowitz，1974）修正了挫折—攻击假设说，认为由挫折产生的消极情绪能引起最初的攻击倾向性，但是否产生外在的攻击行为最终取决于对攻击线索的认知。采用直接的行为攻击和言语攻击，还是采取间接的攻击方式，则视攻击者习得的攻击习惯而定，也取决于挫折来源的一些具体情况。

3. 社会信息加工理论

这一理论认为攻击行为的产生是社会信息加工的结果，对于同一种社会信息，每个人的理解方式可能不同，对信息的结果判断可能也不一致，这就会导致最终的行为差别。美国心理学家道奇（Dodge）的社会信息加工模型是指个体在面临特定社会情境时，所进行的特定社会信息加工过程，这一过程由编码、解释、反应搜索、反应评估和抉择以及反应执行等五个步骤组成（卡拉·西格曼，2009）。根据道奇的观点，一个被激怒的个体要经过五个阶段的信息加工：

（1）线索编码——寻找线索、感知信息、对情境中的线索进行编码；

（2）线索解释——解释情境，赋予信息意义，推测他人的行为动机；

（3）反应搜索——思考可能的反应，形成可能的反应；

（4）反应评估与抉择——衡量可选择的反应的利弊，选择最佳的反应；

（5）反应执行——搜寻行为技能，作出行为反应。

举例说明：某学生面带笑容地朝其同班同学跑去，却狠狠地被同学打了一拳，此时这名受害者就需要在很短的时间内进行一系列的社会信息加工，然后再决定应该怎样做。如果该学生具有高攻击性，他就可能根据以往的经验，认为这是一种挑衅行为，并把这种行为解释为是对自己之前行为的报复之举。随后，他要考虑几种可能的对策："打回去？找同学帮忙？报告老师？"通过对反应效果的评估，最终决定选择给予还击，还以对方重重的两拳头。如果该学生的攻击性水平较低，可能会根据对方的笑容，判断对方是在跟自己开玩笑，那么最终的结果可能是笑嘻嘻地拍对方一下；也可能儿童识别出对方的笑很无奈，判断同学的这一拳是发泄心中的郁闷，那么下一步的举动就该是陪伴他，帮助他分析郁闷的来源。

总之，在这一社会信息加工过程中，个体的原有经验所组成的潜在知识系统将会影响上述的每一个信息加工阶段，使个体在选择线索、解释线索、考虑对策、预期行为结果以及作出行为反应等方面都倾向于选择与原有知识系统一致的信息，而每一次的社会信息加工过程又会反过来丰富其原有的知识系统（寇彧等，2005）。

4. 社会学习理论

班杜拉提出的社会学习理论，也可用于阐明个体在社会环境中的攻击行为习得。班杜拉将人的学习行为分为由行为后果所引起的直接学习和通过示范过程所引起的观察学习两种形式，并特别强调观察学习对个体行为形成的重要性。他认为，在社会情境中，人的大多数行为都是通过对示范过程的观察后模仿学会的，人们从观察别人中形成了有关新行为如何操作的观念，无须作出直接的反应，也不必直接获得强化，只需通过观察他人接受一定的强化来进行学习。这种建立在替代性经验基础上的学习模式是人类学习的重要形式。通过观看电视、电影等媒体上的攻击行为，儿童轻易就能习得攻击行为；但是否表现出攻击行为则与儿童的个性特点、所受到的教育以及所处的环境有关。

学以致用13-2

暴力视频游戏与社会学习

根据已有的研究结果，当今盛行的视频暴力游戏较之电视等传统媒体暴力，有其独特之处。卡尔弗特和坦（Calvert & Tan，1994）比较了不同媒体的暴力影响后指出，在暴力视频游戏中，玩家扮演了游戏中的某个角色，而不是一个观察者。视频游戏的玩家主动实施攻击行为；而传统媒体对观察者而言，则是一种被动的、替代的经验。许多暴力的视频游戏，不仅为游戏玩家提供了模仿的榜样，而且这种榜样往往以英雄、胜利者的形象出现，更加大了玩家模仿的力度。在视频游戏中，攻击行为受到的是直接强化和自我强化，如杀死对手便可直接获得对方的装备，或者因为胜利而升入高一级层次，这样的强化方式对人的影响力更大。

1999年4月20日，美国的两名青少年哈里斯和克勒博（Harris & Klebold）发动的校园枪击案造成了13人死亡、23人受伤的惨剧，事后的调查发现他们俩特别喜欢玩一种血淋淋的称做《毁灭公爵》（*Doom*）的射击游戏，且曾经模拟游戏的情境拍过一个录像带，没想到不到一年，这种情境就被他们在现实世界中付诸实现了。

问题：事实上，曾经玩或正在玩《毁灭公爵》或其他暴力游戏的青少年有很多，那为什么只有少数的人会走火入魔，走上毁灭之路呢？请根据相关理论进行解释。

二、攻击行为的发展及影响因素

（一）儿童早期的愤怒与攻击表达

许多研究证明，婴儿先天具有某些情绪机制，初生的婴儿就会对痛、异味、声光刺激产生痛苦、厌恶和微笑反应。2个月左右的婴儿在接受打针刺激时，就会产生愤怒的情绪（孟昭兰，1989）。斯滕伯格等人（R J Stenberg，Campos，1990）采用限制前臂的方法来引发1个月、4个月和7个月的婴儿反应。结果显示，1个月的婴儿也表现出未分化的消极面部表情，而且所有这个年龄的孩子表现模式都一样。但在4个月和7个月组中有部分婴儿表现了不同的模式。说明1个月的婴儿已经具备表达消极情绪的能力，4个月后，婴儿出现了不同的愤怒反应（Coie & Dodge，1998）。

那么婴儿的愤怒表达何时以攻击的方式出现呢？有研究（Radke-Yarrow & Kochanska，1990）显示，通过训练母亲在自然状况下观察她们的婴儿，发现所有的1分钟间隔里婴儿出现愤怒的比例为7%。儿童的同伴社会冲突开始于出生后的第二年，但大多数冲突并非攻击行为。这个年龄段的儿童在与同伴抢夺玩具时往往只注意玩具本身，极少关注参与争夺的另一方，他们争夺的目标是想拥有玩具，而不是伤害或威胁同伴。约有87%的21个月的儿童在15分钟实验室同伴情境中至少出现1次冲突，但冲突的时间很短，平均时间为23秒。其中，72%的冲突行为围绕争夺玩具展开的，多数时候冲突的终止并非由于成人干预，而是儿童自行调节的结果。

（二）攻击行为的年龄发展趋势

古德伊纳夫（Goodenough，1931）通过父母日志发现2岁前儿童的踩、撞行为上升，随后这类行为迅速减少，取而代之的是言语攻击。3岁左右儿童较容易出现发脾气、同伴打架等问题，4—5岁时的儿童间出现较多的问题是与物品占有相关的同伴冲突。到4岁半时，由具有社会意义的事件如游戏规则、行为方式、社会比较等引起的攻击，与由物品和空间等问题引起的相应行为首次达到平衡（Parke & Slaby，1983）。总体而言，3—4岁儿童最普遍的攻击行为是身体攻击，言语攻击和间接攻击①的发生率都较低。儿童的攻击性在3—4岁之间无显著变化，但敌意性攻击呈现随年龄增长而增加的趋势（张文新等，2003）。

进入小学阶段的儿童攻击行为频率降低，而攻击的功能和形式却在发生变化。学前期幼儿的攻击主要由物品和空间争夺引起，学龄期则开始转向对人攻击和含有敌意的攻击；敌意的攻击行为与控制冲动的能力有关，也与自我和自尊受到威胁和诋毁有关（Hartup，1974）。促成这一变化的原因在于，随着儿童观点采择能力的提高，他们一旦领悟了他人对自己挑衅行为背后的险恶动机时，就会开始以牙还牙的报复性攻击。有研究发现，儿童对他人意图理解的准确性是随着年龄的增长而增加的，只有42%的幼儿能理解他人的真实意图，到了小学二年级这一比例增加到57%，四年级时高达72%（俞国良，辛自强，2004）。

在小学儿童各种类型攻击行为中，言语攻击的比率最高，其次是直接身体攻击，间接攻击（关系攻击）的发生率最低（赵建华，2005）。这个年龄段也有不少儿童已经能够作出熟练的关系攻击（Ostrov & Keating，2004）。关系攻击能够预测儿童一年以后的社会心理调适问题，关系攻击和身体攻击相结合能预测从小学三年级到四年级儿童社会心理适应问题的增加（Crick，Ostrov & Werner，2006）。关系攻击与被同伴拒绝、外化行为问题、内在心理问题等均有显著的相关（Prinstein，Boergers & Vernberg，2001）。总的来看，关系攻击在小学阶段的发生率虽然不如身体攻击高，但一旦发生对儿童的影响非常大。关系攻击可能是童年中期社会心理调适的一个重要指标。

青少年时期是各种规范和信念重新变换思考的时期。敌意性攻击在青春期迅速上升，在13—15岁时处于高峰时期，之后又有所下降，这与青春叛逆期之后的回归传统和主流社会有关。言语攻击在青少年时期变得越来越凸显，青少年花更多时间谈论别人；言语攻击的内容不仅仅是有关沟通过程中主题方面的立场，还有自我概念，其实质是通过言语羞辱他人以建立自我统治地位（雷雳，张雷，2003）。某些越轨青少年甚至因为他们的"勇敢"行为受到同伴的钦佩，在同伴中获得积极的地位。在中学阶段，身体攻击与同伴不喜欢之间存在的正相关不显著（Cillessen & Mayeux，2004）。攻击行为在青少年时期可能成为力量和主宰的象征，有攻击倾向的青少年在一定程度上确实会博得某些同伴的拥戴。

（三）影响攻击行为的因素

1. 生物学因素

首先，个体的攻击行为倾向可能与性激素水平有关。随着青春期的到来，男性的

---

① 间接攻击：也称关系攻击，是指攻击者借助第三方间接对受害者实施的攻击行为，主要包括在第三者面前丑化受害者的形象，散布有关受害者的流言蜚语等。

攻击行为要远远高于女性，这种差异或许可以用男女之间存在的雄性激素和雌性激素的差异来加以解释。有关动物的研究也发现，雄性动物在受到威胁或被激惹时，比雌性动物更容易发生攻击性行为。性激素对身体攻击行为和冲动行为有显著影响（Finkelstein et al.，1997），而冲突中的优势或胜利通常又可以提高性激素水平（Archer，1988）。也有研究提出，有越轨同伴的男孩，其性激素水平与非攻击性的品行问题相关；而无越轨同伴的男孩，其性激素水平与社交优势而非品行问题相关（Costello & Angold，2004）。

其次，遗传基因以及基因与环境的交互作用可能是导致攻击行为的重要因素。莫费特（Moffitt，2005）认为持续终身的反社会行为可能比局限于青春期的反社会行为更具遗传性。他还指出，许多研究表明，以儿童行为量表（CBCL）及攻击分量表测得的遗传力系数（约60%）要高于过失犯罪分量表（30%—40%），这是由于攻击量表测量了反社会人格和身体暴力，其得分在发展过程中相对比较稳定。卡斯皮等人（Caspi et al.，2002）提供了特定基因与环境交互作用预测反社会行为的证据。在儿童期遭受虐待且 MAOA 基因（单胺氧化酶 A 基因，又称暴力基因）活性较低的男性，具有更多的反社会行为，并可能发展为行为障碍；而具有 MAOA 活性较高基因表现型的受虐儿童则极少表现出反社会问题。

尽管生物学领域的这些研究可能因年龄、性别、身体状况的不同而得出不同的结果，但这些基础研究促使学者在临床试验中找到了许多有效的手段来控制攻击行为或反社会行为。

2. 个性因素

许多研究发现，个体的气质和性格等个性特点与反社会和攻击行为有关。气质反映了个体先天的心理动力特点，包括个体的活动量、规律性、反应强度、坚持度、敏感性等。不同的气质特点决定了个体适应环境的难易程度以及与环境的匹配程度。气质与其他因素相结合可以有效地预测儿童认知、情绪控制和调节以及社会行为等方面的问题（张劲松，王玉凤，1995）。活动量大、反应强度高、比较敏感的儿童在受到激惹的情况下，比较容易产生攻击行为。巴特斯（Bates et al.，1991）曾对婴儿进行追踪研究，结果显示，儿童早期的气质特征在一定程度上预测了儿童可能发生的攻击性行为，这种气质与攻击性之间的相关一直延伸到了青少年期。难以管理的学前儿童在 9 岁时产生外化问题的可能性比较大（Campbell，Ewing，1990）。

反社会行为与精神质和神经质的个性特征呈显著正相关（Ma et al.，1996）。具有反社会行为的青少年多数情绪较不稳定（Gabrys，1983），有较差的自我概念和较低的自尊（Kaplan，Martin & Johnson，1986；Leung & Lau，1989）。未成年人罪犯的内控程度要低于常人的内控程度，一旦受挫容易怪罪他人，从而采取相应的攻击行为。攻击性犯罪行为的原因之一是他们的归因存在偏差（叶茂林，杨治良，2004）。有研究者根据大五人格测验分数，将个体分成弹性者、过分控制者和控制不足者三类。其中，弹性者在外向性、开放性、宜人性和责任感四个维度上的分数处于平均水平，而在神经质这一维度上分数很低；过分控制者神经质分数高，外向性水平低；控制不足者的宜人性和责任感分数均在平均水平之下（Asendorpf，2002）。有研究者沿用了这种分类方式，通过儿童自评和父母评价的方式，对小学 3—6 年级和初中 1—2 年级的学生进行测评，并在 3 年后进行追踪测量。结果显示，过分控制的儿童有内在的行为问题，神经质水平高；控制不足的儿童有外化的诸如攻击、反社会等行为问题；而弹性儿童行为问题分数总是很低，在社会所需要的特质维度上分数总是较高（Leeuwen et al.，2004）。

3. 性别差异

男孩和女孩在很小的时候就已经显示出各自在攻击性上的差异，具体表现为：男孩普遍比女孩表现出更多的攻击性。男孩比女孩更常使用身体攻击，女孩比男孩更常使用言语攻击和关系攻击；男孩的攻击大多指向男性同伴，展示较多的是身体攻击，而女孩倾向于对其他女孩实施关系攻击（Ostrov，2006）。男孩、女孩对关系攻击和外显攻击行为（言语攻击、身体攻击）所造成的伤害看法不同。女孩认为关系攻击行为比外显攻击行为会带来更多的伤害，男孩则认为外显攻击行为伤害更大（Crick，1996）。

儿童的性别可能是攻击行为与社会地位关系的中介因素。攻击性的女孩更不容易为同伴所接受，这可能与性别刻板印象有关系，即攻击不适合女性，所以同伴会因女性的攻击行为而拒绝她们（Kerestes & Milanovic，2006）。直接的言语和身体攻击与女孩的社会拒绝关系最为明显；而男孩的社会拒绝与言语攻击有关，与身体攻击的关系却不大（Salmivalli et al.，2000）。在受欢迎男孩中既有亲社会受欢迎型，也有攻击受欢迎型。因亲社会而受欢迎的男孩通常是活泼、热心的，具有领导能力且善于合作；因攻击而受欢迎的男孩通常是活泼、强壮的，具有运动能力和攻击性（Rodkin et al.，2000）。

4. 社会文化因素

个体的攻击性倾向与性激素、气质特点、个性特征、性别等个人自身因素有关，同时也与其所处文化的家庭环境、传播媒介等密不可分。

（1）家庭环境

家庭对于儿童的功能主要体现在：给予儿童爱的满足，保护儿童免受伤害，教育儿童，促进儿童成长；而现实的家庭环境给予孩子的并不总是快乐和积极的行为模式。不良的教养方式、不利的家庭条件、家庭暴力和虐待行为，均可能使处于其中的孩子受到伤害，并有可能因为反抗、报复和模仿而形成各种反社会攻击行为。

父母的教养方式与孩子的攻击性密切相关。研究显示，儿童的攻击行为与自身的攻击观念、受欺负状况、玩玩具状况及父母的攻击观念相关。父母的攻击观念和男孩自身玩玩具的状况影响了他们的攻击观念，这种攻击观念又和受欺负的状况一起导致了攻击行为（刘建榕，2004）。初中生攻击行为的主要危险因素是父母对孩子的期望过高、与邻居关系不融洽、家庭矛盾冲突多（史俊霞等，2004）。在视频游戏中使用较多暴力元素的青少年得到来自父母的温暖较少，在日常生活中出现较多问题行为；父母教养方式中的温暖、拒绝和惩罚因子可用于预测孩子的问题行为（李丹，周志宏，朱丹，2007）。显然，从父母那里难以得到温暖、常常遭到冷落与拒绝的儿童，更有可能朝着充满敌意和攻击性的方向发展。

家庭冲突与家庭暴力也是导致儿童攻击行为的重要因素。在家庭中居于弱势地位的儿童最有可能成为家庭暴力的受害者，家庭暴力与儿童的反社会行为存在明显的关联。家庭成员之间经常公开表露愤怒、攻击和矛盾会对儿童产生不良影响，容易导致儿童的攻击性行为和抑郁症状（Caspi et al.，2004）。其他与儿童的攻击性行为相关联的家庭因素还包括贫穷、压力生活事件，如父母离异等。对于男孩而言，父母离异的经历增加了离婚当年他们的外部问题，且这些问题在父母离婚后仍然持续多年（Malone et al.，2004）。家庭贫穷与儿童、青少年和成人较高比率的面向同伴的攻击行为相关联。

（2）传播媒体

来自电影、电视、录像、网络游戏等媒体的暴力视频至少在短期内对儿童的情绪唤起、思想以及行为具有显著的影响，增加了年幼儿童的攻击性行为。对学前儿童两年的追踪研究显示，当儿童暴露于媒体之中，可以预测其不同类型的攻击和亲社会行为。父母报告的媒体暴露与在学校中女孩的关系攻击和男孩的身体攻击相关联。父母对儿童媒体暴露的监控与教师报告的儿童身体攻击呈负相关。特别对女孩来说，父母监控与教师报告的各种攻击行为及后来观察到的言语攻击行为成负相关（Jamie et al.，2006）。这说明父母在家中的媒体暴露监控对年幼儿童在学校与同伴一起的社会行为，既有即时效果也有后续作用。

年幼儿童接触电视的机会相对较多，如果不对电视节目在暴力程度上加以甄别，孩子就可能因为观看暴力电视节目而增加攻击行为。其中的原因很多，包括学会了新的攻击方法，记住了攻击的策略，潜移默化中逐渐形成错误的攻击信念，过多沉浸于暴力电视节目从而导致攻击性脱敏等。暴力电视节目在短时间内能导致攻击性的唤起，提高攻击性认知、攻击性情绪，还会导致恐惧等反应。与非暴力故事片观影者相比，连续数日均观看暴力故事片，观影者随后的行为可能更具敌意。此外，电视暴力对男性的影响大于女性。在观看了暴力电视后，男性比女性显示出更高的攻击性（Kevin，2005）。

随着电子计算机的普及，视频游戏逐渐成为儿童和青少年的新宠，暴力在游戏中所占的比例日益增多。与电视节目相比，儿童喜欢游戏胜过电视，因为他们可以对游戏有更多的控制。暴力游戏提供了重复攻击的经验，这种经验又因为更多的杀戮而得到强化（Muir，2004）。自20世纪80年代以来，国外不少心理学家开始了有关视频暴力游戏的实验研究，不少研究都发现暴力游戏与自我报告的攻击行为关系密切。诸如，大学生暴力游戏与实验室条件下的攻击性行为的相互关联（Anderson & Dill，2000）。短时间暴露于暴力视频游戏中也能导致女性的攻击行为增加（Anderson & Murphy，2003）。有研究者征募13名年龄在18到26岁，每天玩视频游戏平均2小时以上的男性。在要求他们玩暴力视频游戏的同时，使用磁共振成像技术（fMRI）对其大脑进行扫描。结果显示，这些被试在熟练操作暴力游戏时的大脑活动就好像在实施真正的暴力时一样（Motluk，2005）。有研究对截至2000年的暴力视频游戏和攻击性关系的研究进行的元分析显示，玩暴力视频游戏增加了儿童青少年的攻击行为，降低了个体的亲社会行为，暴露于暴力视频游戏也增加了个体的生理唤起以及与攻击有关的思想和情感。媒体暴力与攻击性行为的相关系数从 1975 年的 0.13 上升到 2000 年的 0.20，呈上升趋势（Bushman & Anderson，2001；Anderson & Bushman，2001）。

总之，在影响儿童攻击性行为的因素中，媒体的作用不可忽视，其中又以视频暴力游戏对青少年的影响最大。因此，面对儿童青少年可能形成攻击性行为的潜在威胁，面对已经处于攻击状态的他们，如何预防和应对显得尤为重要。

三、攻击行为的预防与干预途径

尽管攻击性行为的形成有其基因、受挫感、人格特质、社会文化因素等复杂根源，我们仍然有理由相信，只要采取必要的预防措施，还是可以避免许多不必要的攻击行为发生。不少攻击行为是在判断错误、认知观念偏差、自尊受威胁的情况下发生的，因此帮助儿童习得正确的人际互动观念，了解正确的归因方式，学会适宜的社会技能和情绪控制，将有利于预防攻击行为的发生，避免人际冲突给个体和社会带来的困扰和破坏。

（一）冲突解决策略

儿童处理冲突的能力是判断其社会化水平高低的一个重要指标，冲突处理不当，则可能演变为相互攻击。与一般儿童相比，攻击性强的儿童通常欠缺问题的应对措施。儿童的“攻击反应次数”与“构想出可解决问题的反应”之间呈现显著的负相关（杨慧芳，2002）。经常采用问题解决策略来处理人际冲突的儿童较少卷入欺负行为问题。欺负与被欺负都是社会化程度偏低的表现，而欺负组儿童在社会化技能的发展上可能存在更多的问题（陈世平，2001）。因此，训练儿童掌握妥善解决人际冲突的策略，对于预防攻击行为的发生是非常重要的。冲突解决策略通常分为问题解决策略、求助、顺从、回避、强制等几种。其中，问题解决策略强调思考和理解当前的情境，试图寻求折中方式来消除差异，是最积极理性的方法；强制策略则试图用攻击、伤害感情的方式强迫他人遵从自己的意愿，是非理性的消极方法；其他一些方法在积极程度和理性程度上均介于两者之间。对儿童冲突解决能力的培养应强调使用问题解决策略，当问题超出儿童本身的能力范围时，则可考虑求助或暂时的顺从等其他方式。

某些主题的社会技能训练可帮助儿童学会化解冲突。格里曾克等人（Grizenko et al.，2000）曾尝试实施的训练主题包括：“指导你的感觉”，“自我控制”，“处理你的愤怒”，“对玩笑的反应”，“不参与打架”等。这些训练主题对儿童解决冲突问题、控制攻击行为的产生是颇有益处的。此外，史密斯等（Smith et al.，2002）设计了冲突解决—同伴调解（conflict resolution-peer mediation，CR-PM）的方案，主要包括理解冲突、有效沟通、理解愤怒、处理愤怒和同伴调解等步骤。同伴调解的目的在于提供儿童社会技能练习的机会，使他们学会理解冲突、分析冲突的原因、理解别人的感受，学会如何与他人相处，以达到合理解决冲突的目的。

（二）自我认知调控

大量研究表明，个体认知技能的欠缺与童年的攻击行为密切相关。在模糊的社会情境中，攻击性较强的儿童具有一种过多将敌意归因于他人的趋势（Dodge，1980；

Dodge & Frame，1982)。攻击与搜寻有关线索的认知技能有关（Dodge & Newman，1981)，持有错误的信念也是攻击性水平高的一个重要原因。那些攻击性较强的儿童往往持有支持攻击的信念，诸如要想不受人欺负，就只有以牙还牙；攻击可以维护个人自尊等。这类信念的来源可能是同伴，可能是家长，也可能是儿童自己实践的总结。

为了提高个体的社会认知技能，改变个体已有的支持攻击行为的错误信念，研究者们纷纷通过开发一系列的课程去教授社会认知技能，矫正个体错误的归因和认知偏见。洛赫曼等人开发的应对能量项目（coping power program）对四五年级攻击性较强的男孩进行社会认知技能训练，取得了良好的效果，该项目实施之后，教师对这些男孩的攻击性行为评价减少，且训练效果延续到下一学年（Lochman & Wells，2004)。

学以致用13-3

认知干预训练

格雷和斯拉比（Guerra & Slaby，1990）发展的认知干预训练项目主要用于矫正解决特定社会问题过程中所需要的社会认知技能，矫正那些概括化了的支持攻击行为的信念。该干预项目由12个单元项目组成，采用了以下8个步骤的序列社会问题解决模式：①有一个问题？②停止与思考，③为什么出现冲突？④我想做什么？⑤思考解决方案，⑥期待结果，⑦选择做什么并付诸实现，⑧评价这个结果。在第1、2单元，被试讨论如何确认和辨识社会问题（步骤1)，包括讨论问题始于什么时候。第3单元，被试学习确认可能导致冲动反应的生理线索（例如，出汗的手掌，增加的心率）以及急躁与冷静的想法之间的差异（步骤2)。第4单元的讨论集中于确认冲突，包括获得足够的事实依据，不要假设别人是敌人（步骤3)。第5单元着重讨论解决问题的目标设定，包括区分短期和长期的目标，以及不现实的、现实的、现实但困难的目标（步骤4)。第6、7单元针对几种假设情境形成替代解决方案以及有关攻击性反应的正确信念（步骤5)。第8、9单元针对几种替代方案形成结果推论以及有关攻击对于自我和他人结果的挑战性信念（步骤6)。第10、11和12单元，被试需亲自作出问题解决方案的选择，将这些策略应用于实际情境中（步骤7)，并根据对自我和他人的效果和可能结果评估结果（步骤8)。

请依据上述步骤设计一个认知干预训练项目，并对个案进行训练。

[资料来源] N G Guerra，R G Slaby. *Cognitive Mediators of Aggression in Adolescent Offenders*：2. *Intervention* [J]. Developmental Psychology，1990，26 (2)：269－277.

（三）情绪疏导

根据挫折—攻击假设说，有些孩子的攻击行为是由挫折情境导致的愤怒、烦恼等情绪状态引起的，因此帮助儿童及时发泄不良的情绪，对他们进行情绪疏导是减少攻击行为发生的关键。

对于年幼的儿童，可以通过游戏或运动的途径排解不良情绪。游戏或运动治疗的目的在于：通过击打沙袋、充气玩偶等物品，使愤怒的情绪有一个发泄的出口；通过跑、跳、撕纸条等活动，使孩子积聚的过多能量有一个释放的机会；从而平抑各种过分激烈的情绪，让攻击性的孩子有一个情绪宣泄的机会。还可借助沙盘绘画等游戏治疗方法，让儿童有机会把心中的想法表达出来，通过分析这些绘画了解儿童，从而有针对性地对其行为进行必要的干预（张冬梅，2005）。

青少年宣泄不良情绪的方式更是多种多样。首先，参与对抗性的体育运动，如打篮球、踢足球等。这些运动项目既有竞争又有合作，与对手的竞争可达到宣泄消极情绪、释放攻击能量的作用，而与队友的合作则可帮助青少年保持自我良好的运动心态。其次，可以通过各种途径（如面谈、电话、MSN等）向亲友进行言语倾诉，借助亲友的情绪分享，平复愤怒和冲动。此外，青少年也可以借助写作的方式，进行自我言语倾诉，同样可达到情感宣泄的目的。最后，有问题的时候可以去寻求专业的心理援助。目前在许多城市中小学或大学校园里均设有心理咨询室，并配备专业心理咨询老师进行个别咨询。因此，遭遇挫折心绪不佳的时候寻求专业情感支持应该是一个理性的途径。

（四）环境控制

影响攻击性的环境因素包括社会规范、影像媒介、教育手段等，环境对于行为塑造的作用是难以估量的。通过影像作品的分级制度，借助社会规范、社会秩序的确立，可在一定程度上达到防患于未然的功效。

1. 规范影视作品和视频游戏的分级制度

根据影视作品的色情度和暴力度进行等级分类的做法在国际社会由来已久，这些等级分类规定：有些作品只适合成人观看，有些作品适合家长陪同青少年观看，有些作品则适合13岁以上的儿童观看，等等。这样的规定在一定程度上限制了儿童接触影视暴力的机会。同样，娱乐软件分级制度也已在某些国家实施，如美国娱乐软件分级部门制定的游戏分级制度，分为EC级（年幼儿童）、E级（所有人）、T级（适合13岁以上的玩家）、M级（适合17岁以上的玩家）及AO级（只允许成人）共六个级别。当今社会互联网日益普及，各类信息在现实社会和虚拟世界交流汇集，更有许多媒体节目朝着色情化、暴力化的倾向发展。在这样的现实背景下，对影像作品的实施分类等级管理，有助于家长对孩子观看影视作品或购买游戏软件进行有效的鉴别和控制。

2. 开展喜闻乐见的教育活动，实施民主的沟通

在网络时代同伴相互学习的特点削弱了成人权威性。若要降低媒体暴力或其他社会因素对儿童青少年的不良影响，教育工作者应当在校园阵地有所作为，要通过正确引导孩子以达到监督与控制攻击行为发生的目的。如，学校可通过建构交流视频游戏的平台，引导学生着重关注战争策略和惩恶扬善的游戏主题。就家庭而言，建立和谐民主的家庭氛围特别重要。父母应避免将彼此的矛盾冲突呈现在孩子面前，避免对孩子实施体罚。父母与孩子的沟通形式可以多样化，除了经常带孩子外出游览参观外，有时也可将电脑或其他视频游戏作为与孩子沟通的方式，并借此对孩子进行游戏监控，引导孩子的游戏（李丹，2007）。

总之，儿童青少年正处于身心勃发时期，学习速度快，可塑性强。只要成人为他们提供练习的机会，并给予适当的指导，矫正已形成的不良行为习惯、形成适当而又良好的行为模式将指日可待。

【本章小结】

1. 道德认知是指个体对行为准则中是非、好坏、善恶等的认识。当这种认识达到坚定不移的程度，并能指导自己的行为时，就会形成道德信念。

2. 皮亚杰是儿童道德认知发展理论的主要代表人物之一。皮亚杰运用对偶故事法和临床观察法进行研究，提出儿童的道德认知发展是一个从他律到自律的过程。早期儿童的道德判断是根据客观的法则，即行为的外在结果来判断的，这是他律的道德判断，受“道德实在论”支配。后期儿童的道德判断已为自己主观的价值标准所支配，是自律的判断，受“道德相对论”的支配。

3. 科尔伯格是儿童道德认知发展理论的另一代表人物。他用新的研究方法，即道德判断交谈法（MJI）检验了皮亚杰理论，最终形成了三个水平六个阶段的道德认知发展阶段模型。科尔伯格的阶段模型揭示了不同认知发展阶段的个体显示出不同质的道德决策思维，儿童道德发展的阶段是分阶层逐级发展的；强调角色扮演和认知冲突在促进儿童道德发展中的重要作用。

4. 道德行为是指采取符合从人类利益和公正角度出发的道德规范和标准的行动，或是个体面临道德问题情境时所表现出来的一系列自觉的复杂的意志行动过程。雷斯特提出了道德行为过程的“四成分模型”，用以分析道德行为产生过程的构成因素，这四个成分分别是道德敏感性、道德判断、道德抉择和履行道德行动计划。

5. 班杜拉建立了现代社会学习理论体系，开辟了一条从行为方面去探讨道德发展的广阔途径。这一理论体系可从新行为的来源，榜样学习的过程及对道德行为的影响三方面来加以理解。班杜拉还强调人的学习行为分为由行为后果所引起的直接学习和通过示范过程所引起的观察学习两种，并特别强调观察学习对个体行为形成的重要性。

6. 亲社会行为是指关心他人利益和福祉的行为，包括给予和获得，目的在于减轻他人的痛苦、提高生命的价值，形成相互依存、互惠互利的社会氛围。

7. 根据卡利罗斯基的观点，亲社会行为的动机源有两种：第一种与个体积极的自我形象的维持和提升有关。第二种与改善受困者的处境条件或防止那些条件进一步恶化有关。雷库斯基则将亲社会行为的动机分为功利性动机、规范性动机、内在的动机和个人标准泛化的动机四类。

8. 艾森伯格提出亲社会推理的阶段模式。亲社会道德两难情境的推理在儿童期至青年期之间的发展要经过五个层次。学前儿童的判断常常是享乐主义的，首先考虑自己的得失；只有当儿童逐渐成熟时，他们才会更多地考虑到别人的需求及期望，并趋向从内化的价值标准角度去考虑对他人的帮助。

9. 巴—塔尔等人认为真正意义上的利他行为至少要符合以下三个条件：①行为的目的是为了使他人受益；②行为必须是自愿的、自发的；③不期望任何外界的回报。他们归纳出了从动机出发的儿童亲社会行为发展的六个阶段，分别是顺从及具体的强化物（阶段1）、顺从（阶段2）、自发和具体回报（阶段3）、规范的行为（阶段

4)、普遍的互惠互利（阶段5）和利他行为（阶段6）。

10. 影响儿童亲社会行为发展的因素很多，包括性别、个性特征、观点采择能力、移情能力等个体自身方面的因素，也有父母教养方式、同伴交往、传媒的影响等社会文化方面的因素。

11. 所谓攻击行为是指伤害他人的任何行为。由于现实生活中无伤害意图的行为可能导致伤害，或有明显伤害意图的行为却可能未导致伤害；因此，真正意义上的攻击行为应符合四个条件，即潜在的伤害性、行为的有意性、身心的唤醒性和受害者的厌恶性。

12. 对攻击行为产生原因的探寻，形成了有关攻击行为的各种理论学说。典型的攻击理论有精神分析学家弗洛伊德和动物学家洛伦兹提出的攻击本能论，道拉特提出的挫折—攻击假设说，道奇提出的社会信息加工理论、班杜拉提出的社会学习理论。

13. 研究表明1个月的婴儿已经具备表达消极情绪的能力，4个月的婴儿出现了不同的愤怒反应。3—4岁左右的幼儿最普遍的攻击行为是身体攻击，言语攻击和间接攻击的发生率都较低。小学儿童言语攻击的比率较高，身体攻击也占相当的比例，关系攻击的发生率虽然较低，但一旦发生对儿童的影响非常大，值得特别关注。敌意性攻击在青春期迅速上升，言语攻击也越加凸显，攻击行为在青少年时期可能成为力量和主宰的象征。

14. 个体的攻击性倾向与性激素、遗传基因、气质特点、个性特征、性别等个人自身因素有关，同时也与其所处文化的社会规范、传播媒介、家庭环境等密不可分。

15. 许多攻击行为的发生是基于判断错误、认知观念偏差或自尊受威胁等原因，通过适当的干预训练，可以帮助个体习得正确的人际互动观念，了解正确的归因方式，学会适宜的社会技能和情绪控制方式。

【思考与练习】

1. 什么是道德品质？什么是道德认知？
2. 阐述皮亚杰和科尔伯格的道德认知发展理论并进行相应的评价。
3. 举例说明道德行为的形成过程。
4. 结合现实生活中的事例说明道德行为的形成机制。
5. 何谓亲社会行为？分析亲社会行为的动机。
6. 分析儿童亲社会行为发展的阶段特点。
7. 结合实例阐释影响亲社会行为的因素。
8. 何谓攻击行为？攻击行为的发展有何特点？
9. 比较各种攻击行为理论并进行相应的评价。
10. 分析影响攻击行为的因素，设计相应的预防矫治方案。

【拓展阅读】

1. 李丹. 人际互动与社会行为发展 [M]. 杭州：浙江教育出版社，2008.

个体常处于人际互动中，既有积极的互动，也有消极的互动——比如攻击。个体的发展可分为两大领域——认知的发展和社会性的发展，本书关注个体社会性的发展、探讨人际互动与社会性发展的关系、相互影响的过程。

2. 林崇德，李其维，董奇（中文版总主持）. 儿童心理学手册第三卷：下 [M]. 6 版. 上海：华东师范大学出版社，2009.

本书由西方儿童心理学领域内最权威的专家合力著述，自 1931 年出版至今，已修订改版 6 次，影响了一代又一代儿童心理学家。实际上，如今的《儿童心理学手册》，其影响远不止儿童心理学领域。第六版第三卷为“社会、情绪与人格发展”，这是传统儿童心理相对薄弱的研究领域，但在近十年中有长足的发展，本卷论述这些领域中的研究成果。第三卷下册主要包括亲社会发展、攻击与反社会行为以及道德发展等方面的内容。

【参考文献】

1. 巴伦·伯恩. 社会心理学 [M]. 黄敏儿，王飞雪，等，译. 10 版. 上海：华东师范大学出版社，2004.

2. K A Dodge，J D Coie，D Lynam. 青年的攻击与反社会行为 [M]. 张坤，译. 张文新，审校//儿童心理学手册：第三卷，下. 6 版. 上海：华东师范大学出版社，2009.

3. 李伯黍，燕国材. 教育心理学 [M]. 2 版. 上海：华东师范大学出版社，2001.

4. 李丹. 环境创设与幼儿社会技能的发展 [M]. 上海：上海教育出版社，2010.

5. 俞国良，辛自强. 社会性发展心理学 [M]. 合肥：安徽教育出版社，2004.

6. 陈美芬，陈舜蓬. 攻击性网络游戏对个体内隐攻击性的影响 [J]. 心理科学，2005，28（2）.

7. 郭伯良，张雷. 近 20 年儿童亲社会与同伴关系相关研究结果的元分析 [J]. 中国临床心理学杂志，2003，11（2）.

8. 李丹，周志宏，朱丹. 电脑游戏与青少年行为问题、家庭各因素的关系研究 [J]. 心理科学，2007，30（2）.

9. 牛宙，陈会昌. 7 岁儿童在助人情境中的行为表现及其与父母教养方式的关系 [J]. 心理发展与教育，2004（2）.

10. 史俊霞，余毅震，黄艳，毛国华，孙年. 初中生攻击行为相关影响因素分析 [J]. 医学与社会，2004，17（4）.

11. C M Barry，K R Wentzel. *Friend Influence on Prosocial Behavior：The role of motivational factors and friendship characteristics* [J]. Developmental Psychology，2006，42（1）：153－163.

12. D F Hay，S Pawlby. *Prosocial development in relation to children's and mothers' psychological problems* [J]. Child Development，2003，74：1314－1327.

13. B J Bushman，C A Anderson. *Media violence and the american public—scientific facts versus media misinformation* [J]. American Psychologist，2001，56（6/7）：477－489.

14. A Caspi，E Moffitt T ，J Morgan et al. *Maternal expressed emotion predicts children's antisocial behavior problems：using monozygotic-twin differences to identify environmental effects on behavioral development* [J]. Developmental Psychology，2004，40（2）：149－161.

15. H Demetriou，D F Hay. *Toddlers'reactions to the distress of familiar peers：The importance of context* [J]. Infancy，2004，6（2），299－318.

第十四章

环境与心理发展

【本章导航】

本章主要从家庭、学校和社会三个层面介绍了社会环境与心理发展的关系。在家庭层面上，本章着重介绍了家庭结构与家庭功能在个体心理发展中的作用。其中家庭结构部分重点介绍了离异/单亲家庭、出生顺序和独生子女身份、留守儿童家庭对儿童心理发展的影响；家庭功能部分介绍了家庭功能的有关理论及实证研究。在学校层面上，首先介绍了学校组织特征在儿童心理发展中的作用，然后介绍了同伴关系的心理发展功能以及教师期望、教师人格、师生关系对儿童心理发展的影响，最后介绍了在社会层面上，先后探讨了社会文化在个体心理发展中的宏观影响及其跨文化研究证据，大众传媒主要是电视和互联网对儿童心理发展的影响。通过本章的学习，可以帮助学习者从整体上理解环境与个体心理发展的关系。

【学习目标】

1. 掌握家庭结构与家庭功能对心理发展的影响。
2. 了解学校组织特征对心理发展的影响。
3. 掌握心理发展中的同伴影响和教师影响。
4. 理解社会文化与心理发展的关系。
5. 理解大众传媒对心理发展的影响。
6. 能整体理解环境与心理发展的关系。

【核心概念】

环境　心理发展　家庭结构　家庭功能　学校组织特征　同伴影响　教师影响　社会文化　大众传媒

在人的一生发展中，环境始终起着重要的塑造、修正和调节作用。《荀子·劝学》中的“蓬生麻中，不扶而直；白沙在涅，与之俱黑”形象地说明了环境对个体发展的作用。所谓环境是指围绕在人们周围并对个体发生影响的客观世界。它包括自然环境和社会环境。自然环境是指人类所赖以生存和发展的自然条件的总和，它是人们赖以生存的物质基础。社会环境是人类在自然环境基础上创造和积累的物质文化、精神文化和社会关系的总和，是人们所处的全部社会生活条件和所受的教育，具体包括家庭、学校和社会等方面的各种影响（李幼穗，1998）。本章将重点从这三个层面探讨社会环境与心理发展的关系。

第一节　家庭环境与心理发展

家庭是社会的基本细胞，是个体成长和社会化的主要场所之一。它是由家庭全体成员及成员间的互动关系组成的一个动态系统，其中又包含着一些子系统，比如夫妻系统、亲子系统等。作为一个动态系统，家庭有其结构特征和功能特征。家庭结构和家庭功能对儿童发展将产生持续的影响。因此，本节将从家庭结构和家庭功能两个方面阐述家庭环境与心理发展的关系。

一、家庭结构与心理发展

（一）家庭结构类型

家庭结构是指家庭中成员的构成及其相互作用、相互影响的状态，以及由于家庭成员的不同配合和组织的关系而形成的联系模式。家庭结构是在婚姻关系和血缘关系的基础上形成的共同生活关系的统一体，既包括代际结构，也包括人口结构。

根据不同的标准，家庭结构可划分成多种类型。最近，中国社会科学院人口与劳动经济研究所研究员王跃生根据2000年第五次全国人口普查数据对我国当代的家庭结构进行了较细致的划分与统计，具体可分为如下六类。

1. *核心家庭*。指夫妇及其子女组成的家庭。核心家庭可进一步分为：（1）夫妇核心家庭，指只有夫妻二人组成的家庭；（2）一般核心家庭，或称标准核心家庭，指一对夫妇和其子女组成的家庭。因为它是核心家庭的完整形式，亦为最普遍的核心家庭；（3）缺损核心家庭，或称单亲家庭，指夫妇一方和子女组成的家庭；（4）扩大核心家庭，指夫妇及其子女之外加上未婚兄弟姐妹组成的家庭。

2. *直系家庭*。可细分为：（1）二代直系家庭，指夫妇同一个已婚儿子及儿媳组成的家庭；（2）三代直系家庭，指夫妇同一个已婚子女及孙子女组成的家庭；（3）四代直系家庭可有多种表达。从普查数据上看，一对夫妇与父母、儿子儿媳及孙子女组成的家庭是四代直系家庭；一对夫妇与父母、祖父母、曾祖父母组成的家庭也是四代直系家庭；（4）隔代直系家庭。从形式上看，三代以上直系家庭缺中间一代可称为隔代直系家庭。如，夫妇或夫妇一方同孙子女组成的家庭以及同祖父母或祖父母一方组成的家庭。

3. *复合家庭*。复合家庭是指父母和两个及以上已婚儿子及其孙子女组成的家庭，具体又可分为两类：（1）三代复合家庭，主要是父母、儿子儿媳和孙子女组成的家庭；

(2) 二代复合家庭，是指父母和儿子儿媳或两个以上已婚兄弟和其子侄组成的家庭。

4. 单人家庭。只有户主一人独立生活所形成的家庭。

5. 残缺家庭。可分为两类：(1) 没有父母只有两个以上兄弟姐妹组成的家庭；(2) 兄弟姐妹之外再加上其他有血缘、无血缘关系成员组成的家庭。

6. 其他。指户主与其他关系不明确成员组成的家庭。这其中有的彼此之间关系可能很密切，如叔侄关系等。

据王跃生统计（如表 14－1 所示），核心家庭、直系家庭和单人家庭是目前中国最基本的家庭类型，其中缺损核心家庭（即单亲家庭）占全部家庭样本的 6.35%。

表 14－1　2000 年全国家庭结构（N=336753）(%)①

核心家庭	68.15	单人家庭	8.57
直系家庭	21.73	残缺家庭	0.73
复合家庭	0.56	其他	0.26
合计	100.00		

心理学界按家庭成员结构更多地将家庭分为“单亲家庭”（single-parent family）（由父亲或母亲一方和孩子组成的家庭）、“核心家庭”（nucleus family）（由父母和孩子两代人组成的家庭）和“杂居家庭”（extended family）（或称“主干家庭”、“扩展家庭”等，由孩子、孩子的祖父母、外祖父母或者还包括曾祖父母组成的家庭）。

需要指出的是，不同的家庭类型具有不同的典型特征，而且同一家庭在不同发展阶段上也可能表现出不同类型的典型特征。如头生子的降生、夫妻一方工作变动、家庭搬迁、父母离异以及家庭成员进入青春期等事件，都可能使家庭从一种类型转化为另一种类型。

（二）家庭结构在个体心理发展中的作用

不同的家庭结构类型对个体心理发展的影响是不同的，例如，何思忠和刘苓（2008）调查了芜湖地区 6 573 例 3—16 岁儿童的家庭和个性特征。结果发现，主干家庭（孩子＋父母亲＋祖辈）和核心家庭（孩子＋父母亲）的精神环境、父母及儿童的个性特征均优于单亲家庭，主干家庭的精神环境及父亲的个性特征优于核心家庭。

与生活在完整家庭中的儿童相比，生活在缺损家庭中的儿童发展可能面临更高的心理发展障碍风险。家庭结构的变化也常使儿童需要作出很多心理调整才能逐渐适应。例如，由于弟弟妹妹的出生往往对儿童的心理发展造成一定影响，所以出生顺序和独生子女身份与心理发展的关系因此得到较多关注。近年来，随着大量农民外出打工，他们的家庭结构也相应发生变化，从而引发了大量有关留守儿童的研究。

1. 离异家庭/单亲家庭

单亲家庭概念的提出，源于欧美国家对当代婚姻现实状况的考察：欧美国家 20 世纪六七十年代的离婚高峰促使了大量离婚式单亲家庭的出现。我国从改革开放至

① 王跃生. 当代中国家庭结构变动分析［J］. 中国社会科学，2006 (1)：98.

今，由于快速增长的离婚率，离婚式单亲家庭比重逐渐上升。据国家统计局和民政部的统计，1985年我国离婚对数为45.8万对，1995年为105.6万对，2000年为121.3万对，2006年为191.3万对，2010年为196.1万对，2011年第三季度的最新数据显示我国离婚对数已达146.6万对。应该说，解除已经没有爱情的婚姻关系，是对婚姻双方的一种解放。但这种婚变对孩子来说，却往往成为一种严重的恶性心理刺激。

美国耶鲁大学儿童研究中心主任索尔尼特（Albert J Solnit）认为，离婚是威胁儿童的最严重的最复杂的精神健康危机之一。相当多的心理学家认为，对孩子来说，除了亲人去世，父母离婚是最痛苦，最伤害身心的。美国的一些婚姻心理学家对父母离婚给子女造成的心理影响作了较为长久的研究，他们发现，在被调查的离婚家庭子女中，有37%的儿童在父母离婚五年后，心理创伤仍未消除，并表现出情绪消沉、低落、性格古怪孤僻等特点，他们最强烈的愿望往往是希望父母复婚。因为父母离异后，孩子生活在缺损家庭或者是再婚家庭中，通常不能得到正常的父爱和母爱，即使父亲或者母亲非常疼爱他们，这种爱仍然是不完整的，是一种残缺的爱，很容易造成孩子的心理发展偏离正常轨道。

(1) 离异家庭儿童表现出更多的心理健康和社会适应问题。他们的内化问题和外部行为问题显著多于完整家庭儿童。

瑞福曼等人（A Reifman，L C Villa，J A Amans，V Rethinam & T Y Telesca，2001）发表了一项关于35个研究的元分析，比较了离异家庭儿童与完整家庭儿童的幸福感，发现离异家庭儿童在学习成绩、行为、心理调节、自我概念和社会适应、亲子关系等方面的得分都显著低于完整家庭儿童，并且这种差距与20世纪80年代相比稍有加剧。有研究（T J Biblarz & G Gottainer，2000）对家庭结构与儿童成功之间的关系进行了考察，主要涉及教育水平、职业地位、心理幸福感三个指标，经过23年的追踪研究发现，离异家庭儿童完成高中课程、读大学的概率显著低于完整家庭儿童，他们的职业地位很低而且心理健康水平比较低，或者说很少有心理幸福感，从而揭示了父母离异对儿童的消极影响。

国内研究者盖笑松、赵晓杰和张向葵（2007）采用计票式文献分析技术对国内1994—2005年间关于离异家庭子女心理特点的35篇研究文献进行了系统回顾，发现所有研究都报告了父母离异对子女心理发展存在消极影响，他们存在更多躯体化、强迫、焦虑、敌对、孤独、冲动等心理健康问题；行为问题发生率高于完整家庭子女，主要表现为孤僻、退缩、抑郁、社交不良等行为问题；在人格方面更具神经质特征，表现出更强的掩饰性，人格倾向性容易出现过分内向或过分外向的两极化趋势；在自我意识方面更消极；在学业方面表现较差；知觉到更强的压力而且采用更消极的应对方式，有着更高的犯罪率和自杀意念。

生活中一些触目惊心的案例也说明离异家庭中儿童心理发展的高风险性。最新统计显示，离异家庭子女犯罪率是完整家庭子女的4.2倍。中央社会管理综合治理委员会对全国18个少管所和监狱的调查发现，有26.6%的青少年罪犯来自破碎家庭（张金凤，2008）。

此外，由于父母的分离，使儿童对父母的信任产生了怀疑和动摇，甚至到成年之后仍然表现出对父母的不信任。如研究发现（K Valarie，2002）即使充分考虑了亲子关系的质量之后，儿童成年后对其父亲仍有强烈的不信任感。父母离异不仅影响了儿童与父母的关系亲密性，而且对儿童成年后建立自己的亲密关系也会产生不良影响。

（2）单亲家庭还会影响儿童的性别角色发展。

研究显示，单亲家庭中的母亲往往表现出更多的雌雄同体性（既当母亲，又当父亲），比双亲家庭中的母亲显示出较少的传统性别角色行为，拥有更少的传统观点。而父亲在鼓励子女的性别角色行为发展上与母亲扮演着不同的角色。这些不同的强化模式和角色示范可能导致单亲家庭的儿童，尤其是缺失父亲的儿童，拥有更少的性别角色行为。

比勒（H B Biller）将性别角色分为三部分：性别角色定位（sex role orientation），即对自身性别的认知和评价；性别角色偏爱（sex role preference），即个体对社会价值认可的典型性别行为的偏爱；性别角色采择（sex role adoption），即怎样使自己的行为类似于同性别的其他人。通过对父亲缺失家庭和完整家庭的对比发现，完整家庭的男孩比父亲缺失的男孩在性别角色定位上表现出较多男子气。如果父亲缺失发生在儿童 4 岁以前，将对儿童性别定位的发展产生更严重的延缓作用，但在性别角色偏爱和性别角色采择上要取决于父亲离开的时间长度和时机。因为在学前阶段，当一个男孩缺少父亲，他与男性交流和模仿男性行为的能力通常会严重受限。

（3）父母离异还会影响儿童的认知发展，随着年龄的增长，这种累积的影响越来越大。

例如，傅安球和史莉芳（1993）采用美国肯特州立大学哥德堡（J Guidubaldi）所设计的《儿童认知发展评价量表》，对全国 27 个省、直辖市、自治区的 1 733 名小学一年级、三年级、五年级年级的儿童进行了测试，其中离异家庭儿童 929 名，完整家庭儿童 804 名（完成各测验的有效被试不同）。结果发现：（1）离异家庭儿童和完整家庭儿童认知的总体水平有差异，具体表现在无论是非文字测验还是文字测验的认知成绩，离异家庭儿童都明显地落后于完整家庭儿童，如表 14－2 所示。（2）7—13 岁的离异家庭儿童比同龄的完整家庭儿童认知水平低，各年龄组的差异都很显著。而在推理成绩上，8 岁、11 岁、13 岁两组家庭儿童的差异十分显著，见表 14－3。

表 14－2 离异家庭儿童与完整家庭儿童认知总体水平比较①

测试项目	认知测试（文字测验）		推理测试（非文字测验）	
家庭类型	离异	完整	离异	完整
人数	867	789	922	797
平均数	19.32	21.09	10.68	12.02
标准差	4.87	4.25	3.74	3.40
CR（临界比率）	8.05		8.00	
p	＜0.01		＜0.01	

① 傅安球，史莉芳. 离异家庭子女心理［M］. 杭州：浙江教育出版社，1993：84.

表 14－3　7—13 岁离异家庭儿童与完整家庭儿童认知总体水平比较（CR）①

年龄组（岁）	认知临界比率	推理临界比率
7	2.78	1.69
8	3.06	2.27
9	4.06	1.44
10	2.02	1.55
11	4.22	4.09
12	2.58	1.61
13	3.84	3.31

理论关联14－1

父亲在性别角色认同中的作用

几乎所有发展理论都认为父亲在儿童的性别角色认同中起到关键的作用。弗洛伊德将父亲描述为儿童眼中的保护者、教育者和自己未来理想化的形象，儿童的认同作用（指个体潜意识地向别人模仿的过程）会使儿童将父亲作为榜样进行模仿，使自己的行为越来越像父亲。社会学习理论强调儿童性别角色的获得是通过同性别父母的榜样强化而形成的。父亲为男孩提供了一种男性的基本行为模式，使得男孩子往往把父亲看做是自己未来发展的模型而去模仿父亲。可以说父亲的很多行为品质和习惯都会在儿子的身上体现出来；但对于女孩而言，父亲身上的男性品质使她在今后的生活中有了参照，青春期的女孩往往把父亲看做是异性伴侣，甚至是未来丈夫的模式。从女孩的情感发展来看，她们对父亲的依赖性和爱戴心理往往更强，从父爱中获得安全感和特有的保护性心理。认知观点则强调儿童在自身的社会化过程中会通过处理大量不同的与性别有关的信息而形成对性别角色的理解，父母只是信息的来源之一。有研究指出单亲家庭中的孩子将会发展出不同的，也可能是更少的传统性别图式，父亲存在家庭中的男孩在很小的时候表现出拥有更多的性别类型活动的知识。

［资料来源］杨丽珠，董光桓. 父亲缺失对儿童心理发展的影响［J］. 心理科学进展，2005（3）：261.

从表 14－3 可以看出，父母离婚对小学年龄阶段儿童认知总体水平发展的影响是比较大的，其中对文字性测验的认知成绩影响最为严重。对非文字性测验的推理成绩影响虽然远非认知成绩严重，但随着儿童年龄的增长，这种影响越来越明显。

2. 出生顺序与独生子女身份

（1）有关儿童出生顺序的心理研究

由出生顺序造成的差异通常被认为是由于父母与不同孩子的亲子互动不同造成的，这种差异与儿童在家庭中所处地位带来的独特生活经验密切相关。头胎儿童所担

① 傅安球，史莉芳. 离异家庭子女心理［M］. 杭州：浙江教育出版社，1993：88.

当的角色尤其特别。头胎儿童在弟妹出生前能独享父母的爱和注意。弟弟妹妹的出生常常减少父母亲与头胎孩子之间的相互作用。尽管新出生的孩子比头胎孩子要求父母更多的注意和关照，但父母与头胎孩子之间特有的紧密和关注会持续影响孩子一生。父母对头胎孩子比对更小的孩子抱有更高的期望，对其成就和责任心有更多的考虑，更多地干涉他们的活动。在任何年龄，父母对头胎孩子的体罚都比以后出生的孩子多。相反，父母对于较小的孩子纪律要求更为放松，这可能是由于他们在育儿实践中取得了自信。

此外，一般情况下父母都期望最大的孩子对年幼的弟妹担负一定的责任和自我控制。因此，年长儿童一方面对年幼的弟妹既表现了更多的敌对行为，如打、踢、推等，另一方面也表现了更多的关心和亲社会行为，比弟妹表现出较少的攻击性、更多成人定向、更多援助性、自我控制、顺从和焦虑。父母的更高要求也导致头胎儿童更为勤奋、认真、严肃，他们在学业和职业成就上表现出优势。例如，有研究者在20世纪80年代采用国家优点学术质量测验（NMSQT）对80万人进行施测，结果发现了以下五个明显的特点：①NMSQT的分数一般随家庭中子女数的增加呈下降趋势；②在一个家庭中，位于连续出生的顺序较晚的子女所得分数较低；③在每一个家庭中，子女的得分随出生顺序而下降；④独生子女的测验得分低于多子女的家庭中的第一个子女；⑤双生子的得分比较低。可见，多子女家庭的头胎儿童学业成就和智力发展高于其他儿童。

（2）有关独生子女心理发展水平的研究

关于独生子女的心理发展特点和教育的研究也引起了学界广泛的关注。但是，长期以来国内外关于独生子女的研究结果存在很多不一致。一种观点认为独生子女就是有问题的儿童，尤其在个性和社会性发展方面更容易产生任性、依赖性强、自我中心、情绪不稳定等问题，比如著名心理学家霍尔就说："独生子女本身就是弊病。"另一种观点认为独生子女与非独生子女没有什么差异，甚至独生子女还比非独生子女优秀。目前第二种观点得到的研究支持较多。

例如，法波和珀利特（T Falbo & D Polit，1986）对自1925—1984年间发表的两百多篇有关独生子女的文章进行了元分析。结果发现，在个性特征上，一般看来，独生子女与非独生子女没有差别，而在智力和成就上独生子女显著优于非独生子女。陈翠玲等人（2008）运用滚雪球式方便取样方法对城市的100位成年独生子女和100位成年非独生子女进行了自尊水平和主观幸福感的测查，结果发现独生子女的自尊水平和主观幸福感的亚维度——生活满意度均显著高于非独生子女。当然，也有些研究证实，独生子女和非独生子女相比，在心理发展水平上并不存在什么差异。学者查子秀等人（1985）对3—6岁独生子女与非独生子女的类比推理进行了比较，结果发现3—6岁独生子女与非独生子女在三种类比推理的平均成绩及发展水平上都不存在显著差异。李晓驹等人（1994）则发现独生子女与非独生子女的个性在总体上也不存在显著差异。

3. *农村留守儿童家庭*

农村留守儿童指由于父母双方或一方外出打工而被留在农村的家乡，并且需要其他亲人或委托人照顾的处于义务教育阶段的儿童（6—16岁）。他们一般与自己的父亲或母亲中的一人，或者与祖辈亲人，甚至父母亲的其他亲戚、朋友一起生活。根据2005年我国1%人口抽样调查的抽样数据推断，我国农村留守儿童约有5 800万人，其中14周岁以下的农村留守儿童4 000多万人。与2000年相比，2005年的农村留守儿童规模增长十分迅速。在全部农村儿童中，留守儿童的比例达28.29%，平均每四个农村儿童中就有一个留守儿童。留守儿童作为一个处于不利家庭环境的特殊群体，其心理发展引起了研究者的高度关注。

长期的单亲监护或隔代监护，甚至是他人监护、无人监护，使留守儿童无法像其他孩子那样得到父母的关爱，父母也不能随时了解、把握孩子的心理、思想变化。这种亲情的缺失可能使孩子变得孤僻、抑郁，甚至有一种被遗弃的感觉，从而影响孩子心理的健康发展。

例如，吴霓负责的“中国农村留守儿童问题研究”课题组（2004）通过调查分析农村留守儿童的生活和学习情况，发现农村留守儿童存在由于监护人对留守儿童学习介入过少导致的学习问题，由于缺乏亲情导致的生活问题，由于缺乏完整的家庭教育导致的心理问题。段成荣和周福林的研究（2005）则发现在进入初中阶段后，留守儿童在校率急剧下降，留守儿童在完成初中教育方面存在比较明显的问题。在心理成长上，留守儿童往往容易形成极度的自卑心理或极度的自我中心主义。在道德与情感发展上，留守儿童容易出现行为偏差，道德意志薄弱、价值观念扭曲、传统美德缺失等问题。崔丽娟（2009）探讨了留守儿童在自尊、心理控制和社会适应等方面独特的心理发展特征及可能的影响因素。被试来自湖南、安徽、上海、山东、河南、山西和浙江七地的10所中小学。结果发现，留守儿童和非留守儿童相比，在自尊、心理控制源以及社会适应性上都处于明显的劣势。范兴华和方晓义的研究（2010）也揭示了留守现象对儿童行为适应存在不利影响，而祖辈监护儿童、上代监护儿童在这一问题上表现尤其明显。

不过，也有一些研究发现，留守儿童与非留守儿童相比在心理发展上并没有出现显著问题。赵景欣等人在河南农村选取了422名双亲外出、单亲外出的留守儿童和非留守儿童作为被试，对儿童的社会能力和问题行为进行了研究。结果表明，留守儿童群体在抑郁水平上并没有显著高于非留守儿童。不仅如此，经检验，在自尊、交往的主动性和反社会行为上，三类儿童的得分也不存在显著差异。而胡心怡等人用量表法对245名湖南农村儿童（其中留守儿童124名）的生活事件和心理健康状况进行测量。结果发现，留守儿童与非留守儿童虽然在生活事件总分上存在显著性差异，但在焦虑、抑郁、偏执、适应不良、情绪失衡、心理失衡及自尊等心理健康指标上，留守儿童与非留守儿童均无显著差异。这似乎说明，虽然留守儿童在生活压力事件水平上显著高于非留守儿童，但留守儿童的心理健康状况与非留守儿童却并无明显不同，但留守时间在5年以上的儿童的心理失衡得分显著高于留守时间为1—2年、3—4年的儿童，而后两者之间无显著性差异。

这些研究结果的差异或许说明环境和人的发展并非是简单的一一对应的关系，二者之间的关系是非常复杂的。事实上，不仅关于留守儿童的研究如此，关于单亲家庭、贫困家庭等家庭环境对儿童心理发展影响的研究也都出现过相互矛盾的结论。这进一步说明个体与环境是交互作用的，个体并非被动接受环境的影响，而是主动选择、适应和创造环境的过程。个体的心理弹性是调节不利环境影响的一个重要的个人变量。所谓心理弹性，是指在显著不利的背景中积极适应的动态过程（S Luthar，D Cicchetti & B Becker，2000）。它有两个条件：一是当事者经历过或正在经历严重的压力事件或逆境；二是尽管如此，当事者发展状况（结果）良好。关于心理弹性研究的一个重要观点是：不利环境并不必然导致儿童的不良发展，儿童仍有可能正常发展，甚至有可能超出正常儿童的发展水平。良好的心理弹性是个体心理发展的一种保护因素。

理论关联14—2

关于心理弹性作用机制的几个模型

其一为补偿模型（compensatory model）。强调环境危险因子与保护性因子共同预测儿童的发展，其中危险因子起负向作用，保护性因子起正向作用，两类因子之间相互独立。

其二为挑战模型（challenge model）。认为危险因子与发展结果之间呈曲线关系，低水平或高水平的危险因子均与消极发展结果相对应，只有中等水平的危险因子才与非消极的（或积极的）发展结果相对应。

其三为条件模型（conditional model）。又称作调节模型（moderating model）、保护模型（protective model），认为存在一些可以调节或减少危险因子对发展结果产生消极影响的保护性因子，这类因子与危险因子之间存在着交互作用。后来的研究者对有些模型还提出了一些子模型，还有研究者构建了颇具整合性的心理弹性模型框架。

［资料来源］席居哲，桑标，左志宏．心理弹性（Resilience）研究的回顾与展望［J］．心理科学，2008（4）：997.

二、家庭功能与心理发展

家庭功能是对家庭系统运行状况、家庭成员关系以及家庭的环境适应能力等方面的综合评定，它是影响家庭成员心理发展的深层变量。自从20世纪70年代家庭功能这一概念提出之后，越来越多的研究者逐渐抛弃过去单独探讨某个或者某些家庭因素（如父母教养方式、父母经济地位等）的研究范式，转向将家庭看做一个系统来研究。

（一）家庭功能的理论

目前关于家庭功能的理论主要存在两种取向：一种是结果取向理论，以奥尔森（D H Olson）的环状模式理论和比沃斯（W R Beavers）的系统模型为代表；另一种是过程取向理论，以爱泼斯坦（N B Epstein）等人提出的麦克马斯特（McMaster）家庭功能模式和斯金纳（H Skinner）等人的家庭功能过程模型为代表。

1．结果取向的家庭功能理论

结果取向的家庭功能理论认为，可以根据家庭功能发挥的结果来评估家庭功能发挥的状况，并依此将家庭划分为不同的类型，有些类型是健康的，有些类型则是不健康的或是需要治疗和干预的。例如，奥尔森的环状模式理论（circumplex model）假设：家庭实现其基本功能的结果与其亲密度和适应性之间是一种曲线关系，亲密度和适应性过高或过低均不利于家庭功能的发挥。家庭的亲密度是指家庭成员相互间的情感关系。家庭适应性是指家庭系统为了应付外在环境压力或家庭的发展需要而改变其权势结构、角色分配或联系方式的能力。当家庭亲密度和适应性两方面表现都处于极端水平，即最高或最低水平时，这样的家庭属于极端型家庭；当两方面表现都处于中间水平时，这样的家庭属于平衡型家庭；除此之外的家庭组合属于中间型家庭（具体类型分布如图 14－1 所示）。平衡型家庭比不平衡型家庭的功能发挥要好，其中，家庭沟通是一个促进性因素，平衡型家庭比不平衡型家庭有更好的沟通。1991 年，奥尔森对自己最初的曲线模型假设进行了修订，将其修改为三维（即家庭亲密度、家庭适应性和家庭沟通）线性模型理论。该线性模型理论认为，在亲密度和适应性上得分高的家庭功能是良好的，而得分低的家庭功能是不良的。同时，他还认为，虽然曲线和线性模型的假设不同，但二者并不存在本质上的冲突；是线性还是曲线关系，这与家庭功能发挥的水平有关，在家庭功能发挥比较正常的家庭中，线性关系成立；在有问题的家庭中，曲线关系成立。

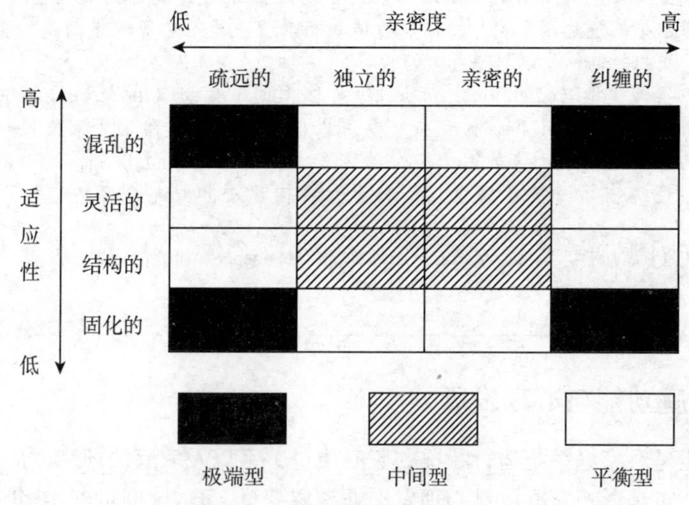

图 14－1　家庭功能环状模式图①

比沃斯和海姆珀顿（W R Beavers & R Hampton）1977 年提出的系统模型（systems model）认为，家庭系统的应变能力与家庭功能的发挥之间是一种线性关系，即家庭系统的能力越强，则家庭功能的发挥越好。它认为应从两个维度考察家庭功能：一是家庭内在关系结构、信息沟通、反应灵活性等方面的特征，与家庭功能发挥的效果之间呈线性关系，即家庭越灵活、适应性越强，则家庭有效处理压力的能力也越强；二是家庭成员的互动风格，与家庭功能发挥的效果之间呈非线性关系，处于两个极端的向心型交往和离心型交往均不利于家庭功能的发挥，家庭成员常会出现适应

① 张文新. 青少年发展心理学［M］. 济南：山东人民出版社，2002：112.

障碍。

根据系统模型的第一个维度，可以将家庭分为五种类型：严重障碍型、边缘型、中间型、适当型和最佳型。其中，适当型和最佳型家庭为健康家庭。

2. 过程取向的家庭功能理论

过程取向的家庭功能理论认为，对家庭进行类型上的划分在临床实践中并没有用处，对个体身心健康状况和情绪问题产生直接影响的不是家庭系统结果方面的特征，而是家庭系统实现各项功能的过程。家庭实现其功能的过程越顺畅，家庭成员的身心健康状况就越好；反之，则容易导致家庭成员出现各种心理问题以及家庭出现危机。

爱泼斯坦等人在1978年提出的麦克马斯特家庭功能模式理论基于系统论的假设：(1) 家庭的各个方面是相互关联的；(2) 不能脱离家庭系统的其他方面来单独理解其中一个方面；(3) 如果抛开家庭其他成员或亚系统，单纯通过单一家庭成员，就不能全面地理解家庭功能；(4) 家庭结构和家庭组织是影响和决定家庭成员行为的重要因素；(5) 家庭系统的交互方式强烈地影响着家庭成员的行为。他们认为，家庭的基本功能是为家庭成员生理、心理、社会性等方面的健康发展提供一定的环境条件，为实现这些基本功能，家庭系统必须完成一系列任务以适应并促进家庭及其成员的发展。家庭在运作过程中如果没能实现其各项基本功能，就很容易导致家庭成员出现各种问题。麦克马斯特模型理论并没有将家庭功能的各个方面全部纳入进来，而只探讨在临床实践中非常有实用价值的六个方面：(1) 问题解决能力（problem solving），指为了维持有效的家庭功能水平，家庭解决威胁家庭完整和功能的问题时所具有的能力；(2) 成员间的沟通能力（communication），指家庭成员之间的信息交流能力；(3) 家庭角色分工（roles division），指家庭是否建立和完成一系列家庭功能的行为模式以及任务分工和任务完成情况；(4) 情感反应能力（affective responsiveness），指家庭成员对刺激产生适宜的情感反应的能力；(5) 情感介入能力（affective involvement），指家庭成员对其他成员活动和事情重视关心的程度；(6) 行为控制能力（behavior control），指一个家庭在三种不同情况下采取不同行为控制模式的能力：①家庭要监控其成员的行为以远离物理上的危险；②家庭要为其成员生理和心理上的需要、欲求的表达，如吃、喝、睡、性等提供条件和行为上的监控；③家庭要为其成员在家庭内部和家庭外进行人际交往行为提供指导和监控。根据家庭在上述六个方面的表现，可以明显看出家庭功能发挥良好与否。

斯金纳等人于1980年提出的家庭过程模式理论（theory of family process mode）认为，家庭的首要目标是完成各种日常任务，这些任务包括满足成员的持续发展、为家庭成员提供安全保护、保证家庭成员之间足够的亲密度以维持家庭的凝聚力，并发挥好家庭作为社会单位的功能。评价一个家庭的功能是否良好，应该从七个维度来考查，包括任务的完成（task accomplishment）、角色表现（role performance）、沟通（communication）、情感表达（affective expression）、介入（involvement）、控制（control）以及价值观（values）。其中，任务的完成是核心维度，其他六个维度围绕在任务完成的周围。要想很好地完成各项家庭任务需要家庭成员分配并各自承担不同的角色；角色的分配就需要沟通；沟通过程必然存在情感的表达，情感表达可以阻碍或促进任务完成和角色的承担；家庭成员介入程度也对家庭任务完成有影响；控制是家庭成员相互影响的过程，家庭应该能够维持自己的家庭功能，同时能在任务发生变化时适应变化的需要；最后，家庭任务的确定以及家庭如何完成任务受到家庭成员的价值观和家庭规则，特别是家庭背景的影响，价值观和规则是家庭任务完成的背景。

（二）家庭功能对个体心理发展的影响

1. 家庭功能对心理健康和社会适应的影响

研究发现，家庭功能的发挥与儿童青少年的心理健康和社会适应有着密切的关系。不管是结果取向还是过程取向的家庭功能理论都表明：家庭功能发挥越好，儿童心理健康水平就越高，问题行为就越少，社会适应也就越好。

张智等人（2005）以 2.5—5.7 岁幼儿为被试考察了家庭功能与行为问题之间的关系，结果发现：当家庭功能不良时，幼儿的行为问题发生具有普遍性，而尤以神经症行为表现为主。徐洁等人（2008）探讨了家庭功能发挥过程和发挥结果之间的关系，并检验了二者对青少年情绪问题的作用大小和机制，结果发现：家庭功能发挥过程和发挥结果各变量之间呈显著相关，但家庭功能发挥过程比家庭功能发挥结果对青少年情绪问题（抑郁和焦虑）预测作用更大，而家庭功能发挥结果是家庭功能发挥过程与青少年情绪问题的部分中介变量。佘克（D T Shek）用自编中文家庭功能量表对一千多名香港中学生的研究发现，当家庭功能不良尤其是青少年感知到家庭功能不良时，他们对生活的满意度降低，心理幸福感、自尊更低，而且容易出现精神健康问题。如果家庭成员的亲密度与适应性较差，家庭的问题解决、沟通以及情感反应、行为控制出现问题时，极有可能会使青少年自我封闭，疏离感增加（汤毅晖，黄海，雷良忻，2004）。还有研究发现家庭功能总体水平对高中生的孤独倾向、身体症状和冲动倾向有比较大的影响，家庭功能中的沟通和角色与家庭成员心理健康的各个维度呈显著相关（叶娜，2006）。

其他研究发现，过度使用网络的青少年的家庭亲密度和适应性低于正常家庭（梁凌燕等，2007），家庭沟通和亲密度对青少年吸烟行为也有显著影响（方晓义等，2001），而且青少年的家庭功能和问题行为均存在一定的稳定性，而危害健康行为随着年龄的增长呈显著下降趋势（胡宁等，2009）。邹泓等人（2005）对近年来国内外有关家庭功能与青少年犯罪的关系研究进行了综述，诸多研究得到了非常一致的结论，即以家庭情感关系为主要内容的家庭功能系统与青少年犯罪有着非常密切的关系，家庭功能对青少年犯罪有非常显著的预测作用；以改善家庭功能为基础的干预项目，对预防青少年犯罪有重要作用。

因此，建立并发挥完整的家庭功能有利于子女发展长期稳定的性格和健康心理，家庭角色错乱、功能丧失易导致子女产生不良心理和罪错行为。

2. 家庭功能对认知发展和社会性发展的影响

研究（H E Hartzell & C Compton，1984）表明，家庭功能不仅与儿童的认知发展和学业成绩有关，而且直接影响着儿童社会性的发展，对其将来的学业和社会成就有很强的预测作用。

家庭功能作为除学校外影响学生学习最突出的环境因素，对学校教育的效果起加强或抵消的作用。一些研究表明，学习不良儿童更多来自于极端型家庭。辛自强等人（1999）运用访谈法研究了小学学习不良儿童的家庭功能，结果发现：学习不良儿童家庭与一般儿童家庭相比，在问题解决、沟通、情感反应、行为控制四个维度以及家庭功能总分上显著低下。宁雪华的研究（2008）则发现：家庭功能与个体的学业挫折容忍力和人际挫折容忍力之间存在显著负相关，其中问题解决、行为控制、沟通能够预测学业挫折容忍力，而问题解决、沟通、角色能够预测人际挫折容忍力。王英春和邹泓（2009）的研究表明：家庭沟通可以显著预测中学生的交往动力，相互关系可以显著预测交往认知，家庭沟通、相互关系和家庭冲突可以显著预测交往技能。此外，亲子沟通对中晚期青少年成就领域的规划具有较大影响，而且影响大于朋友沟通对青少年成就领域的影响（张玲玲，张文新，2008）。良好的亲子沟通与青少年的自尊、同一性发展以及道德推理能力的发展等也都密切相关（J Sandy，J B Leeuwe & H B Oostra，1998）。在良好的亲子沟通中，父母与子女交流的信息更易为子女所重视，这些信息会使他们形成正确的看问题角度，能够促进青少年的同一性发展。

因此，良好的家庭功能不仅可以减少个体心理健康问题和行为问题的发生，而且可以预测个体的认知发展和社会性发展。

需要指出的是，由于不同的家庭完成各种任务的能力和方式不同，同一个家庭在每个阶段面临的任务也不同，因此，家庭的基本功能也在经历着不断地变化。例如，对处于幼儿期和童年期的孩子来讲，家庭的主要功能为教养、保护、社会化。而当孩子进入青少年期后，尽管家庭的这些功能仍然十分重要，但是，对于青少年来说，家庭教养功能的地位很大程度上被支持功能所代替；而相对于保护功能，家庭的引导功能显得更为重要；此外，家庭对青少年的指导功能更强，社会化功能相应地退居其次。这种转变会打破家庭系统在儿童期所建立起的平衡，从而进一步影响个体的心理发展。家庭功能除了在时间上会发生纵向变化外，也会在横向上发生变化，例如，家庭结构的变化、家庭经济收入的变化等都会引起家庭功能的相应变化。

第二节 学校环境与心理发展

儿童入学后，他们会越来越多地参与到学校生活中去，学校也因此成为影响儿童心理发展的重要环境因素。学校的影响与家庭的影响存在不同之处，如学校生活更多是集体性质的，儿童在学校中会与更多成人和同伴发生联系等。可以说，学校对学生的影响是全方位的。其中同伴和教师对儿童心理发展的影响尤其重要。此外，作为一个整体系统的学校，它的结构或组织特征对个体心理发展的作用也值得重视。因此，本节将着重从学校组织特征、同伴的影响和教师影响三个方面对学校环境与个体心理发展的关系进行探讨。

一、学校组织特征对个体心理发展的影响

尽管有关学校与心理发展的大多数研究都集中于教师和同伴等方面，但毋庸置疑的是，学校组织特征，如班级规模与学校规模的大小、座位安排、课堂组织形式、学制、教室大小及其墙壁颜色等在一定程度上也会影响儿童的心理发展。

（一）班级规模和学校规模

和学新（2001）对班级规模和学校规模对儿童心理发展的影响有较系统的阐述。

所谓班级规模是指在一位特定教师指导下一个特定班级或一个教学团体的学生人数。就教学而言，班级规模影响到课堂教学管理，也影响到教学效果；就学生发展而言，班级规模会影响到学生的学习成绩、认知发展和个性、社会性的发展。这主要体现在：第一，在人际关系和情感交流方面，班级规模越大，情感纽带的力量越弱，学生交往的频率越低，合作越不易进行；班级规模越大，内部越容易形成各种小群体，而这些小群体又常违背班集体的目标等，这些都影响着学生的发展。第二，研究发现，在人数少的班级，学生的学习兴趣更浓，学习态度更好，学生有较强的归属感。研究还发现，学生的平均学习成绩随着班级规模的缩小而提高，而且当班级规模缩小到 15 人以下时，效果会迅速提高。不过研究也发现，班级规模在 20—40 名学生的范围内对学业成绩几乎不产生影响。此外，班级规模还影响到学生的健康和用脑卫生。据卫生部门测试，小班教室内二氧化碳的含量明显低于普通班教室。

学校规模是指一所学校的班级个数和学生人数。学校规模同样是影响学校教育质量和学生心理发展的重要因素之一。研究表明，小学的效益规模为 300—400 名学生，而对中学来说，400—800 名学生则是适宜的。有研究考察了不同规模的学校，比较了学生课外活动的参与程度，结果发现尽管两校学生人数相差 20 倍，但大学校的课外活动只比小学校略多一点。相比之下，小学校参加艺术、新闻和学生自治活动的学生比例是大学校的 3—20 倍；小学校里活动的变化也更多；小学校里的学生更容易取得重要的地位和责任心，从学校环境中所获得的奖赏和满足也更多。研究者认为这些差别大部分是由于小学校中有更多的学生处于担负责任的地位。

（二）座位排列

不同的座位排列形式对教学效果和师生关系有不同的影响。比如，圆形座位排列的课堂适合各种课堂讨论，这可以大大增加学生之间、师生之间的言语和非言语交流，最大程度地促进学生间的社会交往活动，从空间特性上消除座位上的主次之分，有利于平等师生关系的形成。小组式排列法能最大程度地促进学生之间的相互交往和相互影响，加强学生之间的关系，促进小组活动。当把教师的座位设在圆圈中心时，学生会表现得更为积极主动，会提出更多的观点和想法。但课堂上的座位排列显然受班级规模的影响。比如，四五十个学生的大班教学只能是秧田式座位排列，它更适合于教师讲、学生听的传统课堂教学，适合于知识授受，而对于学生情感、交往乃至创造性素质的培养则有很大局限。研究表明，在这种秧田式座位排列的课堂上，坐在前排及教室中间的学生参与课堂活动的程度最高，教育教学效果更好。而当班额度较小时，如 20 个左右时，座位排列成马蹄形、圆形、V 形、T 形等，更有利于教育教学

效果的发挥。

（三）课堂组织方式

课堂组织方式一般可分为开放式和传统式两种。总体而言，开放式课堂组织方式在社会性发展方面有明显的好处：儿童有更多的亲社会行为和更多的发挥想象的游戏，但是他们也比高度组织化的传统课堂中的儿童有更多的攻击性，这一结论得到了多数研究者的认同；但开放式课堂对学生学业上的好处却没有这么明显。有些研究者发现在开放式和传统式课堂的学生成就测验分数之间没有什么差别，这种安排并不是促进他们学习的最有效途径。

二、同伴关系对个体心理发展的影响

同伴关系是指年龄相同或相近的儿童之间的一种共同活动并相互协作的关系，或者主要指同龄人间或心理发展水平相当的个体间在交往过程中建立和发展起来的一种人际关系。

（一）同伴关系的发展

早在生命的第一年，婴儿就能对同伴作出反应，6 个月的婴儿能相互触摸和观望，甚至以哭泣来对其他婴儿的哭泣作出反应。但是，这些反应并不是真正社会性的。直到第一年的下半年，真正的社会行为才开始出现。在 6—12 个月时他们的行为变得更有意向性，对其他儿童的信号反应更多。随着儿童年龄的增长，儿童明显地更喜欢与同伴玩而不是与自己的母亲玩。

学前儿童间的同伴交往最初只是集中在玩具或物体上，而不是儿童本身，如儿童 A 拿了一个玩具给儿童 B，儿童 B 只是用手触摸或抓过这个玩具而并不用眼睛看着对方，这个过程就结束了。随着儿童的发展，在婴儿出生后的第一年下半年中出现了几种重要的社会性行为和技能：（1）有意地指向同伴，向同伴微笑、皱眉以及使用手势；（2）能够仔细观察同伴，这标志着婴儿对社会性交往有着明显的兴趣；（3）经常以相同的方式对游戏伙伴的行为作出反应。

出生后的第二年，随着身体运动能力和言语能力的发展，儿童的社会性交往变得越来越复杂，交往时间也越来越长。比如，学步儿童（1—2 岁）的游戏最显著的特征就是儿童相互模仿对方的动作。这种相互模仿不仅意味着这个孩子对同伴感兴趣、愿意模仿同伴的行为，而且也意味着这个孩子知道他的同伴对他是有兴趣的（即知道被模仿）。这种相互模仿的行为的数量在出生后的第二年快速增加，为今后出现包含假装的合作性交往提供了基础（C Howes，1992）。

2 岁以后，儿童与同伴交往的最主要形式是游戏。最初他们交往的目的主要是为了获取玩具或寻求帮助，随着年龄的增长，儿童交往的目的也越来越倾向于同伴本身，即他们是为了引起同伴的注意，或者为使同伴与自己合作、交流而发出交往的信号。

入学之后，学龄儿童与父母的接触逐渐减少，而与同伴的交往日益增多，同伴关系成为个体人际关系的主要方面。在 7 岁以前，儿童对同性和异性伙伴的选择是同等的，但过了 7 岁以后，男孩和女孩各自对同性游戏伙伴的选择多于对异性伙伴的选择。到青少年时期，异性之间的友谊又重新开始萌芽。

学龄期还出现了同伴团体，同伴团体具有以下几个特点：第一，在一定规则的基础上进行相互交往；第二，限制其成员对其他团体的归属感；第三，具有明确或隐含的行为标准；第四，发展使其成员为完成共同目标而一起工作的组织。儿童的同伴团体的形式是多样的，可能结构松散，也可能有组织、结构严谨，一般可分为两大类，即有组织的团体（如班集体）和自发的团体（如各种兴趣小组）。青春期早期的青少年会结成小帮派，小帮派一般由具有相似价值观和活动兴趣的4—8名同性别儿童组成。具有相似规范和价值观的几个小帮派常常结合成更大、更松散的组织，即小团体，如“足球队”、“摇滚乐队”等。学龄儿童的同伴团体多属于非正式的团体组织，但它对儿童的价值观、态度及行为都有直接的影响。

（二）同伴关系的心理发展功能

良好的同伴关系及舆论导向正确的同伴群体对学生的心理发展具有极大的促进作用。总的来说，研究者普遍认为，同伴关系具有传递文化和促进行为发展、认知发展、情绪发展和人格发展等方面的功能。

1. 文化传递和行为发展功能

群体社会化理论认为人类文化的传递模式是一个群体过程，是从父母群体传递到同伴群体继而经由同伴群体传至儿童的过程（J R Harris，1995）。儿童在扬弃成人文化和创造自己新文化的同时，会形成他们自己的群体文化，并逐代传递。此外，儿童同伴群体还往往是儿童亚文化的直接传递者。比如，青少年喜欢“模仿秀”，喜欢追星，这都是亚文化迅速传递的结果。所谓的“80后”、“90后”其实就是对青少年亚文化及青少年亚文化群体的高度浓缩和拓展。根据班杜拉的观察学习理论，同伴是儿童模仿、观察学习的重要榜样源。如果哪个同伴买了新文具或新衣服，儿童会很快群起效仿。当几个或更多同伴结成小群体时，同伴的影响就更为明显。

理论关联14—3

群体社会化理论

群体社会化理论的核心假设是社会化具有情境特异性（context-specific），具体地说，就是儿童在家庭内的习得行为与其在家庭外的习得行为是两个独立的系统；儿童长大成人后，家庭外的行为系统逐渐取代、超越家庭内的行为系统，最终成为其人格的后天习得部分。所以，父母对儿童没有长期影响，家庭外的环境才是儿童社会化至关重要的影响因素。那么，儿童是如何在家庭外的环境中进行社会化的呢？Harris的回答是：认同同伴群体的一般准则和行为规则；认同由父母群体传递给同伴群体的文化并有所创新。Harris指出，儿童认同的是同伴群体，而不是自己的父母；他们认同的文化不是由父母直接向他们传递的文化，而是由父母群体向同伴群体传递的文化，也就是说，父母传给儿童的文化要经过同伴群体的过滤，只有在同伴群体中多数人接受的情况下，儿童才会把家中习得的行为传递给群体成员。所以，在家庭外的各种环境因素中，同伴群体才是最重要的。

［资料来源］李萌，周宗奎. 儿童发展研究中的群体社会化之争［J］. 西南师范大学学报：人文社科版，2003：42.

2. 认知发展功能

苏联心理学家维果茨基（Л С Выготский，1978）用“最近发展区”来解释社会互动的意义，指出认知发展在很大程度上是人际交流的结果。最典型的例子是“狼孩”、“熊孩”的发现。“狼孩”虽然在生物学意义上是人，但由于缺乏社会人作为同伴，其认知发展受到了极大的阻碍和局限。同理，一个极端的例子是，“二战”期间，曾有六个婴儿因父母被纳粹分子杀害，他们先后在集中营、寄宿托儿所中生活而且基本上都是自己照顾自己。即使缺乏足够的成人关怀和支持，他们仍以正常的速度获得了新语言，最终成长为正常的成年人。可见，同伴关系对于儿童的认知发展具有重要作用。同伴关系对于儿童社会认知的发展同样具有重要意义。皮亚杰（J Piaget，1932）认为，同伴关系的意义在于传达合作道德的基础——互惠的概念。儿童只有在平等互惠的同伴关系中，才能得以检验自己的思想并体验冲突及协商不同社会观点，他们的社会认知能力也由此得以发展。

3. 情绪发展功能

马斯洛（Abraham H Maslow，1908—1970）需要层次理论认为，儿童有相互交往的需要，同伴之间通过交往，诉说各人的喜怒哀乐，增进彼此的情感交流，能够获得心理上的满足。相反，如果缺乏这种基本的交流，儿童就可能产生严重的孤独感，即儿童基于自己在同伴群体中较低的社交和友谊地位的自我知觉而产生孤单、寂寞、失落、疏离和不满的主观情感体验。

因此，同伴关系是满足儿童社交需要、获得社会支持、安全感、亲密感和归属感的重要源泉。良好的同伴关系能给儿童以情绪支持和安慰，帮助他们应对生活中出现的种种紧张和压力。

4. 人格发展功能

詹姆斯（William James，1890）在有关成人的自我的论著中，特别强调了社会关系的重要性。他相信，我们具有被我们自己所关注，被我们的同类所赞赏的本能倾向。当自己没有受到或没有受到太多他人关注时，儿童可能会对自己的价值产生疑问。根据库利（Cooley）的“镜像自我”理论，儿童的自我概念和人格发展在很大程度上来源于他人尤其是同伴的认识和评价。个体总是处在一定群体中，而同伴群体规范大多数反映了社会主流文化的规范和价值，同伴群体以接纳或拒绝的方式告诉个体应该或不应该做什么。儿童自然渴望被同伴接纳，但要想被同伴接纳，就必须学会约束自己的行为，与群体保持认同，因而这一时期从众行为增加。在与同伴的交往碰撞中，个体学会了肯定自我、反省自我、发展健康的自我概念，习得新角色、新技能、新行为，逐渐形成了健全的人格。

三、教师对个体心理发展的影响

学校里最重要的角色之一就是教师。教师对学生的期望、态度、教师的人格以及教师与学生的关系等都是影响儿童心理发展的重要因素。

（一）教师的期望

1968 年，美国著名的心理学家罗森塔尔（R Rosenthal）等人做了一个实验：从

1—6 年级中各选三个班级，对 18 个班的学生“煞有介事”地作发展预测，然后以赞赏的口吻将“有优异发展可能”的学生名单通知有关教师。事实上，他们提供的名单纯粹是随机的。罗森塔尔这样解释：“请注意，我讲的是他们的发展，而不是现在的基础。”并叮嘱这些教师不要把名单外传。8 个月后，罗森塔尔又来对这 18 个班进行复试。结果是，他们提供的名单里的学生 IQ 分数和成绩增长比其他同学快，并且在性格上显得活泼、开朗、求知欲旺盛，与老师的感情也特别深厚。通过这个实验，罗森塔尔用自己“权威性的谎言”暗示教师，坚定了教师对名单上学生的信心，调动了教师独特的深情，而这些学生在教师的积极期望下也得到了积极的发展。这种教师期望效应因此被称为“罗森塔尔效应”。

罗森塔尔效应是指由于教师对学生抱有的主观期望而导致的学生在学业和行为方面发生改变的现象。一般而言，这种效应主要是因为教师对高成就者和低成就者分别期望着不同的行为，并以不同的方式对待他们，高成就者不仅得到更多的指导，而且有更多的机会参加班级活动和回答问题。他们的正确回答会受到更多的赞扬，而错误回答则会受到较少的批评。相反，教师并不期待低成就者知道答案和参与活动，因而对他们提供了较少的机会和鼓励。根据布罗菲和古德（J E Brophy & T L Good，1985）的研究结果（表 14－4 所示），教师对自己抱有不同期待的学生所表现出的行为有很大差异。

表 14－4　教师对不同期待学生的行为差异①

教师行为	对低期待学生群	对高期待学生群
对正确回答的表扬	5.88	12.08**
对错误回答的批评	18.77	6.46**
对错误回答者再提问或给予回答的线索	11.25	27.04*
对理解问题困难者给予适当的提示或回答线索	38.37	67.05***
对回答（不论正误）不予任何反馈	14.75	3.33***

注：* $P<0.1$　　** $P<0.05$　　*** $P<0.01$

蔡建东和范丽恒（2008）以 31 名初中教师及其所教的 1 438 名初中生为被试，采用多层线性模型（HLM）从个体和班级两个层面对教师期望对学生知觉的教师差别行为的影响进行了探讨。结果表明：在个体层面上，高教师期望的学生知觉到更多的机会和情感支持，而低教师期望的学生知觉到了更多的负性反馈和更多的指导控制行为。而且，教师对学生的期望影响该生的学校满意度、同伴接纳和学业成绩。在班级层面，教师对班级的平均期望也影响班级的学校不满意感和同伴接纳水平。研究还发现，教师期望积极效应与初中生的自我价值感、自我效能及目标取向的各维度呈显著正相关，相反教师期望消极效应与学生的自我价值感、自我效能及目标取向各维度呈显著负相关（郑海燕，刘晓明，莫雷，2004）。

① 路海东. 学校教育心理学［M］. 长春：东北师范大学出版社，2000：384.

学以致用14-1

如何避免教师期望的消极效应

谨慎使用从测验、文件记录和其他教师那里获得的学生信息。

例子

1. 避免太早阅读这一年的文件记录。

2. 要批判地、客观地看待你从其他教师那里获得的信息。

保证所有的学生都面对具有挑战性的任务。

例子

1. 不要说："这很简单，我知道你会做。"

2. 提供大的问题范围，鼓励所有的学生尝试几个难度大的问题，在测验中获得额外的分数。在这些尝试中发现一些积极的东西。

要特别注意在课堂讨论中你对成绩低的学生的反应。

例子

1. 给他们提供线索和时间来回答问题。

2. 对好的答案给予足够的赞扬。

3. 让成绩低的学生同成绩高的学生一样经常回答问题。

监控你的非言语行为。

例子

1. 你和一些学生离得很远或站得很远吗？当一些学生走到你桌子跟前时面带微笑，而对其他的学生只是皱着眉吗？

2. 你的语调随不同的学生变化吗？

……

［资料来源］ Anita Woolfork. 教育心理学［M］. 何先友，等，译. 10版. 北京：中国轻工业出版社，2008：528－529.

（二）教师的人格

所谓教师人格，是指教师作为教育职业活动的主体，在其职业劳动过程中形成的优良的情感意志、合理的智能结构、稳定的道德意识和个体内在的行为倾向性。

俄国哲学家车尔尼雪夫斯基（N G Chernyshevsky，1828—1889）说："教师把学生造成一种什么人，自己就应当是什么人。"换句话说，教师的人格特征会直接或间接地影响学生的心理发展。曾慧（2001）论述了教师人格的三种育人效应：崇拜模仿、群体趋同和感召激励效应。林红（2006）也提出教师人格对学生的自我管理和心理健康发展具有示范、激励和熏陶作用。刘丽红（2003）从更具体的角度论述了教师人格对学生的影响。比如，教师的乐观性人格特质，能够营造一种积极轻松的学习气氛，有助于学生乐于接受教师所讲授的知识，从而激发学习欲望，使其领略学习知识的乐趣。反之，教师如果持消极、冷漠或过于严厉的态度，会使学生由于对教师的排斥而对其所教的知识产生抗拒的态度，降低学习积极性，从而影响学业成就的提高。再如，教师的高接纳性会使学生的独立性和创造性由于受到鼓励而提高，而如果学生的一些创造性想法由于与教师的价值观不一致而受到质疑、否认甚至是指责，则会极大地扼杀学生思考的积极性和创造性。

一些实证研究支持了上述观点。例如，陈益、李伟的研究（2000）表明，小学教师的某些人格特征与学生成绩有着较高相关，而且此相关要高于教师年龄、学历与学生学业成绩的相关。他们还指出，教师人格特征中的兴奋性与学生的语文成绩呈显著相关，聪慧性、稳定性、实验性与学生数学成绩呈显著相关。韩向明（1987）的调查研究发现，大、中、小学生对班主任人格特质的评断得分与他们对班级态度的自我评断得分呈正相关，其中小学生相关系数最高（r=0.49），说明班主任的人格特质对于学生对班级的态度有着深刻影响，而小学班主任对学生的影响尤其大。

那么，什么样的教师人格才是理想的人格？万云英等人（1990）通过调查发现学生心目中理想教师的前五位品质是：①平易近人；②没有偏见；③关心同学；④态度认真；⑤要求严格。吴光勇、黄希庭的研究（2003）则发现，现代中学生喜爱的教师理想人格是：符合教师角色的，体现时代精神的，具有自觉意识、原创能力、执著精神和奉献精神的，独立的、稳定的、整体完善的人格。

（三）师生关系

师生关系是师生间建立的一种多层次的立体结构模式。从心理学角度来看，师生关系专指师生在互动交往中所形成的认识、情感、行为等方面的关系，是一种心理关系。尽管师生关系是一种双向关系，但从整体来看，师生关系的发展状况在某种程度上更多地取决于教师。研究发现，师生关系对儿童的学校适应、自我意识、学习成绩等均有显著的影响。哈沃斯（C Howes）等人认为，早期安全型的师生关系会为儿童提供一种对同伴关系的乐观定位，从而有助于塑造儿童良好的同伴行为以及对同伴间冲突作出积极反应。而且，支持性的师生关系可以减少儿童之间的疏远，提高同伴接纳。早期形成的支持性的师生关系还会通过影响学生的学习行为以及学生对学校活动的参与，对学生的学习成绩产生积极影响。幼儿园中亲密和依赖的师生关系甚至还有利于儿童视觉能力和语言能力的发展。最近一项从幼儿园一直追踪到八年级的研究发现（B K Hamre & R C Pianta，2001），对男生以及那些在幼儿园时有较多问题行为的儿童来说，幼儿园中消极的师生关系与儿童八年级的学业表现有显著的相关，即使在控制了性别、种族、认知能力和行为评价后，这种相关仍然存在。此外，很多研究都揭示，儿童早期在幼儿园中与教师形成亲密、信赖和低冲突的师生关系的能力是他适应社会环境的一个重要标志。同样，师生关系也是影响中小学生自我概念和学校适应的重要因素。

值得注意的是，有研究表明中小学师生关系的亲密性、主动性和合作性总体上均呈随年级升高而下降的趋势，说明师生关系在儿童早期更为紧密（宋德如和刘万伦，2007）。因此，如何随年级的提高，构建良好的师生关系是广大教师应该认真思考的问题之一。

综上所述，学校作为儿童青少年社会化的主要场所，无论其硬件环境还是软件环境都会对个体的心理发展构成重要影响。除了上述的三个方面外，学校和班级风气也是影响心理发展的重要因素。

第三节　社会环境与心理发展

在家庭与学校之外，个体还生活在更广阔的社会环境里。个体的社会生活是极其丰富多彩的，他们在范围广阔的社会环境中，接受社会影响和社会教化，学会生活，并走向成熟。

一、社会文化与心理发展

（一）何谓文化

所谓文化，是指凝聚在一个民族的世世代代和全部财富中的生活方式的总和。概括地说，文化包括三个方面：（1）物质文化，指一个群体所赖以生存和发展的物质条件的总和，主要包括群体的衣、食、住、行等方面的内容；（2）社会生活文化，指群体在长期的实践生活中所建立起来的各种社会制度与社会结构，主要包括经济形态、语言状况、信息传播水平和交流方式等方面的内容；（3）精神文化，指群体的意识形态及价值观，主要包括教育状况、生活习惯、宗教信仰和道德价值观等方面的内容（白学军，2004）。由于传统的作用，也由于人类社会关系的多样性与复杂性，即使是一些简单的事物，哪怕是和动物一样的需要，也都会蒙上一层文化的色彩。比如吃饭，人和动物都具有的基本需要，但动物纯粹出于本能，饿了就吃，且毫无顾忌。但人饿了不一定就吃，吃的时候也要讲究一些起码的习俗或礼仪，这就是文化在起作用。

文化常常以一种不自觉的方式存在并影响着个体的心理发展，且这种存在和影响具有连续性。因为有关的文化要求和文化标准已经浸润到他们的思想、观念和行为中，所以尽管所有的具体文化，每一代的承担者完全不同，但它都会作为独一无二的文化实体而存在下去。而且每一代文化，也都会代代相传，这个过程也就是宏观角度上的社会化。

（二）文化与心理发展的跨文化比较

文化在个体的心理发展早期就已经打上深深的烙印，并影响其今后的一生。而且文化的影响是全方位的。大量跨文化研究可以很好地证实这种影响。

1. 关于智力发展的跨文化比较

最近的一项研究（吴汉荣，李丽，约翰·哈夫勒，2006）比较了中德小学儿童数学能力的发展水平。该研究采用多阶段分层整群抽样，抽取普通小学一年级末至四年级末的学生为研究样本。在中国大陆 31 个省、自治区、直辖市取样，共抽取样本 7 827 例，其中男生 3 985 人，女生 3 842 人。德国样本 3 354 人，来自不同的州，其中男生 1 731 人，女生 1 623 人。结果发现，在数学运算领域的分测试，即加法、减法、乘法、除法、比较大小 5 个分测试中，中国儿童的得分显著高于德国儿童；但在逻辑思维与空间—视觉功能领域的分测试，如续写数字、目测长度、方块计数、数字连接等分测试中，中国儿童无明显优势，有些分测试甚至低于德国儿童。这反映了我国的数学基础教育在数学运算能力方面的培养优于德国，但在逻辑思维、空间概念等思维的培养方面不如德国。

2. 关于人格发展的跨文化比较

杨丽珠等人（2007）使用幼儿人格发展教师评定问卷，以集体主义/个人主义理论范式对中澳 4—5 岁幼儿人格特征的形成进行跨文化研究。结果表明：中国幼儿具有集体主义人格倾向，澳大利亚幼儿具有个人主义人格倾向，幼儿人格形成受到文化特质的影响。另一项研究（李育辉，张建新，2006）则采用“童话故事测验”对北京138名和希腊491名7—10岁儿童的人格特点进行了测查。结果发现：中国儿童在故事内容一致性上的得分显著低于希腊儿童，而在重复回答和怪异回答上的得分与希腊儿童并无显著差异；不论男孩女孩，中国儿童在矛盾心理、物质需求、追求卓越、嫉妒攻击、报复性攻击、口腔需求、助人欲望、归属需求、情感需求、焦虑、抑郁、性关注上的得分都要显著高于希腊儿童，但在A类攻击（指儿童表现于人际关系中的敌意性攻击）、口头攻击上的得分要显著低于希腊儿童等。

3. 关于社会性发展的跨文化比较

方富熹等人（2002）采用以友谊许诺为主题的两难故事分别对冰岛（雷克雅未克市）和中国（北京市）7—15岁的儿童做个别访谈，比较东西方文化背景下儿童在友谊矛盾冲突情境中是如何作出行动决定选择和道德评价的。研究结果揭示了不同文化及与年龄相联系的社会认知能力对有关发展的影响：冰岛各组绝大多数儿童都很重视友谊承诺，没有显示出年龄发展上的趋势，而中国儿童对这种许诺的重视是随年龄增长而增长的。这种道德决定发展模式的不同可能表明冰岛儿童比中国儿童更重视许诺的义务。

此外，刘旺等人（2005）比较分析了827名中美两国中学生生活满意度的差异。结果发现，中国中学生的朋友、学校和一般生活满意度高于美国中学生；中国七、八、九三个年级学生的学校和一般生活满意度均高于美国同年级学生；美国男生生活环境的满意度高于中国男生，中国男生的自我满意度高于美国男生，美国女生的自我满意度高于中国女生等。

以上跨文化研究表明：生活于不同文化中的个体其心理发展状况是不同的，文化从宏观上影响个体的心理发展。

（三）文化影响心理发展的过程

研究者（王膺，1998）指出，文化对儿童特别是少年儿童心理发展的影响过程主要表现在三个方面。

1. 暗示过程

暗示是指人在无对抗条件下，对接受的某种信息迅速无批判地加以接受，并依次作出行为反应的过程。儿童在其心理发展过程中，从心理不成熟向成熟发展，从心理的低水平向高水平发展，都是以接受社会文化的暗示为背景的。通过接受社会文化中各方面的信息，儿童获得各种不同意义的暗示，并进而形成稳定和深刻的认识与思维活动。儿童所特有的心理水平，决定了他们受暗示的范围、受暗示的主动性以及受暗示之后行为反应的迅速性都比成年人更为显著。少年儿童在对社会文化各种信息的感受、认识、学习、理解的过程中，既会受到直接暗示的影响也会受到间接暗示的影响。这是因为，直接暗示和间接暗示与儿童的学习过程始终相依相伴。在这一过程中，少年儿童对家长、老师、社区人文环境方面具有直接暗示与间接暗示特点的语言教化，往往是不加选择毫不犹豫地全面接受。这一特征表明，少年儿童具有接受暗示影响较强的内应力，如果社会文化各方面的信息有利于少年儿童的心理发展，就会获得良好的暗示效果。

2. 感染过程

感染是指个体对某种心理状态的无意识的、不由自主的屈服。感染效应在儿童时期也是十分显著的，儿童的心理特点决定了他们在社会环境中，对与自我相关的社会联系和社会交往范围内的个体或群体的心理状态，有着易受普遍感染的可能性。他们对社会文化环境中心理信息的认识、评价、理解以及内化过程，往往是从受感染的心理反应开始的。这就是说，儿童周围人群中，个体和群体的态度、情绪以及语言与行为方式，都能给予他们以强烈感染。与其他年龄段的人不同的是，少年儿童对文艺作品中人物的情绪表现、情感反应以及人格力量所形成的感染效应更为鲜明。凡是好的高尚的语言方式、行为方式和情绪情感表现方式，都能引起少年儿童心理上的共鸣，并能达到预期的感染效果。从这个意义上看，健康、生动活泼的少儿文艺作品包括影视作品、读物以及具有少儿特色的活动，都非常有助于少年儿童心理的健康发展。

3. 模仿过程

模仿是指个体有意或无意对某种刺激作出类似反应的行为方式。模仿内容包括行为方式、思维方式、情绪情感表现方式等。在少年儿童的心理发展中，模仿是一种重要的社会化方式，少年儿童通过对正确的行为方式、社会态度、思维方式以及情绪情感表现方式的模仿，形成了正常健康的社会人格，掌握了合格的社会技能，完善了健全的道德规范。少年儿童的模仿行为大多以自发的模仿为主，其中包括少年儿童本能型的模仿（如对父母言行举止的模仿）和后天习得经验型的模仿（如对榜样的模仿）。充分运用良好的社会文化信息，树立适宜的少年儿童的榜样人物，建立有益的群体气氛，有益于少年儿童心理发展。

二、大众传媒与心理发展

大众传媒是指在现代社会中，承载、传递社会信息，交流思想感情并引起公众对信息反馈的载体和工具。它分为印刷媒介和电子媒介，包括报纸、杂志、广播、电视和网络等。

当代儿童比以往任何一代都更充分地享受了媒介资源，其成长也更多地受到了电视广播节目、报纸刊物和新兴电子媒介等大众传媒的影响。中国儿童中心 2001 年对中国少年儿童素质状况的抽样调查显示（赵顺义，2002），城市少年儿童周一到周五每天平均接触四种媒介，大约花 86.7 分钟。其中，看电视、听广播平均为 57.8 分钟；阅读课外书为 22.7 分钟；电脑游艺为 6.2 分钟。周末则时间更长，大约花 149.3 分钟。农村少年儿童周一到周五每天平均接触四种媒介，大约花 73.8 分钟。其中，看电视、听广播平均为 57.1 分钟；阅读课外书为 15.1 分钟；电脑游艺为 1.6 分钟。周末大约花 122.8 分钟。

大众传媒为儿童青少年提供了社会学习的课堂，同时也意味着一种风险：良莠不齐的传播内容和媒介使用不当可能给儿童青少年带来危害。

（一）电视与心理发展

据统计，我国目前少年儿童约为 3.67 亿，按电视收视率数据统计来看，4—18 岁的电视观众总数约为 2.76 亿，在电视观众总体中占 23.61%。其中 7—15 岁观众数量最大，接近观众总体的1/6（王兰柱，2007）。当前电视已经成为儿童生活中不可缺少的部分。在所有传媒中，儿童与电视的接触也是最多的。据国内央视索福瑞媒介研究公司2005年初的统计数据显示，中国4—14岁儿童平均每天接触电视的时间为2小时22分。从幼儿园到初中毕业的12年时间里，儿童接触电视的时间长达1万多小时，远远超过他们学过的任何一门课程的时间。在某种意义上，现在的一代可以说是"电视中长大的一代"，电视造就了一代儿童。

1. 电视对儿童心理发展的积极影响

第一，电视可以促进儿童的社会化。电视是儿童观察学习社会的课堂，儿童与成人相比又普遍认同媒介，所以儿童极其将电视上所目睹的一切以直接或间接的方式转化为他们的日常言行。过去，儿童的社会学习和教育主要依靠家庭和学校，而在当今社会，电视传媒帮助儿童构筑起了学习社会规范和行为准则的广阔平台，对儿童的社会化产生了潜移默化的积极影响。

第二，电视可以提高儿童的认知能力。电视节目提供了一个学习的机会，可以看做一种"会说话的图书"。大量的信息使儿童的知识层面和知识结构都得到了很大的扩展，而且也使他们掌握了不断获得新知识的方法。不同的信息从不同的方面锻炼着他们的思考和鉴别能力，使他们的想象力、思维能力都得到很大的提高，有助于他们从小培养创新意识，打破"陈旧保守"的思维定势。

第三，电视有助于完善儿童的个性。人的社会化过程也是个性化的过程。积极上进的具有教育意义的影片和电视节目对儿童的影响非常深，比家长、教师口头说教的效果更明显。影视节目中的合作、助人等亲社会信息可以帮助儿童形成这些观念并使之强化，塑造良好行为。

2. 电视对儿童心理发展的消极影响

第一，看电视时间过长会影响儿童的生理健康和社会性发展。德国的神经科学家和小儿精神科医生斯皮特泽（M Spitzer，2005）认为，儿童观看电视对脑的发育有害，因为儿童的脑还在发育之中，因此他建议10岁或12岁前的儿童不要看电视，这之后每天看电视的时间也不要超过1小时。此外，看电视让儿童养成不健康的生活习惯，导致肥胖、近视等疾病的概率较大。长时间地看电视还会削弱家庭中的互动关系，增加儿童自我封闭的趋势，影响他们融入社会生活。

第二，电视中的一些不良信息会对儿童心理发展产生负面影响。例如，暴力信息可能使儿童认为这是一个充满了危险和恐惧的世界，到处充斥着暴力，而以暴制暴则是解决问题的一种可取的手段。电视中与性有关的信息的出现，则可能激起儿童对成人世界的好奇，促进了儿童生理和心理上的早熟，而诸如婚前性行为、婚外恋等不良信息会对儿童的性观念和行为也会产生一定的负面影响。此外，其他类型的一些不恰当信息也可能对儿童产生负面影响，例如反社会行为、不文明行为、危险行为等。

第三，看电视时间过长会影响儿童的思维方式。电视节目都是以收视率为最终目标，因而强调趣味性和吸引力。坐在电视机前的儿童不需要努力集中自己的注意力，所以难以发展有意注意的品质。同时，相对于现实生活情境而言，电视呈现给儿童的是一些过于完整的信息，会在很大程度上削弱儿童对信息进行初步处理的智力过程。

有研究发现，大量收看电视的儿童（一天超过6小时），其阅读成绩落后于同龄人。

（二）互联网与心理发展

互联网是连接世界各国计算机网络的大众化全球信息网，是继广播、报纸、电视三大媒体之后的第四媒体，它正以惊人的速度深刻地影响着社会进程和人类未来。中国互联网络信息中心CNNIC发布的最新数据（2011）表明，截至2011年6月底，中国网民规模达到4.85亿人，较2010年底增加2 770万人，其中19岁以下的网民占比从28.4%下降到27.3%。尽管近年来未成年人网民的占比有所下降，但从总体来看，上互联网的儿童青少年数量仍然惊人。

英国著名历史学家汤因比（A J Toynbee）说过："技术每提高一步，力量就增大一分，这种力量可以用于善恶两个方面。"与电视一样，互联网也是一柄锋利的双刃剑，对个体的心理发展既有积极作用也有消极作用。

1. 互联网对认知过程的影响

首先，互联网丰富了儿童思维的内容，拓宽了信息来源的渠道，缩短了信息收集的时间；其次，互联网促进儿童感官功能发展，丰富儿童的感性经验，网络可以通过文字、图片、动画、声音等多种方式生动、形象、直观地展示各种信息，可以从视觉、听觉多方位刺激和唤醒儿童的感官，重归人类的认知经验，更好地积累和掌握丰富的、生动的感性素材，促进认知的发展。此外，互联网还可以增强儿童学习自主性，促进创造性思维的发展。

但互联网的形象性可能会制约儿童思维深刻性及思维模式多样化的发展；其自主性容易形成"兴趣导向"，造成思维逻辑性缺失；还容易导致"搜索"、"链接"依赖，形成思维惰性等。

2. 互联网对行为过程的影响

对大多数人来说，他们会从互联网的使用中受益；但对一部分人而言，当使用变成滥用的时候，他们的生活就可能会出现病理性的行为问题，如互联网成瘾、互联网依赖等。

互联网对人的社会交往方式和社会交往技能可能产生影响。杨（K S Young，1996）发现：互联网成瘾者主要使用互联网进行社会交往，而不存在互联网相关问题的人则使用互联网来保持已有的人际关系。

在我国也有不少上网成瘾的报道，尤其中学生由上网所引起的自杀、出走、猝死事件值得我们关注。

学以致用14−2

如何帮助儿童合理使用互联网

美国校董基金会与一家市场研究和咨询公司共同对美国各地的1 735个家庭进行了调查，了解儿童使用互联网的情况。本项研究对学校领导人和家长就如何帮助儿童使用互联网问题提出以下建议：

（1）对儿童使用互联网要采取恰当的政策和做法。校领导、教师和家长之间要进行对话，而不是简单地作出一些生硬的规定。

(2) 既要注意加强互联网上好的内容，也要注意限制网上的不良内容。

(3) 制订计划，帮助学校、教师和家长对儿童进行安全地、负责任地使用互联网的教育。

(4) 在学龄前儿童中适当地普及互联网。

(5) 帮助教师、家长和儿童更有效地利用互联网来学习。

(6) 利用互联网来加强家长与学生之间更有效的沟通。

(7) 在社区内为家长举办计算机和互联网培训班，并为家长、社区负责人、图书馆管理员、教师等提供机会，共同探讨儿童上网问题。

[**资料来源**] 新馨. 关于儿童使用互联网的研究和指南 [J]. 国外社会科学，2004 (6)：111.

3. 互联网对情绪情感和自我意识的影响

首先，互联网可能会给使用者带来积极的心理体验。例如，斯布鲁尔和法拉(L Sproull & S Faraj，1995)认为，互联网这种社会性技术可以给用户以归属感和人性支持。但是，互联网的使用也会给使用者的情绪情感带来消极影响。特克尔(S Turkle，1996)发现一些被试因为上网交友而导致社会孤立和社会焦虑的产生。克拉特（R Kraut，1998）等人研究发现，互联网的过多使用，即使是因为交流而使用互联网，也会导致使用者社会卷入的减少与幸福感降低。

其次，互联网使用者存在一个重要特征，即大多数的互联网使用者独自使用互联网，“电子化的个体”正在逐步增加。因此，互联网较可能对自我意识的发展与人格倾向性产生影响。

最后，某些网上活动可能会给具有较好计算机技巧的人赢得尊重与地位，可能对一个人的自我评价产生影响。

随着网络的发展，加强网络对个体，尤其是儿童青少年的积极影响，预防互联网的消极影响，就显得尤为重要。

【本章小结】

1. 环境可分为自然环境和社会环境。社会环境是人类在自然环境基础上创造和积累的物质文化、精神文化和社会关系的总和，是人们所处的全部社会生活条件和所受的教育，具体包括家庭、学校和社会等方面的各种影响。

2. 家庭对儿童发展的影响主要包括家庭结构和家庭功能两个方面。

3. 家庭结构是指家庭中成员的构成及其相互作用、相互影响的状态，以及由于家庭成员的不同配合和组织的关系而形成的联系模式。其中，离异家庭儿童表现出更多心理健康和社会适应问题；出生顺序和独生子女身份以及农村留守儿童处境也会影响儿童发展。

4. 家庭功能是对家庭系统运行状况、家庭成员关系以及家庭的环境适应能力等方面的综合评定。目前关于家庭功能的理论主要存在两种取向。一种是以奥尔森的环状模式理论和比沃斯系统模型为代表的结果取向理论，另一种是以麦克马斯特的家庭功能模式和斯金纳等人的家庭功能过程模型为代表的过程取向理论。研究发现，家庭功能发挥得越好，各个年龄段儿童的心理健康水平都越高，问题行为越少，社会适应也越好。

5. 学校对儿童发展的影响主要包括学校组织特征的影响、同伴的影响（同伴关系）和教师的影响（教师期望、教师人格、师生关系等）。

6. 学校组织特征如班级规模、学校规模、座位排列形式、课堂组织方式等都是影响学校教育质量和学生心理发展的重要因素。

7. 同伴关系是指年龄相同或相近的儿童之间的一种共同活动并相互协作的关系，或者主要指同龄人间或心理发展水平相当的个体间在交往过程中建立和发展起来的一种人际关系。同伴关系具有传递文化和促进行为发展、认知发展、情绪发展和人格发展等方面的功能。

8. 罗森塔尔效应是指由于教师对学生抱有的主观期望而导致的学生在学业和行为方面发生改变的现象。研究表明教师对自己抱有不同期待的学生所表现出的行为有很大差异。

9. 教师人格是指教师作为教育职业活动的主体，在其职业劳动过程中形成优良的情感意志、合理的智能结构、稳定的道德意识和个体内在的行为倾向性。它通过教师的言谈举止、风度仪态、素质要求等方面得以展现。

10. 师生关系是师生间建立的一种多层次的立体结构模式。从心理学角度来看，师生关系专指师生在互动交往中所形成的认识、情感、行为等方面的关系，是一种心理关系。研究发现师生关系对儿童的学校适应、自我意识发展、学习成绩等均有显著影响。

11. 社会对儿童发展的影响主要包括社会文化和大众传媒两个方面。

12. 所谓文化，是指凝聚在一个民族的世世代代和全部财富中的生活方式的总和。概括地说，文化包括三个方面：(1) 物质文化；(2) 社会生活文化；(3) 精神文化。文化常常以一种不自觉的方式存在并影响着个体的心理发展，且这种存在和影响具有连续性。

13. 大众传媒是指在现代社会中，承载、传递社会信息，交流思想感情并引起公众对信息反馈的载体和工具。它分为印刷媒介和电子媒介，包括报纸、杂志、广播、电视和网络等。其中，电视和互联网对儿童青少年的心理发展影响较大，它们对儿童的认知、行为、个性和社会性等方面的发展都有积极和消极两方面的影响。

【思考与练习】

1. 家庭结构有哪些类型？不同类型的家庭结构对儿童心理发展有什么影响？
2. 什么是家庭功能？家庭功能的理论有哪些？
3. 家庭功能与心理发展是什么关系？
4. 学校组织特征如何影响儿童青少年的心理发展？
5. 试述同伴关系对儿童心理发展的功能。
6. 教师对儿童心理发展的影响主要体现在哪些方面？
7. 社会文化是如何影响个体心理发展的？
8. 试述电视在儿童心理发展中的作用。
9. 如何理解互联网是“一柄锋利的双刃剑”？
10. 试分析社会环境与心理发展的关系。

【拓展阅读】

1. 陈舒平. 儿童电视学 [M]. 北京：北京广播学院出版社，2003.

本书对儿童成长与电视的关系、如何抓住儿童的收视心理、如何针对儿童制作电视节目、如何引导儿童正确收看电视等问题进行了较细致探讨，是中国第一部专门研究儿童电视的著作。

2. 傅安球，史莉芬. 离异家庭子女心理 [M]. 杭州：浙江教育出版社，1993.

本书系中华人民共和国新闻出版署"八五"规划重点图书，全国妇联重点科研项目结题著作，在大量实证研究的基础上对离异家庭子女心理发展的基本特点进行了系统的理论探讨。

3. 张文新. 青少年发展心理学 [M]. 济南：山东人民出版社，2002.

本书对青少年心理发展的主题与特点进行了较系统的探讨，在体系结构与内容选择方面都力图突出青少年发展的特殊性。其中对青少年发展的社会背景（家庭、学校与同伴关系）有专门的系统论述。

【参考文献】

1. Anita Woolfork. 教育心理学 [M]. 何先友，等，译. 10 版. 北京：中国轻工业出版社，2008.

2. 白学军. 智力发展心理学 [M]. 合肥：安徽教育出版社，2004.

3. 陈舒平. 儿童电视学 [M]. 北京：北京广播学院出版社，2003.

4. 蔡建东，范丽恒. 教师期望对教师差别行为的影响 [J]. 心理研究，2008 (6).

5. 陈翠玲，冯莉，王大华，李春花. 成年独生子女自尊水平和主观幸福感的特点及二者间的关系 [J]. 心理发展与教育，2008 (3).

6. 陈益，李伟. 小学教师人格特征和学生学业成绩的相关研究 [J]. 南京师范大学学报，2000 (4).

7. 池丽萍，辛自强. 家庭功能及其相关因素研究 [J]. 心理学探新，2001 (3).

8. 崔丽娟. 留守儿童心理发展及其影响因素研究 [J]. 上海教育科研，2009 (4).

9. 范丽恒，金盛华. 教师期望对初中生心理特点的影响 [J]. 心理发展与教育，2008 (3).

10. 范兴华，方晓义. 不同监护类型留守儿童与一般儿童问题行为比较 [J]. 中国临床心理学杂志，2010 (2).

11. 宁雪华. 大学生挫折容忍力与家庭功能的关系研究 [D]. 江西师范大硕士学位论文，2008.

12. 张修竹. 现代媒体对儿童文化成长的影响研究 [D]. 东北师范大学硕士学位论文，2009.

13. 赵景欣. 压力背景下留守儿童心理发展的保护因素与抑郁、反社会行为的关系 [D]. 北京师范大学博士学位论文，2007.

14. T J Biblarz，G Gottainer. *Family structure and children's success：A comparison of widowed and divorced single-mother families* [J]. Journal of Marriage and the Family，2000，62 (2)：533－548.

15. B K Hamre，R C Pianta. *Early teacher-child relationships and the trajectory of children's school outcomes through eighth grade* [J]. Child Development，2001，72：625－638.